为读者出好书

与作者共成长

www.epubit.com

软件调试

（第2版）

卷1：硬件基础

张银奎 著

人民邮电出版社

北京

图书在版编目（CIP）数据

软件调试：第2版.卷1，硬件基础 / 张银奎著. ——
北京：人民邮电出版社，2018.12（2023.5重印）
ISBN 978-7-115-49250-0

Ⅰ. ①软… Ⅱ. ①张… Ⅲ. ①调试软件 Ⅳ.
①TP311.562

中国版本图书馆CIP数据核字(2018)第203145号

内 容 提 要

本书堪称是软件调试的"百科全书"。作者围绕软件调试的"生态"系统（ecosystem）、异常（exception）和调试器3条主线，介绍软件调试的相关原理和机制，探讨可调试性（debuggability）的内涵、意义以及实现软件可调试性的原则和方法，总结软件调试的方法和技巧。

第1卷主要围绕硬件技术展开介绍。全书分为4篇，共16章。第一篇"绪论"（第1章），介绍了软件调试的概念、基本过程、分类和简要历史，并综述了本书后面将详细介绍的主要调试技术。第二篇"CPU及其调试设施"（第2～7章），以英特尔和ARM架构的CPU为例系统描述了CPU的调试支持。第三篇"GPU及其调试设施"（第8～14章），深入探讨了Nvidia、AMD、英特尔、ARM和Imagination这五大厂商的GPU。第四篇"可调试性"（第15～16章），介绍了提高软件可调试性的意义、基本原则、实例和需要注意的问题，并讨论了如何在软件开发实践中实现可调试性。

本书理论与实践紧密结合，既涵盖了相关的技术背景知识，又针对大量具有代表性和普遍意义的技术细节进行了讨论，是学习软件调试技术的宝贵资料。本书适合所有从事软件开发工作的读者阅读，特别适合从事软件开发、测试、支持的技术人员，从事反病毒、网络安全、版权保护等工作的技术人员，以及高等院校相关专业的教师和学生学习参考。

◆ 著　　　　张银奎
　　责任编辑　陈冀康
　　责任印制　焦志炜

◆ 人民邮电出版社出版发行　　北京市丰台区成寿寺路 11 号
　　邮编　100164　电子邮件　315@ptpress.com.cn
　　网址　http://www.ptpress.com.cn
　　北京七彩京通数码快印有限公司印刷

◆ 开本：787×1092　1/16
　　印张：32　　　　　　　　　2018 年 12 月第 1 版
　　字数：781 千字　　　　　　2023 年 5 月北京第 9 次印刷

定价：118.00 元

读者服务热线：(010)81055410　印装质量热线：(010)81055316
反盗版热线：(010)81055315
广告经营许可证：京东市监广登字20170147号

历史回眸

我是 1949 年进入麻省理工学院（MIT）的。就在那一年，第一台存储程序计算机在英国的剑桥和曼彻斯特开始运行。我的一个本科同学 Kenneth Ralston 是学数学的，他偶尔会和我如痴如醉地谈起一台神秘的机器，说这台机器当时正在 MIT 附近的 Smart 街上的 Barta 楼内组装。我的好奇心后来在 1954 年的秋天得到了满足，那时我开始学习我的第一门计算机课程"数字计算机编码与逻辑"。那门课程是 Charles Adams 教的，他是自动编程（现在称为编译）领域的先锋。当时使用的机器叫作"旋风"，被放置在一间充满了真空管电路的房间内。它由美国海军投资建立，用来研究飞机模拟。

因为我的知识背景及我所完成的电子工程专业的硕士课程，一个助研基金约请我在旋风计算机上用"最速下降法"解决一个最优化问题。这让我彻底熟悉了那一套烦琐的程序准备工作。我们以旋风机器的汇编语言编写程序，然后使用 Friden 电传打字机将以字符和数字表示的代码以打孔的方式输出到纸带上。纸带是用一个 Ferrante 光电读出器读入计算机的，然后交给"综合系统 2"的"系统软件"进行处理。处理结果是一个二进制纸带，以大约每秒钟 10 行的速度打孔出来，每行代表一个 6 位字符。而后，用户可以调用一个简单的装载程序（装载程序是保存在几个可以来回交换的内存单元中的）将二进制的纸带装入 2048 字的内存中，之后就期待着程序的正常运行。用户也可以在控制台的电传打字机上调用"综合系统"的输出例程来把结果打印出来，或者把它们写到一个原始的磁带单元中，留待以后离线打印。

那时最漂亮的输出设备是 CRT 显示屏，用户可以在上面一个点一个点地画出图表和图片。上面配备了一部照相机，可以把显示的图片录制在胶片上。系统程序员已经开发好了"崩溃照相"功能，可以把程序出错时内存中的内容显示在 CRT 显示屏上。用户可以在第二天早上取到显影后的胶片，然后用一个缩微胶卷阅读器来研究上面的八进制数字。在那时，这是调试旋风程序的主要方法，除此之外，就是把中间结果打印出来。

大多数我们这样的普通用户不知道的是，在 Barta 楼里有一个后屋，在那里第一个基于计算机的飞机跟踪和威胁检测系统上的分类工作正在进行。那里放置了一些更先进的设备，有很多台 PPI（计划和位置标识器）显示器，并且已经开发出了第一个定点设备——光笔，用来跟计算机实时交互。

旋风计算机最初的主内存是威廉斯管型的，这还不足以满足实时操作的可靠性标准。这一需求带动了相关研究工作并促进了磁心内存的产生。旋风工程师建造了一个非常简单的计算机，称作内存测试机（MTC），用来测试新的内存。因为新内存表现良好，所以立刻把它安装在旋风计算机上，而后 MTC 也就功成身退了。

旋风计算机上的工作促使了 MIT 林肯实验室的成立，实验室的主要责任是基于旋风计算机上的实时系统技术开发一个美国国家空中防御系统。同时，林肯实验室也进行了计算机技术的研究，并建立了两台使用新的晶体管技术的机器 TX-0 和 TX-2。之所以编号都是偶数，是因为奇数（odd）在英文中同时有古怪的意思，主管设计者之一 Wesley Clark 曾经说："林肯不做奇数的（古怪的）计算机"。TX-0 和 TX-2 的关系类似于 MTC 和旋风的关系：TX-0 用于测试非常大的（按当时标准）内存，然后这些内存再用于功能更强大的 TX-2。这些新机器继承了旋风系统中使用 CRT 显示屏和发光笔这些与用户实时交互的能力，同时也保留了使用纸带作为程序的主要介质。

在开发 TX-0 的同时，在 MIT 安装了一台 IBM 704 机器。它用来补充并最终接替了旋风作为 MIT 一般用户的主计算机。当林肯实验室不再需要 TX-0 后，MIT 电子工程系长期租用了它。MIT 的师生（特别是电子研究实验室的师生），都为拥有了一台计算机而大喜过望，因为从此研究人员便可以自由使用并亲手操作这台计算机，这要比 IBM 704 计算机采用的批处理方式方便得多。

我于 1958 年 8 月完成了我的博士论文，成为一个四处寻找机遇的学校教员。我的新办公室在康普顿实验室楼（26 号楼）的二楼。有一天那里发生的事情引起了我的注意，人们正在一块宽广的区域安装一台 TX-0，它的位置就在 IBM 704 计算机的正上方。

与 TX-0 一起到来的软件工具只有两个，一个是简单的汇编器程序，另一个是"UT-3"（3号工具纸带）。两个程序都是二进制打孔纸带的形式，没有源代码。因为它们是以八进制代码手工输入的。UT-3 通过一个控制台打字机与用户交互（这里仍然是一个电传打字机，它包含了普通打字机的功能，可以被用户或被 TX-0 所驱动，将输入的字符传递到计算机或打印在纸上；这台打字机还带有一个机械纸带打孔器和阅读器，可以将字符打在纸带上或从纸带把字符读入计算机中）。用户可以以八进制形式把数据输入到指定的内存位置，也可以要求打印指定内存位置或区域的内容。在 MIT，我们马上着手给这两个程序增加功能。汇编器最后演化为一个叫作 MACRO 的程序，除了有其他熟悉的汇编语言功能外，它还支持宏指令（宏功能是从 Doug McIlroy 在贝尔实验室的研究工作中得到启发的）。

有了汇编器后，就使得大范围重写和扩展 UT-3 成为可能。Tom Stockham 和我使新的程序支持符号，新的程序可以使用汇编器生成的符号表。我们把这个程序称作 FLIT（电传打字机询问纸带），这个名字仿用了当时一个很常用的杀虫喷雾剂的名字（当 Grace Hopper 在哈佛的继电器计算机上工作时，跟踪到一次故障是由于继电器触点上的一只飞蛾造成的，从此人们开始把计算机的问题称作 bug，即"臭虫"）。FLIT 最重要的功能是为调试程序（"除虫"）提供了断点设施。用户可以要求 FLIT 在被测试程序中向指定的指令位置插入最多 4 个断点。当被测试的程序遇到一个断点时，FLIT 会通知用户，并且允许用户分析或修改内存的内容。分析结束后，用户可以要求 FLIT 继续执行程序，就像没有中断过一样。FLIT 程序是后来的 DDT（另一种杀虫剂）调试程序的典范，DDT 是 MIT 的学生为 DEC 公司生产的 PDP-1 计算机开发的。

FLIT（以及 TX-0）的缺点之一是，没有办法防止被测试程序向调试程序占用的内存里存储数据，这会使调试程序停止工作。在给 DEC PDP-1 建立分时系统时，我们做了特别的设计，使得 DDT 与待测试的程序在各自的地址空间中执行，但 DDT 仍可以观察和改变被测试程序中的信息。我们把它称为"隐身调试器"。为了提供这种保护，需要对 PDP-1 增加一些逻辑，它们是随着为支持分时系统而做的更改和补充一起安装的。这个系统在 1963 年前后开始运行。

PDP-1 上的分时系统为伯克利加州大学在 SDS 940 上建立的分时系统提供了典范（L. Perter Deutsch 兜里装着的那个小操作系统从 MIT 转移到了伯克利加州大学）。我隐约地相信，隐身调试器的机制对于 DEC PDP-11/45 的设计产生了重要影响，贝尔实验室就为这个系统开发了 UNIX。

Jack B. Dennis

2008 年 4 月于马萨诸塞州贝尔蒙特

第 2 版前言

在 900 多年前的一个秋夜，一轮明月高高地挂在黄州的天空。夜深了，很多人都已经入睡。但在承天寺的庭院里，还有两个人在散步。他们一边交谈，一边欣赏美丽的夜景。洁白的月光泼洒在庭院里，像是往庭院里注入了一汪汪清水，把地面变成了水面，清澈透明。翠竹和松柏的影子映在其中，随风摇摆，仿佛水草在晃动。这两个人中，一位是大文豪苏轼，另一位是他的好朋友张怀民。这一年是公元 1083 年，苏轼 46 岁。

可能是在当晚，也可能是在第二日，苏轼写了一篇短文来记录这次夜游。这篇短文便是著名的《记承天寺夜游》。第一次看到这篇散文，我便爱不释手。每次读苏轼文集，都喜欢把这一篇再读一遍。文章很短，不足百字，但意境隽永，令人回味无穷。

"元丰六年十月十二日夜，解衣欲睡，月色入户，欣然起行。 念无与为乐者，遂至承天寺寻张怀民。怀民亦未寝，相与步于中庭。庭下如积水空明，水中藻荇交横，盖竹柏影也。"

文末的议论尤其脍炙人口："何夜无月？何处无竹柏？但少闲人如吾两人者耳。"

诚然，月夜常有，竹子和松树也很平常，但是这样的夜游不常有。

2013 年深秋，与十几位喜欢调试技术的朋友在庐山五老峰下的白鹿洞书院聚会，吃过晚饭大家坐在古老的书院里交流调试技术，直到夜里 10 点左右。然后，大家又聚集在延宾馆的庭院里，一边海阔天空地聊天，一边欣赏美丽的夜景。说话的间隙可以听见院子外面贯道溪的哗哗水声；抬起头，便看到满天的星斗。

2008 年 6 月 3 日，作者收到了出版社快递给我的《软件调试》第 1 版，喜不自禁，写了一篇博客，名为"手捧汗水的感觉"。

弹指一挥间，十年过去了。十年中，因为《软件调试》作者认识了很多朋友。他们有不同的年龄，不同的背景，工作在不同的地方，但都有一个共同点——读过《软件调试》。

2011 年 9 月，《软件调试》第 1 版出版 3 年后，作者便开始计划和写作第 2 版。但只坚持了一年便停顿了。之后写写停停，进展很缓慢。直到 2016 年年底，从工作了十几年的英特尔公司辞职后，作者才又"重操旧业"。

过去的十年中，计算机领域发生了很多重大的变革。顺应这些变革，新的版本需要增加很多内容。简单来说，第 2 版卷 1 新增了以下内容。

- 关于 CPU 增加了 ARM 处理器的相关内容。

- 关于操作系统增加了 Linux 系统的相关内容。

- 关于编译器增加了 GCC 的相关内容。

- 关于调试器增加了 GDB 的相关内容。

- 增加了全新的 GPU 内容。

新增这些内容后，如果再装订成一本书，那么肯定比砖头还厚。经过反复思考和调整，最后终于确定了分卷出版的方案。卷 1 覆盖处理器等基础内容，卷 2、卷 3 分别介绍 Windows 系统和 Linux 系统的调试。

确定了新的分卷结构后，作者强迫自己投入更多的时间写作，快步向前推进。终于在 2018 年 6 月把卷 1 的书稿发给了出版社。

卷 1 共 16 章，分为 4 篇。

第一篇：绪论（第 1 章）

作为全书的开篇，这一篇介绍了软件调试的概念、基本过程、分类和简要历史，并综述了本书后面将详细介绍的主要调试技术。

第二篇：CPU 及其调试设施（第 2～7 章）

CPU 是计算机系统的硬件核心。这一篇以英特尔和 ARM 架构的 CPU 为例，系统描述了 CPU 的调试支持，包括如何支持软件断点、硬件断点和单步调试（参见第 4 章），如何支持硬件调试器（参见第 7 章），记录分支、中断、异常和支持性能分析的方法（参见第 5 章），以及支持硬件可调试性的错误检查和报告机制——MCA（机器检查架构）（参见第 6 章）。为了帮助读者理解这些内容，以及本书后面的内容，第 2 章介绍了关于 CPU 的一些基础知识，包括指令集、寄存器和保护模式，第 3 章深入介绍了与软件调试关系密切的中断和异常机制。与第 1 版相比，第 2 版不仅扩展了原来关于 x86 处理器的内容，还新增了 ARM 处理器的内容。

第三篇：GPU 及其调试设施（第 8～14 章）

这是第 1 版没有的全新内容，分 7 章深入探讨了 Nvidia、AMD、英特尔、ARM 和 Imagination 这五大厂商的 GPU。从某种程度上说，CPU 的时代已经过去，GPU 的时代正在开启。经历了半个多世纪的发展，CPU 已经很成熟，CPU 领域的创新机会越来越少。CPU 仍会存在，但不会再热门。而 GPU 领域则像是一块新大陆，有很多地方还是荒野，等待开垦，仿佛 19 世纪的美国西部，或者 20 世纪末的上海浦东。

第四篇：可调试性（第 15～16 章）

提高软件调试效率是一项系统的工程，除了 CPU、操作系统和编译器所提供的调试支持外，被调试软件本身的可调试性也是至关重要的。这一篇首先介绍了提高软件可调试性的意义、基本原则、实例和需要注意的问题（参见第 15 章），然后讨论了如何在软件开发实践中实现可调试性（参见第 16 章）。第 16 章的内容包括软件团队中各个角色应该承担的职责，实现可追溯性、可观察性和自动报告的方法。

在内容格式上，第 2 版也有所变化。首先，新增了名为"格物致知"的实践模块。读者可以下载试验材料，然后按照书中的指导步骤进行操作。在理论和实践方面，朱熹曾说："言理则无可捉摸，物有时而离。言物则理自在，自是离不得。"这句话的意思是，空讲理论可能让人摸不着头脑，把理论和实践分离开来；相反，讲具体的事物，自然就包含了道理，二者是分不开的。好一个"言物则理自在"，真是至理名言。其实，"言物"除了有朱熹说的"言物则理自在"好处外，还有生动有趣的优点。为此，第 2 版不仅新增了专门言物的"格物致知"模块，很多章节的正文内容也是本着这个思想来写作的。

另外，第 2 版还增加了评点模块——"老雷评点"和"格友评点"。"老雷评点"是"格蠹老雷"所评，"格友评点"为"格友"评点。"格蠹老雷"是作者的绰号。"格友"者，"格蠹老雷"之友也。"格"字源于上文所说之格物。在古老的《易经》中，8 个基本符号中有一个为震，象征雷，代表着锐意创新和开拓进取。

感谢苏轼，他用优美的文字清晰记录了 900 多年前的那个夜晚表现了作者心向往之的那种意境，让我们可以穿越时空，领略一代文豪的生活和心灵世界。感谢更多曾经著书立说的前辈，他们用文字向我们传递了他们的思想和智慧。

感谢缔造软件的前辈们，他们创造了一种新的形式来传递智慧。感谢父母，把我生在这个美好的软件时代。乐哉，三生有幸做软件。

因为书，自古便有读书之乐，穿越时空，悟前人心境，获前人智慧。因为软件，今天有调试之乐，电波传语，与硅片对谈，赏匠心之美，品设计之妙。希望本书可以让读者同时体验读书之乐和调试之乐。当然，如果读者能以此结缘，结交一两个可以在月朗星稀之夜"相与步于中庭"的朋友就更好了。

张银奎（Raymond Zhang）

2018 年 7 月 25 日于上海格蠹轩

◀ 第 1 版前言 ▶

现代计算机是从 20 世纪 40 年代开始出现的。当时的计算机比今天的要庞大很多，很多部件也不一样，但是有一点是完全相同的，那就是靠执行指令而工作。

一台计算机认识的所有指令被称为它的指令集（instruction set）。按照一定格式编写的指令序列被称为程序（program）。在同一台计算机中，执行不同的程序，便可以完成不同的任务，因此，现代计算机在诞生之初常被冠以通用字样，以突出其通用性。在带来好处的同时，通用性也意味着当人们需要让计算机完成某一件事情时，首先要编写一个能够完成这件事的程序，然后才执行这个程序来真正做这件事。使用这种方法的过程中，人们很快就意识到了两个严峻的问题：一是编写程序需要很多时间；二是当把编写好的程序输入计算机中执行时，有时它会表现出某些出乎意料的怪异行为。因此，首先不得不寻找怪异行为的根源，然后改写程序，如此循环，直到目标基本实现为止，或者因没有时间和资源继续做这件事而不得不放弃。

程序对计算机的重要性和编写程序的复杂性让一些人看到了商机。大约在 20 世纪 50 年代中期，专门编写程序的公司出现了。几年后，模仿硬件（hardware）一词，人们开始使用软件（software）这个词来称呼计算机程序和它的文档，并把将用户需求转化为软件产品的整个过程称为软件开发（software development），将大规模生产软件产品的社会活动称为软件工程（software engineering）。

如今，几十年过去了，我们看到的是一个繁荣而庞大的软件产业。但是前面描述的两个问题依然存在：一是编写程序仍然需要很多时间；二是编写出的程序在运行时仍然会出现意料外的行为。同时，后一个问题的表现形式越来越多，在运行过程中，程序可能会突然报告一个错误，可能会给出一个看似正确却并非需要的结果，可能会自作聪明地自动执行一大堆无法取消的操作，可能会忽略用户的命令，可能会长时间没有反应，可能会直接崩溃或者永远僵死在那里……而且总是可能有无法预料的其他情况出现。这些"可能"大多是因为隐藏在软件中的设计失误而导致的，即所谓的软件臭虫（bug），或者软件缺欠（defect）。

计算机是在软件指令的指挥下工作的，让存在缺欠的软件指挥强大的计算机硬件工作是件危险的事，可能导致惊人的损失和灾难性的事件发生。2003 年 8 月 14 日，北美大停电（Northeast Blackout of 2003）使 50 万人受到影响，直接经济损失 60 亿美元，其主要原因是软件缺欠导致报警系统没有报警。1999 年 9 月 23 日，美国的火星气象探测船因为没有进入预定轨道从而导致受到大气压力和摩擦而被摧毁，其原因是不同模块使用的计算单位不同，使计算出的轨道数据出现严重错误。1990 年 1 月 15 日，AT&T 公司的 100 多台交换机崩溃并反复重新启动，导致 6 万用户在 9h 中无法使用长途电话，其原因是新使用的软件在接收到某一种消息后会导致系统崩溃，并把这种症状传染给与它相邻的系统。1962 年 7 月 22 日，"水手一号"太空船发射 293s 后因为偏离轨道而被销毁，其原因也与软件错误有直接关系。类似的故事还有很多，尽管我们不希望它们发生。

一方面，软件缺欠难以避免；另一方面，软件缺欠的危害很大。这使得消除软件缺欠成为软件工程中的一项重要任务。消除软件缺欠的前提是要找到导致缺欠的根本原因。我们把探索软件缺欠的根源并寻求其解决方案的过程称为软件调试（software debugging）。

软件调试是在复杂的计算机系统中寻找软件缺欠的根源。这是让软件从业者头疼的一项任务。要在软件调试中游刃有余，需要对软件和计算机系统有深刻的理解，选用科学的方法，并使用强有力的工具。

本书的写作目的

在复杂的计算机系统中寻找软件缺欠的根源不是一个简单的任务，需要对软件和计算机系统有深刻的理解，选用科学的方法，并使用强有力的工具。这些正是作者写作本书的初衷。具体来说，写作本书的 3 个主要目的如下。

- 论述软件调试的一般原理，包括 CPU、操作系统和编译器是如何支持软件调试的，内核态调试和用户态调试的工作模型，以及调试器的工作原理。软件调试是计算机系统中多个部件之间的一个复杂交互过程。要理解这个过程，必须要了解每个部件在其中的角色和职责，以及它们的协作方式。学习这些原理不仅对提高软件工程师的调试技能至关重要，还有利于加深他们对计算机系统的理解，将计算机原理、编译原理、操作系统等多个学科的知识融会贯通。

- 探讨可调试性（debuggability）的内涵、意义和实现软件可调试性的原则与方法。所谓软件的可调试性就是在软件内部加入支持调试的代码，使其具有自动记录、报告和诊断的能力，从而更容易调试。软件自身的可调试性对于提高调试效率、增强软件的可维护性，以及保证软件的如期交付都有着重要意义。软件的可调试性是软件工程中一个很新的领域，本书对其进行了深入系统的探讨。

- 交流软件调试的方法和技巧。尽管论述一般原理是本书的重点，但是本书同时穿插了许多实践性很强的内容。其中包括调试用户态程序和系统内核模块的基本方法，如何诊断系统崩溃（BSOD）和应用程序崩溃，如何调试缓冲区溢出等与栈有关的问题，如何调试内存泄漏等与堆有关的问题。特别是，本书非常全面地介绍了 WinDBG 调试器的使用方法，给出了大量使用这个调试器的实例。

> **第 2 版说明** 上一段所描述内容将在后续分卷中单独介绍。

总之，作者希望通过本书让读者懂得软件调试的原理，意识到软件可调试性的重要性，学会基本的软件调试方法和调试工具的使用，并能应用这些方法和工具解决问题和学习其他软硬件知识。历史证明，所有软件技术高手都是软件调试高手，或者说不精通软件调试技术不可能成为（也不能算是）软件技术高手。本书希望带领读者走上这条高手之路。

本书的读者对象

第一，**本书是写给所有程序员的**。程序员是软件开发的核心力量。他们花大量的时间来调试他们所编写的代码，有时为此工作到深夜。作者希望程序员读完本书后能自觉地在代码中加入支持调试的代码，使调试能力和调试效率大大提高，不再因为调试程序而加班。本书中关于CPU、中断、异常和操作系统的介绍，是很多程序员需要补充的知识，因为对硬件和系统底层的深刻理解不但有利于写出好的应用程序，而且对于程序员的职业发展也是有利的。之所以说写给"所有"程序员是因为本书主要讨论的是一般原理和方法，没有限定某种编程语言和某个编程环境，也没有局限于某个特定的编程领域。

第二，**本书是写给从事测试、验证、系统集成、客户支持、产品销售等工作的软件工程师或 IT 工程师的**。他们的职责不是编写代码，因此软件缺欠与他们不直接相关，但是他们也经常因为软件缺欠而万分焦急。他们不需要负责修改代码并纠正问题，但是他们需要知道找谁来解决这个问题。因此，他们需要把错误定位到某个模块，或者至少定位到某个软件。本书介绍的工具和方法对于实现这个目标是非常有益的。另外，他们也可以从关于软件可调试性的内容中得到启发。本书关于CPU、操作系统和编译器的内容对于提高他们的综合能力并巩固软硬件知识也是有益的。

第三，**本书是写给从事反病毒、网络安全、版权保护等工作的技术人员的**。他们经常面对各种怪异的代码，需要在没有代码和文档的情况下做跟踪和分析。这是计算机领域中非常具有挑战性的工作。关于调试方法和 WinDBG 的内容有利于提高他们的效率。很多恶意软件故意加入了阻止调试和跟踪的机制，本书的原理性内容有助于理解这些机制。

第四，**本书是写给计算机、软件、自动控制、电子学等专业的研究生或高年级本科生的**。他们已经学习了程序设计、操作系统、计算机原理等课程，阅读本书可以帮助他们把这些知识联系起来，并深入到一个新的层次。学会使用调试器来跟踪和分析软件，可以让他们在指令一级领悟计算机软硬件的工作方式，深入核心，掌握本质，把学到的书本知识与计算机系统的实际情况结合起来。同时，可以提高他们的自学能力，使他们养成乐于钻研和探索的良好习惯。软件调试是从事计算机软硬件开发等工作的一项基本功，在学校里就掌握了这门技术，对于以后快速适应工作岗位是大有好处的。

第五，**本书是写给勇于挑战软件问题的硬件工程师和计算机用户的**。他们是软件缺欠的受害者。除了要忍受软件缺欠带来的不便之外，有时软件生产方还将责任推卸给他们，找借口说是硬件问题或使用不当造成的 bug。使用本书的工具和方法，他们可以找到很充足的证据来为自己说话。另外，本书的大多数内容不需要很深厚的软件背景，有基本的计算机知识就可以读懂。

或许不属于上面 5 种类型的读者也可以阅读本书。比如，软件公司或软件团队的管理者、软件方面的咨询师和培训师、大学和研究机构的研究人员、非计算机专业的学生、自由职业者、编程爱好者、黑客，等等。

要读懂和领会本书的内容，读者应具备以下基础。

- 曾经亲自参与编写程序，包括输入代码、编译，然后执行。

- 使用过某一种类型的调试器，用过断点、跟踪、观察变量等基本调试功能。如果对这些功能充满了好奇并且希望了解它们是如何工作的，则更好。

- 参加过某个软件开发项目，对软件工程有基本的了解，承认软件的复杂性，认为开发一个软件产品与写一个 HelloWorld 程序根本不是一回事。

尽管本书给出了一些汇编代码和 C/C++代码，但是其目的只是在代码层次直截了当地阐述问题。本书的目标不是讨论编程语言和编程技巧，也不要求读者已经具备丰富的编程经验。

本书的主要内容

> **第 2 版说明**   根据读者意见，第 2 版将分多卷组织。第 1 版中的第一篇、第二篇和第五篇包含在卷 1 中，第 1 版中的第三篇、第四篇和第六篇将包含在后续分卷中。新的结构以卷 1 为公共基础，其他分卷结合各自的平台环境深入介绍。因为结构变化较大，所以此处关于第 1 版内容结构的介绍删除。

本书的三条线索

> **第 2 版说明**   针对第 2 版的变化，关于本书线索和本书阅读方法的内容略有调整。

本书的内容是按照以下三条线索来组织的。

第一条线索是软件调试的"生态"系统（ecosystem）。

第二条线索是异常（exception）。异常是计算机系统中的一个重要概念，出现在 CPU、操作系统、编程语言、编译器、调试器等多个领域，本书逐一对其做了解析。

第三条线索是调试器。调试器是解决软件问题非常有力的工具，它是逐步发展到今天这个样子的。第 1 章介绍了单纯依赖硬件的调试方法。第 4 章分析了 DOS 下调试器的实现方法。第 7 章介绍硬件仿真和基于 JTAG 标准的硬件调试器。后续分卷将基于不同的操作系统平台详细介绍调试器的工作原理和用法。另外，全书很多地方都使用了调试器输出的结果，穿插了使用调试器解决软件问题的方法。

本书的阅读方法

本书的厚度决定了不适合一口气将它看完。以下是作者给出的阅读建议。

下载并安装 WinDBG 调试器。如果你还不了解它的基本用法，那么请先参考 WinDBG 的帮助文件，学会它的基本用法，能读懂栈回溯结果。有了这个工具后，你就可以尝试本书所描述的相关调试方法，自己在系统中探索书中提到的内容。

建议选择前面提到的三条线索中的一条来阅读。如果你有充裕的时间，那么可以按第一条线索来阅读。如果你想深入了解异常，那么可以按第二条线索来阅读。如果你有难题等待解决，希望快速了解基本的调试方法，那么你可以选择第三条线索，选择阅读与调试器有关的内容。

先阅读每一篇开始处的简介，了解各篇的概况，浏览主要章节，建立一个初步的印象。当需要时，再仔细查阅感兴趣的细节。

以上建议中，第一条是希望读者遵循的，其他建议谨供参考。

本书的写作方式

这是一本关于软件调试的书，同时它的大多数内容也是依靠软件调试技术来探索得到的。在作者使用的计算机系统中，一个名为 Toolbox 的文件夹下保存了 100 多个不同功能的工具软件。当然，使用最多的还是调试器。书中给出的大多数栈回溯结果是使用 WinDBG 调试器产生的。

写作本书的一个基本原则是首先从有代表性的实例出发，然后从这个实例推广到其他情况和一般规律。例如，在 CPU 方面作者选择的是 IA-32 CPU；在操作系统方面选择 NT 系列的 Windows 操作系统；在编译器方面选择的是 Visual Studio 系列；在调试器方面选择的是 Visual Studio 内置的调试器和 WinDBG。

本书的示例、工具和代码可以从高端调试网站（advdbg.org）免费下载，单击该网站左下方的"特别链接"中的《软件调试》即可。

> **第 2 版说明**　第 2 版的电子资源网站为 advdbg.org 网站。

尽管作者和编辑已经尽了最大努力，但是本书中仍然可能存在这样那样的疏漏，欢迎读者通过上面的网站反馈给我们。

关于封面

人们遇到百思不得其解或者难以解释清楚的问题时可能不由自主地说："见鬼了。"在软件开发和调试中也时常有这样的情况。钟馗是传说中的"捉鬼"能手，因此我们选取他作为本书的封面人物，希望这本书能够帮助读者轻松化解"见鬼了"这样的复杂问题。

第 2 版说明　　第 1 版书出版后某月，在上海长风公园偶然购得一幅皮影材质的钟馗画像，拿回家后把它装在玻璃镜框中，尺寸大约为 50cm × 38cm。在英特尔公司工作的几年里，这幅画一直挂在我的办公桌前。

免责声明

本书的内容完全是作者本人的观点，不代表任何公司和单位。你可以自由地使用本书的示例代码和附属工具，但是作者不对因使用本书内容和附带资料而导致的任何直接和间接后果承担任何责任。

致谢

第 2 版说明　　倏忽之间，十年过去了，重读这个致谢名单，一个个熟悉的面孔浮现在眼前。时光流转，真情不变，对各位朋友的感激之情永存我心。

首先感谢 Jack B. Dennis 教授，他向我讲述了大型机时代的编程环境和调试方法以及他和 Thomas G. Stockman 为 TX-0 计算机编写 FLIT 调试器的经过，并专门为本书撰写了短文"历史回眸"。FLIT 调试器是作者追溯到的最早的调试器程序。

感谢 Windows 领域的著名专家 David Solomon 先生，他回答了我的很多提问，并为本书第 1 版写了推荐序。

第 2 版说明　　因为 David Solomon 先生所写推荐序主要与 Windows 系统有关，所以把该推荐序放到了本书后续分卷中。

感谢《Showstopper》一书的作者 Greg Pascal Zachary 先生，他允许我引用他书中的内容和该书的照片。

感谢 CPU 和计算机硬件方面的权威 Tom Shanley 先生，他在计算机领域的著作有十几本，他关于 IA-32 架构方面的培训享誉全球。感谢他允许我在本书中使用他绘制的关于 CPU 寄存器的大幅插图（因篇幅所限最终没有使用）。

探索 Windows 调试子系统让我感受到了软件之美，创造这种美感的一个主要技术专家便是 Mark Lucovsky 先生，感谢他在邮件中给予我的鼓励。

感谢 DOS 之父 Tim Paterson 先生，他向我介绍了他编写 8086 Monitor 的经过，并允许我使用这个调试器程序的源代码。

感谢 Syser 调试器的作者吴岩峰先生，我们多次讨论了如何在单机上实现内核调试的技术细节，他始终关心着本书的进度。

感谢我的老板和同事，他们是：Kenny、Michael、Feng、Adam、Jim、Neal、Harold、Cui Yi、Keping、Eric、Yu、Wei、Min、Fred、Rick、Shirley、Vivian、Luke、Caleb、Christina 和 Starry（请原谅，我无法列出所有名字）。

感谢我的好朋友刘伟力，我们一起加班解决了一个大 bug 后，他感慨地说"断点真神奇"，这句话让我产生了写作本书的念头。

感谢曾华军（我们共同翻译了《机器学习》）与李妍帮助我翻译了 Jack B. Dennis 为本书写的"历史回眸"和 David Solomon 为本书第 1 版写的推荐序。

感谢以下朋友阅读了本书的草稿，提出了很多宝贵的意见：王毅鹏、王宇、施佳、夏桅、周祥、李晓宁、侯伟和吴巍。

> **第 2 版说明** 以下朋友都助检查了第 2 版卷 1 的初稿，在此表示感谢！
> 感谢谭添升、彭广杰、郁丛祥、邹冠群、卜道成、金睿、Yajun Yang、张耀欣和黎小红。

感谢本书第 1 版的编辑周筠和陈元玉，感谢两位编辑对我的一贯支持，以及编辑本书所花费的大量时间。感谢本书第 1 版美术编辑胡文佳，她的精心设计让本书的封面如此美丽。

> **第 2 版说明** 特别感谢人民邮电出版社为本书安排强大的编辑团队：陈冀康、谢晓芳、吴晋瑜，他们出色的工作让我非常感动。也要感谢我的好朋友张文杰，他为本书第 2 版精心绘制了很多幅插图。

感谢我的家人，在写作本书的漫长而且看似没有尽头的日子里，她们承担了繁重的家务，让我有时间完成本书。

最后，感谢你阅读本书，并希望你能从中受益！

张银奎（Raymond Zhang）
2008 年 4 月于上海
2018 年 7 月 26 日更新于上海 863 软件园

资源与支持

本书由异步社区出品，社区（https://www.epubit.com/）为您提供相关资源和后续服务。

配套资源

本书提供如下资源：

- 本书源代码；
- 书中彩图文件。

要获得以上配套资源，请在异步社区本书页面中点击 配套资源 ，跳转到下载界面，按提示进行操作即可。注意：为保证购书读者的权益，该操作会给出相关提示，要求输入提取码进行验证。

如果您是教师，希望获得教学配套资源，请在社区本书页面中直接联系本书的责任编辑。

提交勘误

作者和编辑尽最大努力来确保书中内容的准确性，但难免会存在疏漏。欢迎您将发现的问题反馈给我们，帮助我们提升图书的质量。

当您发现错误时，请登录异步社区，按书名搜索，进入本书页面，点击"提交勘误"，输入勘误信息，点击"提交"按钮即可。本书的作者和编辑会对您提交的勘误进行审核，确认并接受后，您将获赠异步社区的 100 积分。积分可用于在异步社区兑换优惠券、样书或奖品。

扫码关注本书

扫描下方二维码，您将会在异步社区微信服务号中看到本书信息及相关的服务提示。

与我们联系

我们的联系邮箱是 contact@epubit.com.cn。

如果您对本书有任何疑问或建议，请您发邮件给我们，并请在邮件标题中注明本书书名，以便我们更高效地做出反馈。

如果您有兴趣出版图书、录制教学视频，或者参与图书翻译、技术审校等工作，可以发邮件给我们；有意出版图书的作者也可以到异步社区在线提交投稿（直接访问 www.epubit.com/selfpublish/submission 即可）。

如果您是学校、培训机构或企业，想批量购买本书或异步社区出版的其他图书，也可以发邮件给我们。

如果您在网上发现有针对异步社区出品图书的各种形式的盗版行为，包括对图书全部或部分内容的非授权传播，请您将怀疑有侵权行为的链接发邮件给我们。您的这一举动是对作者权益的保护，也是我们持续为您提供有价值的内容的动力之源。

关于异步社区和异步图书

"异步社区"是人民邮电出版社旗下 IT 专业图书社区，致力于出版精品 IT 技术图书和相关学习产品，为作译者提供优质出版服务。异步社区创办于 2015 年 8 月，提供大量精品 IT 技术图书和电子书，以及高品质技术文章和视频课程。更多详情请访问异步社区官网 https://www.epubit.com。

"异步图书"是由异步社区编辑团队策划出版的精品 IT 专业图书的品牌，依托于人民邮电出版社近 30 年的计算机图书出版积累和专业编辑团队，相关图书在封面上印有异步图书的 LOGO。异步图书的出版领域包括软件开发、大数据、AI、测试、前端、网络技术等。

异步社区

微信服务号

目　录

第一篇　绪论

第1章　软件调试基础 ………………………3

1.1　简介 ………………………………………3
　1.1.1　定义 …………………………………3
　1.1.2　基本过程 ……………………………5
1.2　基本特征 …………………………………5
　1.2.1　难度大 ………………………………6
　1.2.2　难以估计完成时间 …………………7
　1.2.3　广泛的关联性 ………………………7
1.3　简要历史 …………………………………8
　1.3.1　单步执行 ……………………………8
　1.3.2　断点指令 ……………………………10
　1.3.3　分支监视 ……………………………11
1.4　分类 ………………………………………12
　1.4.1　按调试目标的系统环境分类 ………12
　1.4.2　按目标代码的执行方式分类 ………12
　1.4.3　按目标代码的执行模式分类 ………13
　1.4.4　按软件所处的阶段分类 ……………13
　1.4.5　按调试器与调试目标的相对
　　　　　位置分类 …………………………14
　1.4.6　按调试目标的活动性分类 …………14
　1.4.7　按调试工具分类 ……………………15
1.5　调试技术概览 ……………………………15
　1.5.1　断点 …………………………………15

1.5.2　单步执行 ………………………………16
1.5.3　输出调试信息 …………………………17
1.5.4　日志 ……………………………………17
1.5.5　事件追踪 ………………………………17
1.5.6　转储文件 ………………………………18
1.5.7　栈回溯 …………………………………18
1.5.8　反汇编 …………………………………18
1.5.9　观察和修改内存数据 …………………19
1.5.10　控制被调试进程和线程 ……………19
1.6　错误与缺欠 ………………………………19
　1.6.1　内因与表象 …………………………19
　1.6.2　谁的 bug ……………………………20
　1.6.3　bug 的生命周期 ……………………21
　1.6.4　软件错误的开支曲线 ………………21
1.7　重要性 ……………………………………23
　1.7.1　调试与编码的关系 …………………23
　1.7.2　调试与测试的关系 …………………24
　1.7.3　调试与逆向工程的关系 ……………24
　1.7.4　学习调试技术的意义 ………………25
　1.7.5　调试技术尚未得到应有的
　　　　　重视 ………………………………25
1.8　本章小结 …………………………………26
参考资料 ………………………………………26

第二篇　CPU 及其调试设施

第2章　CPU 基础 ……………………………29

2.1　指令和指令集 ……………………………29
　2.1.1　基本特征 ……………………………30
　2.1.2　寻址方式 ……………………………31

2.1.3　指令的执行过程 ………………………32
2.2　英特尔架构处理器 ………………………33
　2.2.1　80386 处理器 ………………………34
　2.2.2　80486 处理器 ………………………34
　2.2.3　奔腾处理器 …………………………35

2.2.4 P6 系列处理器 ············ 36
2.2.5 奔腾 4 处理器 ············ 38
2.2.6 Core 2 系列处理器 ········ 38
2.2.7 Nehalem 微架构 ·········· 39
2.2.8 Sandy Bridge 微架构 ······ 39
2.2.9 Ivy Bridge 微架构 ········ 40
2.2.10 Haswell 微架构 ·········· 40
2.2.11 Broadwell 微架构 ········ 41
2.2.12 Skylake 微架构 ·········· 41
2.2.13 Kaby Lake 微架构 ······· 41
2.3 CPU 的操作模式 ············· 42
2.4 寄存器 ····················· 44
2.4.1 通用数据寄存器 ·········· 44
2.4.2 标志寄存器 ·············· 45
2.4.3 MSR 寄存器 ·············· 46
2.4.4 控制寄存器 ·············· 46
2.4.5 其他寄存器 ·············· 48
2.4.6 64 位模式时的寄存器 ······ 49
2.5 理解保护模式 ··············· 50
2.5.1 任务间的保护机制 ········ 50
2.5.2 任务内的保护 ············ 51
2.5.3 特权级 ·················· 52
2.5.4 特权指令 ················ 53
2.6 段机制 ····················· 54
2.6.1 段描述符 ················ 54
2.6.2 描述符表 ················ 56
2.6.3 段选择子 ················ 56
2.6.4 观察段寄存器 ············ 57
2.7 分页机制 ··················· 59
2.7.1 32 位经典分页 ············ 60
2.7.2 PAE 分页 ················ 66
2.7.3 IA-32e 分页 ·············· 68
2.7.4 大内存页 ················ 71
2.7.5 WinDBG 的有关命令 ······ 72
2.8 PC 系统概貌 ················ 73
2.9 ARM 架构基础 ·············· 75
2.9.1 ARM 的多重含义 ········· 75
2.9.2 主要版本 ················ 76
2.9.3 操作模式和状态 ·········· 78
2.9.4 32 位架构核心寄存器 ······ 80
2.9.5 协处理器 ················ 82
2.9.6 虚拟内存管理 ············ 83
2.9.7 伪段支持 ················ 87

2.9.8 64 位 ARM 架构 ·········· 88
2.10 本章小结 ·················· 90
参考资料 ······················ 90

第 3 章 中断和异常 ············ 91
3.1 概念和差异 ················· 91
3.1.1 中断 ···················· 91
3.1.2 异常 ···················· 93
3.1.3 比较 ···················· 93
3.2 异常的分类 ················· 93
3.2.1 错误类异常 ·············· 93
3.2.2 陷阱类异常 ·············· 94
3.2.3 中止类异常 ·············· 95
3.3 异常例析 ··················· 95
3.3.1 列表 ···················· 95
3.3.2 错误代码 ················ 97
3.3.3 示例 ···················· 97
3.4 中断/异常的优先级 ·········· 99
3.5 中断/异常处理 ············· 100
3.5.1 实模式 ·················· 100
3.5.2 保护模式 ················ 101
3.5.3 IA-32e 模式 ·············· 109
3.6 ARM 架构中的异常机制 ····· 110
3.7 本章小结 ·················· 112
参考资料 ····················· 113

第 4 章 断点和单步执行 ······· 114
4.1 软件断点 ·················· 114
4.1.1 INT 3 ··················· 114
4.1.2 在调试器中设置断点 ····· 115
4.1.3 断点命中 ··············· 116
4.1.4 恢复执行 ··············· 118
4.1.5 特殊用途 ··············· 118
4.1.6 断点 API ················ 119
4.1.7 系统对 INT 3 的优待 ····· 119
4.1.8 观察调试器写入的 INT 3
　　　指令 ·················· 121
4.1.9 归纳和提示 ············· 122
4.2 硬件断点 ·················· 123
4.2.1 调试寄存器概览 ········· 123
4.2.2 调试地址寄存器 ········· 124
4.2.3 调试控制寄存器 ········· 124
4.2.4 指令断点 ··············· 127

4.2.5 调试异常 ·············127

4.2.6 调试状态寄存器 ·······128

4.2.7 示例 ·················129

4.2.8 硬件断点的设置方法 ···132

4.2.9 归纳 ·················134

4.3 陷阱标志 ·················135

4.3.1 单步执行标志 ·········135

4.3.2 高级语言的单步执行 ···136

4.3.3 任务状态段陷阱标志 ···138

4.3.4 按分支单步执行标志 ···138

4.4 实模式调试器例析 ·········140

4.4.1 Debug.exe ············140

4.4.2 8086 Monitor ·········142

4.4.3 关键实现 ·············143

4.5 反调试示例 ···············145

4.6 ARM 架构的断点支持 ·······147

4.6.1 断点指令 ·············148

4.6.2 断点寄存器 ···········149

4.6.3 监视点寄存器 ·········153

4.6.4 单步跟踪 ·············155

4.7 本章小结 ·················156

参考资料 ·····················157

第 5 章 分支记录和性能监视 ·······158

5.1 分支监视概览 ·············159

5.2 使用寄存器的分支记录 ·····159

5.2.1 LBR ·················160

5.2.2 LBR 栈 ···············161

5.2.3 示例 ·················161

5.2.4 在 Windows 操作系统中的
应用 ·················165

5.3 使用内存的分支记录 ·······166

5.3.1 DS 区 ················166

5.3.2 启用 DS 机制 ·········168

5.3.3 调试控制寄存器 ·······168

5.4 DS 示例：CpuWhere ·······169

5.4.1 驱动程序 ·············170

5.4.2 应用界面 ·············173

5.4.3 2.0 版本 ·············175

5.4.4 局限性和扩展建议 ·····178

5.4.5 Linux 内核中的 BTS 驱动 ···179

5.5 性能监视 ·················180

5.5.1 奔腾处理器的性能监视机制 ···181

5.5.2 P6 处理器的性能监视机制 ····182

5.5.3 P4 处理器的性能监视 ······183

5.5.4 架构性的性能监视机制 ·····186

5.5.5 酷睿微架构处理器的性能
监视机制 ·············187

5.5.6 资源 ·················188

5.6 实时指令追踪 ·············188

5.6.1 工作原理 ·············189

5.6.2 RTIT 数据包 ···········190

5.6.3 Linux 支持 ···········191

5.7 ARM 架构的性能监视设施 ·······192

5.7.1 PMUv1 和 PMUv2 ·······192

5.7.2 PMUv3 ···············194

5.7.3 示例 ·················194

5.7.4 CoreSight ···········195

5.8 本章小结 ·················195

参考资料 ·····················195

第 6 章 机器检查架构 ···········196

6.1 奔腾处理器的机器检查机制 ·······196

6.2 MCA ·····················198

6.2.1 概览 ·················198

6.2.2 MCA 的全局寄存器 ·····199

6.2.3 MCA 的错误报告寄存器 ···201

6.2.4 扩展的机器检查状态
寄存器 ···············202

6.2.5 MCA 错误编码 ·········203

6.3 编写 MCA 软件 ···········205

6.3.1 基本算法 ·············205

6.3.2 示例 ·················207

6.3.3 在 Windows 系统中的应用 ···208

6.3.4 在 Linux 系统中的应用 ·······210

6.4 本章小结 ·················212

参考资料 ·····················212

第 7 章 JTAG 调试 ·············213

7.1 简介 ·····················213

7.1.1 ICE ·················213

7.1.2 JTAG ················214

7.2 JTAG 原理 ···············215

7.2.1 边界扫描链路 ·········215

7.2.2 TAP 信号 ·············216

7.2.3 TAP 寄存器 ···········217

7.2.4　TAP 控制器·············217
7.2.5　TAP 指令·············218
7.3　JTAG 应用·············219
　7.3.1　JTAG 调试·············220
　7.3.2　调试端口·············221
7.4　IA 处理器的 JTAG 支持·······221
　7.4.1　P6 处理器的 JTAG 实现···221
　7.4.2　探测模式·············223
　7.4.3　ITP 接口·············223
　7.4.4　XDP 端口·············225
　7.4.5　ITP-XDP 调试仪·······226
　7.4.6　直接连接接口·········226

7.4.7　典型应用·············227
7.5　ARM 处理器的 JTAG 支持·····227
　7.5.1　ARM 调试接口·········228
　7.5.2　调试端口·············228
　7.5.3　访问端口·············229
　7.5.4　被调试器件·········229
　7.5.5　调试接插口·········229
　7.5.6　硬件调试器·········231
　7.5.7　DS-5·············232
7.6　本章小结·············232
参考资料·················233

第三篇　GPU 及其调试设施

第 8 章　GPU 基础·············237
8.1　GPU 简史·············237
　8.1.1　从显卡说起·········237
　8.1.2　硬件加速·············239
　8.1.3　可编程和通用化·······240
　8.1.4　三轮演进·············242
8.2　设备身份·············243
　8.2.1　"喂模式"·············243
　8.2.2　内存复制·············243
　8.2.3　超时检测和复位·······243
　8.2.4　与 CPU 之并立·······243
8.3　软件接口·············244
　8.3.1　设备寄存器·········244
　8.3.2　批命令缓冲区·······245
　8.3.3　状态模型·············245
8.4　GPU 驱动模型·········247
　8.4.1　WDDM·············247
　8.4.2　DRI 和 DRM·········249
8.5　编程技术·············250
　8.5.1　着色器·············250
　8.5.2　Brook 和 CUDA·······251
　8.5.3　OpenCL·············252
8.6　调试设施·············252
　8.6.1　输出调试信息·······253
　8.6.2　发布断点·············253
　8.6.3　其他断点·············254
　8.6.4　单步执行·············254
　8.6.5　观察程序状态·······254

8.7　本章小结·············254
参考资料·················255
第 9 章　Nvidia GPU 及其调试设施···256
9.1　概要·················256
　9.1.1　一套微架构·········256
　9.1.2　三条产品线·········256
　9.1.3　封闭·············257
9.2　微架构·············257
　9.2.1　G80（特斯拉 1.0 微架构）···257
　9.2.2　GT200（特斯拉 2.0 微架构）···259
　9.2.3　GF100（费米微架构）···260
　9.2.4　GK110（开普勒微架构）···261
　9.2.5　GM107（麦斯威尔微架构）···263
　9.2.6　GP104（帕斯卡微架构）···263
　9.2.7　GV100（伏特微架构）···265
　9.2.8　持续改进·············267
9.3　硬件指令集·········268
　9.3.1　SASS·············269
　9.3.2　指令格式·············270
　9.3.3　谓词执行·············270
　9.3.4　计算能力·············271
　9.3.5　GT200 的指令集·······271
　9.3.6　GV100 的指令集·······274
9.4　PTX 指令集·········279
　9.4.1　汇编和反汇编·······280
　9.4.2　状态空间·············282
　9.4.3　虚拟寄存器·········283
　9.4.4　数据类型·············284

9.4.5　指令格式 ·············· 284
9.4.6　内嵌汇编 ·············· 285
9.5　CUDA ·························· 286
9.5.1　源于 Brook ············ 286
9.5.2　算核 ···················· 286
9.5.3　执行配置 ·············· 288
9.5.4　内置变量 ·············· 290
9.5.5　Warp ···················· 291
9.5.6　显式并行 ·············· 292
9.6　异常和陷阱 ················ 293
9.6.1　陷阱指令 ·············· 293
9.6.2　陷阱后缀 ·············· 293
9.6.3　陷阱处理 ·············· 293
9.7　系统调用 ···················· 296
9.7.1　vprintf ·················· 296
9.7.2　malloc 和 free ········· 297
9.7.3　__assertfail ············ 298
9.8　断点指令 ···················· 299
9.8.1　PTX 的断点指令 ······ 299
9.8.2　硬件的断点指令 ······ 300
9.9　Nsight 的断点功能 ········ 301
9.9.1　源代码断点 ············ 301
9.9.2　函数断点 ·············· 301
9.9.3　根据线程组和线程编号设置
　　　条件断点 ·············· 302
9.10　数据断点 ·················· 304
9.10.1　设置方法 ············· 304
9.10.2　命中 ·················· 304
9.10.3　数量限制 ············· 306
9.10.4　设置时机 ············· 306
9.11　调试符号 ·················· 306
9.11.1　编译选项 ············· 306
9.11.2　ELF 载体 ············· 306
9.11.3　DWARF ··············· 307
9.12　CUDA GDB ··············· 307
9.12.1　通用命令 ············· 307
9.12.2　扩展 ·················· 308
9.12.3　局限 ·················· 308
9.13　CUDA 调试器 API ········· 308
9.13.1　头文件 ··············· 309
9.13.2　调试事件 ············· 309
9.13.3　工作原理 ············· 310
9.14　本章小结 ·················· 312

参考资料 ·························· 312
第10章　AMD GPU 及其调试设施 ··· 314
10.1　演进简史 ·················· 314
10.1.1　三个发展阶段 ········ 314
10.1.2　两种产品形态 ········ 315
10.2　Terascale 微架构 ········· 315
10.2.1　总体结构 ············· 315
10.2.2　SIMD 核心 ··········· 317
10.2.3　VLIW ················· 317
10.2.4　四类指令 ············· 318
10.3　GCN 微架构 ··············· 318
10.3.1　逻辑结构 ············· 319
10.3.2　CU 和波阵 ··········· 319
10.3.3　内存层次结构 ········ 321
10.3.4　工作组 ··············· 321
10.3.5　多执行引擎 ·········· 323
10.4　GCN 指令集 ··············· 323
10.4.1　7 种指令类型 ········· 323
10.4.2　指令格式 ············· 324
10.4.3　不再是 VLIW 指令 ···· 324
10.4.4　指令手册 ············· 324
10.5　编程模型 ·················· 325
10.5.1　地慢 ·················· 325
10.5.2　HSA ·················· 326
10.5.3　ROCm ················ 326
10.5.4　Stream SDK 和 APP SDK ··· 327
10.5.5　Linux 系统的驱动 ···· 327
10.6　异常和陷阱 ··············· 327
10.6.1　9 种异常 ············· 328
10.6.2　启用 ·················· 328
10.6.3　陷阱状态寄存器 ······ 328
10.6.4　陷阱处理器基地址 ···· 329
10.6.5　陷阱处理过程 ········ 329
10.7　控制波阵的调试接口 ······ 330
10.7.1　5 种操作 ············· 330
10.7.2　指定目标 ············· 330
10.7.3　发送接口 ············· 331
10.7.4　限制 ·················· 332
10.8　地址监视 ·················· 332
10.8.1　4 种监视模式 ········· 332
10.8.2　数量限制 ············· 333
10.8.3　报告命中 ············· 333

10.8.4　寄存器接口 ┈┈┈┈┈┈333
10.8.5　用户空间接口 ┈┈┈┈┈333
10.9　单步调试支持 ┈┈┈┈┈┈┈333
　　10.9.1　单步调试模式 ┈┈┈┈┈334
　　10.9.2　控制方法 ┈┈┈┈┈┈┈334
10.10　根据调试条件实现分支跳转的
　　　　指令 ┈┈┈┈┈┈┈┈┈┈┈335
　　10.10.1　两个条件标志 ┈┈┈┈335
　　10.10.2　4条指令 ┈┈┈┈┈┈┈335
10.11　代码断点 ┈┈┈┈┈┈┈┈┈335
　　10.11.1　陷阱指令 ┈┈┈┈┈┈┈336
　　10.11.2　在GPU调试SDK中的
　　　　　　使用 ┈┈┈┈┈┈┈┈┈336
10.12　GPU调试模型和开发套件 ┈337
　　10.12.1　组成 ┈┈┈┈┈┈┈┈┈337
　　10.12.2　进程内调试模型 ┈┈┈337
　　10.12.3　面向事件的调试接口 ┈339
10.13　ROCm-GDB ┈┈┈┈┈┈┈340
　　10.13.1　源代码 ┈┈┈┈┈┈┈┈340
　　10.13.2　安装和编译 ┈┈┈┈┈340
　　10.13.3　常用命令 ┈┈┈┈┈┈340
10.14　本章小结 ┈┈┈┈┈┈┈┈┈341
参考资料 ┈┈┈┈┈┈┈┈┈┈┈┈┈342

第11章　英特尔GPU及其调试设施 ┈343

11.1　演进简史 ┈┈┈┈┈┈┈┈┈┈343
　　11.1.1　i740 ┈┈┈┈┈┈┈┈┈┈343
　　11.1.2　集成显卡 ┈┈┈┈┈┈┈344
　　11.1.3　G965 ┈┈┈┈┈┈┈┈┈345
　　11.1.4　Larabee ┈┈┈┈┈┈┈345
　　11.1.5　GPU ┈┈┈┈┈┈┈┈┈346
　　11.1.6　第三轮努力 ┈┈┈┈┈┈347
　　11.1.7　公开文档 ┈┈┈┈┈┈┈347
11.2　GEN微架构 ┈┈┈┈┈┈┈┈348
　　11.2.1　总体架构 ┈┈┈┈┈┈┈349
　　11.2.2　片区布局 ┈┈┈┈┈┈┈350
　　11.2.3　子片布局 ┈┈┈┈┈┈┈351
　　11.2.4　EU ┈┈┈┈┈┈┈┈┈┈352
　　11.2.5　经典架构图 ┈┈┈┈┈┈353
11.3　寄存器接口 ┈┈┈┈┈┈┈┈354
　　11.3.1　两大类寄存器 ┈┈┈┈354
　　11.3.2　显示功能的寄存器 ┈┈355
11.4　命令流和环形缓冲区 ┈┈┈357

11.4.1　命令 ┈┈┈┈┈┈┈┈┈┈357
11.4.2　环形缓冲区 ┈┈┈┈┈┈┈358
11.4.3　环形缓冲区寄存器 ┈┈┈359
11.5　逻辑环上下文和执行列表 ┈┈360
　　11.5.1　LRC ┈┈┈┈┈┈┈┈┈360
　　11.5.2　执行链表提交端口 ┈┈362
　　11.5.3　理解LRC的提交和执行
　　　　　　过程 ┈┈┈┈┈┈┈┈┈362
11.6　GuC和通过GuC提交任务 ┈365
　　11.6.1　加载固件和启动GuC ┈365
　　11.6.2　以MMIO方式通信 ┈┈366
　　11.6.3　基于共享内存的命令传递
　　　　　　机制 ┈┈┈┈┈┈┈┈┈367
　　11.6.4　提交工作任务 ┈┈┈┈┈367
11.7　媒体流水线 ┈┈┈┈┈┈┈┈368
　　11.7.1　G965的媒体流水线 ┈┈368
　　11.7.2　MFX引擎 ┈┈┈┈┈┈370
　　11.7.3　状态模型 ┈┈┈┈┈┈┈370
　　11.7.4　多种计算方式 ┈┈┈┈371
11.8　EU指令集 ┈┈┈┈┈┈┈┈┈372
　　11.8.1　寄存器 ┈┈┈┈┈┈┈┈372
　　11.8.2　寄存器区块 ┈┈┈┈┈373
　　11.8.3　指令语法 ┈┈┈┈┈┈┈375
　　11.8.4　VLIW和指令级别并行 ┈375
11.9　内存管理 ┈┈┈┈┈┈┈┈┈377
　　11.9.1　GGTT ┈┈┈┈┈┈┈┈377
　　11.9.2　PPGTT ┈┈┈┈┈┈┈378
　　11.9.3　I915和GMMLIB ┈┈┈379
11.10　异常 ┈┈┈┈┈┈┈┈┈┈┈379
　　11.10.1　异常类型 ┈┈┈┈┈┈379
　　11.10.2　系统过程 ┈┈┈┈┈┈380
11.11　断点支持 ┈┈┈┈┈┈┈┈┈381
　　11.11.1　调试控制位 ┈┈┈┈┈381
　　11.11.2　操作码匹配断点 ┈┈┈381
　　11.11.3　IP匹配断点 ┈┈┈┈┈381
　　11.11.4　初始断点 ┈┈┈┈┈┈382
11.12　单步执行 ┈┈┈┈┈┈┈┈┈382
11.13　GT调试器 ┈┈┈┈┈┈┈┈382
　　11.13.1　架构 ┈┈┈┈┈┈┈┈382
　　11.13.2　调试事件 ┈┈┈┈┈┈384
　　11.13.3　符号管理 ┈┈┈┈┈┈385
　　11.13.4　主要功能 ┈┈┈┈┈┈385
　　11.13.5　不足 ┈┈┈┈┈┈┈┈385

11.14 本章小结 ·················386
参考资料 ·······················386

第12章 Mali GPU 及其调试设施 ······387
12.1 概况 ·························387
12.1.1 源于挪威 ···············387
12.1.2 纳入 ARM ·············387
12.1.3 三代微架构 ···········388
12.1.4 发货最多的图形处理器 ···388
12.1.5 精悍的团队 ···········389
12.1.6 封闭的技术文档 ·······389
12.1.7 单元化设计 ···········389
12.2 Midgard 微架构 ·········389
12.2.1 逻辑结构 ·············390
12.2.2 三流水线着色器核心 ···390
12.2.3 VLIW 指令集 ·········392
12.3 Bifrost 微架构 ·········393
12.3.1 逻辑结构 ·············393
12.3.2 执行核心 ·············394
12.3.3 标量指令集和 Warp ···395
12.4 Mali 图形调试器 ·········395
12.4.1 双机模式 ·············395
12.4.2 面向帧调试 ···········396
12.5 Gator ·····················396
12.5.1 Gator 内核模块（gator.ko）···397
12.5.2 Gator 文件系统（gatorfs）····397
12.5.3 Gator 后台服务（gatord）····398
12.5.4 Kbase 驱动中的 gator 支持···399
12.5.5 含义 ···················399
12.6 Kbase 驱动的调试设施 ···399
12.6.1 GPU 版本报告 ·········399
12.6.2 编译选项 ·············400
12.6.3 DebugFS 下的虚拟文件 ···401
12.6.4 SysFS 下的虚拟文件 ···401
12.6.5 基于 ftrace 的追踪设施 ···401
12.6.6 Kbase 的追踪设施 ·····402
12.7 其他调试设施 ·············403
12.7.1 Caiman ···············403
12.7.2 devlib ·················404
12.7.3 Mali 离线编译器 ·······404
12.8 缺少的调试设施 ···········405
12.8.1 GPGPU 调试器 ·········405
12.8.2 GPU 调试 SDK ·······406

12.8.3 反汇编器 ·············406
12.8.4 ISA 文档 ·············406
12.9 本章小结 ·················406
参考资料 ·······················406

**第13章 PowerVR GPU 及其调试
设施** ·······················407
13.1 概要 ·····················407
13.1.1 发展简史 ·············407
13.1.2 两条产品线 ···········409
13.1.3 基于图块延迟渲染 ·····409
13.1.4 Intel GMA ···········409
13.1.5 开放性 ···············410
13.2 Rogue 微架构 ···········410
13.2.1 总体结构 ·············410
13.2.2 USC ·················411
13.2.3 ALU 流水线 ·········412
13.3 参考指令集 ···············413
13.3.1 寄存器 ···············414
13.3.2 指令组 ···············414
13.3.3 指令修饰符 ···········415
13.3.4 指令类型 ·············415
13.3.5 标量指令 ·············416
13.3.6 并行模式 ·············416
13.4 软件模型和微内核 ·········417
13.4.1 软件模型 ·············417
13.4.2 微内核的主要功能 ·····417
13.4.3 优点 ·················418
13.4.4 存在的问题 ···········418
13.5 断点支持 ·················418
13.5.1 bpret 指令 ···········419
13.5.2 数据断点 ·············419
13.5.3 ISP 断点 ·············420
13.6 离线编译和反汇编 ·········420
13.6.1 离线编译 ·············420
13.6.2 反汇编 ···············421
13.7 PVR-GDB ···············421
13.7.1 跟踪调试 ·············421
13.7.2 寄存器访问 ···········422
13.7.3 其他功能 ·············422
13.7.4 全局断点和局限性 ·····422
13.8 本章小结 ·················423
参考资料 ·······················423

第 14 章　GPU 综述·········424

14.1　比较·········424

14.1.1　开放性·········424

14.1.2　工具链·········425

14.1.3　开发者文档·········425

14.2　主要矛盾·········425

14.2.1　专用性和通用性·········426

14.2.2　强硬件和弱软件·········426

14.3　发展趋势·········426

14.3.1　从固定功能单元到通用
执行引擎·········426

14.3.2　从向量指令到标量指令·······427

14.3.3　从指令并行到线程并行·······427

14.4　其他 GPU·········427

14.4.1　Adreno·········428

14.4.2　VideoCore·········428

14.4.3　图芯 GPU·········429

14.4.4　TI TMS34010·········429

14.5　学习资料和工具·········430

14.5.1　文档·········430

14.5.2　源代码·········430

14.5.3　工具·········431

14.6　本章小结·········432

参考资料·········432

第四篇　可调试性

第 15 章　可调试性概览·········435

15.1　简介·········435

15.2　观止和未雨绸缪·········436

15.2.1　NT 3.1 的故事·········436

15.2.2　未雨绸缪·········438

15.3　基本原则·········439

15.3.1　最短距离原则·········439

15.3.2　最小范围原则·········439

15.3.3　立刻终止原则·········440

15.3.4　可追溯原则·········441

15.3.5　可控制原则·········442

15.3.6　可重复原则·········442

15.3.7　可观察原则·········442

15.3.8　易辨识原则·········443

15.3.9　低海森伯效应原则·········443

15.4　不可调试代码·········444

15.4.1　系统的异常分发函数·········444

15.4.2　提供调试功能的系统函数···444

15.4.3　对调试器敏感的函数·········445

15.4.4　反跟踪和调试的程序·········445

15.4.5　时间敏感的代码·········446

15.4.6　应对措施·········446

15.5　可调试性例析·········446

15.5.1　健康性检查和 BSOD·········447

15.5.2　可控制性·········447

15.5.3　公开的符号文件·········448

15.5.4　WER·········448

15.5.5　ETW 和日志·········448

15.5.6　性能计数器·········449

15.5.7　内置的内核调试引擎·········449

15.5.8　手动触发崩溃·········449

15.6　与安全、商业秘密和性能的
关系·········449

15.6.1　可调试性与安全性·········450

15.6.2　可调试性与商业秘密·········450

15.6.3　可调试性与性能·········450

15.7　本章小结·········450

参考资料·········451

第 16 章　可调试性的实现·········452

16.1　角色和职责·········452

16.1.1　架构师·········452

16.1.2　程序员·········453

16.1.3　测试人员·········453

16.1.4　产品维护和技术支持
工程师·········454

16.1.5　管理者·········454

16.2　可调试架构·········455

16.2.1　日志·········455

16.2.2　输出调试信息·········456

16.2.3　转储·········457

16.2.4　基类·········458

16.2.5　调试模型·········458

16.3　通过栈回溯实现可追溯性·········459

16.3.1　栈回溯的基本原理·········459

16.3.2 利用 DbgHelp 函数库
回溯栈 ·············· 461
16.3.3 利用 RTL 函数回溯栈 ········· 465
16.4 数据的可追溯性 ············· 466
16.4.1 基于数据断点的方法 ········· 466
16.4.2 使用对象封装技术来追踪
数据变化 ············· 471
16.5 可观察性的实现 ············· 472
16.5.1 状态查询 ············· 472
16.5.2 WMI ············· 473
16.5.3 性能计数器 ············· 475

16.5.4 转储 ·············· 478
16.5.5 打印或者输出调试信息 ······· 479
16.5.6 日志 ·············· 480
16.6 自检和自动报告 ·············· 480
16.6.1 BIST ·············· 480
16.6.2 软件自检 ·············· 481
16.6.3 自动报告 ·············· 482
16.7 本章小结 ·············· 482
参考资料 ·············· 483
平淡天真·代跋 ·············· 484

第一篇
绪　　论

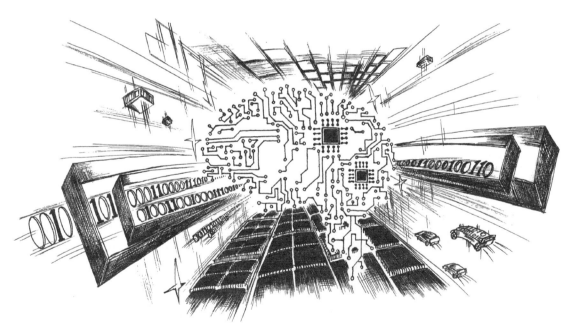

　　1955 年，一家名为 Computer Usage Corporation（CUC）的公司诞生了，它是世界上第一家专门从事软件开发和服务的公司。CUC 公司的创始人是 Elmer Kubie 和 John W. Sheldon，他们都在 IBM 工作过。他们从当时计算机硬件的迅速发展中看到了软件方面所潜在的机遇。CUC 的诞生标志着一个新兴的产业正式起步了。

　　与其他产业相比，软件产业的发展速度是惊人的。短短 60 余年后，我们已经难以统计世界上共有多少家软件公司，只知道这一定是一个很庞大的数字，而且这个数字还在不断增大。与此同时，软件产品的数量也达到了难以统计的程度，各种各样的软件已经渗透到人类生产和生活的各个领域，越来越多的人开始依赖软件工作和生活。

与传统的产品相比，软件产品具有根本的不同，其生产过程也有着根本的差异。在开发软件的整个过程中，存在非常多的不确定性因素。在一个软件真正完成之前，它的完成日期是很难预计的。很多软件项目都经历了多次的延期，还有很多中途夭折了。直到今天，人们还没有找到一种有效的方法来控制软件的生产过程。导致软件生产难以控制的根本原因是源自软件本身的复杂性。一个软件的规模越大，它的复杂度也越高。

简单来说，软件是程序（program）和文档（document）的集合，程序的核心内容便是按一定顺序排列的一系列指令（instruction）。如果把每个指令看作一块积木，那么软件开发就是使用这些积木修建一个让 CPU（中央处理器）在其中运行的交通系统。这个系统中有很多条不同特征的道路（函数）。有些道路只允许一辆车在上面行驶，一辆车驶出后另一辆才能进入；有些道路可以让无数辆车同时在上面行驶。这些道路都是单行道，只可以沿一个方向行驶。在这些道路之间，除了明确的入口（entry）和出口（exit）之外，还可以通过中断和异常等机制从一条路飞越到另一条，再由另一条飞转到第三条或直接飞回到第一条。在这个系统中行驶的车辆也很特殊，它们速度很快，而且"无人驾驶"，完全不知道会跑到哪里，唯一的原则就是驶入一条路便沿着它向前跑……

如果说软件的执行过程就像是 CPU 在无数条道路（指令流）间飞奔，那么开发软件的过程就是设计和构建这个交通网络的过程。其基本目标是要让 CPU 在这个网络中奔跑时可以完成需求（requirement）中所定义的功能。对这个网络的其他要求通常还有可靠（reliable）、灵活（flexible）、健壮（robust）和易于维护（maintainable），开发者通过简单的改造就能让其他类型的车辆（CPU）在上面行驶（portable）……

开发一个满足以上要求的软件系统不是一件简单的事，通常需要经历分析（analysis）、设计（design）、编码（code）和测试（test）等多个环节。通过测试并发布（release）后，还需要维护（maintain）和支持（support）工作。在以上环节中，每一步都可能遇到这样那样的技术难题。

在软件世界中，螺丝刀、万用表等传统的探测工具和修理工具都不再适用了，取而代之的是以调试器为核心的各种软件调试（software debugging）工具。

软件调试的基本手段有断点、单步执行、栈回溯等，其初衷就是跟踪和记录 CPU 执行软件的过程，把动态的瞬间"凝固"下来，以供检查和分析。

软件调试的基本目标是定位软件中存在的设计错误（bug）。但除此之外，软件调试技术和工具还有很多其他用途，比如分析软件的工作原理、分析系统崩溃、辅助解决系统和硬件问题等。

综上所述，软件是通过指令的组合来指挥硬件，既简单又复杂，是个充满神秘与挑战的世界。而软件调试是帮助人们探索和征服这个神秘世界的有力工具。

## 第1章

软件调试基础

著名的计算机科学家布莱恩·柯林汉（Brian Kernighan）说过，"软件调试要比编写代码困难一倍，如果你发挥了最大才智编写代码，那么你的智商便不足以调试它。"

此外，软件调试是软件开发和维护中非常繁重的一项任务，几乎在软件生命周期的每个阶段，都有很多问题需要调试。

一方面是难度很高，另一方面是任务很多。因此，在一个典型的软件团队中，花费在软件调试上的人力和时间通常是很可观的。据不完全统计，一半以上的软件工程师把一半以上的时间用在软件调试上。很多时候，调试一个软件问题可能就需要几天乃至几周的时间。从这个角度来看，提高软件工程师的调试效率对于提高软件团队的工作效率有着重要意义。

本书旨在从多个角度和多个层次解析软件调试的原理、方法和技巧。在深入介绍这些内容之前，本章将做一个概括性的介绍，让读者了解一个简单的全貌，为阅读后面的章节做准备。

『 1.1　简介 』

本节首先给出软件调试的解释性定义，然后介绍软件调试的基本过程。

1.1.1　定义

什么是软件调试？我们不妨从英文的原词 software debug 说起。debug 是在 bug 一词前面加上词头 de，意思是分离和去除 bug。

bug 的本意就是"昆虫"，但早在 19 世纪时，人们就开始用这个词来描述电子设备中的设计缺欠。著名发明家托马斯·阿尔瓦·爱迪生（1847—1931）就用这个词来描述电路方面的设计错误。

关于 bug 一词在计算机方面的应用，业内流传着一个有趣的故事。20 世纪 40 年代，当时的电子计算机体积非常庞大，数量也非常少，主要用在军事领域。1944 年制造完成的 Mark I、1946 年 2 月开始运行的 ENIAC（Electronic Numerical Integrator and Computer）和 1947 年完成的 Mark II 是其中赫赫有名的几台。Mark I 是由哈佛大学的 Howard Aiken 教授设计，由 IBM 公司制造的。Mark II 是由美国海军出资制造的。与使用电子管制造的 ENIAC 不同，Mark I 和 Mark II 主要是用开关和继电器制造的。另外，Mark I 和 Mark II 都是从纸带或磁带上读取指令并执行的，因此它们不属于从内存读取和执行指令的存储程序计算机（stored-program computer）。

1947 年 9 月 9 日，当人们测试 Mark II 计算机时，它突然发生了故障。经过几个小时的检查后，工作人员发现一只飞蛾被打死在面板 F 的第 70 号继电器中。取出这只飞蛾后，计算机便恢复了正常。当时为 Mark II 计算机工作的著名女科学家 Grace Hopper 将这只飞蛾粘贴到了当天的工作手册中（见图 1-1），并在上面加了一行注释——"First actual case of bug being found"，当时的时间是 15:45。随着这个故事的广为流传，越来越多的人开始用 bug 一词来指代计算机中的设计错误，并把 Grace Hopper 登记的那只飞蛾看作计算机历史上第一个记录于文档（documented）中的 bug。

图 1-1　计算机历史上第一个记录于文档中的 bug

在 bug 一词广泛使用后，人们自然地开始用 debug 这个词来泛指排除错误的过程。关于谁最先创造和使用了这个词，目前还没有公认的说法，但可以肯定的是，Grace Hopper 在 20 世纪 50 年代发表的很多论文中就已频繁使用这个词了。因此可以肯定地说，在 20 世纪 50 年代，人们已经开始用这个词来表达软件调试这一含义，而且一直延续到了今天。

尽管从字面上看，debug 的直接意思就是去除 bug，但它实际上包含了寻找和定位 bug。因为去除 bug 的前提是要找到 bug，如何找到 bug 大都比发现后去除它要难得多。而且，随着计算机系统的发展，软件调试已经变得越来越不像在继电器间"捉虫"那样轻而易举了。因此，在我国台湾地区，人们把 software debug 翻译为"软件侦错"。这个翻译没有按照英文原词直译，超越了单指"去除"的原意，融入了"侦查"的含义，是个很不错的意译。

在我国，我们通常将 software debug 翻译为"软件调试"，泛指重现软件故障（failure）、定位故障根源并最终解决软件问题的过程。这种理解与英语文献中对 software debug 的深层解释也是一致的，如《微软计算机综合词典》（第 5 版）对 debug 一词的解释是：

debug vb. To detect, locate, and correct logical or syntactical errors in a program or malfunctions in hardware.

对软件调试另一种更宽泛的解释是指使用调试工具求解各种软件问题的过程，例如跟踪软件的执行过程，探索软件本身或与其配套的其他软件，或者硬件系统的工作原理等，这些过程有可能是为了去除软件缺欠，也可能不是。

1.1.2 基本过程

尽管取出那只飞蛾非常轻松，但为了找到它还是耗费了几个小时的时间。因此，软件调试从一开始实际上就包含了定位错误和去除错误这两个基本步骤。进一步讲，一个完整的软件调试过程是图 1-2 所示的循环过程，它由以下几个步骤组成。

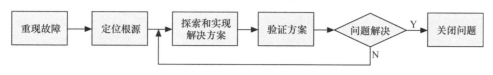

图 1-2 软件调试过程

第一，**重现故障**，通常是在用于调试的系统上重复导致故障的步骤，使要解决的问题出现在被调试的系统中。

第二，**定位根源**，即综合利用各种调试工具，使用各种调试手段寻找导致软件故障的根源（root cause）。通常测试人员报告和描述的是软件故障所表现出的外在症状，比如界面或执行结果中所表现出的异常；或者是与软件需求（requirement）和功能规约（function specification）不符的地方，即所谓的软件缺欠（defect）。而这些表面的缺欠总是由一个或多个内在因素导致的，这些内因要么是代码的行为错误，要么是"不行为"（该做而未做）错误。定位根源就是要找到导致外在缺欠的内因。

"不行为"三字应连读，本书第 1 版中无引号，有读者断句为"要么-是不-行为"，问我"是不"是否该为"不是"。在此致谢。

老雷评点

第三，**探索和实现解决方案**，即根据找到的故障根源、资源情况、紧迫程度等设计和实现解决方案。

第四，**验证方案**，在目标环境中测试方案的有效性，又称为回归（regress）测试。如果问题已经解决，那么就可以关闭问题；如果没有解决，则回到第三步调整和修改解决方案。

在以上各步骤中，定位根源常常是最困难也是最关键的步骤，它是软件调试过程的核心。如果没有找到故障根源，那么解决方案便很可能是隔靴搔痒或者头痛医脚，有时似乎缓解了问题，但事实上没有彻底解决问题，甚至是白白浪费时间。

1.2 基本特征

1.1 节介绍了软件调试的定义和基本过程。本节将进一步从 3 个方面介绍它的基本特征。

1.2.1 难度大

诚如 Brian Kernighan 先生所说的，软件调试是一项复杂度高、难度大的任务。以下是导致这种复杂性的几个主要因素。

第一，如果把定位软件错误看作一种特殊的搜索问题，那么它通常是个很复杂的搜索问题。首先，被搜索的目标空间是软件问题所发生的系统，从所包含的信息量来看，这个空间通常是很庞大的，因为一个典型的计算机系统中包含着成百上千的硬件部件和难以计数的软件模块，每个模块又常常包含着数以百万计的指令（代码）。其次，这个搜索问题并没有明确的目标和关键字，通常只知道不是非常明确的外在症状，必须通过大量的分析才能逐步接近真正的内在原因。

第二，为了探寻问题的根源，很多时候必须深入到被调试模块或系统的底层，研究内部的数据和代码。与顶层不同，底层的数据大多是以原始形态存在的，理解和分析的难度比顶层要大。举例来说，对于顶层看到的文字信息，在底层看到的可能只是这些文字的某种编码（ANSI 或 UNICODE 等）。对于代码而言，底层意味着低级语言或汇编语言甚至机器码，因为当无法进行源代码级的调试时，我们不得不进行汇编一级的跟踪和分析。对于通信有关的问题，底层意味着需要观察原始的通信数据包和检查包的各个部分。另外，很多底层的数据和行为是没有文档的，不得不做大量的跟踪和分析才能摸索出一些线索和规律。从 API 的角度来看，底层意味着不仅要理解 API 的原型和使用方法，有时还必须知道它内部是如何实现的、执行了哪些操作，这一点也证实了 Brian Kernighan 所说的"调试要比编写代码困难"。

老雷评点　　　人生的境界在于高度，有高度方能俯瞰世间万物，超然物外。软件的境界在于深度，有深度方能穿透纷纭表象，直击内里。从业十几年中，老雷的电脑中一直有一个名叫 dig 的目录，里面放着老雷最看重的文档和资料，包括《软件调试》的书稿。表象浮华如过眼烟云，深挖、深挖再深挖，挖之弥深，意志弥坚。

第三，因为要在一个较大的问题域内定位错误，所以要求调试者必须有丰富的知识，熟悉问题域内的各个软硬件模块以及它们之间的协作方式。从纵向来看，要理解系统从最上层到最下层的各个层次。从横向来看，要理解每个层次内的各个模块。对于每个模块，不仅要知道其概况，有时还必须深刻理解其细节。举例来说，对于那些包含驱动程序的软件，有时必须同时进行用户态调试和内核态调试，这就要求调试者对应用程序、操作系统和硬件都要有比较深刻的理解。

第四，每个软件调试任务都有很多特殊性，或者说很难找到两个完全相同的调试任务。这意味着，在执行一个软件调试任务时，很难找到可以模仿或借鉴的先例，几乎每一步都必须靠自己的探索来完成。而编写代码和其他软件活动通常有示例代码或模板可以参考或套用。

第五，软件的大型化、层次的增多、多核和多处理器系统的普及都令软件调试的难度增加了。

以上介绍的第一、第二、第五个因素是软件调试所固有的，第三、第四个因素是可以随着软件技术的发展和人们对软件调试重视程度的不断提高而改善的。

1.2.2 难以估计完成时间

就像侦破一个案件所需的日期很难确定一样，对于一个软件错误，到底需要多久才能定位到它的根源并解决这个问题是一个很难回答的问题。这是因为软件调试问题的问题域比较大，调试过程中包含的随机性和不确定性很多，调试人员对问题及相关模块和系统的熟悉程度、对调试技术的熟练程度也会加入很多不确定性。

调试任务的难以预测性经常给软件工程带来重大的麻烦，其中最常见的便是导致项目延期。事实上，很多软件项目的延期是与无法定位和解决存留的 bug 有关的。Grey Pascal Zachary[2]的著作生动地讲述了 Windows NT（3.1）内核开发中因严重 bug 而多次延期的故事（详见本书后续分卷）。比 NT 3.1 还不幸的项目有很多，在它们被多次延期后，仍然有大量的问题无法解决，最后因为资金等问题不得不被取消和放弃。

在现实中，很多软件难题经常成为整个项目的瓶颈，是项目团队中所有人关注的焦点，包括市场部门和一些高级管理者。这时，对于接受调试任务的工程师来说，除了要面对技术上的难题外，还要承受很多其他方面的压力。这种压力有时会加快问题的解决，有时会使他们手忙脚乱而变得效率更低。

对于如何才能更好地预测软件调试任务的完成时间，目前还没有很有效的方法，为了降低风险，项目团队应该尽可能地让经验丰富的工程师来做预测，并综合考虑多个人的估计结果。

老雷评点　　沧海横流，方显英雄本色。面对高难的 bug，当芸芸众生都望而却步的时候，真的高手会知难而上，力挽狂澜，并因此脱颖而出，建立起在团队中的声望。很多程序员同行常常为自己的职业方向困惑，不知道做技术的出路在哪里，年纪大了怎么办。老雷的经验是选择软件调试这样有难度的技术方向钻研下去，不断提升自身的价值。调试技术不仅本身具有很强的实用性，还可以以它作为工具快速学习其他技术，不断增强自己的技术。

1.2.3 广泛的关联性

很多调试机制是操作系统、中央处理器和调试器相互协作的复杂过程，比如 Windows 本地调试中的软件断点功能通常是依赖于 CPU 的断点指令（对于 x86，即 INT 3）的，CPU 执行到断点指令时中断下来，并以异常的方式报告给操作系统，再由操作系统将这个事件分发给调试器。

另外，软件调试与编译器有着密切的关系。软件的调试版本包含了很多用来辅助软件调试的信息，具有更好的可调试性。调试信息中很重要的一个部分便是调试符号，它是进行源代码级调试所必需的。

综上所述，软件调试与计算机系统的硬件核心（CPU）和软件核心（操作系统）都有着很紧密的耦合关系，与软件生产的主要机器——编译器也息息相关。因此，可以说软件调试具有广泛的关联性，这有时也被称为系统性。

软件调试的广泛关联性增加了理解软件调试过程的难度，同时也导致软件调试技术难以在短时间内迅速发展和升级。因为要开发一种新的调试手段，通常需要硬件、操作系统和工具软件三个环节的支持，要涉及很多厂商或组织。这也是软件调试技术滞后于其他技术的一个原因。一般来说，对于一种新出现的软硬件技术，对应的有效软件调试技术要滞后一段时间才出现。

从学习的角度来看，软件调试的广泛关联性使其成为让学习者达到融会贯通境界的一种绝好途径。在基本掌握对 CPU、操作系统、编译器、编程语言等知识后，学习者可以通过学习软件调试技术和实践来加深对这些知识的理解，并把它们联系起来。

老雷评点　　无论学习什么技术或者学问，要达到融会贯通的境界，都要付出大量辛勤的汗水。使用调试方法的好处是有针对性，生动高效，不枯燥。比如今日要学习文件系统，那么便把断点设在文件系统的函数上，命中后观察谁在调用它，它又去调用谁，如此坚持不懈，"至于用力之久，而一旦豁然贯通焉，则众物之表里精粗无不到，而吾心之全体大用无不明矣。"（朱熹语）

1.3　简要历史

计算机领域的拓荒者们在设计最初的计算机系统时，就考虑到了调试问题——既包括如何调试系统中的硬件，又包括如何调试系统中的软件。现代计算机是从 20 世纪 40 年代开始出现并迅速发展起来的，经历了从大型机到小型机再到微型机的几个主要发展阶段。

关于早期大型机和小型机的原始文档已经成为珍贵的历史资料了，大多被收藏在博物馆中。但幸运的是，在作者收集到的关于早期计算机的有限资料中，几乎每一本都包含了关于调试的内容。这不仅是因为运气，更是因为当时人们就非常重视调试。

本节将以大型机、小型机和微型机三个阶段中有代表性的计算机系统为例，介绍它们实现调试功能的方式，旨在勾勒出软件调试的简要发展历史，帮助读者了解典型软件调试功能的演进过程。

1.3.1　单步执行

UNIVAC Ⅰ（Universal Automatic Computer Ⅰ）是世界上最早大规模生产的商用现代计算机，之前的计算机都是只生产一台而且用于军事和学术领域。从 1951 年开始，共有 46 台 UNIVAC Ⅰ销售给不同的公司和组织，每台的售价都高于 100 万美元，其中一些一直工作到 1970 年。1952年，哥伦比亚广播公司租用 UNIVAC Ⅰ准确预测出了当年美国总统的大选结果，这不仅使UNIVAC 声名大振，也使人们对计算机的功能有了新的认识。

与需要一个楼面来安放的 ENIAC 相比，UNIVAC Ⅰ已经小了很多，但整个系统仍然需要一个 30 多平方米的房间才能放得下。典型的 UNIVAC Ⅰ系统由主机（central computer）、磁带驱动器（名为 UNISERVO，最多可配置 10 台）、打印机（uniprinter）、打字机（typewriter）、监视控制台（supervisory control）和用于维护的示波器所组成。

在写字台大小的 UNIVAC Ⅰ 监视控制台上有很多指示灯和开关。其中有一个名为 Interrupted Operation Switch（IOS）的开关（见图 1-3）与软件调试有着密切的关系。

图 1-3　UNIVAC Ⅰ 监视控制台上的 IOS 开关

IOS 开关共有中间和上、下、左、右 5 个位置，分别代表 5 种运行模式。中间位置代表正常模式，在此模式下计算机会连续执行内存中的程序指令，因此这个模式又称为连续（continuous）模式。其他 4 个位置代表不同作用的"单步"模式，分别为 ONE OPERATION（上）、ONE INSTRUCTION（下）、ONE STEP（左）和 ONE ADDITION（右），即一次执行一个操作，一次执行一条指令，一次执行一步，一次执行一次加法运算。

当 IOS 开关位于 4 种单步模式之一时，CPU 执行完一条指令或一个操作后便会停下来，让用户检查当前的寄存器和内存状态。在检查后，只要按键盘（监视控制台的一部分）上的开始键（START BAR），便可以让系统继续执行。

UNIVAC Ⅰ 的操作手册详细介绍了 IOS 开关的使用方法、如何使用不同的模式来启动和调试程序以及诊断软硬件问题。

老雷评点

　　2011 年 9 月，在位于加州山景城（Moutain View）的计算机历史博物馆中，老雷意外看到一台 UNIVAC Ⅰ 陈列在那里，上文提到的 IOS 开关赫然在眼前。这让老雷几乎泫然欲泣，于是从不同角度拍照，流连许久不忍离去。

作者不能确认在 UNIVAC Ⅰ 之前的计算机是否使用了类似 IOS 这样的硬件开关来控制程序单步执行。但可以说，这是比较早的单步执行方式，而且这种方式一直延续到小型机时代。在图 1-4 所示的著名小型机 PDP-1 的控制面板照片上，右上角的 3 个开关中，中间一个便是 SINGLE STEP（单步），其下方是 SINGLE INST（Single Instruction）（单指令）。

1971 年，Intel 成功推出了世界上第一款微处理器 4004，标志着计算机开始向微型化方向发展。1978 年，x86 CPU 的第一代 8086 CPU 问世，在其标志寄存器（FLAGS）中（见图 1-5），专门设计了一个用于软件调试的标志位，叫作 TF（Trace Flag），在第 8 位（Bit 8）。

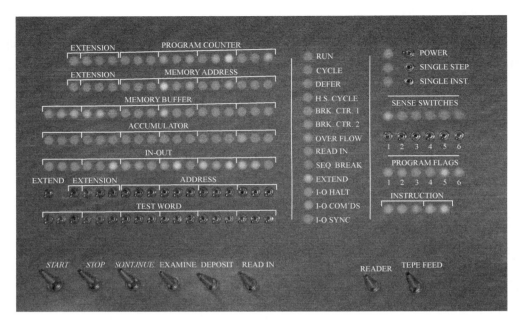

图 1-4　PDP-1 的控制面板

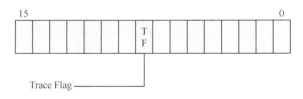

图 1-5　8086 CPU 的标志寄存器（FLAGS）

TF 位主要是供调试器软件来使用的，当用户需要单步跟踪时，调试器会设置 TF 位，当 CPU 执行完一条指令后会检查 TF 位，如果这个位为 1，那么便会产生一个调试异常（INT 1），目的是停止执行当前的程序，中断到调试器中。

从上面的介绍中，我们看到了单步执行功能从专门的硬件开关向寄存器中的一个标志位演进的过程。这种变化趋势是与计算机软硬件的总体发展相适应的。因为在 UNIVAC Ⅰ 时代，还没有完善的软件环境和调试器软件，所以使用一个专门的硬件开关是一种很合理有效的方案。在微处理器出现的时代，软件已经大大发展起来，操作系统和调试器都已经比较成熟，因此，使用寄存器的一个标志位来代替专门的硬件也变得水到渠成，因为这样不仅简化了硬件设计、降低了成本，还适合让调试器软件以程序方式控制。

1.3.2　断点指令

在 UNIVAC Ⅰ 的 43 条指令中，有一条使用逗号（,）表示的指令，是专门用来支持断点功能的，称为逗号断点（comma breakpoint）指令。同时，在 UNIVAC Ⅰ 的监视控制台上有一个名为逗号断点的两态开关（comma breakpoint switch），如果按下这个开关，那么当计算机执行到逗号断点指令时就会停下来，让用户检查程序状态，进行调试。如果没有按下开关，那么计算机会将其视作跳过（skip）指令，不做任何操作，执行后面的指令。

除了逗号断点指令，UNIVAC 的打印指令 50m（m 为内存地址）也可以产生断点效果。它是与监视控制台上的输出断点开关（output breakpoint switch）配合工作的。这个开关有 3 个状态（位置）：正常（normal）、跳过（skip）和断点（breakpoint）。如果这个开关在正常位置，那么执行 50m 指令输出内存地址 m 的内容；如果开关在跳过位置，那么这条指令会被忽略；如果开关在断点位置，那么执行到这里时计算机会中断。可见这条指令不仅实现了一种可随时开启关闭的监视点功能，还可以根据需要停在监视点位置，这时又相当于一种外部可控的断点。

综上所述，UNIVAC I 提供了两种断点指令，并配备了与指令协同工作的硬件开关，实现了主要靠硬件工作的非常简朴的断点功能。这种实现方式不需要软件调试器参与，也没有为实现软件调试器提供足够支持。

我们再来看一下小型机 PDP-1 上是如何提供断点支持的。概括来讲，PDP-1 提供了一条名为 jda 的指令，供调试器开发者来实现断点功能。这条指令的语法是：

```
jda Y
```

它执行的操作是将 AC（Accumulator）寄存器的内容存入地址 Y，然后把程序计数器（Program Counter，相当于 IP）的值放入 AC 寄存器，并跳转到 Y+1。利用这条指令，调试器可以这样实现断点功能。

- 当向某一地址设置断点时，将这一地址及其值都保存起来，并将这一地址处的内容替换成一条 jda 指令。指令的操作符 Y 是仔细设计好的，指向调试器的数据和代码。

- 当程序执行到断点位置时，系统会执行那里的 jda 指令，跳转到调试器的代码。调试器根据 AC 寄存器的内容知道这个断点的发生位置，找到它所对应的断点记录，然后保存寄存器的内容（上下文），并打印出存储在位置 Y 的 AC 寄存器内容给调试者。调试者可以输入内存观察命令或执行其他调试功能，待调试结束后，输入某一个命令恢复执行。这时调试器需要恢复寄存器的值，将保存的指令恢复回去，然后跳转回去继续执行。

在 x86 系列 CPU 中，有一条使用异常机制的断点指令，即 INT 3，供调试器来设置断点。调试器会在合适的时机将断点处的指令替换为 INT 3，当 CPU 执行到这里时，会产生断点异常，跳转到异常处理例程。我们将在以后的章节中详细介绍其细节。

1.3.3 分支监视

程序中的分支和跳转指令对于软件的执行流程和执行结果起着关键作用，不恰当的跳转往往是很多软件问题的错误根源。有时跟踪一个程序，是为了检查它的跳转时机和跳转方向。因此，监视和报告程序的分支位置和当时的状态对软件调试是很有意义的。

UNIVAC I 的条件转移断点（conditional transfer breakpoint）功能正是针对这一需求而设计的。同样，这一机制由两个部分组成：一个部分是条件转移指令 Qn m 和 Tn m；另一部分是监视控制台上的按钮和指示灯。指令中的 m 是跳转的目标地址，n 是 0 到 9 的 10 个值之一，与控制台上的 0～9 这 10 组按键（称为条件转移断点选择按钮）及指示灯相对应。图 1-6 是控制面板的相关部分，下面一排共有 12 个按钮，上面一排为指示灯，当某个按钮按下时，它上面的指示灯会变亮。最左侧红色按钮（位于 ALL 按钮左侧）的作用是将所有按钮复位。当程序执行到 Qn 和 Tn 指令时，系统会检查对应的条件转移断点选择按钮是否被按下。如果按钮未被按下，那么系统会正常执行；如果按钮 ALL 被按下，那么系统会中断执行，相当于遇到一个断点。

当 UNIVAC Ⅰ因为条件转移断点而停止后，图 1-6 中的条件转移（CONDITIONAL TRANSFER）指示灯会根据指令的比较结果，显示即将跳转与否。如果调试人员希望执行与比较结果相反的动作，那么可以通过右侧的开关强制跳转或不跳转。

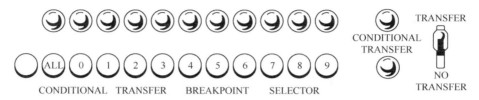

图 1-6　UNIVAC Ⅰ的条件转移断点控制按钮和指示灯

英特尔 P6 系列 CPU 引入了记录分支、中断和异常的功能，以及针对分支设置断点和单步执行，我们将在第 2 篇详细介绍这些功能。

本节简要介绍了 3 种调试功能的发展历史，我们从中可以看出从单纯的硬件机制到软硬件相互配合来调试软件的基本规律。使用软件来调试软件的最重要工具就是调试器（debugger）。关于调试器的详细发展历史参见卷 2。

1.4　分类

根据被调试软件的特征、所使用的调试工具以及软件的运行环境等要素，可以把软件调试分成很多个子类。本节将介绍几种常用的分类方法，并介绍每一种分类方法中的典型调试任务。

1.4.1　按调试目标的系统环境分类

软件调试所使用的工具和方法与操作系统有着密切的关系。例如，很多调试器是针对操作系统所设计的，只能在某一种或几种操作系统上运行。对软件调试的一种基本分类标准就是被调试程序（调试目标）所运行的系统环境（操作系统）。按照这个标准，我们可以把调试分为 Windows 下的软件调试、Linux 下的软件调试、DOS 下的软件调试，等等。

这种分类方法主要是针对编译为机器码的本地（native）程序而言的。对于使用 Java 和.NET 等动态语言所编写的运行在虚拟机中的程序，它们具有较好的跨平台特性，与操作系统的关联度较低，因此不适用于这种分类方法（见下文）。

1.4.2　按目标代码的执行方式分类

脚本语言具有简单易学、不需要编译等优点，比如网页开发中广泛使用的 JavaScript 和 VBScript。脚本程序是由专门的解释程序解释执行的，不需要产生目标代码，与编译执行的程序有很多不同。调试使用脚本语言编写的脚本程序的过程称为脚本调试。所使用的调试器称为脚本调试器。

编译执行的程序又主要分成两类：一类是先编译为中间代码，在运行时再动态编译为当前CPU能够执行的目标代码，典型的代表便是使用 C#开发的.NET 程序。另一类是直接编译和链接成目标代码的程序，比如传统的 C/C++程序。为了便于区分，针对前一类代码的调试一般称为托管调试，针对后一类程序的调试称为本地调试（native debugging）。如果希望在同一个调试会话中既调试托管代码又调试本地代码，那么这种调试方式称为混合调试（inter-op debugging）。

图 1-7 归纳出了按照执行和编译方式来对软件调试进行分类的判断方法和步骤。

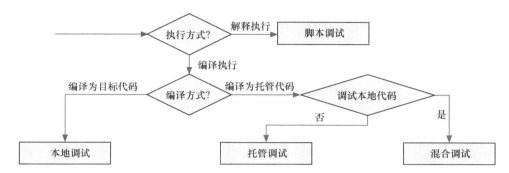

图 1-7　按照执行和编译方式对软件调试进行分类的判断方法和步骤

本书重点讨论本地调试。

1.4.3　按目标代码的执行模式分类

在 Windows 这样的多任务操作系统中，作为保证安全和秩序的一个根本措施，系统定义了两种执行模式，即低特权级的用户模式（user mode）和高特权级的内核模式（kernel mode）。应用程序代码是运行在用户模式下的，操作系统的内核、执行体和大多数设备驱动程序则是运行在内核模式的。因此，根据被调试程序的执行模式，我们可以把软件调试分为用户态调试（user mode debugging）和内核态调试（kernel mode debugging）。

因为运行在内核态的代码主要是本地代码以及很少量的脚本，例如 ASL 语言编写的 ACPI脚本，所以内核态调试主要是调试本地代码。而用户态调试包括调试本地应用程序和调试托管应用程序等。

本书后面的章节将详细介绍 Windows 下的用户态调试和内核态调试。

1.4.4　按软件所处的阶段分类

根据被调试软件所处的开发阶段，我们可以把软件调试分为开发期调试和产品期调试。二者的分界线是产品的正式发布。

产品期调试旨在解决产品发布后才发现的问题，问题的来源主要是客户通过电子邮件、电话等方式报告的，或者通过软件的自动错误报告机制（见卷 2 第 14 章）得到的。与开发期调试相比，产品期调试具有如下特征。

- 因为产品期的问题没有被产品发布之前的测试过程所发现，所以它们很可能与特定的使用环境和使用方式有关。有时可能无法在调试者的环境中再现问题，这时可能要使用远程调试方法，或者到用户的环境中去，或者使用在用户环境中产生的故障转储文件。

- 产品期调试通常是在一个更大的范围内分析问题，因此，一个基本的思路就是逐渐缩小范围，逐步靠近问题根源。有时问题的根源不属于产品本身，调试的过程只是要证明这一点。

- 处于产品期调试阶段时，被调试的模块大多是发布版本的，有些模块可能是其他公司的，没有源代码和符号文件。因此，产品期调试往往需要汇编级的分析和跟踪，或者分析堆栈中的原始数据。

- 如果是在客户的环境中进行调试，那么客户通常不愿意向他们的系统安装大量的工具或其他文件。如果不得不这样做，就需要先征得他们的同意。

- 产品期调试的时间要求往往更紧急，因为客户可能亟待使用这个产品，或者无法理解为什么需要较长的时间。

总之，产品期调试的难度一般更大，对调试者的要求更高。

1.4.5　按调试器与调试目标的相对位置分类

如果被调试程序（调试目标）和调试器在同一个计算机系统中，那么这种调试称为本机调试（local debugging）。这里的同一个计算机系统是指在同一台计算机上的同一个操作系统中，不包括运行在同一个物理计算机上的多个虚拟机。

如果调试器和被调试程序分别位于不同的计算机系统中，它们通过以太网络或其他网络进行通信，那么这种调试方式称为远程调试（remote debugging）。远程调试通常需要在被调试程序所在的系统中运行一个调试服务器程序。这个服务器程序和远程的调试器相互联系，向调试器报告调试事件，并执行调试器下达的命令。在本书后续分册讨论调试器时，我们将进一步讨论远程调试的工作方式。

利用 Windows 内核调试引擎所做的活动内核调试需要使用两台机器，两者之间通过串行接口、1394 接口或 USB 2.0 进行连接。尽管这种调试的调试器和调试目标也在两台机器中，但是通常不将其归入远程调试的范畴。

1.4.6　按调试目标的活动性分类

软件调试的目标通常是当时在实际运行的程序，但也可以是转储文件（dump file）。因此，根据调试目标的活动性，可以把软件调试分为活动目标调试（live target debugging）和转储文件调试（dump file debugging）。转储文件以文件的形式将调试目标的内存状态凝固下来，包含了某一时刻的程序运行状态。转储文件调试是定位产品期问题以及调试系统崩溃和应用程序崩溃的一种简便而有效的方法。

1.4.7 按调试工具分类

软件调试也可以根据所使用的工具进行分类。最简单的就是按照调试时是否使用调试器分为使用调试器的软件调试和不使用调试器的软件调试。使用调试器的调试可以使用断点、单步执行、跟踪执行等强大的调试功能。不使用调试器的调试主要依靠调试信息输出、日志文件、观察内存和文件等。后者具有简单的优点，适用于调试简单的问题或无法使用调试器的情况。

以上介绍了软件调试的几种常见分类方法，目的是让读者对典型的软件调试任务有概括性的了解。有些分类方法是有交叉性的，比如调试浏览器中的 JavaScript 属于脚本调试，也属于用户态调试。

『 1.5 调试技术概览 』

深入介绍各种软件调试技术是本书的主题，本着循序渐进的原则，在本节中，我们先概述各种常用的软件调试技术，帮助大家建立起一个总体印象。在后面的各章中，我们还会从不同角度做更详细的讨论。

1.5.1 断点

断点（breakpoint）是使用调试器进行调试时最常用的调试技术之一。其基本思想是在某一个位置设置一个"陷阱"，当 CPU 执行到这个位置时便"跌入陷阱"，即停止执行被调试的程序，中断到调试器（break into debugger）中，让调试者进行分析和调试。调试者分析结束后，可以让被调试程序恢复执行。

根据断点的设置空间可以把断点分为如下几种。

- 代码断点：设置在内存空间中的断点，其地址通常为某一段代码的起始处。当 CPU 执行指定内存地址的代码（指令）时断点命中（hit），中断到调试器。使用调试器的图形界面或快捷键在某一行源代码或汇编代码处设置的断点便是代码断点。

- 数据断点：设置在内存空间中的断点，其地址一般为所要监视变量（数据）的起始地址。当被调试程序访问指定内存地址的数据时断点命中。根据需要，测试人员可以定义触发断点的访问方式（读/写）和宽度（字节、字、双字等）。

- I/O 断点：设置在 I/O 空间中的断点，其地址为某一 I/O 地址。当程序访问指定 I/O 地址的端口时中断到调试器。与数据断点类似，测试人员也可以根据需要设置断点被触发的访问宽度。

根据断点的设置方法，我们可以把断点分为软件断点和硬件断点。软件断点通常是通过向指定的代码位置插入专用的断点指令来实现的，比如 IA32 CPU 的 INT 3 指令（机器码为 0xCC）就是断点指令。硬件断点通常是通过设置 CPU 的调试寄存器来设置的。IA32 CPU 定义了 8 个调试寄存器：DR0～DR7，可以同时设置最多 4 个硬件断点（对于一个调试会话）。通过调试寄存器可以设置以上 3 种断点中的任意一种，但是通过断点指令只可以设置代码断点。

当中断到调试器时，系统或调试器会将被调试程序的状态保存到一个数据结构中——通常称为执行上下文（CONTEXT）。中断到调试器后，被调试程序是处于静止状态的，直到用户输入恢复执行命令。

追踪点（tracepoint）是断点的一种衍生形式。其基本思路是：当设置一个追踪点时，调试器内部会当作特殊的断点来处理。当执行到追踪点时，系统会向调试器报告断点事件，在调试器收到后，会检查内部维护的断点列表，发现目前发生的是追踪点后，便执行这个追踪点所定义的行为，通常是打印提示信息和变量值，然后便直接恢复被调试程序执行。因为调试器是在执行追踪动作后立刻恢复被调试程序执行的，所以调试者没有感觉到被调试程序中断到调试器的过程，尽管实际上是发生的。

条件断点（conditional breakpoint）的工作方式也与此类似。当用户设置一个条件断点时，调试器实际插入的还是一个无条件断点，在断点命中、调试器收到调试事件后，它会检查这个断点的附加条件。如果条件满足，便中断给用户，让用户开始交互式调试；如果不满足，那么便立刻恢复被调试程序执行。

1.5.2　单步执行

单步执行（step by step）是最早的调试方式之一。简单来说，就是让应用程序按照某一步骤单位一步一步执行。根据每次要执行的步骤单位，又分为如下几种。

- 每次执行一条汇编指令，称为汇编语言一级的单步跟踪。其实现方法一般是设置 CPU 的单步执行标志，以 IA32 CPU 为例，设置 CPU 标志寄存器的陷阱标志（Trap Flag，TF）位，可以让 CPU 每执行完一条指令便产生一个调试异常（INT 1），中断到调试器。

- 每次执行源代码（比汇编语言更高级的程序语言，如 C/C++）的一条语句，又称为源代码级的单步跟踪。高级语言的单步执行一般也是通过多次汇编一级的单步执行实现的。当调试器每次收到调试事件时，它会判断程序指针（IP）是否还属于当前的高级语言语句，如果是，便再次设置单步执行标志并立刻恢复执行，让 CPU 再执行一条汇编指令，直到程序指针指向的汇编指令已经属于其他语句。调试器通常是通过符号文件中的源代码行信息来判断程序指针所属的源代码行的。

- 每次执行一个程序分支，又称为分支到分支单步跟踪。设置 IA32 CPU 的 DbgCtl MSR 寄存器的 BTF（Branch Trap Flag）标志后，再设置 TF 标志，便可以让 CPU 执行到下一个分支指令时触发调试异常。WinDBG 的 tb 命令用来执行到下一个分支。

- 每次执行一个任务（线程），即当指定任务被调度执行时中断到调试器。当 IA32 CPU 切换到一个新的任务时，它会检查任务状态段（TSS）的 T 标志。如果该标志为 1，那么便产生调试异常。但目前的调试器大多还没有提供对应的功能。

单步执行可以跟踪程序执行的每一个步骤，观察代码的执行路线和数据的变化过程，是深入诊断软件动态特征的一种有效方法。但是随着软件向大型化方向的发展，从头到尾跟踪执行一个软件乃至一个模块，一般都不再可行了。一般的做法是先使用断点功能将程序中断到感兴趣的位置，然后再单步执行关键的代码。我们将在第 4 章详细介绍 CPU 的单步执行调试。

1.5.3 输出调试信息

打印和输出调试信息（debug output/print）是一种简单而"古老"的软件调试方式。其基本思想就是在程序中编写专门用于输出调试信息的语句，将程序运行的位置、状态和变量取值等信息以文本的形式输出到某一个可以观察到的地方，可以是控制台、窗口、文件或者调试器。

比如，在 Windows 平台上，驱动程序可以使用 DbgPrint/DbgPrintEx 来输出调试信息，应用程序可以调用 OutputDebugString，控制台程序可以直接使用 printf 系列函数打印信息。在 Linux 平台上，驱动程序可以使用 printk 来输出调试信息，应用程序可以使用 printf 系列函数。

以上方法的优点是简单方便、不依赖于调试器和复杂的工具，因此至今仍在很多场合广泛使用。

不过这种简单方式也有一些明显的缺点，比如需要在被调试程序中加入代码，如果被调试程序的某个位置没有打印语句，那么便无法观察到那里的信息，如果要增加打印语句，那么需要重新编译和更新程序。另外，这种方法容易影响程序的执行效率，打印出的文字所包含的信息有限，容易泄漏程序的技术细节，通常不可以动态开启、信息不是结构化的、难以分析和整理等。我们将在 16.5.5 节介绍使用这种方法应该注意的一些细节。

1.5.4 日志

与输出调试信息类似，写日志（log）是另一种被调试程序自发的辅助调试手段。其基本思想是在编写程序时加入特定的代码将程序运行的状态信息写到日志文件或数据库中。

日志文件通常自动按时间取文件名，每一条记录也有详细的时间信息，因此适合长期保存以及事后检查与分析。因此很多需要连续长时间在后台运行的服务器程序都有日志机制。

Windows 操作系统提供了基本的日志记录、观察和管理（删除和备份）功能。Windows Vista 新引入了名为 Common Log File System（CLFS.SYS）的内核模块，用于进一步加强日志功能。Syslog 是 Linux 系统下常用的日志设施。我们将在第 15 章详细介绍这些调试支持的内容。

1.5.5 事件追踪

打印调试信息和日志都是以文本形式来输出和记录信息的，因此不适合处理数据量庞大且速度要求高的情况。事件追踪机制（Event Trace）正是针对这一需求设计的，它使用结构化的二进制形式来记录数据，观察时再根据格式文件将信息格式转化为文本形式，因此适用于监视频繁且复杂的软件过程，比如监视文件访问和网络通信等。

ETW（Event Trace for Windows）是 Windows 操作系统内建的一种事件追踪机制，Windows 内核本身和很多 Windows 下的软件工具（如 Bootvis、TCP/IP View）都使用了该机制。我们将在第 15 章详细介绍事件追踪机制及其应用。

1.5.6 转储文件

某些情况下，我们希望将发生问题时的系统状态像拍照片一样永久保存下来，发送或带走后再进一步分析和调试，这就是转储文件（dump file）的基本用途。理想情况下，转储文件是转储时目标程序运行系统的一个快照，包含了当时内存中的所有信息，包括代码和各种数据。但在实际情况下，考虑到转储文件过大时不但要占用大量的磁盘空间，而且不便于发送和传递，因此转储文件通常分为小、中、大几种规格，最小的通常称为 mini dump。

Windows 操作系统提供了为应用程序和整个系统产生转储文件的机制，可以在不停止程序或系统运行的情况下产生转储文件。Linux 系统下的转储文件有个更好听的名字，叫作 core 文件或者 core 转储文件，这个名字应该来源于 20 世纪 50～70 年代时流行的磁核内存技术。当时，大块头的磁核存储器是计算机系统中不可或缺的主流内存设备，直到被 SRAM 和 DRAM 这样的半导体存储产品所取代。

1.5.7 栈回溯

目前的主流 CPU 架构都是用栈来进行函数调用的，栈上记录了函数的返回地址，因此通过递归式寻找放在栈上的函数返回地址，便可以追溯出当前线程的函数调用序列，这便是栈回溯（stack backtrace）的基本原理。通过栈回溯产生的函数调用信息称为 call stack（函数调用栈）。

栈回溯是记录和探索程序执行踪迹的极佳方法，使用这种方法，可以快速了解程序的运行轨迹，看其"从哪里来，向哪里去"。

因为从栈上得到的只是函数返回地址（数值），不是函数名称，所以为了便于理解，可以利用调试符号（debug symbol）文件将返回地址翻译成函数名。大多数编译器都支持在编译时生成调试符号。微软的调试符号服务器包含了多个 Windows 版本的系统文件的调试符号。我们将在本书后续分卷深入讨论调试符号。

大多数调试器都提供了栈回溯的功能，比如 WinDBG 的 k 命令和 GDB 的 bt 命令，它们都是用来观察栈回溯信息的，某些非调试器工具也可以记录和呈现栈回溯信息。

1.5.8 反汇编

所谓反汇编（disassemble），就是将目标代码（指令）翻译为汇编代码。因为汇编代码与机器码有着简单的对应关系，所以反汇编是了解程序目标代码的一种非常直接而且有效的方式。有时我们对高级语言的某一条语句的执行结果百思不得其解，就可以看一下它所对应的汇编代码，这时往往可以更快地发现问题的症结。以 1.6.1 节将介绍的 bad_div 函数为例，看一下汇编指令，我们就可知道编译器是将 C++中的除法操作编译为无符号整除指令（DIV），而不是有符号整除指令（IDIV）。这正是错误所在。

另外，反汇编的依赖性非常小，根据二进制的可执行文件就可以得到汇编语言表示的程序。

这也是反汇编的一大优点。

调试符号对于反汇编有着积极的意义，反汇编工具可以根据调试符号得到函数名和变量名等信息，这样产生的汇编代码具有更好的可读性。

大多数调试器提供了反汇编和跟踪汇编代码的能力。一些工具也提供了反汇编功能，IDA（Interactive Disassembler）是其中非常著名的一个。

1.5.9　观察和修改内存数据

观察被调试程序的数据是了解程序内部状态的一种直接方法。很多调试器提供了观察和修改数据的功能，包括变量和程序的栈及堆等重要数据结构。在调试符号的支持下，我们可以按照数据类型来显示结构化的数据。

寄存器值代表了程序运行的瞬时状态。观察和修改寄存器的值也是一种常见的调试技术。

1.5.10　控制被调试进程和线程

像 WinDBG 这样的调试器支持同时调试多个进程，每个进程又可以包含多个线程。调试器提供了单独挂起和恢复某一个或多个线程的功能，这对于调试多线程和分布式软件是很有帮助的。我们将在本书后续分卷详细介绍控制进程和线程的方法。

『 1.6　错误与缺欠 』

软件缺欠是软件调试和测试过程的主要工作对象。现实中，人们经常交替使用几个名词来称呼软件问题，比如 error、bug、fault、failure 和 defect。本节将介绍对这几个名词的一种常见区分方法，说明本书的用法，并讨论有关的几个问题。

1.6.1　内因与表象

区分以上几个术语的一种方法是从内因和表面现象的角度来分析。一般认为，failure（失败）是用来描述软件问题的可见部分，即外在的表现和症状（symptom）。而 error 是导致这种表象的内因（root cause）。fault 是指由内因导致表象出现的那个错误状态。而 bug 和 defect 是对软件错误和失败的通用说法，二者之间没有显著的差异，或许 bug 一词更通俗和口语化，而 defect（缺欠）一词正式一些。

以第一个登记到文档中的 bug 为例，那只飞蛾是 error，计算机停止工作是 failure，70#继电器断路是 fault。当不区分内因和表象时，便可以模糊地说是 Mark II 中的一个缺欠或者 bug。

进一步来说，一方面，一个错误（error）可能导致很多个失败（failure），也就是所谓的多个问题是同样根源（same root cause）。另一方面，如果没有满足特定的条件，那么"错误"是不会导致"失败"的，或者说错误是在一定条件下才表现出来的，表现的形式可能有多种。

以下面的函数为例：

```
int bad_div(int n,unsigned int m)
{
    return n/m;
}
```

当这样调用它时：

```
printf("%d/%d=%d!\n",6,3,bad_div(6,3));
```

打印出的结果是正确的：

```
6/3=2!
```

但是当这样调用它时：

```
printf("%d/%d=%d!\n",-6,3,bad_div(-6,3));
```

打印出的结果却是错误的：

```
-6/3=1431655763!
```

当然，如果参数 n 为-10，m 为 2，那么结果也是错误的。其中的原因为参数 m 是无符号整数，所以编译器在编译 n/m 时采用了无符号除法指令（DIV），这相当于把参数 n 也假设为无符号整数。因此，当 n 为负数时，实际上被当作了一个较大的正数来做除法，除后的商被返回。

对于这个例子，函数 bad_div 的代码存在错误，不应该将有符号整数和无符号整数直接做除法。这个错误当两个参数都为正数 6 和 3 时不会体现出来，但是当参数 n 为负数、m 不等于 1 时可以体现出来，会导致"失败"症状，特别的-6 除以+3 会得到结果 1431655763。

在本书中，除非特别指出，我们通常用 bug 或软件缺欠（defect）来描述软件调试所面对的软件问题。

1.6.2 谁的 bug

在软件工程中，一个值得注意的问题是不要把 bug 轻易归咎于某一个程序员。讨论 bug 时，不要使用"你的 bug"这样的说法，因为这样可能是不公平的，容易伤害程序员的自尊心，不利于调动他们的积极性。

简单来说，测试过程中发现的与软件需求规约不一致的任何现象都可以当作 bug/defect 报告出来。其中有些可能是因为代码中确实存在过失而导致的，而有些可能是与需求定义和前期设计有关的。因此，把和某个模块有关的 bug 都归咎于负责这个模块的程序员可能是不恰当的。

一种较好的方式是称呼"××模块的 bug"，而不要说成是"××人的 bug"。这样，与这个模块有关的人员可以相互协作，共同努力，迅速将其解决，这对于个人和整个团队都是有好处的。

老雷评点

　　在《周易》中，有一句关于语言之重要性的话，即"言行，君子之枢机，枢机之发，荣辱之主也"。有时，一字之差就会让人暴跳如雷，换一种说法则让人心悦诚服。在技术书中有此一段，作者煞费苦心也。

1.6.3　bug 的生命周期

　　图 1-8 描述了一个典型的软件 bug 从被发现到被消除所经历的主要过程。其中不带格线的矩形框代表的是测试人员的活动，而带格线的矩形框代表的是开发和调试人员的活动。

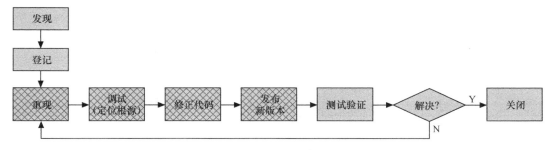

图 1-8　bug 的生命周期

　　当登记一个 bug 时，通常要为其指定如下属性。

- 严重程度。一般分为低、中、高、critical（关键）、showstopper（观止）等。

- 状态。一般的做法是：新登记一般记录为 new，指定了负责人后修改为 assigned，开发人员实现了解决方案等待测试验证时可以设置为 resolved，测试人员验证问题已经解决后改为 closed，由于某种原因此问题又重新出现后，那么可以设置为 reopened。

- 环境。包括硬件平台（x86、x64、安腾等）、操作系统，等等。

　　bug 被登录到系统（如 Bugzilla）中后，它会被指派一个负责人，这个负责人会先在自己的系统中重现问题，然后调试和定位问题的根源，找到根源后，修正代码，并进行初步的测试，没有问题后将修正载入即将发布给测试人员的下一个版本中，并将系统中的 bug 状态修改为 resolved。而后由测试人员进行测试和验证。如果经过一段时间的测试证明问题确实解决了，那么就可以关闭这个问题。对于严重程度很高的问题，可能需要通过团队会议讨论后才能关闭。

1.6.4　软件错误的开支曲线

　　我们把与一个软件错误直接相关的人力投入和物力投入称为此软件错误的开支（cost）。

　　如果一个错误在设计或编码阶段就被发现和解决了，那么它所导致的开支主要是设计者或开发者所用的时间。

如果一个错误是在发布给测试团队后由测试人员所发现的，那么其开支便要包括测试过程的各种投入、测试团队和开发团队相互沟通所需的人力和时间开销、重现问题和定位问题根源所需的投入、设计和实现解决方案及重新验证解决方案的投入。

如果一个错误是在软件正式发布后才发现的，那么其导致的危害通常会更大，可能的开支项目有处理客户投诉、远程支持、开发及发布补丁程序、客户退货、产品召回、赔偿导致的其他损失等。

不难看出，软件错误被发现和纠正得越早，其开支就越小。如果在开发阶段发现和得到纠正，那么就不需要测试阶段的开支了。如果等产品都已经发布给最终用户才发现问题，那么其导致的开支会是以前的数十倍乃至更多。Barry W. Boehm 在《Software Engineering Economics》一书中给出了在软件生命周期的不同阶段修正软件错误的相对成本（见表 1-1）。

表 1-1　软件错误的相对开支

错误被检测和纠正的阶段	相对开支的中值
需求	2
设计	5
编码	10
开发测试（development test）	20
接受测试（acceptance test）	50
运行	150

图 1-9 是根据表 1-1 中的数据画出的曲线，其中横轴代表软件生命周期的各个阶段（时间），纵轴代表发现和纠正软件错误的相对成本（中值）。

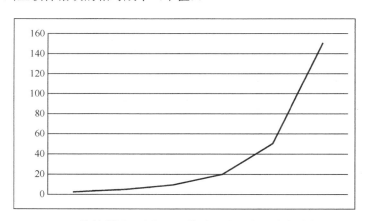

图 1-9　软件错误开支相对于软件生命周期各阶段的曲线

根据图 1-9 中的曲线，软件错误的开支是随着发现的时间呈指数形式上升的，所以应该尽可能早地发现和纠正问题。要做到这一点，需要软件团队中所有成员的共同努力，从一开始就注重程序的可测试性和可调试性。我们将在本书后续分卷详细讨论可调试性和更多有关的问题。

『 1.7 重要性 』

从软件工程的角度来讲，软件调试是软件工程的一个重要部分，软件调试出现在软件工程的各个阶段。从最初的可行性分析、原型验证到开发和测试阶段，再到发布后的维护与支持，都需要软件调试技术。

定位和修正 bug 是几乎所有软件项目的重要问题，越临近发布，这个问题的重要性越高！很多软件项目的延期是由于无法在原来的期限内修正 bug 所造成的。为了解决这个问题，整个软件团队都应该重视软件的可调试性，重视对软件调试风险的评估和预测，并预留时间。本节先介绍软件调试与软件工程中其他活动的关系，然后介绍学习调试技术的意义。

1.7.1 调试与编码的关系

调试与编码（coding）是软件开发中不同但联系密切的两个过程。在软件的开发阶段，对于一个模块（一段代码）来说，它的编写者通常也是它的调试者。或者说，一个程序员要负责调试他所编写的代码。这样做有两个非常大的好处。

- 调试过程可以让程序员了解程序的实际执行过程，检验执行效果与自己设计时的预想是否一致，如果不一致，那么很可能预示着代码存在问题，应该引起重视。

- 调试过程可以让程序员更好地认识到提高代码可调试性和代码质量的重要性，进而让他们自觉改进编码方式，合理添加可用来支持调试的代码。

编码和调试是程序员日常工作中两项最主要的任务，这两项任务是相辅相成的，编写具有可调试性的高质量代码可以明显提高调试效率，节约调试时间。此外，调试可以让程序员真切感受程序的实际执行过程，反思编码和设计中的问题，加深对软件和系统的理解，提高对代码的感知力和控制力。

在软件发布后，有些调试任务是由技术支持人员来完成的，但是当他们将错误定位到某个模块并且无法解决时，有时还要找到它的本来设计者。

很多经验丰富的程序员都把调试放在头等重要的位置，他们会利用各种调试手段观察、跟踪和理解代码的执行过程。通过调试，他们可以发现编码和设计中的问题，并把这些问题在发布给测试人员之前便纠正了。于是，人们认为他们编写代码的水平非常高，没有或者很少有 bug，在团队中有非常好的口碑。对于测试人员发现的问题，他们也仿佛先知先觉，看了测试人员的描述后，一般很快就能意识到问题所在，因为他们已经通过调试把代码的静态和动态特征都放在大脑中了，对其了然于胸。

但也有些程序员很少跟踪和调试他们编写的代码，也不知道这些代码何时被执行以及执行多少次。对于测试人员报告的一大堆问题，他们也经常是一头雾水，不知所措。

毋庸置疑，忽视调试对于提高程序员的编程水平和综合能力都是很不利的。因此，《Debugging by Thinking》一书的作者 Robert Charles Metzger 说道："导致今天的软件有如此多缺欠的原因有很多，其中之一就是很多程序员不擅长调试，一些程序员对待软件调试就像对待个人所得税申报表那样消极。"

多年来，我所遇到的编程高手无不深谙调试技术，而那些摸不到编程门道的门外汉则大多不知调试为何物。亦有貌似深谙软件之道者，说调试无足轻重，真是大言不惭。

老雷评点

1.7.2　调试与测试的关系

简单地说，测试的目的是在不知道有问题存在的情况下去寻找和发现问题，而调试是在已经知道问题存在的情况下定位问题根源。从因果关系的角度来看，测试是旨在发现软件"表面"的不当行为和属性，而调试是寻找这个表象下面的内因。因此二者是有明显区别的，尽管有些人时常将它们混淆在一起。

如果说代码是联系调试与编码的桥梁，那么软件缺欠便是联系调试与测试的桥梁。缺欠是测试过程的成果（输出），是调试过程的输入。测试的目标首先是要发现缺欠，其次是如何协助关闭这些缺欠。

测试与调试的宗旨是一致的，那就是软件的按期交付。为了实现这一共同目标，测试人员与调试人员应该相互尊重，密切配合。例如，测试人员应该尽可能准确详细地描述缺欠，说明错误的症状、实际的结果和期待的结果、发现问题的软硬件环境、重现问题的方法以及需要注意的细节。测试人员应该在软件中加入检查错误和辅助调试的手段，以便更快地定位问题。

软件的调试版本应包含更多的错误检查环节，以便更容易测试出错误，因此除了测试软件的发布版本外，测试调试版本是提高测试效率、加快整个项目进度的有效措施。著名的调试专家 John Robbins 建议根据软件的开发阶段来安排测试调试版本的时间，在项目的初始阶段，对两个版本的测试时间应该是基本一样的，随着软件的成熟，逐渐过渡到只测试发布版本。

为了使以上方法更有效，编码时应该加入恰当的断言并建立合适的错误报告和记录机制。我们将在本书后续分册中介绍运行期检查时更详细地讨论这个问题。

1.7.3　调试与逆向工程的关系

典型的软件开发过程是设计、编码，再编译为可执行文件（目标程序）的过程。因此，所谓逆向工程（reverse engineering）就是根据可执行文件反向推导出编码方式和设计方法的过程。

调试器是逆向工程中的一种主要工具。符号文件、跟踪执行、变量监视和观察以及断点这些软件调试技术都是实施逆向工程时经常使用的技术手段。

逆向工程的合法性依赖于很多因素，需要视软件的授权协议、所在国家的法律、逆向工程的目的等具体情况而定，其细节超出了本书的讨论范围。

1.7.4　学习调试技术的意义

为什么要学习软件调试技术呢？原因如下。

首先，软件调试技术是解决复杂软件问题最强大的工具。如果把解决复杂软件问题看作一场战斗，那么软件调试技术便是一种可以直击要害而且锐不可当的武器。说直击要害，是因为利用调试技术可以从问题的正面迎头而上，从问题症结着手，直接深入内部。而不像很多其他技术那样需要从侧面探索，间接地推测，然后做大量的排查。说锐不可当是因为核心的调试技术大多来源于 CPU 和操作系统的直接支持，所以具有非常好的健壮性和稳定性，有较高的优先级。

其次，提高调试技术水平有利于提高软件工程师特别是程序员的工作效率，降低他们的工作强度。很多软件工程师都认为调试软件花去了他们大半的工作时间。因此提高调试软件的技术水平和效率对于提高总的工作效率是非常有意义的。

再次，调试技术是学习其他软硬件技术的一个极好工具。通过软件调试技术的强大观察能力和断点、栈回溯、跟踪等功能可以快速地了解一个软件和系统的模块、架构和工作流程，因此是学习其他软硬件技术的一种快速而有效的方法。作者经常使用这种方法来学习新的开发工具、应用软件和操作系统。

最后，相对其他软件技术，软件调试技术具有更好的稳定性，不会在短时间内被淘汰。事实上，我们前面介绍的大多数调试技术都有几十年的历史了。因此，可以说软件调试技术是一门一旦掌握便可以长期受用的技术。

1.7.5　调试技术尚未得到应有的重视

尽管软件调试始终是软件开发中必不可少的一步，但至今没有得到应有的重视。

在教育和研究领域，软件调试技术尚未像软件测试和编译原理那样成为一个独立的学科，有关的理论和知识尚未系统化，专门讨论软件调试的书籍和资料非常有限。根据作者的了解，还没有一所大学或软件学院开设专门关于软件调试的课程。这导致很多软件工程师没有接受过系统的软件调试培训，对软件调试的基本原理知之甚少。

在软件工程中，很多时候，软件调试还处于被忽略的位置。当定义日程表时，开发团队很少专门评估软件调试方面的风险，为其预留专门的时间；当设计架构时，他们很少考虑软件的可调试性；在开发阶段，针对调试方面的管理和约束也很薄弱——一个项目中经常存在着多种调试机制，相互重叠，而且都很简陋。在员工培训方面，针对软件调试的培训也比较少。

我们将在第四篇（第 15～16 章）进一步讨论软件调试与软件工程的更多话题，特别是软件的可调试性。

老雷评点

　　近年来，欣然看到招聘广告中有时出现调试工程师（debug engineer）的职位，且有些公司开始设立专职的调试团队（debug team），这或为软件调试从隐学变为显学之征兆。

1.8　本章小结

　　本章的前两节介绍了软件调试的解释性定义、基本过程（见 1.1 节）和特征（见 1.2 节）。1.3 节讨论了断点、单步执行和分支监视 3 种基本的软件调试技术的简要发展历史。1.4 节从多个角度介绍了常见的软件调试任务。1.5 节介绍了软件调试所使用的基本技术。1.6 节探讨了关于软件错误的一些术语和概念。最后一节介绍了软件调试的重要性及其与软件工程中其他活动的关系。

　　作为全书的开篇，本章旨在为读者勾勒出一个关于软件调试的总体轮廓，帮助读者建立一些初步的概念和印象。所以，本章的内容大多是概括性的介绍，没有深入展开，如果读者不能理解其中的某些术语和概念，也不必担心，因为后面章节中会有更详细的介绍。

参考资料

[1]　Robert Charles Metzger. Debugging by Thinking[M]. Holland: Elsevier Digital Press, 2003.

[2]　G Pascal Zachary. Showstopper: The Breakneck Race to Create Windows NT and the Next Generation at Microsoft[M]. New York: The Free Press, 1994.

[3]　Manual of Operations for UNIVAC System. Remington Rand Inc., 1954.

第二篇
CPU 及其调试设施

　　如果把程序（program）中的每一条指令看作电影胶片的一帧，那么执行程序的 CPU 就像一台飞速运转的放映机。以英特尔 P6 系列 CPU 为例，其处理能力大约在 300（第一代产品 Pentium Pro）~ 3000（奔腾 III）MIPS。MIPS 的含义是 CPU 每秒钟能执行的指令数（以百万指令为单位）。如果按 3000MIPS 计算，那么意味着每秒钟大约有 30 亿条指令"流"过这台高速的"放映机"。这大约是电影胶片放映速度（24 帧每秒）的 1.25 亿倍。如此高的执行速度，如果在程序中存在错误或 CPU 内部发生了错误，该如何调试呢？

　　CPU 的设计者们一开始就考虑到了这个问题——如何在 CPU 中包含对调试的支持。就像在制作电影过程中人们可以慢速放映或停下来分析每一帧一样，CPU 也提供了一系列机制，允许一条一条地执行指令，或者使其停在指定的位置。

以英特尔的 IA 结构 CPU 为例，其提供的调试支持如下。

- INT 3 指令：又叫断点指令，当 CPU 执行到该指令时便会产生断点异常，以便中断到调试器程序。INT 3 指令是软件断点的实现基础。

- 标志寄存器（EFLAGS）中的 TF 标志：陷阱标志位，当该标志为 1 时，CPU 每执行完一条指令就产生调试异常。陷阱标志位是单步执行的实现基础。

- 调试寄存器 DR0 ~ DR7：用于设置硬件断点和报告调试异常的细节。

- 断点异常（#BP）：INT 3 指令执行时会导致此异常，CPU 转到该异常的处理例程。异常处理例程会进一步将异常分发给调试器软件。

- 调试异常（#DB）：当除 INT 3 指令以外的调试事件发生时，会导致此异常。

- 任务状态段（TSS）的 T 标志：任务陷阱标志，当切换到设置了 T 标志的任务时，CPU会产生调试异常，中断到调试器。

- 分支记录机制：用来记录上一个分支、中断和异常的地址等信息。

- 性能监视：用于监视和优化 CPU 及软件的执行效率。

- JTAG 支持：可以与 JTAG 调试器一起工作来调试单独靠软件调试器无法调试的问题。

除了对调试功能的直接支持，CPU 的很多核心机制也为实现调试功能提供了硬件基础，比如异常机制、保护模式和性能监视功能等。

本篇首先将概括性地介绍 CPU 的基本概念和常识（第 2 章），包括指令集、寄存器及保护模式等重要概念；然后介绍与调试功能密切相关的中断和异常机制（第 3 章），包括异常的分类、优先级等。这两章的内容旨在帮助读者了解现代 CPU 的概貌和重要特征，为理解本书后面的章节打下基础。对 CPU 了解较少的读者，应该认真阅读这两章的内容。其他读者则可以将这些内容作为复习资料和温故知新。第 4 章将详细讨论软件断点、硬件断点和陷阱标志的工作原理，从 CPU 层次详细解析支持常用调试功能的硬件基础。第 5 章将介绍 CPU 的分支监视、调试存储和性能监视机制。第 6 章将介绍 CPU 的机器检查架构（Machine Check Architecture，MCA），包括机器检查异常和处理方法等。第 7 章将介绍 JTAG 原理和 IA-32 CPU 的 JTAG 支持。

第 2 章

CPU 基础

CPU 是 Central Processing Unit 的缩写，即中央处理单元，或者叫中央处理器，有时也简称为处理器（processor）。第一款集成在单一芯片上的 CPU 是英特尔公司于 1969 年开始设计并于 1971 年推出的 4004，与当时的其他 CPU 相比，它的体积可算是微乎其微，因此，人们把这种实现在单一芯片上的 CPU（Single-chip CPU）称为微处理器（microprocessor）。目前，绝大多数（即使不是全部）CPU 都是集成在单一芯片上的，甚至多核技术还把多个 CPU 内核（core）集成在一块芯片上，因此微处理器和处理器这两个术语也几乎被等同起来了。

尽管现代 CPU 的集成度不断提高，其结构也变得越来越复杂，但是它在计算机系统中的角色仍然非常简单，那就是从内存中读取指令（fetch instruction），然后解码（decode）和执行（execute）。指令是 CPU 可以理解并执行的操作（operation），它是 CPU 能够"看懂"的唯一语言。本章将以这一核心任务为线索，介绍关于 CPU 的基本知识和概念。

读到这里，我不禁想起一位长者，一位和蔼的美国老头——Tom Shanley，他没有在英特尔工作过，但却比大多数英特尔工程师都更熟悉英特尔 CPU，他多次到英特尔讲课，我有幸聆听两次。上述说法当来自 Tom 对处理器角色之精炼概括："Processor = Instruction Fetch/Decode/Execute Engine"。从书架中取出 Tom 的皇皇巨著《奔腾 4 全录：IA32 处理器宗谱》（《The Unabridged Pentium 4: IA32 Proces Genealogy》），看到 Tom 的亲笔签名，如晤其人。

老雷评点

【 2.1 指令和指令集 】

某一类 CPU 所支持的指令集合简称为指令集（Instruction Set）。根据指令集的特征，CPU 可以划分为两大阵营，即 RISC 和 CISC。

精简指令集计算机（Reduced Instruction Set Computer，RISC）是 IBM 研究中心的 John Cocke 博士于 1974 年最先提出的。其基本思想是通过减少指令的数量和简化指令的格式来优化和提高 CPU 执行指令的效率。RISC 出现后，人们很自然地把与 RISC 相对的另一类指令集称为复杂指令集计算机（Complex Instruction Set Computer，CISC）。

RISC 处理器的典型代表有 SPARC 处理器、PowerPC 处理器、惠普公司的 PA-RISC 处理器、MIPS 处理器、Alpha 处理器和 ARM 处理器等。

CISC 处理器的典型代表有 x86 处理器和 DEC VAX-11 处理器等。第一款 x86 处理器是英特尔公司于 1978 年推出的 8086，其后的 8088、80286、80386、80486、奔腾处理器及 AMD 等公司的兼容处理器都是兼容 8086 的，因此人们把基于该架构的处理器统称为 x86 处理器。

2.1.1　基本特征

下面将以比较的方式来介绍 RISC 处理器和 CISC 处理器的基本特征和主要差别。除非特别说明，我们用 ARM 处理器代表 RISC 处理器，用 x86 处理器代表 CISC 处理器。

第一，大多数 RISC 处理器的指令都是等长的（通常为 4 个字节，即 32 比特），而 CISC 处理器的指令长度是不确定的，最短的指令是 1 个字节，有些长的指令有十几个字节（x86）甚至几十个字节（VAX-11）。定长的指令有利于解码和优化，其缺点是目标代码占用的空间比较大（因为有些指令没必要用 4 字节）。对于软件调试而言，定长的指令有利于实现反汇编和软件断点，我们将在 4.1 节详细介绍软件断点。这里简要介绍一下反汇编。对于 x86 这样不定长的指令集，反汇编时一定要从一条有效指令的第一个字节开始，依次进行，比如下面 3 条指令是某个函数的序言。

```
0:000> u 47f000
image00400000+0x7f000:
0047f000 55              push    ebp
0047f001 8bec            mov     ebp,esp
0047f003 6aff            push    0FFFFFFFFh
```

上面是从正确的起始位置开始反汇编，结果是正确的，但是如果把反汇编的起点向前调整两个字节，那么结果就会出现很大变化。

```
0:000> u 47effd
image00400000+0x7effd:
0047effd 0000            add     byte ptr [eax],al
0047efff 00558b          add     byte ptr [ebp-75h],dl
0047f002 ec              in      al,dx
0047f003 6aff            push    0FFFFFFFFh
```

这就是所谓的指令错位。为了减少这样的问题，编译器在编译时，会在函数的间隙填充 nop 或者 int 3 等单字节指令，这样即使反汇编时误从函数的间隙开始，也不会错位，可以帮助反汇编器顺利"上手"。而上面的例子来自某个做过加壳保护的软件，这样的软件不愿意被反汇编，所以故意在函数的间隙或者某些位置加上 0 来迷惑反汇编器。

第二，RISC 处理器的寻址方式（addressing mode）比 CISC 要少很多，我们稍后将单独介绍。

第三，与 RISC 相比，CISC 处理器的通用寄存器（general register）数量较少。例如 16 位和 32 位的 x86 处理器都只有 8 个通用寄存器：AX/EAX、BX/EBX、CX/ECX、DX/EDX、SI/ESI、

DI/EDI、BP/EBP、SP/ESP（E 开头为 32 位，为 Extended 之缩写），而且其中的 BP/EBP 和 SP/ESP 常常被固定用来维护栈，失去通用性。64 位的 x86 处理器增加了 8 个通用寄存器（R8～R15），但是总量仍然远远小于 RISC 处理器（通常多达 32 个）。寄存器位于 CPU 内部，可供 CPU 直接使用，与访问内存相比，其效率更高。

第四，RISC 的指令数量也相对较少。就以跳转指令为例，8086 有 32 条跳转指令（JA、JAE、JB、JPO、JS、JZ 等），而 ARM 处理器只有两条跳转指令（BLNV 和 BLEQ）。跳转指令对流水线执行很不利，因为一旦遇到跳转指令，CPU 就需要做分支预测（branch prediction），而一旦预测失败，就要把已经执行的错误分支结果清理掉，这会降低 CPU 的执行效率。但是丰富的跳转指令为编程提供了很多方便，这是 CISC 处理器的优势。

第五，从函数（或子程序）调用（function/procedure call）来看，二者也有所不同。RISC 处理器因具有较多的寄存器，通常就有足够多的寄存器来传递函数的参数。而在 CISC 中，即使用所谓的快速调用（fast call）协定，也只能将两个参数用寄存器来传递，其他参数仍然需要用栈来传递。从执行速度看，使用寄存器的速度更快。我们将在后面关于调用协定的内容中进一步讨论函数调用的细节。

鉴于以上特征，RISC 处理器的实现相对来说简单一些，这也是很多低成本的供嵌入式系统使用的处理器大多采用 RISC 架构的一个原因。关于 RISC 和 CISC 的优劣，一直存在着很多争论，采用两种技术的处理器也在相互借鉴对方的优点。比如从 P6 系列处理器的第一代产品 Pentium Pro 开始，英特尔的 x86 处理器就开始将 CISC 指令先翻译成等长的微操作（micro-ops 或µops），然后再执行。微操作与 RISC 指令很类似，因此很多时候又被称为微指令。因此可以说今天的主流 x86 处理器（不包括那些用于嵌入式系统的 x86 处理器）的内部已经具有了 RISC 的特征。此外，ARM 架构的 v4 版本引入了 Thumb 指令集，允许混合使用 16 位指令和 32 指令，指令的长度由单一一种变为两种，程序员可以根据需要选择短指令和长指令，不必再拘泥于一种长度，这样可使编译好的目标程序更加紧凑。

2.1.2 寻址方式

指令由操作码（opcode）和 0 到多个操作数组成。寻址方式定义了得到操作数的方式，是指令系统乃至 CPU 架构的关键特征。下面以 x86 汇编语言为例简要介绍常见的寻址方式。

（1）**立即寻址**（immediate addressing）：操作数直接跟在操作码之后，作为指令的一部分存放在代码段里，比如在 MOV AL, 5（机器码 B0 05）这条指令中，源操作数采用的就是立即寻址方式。

（2）**寄存器寻址**（register addressing）：操作数被预先放在寄存器中，指令中指定寄存器号，比如在 MOV AX, BX（机器码 8A C3）中，源操作数使用的是寄存器寻址方式。

（3）**直接寻址**（direct addressing）：操作数的有效地址（Effective Address，EA）直接作为指令的一部分跟在操作码之后，比如在 MOV AX, [402128H]（机器码 B8 28 21 40 00）指令中，源操作数采用的就是直接寻址方式。

（4）**寄存器间接寻址**（register indirect addressing）：操作数的地址被预先放在一个或多个寄存器中，比如 ADD AX, [BX] 这条指令是把 BX 寄存器所代表地址中的值累加到 AX 寄存器中的，源操作数采用的就是寄存器间接寻址方式。

间接寻址方式还有几种，这里不再一一列举。间接寻址方式为处理表格和字符串等数据结构带来了很大的方便。例如，可以把表格或字符串的起始地址放入一个基地址寄存器中，然后用一个变址寄存器指向各个元素。但间接寻址带来的问题就是使指令格式变得复杂，导致解码和优化的难度增大。为了避免这样的问题，RISC 处理器通常只支持简单的寻址方式，不支持间接寻址，不支持在一条指令中既访问内存又进行数学运算（比如从内存中读出并累加到目标操作数，即 ADD AX, [BX]）。

进一步来说，在 ARM 等 RISC 处理器中，运算指令在执行过程中是不访问内存的，运算指令的所有操作数要么是立即数，要么就是被预先加载（称为 Load）寄存器中，而且执行结果也是先保存到寄存器中，然后再根据需要写回内存（称为 Store）。这种先加载再回存的模式是很多 RISC 处理器的显著特征。因此，在 ARM 的官方文档中，我们可以看到这样的说法——ARM 是一种加载/回存的 RISC 架构（ARM is a load / store RISC architecture）。这种设计模式的优点是涉及内存访问的指令变得很少，有利于提高 CPU 执行流水线（pipeline）的效率。

2.1.3　指令的执行过程

图 2-1 以英特尔 P6 系列 CPU（后文有详细介绍）为例简单显示了指令在 CPU 中的执行过程。

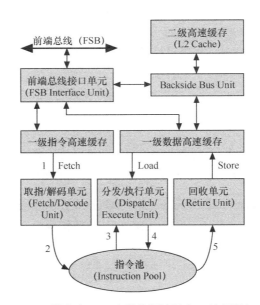

图 2-1　指令在 CPU 中的执行过程（P6 处理器）

箭头 1 代表取指/解码单元（Fetch/Decode Unit）从高速缓存中读取指令并解码成等长的微操作后放入指令池中（箭头 2）。箭头 3 代表分发/执行单元（Dispatch/Excute Unit）从指令池中挑选出等待执行的指令分发到合适的执行单元中进行执行，执行单元执行后把结果再放回到指令池中（箭头 4）。箭头 5 代表回收单元（Retire Unit）检查指令池中的指令状态，根据程序逻辑将临时执行结果按顺序永久化。《P6 系列处理器硬件开发者手册》[9]更详细地描述了以上过程，感兴趣的读者可以从英特尔网站下载和阅读。

老雷评点

> CPU 厂商对 CPU 内部设计大多讳莫如深，以开放著称的英特尔也不例外，P6 实为一特例，英特尔官方发布了包含较多内部细节的技术文档，此后不再有。这大概与 P6 团队的风格有关，老雷于 2003 年加入英特尔时，公司中还流传着很多关于此团队的传奇故事。

本节介绍了 RISC 和 CISC 指令集的概况，目的主要是让读者对整个 CPU 世界有个概括性的了解。本节之后的小节将先详细介绍 x86 阵营中的英特尔架构处理器和 PC 系统，然后介绍 ARM 架构。2.2 节将先对英特尔架构处理器做概括性的介绍。

『 2.2 英特尔架构处理器 』

英特尔架构（Intel Architecture，IA）处理器是对英特尔设计和生产的 x86 系列 32 位和 64 位微处理器的总称。早期的 32 位架构通常称为 IA-32（或 IA32），是 Intel Architecture 32-bit 的缩写，用来指代所有 IA-32 处理器所使用的架构和共同特征。今天的大多数 IA 架构 CPU 都支持 64 位工作模式，故称为 Intel 64 位技术，有时也称为 Intel 64 架构。本书用 IA 来泛指 IA-32 和 Intel 64 架构。值得说明的是，Intel 64 不同于 IA-64，因为 IA-64 指的是安腾（Itanium）架构。简单来说，IA = IA-32 + Intel 64，即 IA != IA-32 + IA-64。

老雷评点

> 此处名字别扭的根源是 IA-64 这个好名字被安腾架构占去，只能一叹。

IA 处理器的典型代表有 80386、80486、Pentium（奔腾）、Pentium Pro、Pentium Ⅱ、Pentium Ⅲ、Pentium 4（简称 P4）、Pentium M、Core Duo、Core 2 Duo 及 Celeron（赛扬）和 Xeon（至强）处理器。其中 Pentium Pro、Pentium Ⅱ和 Pentium Ⅲ因为都是基于共同的 P6 处理器内核的，所以又被统称为 P6 系列处理器。赛扬和至强处理器分别是 P6（奔腾Ⅱ和奔腾Ⅲ）和 P4 等处理器针对低端和服务器市场的改进版本，从指令和架构上看并没有根本的变化。于 2006 年推出的 Core 2 Duo 处理器采用了针对多核特征设计的 Intel Core Architeture，代表了 CPU 向多核方向发展的趋势。

综上所述，我们可以把迄今为止的 IA 处理器概括为 386 系列、486 系列、奔腾系列、P6 系列、P4 系列和酷睿（Core）系列。因为本章及后面的章节还经常要提到这些处理器，下面便按时间顺序简要概括它们的特征。需要特别强调的是，以下介绍的只是与本书内容密切相关的特征，并不是全部特征。

x86 之名始于 1978 年 6 月 8 日发布的 8086。2018 年 6 月，在 8086 发布 40 周年之际，英特尔特别限量发行主频高达 5GHz 的第 8 代酷睿 i7 处理器，将其型号特别定义为 8086K，并在 6 月 8 日以抽奖形式赠送 8086 颗，以作纪念。

2.2.1　80386 处理器

　　1985 年 10 月，英特尔在推出 80286 三年半之后推出了 80386（简称 386），它是 x86 系列处理器中的第一款 32 位处理器，被视为 IA-32 架构的开始。尽管 286 最先引入了保护模式的概念，为运行多任务操作系统打下了基础，但是 386 的推出才真正使基于 x86 处理器的多任务操作系统（Windows）流行起来。386 处理器引入的新特性主要如下。

- 32 位地址总线，可以最多支持 4GB 的物理内存。

- 平坦内存模型（flat memory model），即每个应用程序可以使用地址 $0 \sim 2^{32}{-}1$ 来索引 4GB 的平坦内存空间。因为 4GB 足以容纳大多数应用程序的所有代码和数据，所以采用此模型后，可以把程序的所有代码都放在一个段内，这样在跳转时便都是段内跳转，而不必考虑段的界限。此前的实模式下一个段最大只有 64KB，程序要维护多个代码段和多个数据段，不得不考虑段间跳转和段边界等棘手问题。

- 分页机制（paging），即以页为单位来组织内存，通过页表进行管理，暂时不用的页可以交换到硬盘等外部存储器上，需要时再交换回来。分页机制是实现虚拟内存的硬件基础。在 386 处理器中，每个内存页的大小为 4KB，Pentium 处理器引入了大页面支持，可以建立 4MB 的大内存页。分页机制是目前所有主流操作系统必须依赖的硬件功能。值得说明的是，在 Windows 系统中禁用专门的分页文件（paging file），并不代表 Windows 就不再依赖分页机制，文件映射、栈增长等机制还是要依赖 CPU 的分页机制的。

- 调试寄存器，支持更强大的调试功能，我们将在第 4 章（见 4.2 节）讨论其细节。

- 虚拟 8086 模式，使 16 位的 8086/8088 程序可以更高效地在 32 位处理器中执行。

　　80386，英特尔崛起时的开山力作，奠定 IA 架构格局之经典，前无古人，后亦少来者，其后各代多在提升速度，鲜有根本之拓展。421 页的 80386 编程手册（《Programmer's Reference Manual》），可谓字字珠玑，至今仍是学习 IA 的珍贵素材。

2.2.2　80486 处理器

　　于 1989 年推出的 80486 处理器引入了以下特性。

- 在 CPU 内部集成高速缓存（cache）。486 是第一个在芯片内部集成一级高速缓存（L1 Cache）的 IA-32 处理器，此后的所有 IA-32 处理器内部都有集成的一级高速缓存。

- 将数学协处理器（FPU）集成到 CPU 内。

- 内存对齐检查异常（alignment check exception，exception 17）。我们将在第 3 章中详细讨论 CPU 的异常机制。

- 系统管理模式（System Management Mode，SMM），用于执行系统管理功能，如电源管理、硬件控制或执行 OEM 设计的与平台相关的固件程序（firmware）。需要说明的是，最先引入 SMM 支持的英特尔 CPU 是 386 SL，但是从 486 DX 开始 SMM 才被加入到所有 IA-32 处理器中，成为 IA-32 架构的特征。

老雷评点

老雷于 1993 年与几位同学合购一台式机于上海之华山路，又花 100 元车费运回闵行校区。其处理器即 80486，总价 9000 余元。

2.2.3　奔腾处理器

从 1993 年开始，Pentium（奔腾）处理器陆续推出。奔腾处理器可以说是 IA-32 处理器新一轮变革的开始，不但从名字上不再沿用 80386、80486 这一惯例，而且从结构和性能上也有很大的突破。最重要的一点就是引入第二条执行流水线，支持指令级的并行执行（instruction level parallelism）。指令级的并行机制有助于更充分地利用处理器资源，在主频保持不变的情况下大幅提升处理器的执行能力。奔腾以后的 IA-32 处理器都延续了这一思想。或许是因为新一轮革新的开始，最早推出的奔腾处理器和后来推出的奔腾处理器（不是指 Pentium Pro 和 Pentium II、PentiumIII）除了主频上的差异外，其内部特征也有较大差异。人们通常根据内核代号将这些不同特征的奔腾处理器分为 P5、P54C 和 P55C 这三类。最早推出的 P5 内核奔腾处理器（主要有 P60 和 P66）引入的新特性主要如下。

- 数据总线的宽度从 32 位增加到 64 位，一次便可以从内存读取 8 个字节的数据。

- 加入第二条执行流水线（execution pipeline），允许同时有两条指令在解码和执行，因此每个时钟周期最多可以执行的指令数由以前的一条提升为两条，该特征又被称为超标量（superscalar）架构。因为指令间的相互依赖性，所以很多时候必须等待前面的指令执行完毕，才能执行后面的指令，也就是两条流水线并不是总能同时在使用。为了提高每条流水线的利用率，奔腾处理器第一次引入了分支预测功能，即预测最可能的分支并提早解码和执行可能的分支。

- 内部（一级）高速缓存增加为 16KB，其中 8KB 用于数据，8KB 用于代码。这也是第一次将数据高速缓存和代码高速缓存分开。

- 支持 4MB 的大页面内存，即除了 4KB 的内存页，还可以创建 4MB 的大页面。

- 引入性能监视机制，可以监视内部事件（计数）和流水线的执行情况。性能监视机制包括性能监视计数器、TSC（Time Stamp Counter）寄存器和读取 TSC 寄存器的 RDTSC 指令等，我们将在第 5 章（见 5.3 节）详细讨论。

- 引入内部错误探测功能，即机器检查架构（Machine Check Architecture，MCA），包括 BIST（Built In Self Test）和机器检查异常等（见第 6 章）。

- 引入 JTAG 调试（IEEE 1149.1）支持（见第 7 章）。

- 双（多）处理器支持。

于 1994 年开始推出的 P54C 内核奔腾处理器（如 P75、P90、P100、P120、P133、P150、P166 和 P200）的一个最大的变化就是在处理器内部加入了 APIC，称为本地 APIC（Local APIC）。APIC 是 Advanced Programmable Interrupt Controller 的缩写，即高级可编程中断控制器。本地 APIC 除了负责接收来自处理器的中断管脚、内部中断源（比如内部的温度传感器、性能计数器和 APIC 时钟）和外部 IO APIC 的中断，在多处理器系统中还负责通过 APIC 串行总线（3 根线组成）与其他处理器进行通信。IO APIC 是芯片组的一部分（通常集成在南桥内），负责接收所有外部硬件中断，并翻译成消息发给处理中断的处理器。

于 1996 年 10 月推出的带有 MMX（MultiMedia eXtensions）功能的奔腾处理器（Intel Pentium with MMX Technology，奔腾 MMX）使用的是 P55C 内核，奔腾 MMX 在以下几方面做了增强。

- 支持 MMX（MultiMedia eXtensions）技术，即通过单一指令处理多个数据（Single Instruction Multiple Data，SIMD）的方式提高并行运算能力，尤其是多媒体处理方面的性能。

- 一级高速缓存加倍（数据和代码各 16KB）。

- 优化了分支预测单元和指令解码器。

- 引入了 MSR（Model Specific Register）寄存器和访问 MSR 寄存器的两条指令 RDMSR 及 WRMSR，详见 2.4 节关于寄存器的介绍。

2.2.4 P6 系列处理器

从 1995 年开始，英特尔相继推出了 P6 系列中的各款处理器。于 1995 年 11 月推出的 Pentium Pro 处理器作为 P6 系列的第一款处理器引入了很多此前 x86 处理器没有的重要属性。最值得一提的就是引入了类似 RISC 指令的微操作（micro-ops）：将原本的 x86 指令先翻译成等长的微操作后再执行。这一革命性的变化带来很多好处，包括更有利于提高执行效率和更适合多流水线执行等，其后的 IA-32 处理器都保持了这一特征。此外，Pentium Pro 处理器还引入了如下新特性。

- 首次在内部集成二级高速缓存（256KB 或 1MB）。

- 地址总线的宽度从 32 位增加到 36 位，从而可以最多寻址 64GB 物理内存。这个特征又被称为 PAE-36 模式，即 Physical Address Extension 36-bit。

- 3 路超标量微架构（3-way Superscalar Micro-Architecture），是指将指令执行任务划分为 3 个相对独立的单元——取指/解码单元、分发/执行单元和回收单元。解码单元的 3 个并行解码器首先将 x86 指令翻译（分解）为等长的微操作，然后将微操作送入 RAT（Register Alias Table）单元对寄存器重命名（register renaming），目的是将原本使用同一个寄存器的多条指令通过寄存器重命名令它们使用不同的别名寄存器，以消除依赖性。接下来，再为每个微操作加上状态信息后将它们放入指令池（instruction pool）。指令池又被称为 ROB（Re-Order Buffer）。分发单元的 Reservation Station 负责监视 ROB，将 ROB 中已经就绪（操作数齐备）的微操作通过 5 个端口之一分配给执行单元去执行。因为 ROB 中的微操作只要状态就绪就可以执行，所以指令的执行顺序和程序中的先后顺序可能是不一致的，故这种执行方式被称为乱序执行（out of order execution）。回收单元（Retire Unit）负责监视 ROB 中的微操作并将执行完毕的微操作按照程序本来的顺序从 ROB 中移除。每次回收的结果会被写入 Retirement Register File（RRF）。每个时钟周期，回收单元最多可以回收两条微操作。

- 投机取指/投机执行（speculative prefetch/speculative execution），即根据分支预测（branch prediction）得出的预测结果在没有执行到分支语句处就预先对最可能的分支进行取指和执行。这种投机式的做法可以减少执行流水线的空闲，还可以进一步提高乱序执行的效率。

- 去除了 MMX 支持（Pentium II 又恢复）。

- 引入了内存类型范围寄存器（Memory Type and Range Register，MTRR）。MTRR 用以标识某一段内存区（物理内存空间）的内存特征，比如只读、可写、是否应该高速缓存等。它共定义了 5 种内存类型：分别是 Uncacheable，简称 UC，例如映射到内存空间中的外部设备上的存储器；Write-Combining，简称 WC，例如显存；Write-Through，简称 WT；Write-Protect，简称 WP，例如复制到内存中的原本存储在 ROM 中的 BIOS 代码；Write-Back，简称 WB，例如系统中的正常内存（RAM）。

于 1997 年 5 月推出的 Pentium II 处理器（代号 Klamath）的一大变化是将 Pentium Pro 集成到芯片内的二级缓存移到芯片外的一块特制的电路板（称为 Single Edge Contact Cartridge——SECC）上。从架构上看，Pentium II 与 Pentium Pro 的变化不大。

- 重新加入由 Pentium 引入但被 Pentium Pro 去掉了的 MMX 支持。

- 数据和指令高速缓存都从 16KB 提高到 32KB。

- 增加了快速系统调用和返回（Fast System Call/Return）指令（见 8.3 节）。

在奔腾 II 处理器推出后不久，英特尔便将 P6 处理器划分为 3 个产品线：针对中高端台式机市场的 Pentium II 处理器；面向工作站和服务器市场的至强（Xeon）处理器；面向低端台式机市场的赛扬（Celeron）处理器。这种模式一直延续至今。

于 1999 年 2 月推出的奔腾 III 处理器引入了以下新特征。

- 单指令多数据扩展（Streaming SIMD Extensions，SSE）。除了加入 70 条新的指令，还

引入 8 个 128 位的数据寄存器（XMM[7:0]），可以对单精度浮点数进行 SIMD 运算。

- 增加了 FXSAVE 和 FXRSTOR 指令，可以把浮点运算单元（Floating Point Unit，FPU）和 SSE 寄存器的数据保存到内存或从内存中恢复回来。

于 2003 年 3 月推出的 Pentium M 处理器是专门为笔记本电脑等移动平台（mobile platform）设计的，具有非常好的低功耗特征。于 2006 年推出的 Intel Core Duo 处理器将两个 CPU 内核集成在一个物理处理器中。从 CPU 架构和指令集的角度来看，这两种处理器仍是基于 P6 架构的。

2.2.5 奔腾 4 处理器

于 2000 年开始陆续推出的奔腾 4 处理器采用了与 P6 差异很大的被称为 NetBurst 的超流水线微架构（Hyper-pipelines Micro-architecture），对处理器内核进行了完全的重新设计。其主要特征如下。

- 流水线的级（stage）数由 P6 处理器的 10 级增加到 20 级（奔腾 4 Prescott 增为 31 级）。

- 超线程（Hyper-Threading，HT），即在一块 CPU 芯片内实现两个处理器（被称为逻辑处理器）的功能，使两个线程可以同时执行。

- 加入了分支踪迹存储（Branch Trace Store，BTS）功能，使分支、中断和异常记录功能更强大。

- 加入了 SSE2 指令（奔腾 4 Prescott 加入了 SSE3 指令）。

- 性能计数器从 P6 的两个增加到 18 个。

- 温度监控功能，当集成的温度传感器检测到内部温度超过跳变点（trip point）时，会设置 PROCHOT#信号通知温控电路（thermal monitor circuit）。

- P4 的 6xx 系列和支持超线程的 Extreme 版本引入了 EM64T（Extended Memory 64 Technology）技术，通过 IA-32e 模式支持 64 位计算，IA-32e 的正式名字叫 Intel 64 位架构。

P4 之内部设计（称为微架构）有火球（fireball）之称，英特尔曾宣称此微架构允许的时钟频率最高可以达 10GHz。但事与愿违，实际只达到 3.8GHz。老雷加入英特尔时，正值 P4 时代，对当时 CPU 风扇体量之大、转速之高记忆犹新。

老雷评点

2.2.6 Core 2 系列处理器

从 2006 年 7 月 27 日开始推出的 Core 2 系列处理器是基于称为第 8 代 x86 架构的英特尔多核微架构（Intel Core Micro-architecture）的。典型的产品有双核的 Core 2 Duo CPU 和四核的 Core 2 Quad CPU。该系列 CPU 的主要特征如下。

- 对 P6 引入的动态执行能力做了进一步增强，每个 CPU 内核在一个时钟周期最多可以执行 4 条指令，称为 Wide Dynamic Execution。

- 可以把某些常见的 x86 指令合并成一条微操作来执行，称为 macro-fusion。

- 继承和增强了 Pentium M 的低功耗设计。

- 增加了用于提高乱序执行效率的 Memory Disambiguation 机制，基于 IP 指针的缓存预取机制统称为 Intel Smart Memory Access 技术。

2.2.7 Nehalem 微架构

于 2008 年 11 月推出的 Core i7 处理器是基于 Nehalem 微架构的首款产品。值得说明的是，i7 是英特尔定义的 i3、i5、i7 这 3 条产品线中一条产品线的名字。i7 是这 3 条产品线中最高的一档。从此，对于每一代微架构，通常都会按上面的这 3 条产品线发布多款产品。基于 Nehalem 的 Core i7 是使用新产品线名称的第一代产品，因此它实际上是第一代 Core i7。但是当时并没有这么称呼，因此在英特尔的产品网站上，它被称为"前一代"英特尔酷睿 i7 处理器（Previous Generation Intel® Core™ i7 Processor）。

Nehalem 微架构引入的新特征主要如下。

- 为提高分支预测能力，增加二级分支目标缓冲区（second-level branch target buffer）。

- 改进虚拟化技术（VT），支持扩展页表（Extended Page Table）。

- 进一步扩展了 SSE 技术，支持 SSE4.2。

- 将本来位于北桥（也称 MCH）中的内存控制器集成到 CPU 中。

- 系统接口方面，引入 QuickPath 互联技术，取代了使用多年的前端总线技术（FSB）。

- 生产工艺上首次使用 high-k 材料。

2.2.8 Sandy Bridge 微架构

2011 年 1 月，英特尔推出了基于 Sandy Bridge 微架构的第二代 Core i7 处理器，同时也推出了基于相同微架构的 i5 和 i3 产品。英特尔把这些产品统称为第二代酷睿处理器，相应的 Sandy Bridge 微架构也被简称为第二代酷睿微架构。这让包括 bit-tech 网站在内的不少人很困惑，他们觉得英特尔搞错了，因为如果把 2006 年推出的 Core 架构算作第一代，Nehalem 应该是第二代，那么 Sandy Bridge 至少应该算第三代。关于这个问题，英特尔似乎没有公开澄清过。在今天的文档中，很少有第一代酷睿微架构的提法，都是把 Sandy Bridge 微架构称作第二代，它之前有 3 种与酷睿之名有关的产品：最早使用酷睿（Core）名称的 Core Duo 和 Core Solo（从微架构角度讲，被称为 Pentium M 增强），2006 年推出的 Core 2 和 Nehalem。不管怎么样，英特尔从 Sandy Bridge 微架构开始，正式使用"第×代酷睿微架构"的说法，并且保持着每年推出一代的快速步伐。

Sandy Bridge 微架构主要是由位于以色列的英特尔 CPU 团队研发的，其主要特征如下。

- 进一步增强了 SIMD 能力，引入 AVX（Advanced Vector Extensions）技术。

- 将代号为 HD 2000/3000 的 GPU 和 CPU 集成到同一个晶片（die）中，前者的名字也由英特尔集成显卡改称为 Intel Processor Graphics。

- 将内存控制器（MCH）和 CPU 集成到一个晶片。

老雷评点

这一年 5 月，老雷从工作多年的平台部门转入英特尔的 GPU 团队。

2.2.9　Ivy Bridge 微架构

从 2012 年 4 月推出的第三代酷睿处理器内部使用的是 Ivy Bridge 微架构，它与 Sandy Bridge 的变化不大，大多数开发工作也是在以色列完成的，主要的改进如下。

- 生产工艺方面：使用 22nm 3-D 晶体管技术，功耗更低。

- 新增了随机数产生器和 RdRand 指令。

- 集成的 GPU 支持 DirectX 11。

老雷评点

晨起，于衣柜中偶见当年庆祝 Ivy Bridge 发布的 T 恤衫，勾起许多回忆。

老雷再评

当年庆祝 Ivy Bridge 发布时还得到一件特别的礼物—— 一块基于 Ivy Bridge 微架构的 I5 3450 CPU。此 CPU 在信封中躺了 5 年多，直到 2017 年 10 月，它才有机会实际运行，虽然此时它已经不再时尚，但是却刚好符合老雷调试某个特定问题的需要。

2.2.10　Haswell 微架构

在 2013 年台北 Computex 大会上正式推出的第四代酷睿微架构的代号为 Haswell。其主要具有以下新特征。

- 更宽的执行流水线，新增两个微指令分发端口，每个时钟周期可以分发的微指令从原来的 6 条提升为 8 条。

- 改进 AVX 技术，升级为 AVX2。

- 新增 Transactional Memory 支持，简称 TSX。

2.2.11 Broadwell 微架构

第五代酷睿微架构的代号为 Broadwell，在设计方面只是在 Haswell 微架构上略加改进，而在生产工艺方面，则从 22nm 降低到 14nm。产品的推出时间是 2015 年第二季度。Broadwell 引入的改进主要如下。

- 新增 RDSEED 指令，可以读取基于热噪声（shermal noise）产生的随机数。

- 引入对抗恶意软件的 Supervisor Mode Access Prevention（SMAP）技术，用于防止内核态恶意软件窃取用户空间信息。

2.2.12 Skylake 微架构

于 2015 年 8 月推出的代号为 Skylake 的第六代酷睿微架构引入了多项新技术，是 IA 历史上的又一力作。其主要开发工作仍是在英特尔的以色列研发中心完成的，用时 4 年之久。Skylake 具有如下新特征。

- 旨在提高系统安全性的 Intel MPX（Memory Protection Extensions）技术。

- 允许应用程序产生私密内存区（称为 enclave）的 Intel SGX（Software Guard Extensions）技术。

- 集成了第 9 代（Gen9）英特尔 GPU，支持 DirectX 12 和完全的 HEVC 编解码硬件加速。

- 强大的实时指令追踪（RTIT）技术，详见第 5 章。

老雷评点　在英特尔内部关于 CPU 研发的 DTTC 会议中，老雷首次听到 RTIT 技术，认识了负责该技术的以色列同事，并与他们探讨了关于调试支持的一些话题。

2.2.13 Kaby Lake 微架构

英特尔原本计划接替 Skylake 的下一代产品是基于 10nm 工艺的 Cannonlake，但是遇到困难，作为弥补方案，于 2017 年年初推出了 Kaby Lake 微架构的第七代酷睿处理器。在作者撰写本书中的 GPU 内容时，使用的笔记本电脑配备的是 Kaby Lake 处理器，内部的 GPU 是 Gen 9.5。

本书中关于处理器的内容大多是针对以上描述的 IA 处理器的，但是关于这些处理器的功能和结构的系统介绍远远超出了本书的范围。了解 IA 处理器的一个极佳途径就是阅读英特尔公司的《英特尔 64 和 IA-32 架构软件开发者手册》（《Intel 64 and IA-32 Intel®Architecture Software Developer's Manual》，以下简称《IA 编程手册》）。该手册的目前版本分为 4 卷 10 册。卷 1《基本架构》介绍了基本执行环境、数据类型、指令集概要、过程调用、中断和异常、一般编程和使用 FPU、MMX、SSE 编程等内容。卷 2《指令参考》分四册（卷 2A、2B、2C 和 2D）按字母顺序详细地介绍了每一条指令。卷 3《系统编程指南》（卷 3A、3B、3C 和 3D）从更深的层次阐述了英特尔架构的关键特征，包括保护模式下的内存管理、保护机制、中断和异常处理、任务管理、多处理器管理、高级可编程中断控制器（APIC）、处理器管理和初始化、高速缓存管理、MMX/SSE/SSE2 系统编程、系统管理、MCA、调试和性能监控、8086 模拟、混合 16 位和 32 位代码，以及 IA32 兼容性等内容。最后一卷是 MSR 寄存器的详细描述。感兴趣的读者可以从英特尔网站免费下载英特尔架构手册的电子版本，也可以获取英特尔公司不定期免费提供的这些手册的印刷版本。

老雷评点

　　《中庸》有言，"君子戒慎乎其所不睹，恐惧乎其所不闻。"CPU 者，软件之所由生、所由载也，严肃钻研软件者，曷可忽乎哉！本节文字，看似散淡，实甚费心，望读者察之。

2.3　CPU 的操作模式

　　英特尔公司于 1978 年推出的 8086 处理器是 x86 处理器的第一代产品，其后的 IA-32 处理器都是在 8086 的基础上发展演变而来的。尽管今天的 IA-32 处理器与 20 多年前的 8086 相比，功能上已经有天壤之别，但是它们仍保持着对包括 8086 在内的低版本处理器的向下兼容性。因此，今天的 IA-32 处理器仍然可以很好地执行多年前为 8086 处理器编写的软件。那么，32 位的 IA-32 处理器是如何执行 16 位的 8086/80286 程序的呢？要回答这个问题，就要了解 CPU 的操作模式。我们可以把操作模式理解为 CPU 的工作方式，在不同的操作模式下 CPU 按照不同的方式来工作，目的是可以执行不同种类的程序、完成不同的任务。迄今为止，IA-32 处理器定义了图 2-2 所示的 5 种操作模式，分别介绍如下。

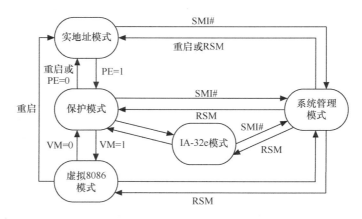

图 2-2　CPU 的操作模式（摘自《IA-32 手册》卷 3A）

　　（1）保护模式（**Protected Mode**）：所有 IA-32 处理器的本位（native）模式，具有强大的

虚拟内存支持和完善的任务保护机制，为现代操作系统提供了良好的多任务（multitasking）运行环境。2.4 节和 2.5 节将进一步介绍与保护模式有关的重要概念。

（2）**实地址模式**（**Real-address Mode**）：简称实模式（Real Mode），即模拟 8086 处理器的工作模式。工作在此模式下的 IA-32 处理器相当于高速的 8086 处理器。实模式提供了一种简单的单任务环境，可以直接访问物理内存和 I/O 空间，由于操作系统和应用软件运行在同一个内存空间中和同一个优先级上，因此操作系统的数据很容易被应用软件所破坏。DOS 操作系统运行在实模式下。CPU 在上电或复位后总是处于实模式状态。

（3）**虚拟 8086 模式**（**Virtual-8086 Mode**）：保护模式下用来执行 8086 任务（程序）的准模式（quasi-operating mode）。通过该模式，可以把 8086 程序当作保护模式的一项任务来执行。实地址模式无疑为运行 8086 程序提供了良好的硬件环境，但由于实地址模式无法运行现代的主流操作系统，从保护模式切换到实模式来运行 8086 程序需要较大的开销，难以实现。虚拟 8086 模式允许在不退出保护模式的情况下执行 8086 程序，当 CPU 切换到一个 8086 任务时，它便以类似实模式的方式工作，当 CPU 被切换到其他普通 32 位任务时，仍然以正常的方式工作，这样就可以在一个操作系统下"同时"运行 8086 任务和普通的 32 位任务了。需要注意的是，运行在虚拟 8086 模式下的 8086 任务在 I/O 访问方面会受到一些限制，与运行在实模式下是有所不同的，但这是为了保证操作系统和其他任务的安全所必需的。

（4）**系统管理模式**（**System Management Mode**，**SMM**）：供系统固件（firmware）执行电源管理、安全检查或与平台相关的特殊任务。当 CPU 的系统管理中断管脚（SMI#）被激活时，处理器会将当前正在执行的任务的上下文保存起来，然后切换到另一个单独的（separate）地址空间中执行专门的 SMM 例程。SMM 例程通过 RSM 指令使处理器退出 SMM 模式并恢复到响应系统管理中断前的状态。386 SL 处理器最先引入系统管理模式，其后的所有 IA-32 处理器都支持该模式。

（5）**IA-32e 模式**：支持 Intel 64 的 64 位工作模式，曾经称为 64 位内存扩展技术（Extended Memory 64 Technology，EM64T），是 IA-32 CPU 支持 64 位的一种扩展技术，具有对现有 32 位程序的良好兼容性。IA-32e 模式由两个子模式组成：64 位模式和兼容模式。64 位模式提供了 64 位的线性寻址能力，并能够访问超过 64GB 的物理内存（32 位下启用 PAE 功能后最多访问 64GB 物理内存）。兼容模式用于执行现有的 32 位应用程序，使它们不做任何改动就可以运行在 64 位操作系统上。对于运行在 IA-32e 模式下的 64 位操作系统，系统内核和内核态的驱动程序一定是 64 位的代码，工作在 64 位模式下，应用程序可以是 32 位的（在兼容模式下执行），也可以是 64 位的（在 64 位模式下执行）。本书讨论的情况除特别说明外不包括 IA-32e 模式。

处理器在上电开始运行时或复位后是处于实地址模式的，CR0 控制寄存器的 PE（Protection Enable）标志用来控制处理器处于实地址模式还是保护模式。标志寄存器（EFLAGS）的 VM 标志用来控制处理器是在虚拟 8086 模式还是普通保护模式下，EFER 寄存器（Extended-Feature-Enable Register）的 LME（Long Mode Enable）用来启用 IA-32e 模式。关于模式切换的细节，感兴趣的读者可以参阅 IA 编程手册卷 3A 第 9 章中的"模式切换"一节。

『 2.4　寄存器 』

寄存器（register）是位于 CPU 内部的高速存储单元，用来临时存放计算过程中用到的操作数、结果、程序指针或其他信息。CPU 可以直接操作寄存器中的值，因此访问寄存器的速度比访问内存要快得多。

通用数据寄存器的宽度（size）决定了 CPU 可以直接表示的数据范围。比如 32 位的数据寄存器可以直接表示的最大整数值为 $2^{32}-1$，这也意味着采用 32 位寄存器的 CPU 单次计算支持的最大整数位数是 32 位。因此，寄存器的宽度和个数的多少是 CPU 的最基本指标。我们通常所说的 CPU 位数，比如 16 位 CPU、32 位 CPU 或 64 位 CPU，指的就是 CPU 中通用寄存器的位数（宽度）。

与 RISC CPU 相比，CISC CPU 的通用寄存器数量是比较少的。x86 CPU 定义的用于程序执行的基本寄存器共有 16 个，包括 8 个通用寄存器、6 个段寄存器、1 个标志寄存器和 1 个程序指针寄存器（EIP）。随着 CPU 功能的增加，IA-32 CPU 逐渐加入了控制寄存器、调试寄存器、用于浮点和向量计算的向量寄存器、性能监视的寄存器，以及与 CPU 型号有关的 MSR 寄存器，下面我们先分别介绍 32 位下的各类寄存器，然后再扩展到 64 位的情况。

2.4.1　通用数据寄存器

通用数据寄存器又称 GPR（General Purpose Register），共有 8 个，分别为 EAX、EBX、ECX、EDX、ESP、EBP、ESI 和 EDI，每个的最大宽度是 32 位。E 代表 Extended（扩展），因为这些寄存器的名字来源于 16 位的 x86 处理器（8086、80286 等），当时称为 AX、BX 等。其中 EAX、EBX、ECX 和 EDX 可以按字节（比如 AL、AH、BL、BH 等）或字（比如 AX、BX 等）来访问。

尽管 GPR 寄存器大多数时候是通用的，可以用作任何用途，但是在某些情况下，它们也有特定的隐含用法。举例来说，在下面这条循环赋值（串赋值）指令中，ESI 和 EDI 分别指向源和目标，ECX 用作计数器，控制要复制的长度。

```
rep movs dword ptr es:[edi],dword ptr [esi]
```

CPU 执行这条指令时，会自动调整 ESI、EDI 和 ECX 的值，循环执行。著名的 memcpy 函数内部就使用了这条指令。类似地，memset 函数内部主要依靠的是下面这条串存储指令：

```
rep stos dword ptr es:[edi]
```

这条指令执行时，CPU 会将 EAX 中的值写到 EDI 指向的内存，然后调整 EDI 和 ECX。值得一提的是，上面这两条串指令的机器码都只有两个字节，分别是 0xf3a5 和 0xf3ab。

　　　上述指令反映了 CISC 指令集的优点——（对软件工程师而言）易于编程，源程序可读性高，目标代码紧凑短小（节约空间）。

老雷评点

　　EBP 和 ESP 主要用来维护堆栈，ESP（Extended Stack Pointer）通常指向栈的顶部，EBP（Extended Base Pointer）指向当前栈帧（frame）的起始地址（base pointer 的名字即由此而来）。值得注意的是，在包括 x86 在内的很多 CPU 架构中，栈都是向下生长的，因此当向栈中压入数据时，栈指针（ESP）的值会减小，而不是增大，我们将在第 2 卷中详细地介绍栈。

2.4.2　标志寄存器

　　IA-32 CPU 有一个 32 位的标志寄存器，名为 EFLAGS（见图 2-3）。标志寄存器的作用相当于大型机时代的监视控制面板。每个标志位相当于面板上的一个按钮或指示灯，分别用来切换 CPU 的工作参数或显示 CPU 的状态。

31	30	29	28	27	26	25	24	23	22	21	20	19	18	17	16	15	14	13	12	11	10	9	8	7	6	5	4	3	2	1	0
0	0	0	0	0	0	0	0	0	0	0	0	ID	VIP	VIF	AC	VM	RF	0	NT	IOPL		OF	DF	IF	TF	SF	ZF	0	AF	0	PF	1	CF

图 2-3　EFLAGS 寄存器

　　EFLAGS 寄存器包含 3 类标志：用于报告算术指令（如 ADD、SUB、MUL、DIV 等）结果的状态标志（CF、PF、AF、ZF、SF、OF）；控制字符串指令操作方向的控制标志（DF）；供系统软件执行管理操作的系统标志。表 2-1 列出了 EFLAGS 寄存器中各个标志位的含义。

表 2-1　EFLAGS 寄存器中各个标志位的含义

标　志	位	含　义
CF（Carry Flag）	0	进位或借位
PF（Parity Flag）	2	当计算结果的最低字节中包含偶数个 1 时，该标志为 1
AF（Adjust Flag）	4	辅助进位标志，当位 3（半个字节）处有进位或借位时该标志为 1
ZF（Zero Flag）	6	计算结果为 0 时，该标志为 1，否则为 0
SF（Sign Flag）	7	符号标志，结果为负时为 1，否则为 0
TF（Trap Flag）	8	陷阱标志，详见 4.3 节
IF（Interrupt enable Flag）	9	中断标志，为 0 时禁止响应可屏蔽中断，为 1 时打开
OF（Overflow Flag）	11	溢出标志，结果超出机器的表达范围时为 1，否则为 0
DF（Direction Flag）	10	方向标志，为 1 时使字符串指令每次操作后递减变址寄存器（ESI 和 EDI），为 0 时递增
IOPL（I/O Privilege Level）	12 和 13	用于表示当前任务（程序）的 I/O 权限级别
NT（Nested Task flag）	14	任务嵌套标志，为 1 时表示当前任务是链接到前面执行的任务的，通常是由于中断或异常触发了 IDT 表中的任务门

续表

标　　志	位	含　　义
RF（Resume Flag）	16	控制处理器对调试异常（#DB）的响应，为 1 时暂时禁止由于指令断点（是指通过调试寄存器设置的指令断点）导致的调试异常，详见 4.2.5 节
VM（Virtual-8086 Mode flag）	17	为 1 时启用虚拟 8086 模式，清除该位返回到普通的保护模式
AC（Alignment Check flag）	18	设置此标志和 CR0 的 AM 标志可以启用内存对齐检查
VIF（Virtual Interrupt Flag）	19	与 VIP 标志一起用于实现奔腾处理器引入的虚拟中断机制
VIP（Virtual Interrupt Pending flag）	20	与 VIF 标志一起用于实现奔腾处理器引入的虚拟中断机制
ID（Identification flag）	21	用于检测是否支持 CPUID 指令，如果能够成功设置和清除该标志，则支持 CPUID 指令

其中，CF 位可以由 STC 和 CLC 指令来设置和清除，DF 位可以由 STD 和 CLD 指令来设置和清除，IF 位可以通过 STI 和 CLI 指令来设置和清除（有权限要求），而其他大多数标志都是不可以直接设置和清除的。

2.4.3　MSR 寄存器

MSR（Model Specific Register）的本意是指这些寄存器与 CPU 型号有关，还没有正式纳入 IA-32 架构中，也有可能不会被以后的 CPU 所兼容。但尽管如此，某些 MSR 寄存器因为已经被多款 CPU 所广泛支持也已经逐渐成为 IA-32 架构的一部分，比如第 6 章将介绍的用于机器检查架构（MCA）的 MSR 寄存器。MSR 寄存器的默认大小是 64 位，但是有些 MSR 的某些位保留不用。每个 MSR 寄存器除了具有一个简短的帮助记忆的代号外，还具有一个整数 ID 用作标识，有时也把 MSR 寄存器的 ID 称为该寄存器的地址。例如，用于控制 IA-32e 模式的 EFER 寄存器的地址是 0xC0000080。

RDMSR 指令用于读取 MSR 寄存器，首先应该将要读的 MSR 的 ID 放入 ECX 寄存器，然后执行 RDMSR 指令，如果操作成功，返回值会被放入 EDX:EAX 中（高 32 位在 EDX 中，低 32 位在 EAX 中）。WRMSR 指令用来写 MSR 寄存器，也是先把要写的 MSR 的 ID 放入 ECX 寄存器，并把要写入的数据放入 EDX:EAX 寄存器中，然后执行 WRMSR 指令。

2.4.4　控制寄存器

IA-32 CPU 设计了 5 个控制寄存器 CR0～CR4（见图 2-4），用来决定 CPU 的操作模式以及当前任务的关键特征。其中 CR0 和 CR4 包含了很多与 CPU 工作模式关系密切的重要标志位，详见表 2-2。CR1 自从 386 开始就一直保留未用。CR2 和 CR3 都与分页机制有关，是实现虚拟内存的基础。简单来说，CR3 用来切换和定位当前正在使用的页表。当软件访问某个内存地址时，CPU 会通过页表做地址翻译，当访问的内存不在物理内存中而报告缺页异常时，CPU 会通过 CR2 向操作系统报告访问失败的线性地址。在一个多任务的系统中，通常每个任务都有一套相对独立的页表。最早引入分页机制的 386 CPU 定义的页表结构为两级，第一级称为页目录，第二级称为页表。当前任务的页目录位置便记录在 CR3 中，因此 CR3 又称为页目录基地址寄存器（Page-Directory Base Register，PDBR）。根据图 2-4，CR3 包含了页目录的基地址（物理地址）以及两个用来控制页目录缓存（caching）的标志 PCD 和 PWT。页目录基地址的低 12 位被假定为 0，因此页目录所在的内存一定是按照页（4KB）边界对齐的。在 2.7 节中，我们会详细介绍虚拟内存技术和分页机制。

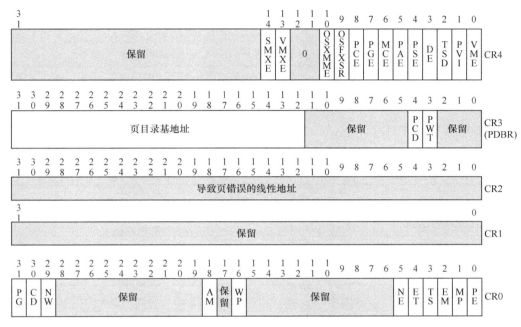

图 2-4 控制寄存器

表 2-2 控制寄存器中的标志位

标　　志	位	含　　义
PE（Protection Enable）	CR0[0]	为 1 时启用保护模式，为 0 时代表实地址模式
MP（Monitor Coprocessor）	CR0[1]	用来控制 WAIT/FWAIT 指令对 TS 标志的检查，详见 2.11 节有关设备不可用异常（#NM）的介绍
EM（Emulation）	CR0[2]	为 1 时表示使用软件来模拟浮点单元（FPU）进行浮点运算，为 0 时表示处理器具有内部的或外部的 FPU
TS（Task Switched）	CR0[3]	当 CPU 在每次切换任务时设置该位，在执行 x87 FPU 和 MMX/SSE/SSE2/SS3 指令时检查该位，主要用于支持在任务切换时延迟保存 x87 FPU 和 MMX/SSE/SSE2/SS3 上下文
ET（Extension Type）	CR0[4]	对于 386 和 486 的 CPU，为 1 时表示支持 387 数学协处理器指令，对于 486 以后的 IA-32 CPU，该位保留（固定为 1）
NE（Numeric Error）	CR0[5]	用来控制 x87 FPU 错误的报告方式，为 1 时启用内部的本位（native）机制，为 0 时启用与 DOS 兼容的 PC 方式
WP（Write Protect）	CR0[16]	为 1 时，禁止内核级代码写用户级的只读内存页；为 0 时允许

续表

标　志	位	含　义
AM（Alignment Mask）	CR0[18]	为 1 时启用自动内存对齐检查，为 0 时禁止
NW（Not Write-through）	CR0[29]	与 CD 标志共同控制高速缓存有关的选项
CD（Cache Disable）	CR0[30]	与 NW 标志共同控制高速缓存有关的选项
PG（Paging ）	CR0[31]	为 1 时启用页机制（paging），为 0 时禁止
PCD（Page-level Cache Disable）	CR3[4]	控制是否对当前页目录进行高速缓存（caching），为 1 禁止，为 0 时允许
PWT（Page-level Writes Transparent）	CR3[3]	控制页目录的缓存方式，为 1 时启用 write-through 方式缓存；为 0 时启用 write-back 方式缓存
VME（Virtual-8086 Mode Extensions）	CR4[0]	为 1 时启用虚拟 8086 模式下的中断和异常处理扩展：将中断和异常重定向到 8086 程序的处理例程以减少调用虚拟 8086 监视程序（monitor）的开销
PVI（Protected-Mode Virtual Interrupts）	CR4[1]	为 1 时启用硬件支持的虚拟中断标志（VIF），为 0 时禁止 VIF 标志
TSD（Time Stamp Disable）	CR4[2]	为 1 时只有在 0 特权级才能使用 RDTSC 指令，为 0 时所有特权级都可以使用该指令读取时间戳
DE（Debugging Extensions）	CR4[3]	为 1 时引用 DR4 和 DR5 寄存器将导致无效指令（#UD）异常，为 0 时引用 DR4 和 DR5 等价于引用 DR6 和 DR7
PSE（Page Size Extensions）	CR4[4]	为 1 时启用 4MB 内存页，为 0 时限制内存页为 4KB
PAE（Physical Address Extension）	CR4[5]	为 1 时支持 36 位或 36 位以上的物理内存地址，为 0 时限定物理地址为 32 位
MCE（Machine-Check Enable）	CR4[6]	为 1 时启用机器检查异常，为 0 时禁止
PGE（Page Global Enable）	CR4[7]	为 1 时启用 P6 处理器引入的全局页功能，为 0 时禁止
PCE（Performance-Monitoring Counter Enable）	CR4[8]	为 1 时允许所有特权级的代码都可以使用 RDPMC 指令读取性能计数器，为 0 时只有在 0 特权级才能使用 RDPMC 指令
OSFXSR（Operating System Support for FXSAVE and FXRSTOR instructions）	CR4[9]	操作系统使用，表示操作系统对 FXSAVE、FXRSTOR 及 SSE/SSE2/SSE3 指令的支持，以保证较老的操作系统仍然可以运行在较新的 CPU 上
OSXMMEXCPT（Operating System Support for Unmasked SIMD Floating-Point Exceptions）	CR4[10]	操作系统使用，表示操作系统对奔腾 III 处理器引入的 SIMD 浮点异常（#XF）的支持。如果该位为 0 表示操作系统不支持#XF 异常，那么 CPU 会通过无效指令异常（#UD）来报告#XF 异常，以防止针对奔腾 III 以前处理器设计的操作系统在奔腾 III 或更新的 CPU 上运行时出错

MOV CRn 命令用来读写控制寄存器的内容，只有在 0 特权级才能执行这个指令。

2.4.5　其他寄存器

除了上面介绍的寄存器，IA-32 CPU 还有如下寄存器。

CS、DS、SS、ES、FS 和 GS 是 6 个 16 位的段寄存器，当 CPU 工作在实模式下时，其内容代表的是段地址的高 16 位，也就是将其乘以 16（或左移 4 位，或者说将十六进制表示的值末位加 0）便可以得到该段的基地址。例如，如果 ES=2000H，那么指令 MOV AL，ES:[100H] 就是把地址 2000H*10H+100H=20100H 处的一个字节放入 AL 寄存器中。在保护模式下，段寄存器内存放的是段选择子，详见 2.6 节对保护模式的介绍。

1 个 32 位的程序指针寄存器 EIP（Extended Instruction Pointer），指向的是 CPU 要执行的下一条指令，其值为该指令在当前代码段中的偏移地址。如果一条指令有多个字节，那么 EIP 指向的是该指令的第一个字节。

8 个 128 位的向量运算寄存器 XMM0～XMM7，供 SSE/SSE2/SSE3 指令使用以支持对单精度浮点数进行 SIMD 计算。

8 个 80 位的 FPU 和 MMX 两用寄存器 ST0～ST7，当执行 MMX 指令时，其中的低 64 位用作 MMX 数据寄存器 MM0～MM7；当执行 x87 浮点指令时，它们被用作浮点数据寄存器 R0～R7。

1 个 48 位的中断描述符表寄存器 IDTR，用于记录中断描述符表（IDT）的基地址和边界（limit），详见 3.5 节。

1 个 48 位的全局描述符表寄存器 GDTR，用于描述全局描述符表（GDT）的基地址和边界，详见 2.6 节。

1 个 16 位的局部描述符表（LDT）寄存器 LDTR，存放的是局部描述符表的选择子。

1 个 16 位的任务寄存器 TR，用于存放选取任务状态段（Task State Segment，简称 TSS）描述符的选择子。TSS 用来存放一个任务的状态信息，在多任务环境下，CPU 在从一个任务切换到另一个任务时，前一个任务的寄存器等状态被保存到 TSS 中。

1 个 64 位的时间戳计数器（Time Stamp Counter，TSC），每个时钟周期其数值加 1，重启动时清零。RDTSC 指令用来读取 TSC 寄存器，但是只有当 CR4 寄存器的 TSD 位为 0 时，才可以在任何优先级执行该指令，否则，只有在最高优先级下（级别 0）才可以执行该指令。

内存类型范围寄存器（Memory Type and Range Register，MTRR），定义了内存空间中各个区域的内存类型，CPU 据此知道相应内存区域的特征，比如是否可以对其做高速缓存等。

我们将在第 5 章中讨论性能监视寄存器。

调试寄存器 DR0～DR7，用于支持调试，我们将在第 4 章中讨论。

2.4.6 64 位模式时的寄存器

当支持 64 位的 IA-32 CPU 工作在 64 位模式（IA-32e）时，所有通用寄存器和大多数其他寄存器都延展为 64 位（段寄存器始终为 16 位），并可以使用 RXX 来引用它们，例如 RAX、RBX、RCX、RFLAGS、RIP 等。此外，64 位模式增加了如下寄存器。

- 8 个新的通用寄存器 R8～R15：可以分别使用 RnD、RnW、RnL（n = 8～15）来引用这些寄存器的低 32 位、低 16 位或低 8 位。

- 8 个新的 SIMD 寄存器 XMM8～XMM15。

- 控制寄存器 CR8，又称为任务优先级寄存器（Task Priority Register）。

- Extended-Feature-Enable Register（EFER）寄存器：用来启用扩展的 CPU 功能，其作用与标志寄存器类似。

关于每个寄存器的细节，读者需要时可以参考 IA 手册的第 1 卷和第 3 卷。大多数调试器都提供了读取和修改寄存器的功能，比如在 WinDBG 中可以使用 r 命令来显示或修改普通寄存器，使用 rdmsr 和 wrmsr 命令来读取和编辑 MSR 寄存器。二者的工作原理是有所不同的，r 命令操作的是在中断到调试器时被调试程序保存在内存中的寄存器上下文，而 rdmsr 和 wrmsr 操作的是 CPU 内部的物理寄存器。

2.5 理解保护模式

大多数现代操作系统（包括 Windows 9X/NT/XP 和 Linux 等）都是多任务的，CPU 的保护模式是操作系统实现多任务的基础。了解保护模式的底层原理对学习操作系统和本书后面的章节有着事半功倍的作用。

保护模式是为实现多任务而设计的，其名称中的"保护"就是保护多任务环境中各个任务的安全。多任务环境的一个基本问题就是当多个任务同时运行时，如何保证一个任务不会受到其他任务的破坏，同时也不会破坏其他任务，也就是要实现多个任务在同一个系统中"和平共处、互不侵犯"。所谓任务，从 CPU 层来看就是 CPU 可以独立调度和执行的程序单位。从 Windows 操作系统的角度来看，一个任务就是一个线程（thread）或者进程（process）。

老雷评点

"任务"乃模糊用语，其含义视语境来定。

进一步来说，可以把保护模式对任务的保护机制划分为任务内的保护和任务间的保护。任务内的保护是指同一任务空间内不同级别的代码不会相互破坏。任务间的保护就是指一个任务不会破坏另一个任务。简单来说，任务间的保护是靠内存映射机制（包括段映射和页映射）实现的，任务内的保护是靠特权级别检查实现的。

2.5.1 任务间的保护机制

任务间的保护主要是靠虚拟内存映射机制来实现的，即在保护模式下，每个任务都被置于一个虚拟内存空间之中，操作系统决定何时以及如何把这些虚拟内存映射到物理内存。举例来说，在 Win32（泛指 Windows 的 32 位版本，例如 Windows 95/98、Windows XP、Windows NT 和 Windows Server 2003 等）下，每个任务都被赋予 4GB 的虚拟内存空间，可以用地址 0～ 0xFFFFFFFF 来访问这个空间中的任意地址。尽管不同任务可以访问相同的地址（比如 0x00401010），但因为这个地址仅仅是本任务空间中的虚拟地址，不同任务处于不同的虚拟空间 中，不同任务的虚拟地址可以被映射到不同的物理地址，这样就可以很容易防止一个任务内的 代码直接访问另一个任务的数据。IA-32 CPU 提供了两种机制来实现内存映射：段机制 （segmentation）和页机制（paging），我们将在 2.6 节和 2.7 节做进一步介绍。

2.5.2 任务内的保护

任务内的保护主要用于保护操作系统。

操作系统的代码和数据通常被映射到系统中每个任务的内存空间中，并且对于所有任务其 地址是一样的。例如，在 Windows 系统中，操作系统的代码和数据通常被映射到每个进程的高 2GB 空间中。这意味着操作系统的空间对于应用程序是"可触及的"，应用程序中的指针可以 指向操作系统所使用的内存。

任务内保护的核心思想是权限控制，即为代码和数据根据其重要性指定特权级别，高特权 级的代码可以执行和访问低特权级的代码和数据，而低特权级的代码不可以直接执行和访问高 特权级的代码和数据。高特权级通常被赋予重要的数据和可信任的代码，比如操作系统的数据 和代码。低特权级通常被赋予不重要的数据和不信任的代码，比如应用程序。这样，操作系统 可以直接访问应用程序的代码和数据，而应用程序虽然可以指向系统的空间，但是不能访问， 一旦访问就会被系统所发现并禁止。在 Windows 系统中，我们有时会看到图 2-5 所示的应用程 序错误对话框，导致这种情况的一个典型原因就是应用程序有意或无意地访问了禁止访问的系 统空间（access violation），而被系统发现。

图 2-5 应用程序试图访问系统使用的内存时遭到系统禁止

清单 2-1 列出了导致图 2-5 所示错误的应用程序（AccKernel）的源代码。

清单 2-1 AccKernel 程序的源代码

```
int main(int argc, char* argv[])
{
    printf("Hi, I want to access kernel space!\n");
    *(int *)0xA0808080=0x22;

    printf("I would never reach so far!\n");
    return 0;
}
```

以上分析说明，尽管应用程序可以指向系统的内存，但是访问时会被系统发现并禁止。我们将在第 12 章中进一步讨论应用程序错误。

事实上，应用程序只能通过操作系统公开的接口（API）来使用操作系统的服务，即所谓的系统调用。系统调用相当于在系统代码和用户代码之间开了一扇有人看守的小门。我们将在第 8 章对此做进一步的介绍。

老雷评点

　　《中庸》有言，"万物并育而不相害，道并行而不相悖。"保护模式是这一道理在计算机世界之体现。感叹少有人思考如此之深。

2.5.3 　特权级

IA-32 处理器定义了 4 个特权级，又称为环（ring），分别用 0、1、2、3 表示。0 代表的特权级最高，3 代表的特权级最低。最高的特权级通常是分配给操作系统的内核代码和数据的。比如 Windows 操作系统的内核模块是在特权级 0（ring 0）运行的，Windows 下的各种应用程序（例如 MS Word、Excel 等）是在特权级 3 运行的。因为特权级 0 下运行的通常都是内核模块，所以人们便把在特权级 0 运行说成在内核模式（kernel mode）运行，把在特权级 3 运行说成在用户模式（user mode）运行，并因此把编写内核模式下执行的程序称为内核模式编程，把为内核模式编写的驱动程序称为内核模式驱动程序等。

进一步说，处理器通过以下 3 种方式来记录和监控特权级别以实现特权控制。

- 描述符特权级别（Descriptor Privilege Level，DPL），位于段描述符或门描述符中，用于表示一个段或门（gate）的特权级别。

- 当前特权级别（Current Privilege Level，CPL），位于 CS 和 SS 寄存器的位 0 和位 1 中，用于表示当前正在执行的程序或任务的特权级别。通常 CPL 等于当前正被执行的代码段的 DPL。当处理器切换到一个不同 DPL 的段时，CPL 会随之变化。但有一个例外，因为一致代码段（conforming code segment）可以被特权级别与其相等或更低（数值上大于或等于）的代码所访问，所以当 CPU 访问 DPL 大于 CPL（数值上）的一致代码段时，CPL 保持不变。

- 请求者特权级别（Requestor Privilege Level，RPL），用于系统调用的情况，位于保存在栈中的段选择子的位 0 和位 1，用来代表请求系统服务的应用程序的特权级别。在判断是否可以访问一个段时，CPU 既要检查 CPL，也要检查 RPL。这样做的目的是防止高特权级的代码代替应用程序访问应用程序本来没有权力访问的段。举例来说，当应用程序调用操作系统的服务时，操作系统会检查保存在栈中的来自应用程序的段选择子的RPL，确保它与应用程序代码段的特权级别一致，IA-32 CPU 专门设计了一条指令 ARPL（Adjust Requested Procedure Level）用来辅助这一检查。而后，当操作系统访问某个段时，系统会检查 RPL。此时如果只检查 CPL，那么因为正在执行的是操作系统的代码，所以 CPL 反映的不是真正发起访问者的特权级。

以访问数据段为例，当 CPU 要访问位于数据段中的操作数时，CPU 必须先把指向该数据段的段选择子加载到数据段寄存器（DS、ES、FS、GS）或栈段寄存器（SS）中。在 CPU 把一个段选择子加载到段寄存器之前，CPU 会进行特权检查。具体来说就是比较当前代码的 CPL（也就是当前正在执行的程序或任务的特权级）、RPL 和目标段的 DPL。仅当 CPL 和 RPL 数值上小于或等于 DPL 时，即 CPL 和 RPL 对应的权限级别等于或大于 DPL 时，加载才会成功，否则便会抛出保护性异常。这样便保证了一段代码仅能访问与它同特权级或特权级比它低的数据。

访问不同特权级的代码段时的权限检查更为复杂，我们将在第 8 章讨论系统调用时略加介绍，有兴趣的读者请参考 IA-32 手册中有关门描述符、调用门和一致代码段等内容。

2.5.4　特权指令

为了防止低特权级的应用程序擅自修改权限等级和重要的系统数据结构，某些重要的指令只可以在最高特权级（ring 0）下执行，这些指令被列为特权指令（priviliged instruction）。表 2-3 列出了 IA-32 处理器目前定义的大多数特权指令。

表 2-3　特权指令列表

指　　令	含　　义
CLTS	清除 CR0 寄存器中的 Task Switched 标志
HLT	使 CPU 停止执行指令进入 HALT 状态，中断、调试异常或 BINIT#、RESET# 等硬件信号可以使 CPU 脱离 HALT 状态
INVD	使高速缓存无效，不回写（不必把数据写回到主内存）
WBINVD	使高速缓存无效，回写（需要把数据写回到主内存）
INVLPG	使 TLB 表项无效
LGDT	加载 GDTR 寄存器
LIDT	加载 IDTR 寄存器
LLDT	加载 LDTR 寄存器
LMSW	加载机器状态字（Machine Status Word），也就是 CR0 寄存器的 0～15 位
LTR	加载任务寄存器（TR）
MOV to/from CRn	读取或为控制寄存器赋值
MOV to/from DRn	读取或为调试寄存器赋值
MOV to/from TRn	读取或为测试寄存器赋值，386 手册介绍了测试寄存器 TR6 和 TR7，用来测试 TLB。最新的 IA-32 手册不再包含该内容
RDMSR	读 MSR（Model-Specific Register）寄存器

指　令	含　义
WRMSR	写 MSR（Model-Specific Register）寄存器
RDPMC	读性能监控计数器，CR4 寄存器的 PCE 标志为 1 可以允许所有特权级的代码都可以使用 RDPMC 指令
RDTSC	读时间戳计数器，CR4 寄存器的 TSD 标志为 0 可以允许所有特权级的代码都可以使用 RDTSC 指令

本节围绕任务保护这一主题，介绍了保护模式的基本概念和实现保护的基本机制，包括特权级别和特权指令，这些机制对系统的安全运行起着重要作用。下面我们将介绍保护模式下的内存管理。

2.6　段机制

内存是计算机系统的关键资源，程序必须被加载到内存中才可以被 CPU 所执行。程序运行过程中，也要使用内存来记录数据和动态的信息。在一个多任务系统中，每个任务都需要使用内存资源，因此系统需要有一套机制来隔离不同任务所使用的内存。要使这种隔离既安全又高效，那么硬件一级的支持是必需的。IA-32 CPU 提供了多种内存管理机制，这些机制为操作系统实现内存管理功能提供了硬件基础。

很多软件问题都是与内存有关的，深刻理解内存的使用规则对于软件调试是很重要的。本节和 2.7 节将分别介绍 IA-32 CPU 的两种内存管理机制：段机制和页机制。

CPU 的段机制（segmentation）提供了一种手段可以将系统的内存空间划分为一个个较小的受保护区域，其中每个区域称为一个段（segment）。每个段都有自己的起始地址（基地址）、边界（limit）和访问权限等属性。实现段机制的一个重要数据结构便是段描述符（segment descriptor）。

2.6.1　段描述符

在保护模式下每个内存段都有一个段描述符，这是其他代码访问该段的基本条件。每个段描述符是一个 8 字节长的数据结构，用来描述一个段的位置、大小、访问控制和状态等信息。段描述符的通用格式如图 2-6 所示。

位7	位6	位5	位4	位3	位2	位1	位0	
段基地址的第四字节								字节7
G	D/B	L	AVL	段边界的16～19位				字节6
P	DPL		S	段类型（Type）				字节5
段基地址的第三字节								字节4
段基地址的第二字节								字节3
段基地址的第一字节								字节2
段边界的第二字节								字节1
段边界的第一字节								字节0

图 2-6　段描述符的通用格式

段描述符最基本的内容是这个段的基地址和边界。基地址是以 4 个字节表示的（字节 2、3、4 和 7），它可以是 4GB 线性地址空间中的任意地址（00000000～0xFFFFFFFF）。边界是用 20 个比特位表示的（字节 0、1 和字节 6 的低 4 位），其单位由粒度（Granularity）位（字节 6 的最高位）决定，当 G=0 时，段边界的单位是 1 字节，当 G=1 时是 4KB。因此一个段的最大边界值是（$2^{20}-1$），最大长度是 $2^{20} \times 4KB = 4GB$。表 2-4 介绍了段描述符的其他各个域的含义。

表 2-4　段描述符的各个域及其含义

域简称	全　　程	含　　义
S	系统（System）	S=0 代表该描述符描述的是一个系统段，S=1 代表该描述符描述的是代码段、数据段或堆栈段
P	存在（Present）	该位代表被描述的段是否在内存中，P=1 表示该段已经在内存中，P=0 表示该段不在内存中。内存管理软件可以使用该位来控制将哪些段实际加载到物理内存中。这为虚拟内存管理提供了页机制之外的另一种方法。事实上，最早支持保护模式的 286 CPU 就没有分页机制
DPL	描述符特权级（Descriptor Privilege Level）	这两位定义了该段的特权级别（0～3），简单来说，仅当要访问该段的程序的特权级别（称为 CPL）等于或高于这个段的级别时 CPU 才允许其访问，否则便会产生保护性异常（GPF）
D/B	Default/Big	对于代码段，该位表示的是这个代码段的默认位数（Default Bit）。D=0 表示 16 位代码段，D=1 表示 32 位代码段* 对于栈数据段，该位被称为 B（Big）标志，B=1 表示使用 32 位的堆栈指针（保存在 ESP 中），B=0 表示使用 16 位堆栈指针（保存在 SP 中）
Type	段类型	位 0 简称 A 位，表示该段是否被访问过（accessed），A=1 表示被访问过 ● 对于数据/堆栈段，位 2 是扩展方向位，简称 E（Expand）位，E=0 表示向高端扩展，反之为 1；位 1 是读写控制位简称 W（Write）位，W=0 表示该段只可以读，W=1 表示可以读写 ● 对于代码段，位 2 表示该段是否是一致（Conforming）代码段，简称 C 位。位 1 表示该段是否可读（Read），简称 R 位，R=1 表示该段既可以执行，又可以读；R=0 表示该段只可以执行，不可以读 位 3 是 D/C 位，决定了该段是数据/堆栈段（Data/stack）（C/D=0）还是代码段（Code）（C/D=1）
L	64-bit 代码段	用于描述 IA-32e 模式下的代码段，L=1 表示代码段包含的是 64 位代码，L=0 表示该段包含的兼容模式的代码
AVL	Available and reserved bits	供系统软件（操作系统）使用

*默认代码长度属性定义的是默认的地址和操作数长度，可以用地址大小前缀和操作数大小前缀改变默认长度。

值得说明的是，对于向下扩展（Expand-Down）的栈数据段，段边界指定的是该段的最小偏移，B 标志用来指定偏移的最大有效值（即上边界），当 B=1 时，最大偏移是 0xFFFFFFFF，这样，如果 Limit=0，那么段的总长度便是 4GB（G=0），如果 B=0，那么上边界便是 0xFFFF。

2.6.2 描述符表

在一个多任务系统中通常会同时存在着很多个任务，每个任务会涉及多个段，每个段都需要一个段描述符，因此系统中会有很多段描述符，为了便于管理，系统用线性表来存放段描述符。根据用途不同，IA-32 处理器有 3 种描述符表：全局描述符表（Global Descriptor Table，GDT）、局部描述符表（Local Descriptor Table，LDT）和中断描述符表（Interrupt Descriptor Table，IDT）。

GDT 是全局的，一个系统中通常只有一个 GDT，供系统中的所有程序和任务使用。LDT 与任务相关，每个任务可以有一个 LDT，也可以让多个任务共享一个 LDT。IDT 的数量是和处理器的数量相关的，系统通常会为每个 CPU 建立一个 IDT。

GDTR 和 IDTR 寄存器分别用来标识 GDT 和 IDT 的基地址和边界。这两个寄存器的格式是相同的，在 32 位模式下，长度是 48 位，高 32 位是基地址，低 16 位是边界；在 IA-32e 模式下，长度是 80 位，高 64 位是基地址，低 16 位是边界。

LGDT 和 SGDT 指令分别用来读取和设置 GDTR 寄存器。LIDT 和 SIDT 指令分别用来读取和设置 IDTR 寄存器。操作系统在启动初期会建立 GDT 和 IDT 并初始化 GDTR 和 IDTR 寄存器。

位于 GDT 中第一个表项（0 号）的描述符保留不用，称为空描述符（null descriptor）。当把指向空描述符的段选择子加载到段寄存器时不会产生异常。

当创建 LDT 时，GDT 已经准备好，因此，LDT 被创建为一种特殊的系统段，其段描述符被放在 GDT 表中。GDT 表本身只是一个数据结构，没有对应的段描述符。

使用 WinDBG 的 r 命令可以观察 GDTR 和 IDTR 寄存器的值，因为它们是 48 位的，所以应该分两次，分别读取它们的基地址和边界：

```
kd> r gdtr
gdtr=8003f000
kd> r idtr
idtr=8003f400
kd> r gdtl
gdtl=000003ff
kd> r idtl
idtl=000007ff
```

从上面的 gdtl 值可以看出这个 GDT 的边界是 1023，总长度是 1024 字节（1KB），共有 128 个表项。IDT 的长度是 2KB，共有 256 个表项。

2.6.3 段选择子

局部描述符表寄存器 LDTR 表示当前任务的 LDT 在 GDT 中的索引，其格式是典型的段选择子格式（见图 2-7）。

图 2-7　段选择子

段选择子的 TI 位代表要索引的段描述符表（table indicator），TI=0 表示全局描述符表，TI=1 表示局部描述符表。

段选择子的高 13 位是描述符索引，即要选择的段描述符在 TI 所表示的段描述符表中的索引号。因为这里使用的是 13 位，意味着最多可索引 2^{13} = 8192 个描述符，所以 GDT 和 LDT 的最大表项数都是 8192。因为 x86 CPU 最多支持 256 个中断向量，所以 IDT 表的最多表项数是 256。

段选择子的低两位表示的是请求特权级（Requestor Privilege Level，RPL），用于特权检查，详细介绍见下文。

任务状态段寄存器 TR 中存放的也是一个段选择子，指向的是全局段描述表（GDT）中描述当前任务状态段（Task State Segmentation，TSS）的段描述符。任务状态段是保存任务上下文信息的特殊段，其基本长度是 104 字节，操作系统可以附加更多内容。TSS 是实现任务切换的重要数据结构。当进行任务切换时，处理器先把当前任务的执行现场——包括 CS:EIP 在内的寄存器保存到 TR 所指定的 TSS 中，然后把指向下一任务的 TSS 的选择子装入 TR（使用 LTR 指令），接下来再从 TSS 中把下一任务的寄存器信息加载到各个寄存器中，然后开始执行下一任务。

除了 LDTR 和 TR，在保护模式下所有段寄存器（CS、DS、ES、FS 和 GS）中存放的也是段选择子，不再是实模式时的高 16 位基地址。

2.6.4 观察段寄存器

可以使用调试工具（WinDBG 或 Visual Studio）来观察段寄存器的值，图 2-8 所示的是将记事本进程中断到调试器后所看到的情况。

	15	3	2	1 0
	在描述表中的索引		TI	RPL
CS=0x001B	3 (0000000000011b)		0	3 (11b)
DS=0x0023	4 (0000000000100b)		0	3 (11b)
ES=0x0023	4 (0000000000100b)		0	3 (11b)
FS=0x0038	7 (0000000000111b)		0	0 (00b)
GS=0x0000	0 (0000000000000b)		0	0 (00b)
SS=0x0023	4 (0000000000100b)		0	3 (11b)

图 2-8 保护模式下的段寄存器内容示例

首先，很容易看出这些段寄存器指向的都是全局段描述表（GDT）中的段描述符（TI=0），GS 和 FS 的 RPL 是 0，其他都是 3。

可以使用 WinDBG 的 dg 命令来显示一个段选择子所指向的段描述符的详细信息。例如，以下是将 CS 寄存器内的段选择子传递给 dg 命令而显示出的结果：

```
0:002> dg 1b
                                   P  Si Gr Pr  Lo
Sel    Base      Limit     Type    l  ze an es  ng  Flags
----   --------  --------  ------- -  -- -- -- --  --------
001B  00000000  ffffffff  Code RE Ac 3  Bg Pg P      Nl  00000cfb
```

其中 Sel 代表选择子（Selector），Base 和 Limit 分别是基地址和边界，Type 是段的类型，

RE 代表只读（Read Only）和可以执行（Executable），Ac 代表被访问过。Type 后面的 Pl 代表特权级别（Privilege Level），数值 3 代表用户特权级，Size 代表代码的长度，Bg（Big）意味着 32 位代码，Gran 代表粒度，Pg 意味着粒度的单位是内存页（4KB），Pres 代表 Present，即这个段是否在内存中，因为 Windows 系统使用分页机制来实现虚拟内存，所以段的存在标志不再起重要作用，Long 下的 Nl 表示 Not Long，意味着这不是 64 位代码。

以下是 DS 和 ES 所代表描述符的信息：

```
0:000> dg 23
                                      P   Si   Gr   Pr   Lo
Sel   Base     Limit    Type         l   ze   an   es   ng   Flags
----  -------- -------- ----------   -   --   --   --   --   --------
0023  00000000 ffffffff Data RW Ac 3  Bg   Pg   P    Nl   00000cf3
```

因为 DS 和 ES 是用来选择数据段的，所以可以看到类型属性中有数据（Data）和读写（RW）。另外，值得注意的是，以上两个段的基地址都是 0，边界都是 4GB–1，像这样将段的基地址设为 0，长度设为整个内存空间大小（4GB）的段使用方式称为平坦模型（Flat Model）。

下面再观察一下 FS 寄存器所指向的段描述符：

```
0:001> dg 38
                                      P   Si   Gr   Pr   Lo
Sel   Base     Limit    Type         l   ze   an   es   ng   Flags
----  -------- -------- ----------   -   --   --   --   --   --------
0038  7ffde000 00000fff Data RW Ac 3  Bg   By   P    Nl   000004f3
```

易见这个段的基地址不再为 0，边界也不是 4GB–1，而是 4KB–1（4095）。事实上，在 Windows 系统中，FS 段是用来存放当前线程的线程环境块，即 TEB 结构的。TEB 结构是在内核中创建，然后映射到用户空间的。

使用～命令列出线程的基本信息，可以看到线程 1 的 TEB 结构地址正是 FS 所代表段的基地址。

```
0:001> ~
   0 Id: fd4.1e10 Suspend: 1 Teb: 7ffdf000 Unfrozen
.  1 Id: fd4.1294 Suspend: 1 Teb: 7ffde000 Unfrozen
```

TEB 中保存着当前线程的很多重要信息，很多系统函数和 API 是依赖这些信息工作的，包括著名的 GetLastError() API，其反汇编代码如下：

```
0:000> u kernel32!GetLastError
kernel32!GetLastError:
7c8306c9 64a118000000    mov     eax,dword ptr fs:[00000018h]
7c8306cf 8b4034          mov     eax,dword ptr [eax+34h]
7c8306d2 c3              ret
```

把上面的指令翻译成 C 语言的代码，应该是：

```
return NtCurrentTeb()->LastErrorValue;
```

因为偏移 0x34 的字段刚好是 LastErrorValue：

```
0:018> dt _TEB -y LastE
ntdll!_TEB
   +0x034 LastErrorValue : Uint4B
```

上面的汇编指令还隐含了一种约定：函数的返回值（不要与函数返回地址混淆）如果是整数，通用寄存器可以容纳，那么通常是使用寄存器来返回的，x86 架构中，一般使用的是 EAX 寄存器。明白了这种约定后，在调试时，我们便可以通过观察 EAX 寄存器来了解函数的返回值，通常应该在子函数即将返回或者刚刚返回到父函数时观察，因为在其他地方，EAX 寄存器可能被用作其他用途。

观察同一个 Windows 系统中的其他进程，我们会发现，其他进程的 CS、DS、ES、GS 寄存器的值和上面的是一模一样的，这说明多个进程是共享 GDT 表中的段描述符的。这是因为使用了平坦模型后，它们的基地址、边界都一样，属性也一样，因此没有必要建立多个。

除了上面介绍的代码段和数据段描述符（S 位为 1），另一类重要的描述符是系统描述符（S 位为 0），包括描述 LDT 所在段的段描述符、描述 TSS 段的段描述符、调用门描述符、中断门描述符、陷阱门描述符和任务门描述符，后 4 种通称门描述符，3.5 节将做进一步介绍。

总的来说，段机制使保护模式下的所有任务都在系统分配给它的段空间中执行。每个任务的代码（函数）和数据（变量）地址都是相对于它所在段的一个段内偏移。处理器根据段选择子在段描述符表（LDT、GDT 或 IDT）中找到该段的段描述符，然后再根据段描述符定位这个段。每个段具有自己的特权级别以实现对代码和数据的保护。

2.7 分页机制

IA 处理器从 386 开始支持分页机制（paging）。分页机制的主要目的是高效地利用内存，按页来组织和管理内存空间，把暂时不用的数据交换到空间较大的外部存储器（通常是硬盘）上（称为 page out，换出），需要时再交换回来（称为 page in，换进）。在启用分页机制后，操作系统将线性地址空间划分为固定大小的页面（4KB、2MB、4MB 等）。每个页面可以被映射到物理内存或外部存储器上的虚拟内存文件中。尽管原则上操作系统也可以利用段机制来实现虚拟内存，但是因为页机制具有功能更强大、灵活性更高等特点，今天的操作系统大多都是利用分页机制来实现虚拟内存和管理内存空间的。深入理解分页机制是理解现代计算机软硬件的一个重要基础。

老雷评点

分页技术在 20 世纪 60 年代萌生并逐渐成熟，对现代计算机发展之贡献不胜枚举，对计算机系统影响之广无有出其右者。

本节将以 x86 架构为例详细介绍分页机制。2.9 节将扩展到 ARM 架构。

首先，操作系统在创建进程时，就会为这个进程创建页表，从本质上讲，页表是进程空间的物理基础，所谓的进程空间隔离主要因为每个进程都有一套相对独立的页表，进程空间的切换实质上就是页表的切换。x86 处理器中的 CR3 寄存器便是用来记录当前任务的页表位置的。当程序访问某一线性地址时，CPU 会根据 CR3 寄存器找到当前任务使用的页表，然后根据预先定义的规则查找物理地址。在这个过程中，如果 CPU 找不到有效的页表项或者发现这次内存访问违反规则，便会产生页错误异常（#PF）。该异常的处理程序通常是操作系统的内存管理器。内存管理器得到异常报告后会根据 CR2 寄存器中记录的线性地址，将所需的内存页从虚拟内存加载到物理内存中，并更新页表。做好以上工作后，CPU 从异常处理例程返回，重新执行导致页错误异常的那条指令，再次查找页表。这便是虚拟内存技术的基本工作原理。要深入学习，还有很多细节需要了解。

下面我们来看一下控制寄存器中 3 个与分页机制关系密切的标志位。

- CR0 的 PG（Paging）标志（Bit 31）：用于启用分页机制，从 386 开始的所有 IA-32 处理器都支持该标志。通常，操作系统在启动早期，初始化内存设施，并通过这一位正式启用页机制。

- CR4 的 PAE（Physical Address Extension）标志（Bit 5）：启用物理地址扩展（简称 PAE），可以最多寻址 64GB 物理内存，否则最多寻址 4GB 物理内存。Pentium Pro 处理器引入此标志。

- CR4 的 PSE（Page Size Extension）标志（Bit 4）：用于启用大页面支持。在 32 位保护模式下，当 PAE=1 时，大页面为 2MB，当 PAE=0 时，大页面为 4MB。奔腾处理器引入此标志。

接下来，我们将深入到页表内部，探索其中蕴藏的奥秘。页表是地址翻译的依据，决定着线性地址到物理地址的映射关系，它的作用就像是字典的检字表一样，地位非同寻常。CPU 的运行模式不同，页表的结构可能也会不同。进一步说，x86 CPU 的页表结构主要与是否启用 PAE 和是否运行在 64 位模式有关。下面先介绍最简单的没有启用 PAE 的 32 位情况。

2.7.1　32 位经典分页

当 CR0 的 PG 标志为 1、CR4 的 PAE 为 0 时，CPU 使用 32 位经典分页模式。所谓经典模式，是相对于后来的 PAE 模式而言的，它是 80386 所引入的。在这个模式下，页表结构为两级，第一级称为页目录（Page Directory）表，第二级称为页表（Page Table）。

老雷评点　　　　"经典"二字极恰。此模式之二级表结构，有张有弛，增之则过繁，删之则过简，可谓尽善尽美。与其相比，后来引入之扩展皆逊色。

页目录表是用来存放页目录表项（Page-Directory Entry，PDE）的线性表。每个页目录占一个 4KB 的内存页，每个 PDE 的长度为 32 个比特位（4 字节），因此每个页目录中最多包含 1024 个 PDE。每个 PDE 中内容可能有两种格式，一种用于指向 4KB 的下一级页表，另一种用于指向 4MB 的大内存页。图 2-9 所示的是指向 4KB 页表的 PDE 的格式。其中高 20 位代表该 PDE 所指向页表的起始物理地址的高 20 位，该起始物理地位的低 12 位固定为 0，所以页表一定是按照 4KB 边界对齐的。

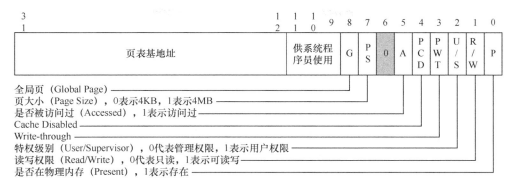

图 2-9 指向页表的页目录表项（PDE）的格式（未启用 PAE）

图 2-10 所示的是用于指向 4MB 内存页的 PDE 格式，其中高 10 位代表的是 4MB 内存页的起始物理地址的高 10 位，该起始物理地址的低 22 位固定为 0，因此 4MB 的内存页一定是按 4MB 进行边界对齐的。

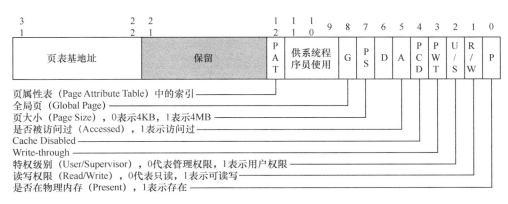

图 2-10 指向 4MB 内存页的页目录表项（PDE）的格式（未启用 PAE）

页表是用来存放页表表项（Page-Table Entry，PTE）的线性表。每个页表占一个 4KB 的内存页，每个 PTE 的长度为 32 个比特位，因此每个页表中最多包含 1024 个 PTE。2MB 和 4MB 的大内存页是直接映射到页目录表项，不需要使用页表的。图 2-11 所示的是 PTE 的具体格式，其中高 20 位代表的是 4KB 内存页的起始物理地址的高 20 位，该起始物理地址的低 12 位假定为 0，所以 4KB 内存页都是按 4KB 进行边界对齐的。

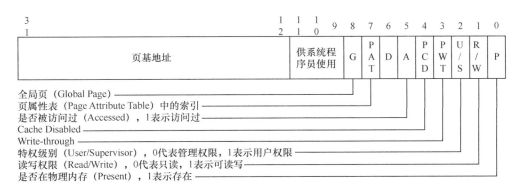

图 2-11 页表表项（PTE）的格式（未启用 PAE）

有了前面的基础后，下面来看一下 CPU 是如何利用页目录和页表等数据结构将一个 32 位的虚拟地址翻译为 32 位的物理地址的。其过程可以概括为如下步骤。

① 通过 CR3 寄存器定位到页目录的起始地址，正因如此，CR3 寄存器又称为页目录基地址寄存器（PDBR）。取线性地址的高 10 位作为索引选取页目录的一个表项，也就是 PDE。

② 判断 PDE 的 PS 位，如果为 1，代表这个 PDE 指向的是一个 4MB 的大内存页，PDE 的高 10 位便是 4MB 内存页的基地址的高 10 位，线性地址的低 22 位是页内偏移。将二者合并到一起便得到了物理地址。如果 PS 位为 0，那么根据 PDE 中的页表基地址（取 PDE 的高 20 位，低 12 位设为 0）定位到页表。

③ 取线性地址的 12 位到 21 位（共 10 位）作为索引选取页表的一个表项，也就是 PTE。

④ 取出 PTE 中的内存页基地址（取 PTE 的高 20 位，低 12 位设为 0）。

⑤ 取线性地址的低 12 位作为页中偏移与上一步的内存页基地址相加便得到物理地址。

将线性地址映射到物理内存的过程如图 2-12 所示。

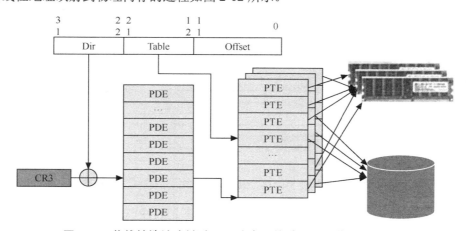

图 2-12　将线性地址映射到 4KB 内存页的过程（32 位经典分页）

值得说明的是，页表本身也可能被交换到虚拟内存中，这时 PDE 的 P 位会为 0，CPU 会产生缺页异常，促使内存管理器将页表交换回物理内存。然后再重新执行访问内存的指令和地址翻译过程。与页表不同，每个进程的页目录是永久驻留在物理内存中的。

 格物致知

朱熹有言，"言理则无可捉摸，物有时而离。言物则理自在，自是离不得。"理之妙在于以一摄万，但却抽象，"无可捉摸"，不易掌握。因此朱熹非常推重格物。格物者，躬行实践也。朱子又言，"知与行，功夫须著并到。知之愈明，则行之笃；行之愈笃，则知之愈明。二者皆不可偏废。如人两足相先后行，便会渐渐**老雷评点**　行得到。"是故本书特增"格物致知"环节，作者用心良苦也。

下面通过试验来加深大家对以上内容的理解，建议根据配套网站中的提示建立好实验环境，然后按照以下提示亲自实践。

① 启动 WinDBG，单击菜单 File → Open Crash Dump，打开 DUMP 文件 C:\swdbg2e\dumps\xpsp3nop\MEMORY.DMP。加载文件后，WinDBG 会显示一系列信息，包括转储类型（Kernel Summary Dump File）、目标系统版本（XP SP3）、32 位（x86）以及产生转储的时间：

```
Debug session time: Sun Jul 21 10:30:02.779 2013
```

老雷评点

　　软件环境千差万别，如用活动调试目标，初学者难免遇到各种不同处，心生困惑。转储文件截取时空之一瞬，化不定为固定，实学习之佳径。此文件是作者在上海静安图书馆写作时产生，时值盛夏。

② 执行 r cr4，显示控制寄存器 CR4 的内容：

```
kd> r cr4
cr4=000006d9
```

执行 .formats 6d9，得到对应的二进制：

```
Binary:  00000000 00000000 00000110 11011000
```

查阅本章的表 2-2，可以知道每一位的含义，我们重点看 PAE 位和 PSE 位，即 Bit 5 和 Bit 4，Bit 5 为 0 代表没有启用 PAE，Bit 4 为 1 代表启用了大内存页支持。

③ 执行 .symfix c:\symbols 命令，并执行 .reload 命令加载符号信息。如果是第一次做这个试验，需要验证机器有互联网连接，这样 WinDBG 才能从微软的符号服务器自动下载 Windows 系统模块的符号文件。

④ 执行 !process 0 0 命令列出所有进程，并在其中找到关于 ImBuggy.exe 的内容。

```
kd> !process 0 0
**** NT ACTIVE PROCESS DUMP ****
…
PROCESS 823ee898  SessionId: 0  Cid: 0774   Peb: 7ffd8000  ParentCid: 065c
   DirBase: 0ca83000  ObjectTable: e1afa390  HandleCount: 22.
   Image: ImBuggy.exe
…
```

上面结果中，DirBase 的值 0ca83000 就是 ImBuggy 进程的页目录基地址，执行 r cr 命令显示 CR3 寄存器的内容，与此刚好相同。

```
kd> r cr3
cr3=0ca83000
```

这说明产生转储时，当前进程就是 ImBuggy 进程，事实上是这个进程调用驱动程序 realbug.sys 导致系统蓝屏崩溃，崩溃后，系统自动产生了这个转储文件。

⑤ 执行 lmvm realbug 显示 realbug 模块的详细信息，注意它的起始地址和结束地址：

```
kd> lmvm realbug
start     end        module name
f8c2e000 f8c35000    RealBug …
```

⑥ 执行 s –sa 命令，以 realbug 模块的起始地址和结束地址为界，搜索其中的所有 ASC 串：

```
kd> s -sa f8c2e000 f8c35000
f8c2e04d  "!This program cannot be run in D"
f8c2e06d  "OS mode.
…
```

⑦ 接下来的目标就是将上面的经典字符串的线性地址 f8c2e04d 转换为物理地址。先将这个线性地址转化为二进制：

```
kd> .formats f8c2e04d
  Binary:  11111000 11000010 11100000 01001101
```

根据图 2-12，高 10 位是页目录索引，即：

```
kd> ? 0y1111100011
Evaluate expression: 995 = 000003e3
```

中间 10 位是页表索引，即：

```
kd> ? 0y0000101110
Evaluate expression: 46 = 0000002e
```

低 12 位是页内偏移，即 04d。

⑧ 根据图 2-4，CR3 的高 20 位就是页目录基地址的高 20 位，低 12 位为 0，因此，ca83000 就是 ImBuggy 进程的页目录基地址。于是，使用!dd 命令（显示物理内存，注意有！号）就可以显示出页目录表的内容：

```
kd> !dd 0ca83000
# ca83000 0cabc067 0ca37067 0ca74067 00000000
# ca83010 00000000 00000000 00000000 00000000
…
```

页目录的每一项是 4 个字节，根据上一步的页目录索引计算偏移量，便可以显示出所要找的页目录表项（PDE）：

```
kd> !dd 0ca83000+3e3*4 L1
# ca83f8c 0101a163
```

命令中的 L1 用来限制要观察的内存长度，表示只显示一个 32 位数据。至此，我们在 ImBuggy 进程的页目录表中找到了线性地址 f8c2e04d 所使用的页目录项，其内容为 0101a163。

⑨ 根据图 2-9，PDE 的高 20 位为页表起始地址的高 20 位，这意味着 0x0101a000 就是我们要找的页表基地址。PDE 的低 12 位（163）代表的是页表属性，将 0x163 转换为二进制 0001 01100011b，便得到其各位由低到高的含义如下。

● 位 0，Present 位，1 表示该内存页在物理内存中。

- 位 1，R/W 位，即读写权限，1 表示可读可写。

- 位 2，U/S 位，即用户还是系统权限，0 表示系统权限。

- 位 3，Page level Write Through 位，用于控制高速缓存（write-back 还是 write-through）策略，1 表示 write-back。

- 位 4，Page level cache disable（禁止页级缓存）位，0 表示没有禁止缓存该页。

- 位 5，A（Accessed）位，内存管理器在把内存页加载到物理内存后，通常会清除此位，当有访问发生时再设置此位，1 表示对应的内存页（下级页表）被访问过。

- 位 6，D（Dirty）位，1 表示对应的内存页被写过。

- 位 7，PS（Page Size）位，即页大小，1 表示 4MB 或 2MB（如果启用了扩展物理寻址（PAE）功能），0 表示 4KB 大小的普通内存页。

- 位 8，G 位，即是否为全局页，全局页是 Pentium Pro 引入的功能，如果某个内存页被标记为全局页，而且 CR4 的 PGE 标志为 1，那么当 CR3 寄存器内容变化或任务切换时，TLB 中用于全局页的页表和页目录表项不会失效，1 表示是全局页。

- 位 9～11，供内存管理软件（操作系统的内存管理器）使用。

⑩ 继续使用!dd 命令观察页表，根据第 7 步，页表索引是 0x2e，每个页表表项的长度是 4 字节，所以应该观察物理地址 0x0101a000+2e*4。

```
kd> !dd 0x0101a000+2e*4 L1
# 101a0b8 0d566163
```

也就是说，页目录表项的内容为 0d566163，根据图 2-11，其含义为：高 20 位为所在内存页的起始地址的高 20 位，即目标地址所在内存页的基地址是 0x0d566000；低 12 位（163）代表的是内存页的属性，其解释与第 9 步中的内容类似，不再赘述。

⑪ 得到了页的基地址后，加上页内偏移（0x04d）便是最终的物理地址了。综合以上结果，线性地址 f8c2e04d 的物理地址是 0x0d56604d，使用!db 命令观察这个物理地址：

```
kd> !db 0x0d56604d
# d56604d 21 54 68 69 73 20 70 72-6f 67 72 61 6d 20 63 61 !This program ca
# d56605d 6e 6e 6f 74 20 62 65 20-72 75 6e 20 69 6e 20 44 nnot be run in D
# d56606d 4f 53 20 6d 6f 64 65 2e-0d 0d 0a 24 00 00 00 00 OS mode....$....
```

可见物理地址 0x0d56604d 处的内容与我们在第 6 步看到的线性地址 f8c2e04d 处的内容是完全一致的。

⑫ 以上出于学习目的，我们模仿 CPU 的地址翻译行为，一步步地将线性地址手工翻译为物理地址。其实，只要执行 WinDBG 的!pte 命令便可以自动帮我们执行以上步骤：

```
kd> !pte f8c2e04d
                VA f8c2e04d
PDE at C0300F8C        PTE at C03E30B8
contains 0101A163      contains 0D566163
pfn 101a  -G-DA--KWEV  pfn d566  -G-DA-KWEV
```

以上结果的含义是，线性地址对应的 PDE 位于 C0300F8C（线性地址，与第 8 步中的物理地址 ca83f8c 等价），其内容为 0101A163；PTE 位于 C03E30B8，内容为 0D566163（与第 10 步一致）。

最后一行中的 pfn 是 Page Frame Number 的缩写，即页帧号。这是内存管理中的一个常用术语，代表以页为单位的物理内存编号。x86 中，以 4KB 为页单位，因此页帧号其实就是物理地址的高 20 位，知道页帧号后，在其后补上页内偏移（线性地址的低 12 位），便得到线性地址。以上面结果为例，pfn 是 d566，加上低 12 位 04d 便得到 f8c2e04d 对应的物理地址 d56604d。

2.7.2 PAE 分页

前面介绍的 32 位经典分页模式是由 386 CPU 引入的，是 x86 架构实现的第一种分页模式。使用这种分页模式，可以将 32 位的线性地址映射到 32 位的物理地址。从地址空间的角度来讲，使用这种分页模式时，线性地址和物理地址的空间都是 4GB 大小。随着计算机的发展，计算机所配备的物理内存不断增多。为了适应这个发展趋势，于 1995 年推出的 Pentium Pro 处理器引入了一种新的分页模式，物理地址的宽度被扩展为 36 位，可以最多支持 64GB 物理内存，这种分页模式称为物理地址扩展，简称 PAE。相对于上面介绍的 32 位分页模式，PAE 分页的主要变化如下。

- 页目录表项和页表表项都从原来的 32 位扩展到 64 位，低 12 位仍为标志位，从 Bit 12 到 Bit 35 的高 24 位用来表示物理地址的高 24 位。这样改变后，物理地址就从原来的 32 位扩展到 36 位，最多可以索引 64GB 的物理内存。

- 将原来的二级页表结构改为三级，新增的一级称为页目录指针表（Page Directory Pointer Table，PDPT）。页目录指针表包含 4 个 64 位的表项，每个表项指向一个页目录。每张页目录描述 1GB 的线性地址空间，4 张页目录一起刚好描述 4GB 的线性地址空间。

- CR3 寄存器的格式略有变化，低 5 位保留不用，高 27 位指向页目录指针表的起始物理地址。

PAE 模式下将 32 位的线性地址映射到 4KB 内存页时的页表结构和映射方法如图 2-13 所示。此时，32 位线性地址被分割为如下 4 个部分。

- 2 位（位 30 和位 31）的页目录指针表索引，用来索引本地址在页目录指针表中的对应表项。

- 9 位（位 21~29）的页目录表索引，用来索引本地址在页目录表中的对应表项。

- 9 位（位 12~20）的页表索引，用来索引本地址在页表中的对应表项。

- 12 位（位 0～11）的页内偏移，这与 32 位分页模式是相同的。

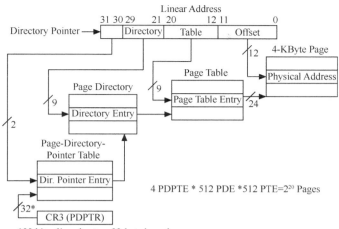

图 2-13 将线性地址映射到 4KB 内存页的过程（PAE 分页）

结合图 2-13，对于 PAE 分页还有以下几点值得说明：首先，因为使用 CR3 表示的页目录指针表的起始地址仍为 32 位，所以就要求页目录指针表一定要分配在物理地址小于 4GB 的内存中。其次，因为 CR3 的低 5 位保留不用，所以又要求这个起始地址的低 5 位为 0，可以被 32 整除。最后，与 32 位分页相比，32 位线性地址中的页目录索引位和页表索引位都从 10 位减少到 9 位，所以每张页目录和页表的总表项数也由 1024 项减少为 512，同时每个表项的大小由 4 个字节增加到 8 个字节，所以每张页目录或者页表的总大小仍然是 4KB。总体来看，虽然每张页目录和页表的表项数少了一半，但因为增加了一级映射，页目录的数量由原来的 1 张变为最多 4 张，所以支持的最大页面数仍然是 $4 \times 512 \times 512 = 2^{20}$，即 2M 个。

 格物致知

下面仍然通过动手试验来加深理解 PAE 分页。

① 启动 WinDBG，打开 DUMP 文件 C:\swdbg2e\dumps\xpsp3pae\MEMORY.DMP。

② 执行 r cr4 显示控制寄存器 CR4 的内容：

```
kd> r cr4
cr4=000006f9
```

执行 .formats 6f9，得到对应的二进制：

```
Binary:  00000000 00000000 00000110 11111001
```

其中，Bit 5 为 1 代表启用了 PAE。

③ 执行 r cr3 显示控制寄存器 CR3 的内容：

```
kd> r cr3
cr3=072c0260
```

这就是当前正在使用的页目录指针表的物理地址，注意这个数值的低 5 位全都为 0。因为每个进程的页目录指针表的表项只有 4 个，所以可以使用!dq 命令将当前进程的页目录指针表的所有表项显示出来：

```
kd> !dq 072c0260 L4
# 72c0260 00000000`1020e001 00000000`1014f001
# 72c0270 00000000`10090001 00000000`1028d001
```

④ 重复上一个试验的步骤 5 和步骤 6，找到以下字符串的线性地址：

```
f8bdd04d  "!This program cannot be run in D"
f8bdd06d  "OS mode."
```

⑤ 将线性地址 **f8bdd04d** 转化为二进制：

```
Binary:  11111000 10111101 11010000 01001101
```

⑥ 根据图 2-13，先取最高两位 0y11，即 3，结合步骤 3 中的页目录指针表内容，可以得到线性地址对应的页目录表基地址为 **1028d000**。

⑦ 取线性的次高 9 位作为索引，加上页目录基地址，便可以观察到页目录项：

```
kd> !dq 1028d000+(0y111000101)*8 L1
#1028de28 00000000`01033163
```

将低 12 位的标志位替换为 0，便得到页表基地址，即 **1033000**。

⑧ 将页表基地址加上再次 9 位代表的页表索引，即得到页表项：

```
kd> !dq 1033000+(0y111011101)*8 L1
# 1033ee8 00000000`10561163
```

最低位为 1 代表对应的内存页有效，将低 12 位的标志位替换为 0，便得到内存页的基地址 **10561000**，加上最低 12 位代表的页内偏移，便得到了线性地址 **f8bdd04d** 对应的物理地址 **1056104d**。

⑨ 执行!pte **f8bdd04d**，让 WinDBG 自动执行以上翻译过程。

```
kd> !pte f8bdd04d
                 VA f8bdd04d
PDE at C0603E28        PTE at C07C5EE8
contains 0000000001033163  contains 0000000010561163
pfn 1033    -G-DA--KWEV  pfn 10561    -G-DA--KWEV
```

可见，这个结果与我们手工得到的结果完全吻合。

2.7.3 IA-32e 分页

在支持 64 位的 Intel 64 架构中，对 PAE 分页做了进一步扩展，页表结构扩充为 4 级，可以支持的线性地址和物理地址宽度都大大增加。在英特尔的软件手册中，这种分页模式称为 IA-32e 分页。

从页表结构来看，IA-32e 分页可以支持最大物理地址宽度可以是 64 位。但如果从芯片的硬件设计来考虑，物理地址的宽度越大，所需的地址线条数也就越多，这直接关系到芯片封装和主板设计等方面的成本。而且考虑到短时间内物理内存的容量也根本不需要那么大，所以目前实际支持的物理地址宽度并不是 64 位。页表结构中支持的宽度是 52 位，也就是 4PB。而 CPU 硬件的实际物理地址宽度可以是小于 52 的一个可变化值，在软件手册中，经常用 M 来表示，是 MAXPHYADDR 的简写。可以通过 CPUID 指令来获取 M 的值。先将 EAX 寄存器赋值为 80000008H，执行 CPUID 指令后，EAX 寄存器的最低字节便是 M 的值。使用本章附带的 CpuId 小程序就可以检测 M 的值。在作者目前正在使用的 Intel Core i5-2540M CPU 上执行的结果是 48，也就是物理地址的宽度为 48 位，可以最多支持 256TB 的物理内存。类似地，考虑到软件的实际内存需求情况，线性地址的实际宽度通常也为 48 位。在 64 位的 Windows 操作系统中，实际使用的是 44 位（16TB）。

与普通的 PAE 分页相比，IA-32e 有以下主要不同。

- 新增一级页表，称为页映射表，简称 PML4，是 Page Map Level 4 的缩写。

- CR3 寄存器的宽度为 64 位，低 12 位为标志位或者用于优化页表缓存的进程上下文 ID（Process-Context Identifiers，PCID），Bit 12 到 M-1 为页映射表的物理地址，Bit M 到 Bit 63 保留不用（0）。

将 48 位的线性地址翻译为物理地址的过程如图 2-14 所示，其中显示的是物理内存页的大小为 4KB 的情况。2.7.4 节将讨论内存页大小超过 4KB 的情况。

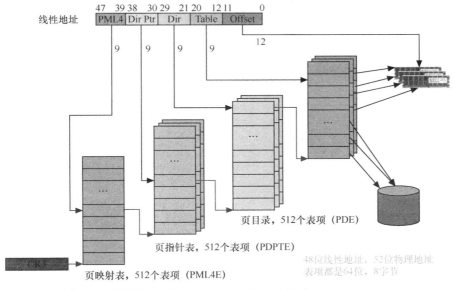

图 2-14 将线性地址映射到 4KB 内存页的过程（IA-32e 分页）

 格物致知

实践出真知，接下来，我们还是通过动手试验来认识 IA-32e 分页的工作原理。

① 启动 WinDBG，打开 DUMP 文件 C:\swdbg2e\dumps\w764\MEMORY.DMP。

② 执行 r cr4 显示控制寄存器 CR4 的内容：

```
0: kd> r cr4
cr4=00000000000006f8
```

代表 PAE 的 Bit 5 为 1，印证 IA-32e 模式是对普通 PAE 的进一步扩展。

③ 使用 da 命令观察线性地址 fffff880`00f6704d 的内容。

```
0: kd> da fffff880`00f6704d
fffff880`00f6704d  "!This program cannot be run in D"
fffff880`00f6706d  "OS mode....$"
```

④ 接下来的目标就是将这个线性地址翻译为物理地址，先使用.format 命令将其转化二进制：

```
0: kd> .formats fffff880`00f6704d
Binary:  11111111 11111111 11111000 10000000 00000000 11110110 01110000
01001101
```

⑤ 执行 r cr3 观察 CR3 寄存器的内容：

```
0: kd> r cr3
cr3=000000006911b000
```

低 12 位都是 0，因此这个数字便是页映射表的物理基地址。

⑥ 根据图 2-14，以线性地址的 39～47 位为索引，读取页映射表表项（PML4E）：

```
0: kd> !dq 000000006911b000+0y111110001*8 L1
#6911bf88 00000001`30404863
```

低 12 位是标志位，换为 0，即得到页指真表的基地址 01`30404000。

⑦ 继续以线性地址的 30～38 位为索引，读取页指针表表项（PDPTE）：

```
0: kd> !dq 01`30404000+0y000000000*8 L1
#130404000 00000001`30403863
```

将代表标志位的低 12 位换为 0，即得到页目录表的基地址 01`30403000。

⑧ 继续以线性地址的 21～29 位为索引，读取页目录表表项（PDE）：

```
0: kd> !dq 01`30403000+0y000000111*8 L1
#130403038 00000000`03483863
```

将低 12 位换为 0，即得到页表的基地址 3483000。

⑨ 继续以线性地址的 12～21 位为索引，读取页表表项（PTE）：

```
0: kd> !dq 3483000+0y101100111*8 L1
# 3483b38 80000000`03606963
```

最高位中的 1 是所谓的 XD（Execute Disable）位，意思是这个页中的数据不可以被当作指令来执行。低 12 位是标志位，Bit 0 为 1 代表对应的内存页有效。将最高位和低 12 位换成 0，便得到物理页的基地址 3606000，再加上线性地址低 12 位，便得到了线性地址所对应的物理地址，360604d。使用 !db 命令观察这个地址，其内容与第 3 步所观察到的完全一致。

⑩ 执行 !pte fffff880`00f6704d 命令，让 WinDBG 帮我们自动完成以上翻译过程，其结果应该是一致的，请大家自己完成。

2.7.4　大内存页

前面以 4KB 内存页为例介绍了 3 种分页模式。本节将统一介绍大内存页的情况。

还是从基本的 32 位分页开始。在这种模式下，如果页表项的 PS 位（Bit 7）为 1，那么就代表这个页目录表项指向的是一个 4MB 的大内存页，内存翻译过程到此结束，页表项的高 10 位便是内存页的起始物理地址，线性地址的低 22 位是页内偏移。如果 PS 位为 0，那么页目录表项指向的就是页表，页表中的页表项再指向 4KB 的内存页，也就是前面介绍的情况。从翻译过程来看，当访问 4KB 内存页的线性地址时，翻译时需要先查页目录，再查页表，也就是查两级页表，而对于 4MB 大内存页的线性地址来说，翻译时只需要查一级页表，这可以明显提高访问内存的速度。从页表结构来看，大内存页就是省略下一级页表，让页目录表项直接指向物理内存页。

与 32 位分页类似，在 PAE 分页模式下，当页目录表项的 PS 位为 1 时，它指向的是 2MB 的内存页。

以此类推，在 IA-32e 分页模式下，有两种大内存页：一种是目录项的 PS 位为 1 时，它指向的是 2MB 大内存页；另一种是当页目录指针表的 PS 位（Bit 7）为 1 时，它指向的是一个 1GB 的大内存页。

综上所述，大内存页的大小可能是 4MB、2MB 或者 1GB。在 Windows 操作系统中，可以调用 GetLargePageMinimum API 来查询大内存页的大小。使用大内存页，可以提高访问内存的速度，因此，Windows 内核通常都会为自己分配大内存页。对于应用程序来说，可以指定 MEM_LARGE_PAGE 标志使用 VirtualAlloc API 来分配大内存页内存，但是需要有 SeLockMemoryPrivilege 权限。

 格物致知

下面通过动手试验来进一步理解大内存页。

① 启动 WinDBG，打开 C:\swdbg2e\dumps\xpsp3nop\MEMORY.DMP。

② 成功打开文件后，WinDBG 会提示内核文件的基地址，以及内核模块列表的地址：

```
Kernel base = 0x804d7000 PsLoadedModuleList = 0x8055b1c0
```

③ 我们就以后一个地址 0x8055b1c0 为例来看一看它是如何使用大内存页的，先将其转化为二进制数：

```
kd> .formats 0x8055b1c0
  Binary:  10000000 01010101 10110001 11000000
```

④ 执行 r cr3 得到页目录基地址，然后以线性地址的高 10 位为索引观察页目录表项：

```
kd> r cr3
cr3=0ca83000
kd> !dd 0ca83000+0y1000000001*4 L1
# ca83804 004001e3
```

⑤ 将页目录项的内容转化为二进制：

```
kd> .formats 004001e3
  Binary:  00000000 01000000 00000001 11100011
```

代表页大小的 PS 位（Bit 7）为 1，说明它指向的是 4MB 的大内存页，把页目录表项的高 10 位与线性地址的低 22 位合并在一起便得到物理地址。分别使用 !dd 和 dd 命令观察物理地址和线性地址，可以看到二者的内容是一致的。

```
kd> !dd 0y0000000001010101101100001 11000000 L4
#   55b1c0 827fc3b0 826948b8 00000000 00000000
kd> dd 0x8055b1c0 L4
8055b1c0  827fc3b0 826948b8 00000000 00000000
```

⑥ 请读者自己打开 xpsp3pae 和 w764 目录下的转储文件，重复上述步骤，理解 PAE 模式和 64 位下的大内存页。

2.7.5 WinDBG 的有关命令

前面我们介绍了用手工方法来直接观察页目录表和页表并翻译内存地址的方法。除了手工方法，也可以使用调试器的命令来完成这些任务，比如 WinDBG 提供了以下几个命令。

- dg：显示段选择子所指向的段描述符的信息。

- !pte：显示出页目录和页表的地址。

- !vtop：将虚拟地址翻译为物理地址。

- !vpdd：显示物理地址、虚拟地址和内存的内容。

- !ptov：显示指定进程中所有物理内存到虚拟内存之间的映射。

- !sysptes：显示系统的页目录表项。

当程序执行时，CPU 内部的内存管理单元（Memory Management Unit，MMU）负责将线性地址翻译为物理地址。页表和页目录位于内存中。为了减少当翻译地址时访问页表和页目录所造成的开销，CPU 会把最近使用的页表和页目录表项存储在 CPU 内的专用高速缓存中，该缓存称为译址旁视缓存（Translation Lookaside Buffer，TLB）。有了 TLB，大多数对页目录和页表的访问请求都可以从 TLB 中读取，这大大提高了地址翻译的速度。

启用分页机制不是进入保护模式的必要条件（前面讲的分段机制是保护模式所必需的）。而且是否启用分页机制也不会影响段管理模式，只是增加了一级映射，系统要根据页表将分段机制形成的线性地址转换为物理地址。如果不启用分页机制（对于 286 根本没有分页机制），那么段机制形成的线性地址就是物理地址。

从图 2-10、图 2-11 和图 2-12 中我们可以看到，PDE 和 PTE 中包含的很多标志与段描述符中的标志很类似，如访问标志、读写标志、存在标志和 AVL 标志，表 2-5 归纳了这些标志的含义。

表 2-5　段描述符和 PTE/PDE 中的相似标志

段 描 述 符	PTE 或 PDE	描　　述
P 标志	P 标志	存在标志
Type 中的 A 标志	A 标志	是否被访问过
Type 中的 R 和 W 标志	R/W	读写控制
AVL	Avail	留给系统软件使用
DPL	U/S	特权级别

这里再讨论一下 PDE 和 PTE 中的 U/S 标志与段描述符中的 DPL 标志的相似性。U/S 标志代表一个（PTE）或一组（PDE）内存页的特权级别。U/S 标志为 0 时代表的是管理特权级（supervisor privilege level），U/S 标志为 1 代表的是用户特权级（user privilege level）。DPL 代表的是该描述符所描述的段的特权级别，0 最高，3 最低。尽管 DPL 有 4 个值，但是实际上被使用的主要是 0（系统特权级）和 3（用户特权级）。因此可以说 U/S 标志与 DPL 标志具有同样的作用。

看到这里读者可能会问，为什么要在分段和分页这两种机制中重复定义这些标志呢？对于大多数 IA-32 系统，段机制和页机制都是同时启用的，会不会因为两个地方都要检查这些标志而影响性能呢？简单的回答是为了兼容。段机制是 x86 处理器与生俱来的重要特征之一，从第一代 8086 CPU 开始所有 x86 处理器都保持着该特征。尽管在今天看来，有了分页机制后，分段机制已经变得越来越不重要了，但是为了兼容性和权限管理，还必须保留分段机制。可以通过若干措施来淡化分段机制的影响和作用，比如将段的基址设为 0，大小设为 4GB，这样一个任务的整个地址空间便都在一个段中了，从效果上相当于取消了分段。在 IA-32e（64-位）模式下，段描述符的基地址和边界值有时会被忽略，但仍然会用到其中的某些标志和特权级别。

2.8　PC 系统概貌

前面几节对 CPU 的内部特征、功能和发展做了初步介绍。本节从计算机系统的角度简要描述 CPU 是如何与其他部件交互的。尽管本节的概念也适用于某些服务器和工作站系统，但是这里以配备英特尔架构处理器的常见 PC（个人计算机）系统为例。

图 2-15 粗略勾勒出了一个经典 PC 系统的主要部件和连接方式。从上而下，CPU 通过前端总线（FSB）与内存控制器（Memory Controller Hub，MCH）相连接。在多核技术出现之前，大多数 PC 系统通常只配备一个 CPU，多核技术使一个 CPU 外壳内包含多个 CPU 内核。比如，英特尔的奔腾 D 950（D 代表 Dual，即双内核）CPU 内部就包含两个完整的处理器内核，每个内核有自己的寄存器和高速缓存。因此随着多核技术的普及，越来越多的 PC 系统将是多 CPU 的。目前的前端总线设计是每个总线上最多有 4 个 CPU，如果要支持更多的 CPU，那么可以通过 Cluster Bridge 将多个前端总线连接在一起。

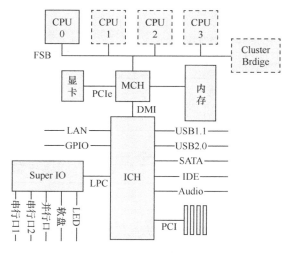

图 2-15　经典 PC 系统示意图

MCH 上除了有内存接口外，通常还有显示卡接口，比如图形加速端口（Accelerated Graphics Port，AGP）或 PCI Express 16 x 接口。MCH 的下面是输入输出控制器（I/O Controller Hub，ICH）。ICH 集成了用于和外部设备进行通信的各种接口，如连接 USB 设备的 USB 接口（USB1.1 和 USB2.0）、连接普通硬盘的 IDE 接口（即 PATA 接口）、连接 SATA 硬盘的 SATA（Serial ATA）接口、连接 BIOS 芯片的 SPI（Serial Peripheral Interface）接口，等等。此外，ICH 还提供了对一些通用总线的支持，比如 I2C（Inter-Integrated Circuit）总线、LPC（Low Pin Count）总线和PCI（Peripheral Component Interconnect）总线等。例如，通过 LPC 总线与 ICH 相连接的 Super IO 芯片（比如 LPC47m172）上集结了很多小数据量的外部设备，包括串口、并口、PS/2 键盘鼠标和各种 LED 指示灯等。ICH 内部通常还包含集成的网卡和声卡（AC'97 或 HD Audio，HD 是High Definition 的缩写）。

MCH 和 ICH 就好像两座桥梁，它们将整个系统联系起来。因此人们通常又把它们分别称为北桥和南桥。北桥和南桥是计算机主板上最重要的芯片，经常统称为芯片组（chipset）。MCH 和 ICH 之间是通过专用的称为直接媒体接口（Direct Media Interface，DMI）的高速接口相连接的。

最近几年，PC 系统的芯片架构有所变化，MCH 芯片消失，它的内存管理器和集成显卡部分向上被集成到 CPU 芯片中，总线控制器和其他部分向下与 ICH 合成在一起，称为 PCH（Platform Controller Hub）。总体来看，由原来的"CPU + MCH + ICH"的三芯片架构演变为"CPU + PCH"的双芯片架构。

2.9 ARM 架构基础

与大多数 PC 系统里都有一颗英特尔架构的处理器类似，大多数智能手机、平板电脑等移动设备中使用的都是 ARM 架构的处理器。本节将简要介绍 ARM 架构的基本概念和关键特征，本篇后续章节将介绍 ARM 架构的调试支持。

2.9.1 ARM 的多重含义

可能是因为 ARM 公司的人太喜欢 A、R、M 这 3 个字母了，他们总是一有机会就使用这 3 个字母，不断赋予其更多含义。

ARM 缩写的最初含义是 Acorn RISC Machine，代表英国 Acron 计算机公司的 RISC 芯片项目。该项目于 1983 年开始，于 1985 年 4 月在 VLSI（总部在硅谷的半导体公司）流片并通过测试，于 1986 年开始应用于个人电脑、PDA 等领域。

1990 年，苹果公司、VLSI 准备和 Acorn 一起合作研发 ARM CPU，大家一致认为应该成立一家新的公司，于是在 1990 年 11 月成立了名为 Advanced RISC Machines Ltd.的公司。于是，ARM 缩写的含义改变为 Advanced RISC Machines。1998 年，这家公司改名为 ARM Holdings，即今天使用的名字。

A、R、M 这 3 个字母在 ARM 架构中的另一种重要含义是代表 ARM 架构的 A、R、M 三大系列（Profile）。

A 系列的全称是 Application profile，面向比较复杂的通用应用，支持分页模式和复杂的虚拟内存管理，即所谓的基于 MMU（Memory Management Unit）的虚拟内存系统架构（Virtual Memory System Architecture，VMSA），手机中使用的 ARM 芯片大多是这一系列的芯片，本书中讨论的主要是这一系列。R 系列的全称是 Real-time profile，主要用于高实时性要求的各种传统嵌入式设备，支持基于 MPU 的保护内存系统架构（Protected Memory System Architecture，PMSA）。M 系列的全称是 Microcontroller profile，用于功能单一的深度嵌入式设备。ARM 架构的每个版本一般都会包含以上 3 个系列的设计，文档也是按这 3 个系列分类的，比如 ARMv8-A 代表 ARM 版本 8 的 A 系列。

ARM 缩写的另一种重要含义是代表架构参考手册（Architecture Reference Manual）。ARM 的作用类似于英特尔架构的 SDM（Software Developer's Manual），是学习和使用 ARM 架构处理器最重要的资料。值得说明的是，与英特尔公司不同，ARM 公司没有芯片工厂，并不直接生产和销售芯片，它的主要商业模式是把 ARM 架构授权给高通、三星、华为等公司，收取授权费。这种授权模式决定了 ARM 手册（本书在文档含义的 ARM 缩写后加"手册"二字以便阅读）只是关于 ARM 架构的通用特征和参考，定义了所有 ARM 架构处理器应该兼容的外部特征，不是内部实现。这里的外部特征是指对编程者可见的特征。用 ARM 手册上的话来说，ARM 手册定义了一个"抽象机器"的行为（defines the behavior of an abstract machine），这个抽象机器称为处理器单元（Processing Element，PE）。ARM 手册还描述了编程者应该遵循的规则。

以上介绍了"ARM"的几种不同含义，了解这些基本知识对于阅读 ARM 文档是很重要的，不然就可能被下面这样 ARM 连续出现的情况绕晕。

During work on this issue of the ARMv8 ARM, a software issue led to several text insertions disapprearing from chapter D1…

这句话来自作者最近下载的 ARM 手册的封面，句中的两个 ARM，前一个是 Advanced RISC Machines 的缩写，后一个是 Architecture Reference Manual 的缩写。

此例甚妙，生动地阐释了正文。取自 ARM 官方真实文档，亦为格物思想之体现。

老雷评点

2.9.2 主要版本

下面简要介绍一下 ARM 架构的几个重要版本，从 ARMv3 到 ARMv8。事先需要说明的是，我们描述的目标是架构，而不是微架构，这两个术语在 CPU 领域有着很大的差异，通常架构指的是 CPU 的外部行为和编程特征（Application Binary Interface，ABI），而后者指的是 CPU 的内部设计和结构。在 ARM 社区中，像 ARMv8 这样的写法代表的是 ARM 架构版本 8。微架构是实现相关的，有很多种，比如 Cortex 是 ARM 公司自己设计的著名微架构，该微架构又分很多个版本，分别实现了不同版本的 ARM 架构，例如 Cortex-A35 实现了 ARMv8 架构的 A 系列特征（A profile）。再如，XScale 是英特尔公司设计后来卖给了 Marvell 的微架构，实现的是 ARMv5 架构。其他著名的微架构还有 AMD 公司的 K12、高通公司的 Kryo（实现 ARMv8-A）、苹果公司的 Twister（实现 ARMv8-A）等。早期的微架构常常直接用 ARM8、ARM9 这样的写法，注意，其中的数字常常与架构版本不一致，比如 ARM6 和 ARM7 实现的都是 ARMv3，ARM8 实现的是 ARMv4。

苹果公司于 1993 年开始制造的牛顿 PDA（个人数字助理）使用的是 ARM610 芯片，实现的是 ARMv3 架构。相对之前的 ARMv2 和 ARMv1，ARMv3 的主要改进如下。

- 内存地址从 26 位增大到 32 位。

- 引入了长乘法指令。

1994 年，ARM 迎来了大腾飞的契机。很早就开始购买 ARM 授权的 TI 公司建议当时的著名手机厂商诺基亚使用 ARM 芯片。但是诺基亚反对这个提议，原因是担心 ARM 的 4 字节定长指令会加大内存开销，增加成本。来自潜在客户的这个意见不仅没有难倒 ARM，还激发了他们的灵感，很快开发出一套 16 位的指令集，即 Thumb 技术。这个技术首先授权给 TI，生产出的 ARM7-TDMI 芯片最早用在诺基亚的 6110 手机中，这是使用 ARM 芯片的第一款 GSM 手机，大获成功。6110 手机的流行让 ARM7 系列成为当时手机芯片的主流选择。很多公司争相购买 ARM7 授权，使得卖出的授权数多达 165 个，生产的芯片超过 100 亿。ARM7 的成功让 ARM

公司富了起来，搬出了成立初期办公用的谷仓（barn），并于 1998 年成功上市。ARM7-TDMI
实现的是 ARMv4T（T 代表 Thumb）架构。该版本的主要改进如下。

- 引入 Thumb 指令集。

- 新增了系统模式（system mode）。

- 丢弃了旧的 26 位寻址模式。

除了众多手机外，著名的苹果 iPod 第一代到第三代内部使用的也是 ARM7-TDMI 芯片。

著名的黑莓智能手机曾经风靡一时，它内部使用的处理器有多种，于 2006 年推出的 8100
系列使用的是 XScale PXA900，实现的是 ARMv5TE（T 代表 Thumb，E 代表 DSP 增强，见下
文），ARMv5 的主要改进如下。

- 提高了 ARM 指令和 Thumb 指令交替工作时的效率。

- 引入饱和算术指令。

- 引入旨在加快 Java 程序执行速度的 Jazelle 扩展。

- 新增软件断点指令（BKPT）。

- 引入旨在增强 DSP 算法的 E 变种（variant）和 J 变种（J 代表 Jazelle）。

于 2006 年 7 月上市的诺基亚 N93 翻盖手机使用的是 ARM11 芯片,实现的是 ARMv6 架构。
ARMv6 的新特征主要如下。

- 将专门支持调试的 14 号协处理器（简称 CP14）正式纳入 ARM 架构。

- 单指令多数据（SIMD）支持。

- 非对齐数据支持。

- 将 Thumb 技术增强为支持混合使用 16 位指令和 32 位指令，称为 Thumb-2 扩展。

- 旨在提高安全性的 TrustZone 扩展。

- 将 ARM 调试接口（ARM Debug Interface）纳入架构定义。

苹果公司于 2010 年 4 月推出的第一代 iPad 内部使用的是苹果公司设计的 A4 芯片，A4 是
典型的片上系统 SoC（System on Chip），其中包含的 CPU 是 Cortex-A8 核心，实现的是 ARMv7
架构。ARMv7 的新特征主要如下。

- 将 Thumb-2 扩展正式纳入 ARM 架构中。

- 引入上文介绍的 A、R、M 三大系列定义。

- 名为 Neon 的改进 SIMD 技术扩展。

- 虚拟化技术扩展。

- 引入更好执行动态语言代码的 ThumbEE 技术。

- 将性能监视扩展纳入 ARM 架构，定义了两个版本的性能监视单元（Performance Monitor Unit），分别称为 PMUv1 和 PMUv2。

实现 ARMv7 的著名微架构还有 Cortex-A9、Cortex-A15 以及 TI 公司的 OMAP3。

于 2011 年 10 月首次宣布技术细节的 ARMv8 的主要改进如下。

- 引入 64 位支持，处理器有两种执行状态——AArch64 和 AArch32，前者对应的指令集称为 A64，后者可以执行 A32（等长的 ARM 指令）和 T32（变长的 Thumb2 指令）两种指令集。

- 将 NEON 扩展技术纳入 ARM 架构标准中。

- 增加用于密码处理的多条指令，这称为密码扩展。

- 将性能监视单元（Performance Monitor Unit）升级到版本 3，称为 PMUv3。

2.9.3　操作模式和状态

操作模式（operating mode）又称为处理器模式（processor mode），是 CPU 运行的重要参数，决定着处理器的工作方式，比如如何裁决特权级别和报告异常等。相对于 x86，ARM 架构的操作模式更多，而且不同版本还可能有所不同。我们先以上面提到的经典 ARM7-TDMI 为例介绍常见的 7 种操作模式，然后再介绍最近版本的新增模式。

- 管理员（Supervisor）模式：供操作系统使用的受保护模式，CPU 上电复位后即进入此模式，或者当应用程序执行 SVC 指令调用系统服务时也会进入此模式。操作系统内核的普通代码通常工作在这个模式下。

- 用户（User）模式：用来执行普通应用程序代码的低特权模式。

- 中断（IRQ）模式：用来处理普通中断的模式。

- 快中断（Fast IRQ）模式：用来处理高优先级中断的模式。

- 中止（Abort）模式：访问内存失败时进入的模式。

- 未定义模式（Undef）：当执行未定义指令后进入的模式。

- 系统模式（System）：供操作系统使用的高特权用户模式。

ARMv6 引入的 TrustZone 技术新增了一个 Monitor 操作模式，供系统信任的代码使用，执行 SMC（Secure Monitor Call）指令会进入此模式。

ARMv7 引入的虚拟化技术新增了一个 Hypervisor 操作模式，供虚拟机监视器（VMM）代码使用。

在 ARMv6-M 中，还定义了 Thread mode 和 Handler mode 供 RTOS 使用（本书从略），表 2-6 列出了上面介绍的各种模式。第三列是该模式在程序状态寄存器（PSR，稍后介绍）中的模式指示位域（Bit 0-4）的二进制编码。

表 2-6 ARM 处理器的操作模式

模式	简称	PSR 中的编码	描　　述	特权级别	是否异常模式
Supervisor	Svc	10011	供操作系统的内核代码使用	PL1	是
FIQ	Fiq	10001	供高优先级中断的处理函数使用	PL1	是
IRQ	Irq	10010	供普通中断的处理函数使用	PL1	是
Abort	Abt	10111	用来处理内存访问失败	PL1	是
Undef	Und	11011	用来处理未定义指令异常	PL1	是
System	Sys	11111	供操作系统使用的高特权用户模式	PL1	否
User	Usr	10000	供普通应用程序使用的低特权模式	PL0	否
Monitor	Mon	10110	供系统信任的安全代码使用	PL1	是
Hyp	Hyp	11010	供虚拟机监视器代码使用	PL2	是

举例来说，在图 2-16 所示的执行现场，PSR 寄存器的低 5 位为 10011，代表处理器的操作模式是管理员模式。

```
0: kd> r
 r0=00000003  r1=822f59f4  r2=00000001  r3=00000000  r4=00000003  r5=81200f60
 r6=8125fd4c  r7=822f59b8  r8=81227114  r9=8120bfc4 r10=811eba10 r11=822f59e8
r12=ee4e53da  sp=822f59b0  lr=811530db  pc=81037c80 psr=20000033 --C-- Thumb
nt!DbgBreakPointWithStatus:
81037c80 defe     __debugbreak
```

图 2-16 32 位 ARM 处理器执行现场

与 x86 类似，ARM 架构也定义了 4 种特权级别，PL0～PL3，不过 PL0 级别最低，PL3 级别最高，刚好与 x86 相反。在 ARM 架构中，CPU 的当前特权级别是由 CPU 的工作模式决定的，表 2-6 的第 5 列给出了 CPU 运行在不同工作模式时的对应特权级别。此外，ARM 手册中还经常出现 EL0、EL1、EL2 和 EL3 这样的写法，代表的是 4 种异常级别（exception level），也是 EL0 最低，EL3 最高。根据 ARMv8 手册，异常级别决定了特权级别，在 ELn 执行时的特权级别就是 PLn。因此，大多数时候二者是一一对应的。

除了工作模式和特权级别，ARM 架构还有一个关键概念称为状态（state），包括如下 4 种。

- 指令集状态：记录和指示当前使用的指令集，以 ARMv7 为例，共支持 4 种指令集（ARM、Thumb、Jazelle 和 ThumbEE），名为 ISETSTATE 的内部寄存器维护着当前的指令集状态。

- 执行状态：记录和指示指令的执行状态，控制着指令流的解码方式等，下文介绍的程序状态寄存器包含了大多数执行状态信息。

- 安全状态：当处理器支持安全扩展或者虚拟化扩展时，安全状态记录着当前代码的安全状态。

- 调试状态：当 CPU 因为调试目的而被暂停（halted）时进入所谓的调试状态，否则处于非调试状态。

我们将在第 7 章中详细介绍专门为调试目的设计的调试状态。

2.9.4 32 位架构核心寄存器

前面提到，RISC 指令集的处理器通常有数量较多的寄存器。ARM 架构也不例外。在 32 位的 ARM 架构中，核心寄存器（core register）一般有 37 个或者更多，这视处理器实现的功能多少而定。所谓核心寄存器就是指 ARM 处理器内核执行常规指令时使用的寄存器，不包括用于浮点计算和 SIMD 技术的特殊寄存器，也可以理解为 ARM 的核心处理器单元（PE）中的寄存器，不包括外围的协处理器中的寄存器。下面分几组分别介绍这些寄存器。

（1）R0～R7：这 8 个寄存器是最普通的，所有模式都可以访问和使用。在函数返回时，常常使用 R0 寄存器传递函数返回值，其作用相当于 x86 的 EAX。

（2）R8～R12：这 5 个寄存器有两份，一份是专门给 FIQ 模式用的，另一份是所有其他模式都可以使用的。在 ARM 手册中，这种特征的寄存器有个专门的称呼，叫 banked register。bank 的本意是银行和存款，在这里的意思是"有备份的"。举例来说，当 CPU 执行用户代码时，来了个高优先级的中断，于是 CPU 要进入 FIQ 模式运行，对于没有备份的寄存器，比如 R0～R7，如果中断处理函数要使用，那么必须在中断返回前恢复这些寄存器，但对于 R8～R12 则不同，因为 FIQ 模式有自己的 R8～R12，所以使用这几个寄存器时实际使用的是自己那一份，不必担心会影响用户模式的 R8～R12。这样的寄存器技术在安腾等 CPU 中也有使用，有时称为影子寄存器（shadow register），好处是可以降低处理中断的开销、提高性能。

（3）R13：用作栈指针（Stack Pointer，SP），它也是 banked register，而且所有模式都有一份，共有 6 个（有虚拟化支持时再多一个），分别用于用户、IRQ、FIQ、未定义、中止和管理员模式。在 ARM 手册中，有时用 SP_usr、SP_svc 这样的写法来表示不同模式下的 SP 寄存器。

（4）R14：又称为 Link Register，简称 LR，在调用子函数时，ARM 处理器会自动将子函数的返回地址放到这个寄存器中。如果子函数是所谓的叶子函数（不再调用子函数），那么就可以不必额外保存返回地址了，比如下面的 KeGetCurrentStackPointer 函数只有两条指令，把栈指针寄存器赋给 r0，然后直接使用 bx lr 跳转回父函数。

```
nt!KeGetCurrentStackPointer:
81034e68 4668     mov        r0,sp
81034e6a 4770     bx         lr
```

如果是非叶子函数，那么通常在函数开头将 LR 的值保存到栈上。以下面的 KeEnterKernel Debugger 函数为例，函数入口处的 push 指令（支持一次压入多个寄存器）便是把 R11 和 LR 寄存器的值都保存到栈上。其后的 mov 指令把栈指针的值放到 R11 中，用作栈帧基地址（相当于 x86 的 EBP）。

```
nt!KeEnterKernelDebugger:
81152f40 e92d4800 push       {r11,lr}
81152f44 46eb     mov        r11,sp
```

LR 也具有 bank 特征，每个模式都有一个。

（5）R15：程序指针寄存器（Program Counter，PC）。当执行 ARM 指令（每条指令 4 字节）时，它的值为当前指令的地址加 8；当执行 Thumb 指令时，它的值为当前指令的地址加 4，其设计原则是让 PC 指向当前指令后面的第二条指令。

（6）CPSR：当前程序状态寄存器（Current Program Status Register），记录着处理器的状态和控制信息，其作用与 x86 的标志寄存器（EFLAGS）类似。图 2-17 是来自 ARMv7 架构手册的 CPSR 寄存器格式定义。其中的 M[4:0]代表当前的操作模式，其编码见表 2-6。J 位和 T 位一起来指示当前的指令集状态，00 代表 ARM 指令集，01 代表 Thumb 指令集，10 代表支持 Java 字节码的 Jazelle 指令集，11 代表更好支持动态语言的 ThumbEE 指令集。例如，在图 2-16 所示的执行现场中，T 位为 1，代表当时的指令集是 Thumb 指令集。A、I、F 这 3 个位都是所谓的屏蔽位，分别控制异步中止、普通中断和高优先级中断，为 1 时屏蔽相应中断，为 0 时不屏蔽。E 位用来控制加载和存储数据时的字节顺序，称为 Endianness，为 0 时代表小端（little-endian），为 1 时代表大端（big-endian）。GE[3:0]位的全称是 Greater than or Equal 标志，供 SIMD 指令做并行加减法时使用。IT[7:0]是供 Thumb 指令集中的 If-Then 指令使用的执行状态位。Q 位是累加饱和（cumulative saturation）状态位。最高的 N、Z、C、V 这 4 个位是所谓的条件状态位，某些指令用它们指示结果，它们代表的状态依次为负数（Negative）、0（Zero）、进位（Carry）和溢出（Overflow）。

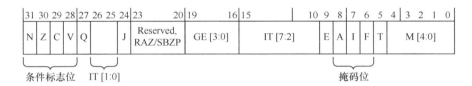

图 2-17　当前程序状态寄存器（CPSR）的位定义

（7）SPSR：保存的程序状态寄存器（Saved Program Status Registers），具有 bank 特征，每个异常模式都有一个，用来保存异常发生前的 CPSR。在 ARM 手册中，常用 SPSR_abt、SPSR_fiq 这样的写法来代表不同模式下的 SPSR 寄存器。

来自 ARM 手册的图 2-18 以表格形式呈现了 32 位 ARM 架构的所有核心寄存器，PC 寄存器那一行上面的寄存器一般统称为通用（general-purpose）寄存器，下面的统称为特殊（special-purpose）寄存器。ARM 手册特别指出了空单元格的含义，当 CPU 在所在列对应的模式执行时，可以使用所在行对应的用户模式寄存器。举例来说，当 CPU 在所有非用户模式下执行时，都可以使用 PC 寄存器（名义上属于用户模式）。类似的系统模式没有专属自己的寄存器，在该模式下执行时，使用的都是用户模式的寄存器。

对于图 2-18 中的 APSR，从软件接口的角度来看，它不是单独的寄存器，只是 CPSR 寄存器中的 NZCVQ 和 GE 位。这些位是应用程序可写的，名字中的 A 是 Application 的缩写。

应用层观察　　　　　　　　　　　　系统层观察

	User	System	Hyp⁺	Supervisor	Abort	Undefined	Monitor⁺	IRQ	FIQ
R0	R0_usr								
R1	R1_usr								
R2	R2_usr								
R3	R3_usr								
R4	R4_usr								
R5	R5_usr								
R6	R6_usr								
R7	R7_usr								
R8	R8_usr								R8_fiq
R9	R9_usr								R9_fiq
R10	R10_usr								R10_fiq
R11	R11_usr								R11_fiq
R12	R12_usr								R12_fiq
SP	SP_usr		SP_hyp	SP_svc	SP_abt	SP_und	SP_mon	SP_irq	SP_fiq
LR	LR_usr			LR_svc	LR_abt	LR_und	LR_mon	LR_irq	LR_fiq
PC	PC								
APSR	CPSR								
			SPSR_hyp	SPSR_svc	SPSR_abt	SPSR_und	SPSR_mon	SPSR_irq	SPSR_fiq
			ELR_hyp						

图 2-18　32 位 ARM 架构核心寄存器一览

2.9.5　协处理器

ARM 的授权模式要求 ARM 架构高度模块化，以便客户根据需要裁剪定制，选择需要的模块。协处理器可谓是实现模块化的一种方式。所谓协处理器通常是指用来协助主 CPU 完成某一方面辅助功能的处理器。比如 x86 架构中用于做浮点计算的 x87 就是协处理器的典型例子。ARM 架构支持多达 16 个协处理器。每个协处理器都有唯一的编号，前面冠以 CP 来表示。其中 CP8～CP15 供 ARM 架构使用，CP0～CP7 供 ARM 的客户使用。目前，CP15 一般用作包含内存管理单元的系统控制器，CP14 用作调试控制器，CP10 和 CP11 分别用作 SIMD 和浮点计算。

主 CPU 和协处理器之间一般通过接口寄存器来通信，这些接口寄存器通常用 C0～C15 表示。可以使用 MRC 和 MCR 指令来读写协处理器的接口寄存器，前者为读（Move to ARM Core），后者为写（Move to Coprocessor）。

MRC 指令的一般格式为：

```
MRC <coproc>,<opc1>,<Rt>,<CRn>,<CRm>{,<opc2>}
```

其中 coproc 用来指定要访问的协处理器，Rt 用来指定接收数据的 ARM 寄存器，CRn 和 CRm 用来指定要访问的协处理器寄存器，opc1 和可选的 opc2 用来指定协处理器定义的操作码，也可以把 CRn、CRm、opc1 和 opc2 看作一个整体来理解，它们共同指定要访问的协处理器寄存器。MCR 指令的格式与 MRC 类似。

举例来说，以下两条指令分别用来读写 CP15 的性能控制寄存器（PMCR）：

```
MRC p15, 0, <Rt>, c9, c12, 0 ; Read PMCR into Rt
MCR p15, 0, <Rt>, c9, c12, 0 ; Write Rt to PMCR
```

再如，在下面所列 MiFlushAllPages 函数的开头的几条指令中，第 4 条便是访问 CP15 的

MRC 指令，查找 ARM 手册中关于 CP15 协处理器寄存器的定义（ARMv7，B3-1486）可以知道，该指令访问的是线程 ID 寄存器（User Read-Only Thread ID Register）。根据第 3 个操作数，读到的结果会被写入 R3 寄存器。

```
nt!MiFlushAllPages:
81164984 e92d4878 push        {r3-r6,r11,lr}
81164988 f10d0b10 add         r11,sp,#0x10
8116498c 25ff     movs        r5,#0xFF
8116498e ee1d3f70 mrc         p15,#0,r3,c13,c0,#3
```

为了便于从高层语言编写的程序中访问协处理器，开发工具通常会提供便捷的方法，比如微软的编译器提供了如下内建函数（intrinsic）来向协处理器写数据：

```
Void _MoveToCoprocessor( unsigned int value,  unsigned int coproc,     unsigned
int opcode1, unsigned int crn, unsigned int crm, unsigned int opcode2);
```

为了简化代码，Windows 10 DDK 中定义了很多像下面这样的宏：

```
#define CP15_TPIDRURO 15, 0, 13, 0, 3
```

有了这样的宏后，只要这样写代码就可以了：

```
_MoveToCoprocessor (val, CP15_TPIDRURO);
```

2.9.6 虚拟内存管理

ARM 架构提供了灵活多样的虚拟内存管理机制，本节将通过实例简要介绍 ARMv7-A 定义的虚拟内存系统架构（VMSA），简称 VMSAv7。

VMSAv7 定义了两种表格式：经典的短描述符格式；类似 x86 PAE 的长描述符格式，称为 LPAE（Large Physical Address Extension）。我们把前者简称为短格式，把后者简称为 LPAE 格式。

短描述符格式具有如下特征。

- 最多两级页表，分别称为一级页表（first-level table）和二级页表（second-level table）。

- 每个表项 32 字节，称为描述符（descriptor）。

- 输入地址 32 位，输出地址最多为 40 位。

- 支持多种粒度的内存块，包括 4KB（称为小页）、64KB（称为大页）、1MB（称为 section）和 16MB（称为 super section）。

图 2-19 所示的是使用短格式时的页表结构，该图根据 ARMv7 手册的图 B3-3 重绘。

图 2-19 中的 TTBR 是 Translation Table Base Register 的简称，其作用是记录顶级页表的物理地址，相当于 x86 的 CR3 寄存器。进一步来讲，TTBR 位于包含 MMU 的 CP15 协处理器中。CP15 定义了两个 TTBR 寄存器，分别称为 TTBR0 和 TTBR1。定义两个 TTBR 寄存器的目的是让每个进程可以有两套页表，比如 ARM 手册建议 TTBR1 指向内核空间使用的页表，TTBR0 指向用户空间使用的页表。

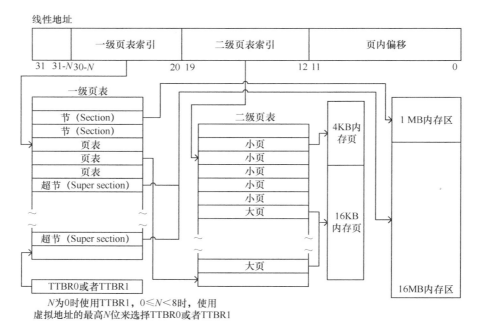

图 2-19 ARM 架构的短格式分页

CP15 中另一个名为 TTBCR（Translation Table Base Control Register）的寄存器的低 3 位用于指定 N 值，按如下规则决定使用 TTBR0 和 TTBR1。

- 如果 N 等于 0，那么总是使用 TTBR0，实际上禁止了第二套页表。

- 如果 N > 0，那么使用输入虚拟地址的最高 N 位来做选择，如果 N 位都是 0，那么使用 TTBR0，否则使用 TTBR1。

一级页表中每个描述符的最低两位用来指示该描述符的类型，00 代表无效，01 代表它描述的是二级页表，10 或者 11 都表示它直接指向的一个 section 或者 super section。图 2-20 所示的是前两种类型时的位定义，后两种格式从略。

图 2-20　短格式分页的一级页表描述符（部分）

图 2-20 中的 PXN 是 Privileged execute-never bit 的缩写，为 1 时代表即使是高特权的代码也不可以执行该项所指页表描述的所有内存页。

图 2-21 所示的是短格式分页的二级页表描述符格式，其中的 B（Bufferable）、C（Cacheable）和 TEX（Type extension）都是用来描述内存区域属性的。S（Shareable）位指示该页是否可共

享，nG（not global）位用来指示该页是否为全局页（主要供页表缓存逻辑使用），AP[2]和 AP[1:0]用来描述访问权限（Access Permissions）。

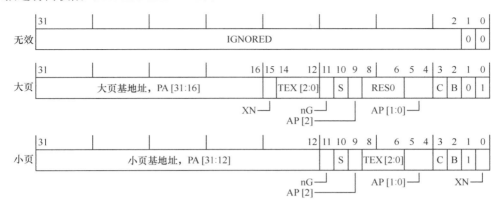

图 2-21 短格式分页的二级页表描述符

下面通过一个实验来帮助读者理解前面的内容，并演示地址翻译的详细过程。我们将观察一个来自 32 位 Windows 10 ARM（Windows on Arm，WoA）系统的完整转储文件。

随便选取一个 svchost 进程，从它的进程结构体中可以读出该进程使用的页目录信息：

```
3: kd> dt _KPROCESS 94968080
   +0x01c PageDirectory    : 0x7f37006a Void
```

根据作者的调查，这个 WoA 系统使用的是短格式分页，而且没有使用 TTBR1，即 TTBCR.N 为 0。因此，上面 PageDirectory 字段的值 0x7f37006a 就是 TTBR0 寄存器的内容，其中低 14 位是属性信息，高 18 位是一级页表物理地址的高 18 位。图 2-22 显示了该配置下把一个线性地址翻译到物理地址的过程。

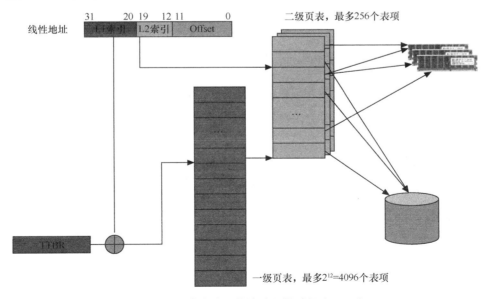

图 2-22 短格式分页的地址翻译过程（WoA）

首先，与 x86 的经典分页模式类似，也是把虚拟地址分成 3 个部分，高 20 位是表索引，低

12 位为页内偏移。不过，高 20 位不再是等分，而是分成 12 位和 8 位两个部分。

继续前面的实验，在 svchost 进程中选取一个包含字符串的用户态地址，观察其内容为：

```
0: kd> db 75e11bbc
75e11bbc  75 63 72 74 62 61 73 65-2e 70 64 62 00 00 00 00  ucrtbase.pdb....
```

然后计算和观察该地址在一级页表中对应的描述符：

```
0: kd> !dd 0x7f370000+75e*4 L1
#7f371d78 1d536805
```

上述命令中，75e 为线性地址的高 12 位，即一级页表索引，每个描述符的长度是 4 个字节，所以乘以 4 得到描述符的偏移。命令中的 L1 指示 !dd 命令只显示一个元素（长度为 1 个单位）。将描述符转换为二进制：

```
Binary:  00011101 01010011 01101000 00000101
```

最低两位为 01，所以它描述的是二级页表，结合图 2-20 可以知道其他各位的含义。位 2 的 1 代表不可执行。位 10～31 为二级页表的起始物理地址，即把低 10 位换为 0：

```
0: kd> ? 0y00011101010100110110100000000000
Evaluate expression: 492005376 = 1d536800
```

上面的结果 0x1d536800 就是二级页表的基地址（物理地址），取线性地址的中间 8 位作为二级页表的索引，便可以计算出线性地址在二级页表中的描述符地址，即：

```
3: kd> !dd 1d536800+11*4 L1
#1d536844 11873a22
```

其中，低 12 位为页属性，转换为二进制后可以参考图 2-21 知道每一位的含义：

```
1010 00100010
```

最低两位的 10 代表该页有效，在物理内存中，位 11 的 1 代表不是全局页（not Global）。位 9 和位 5、4 共同描述页的访问属性，即 110，查看 ARM 手册的表 B3-8，可以知道其含义为只读（read only）。

将上面的二级描述符的低 12 位换为线性地址的低 12 位即得到完整的物理地址，观察其内容：

```
0: kd> !db 11873bbc
#11873bbc 75 63 72 74 62 61 73 65-2e 70 64 62 00 00 00 00 ucrtbase.pdb....
```

与前面观察线性地址得到结果一样，说明我们手工翻译成功了。

顺便说一下，也可以使用 WinDBG 的 !pte 命令来自动翻译：

```
0: kd> !pte 75e11bbc
                 VA 75e11bbc
PDE at C030075C      PTE at C01D7844
contains 1D536893    contains 11873A22
pfn 1d536 --D-W-KA-V- pfn 11873 ----R-U-VE
```

得到物理页编号（PFN）为 11873，加上页内偏移即完整的物理地址，与上面的结果是一致的。但值得注意的是，一级描述符的内容却不一样，我们手工翻译观察到的是 1d536805，而!pte 命令给出的是 1D536893。这起初让作者很困惑，经过一番探索作者发现，WoA 还维护着一套经典 x86 格式的页表，!process 命令显示出的进程页目录基地址（DirBase）即是那套页表的起始物理地址：

```
PROCESS 94968080  SessionId: 0  Cid: 07d0    Peb: 004d0000  ParentCid: 01e4
    DirBase: 1d467000
```

观察_KPROCESS 时也可以看到这个信息，记录在 DirectoryTableBase 字段中：

```
+0x018 DirectoryTableBase : 0x1d467000
```

此 x86 兼容格式页表或许与 x86 模拟器(让 x86 应用程序可以运行在 WoA 上) 有关。

老雷评点

2.9.7　伪段支持

ARM 架构没有 x86 那样的段机制（见 2.6 节），但是像 Windows 和 Linux 这样的操作系统都还是需要段机制的，主要是用来保存少量的当前线程（用户态）和处理器（内核态）信息，比如在 32 位 Windows 系统中，当 CPU 在内核空间执行时，FS 段中保存的当前 CPU 的处理器控制块（PRCB），当 CPU 在用户空间执行时，FS 段中保存的是线程环境块（TEB）。为了支持操作系统的这一需求，ARMv7 引入了 3 个线程 ID 寄存器（见表 2-7），可以让操作系统记录下一块内存区的基地址，弥补缺少段设施的不足，但是并不支持段边界、段属性等功能，因此，本书将其称为伪段支持。

表 2-7　ARMv7 引入的伪段支持

名　　称	CRn	opc1	CRm	opc2	宽度	类型	描　　述
TPIDRPRW	C13	0	C0	4	32-bit	RW	仅供 PL1 权限访问的线程 ID 寄存器
TPIDRURO	C13	0	C0	3	32-bit	RW,PL0	在用户模式只读的线程 ID 寄存器
TPIDRURW	C13	0	C0	2	32-bit	RW,PL0	在用户模式可以读写的线程 ID 寄存器

根据作者的调查分析，Windows 是按照如下方式使用表 2-7 中的寄存器的。

- 使用 TPIDRURO 保存当前线程的 KTHREAD 地址。KTHREAD 是每个线程在内核空间中的核心数据结构。

- 使用 TPIDRURW 保存当前线程的 TEB 地址。TEB 是每个线程在用户空间中的核心数据结构。

- 使用 TPIDRPRW 保存当前 CPU 的 KPCR 地址。KPCR（Kernel Processor Control Region）

是每个 CPU 的核心数据结构地址。

在 Windows 10 DDK 的头文件中可以找到下面几个宏，它们是用来简化访问以上 3 个寄存器内容的：

```
MACRO
CURTHREAD_READ $Reg
CP_READ $Reg, CP15_TPIDRURO ; read from user r/o coprocessor register
bic     $Reg, #CP15_THREAD_RESERVED_MASK ; clear reserved thread bits
MEND

MACRO
TEB_READ $Reg
CP_READ $Reg, CP15_TPIDRURW
MEND

MACRO
PCR_READ $Reg
CP_READ $Reg, CP15_TPIDRPRW   ; read from svc r/w coprocessor register
bfc     $Reg, #0, #12         ; clear reserved PCR bits
MEND
```

观察 GetLastError 的反汇编代码：

```
KERNELBASE!GetLastError:
76c3dcb4 e92d4800 push     {r11,lr}
76c3dcb8 46eb     mov      r11,sp
76c3dcba ee1d3f50 mrc      p15,#0,r3,c13,c0,#2
76c3dcbe 6b58     ldr      r0,[r3,#0x34]
76c3dcc0 e8bd8800 pop      {r11,pc}
```

上述代码中的第 3 条指令就是在访问 CP15_TPIDRURW 寄存器，其下的 ldr 指令把 TEB 结构体中偏移 0x34 位置的 LastErrorValue 字段加载到 R0 寄存器（用作返回值），然后把第 1 条指令压入栈的 LR 寄存器（保存有返回地址）弹出到程序指针寄存器 PC，就返回父函数了。

2.9.8 64 位 ARM 架构

2011 年 10 月，ARM 对外宣布 ARMv8 架构的技术细节，特别强调的最重要改进就是引入 64 位处理技术。与把 32 位的 x86 架构扩展到 64 位的 X64 技术类似，ARMv8 定义了两种执行状态，即 64 位 AArch64 和兼容原来 32 位的 AArch32。下面简要介绍 AArch64 的关键特征。

首先寄存器方面的改变，AArch64 把寄存器划分为系统寄存器和应用程序寄存器。应用程序寄存器如下。

- R0～R30：共 31 个，既可以使用 X0～X30 这样的名称访问寄存器的全部 64 位，也可以用 W0～W30 这样的名称只使用低 32 位。其中 R29 一般用作栈帧指针（Frame Pointer，FP），R30 用作函数返回地址，简称 LR。

- SP：64 位宽，专用作栈指针，也可以通过 WSP 访问低 32 位。

- PC：程序指针，64 位。

- V0～V31：共 32 个，供 SIMD 和浮点数用途，128 位，既可以使用 Q0～Q31 访问完整的 128 位，也可以通过 D0～D31、S0～S31、H0～H31 或者 B0～B31 访问低 64 位、32 位、16 位或者 8 位。

- PSR（PState）：程序状态寄存器，仍为 32 位。

图 2-23 所示的是运行在 AArch64 状态的 Windows 10 的一个执行现场，从中可以看到上面介绍的大部分寄存器（不包括 V0～V31）。

```
0: kd> r
 x0=0000000000000003   x1=000000000000008a   x2=0000000000000065   x3=0000000000000000
 x4=0000000000000000   x5=0000000000000000   x6=0000000000000028   x7=0000000000000010
 x8=0000000000000000   x9=0000000000000003  x10=ffffd281214154aa  x11=fffff800cf995e80
x12=fffff800cf9ad000  x13=0000000000000000  x14=0000000000000006  x15=0000000000000000
x16=0000225e861d68d4  x17=0000225e861d68d4  x18=fffff800cf070000  x19=0000000000000000
x20=000000000000007e  x21=fffffffffc0000005  x22=000000000000007e  x23=fffff804117eb8a0
x24=fffff800cfcc1000  x25=fffff800cfd31104  x26=fffff800cfc95000  x27=fffff800cfc80000
x28=fffff800cfc61000   fp=ffffd28121415590   lr=fffff800cfb648f4   sp=ffffd28121415590
 pc=fffff800cf9b9110  psr=60000044 -ZC- EL1
nt!DbgBreakPointWithStatus:
fffff800`cf9b9110 d43e0000 brk             #0xF000
```

图 2-23　ARM64 执行现场

在内存管理方面，VMSAv8 是 ARMv8 定义的虚拟内存系统架构，包括 VMSAv8-64 和 VMSAv8-32 两套分页格式。其中 VMSAv8-64 是 AArch64 状态下使用的主要格式，其主要特征如下。

- 最多 4 级页表。

- 输入地址最多为 48 位，输出地址也是最多为 48 位，即虚拟地址空间和物理地址空间都为 256TB。

- 支持的页大小有 4KB、16KB 和 64KB。

VMSAv8-64 实际上是 32 位下的 LPAE 格式的进一步扩展，这与 x64 的分页格式是对 32 位 x86 的 PAE 格式的扩展如出一辙，不再赘述。

老雷评点

翻阅 ARM 手册，时常见 x86 的影子，此亦常理。

尽管本节花了较大篇幅介绍 ARM 架构，但是所涵盖的内容仍只是纷繁复杂的 ARM 架构的一小部分。如果大家希望系统学习 ARM 架构，那么 ARM 手册是很好的学习材料。推荐大家先阅读 v7 版本，因为 v8 版本过于冗长，有 5700 多页，是 v7 版本（2700 多页）的 2 倍还多。ARMv7 手册分为四篇：A 篇名为《应用层架构》，介绍应用程序开发的基础知识，相当于 IA 手册的卷 1；B 篇名为《系统层架构》，介绍开发系统软件（操作系统）所需了解的深入内容，相当于 IA 手册的卷 3；C 篇名为《调试架构》，介绍调试有关的机制；D 篇为附录。

〖 2.10　本章小结 〗

很多软件工程师对硬件了解得太少，甚至不愿意去学习硬件知识，事实上，了解必要的硬件知识对理解软件经常会起到事半功倍的效果，扎实的硬件基础对于软件工程师来说也是非常重要的。

本章首先介绍了指令集和指令的执行过程（见 2.1 节），而后介绍了 IA-32 处理器的发展历程和主要功能（见 2.2 节）。2.3 节介绍了 CPU 的操作模式和每种操作模式的基本特征和用途。2.4 节介绍了 IA-32 CPU 的寄存器。2.5 节介绍了保护模式的内涵和主要保护机制。2.6 节和 2.7 节详细介绍了保护模式下的内存管理机制。2.8 节介绍了个人计算机系统的基本架构。2.9 节概述了 ARM 架构的基础知识。

虽然本章的部分内容与软件调试没有直接的关系，但是这些内容对于理解计算机系统的底层原理和进行系统级调试有着重要意义，是成为软件调试高手必须掌握的基础内容。下一章将介绍 CPU 的中断和异常机制。

〖 参考资料 〗

[1] Jack Doweck. Inside Intel Core™ Microarchitecture and Smart Memory Access: An In-Depth Look at Intel Innovations for Accelerating Execution of Memory-Related Instructions. Intel Corporation, 2006.

[2] 毛德操, 胡希明. 嵌入式系统——采用公开源码和 StrongARM/Xscale 处理器[M]. 杭州: 浙江大学出版社, 2003.

[3] IA-32 Intel Architecture Software Developer's Manual Volume 1. Intel Corporation.

[4] IA-32 Intel Architecture Software Developer's Manual Volume 2A. Intel Corporation.

[5] IA-32 Intel Architecture Software Developer's Manual Volume 2B. Intel Corporation.

[6] IA-32 Intel Architecture Software Developer's Manual Volume 3. Intel Corporation.

[7] INTEL 80386 PROGRAMMER'S REFERENCE MANUAL. Intel Corporation.

[8] Tom Shanley. The Unabridged Pentium 4: IA-32 Processor Genealogy[M]. Boston: Addison Wesley, 2004.

[9] P6 Family of Processors: Hardware Developer's Manual. Intel Corporation.

[10] Intel Sandy Bridge Review. bit-tech 网站.

[11] Intel's Haswell CPU Microarchitecture. realworldtech 网站.

[12] ARM Architecture Reference Manual: ARMv7-A and ARMv7-R edition (Chapter B3 Virtual Memory System Architecture (VMSA)) (B3-1307). ARM Holdings.

[13] A Tour of the P6 Microarchitecture. Intel Corporation.

第 3 章

中断和异常

当形容一个人固执不知变通时，人们会说他"死心眼，顺着一条路跑到天黑"，用这句话来描述 CPU 也非常恰当。因为无论把 CPU 的指令指针（IP）指向哪个内存地址，它都会试图执行那里的指令，执行完一条，再取下一条执行，如此往复。为了让 CPU 能够暂时停下当前的任务，转去处理突发事件或其他需要处理的任务，人们设计了中断（interrupt）和异常（exception）机制。

在计算机系统中，包括任务切换、时间更新、软件调试在内的很多功能都是依靠中断和异常机制实现的。毫不夸张地说，中断和异常是计算机原理中最重要的概念之一，充分理解中断和异常是理解 CPU 和系统软件的关键。

本章先介绍 x86 架构的中断和异常（见 3.1～3.5 节），然后再扩展到 ARM 架构（见 3.6 节）。

老雷评点

中断机制的出现是计算机历史上的一个重要里程碑，有了中断后，才有了以处理中断为核心任务的系统软件，才有了专门为系统软件开辟的内核空间，进而才确立了软件世界之二分格局。

『 3.1 概念和差异 』

本节将先介绍中断和异常的概念，帮助读者了解其基本特征，然后比较它们之间有什么不同。

3.1.1 中断

中断通常是由 CPU 外部的输入输出设备（硬件）所触发的，供外部设备通知 CPU "有事情需要处理"，因此又称为中断请求（interrupt request）。中断请求的目的是希望 CPU 暂时停止执行当前正在执行的程序，转去执行中断请求所对应的中断处理例程（Interrupt Service Routine，ISR）。

考虑到有些任务是不可打断的，为了防止 CPU 这时也被打扰，可以通过执行 CLI 指令清除标志寄存器的 IF 位，以使 CPU 暂时"不受打扰"。但有个例外，这样做只能使 CPU 不受可屏蔽中断的打扰，一旦有不可屏蔽中断（Non-Maskable Interrupt，NMI）发生时，CPU 仍要立即转去处理。不过因为 NMI 中断通常很少发生，而且不可打断代码通常也比较短，所以大多数情况下还是不存在问题的。可屏蔽中断请求信号通常是通过 CPU 的 INTR 引脚发给 CPU 的，不可屏蔽中断信号通常是通过 NMI 引脚发给 CPU 的。

中断机制为 CPU 和外部设备间的通信提供了一种高效的方法，有了中断机制，CPU 就可以不用去频繁地查询外部设备的状态了，因为当外部设备有"事"需要 CPU 处理时，它可以发出中断请求通知 CPU。但是如果有太多的设备都向 CPU 发送请求，那么也会导致 CPU 频繁地在各个中断处理例程间"奔波"，从而影响正常程序的执行。这好比我们通常只把手机号码公开给熟悉的人，不然就可能会被频繁的来电"中断"正常的工作。从这个意义上讲，中断是计算机系统中非常宝贵的资源。如果为某个设备分配了中断资源，那么便赋予了它随时打断 CPU 的权力。

在硬件级，中断是由一块专门芯片来管理的，通常称之为中断控制器（Interrupt Controller）。它负责分配中断资源和管理各个中断源发出的中断请求。为了便于标识各个中断请求，中断管理器通常用 IRQ（Interrupt ReQuest）后面加上数字来表示不同路（line）的中断请求信号，比如 IRQ0、IRQ1 等。根据从最初的个人计算机（IBM PC）系统传承下来的约定，IRQ0 通常是分配给系统时钟的，IRQ1 通常是分配给键盘的，IRQ3 和 IRQ4 通常是分配给串口 1 和串口 2 的，IRQ6 通常是分配给软盘驱动器的。

图 3-1 所示的是作者使用的系统中各个中断请求号的分配情况。从中可以看出，IRQ0、IRQ1、IRQ4 和 IRQ6 的用途仍然与最初 PC 系统的用途是一致的。IRQ9 则是由很多个设备所共享的，这是因为 PCI 总线标准支持多个 PCI 设备共用一个中断请求信号。

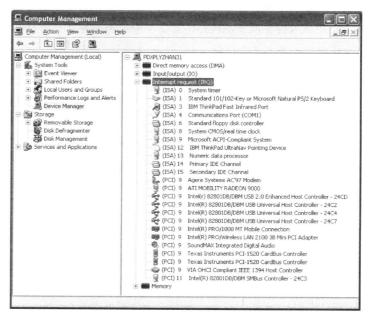

图 3-1　中断请求（IRQ）号的分配情况

3.1.2 异常

与中断不同，异常通常是 CPU 在执行指令时因为检测到预先定义的某个（或多个）条件而产生的同步事件。

异常的来源有 3 种。第一种来源是程序错误，即当 CPU 在执行程序指令时遇到操作数有错误或检测到指令规范中定义的非法情况。前者的一个典型例子是执行除法指令时遇到除数为零，后者的典型例子包括在用户模式下执行特权指令等。第二种来源是某些特殊指令，这些指令的预期行为就是产生相应的异常，比如 INT 3 指令的目的就是产生一个断点异常，让 CPU 中断（break）进调试器。换句话说，这个异常是"故意"产生的，是预料内的。这样的指令还有 INTO、INT n和 BOUND。第三种来源是奔腾 CPU 引入的机器检查异常（Machine Check Exception），即当 CPU执行指令期间检测到 CPU 内部或外部的硬件错误，详细内容参见第 6 章。

3.1.3 比较

至此，我们可以归纳出中断和异常的根本差异是：异常来自于 CPU 本身，是 CPU 主动产生的；而中断来自于外部设备，是中断源发起的，CPU 是被动的。

对于机器检查异常，虽然有时是因为外部设备通过设置 CPU 的特殊管脚（BUSCHK#或BINIT#和 MCERR#）触发的，但是从产生角度来看，仍然是 CPU 检测到管脚信号然后产生异常的，所以机器检查异常仍然是在 CPU 内部产生的。

在很多文献和书籍中，尤其是在早期的资料中，把由 INT n 指令产生的异常称为软件中断（software interrupt），把来自外部硬件的中断（包括可屏蔽中断和不可屏蔽中断）称为外部中断。尽管今天仍然有很多地方使用这种说法，但是大家应该意识到，严格来说，INT n 导致的软件中断不是中断而是异常。因为 INT n 指令的行为更符合异常的特征——产生于 CPU 内部，来源是正在执行的指令本身。在本书中，如不加特殊说明，中断就是指来自 CPU 外部的硬件中断。

『 3.2 异常的分类 』

根据 CPU 报告异常的方式和导致异常的指令是否可以安全地重新执行，IA-32 CPU 把异常分为 3 类：错误（fault）、陷阱（trap）和中止（abort）。

3.2.1 错误类异常

导致错误类异常的情况通常可以被纠正，而且一旦纠正后，程序可以无损失地恢复执行。此类异常的一个最常见例子就是第 2 章提到的缺页异常。缺页异常是虚拟内存机制的重要基础，有时也称为页错误异常或者缺页错误。为了节约物理内存空间，操作系统会把某些暂时不用的内存以页为单位交换到外部存储器（通常是硬盘）上。当有程序访问到这些不在物理内存中的页所对应的内存地址时，CPU 便会产生缺页异常，并转去执行该异常的处理程序，后者会调用内存管理器的函数把对应的内存页交换回物理内存，然后再让 CPU 返回到导致该异常的那条指令处恢复执行。当第二次执行刚才导致异常的指令时，对应的内存页已经在物理内存中（错误情况被纠正），因此就不会再产生缺页异常了。

在 Windows 这样的操作系统中，缺页异常每秒钟都发生很多次。在 Windows 系统中按 Ctrl + Shift + Esc 组合键，打开任务管理器，显示出 PF Delta 列（选择 View→Select Columns），便可以观察缺页异常的发生情况。PF Delta 值的含义是两次更新间的新增次数，默认每秒钟更新一次。图 3-2 是作者在分析淘宝客户端软件（AliPay）时做的一个截图，图中是按 Page Faults 列排序的，该列代表的是对应进程中缺页异常的累计发生次数，位列前三名的分别是 AlipaySecSvc、AlipayBsm 和 TaobaoProtect，全都是 AliPay 软件的成员。

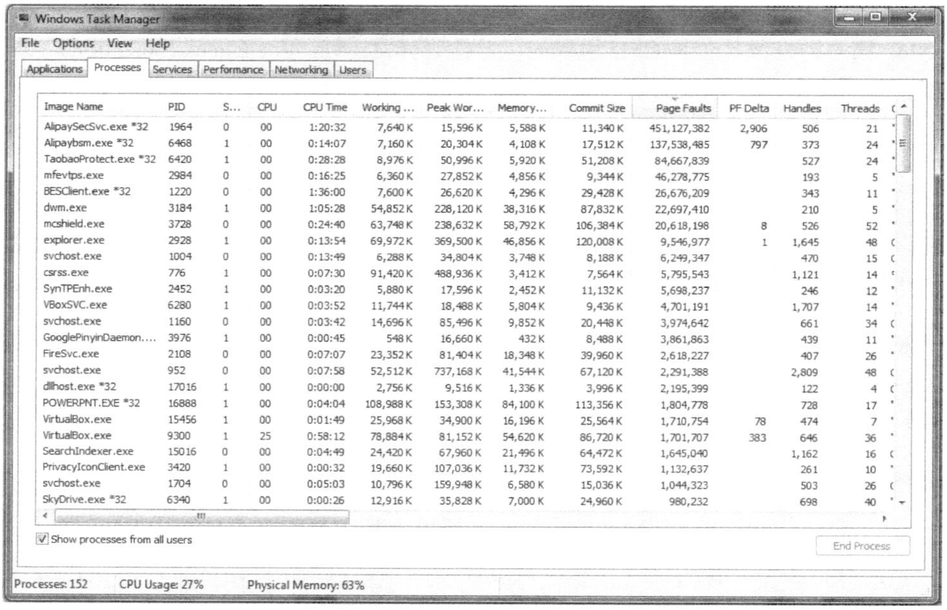

Image Name	PID	S...	CPU	CPU Time	Working ...	Peak Wor...	Memory...	Commit Size	Page Faults	PF Delta	Handles	Threads
AlipaySecSvc.exe *32	1964	0	00	1:20:32	7,640 K	15,596 K	5,588 K	11,340 K	451,127,382	2,906	506	21
Alipaybsm.exe *32	6468	1	00	0:14:07	7,160 K	20,304 K	4,108 K	17,512 K	137,538,485	797	373	24
TaobaoProtect.exe *32	6420	1	00	0:28:28	8,976 K	50,996 K	5,920 K	51,208 K	84,667,839		527	24
mfevtps.exe	2984	0	00	0:16:25	6,360 K	27,852 K	4,856 K	9,344 K	46,278,775		193	5
BESClient.exe *32	1220	0	00	1:36:00	7,600 K	26,620 K	4,296 K	29,428 K	26,676,209		343	11
dwm.exe	3184	1	00	1:05:28	54,852 K	228,120 K	38,316 K	87,832 K	22,697,410		210	5
mcshield.exe	3728	0	00	0:24:40	63,748 K	238,632 K	58,792 K	106,384 K	20,618,198	8	526	52
explorer.exe	2928	1	00	0:13:54	69,972 K	369,500 K	46,856 K	120,008 K	9,546,977	1	1,645	48
svchost.exe	1004	0	00	0:13:49	6,288 K	34,804 K	3,748 K	8,188 K	6,249,347		470	15
csrss.exe	776	1	00	0:07:30	91,420 K	488,936 K	3,412 K	7,564 K	5,795,543		1,121	14
SynTPEnh.exe	2452	1	00	0:03:20	5,880 K	17,596 K	2,452 K	11,132 K	5,698,237		246	12
VBoxSVC.exe	6280	1	00	0:03:52	11,744 K	18,488 K	5,804 K	9,436 K	4,701,191		1,707	14
svchost.exe	1160	0	00	0:03:42	14,696 K	85,496 K	9,852 K	20,448 K	3,974,642		661	34
GooglePinyinDaemon....	3976	1	00	0:00:45	548 K	16,660 K	432 K	8,488 K	3,861,863		439	11
FireSvc.exe	2108	0	00	0:07:07	23,352 K	81,404 K	18,348 K	39,960 K	2,618,227		407	26
svchost.exe	952	0	00	0:07:58	52,512 K	737,168 K	41,544 K	67,120 K	2,291,388		2,809	48
dllhost.exe *32	17016	1	00	0:00:00	2,756 K	9,516 K	1,336 K	3,996 K	2,195,399		122	4
POWERPNT.EXE *32	16888	1	00	0:04:04	108,988 K	153,308 K	84,100 K	113,356 K	1,804,778		728	17
VirtualBox.exe	15456	1	00	0:01:49	25,968 K	34,900 K	16,196 K	25,564 K	1,710,754	78	474	7
VirtualBox.exe	9300	1	25	0:58:12	78,884 K	81,152 K	54,620 K	86,720 K	1,701,707	383	646	36
SearchIndexer.exe	15016	0	00	0:04:49	24,420 K	67,960 K	21,496 K	64,472 K	1,645,040		1,162	16
PrivacyIconClient.exe	3420	1	00	0:00:32	19,660 K	107,036 K	11,732 K	73,592 K	1,132,637		261	10
svchost.exe	1704	0	00	0:05:03	10,796 K	159,948 K	6,580 K	15,036 K	1,044,323		503	26
SkyDrive.exe *32	6340	1	00	0:00:26	12,916 K	35,828 K	7,000 K	24,960 K	980,232		698	40

图 3-2 观察缺页异常的发生情况

因为处理每次 Page Faults 时要执行比较复杂的逻辑，所以高的 Page Faults 也常常意味着比较高的 CPU 使用率。在图 3-2 中，AlipaySecSvc 进程使用的 CPU 总时间高达 1 小时 20 分 32 秒。

当 CPU 报告错误类异常时，CPU 将其状态恢复成导致该异常的指令被执行之前的状态。而且在 CPU 转去执行异常处理程序前，在栈中保存的 CS 和 EIP 指针是指向导致异常的这条指令的（而不是下一条指令）。因此，当异常处理程序返回继续执行时，CPU 接下来执行的第一条指令仍然是刚才导致异常的那条指令。所以，如果导致异常的情况还没有被消除，那么 CPU 会再次产生异常。

3.2.2 陷阱类异常

下面再来看陷阱类异常。与错误类异常不同，当 CPU 报告陷阱类异常时，导致该异常的指令已经执行完毕，压入栈的 CS 和 EIP 值（即异常处理程序的返回地址）是导致该异常的指令执行后紧接着要执行的下一条指令。值得说明的是，下一条指令并不一定是与导致异常的指令相邻的下一条。如果导致异常的指令是跳转指令或函数调用指令，那么下一条指令可能是内存地址不相邻的另一条指令。

导致陷阱类异常的情况通常也是可以无损失地恢复执行的。比如 INT 3 指令导致的断点异常就属于陷阱类异常，该异常会使 CPU 中断到调试器（见 4.1 节），从调试器返回后，被调试器程序可以继续执行。

3.2.3 中止类异常

中止类异常主要用来报告严重的错误，比如硬件错误和系统表中包含非法值或不一致的状态等。这类异常不允许恢复继续执行。原因有二：首先，当这类异常发生时，CPU 并不总能保证报告的导致异常的指令地址是精确的。其次，出于安全性的考虑，这类异常可能是由于导致该异常的程序执行非法操作导致的，因此就应该强迫其中止退出。表 3-1 列出了 3 类异常的关键特征。

表 3-1 异常分类

分类	报告时间	保存的 CS 和 EIP 指针	可恢复性
错误（fault）	开始执行导致异常的指令时	导致异常的那条指令	可以恢复执行（参见下文）
陷阱（trap）	执行完导致异常的指令时	导致异常的那条指令的下一条指令	可以恢复执行
中止（abort）	不确定	不确定	不可以

需要说明的是，某些情况的错误类异常是不可恢复的。比如，如果执行 POPAD（Pop All General-Purpose Registers Doublewords）指令时栈指针（ESP）超出了栈所在段的边界，那么 CPU 会报告栈错误异常。对于这种情况，尽管异常处理例程所看到的 CS 和 EIP 指针仍然被恢复成好像 POPAD 指令没有被执行过那样，但是处理器内部的状态已经变化了，某些通用寄存器的值可能已经被改变了。这种情况大多是由于程序使用堆栈不当所造成的，比如压栈和弹出操作不匹配，所以操作系统应该将此类异常当作程序错误来处理，终止导致这类异常的程序。

3.3 异常例析

本节将介绍 IA-32 CPU 已经定义的所有异常及异常的错误码，并通过一个小程序来演示除零异常。

3.3.1 列表

在系统中，每个中断或异常都被赋予一个整数 ID——称为向量号（Vector No.）。系统（CPU 和操作系统等软件）通过向量号来识别该中断或异常。IA-32 架构规定 0～31 号向量供 CPU 设计者（英特尔等设计 x86 处理器的公司）使用，32～255 号向量（224 个）供操作系统和计算机系统生产厂商（OEM 等）或其他软硬件开发商使用（见第 11 章）。表 3-2 归纳了 PC 系统中常见的中断和异常。

表 3-2　中断和异常列表

向量号	助记符	类型	描　　述	来　　源
0	#DE	错误	除零错误	DIV 和 IDIV 指令
1	#DB	错误/陷阱	调试异常，用于软件调试	任何代码或数据引用
2		中断	NMI 中断	不可屏蔽的外部中断
3	#BP	陷阱	断点	INT 3 指令
4	#OF	陷阱	溢出	INTO 指令
5	#BR	错误	数组越界	BOUND 指令
6	#UD	错误	无效指令（没有定义的指令）	UD2 指令（奔腾 Pro CPU 引入此指令）或任何保留的指令
7	#NM	错误	数学协处理器不存在或不可用	浮点或 WAIT/FWAIT 指令
8	#DF	中止	双重错误（Double Fault）	任何可能产生异常的指令、不可屏蔽中断或可屏蔽中断
9	#MF	错误	向协处理器传送操作数时检测到页错误（Page Faults）或段不存在，自从 486 把数学协处理器集成到 CPU 内部后，本异常便保留不用	浮点指令
10	#TS	错误	无效 TSS	任务切换或访问 TSS
11	#NP	错误	段不存在	加载段寄存器或访问系统段
12	#SS	错误	栈段错误	栈操作或加载 SS 寄存器
13	#GP	错误	通用保护（GP）异常，如果一个操作违反了保护模式下的规定，而且该情况不属于其他异常，则 CPU 便产生通用保护异常，很多时候也被翻译为一般保护异常	任何内存引用和保护性检查
14	#PF	错误	页错误	任何内存引用
15	保留			
16	#MF	错误	浮点错误	浮点或 WAIT/FWAIT 指令
17	#AC	错误	对齐检查	对内存中数据的引用（486CPU 引入）
18	#MC	中止	机器检查（Machine Check）	错误代码和来源与型号有关（奔腾 CPU 引入）
19	#XF	错误	SIMD 浮点异常	SIMD 浮点指令（奔腾 III CPU 引入）
20～31	保留			
32～255	用户定义中断	中断	可屏蔽中断	来自 INTR 的外部中断或 INT n 指令

3.3.2　错误代码

CPU 在产生某些异常时，会向栈中压入一个 32 位的错误代码。其格式如图 3-3 所示。

图 3-3　异常的错误代码

其各个位域的含义如下。

- EXT（External Event）（位 0）：如果为 1，则表示外部事件导致该异常。

- IDT（Descriptor Location）（位 1）：描述符位置。如果为 1，表示错误码的段选择子索引部分指向的是 IDT 表中的门描述符；如果为 0，表示索引部分指向的是 LDT 或 GDT 中的描述符。

- TI（GDT/LDT）（位 2）：仅当 IDT 位为 0 时有效。如果该位为 1，表示索引部分指向的 LDT 中的段或门描述符；如果为 0，表示索引部分指向的 GDT 中的描述符。

- 段选择子索引域表示与该错误有关的描述符在 IDT、LDT 或 GDT 表中的索引。

缺页异常的错误码采用的格式与此不同。

3.3.3　示例

下面通过一个小程序来进一步理解错误类异常，如清单 3-1 所示。该示例使用了 Windows 操作系统的结构化异常机制，对其很陌生的读者可以卷 2 的第 11 章。

清单 3-1　演示错误类异常的 Fault 小程序

```
1    // 通过除零异常理解错误类异常的处理过程
2    // Raymond Zhang 2005 Dec.
3    #include <stdio.h>
4    #include <windows.h>

5
6    #define VAR_WATCH() printf("nDividend=%d, nDivisor=%d, nResult=%d.\n", \
7           nDividend,nDivisor,nResult)
8
9    int main(int argc, char* argv[])
10   {
11     int nDividend=22,nDivisor=0,nResult=100;
12
13     __try
14     {
15        printf("Before div in __try block:");
16        VAR_WATCH();
```

```
17
18          nResult=nDividend / nDivisor;
19
20          printf("After div in __try block: ");
21          VAR_WATCH();
22      }
23      __except(printf("In __except block: "),VAR_WATCH(),
24          GetExceptionCode()==EXCEPTION_INT_DIVIDE_BY_ZERO?
25          (nDivisor=1,
26            printf("Divide Zero exception detected: "), VAR_WATCH(),
27            EXCEPTION_CONTINUE_EXECUTION):
28          EXCEPTION_CONTINUE_SEARCH)
29      {
30          printf("In handler block.\n");
31      }
32      return getchar();
33  }
```

在以上小程序中，我们故意设计了一个除零操作，即第 18 行，该行对应的汇编指令如下：

```
18:             nResult=nDividend / nDivisor;
00401087 8B 45 E4            mov        eax,dword ptr [ebp-1Ch]
0040108A 99                  cdq
0040108B F7 7D E0            idiv       eax,dword ptr [ebp-20h]
0040108E 89 45 DC            mov        dword ptr [ebp-24h],eax
```

IA-32 手册中对 IDIV 指令内部操作的定义开始几行是：

```
IF SRC = 0
  THEN #DE; (* Divide error *)
FI;
……
```

也就是当 CPU 在执行 IDIV 指令时，首先会检查源操作数（除数）是否等于零，如果等于零，那么就产生除零异常。#DE 是除零异常的简短记号（见表 3-2）。

对于这个示例，当 CPU 执行到 0040108B 地址处的 IDIV 指令时，因为源操作数的值是零，所以 CPU 会检测到此情况，并报告除零异常。接下来 CPU 会把 EFLAGS 寄存器、CS 寄存器和 EIP 寄存器的内容压入栈保存起来，然后转去执行除零异常对应的异常处理程序（如何找到处理程序的细节将在 3.5 节中讨论）。异常处理程序在执行完一系列检查和预处理后（见 11.2 节和 11.3 节），会调用 __except 块的过滤表达式，并期望得到以下 3 个值之一。

- EXCEPTION_CONTINUE_SEARCH（0）：本保护块不处理该异常，请继续寻找其他的异常保护块。

- EXCEPTION_CONTINUE_EXECUTION（−1）：异常情况被消除，请回去继续执行。

- EXCEPTION_EXECUTE_HANDLER（1）：请执行本块中的处理代码。

过滤表达式可以包含函数调用或其他表达式，只要其最终结果是以上 3 个值中的一个。这个示例利用逗号运算符，在其中包含了一系列操作：第 23 行打印出位置信息和当时的各变量值；第 24 行到第 28 行通过条件运算符来判断发生的是何种异常，如果不是除零异常（异常代码不等于 EXCEPTION_INT_DIVIDE_BY_ZERO），那么就返回 EXCEPTION_CONTINUE_SEARCH，让异常处理程序继续搜索其他保护块，如果是除零异常，就执行第 25、26 和 27 行。第 25 行将除数改为 1（纠正错误情况），第 26 行打印出当前信息，然后第 27 行返回 EXCEPTION_CONTINUE_EXECUTION，让 CPU 回到导致该异常的指令位置继续执行。

执行这个小程序，得到的结果如下：

```
Before div in __try block:nDiviedend=22, nDivisor=0, nResult=100.
In __except block: nDiviedend=22, nDivisor=0, nResult=100.
Divide Zero exception detected: nDiviedend=22, nDivisor=1, nResult=100.
After div in __try block: nDiviedend=22, nDivisor=1, nResult=22.
```

容易看出，以上实际执行结果和我们的分析是一致的，异常情况被纠正后，程序又继续正常运行了。

3.4 中断/异常的优先级

CPU 在同一时间只可以执行一个程序，如果多个中断请求或异常情况同时发生，CPU 应该以什么样的顺序来处理呢？是按照优先级高低依次处理，先处理优先级最高的。截至本书写作之时，IA-32 架构定义了 10 个中断/异常优先级别，具体情况见表 3-3。

表 3-3 中断/异常的优先级别

优先级	描 述
1（最高）	硬件重启动和机器检查异常（Machine Check Exception）
2	任务切换陷阱（见 4.3 节）
3	外部硬件（例如芯片组）通过 CPU 引脚发给 CPU 的特别干预（interventions）。 ● #FLUSH：强制 CPU 刷新高速缓存 ● #STPCLK（Stop Clock）：使 CPU 进入低功耗的 Stop-Grant 状态 ● #SMI（System Management Interrupt）：切换到系统管理模式（SMM） ● #INIT：热重启动（soft reset）
4	上一指令导致的陷阱： ● 执行 INT 3（断点指令）导致的断点 ● 调试陷阱，包括单步执行异常（EFlags[TF]=1）和利用调试寄存器设置的数据或输入输出断点（见 4.2 节）
5	不可屏蔽（外部硬件）中断（NMI）
6	可屏蔽的（外部硬件）中断
7	代码断点错误异常，即从内存取指令时检测到与调试寄存器中的断点地址相匹配，也就是利用调试寄存器设置的代码断点
8	取下一条指令时检测到的错误： ● 违反代码段长度限制 ● 代码内存页错误（即代码属性的内存页导致页错误）

优先级	描　　述
9	解码下一指令时检测到的错误： ● 指令长度大于 15 字节（包括前缀） ● 非法操作码 ● 协处理器不可用
10（最低）	执行指令时检测到的错误： ● 溢出，当 EFlags[OF]=1 时执行 INTO 指令 ● 执行 BOUND 指令时检测到边界错误 ● 无效的 TSS（任务状态段） ● 段不存在 ● 栈异常 ● 一般保护异常 ● 数据页错误 ● 对齐检查异常 ● x87 FPU 异常 ● SIMD 浮点异常

IA-32 架构保证表 3-3 中各优先级别的定义对于所有 IA-32 处理器都是一致的，但是同一级别中的各种情况的优先级可能与 CPU 型号有关。

3.5　中断/异常处理

尽管中断和异常从产生的根源来看有着本质的区别，但是系统（CPU 和操作系统）是用统一的方式来响应和管理它们的。本节先简要介绍实模式下的中断和异常处理，然后详细介绍保护模式的情况，最后再扩展到 64 位（IA-32e 模式）。

3.5.1　实模式

在 x86 处理器的实地址模式下，中断和异常处理的核心数据结构是一张名为中断向量表（Interrupt Vector Table，IVT）的线性表。它的位置固定在物理地址 0～1023，1KB 大小。

每个 IVT 表项的长度是 4 个字节，共有 256 个表项，与 x86 CPU 的 256 个中断向量一一对应。再进一步，每个 IVT 表项的 4 个字节分为两个部分：高两个字节为中断例程的段地址；低两个字节为中断例程的偏移地址。因为是在实模式下，所以段地址左移 4 位再加上偏移地址便可以得到 20 位的中断例程物理地址。

当中断或者异常发生时，CPU 会按照以下步骤来响应中断和异常。

① 将代码段寄存器 CS 和指令指针寄存器（EIP）的低 16 位压入堆栈。

② 将标志寄存器 EFLAGS 的低 16 位压入堆栈。

③ 清除标志寄存器的 IF 标志，以禁止其他中断。

④ 清除标志寄存器的 TF（Trap Flag）、RF（Resume Flag）和 AC（Alignment Check）标志。

⑤ 使用向量号 n 作为索引，在 IVT 中找到对应的表项（n*4+IVT 表基地址）。

将表项中的段地址和偏移地址分别装入 CS 和 EIP 寄存器中，并开始执行对应的代码。

中断例程总是以 IRET 指令结束。IRET 指令会从堆栈中弹出前面保存的 CS、IP 和标志寄存器的值，于是便返回到了被中断的程序。

3.5.2　保护模式

保护模式下，中断和异常处理的核心数据结构是中断描述符表（Interrupt Descriptor Table，IDT）。IDT 的性质与 IVT 类似，但是格式和特征有很多不同。

首先，与 IVT 的位置固定不同，IDT 的位置是变化的。保护模式中，CPU 专门增加了一个名为 IDTR 寄存器来描述的 IDT 的位置和长度。IDTR 寄存器共有 48 位，高 32 位是 IDT 的基地址，低 16 位是 IDT 的长度（limit）。为了访问 IDTR 寄存器，还增加了两条专用的指令：LIDT 和 SIDT。LIDT（Load IDT）指令用于将操作数指定的基地址和长度加载到 IDTR 寄存器中，也就是改写 IDTR 寄存器的内容。SIDT（Store IDT）指令用于将 IDTR 寄存器的内容写到内存变量中，也就是将 IDTR 寄存器的内容写到内存中去。LIDT 和 SIDT 指令只能在实模式或保护模式的高特权级（Ring 0）下执行。这是为了防止 IDT 被低权限的用户态程序所破坏。在内核调试时，可以使用 r idtr 和 r idtl 命令观察 IDTR 寄存器的内容。

通常，系统软件（操作系统或 BIOS 固件）在系统初始化阶段就准备好中断处理例程和 IDT，然后把 IDT 的位置通过 IDTR（IDT Register）告诉 CPU。

在 Windows 操作系统中，IDT 的初始化过程大致是这样的。IDT 的最初建立和初始化工作是由 Windows 系统的加载程序（NTLDR 或 WinLoad）在实模式下完成的。在准备好一个内存块后，加载程序先执行 CLI 指令关闭中断处理，然后执行 LIDT 指令将 IDT 的位置和长度信息加载到 CPU 中，而后加载程序将 CPU 从实模式切换到保护模式，并将执行权移交给 NT 内核的入口函数 KiSystemStartup。接下来，内核中的处理器初始化函数会通过 SIDT 指令取得 IDT 的信息，对其进行必要的调整，然后以参数形式传递给 KiInitializePcr 函数，后者将其记录到描述处理器的基本数据区 PCR（Processor Control Region）和 PRCB（Processor Control Block）中。

以上介绍的过程都是发生在 0 号处理器中的，也就是所谓的 Bootstrap Processor，简称为 BSP。因为即使是多 CPU 的系统，在把 NTLDR 或 WinLoad 及执行权移交给内核的阶段都只有 BSP 在运行。在 BSP 完成了内核初始化和执行体的阶段 0 初始化后，在阶段 1 初始化时，BSP 才会执行 KeStartAllProcessors 函数来初始化其他 CPU，称为 AP（Application Processor）。对于每个 AP，KeStartAllProcessors 函数会为其建立一个单独的处理器状态区，包括它的 IDT，然后调用 KiInitProcessor 函数，后者会根据启动 CPU 的 IDT 为要初始化的 AP 复制一份，并做必要的修改。

在内核调试会话中，可以使用!pcr命令观察CPU的PCR内容，清单3-2显示了Windows Vista系统中 0 号 CPU 的 PCR 内容。

清单 3-2　观察处理器的控制区（PCR）

```
        kd> !pcr
KPCR for Processor 0 at 81969a00:        // KPCR 结构的线性内存地址
    Major 1 Minor 1                      // KPCR 结构的主版本号和子版本号
    NtTib.ExceptionList: 9f1d9644        // 异常处理注册链表
[…]                                      // 省略数行关于 NTTIB 的信息
            SelfPcr: 81969a00            // 本结构的起始地址
               Prcb: 81969b20            // KPRCB 结构的地址
               Irql: 0000001f            // CPU 的中断请求级别（IRQL）
                IRR: 00000000            //
                IDR: ffff20f0            //
      InterruptMode: 00000000            //
                IDT: 834da400            // IDT 的基地址
                GDT: 834da000            // GDT 的基地址
                TSS: 8013e000            // 任务状态段（TSS）的地址

      CurrentThread: 84af6270            // 当前在执行的线程，ETHREAD 地址
         NextThread: 00000000            // 下一个准备执行的线程
         IdleThread: 8196cdc0            // IDLE 线程的 ETHREAD 结构地址
```

内核数据结构 KPCR 描述了 PCR 内存区的布局，因此也可以使用 dt 命令来观察 PCR，例如 kd> dt nt!_KPCR 81969a00。

虽然理论上 IDT 的长度是可变化的，但通常都将其设计为可以容纳 256 个表项的固定长度。在 32 位模式下，每个 IDT 表项的长度是 8 个字节，IDT 的总长度是 2048 字节（2KB）。

IDT 的每个表项是一个所谓的门描述符（Gate Descriptor）结构。之所以这样称呼，是因为 IDT 表项的基本用途就是引领 CPU 从一个空间到另一个空间去执行，每个表项好像是一个从一个空间进入到另一个空间的大门（Gate）。在穿越这扇门时 CPU 会做必要的安全检查和准备工作。

IDT 可以包含以下 3 种门描述符。

- 任务门（task-gate）描述符：用于任务切换，里面包含用于选择任务状态段（TSS）的段选择子。可以使用 JMP 或 CALL 指令通过任务门来切换到任务门所指向的任务，当 CPU 因为中断或异常转移到任务门时，也会切换到指定的任务。

- 中断门（interrupt-gate）描述符：用于描述中断处理例程的入口。

- 陷阱门（trap-gate）描述符：用于描述异常处理例程的入口。

图 3-4 描述了以上 3 种门描述的内容布局。

从图 3-4 中可以看出，3 种描述符的格式非常相似，有很多共同的字段。其中 DPL 代表描述符优先级（Descriptor Previlege Level），用于优先级控制，P 是段存在标志。段选择子用于选择一个段描述符（位于 LDT 或 GDT 中，选择子的格式参见 2.6.3 节），偏移部分用来指定段中的偏移，二者共同定义一个准确的内存位置，对于中断门和陷阱门，它们指定的就是中断或异

常处理例程的地址，对于任务门，它们指定的就是任务状态段的内存地址。

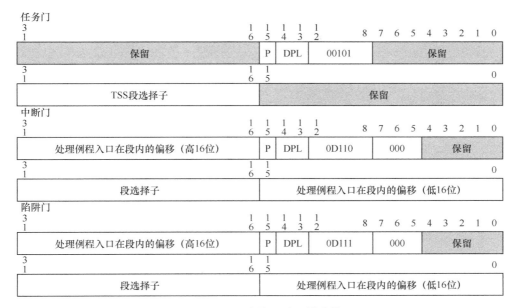

图 3-4　IDT 中的 3 种门描述符

系统通过门描述符的类型字段，即高 4 字节的 8～12 位（共 5 位），来区分一个描述符的种类。例如任务门的类型是 0y00101（y 代表二进制数），中断门的类型是 0y0D110，其中 D 位用来表示描述的是 16 位门（0）还是 32 位门（1），陷阱门的类型是 0y0D111。

有了以上基础后，下面我们看看当有中断或异常发生时，CPU 是如何通过 IDT 寻找和执行处理函数的。首先，CPU 会根据其向量号码和 IDTR 寄存器中的 IDT 基地址信息找到对应的门描述符。然后判断门描述符的类型，如果是任务描述符，那么 CPU 会执行硬件方式的任务切换，切换到这个描述符所定义的线程，如果是陷阱描述符或中断描述符，那么 CPU 会在当前任务上下文中调用描述符所描述的处理例程。下面分别加以讨论。

我们先来看任务门的情况。简单来说，任务门描述的是一个 TSS 段，CPU 要做的是切换到这个 TSS 段所代表的线程，然后开始执行这个线程。TSS 段是用来保存任务信息的一段内存区，其格式是 CPU 所定义的。图 3-5 给出了 IA-32 CPU 的 TSS 段格式。从中我们看到 TSS 段中包含了一个任务的关键上下文信息，如段寄存器、通用寄存器和控制寄存器，其中特别值得注意的是靠下方的 SS0～SS2 和 ESP0～ESP2 字段，它们记录着一项任务在不同优先级执行时所应使用的栈，SSx 用来选择栈所在的段，ESPx 是栈指针值。

CPU 在通过任务门的段选择子找到 TSS 段描述符后，会执行一系列的检查动作，比如确保 TSS 段描述符中的存在标志是 1，边界值应该大于 0x67，B（Busy）标志不为 1 等。所有检查都通过后，CPU 会将当前任务的状态保存到当前任务的 TSS 段中，然后把 TSS 段描述符中的 B 标志设置为 1。接下来，CPU 要把新任务的段选择子（与门描述符中的段选择子等值）加载到 TR 寄存器，然后把新任务的寄存器信息加载到物理寄存器中。最后，CPU 开始执行新的任务。

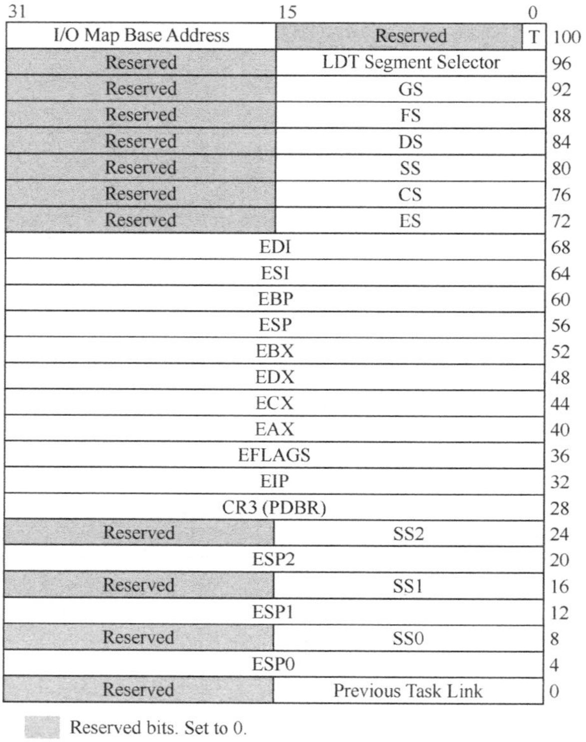

31	15	0	
I/O Map Base Address	Reserved	T	100
Reserved	LDT Segment Selector		96
Reserved	GS		92
Reserved	FS		88
Reserved	DS		84
Reserved	SS		80
Reserved	CS		76
Reserved	ES		72
EDI			68
ESI			64
EBP			60
ESP			56
EBX			52
EDX			48
ECX			44
EAX			40
EFLAGS			36
EIP			32
CR3 (PDBR)			28
Reserved	SS2		24
ESP2			20
Reserved	SS1		16
ESP1			12
Reserved	SS0		8
ESP0			4
Reserved	Previous Task Link		0

▨ Reserved bits. Set to 0.

图 3-5　32 位的任务状态段（TSS）

下面通过一个小实验来加深大家的理解。首先，在一个调试 Windows Vista 的内核调试会话中，通过 r idtr 命令得到系统 IDT 表的基地址：

```
kd> r idtr
idtr=834da400
```

因为双误异常（Double Fault，#DF）通常是用任务门来处理的，所以我们观察这个异常对应的 IDT 表项，因为#DF 异常的向量号是 8，每个 IDT 表项的长度是 8，所以我们可以使用如下命令显示出 8 号 IDT 表项的内容：

```
kd> db 834da400+8*8 18
834da440   00 00 50 00 00 85 00 00                          ..P.....
```

其中第 2 和第 3 两个字节（0 数起，下同）组成的 WORD 是段选择子，即 0x0050。第 5 个字节（0x85）是 P 标志（为 1）、DPL（0b00）和类型（0b00101）。

接下来使用 dg 命令显示段选择子所指向的段描述符：

```
kd> dg 50
                                      P  Si Gr Pr Lo
Sel    Base     Limit      Type      l  ze an es ng  Flags
----  --------  --------  ----------  - -- -- -- --  -----------
0050  81967000  00000068  TSS32 Avl   0  Nb By P  Nl  00000089
```

也就是说，TSS 段的基地址是 0x81967000，长度是 0x68 个字节（Gran 位指示 By 即 Byte）。Type 字段显示这个段的类型是 32 位的 TSS 段（TSS32），它的状态为可用（Available），并非 Busy。

至此，我们知道了#DF 异常对应的门描述符所指向的 TSS 段，是位于内存地址 0x81967000

开始的 0x68 个字节。使用内存观察命令便可以显示这个 TSS 的内容了，见清单 3-3。

清单 3-3 观察#DF 门描述符所指向的 TSS 段

```
    kd> dd 81967000
81967000  00000000 81964000 00000010 00000000
81967010  00000000 00000000 00000000 00122000
81967020  8193f0a0 00000000 00000000 00000000
81967030  00000000 00000000 81964000 00000000
81967040  00000000 00000000 00000023 00000008
81967050  00000010 00000023 00000030 00000000
81967060  00000000 20ac0000 00000000 81964000
81967070  00000010 00000000 00000000 00000000
```

参考清单 3-3，从上至下，81964000 是在优先级 0 执行时的栈指针，00000010 是优先级 0 执行时的栈选择子，00122000 是这个任务的页目录基地址寄存器（PDBR，即 CR3）的值，8193f0a0 是程序指针寄存器（EIP）的值，当 CPU 切换到这个任务时便是从这里开始执行的。接下来，依次是标志寄存器（EFLAGS）和通用寄存器的值。偏移 0x48 处的 0x23 是 ES 寄存器的值，相邻的 00000008 是 CS 寄存器的值，即这个任务的代码段的选择子。而后是 SS 寄存器的值，即栈段的选择子，再往后是 DS、FS 和 GS 寄存器的值（0x23、0x30 和 0）。偏移 0x64 处的 20ac0000 是 TSS 的最后 4 个字节，它的最低位是 T 标志（0），即我们在第 4 章介绍过的 TSS 段中的陷阱标志。高 16 字节是用来定位 IO 映射区基地址的偏移地址，它是相对于 TSS 的基地址的。

使用 ln（list nearest）命令搜索与 EIP 值接近的符号，结果就是内核函数 KiTrap08：

```
kd> ln 8193f0a0
(8193f0a0)   nt!KiTrap08    |   (8193f118)    nt!Dr_kit9_a
Exact matches:
    nt!KiTrap08 = <no type information>
```

也就是说，当有#DF 异常发生时，CPU 便会切换到以上 TSS 所描述的线程，然后在这个线程环境中执行 KiTrap08 函数。之所以要切换到一个新的线程，而不是像其他异常那样在原来的线程中处理，是因为#DF 异常指的是在处理一个异常时又发生了异常，这可能意味着本来的线程环境已经不可靠了，所以有必要切换到一个新的线程来执行。

类似地，代表紧急任务的不可屏蔽中断（NMI）以及代表严重硬件错误的机器检查异常（MCE）也是使用任务门机制来处理的。而除了这 3 个向量之外，其他大多数中断和异常都是利用中断门或陷阱门来处理的，下面我们看看这两种情况。

首先，CPU 会根据门描述符中的段选择子定位到段描述符，然后再进行一系列检查，如果检查通过后，CPU 就判断是否需要切换栈。如果目标代码段的特权级别比当前特权级别高（级别的数值小），那么 CPU 需要切换栈，其方法是从当前任务的任务状态段（TSS）中读取新堆栈的段选择子（SS）和堆栈指针（ESP），并将其加载到 SS 和 ESP 寄存器。然后，CPU 会把被中断过程（旧的）的堆栈段选择子（SS）和堆栈指针（ESP）压入新的堆栈。接下来，CPU 会执行如下两项操作。

- 把 EFLAGS、CS 和 EIP 的指针压入堆栈。CS 和 EIP 指针代表了转到处理例程前 CPU 正在执行代码的位置。

- 如果发生的是异常，而且该异常具有错误代码（见 3.3.2 节），那么把该错误代码也压入堆栈。

如果处理例程所在代码段的特权级别与当前特权级别相同，那么 CPU 便不需要进行堆栈切换，但仍要执行上面的两项操作。

TR 寄存器中存放着指向当前任务 TSS 段的段选择子，使用 WinDBG 可以观察 TSS 段的内容。

```
kd> r tr
tr=00000028
kd> dg 28
                                      P Si Gr Pr Lo
Sel     Base     Limit      Type      l ze an es ng Flags
----    --------  --------  ----------  - -- -- -- -- ---------
0028 8013e000 000020ab TSS32 Busy  0 Nb By P  Nl 0000008b
```

经常做内核调试的读者可能会发现，TR 寄存器的值大多时候是固定的，也就是说，并不随着应用程序的线程切换而变化。事实上，Windows 系统中的 TSS 个数并不是与系统中的线程个数相关的，而是与 CPU 个数相关的。在启动期间，Windows 会为每个 CPU 创建 3～4 个 TSS，一个用于处理 NMI，一个用于处理#DF 异常，一个处理机器检查异常（与版本有关，在 XP SP1 中存在），另一个供所有 Windows 线程所共享。当 Windows 切换线程时，它把当前线程的状态复制到共享的 TSS 中。也就是说，普通的线程切换并不会切换 TSS，只有当 NMI 或 #DF 异常发生时，才会切换 TSS，这就是所谓的以软件方式切换线程（任务）。

使用 WinDBG 的!idt 扩展命令可以列出 IDT 中的各个表项，不过该命令做了很多翻译，显示的不是门描述符的原始格式。

```
lkd> !idt -a
Dumping IDT:
00:     804dbe13 nt!KiTrap00      // 0 号异常，即除 0
01:     804dbf6b nt!KiTrap01
02:     Task Selector = 0x0058    // NMI 的任务门描述符，显示的是 TSS 段的段选择子
03:     804dc2bd nt!KiTrap03
```

表 3-4 列出了 Windows 8（32 位）的 IDT 设置，对于其他 Windows 版本或硬件配置不同的系统，某些表项可能有所不同，但大多数表项是一致的。

表 3-4　IDT 表设置一览（Windows 8 32 位）

向量号	门类型	处理例程/TSS 选择子	中断/异常	说　　明
00	中断	nt!KiTrap00	除零错误	
01	中断	nt!KiTrap01	调试异常	
02	任务	0x0058	不可屏蔽中断（NMI）	切换到系统线程处理该中断，使用的函数是 KiTrap02
03	中断	nt!KiTrap03	断点	
04	中断	nt!KiTrap04	溢出	
05	中断	nt!KiTrap05	数组越界	

续表

向量号	门类型	处理例程/TSS 选择子	中断/异常	说　明
06	中断	nt!KiTrap06	无效指令	
07	中断	nt!KiTrap07	数学协处理器不存在或不可用	
08	任务	0x0050	双误（Double Fault）	切换到系统线程处理该异常，执行 KiTrap08
09	中断	nt!KiTrap09	协处理器段溢出	
0a	中断	nt!KiTrap0A	无效的 TSS	
0b	中断	nt!KiTrap0B	段不存在	
0c	中断	nt!KiTrap0C	栈段错误	
0d	中断	nt!KiTrap0D	一般保护错误	
0e	中断	nt!KiTrap0E	页错误	
0f	中断	nt!KiTrap0F	保留	KiTrap0F 会引发 0x7F 号蓝屏
10	中断	nt!KiTrap10	浮点错误	
11	中断	nt!KiTrap11	内存对齐	
12	任务	0x00A0	机器检查	切换到新线程，执行 hal!HalpMcaExceptionHandlerWrapper
13	中断	nt!KiTrap13	SIMD 浮点错误	
14~1f	中断	nt!KiTrap0F	保留	KiTrap0F 会引发 0x7F 号蓝屏
20~29	00	NULL		（未使用）
2a	中断	nt!KiGetTickCount		
2b	中断	nt!KiCallbackReturn		从逆向调用返回（参见卷2）
2c	中断	nt!KiRaiseAssertion		断言
2d	中断	nt!KiDebugService		调试服务
2e	中断	nt!KiSystemService		系统服务
2f	中断	nt!KiTrap0F		
30	中断	hal!Halp8254ClockInterrupt	IRQ0	时钟中断
31~3F	中断	驱动程序通过 KINTERRUPT 结构注册的处理例程	IRQ1~IRQ15	其他硬件设备的中断
40~FD	中断	nt!KiUnexpectedInterruptX	N/A	没有使用

从表 3-4 可以看出，Windows 8 的 IDT 表只使用了两种类型的门描述符：任务门和中断门，并没有使用陷阱门。其实，中断门和陷阱门的行为非常类似，二者之间的差异只有一个，那就是对于中断门，CPU 在将标志寄存器（EFLAGS）的当前值压入栈保存后，在开始执行处理函数前，会自动清除标记寄存器的 IF 位，也就是屏蔽中断，而对于陷阱门，CPU 不会自动清除 IF 位。

在 Linux 系统中，IDT 的大多数表项使用的也是中断门描述符，但也使用了陷阱门。比如用于调用系统服务的 SYSCALL_VECTOR（常量 0x80）向量使用的就是陷阱门，有关的源代码如下：

```
// arch/x86/kernel/traps.c
   set_system_trap_gate(SYSCALL_VECTOR, &system_call);

// arch/x86/include/asm/irq_vectors.h
# define SYSCALL_VECTOR                0x80
```

在 Windows 的系统调用处理函数 KiSystemService 中，可以看到有一条启用中断位的 sti 指令，这是因为 CPU 经过中断门进入内核后，IF 位被自动清除了，考虑到系统调用的执行时间可能比较长，为了能及时响应中断，有必要再设置 IF 位。从这个角度来看，Linux 内核的系统调用向量使用陷阱门更好地利用了硬件的特征，更合理一些。奔腾 II 开始的 x86 CPU 都支持特殊的快速系统调用指令来做系统调用，我们将在卷 2 中详细讨论。

格物致知 ————————————————————————————

下面通过试验来观察 Linux 系统中的 IDT 表，您可以根据附录 D 中的提示建立好实验环境，然后按照以下提示做实验。

① 启动 Linux 虚拟机，单击桌面上的 Terminal 图标，打开一个控制台窗口。

② 执行如下命令启动 GDB：

```
# sudo gdb --core /proc/kcore
```

根据提示输入密码（见附录 D），成功后，gdb 会被启动，并开始本地内核调试（见第 9 章）。

③ 在 GDB 中执行如下命令，加载符号文件。

```
(gdb) symbol-file /usr/src/kernels/linux-2.6.35.9/vmlinux
```

④ Linux 内核使用全局数组 idt_table 作为 IDT 表，执行如下命令打印出这个表的起始地址。

```
(gdb) print /x &idt_table
```

执行成功后，GDB 会显示出类似下面这样的结果：

```
$6 = 0xc16ff000
```

其中的 $6 是伪变量名，后续的命令可以使用它来索引这个命令结果。等号后面的

0xc16ff000 便是 idt_table 变量的位置，其实也就是 IDT 的线性地址，记下这个地址。

⑤ 执行 print /x idt_table[0]打印出 IDT 表的第一个表项，其结果类似如下内容：

```
$10 = {{{a = 0x601cec, b = 0xc14b8e00}, {limit0 = 0x1cec, base0 = 0x60,
    base1 = 0x0, type = 0xe, s = 0x0, dpl = 0x0, p = 0x1, limit = 0xb,
    avl = 0x0, l = 0x0, d = 0x1, g = 0x0, base2 = 0xc1}}}
```

在 Linux 的源代码中，每个 IDT 表项被定义为一个 desc_struct 结构体，这个结构体的长度为 8 个字节，内部又是两个结构体的联合，第一个子结构体是两个 32 位整数 a 和 b，用于按 32 位来访问 IDT 表项的高 4 字节（b）和低 4 字节（a）。第二个子结构体是按照段描述符的位布局来定义的，适合描述第 2 章介绍的 GDT 中的段描述符，不适合描述 IDT 的门描述符。因此，我们观察这个结果时，可以根据图 3-4 理解其中的内容。比如，取 b 的高 16 位加上 a 的低 16 位便可以得到处理函数的地址，即 0xc14b1cec，然后可以使用 info symbol 命令寻找其对应的符号：

```
(gdb) i symbol 0xc14b1cec
divide_error in section .text
```

正好是除 0 异常的处理函数。

⑥ 也可以使用 x 命令直接观察 IDT 的数据，比如：

```
(gdb) x /2x &idt_table[0]
0xc16ff000:    0x00601cec    0xc14b8e00
```

⑦ 略微调整以上两步中的命令，便可以观察 IDT 中其他表项的值，比如以下命令可以观察用于系统调用的 80 号表项：

```
(gdb) x /2x &idt_table[0x80]
0xc16ff400:    0x00601720    0xc14bef00
(gdb) i symbol 0xc14b1720
system_call in section .text
```

注意，高 4 字节中的类型位为 0xf，代表使用的是陷阱门。

⑧ 读者可以继续观察更多的表项，或者执行 x /512x &idt_table[0]可以将整个 IDT 表的原始数据显示出来。观察结束后，执行 q 命令退出 GDB。

3.5.3 IA-32e 模式

在 IA-32e（64 位）模式下，IDT 仍然是处理中断异常的核心枢纽，但做了一些改动，主要表现在如下两个方面。

首先，每个 IDT 表项的长度扩展为 16 个字节，新增的两个 DWORD，高地址的保留未用，低地址的用于记录处理函数地址的高 32 位。因为每个表项的增大，IDT 表的总长度也随之增加到 4096 字节（4KB），刚好是一个普通内存页大小。

其次，因为 x64 架构不再支持硬件方式的任务切换，所以 IDT 中也不再有任务门。这便产生了一个问题，当某些异常发生时，当前线程的栈可能已经用完了，比如因为栈溢出而导致的双误异常便是如此。为了能够处理这样的情况，x64 架构引入了一种名为 IST 的机制，利用该机制，CPU 可以在处理异常时自动切换栈。

IST 是 Interrupt Stack Table 的缩写，也是一张线性表，位于 x64 的新格式 TSS 中。IST 每个表项的大小为 64 位（8 字节），其内容就是一个指向栈的数据指针。IST 的最大表项数为 7，索引号为 1～7。在 x64 的新格式门描述符中，有一个用于索引 IST 的位域，位于第二个 WORD 的 Bit 0～2，共 3 个比特，可以索引到 IST 中的任一个表项，索引 0 用来代表不需要切换栈，不指向任何有效的 IST 表项。在 32 位的门描述符中，IST 的对应位置是保留未用的。

图 3-6 所示的是调试 64 位 Windows 10 时执行!idt 命令得到的 IDT 表信息（局部，完整列表请见试验材料 src\chap03\idt_w10_64.txt），图中带有"Stack = ×××"的项使用了非 0 值的 IST 索引，指示 CPU 在发生这类中断或者异常时要先切换栈。

```
Dumping IDT: fffff800ba9f4070

fbca1c6700000000: fffff800b8dd7800  nt!KiDivideErrorFault
fbca1c6700000001: fffff800b8dd7900  nt!KiDebugTrapOrFault
fbca1c6700000002: fffff800b8dd7ac0  nt!KiNmiInterrupt    Stack = 0xFFFFF800BAA0F000
fbca1c6700000003: fffff800b8dd7e80  nt!KiBreakpointTrap
fbca1c6700000004: fffff800b8dd7f80  nt!KiOverflowTrap
fbca1c6700000005: fffff800b8dd8080  nt!KiBoundFault
fbca1c6700000006: fffff800b8dd8300  nt!KiInvalidOpcodeFault
fbca1c6700000007: fffff800b8dd8540  nt!KiNpxNotAvailableFault
fbca1c6700000008: fffff800b8dd8600  nt!KiDoubleFaultAbort     Stack = 0xFFFFF800BAA0D000
fbca1c6700000009: fffff800b8dd86c0  nt!KiNpxSegmentOverrunAbort
fbca1c670000000a: fffff800b8dd8780  nt!KiInvalidTssFault
fbca1c670000000b: fffff800b8dd8840  nt!KiSegmentNotPresentFault
fbca1c670000000c: fffff800b8dd8980  nt!KiStackFault
fbca1c670000000d: fffff800b8dd8ac0  nt!KiGeneralProtectionFault
fbca1c670000000e: fffff800b8dd8bc0  nt!KiPageFault
fbca1c6700000010: fffff800b8dd8f80  nt!KiFloatingErrorFault
fbca1c6700000011: fffff800b8dd9100  nt!KiAlignmentFault
fbca1c6700000012: fffff800b8dd9200  nt!KiMcheckAbort        Stack = 0xFFFFF800BAA11000
fbca1c6700000013: fffff800b8dd98c0  nt!KiXmmException
fbca1c670000001f: fffff800b8dd2af0  nt!KiApcInterrupt
fbca1c6700000020: fffff800b8dd6ef0  nt!KiSwInterrupt
fbca1c6700000029: fffff800b8dd9a80  nt!KiRaiseSecurityCheckFailure
fbca1c670000002c: fffff800b8dd9b80  nt!KiRaiseAssertion
fbca1c670000002d: fffff800b8dd9c80  nt!KiDebugServiceTrap
fbca1c670000002f: fffff800b8dd2de0  nt!KiDpcInterrupt
fbca1c6700000030: fffff800b8dd3020  nt!KiHvInterrupt
fbca1c6700000031: fffff800b8dd3390  nt!KiVmbusInterrupt0
fbca1c6700000032: fffff800b8dd36f0  nt!KiVmbusInterrupt1
fbca1c6700000033: fffff800b8dd3a50  nt!KiVmbusInterrupt2
fbca1c6700000034: fffff800b8dd3db0  nt!KiVmbusInterrupt3
fbca1c6700000035: fffff800b8dd1958  hal!HalpInterruptCmciService (KINTERRUPT fffff800b8c5dbe0)
```

图 3-6　64 位 Windows 10 的中断描述符表（局部）

总的看来，IA-32e 模式下的 IDT 变得更简单了，不再有任务门，只有中断门和陷阱门，中断门和陷阱门都支持通过它们中的 IST 位域来指定是否要切换栈。

3.6　ARM 架构中的异常机制

本节将简要介绍 ARM 架构中的异常机制，把前面关于 x86 架构的内容扩展到 ARM 架构。我们将着重介绍二者的差异。

首先，两个架构中异常和中断的范畴是不同的。在 x86 中，中断和异常是并列的两个概念，但是在 ARM 中，中断被看作异常的一种，包含在异常中。根据 ARM 手册，ARM 架构中的异常包括如下 5 类。

- 复位（reset）。

- 中断（interrupt）。

- 内存系统中止（memory system abort）。

- 未定义的指令（undefined instruction）。

- 系统调用（Supervisor Call，SVC）、安全监视器调用（Secure Monitor Call，SMC）和超级调用（Hypervisor Call，HVC）。

可见，ARM 架构把导致 CPU 脱离正常执行流程（normal flow）的各种软硬件触发条件都纳入了异常范畴。

其次，ARM 架构中登记异常处理器的方法也有所不同，使用的不是 IDT，而是一种称为异常向量表（exception vector table）的特殊格式，下面以 WoA（Windows on ARM）系统为例来介绍其工作原理。

WoA 系统启动时，内核中的 KiInitializeExceptionVectorTable 函数会把事先准备好的异常向量表地址加载到系统控制器（CP15）的 VBAR（Vector Base Address Register）寄存器中。关键的指令如下：

```
810dc7ae 4b08     ldr  r3,=nt!KiArmExceptionVectors+0x1 (81037701)
810dc7b0 f0230301 bic  r3,r3,#1
810dc7b4 ee0c3f10 mcr  p15,#0,r3,c12,c0
```

上面第一条指令是把记录在全局变量 KiArmExceptionVectors 中的异常向量表地址加载到寄存器 R3 中，第二条指令是把最低位清零（按位逻辑与非），相当于 R3 = R3 & ~1。第三条指令是把 R3 的内容写到协处理器 CP15 的 VBAR 寄存器中。

根据 ARM 手册，异常向量表应该包含 8 个表项（向量），每个表项中存放的并不是异常处理函数的地址，而是一个操作码。图 3-7 是使用 WinDBG 的 dds（Display Words and Symbols）命令观察 KiArmExceptionVectors 的结果。

```
2: kd> dds KiArmExceptionVectors
81037700  f01cf8df
81037704  f01cf8df
81037708  f01cf8df
8103770c  f01cf8df
81037710  f01cf8df
81037714  f01cf8df
81037718  f01cf8df
8103771c  f01cf8df
81037720  ffffffff
81037724  81035481 nt!KiUndefinedInstructionException+0x1
81037728  81036081 nt!KiSWIException+0x1
8103772c  810356c1 nt!KiPrefetchAbortException+0x1
81037730  81035841 nt!KiDataAbortException+0x1
81037734  ffffffff
81037738  81035ce1 nt!KiInterruptException+0x1
8103773c  81035e21 nt!KiFIQException+0x1
```

图 3-7 WoA 的异常向量表的原始数据和对应符号

在图 3-7 中，前 8 行每行对应一个表项，内容都是 f01cf8df。大家不必奇怪，使用 u 命令反汇编一下就明白了（见图 3-8）。

```
nt!KiArmExceptionVectors:
81037700 f8dff01c ldr         pc,=0xFFFFFFFF           ; [nt!KiArmExceptionVectors+0x20 (81037720)]
81037704 f8dff01c ldr         pc,=nt!KiUndefinedInstructionException+0x1 (81035481) ; [nt!KiArmExceptionVectors+0x24 (81037724)]
81037708 f8dff01c ldr         pc,=nt!KiSWIException+0x1 (81036081) ; [nt!KiArmExceptionVectors+0x28 (81037728)]
8103770c f8dff01c ldr         pc,=nt!KiPrefetchAbortException+0x1 (810356c1) ; [nt!KiArmExceptionVectors+0x2c (8103772c)]
81037710 f8dff01c ldr         pc,=nt!KiDataAbortException+0x1 (81035841) ; [nt!KiArmExceptionVectors+0x30 (81037730)]
81037714 f8dff01c ldr         pc,=0xFFFFFFFF           ; [nt!KiArmExceptionVectors+0x34 (81037734)]
81037718 f8dff01c ldr         pc,=nt!KiInterruptException+0x1 (81035ce1) ; [nt!KiArmExceptionVectors+0x38 (81037738)]
8103771c f8dff01c ldr         pc,=nt!KiFIQException+0x1 (81035e21) ; [nt!KiArmExceptionVectors+0x3c (8103773c)]
```

图 3-8　反汇编异常向量表中的操作码

原来，f01cf8df 是下面这样的 ldr 指令的机器码：

```
ldr      pc, [pc, #VECTOR_OFFSET]
```

这条指令使用了相对程序指针的寻址方法，可以以当前指令地址为基础，加上操作数中指定的偏移，然后把这几个地址加载到程序指针寄存器，其作用相当于一种特殊的跳转。有了这个基础之后再观察图 3-7 就可以理解了。可以把 KiArmExceptionVectors 看作包含 16 个元素的数组（线性表），前 8 个元素是特殊的 ldr 指令，后 8 个元素是异常处理的函数地址（或者-1 表示不使用），ldr 指令通过操作数中的偏移找到对应的处理函数，因为定义数组时是按顺序依次定义的，所以偏移值也是一样的，导致 8 条指令的机器码完全一样。

下面解释一下图 3-8 中出现的 6 个异常处理函数（全 F 的表项表示没有使用该异常）。它们基本上是与上面定义的 5 类异常相对应的。其中，KiUndefinedInstructionException 用来处理未定义指令异常，KiSWIException 用来处理系统调用，KiPrefetchAbortException 和 KiDataAbortException 都是用来处理内存系统中止，不过二者分工明确，前者负责处理访问代码时遇到的异常（比如缺页），后者负责处理访问数据时遇到的异常。KiInterruptException 是所有中断的统一入口，它内部会判断中断源，然后再分发给合适的处理函数。KiFIQException 是高优先级中断（FIQ）的入口，不过 WoA 不支持 FIQ，如果进入 KiFIQException 函数，那么它便会触发蓝屏，让系统崩溃。

对于 WoA 目标，在 WinDBG 中使用!idt -a 命令可以显示出系统中注册的中断处理函数，比如：

```
0: kd> !idt -a
Dumping IDT: 8122912c
Dumping Extended IDT: 00000000
Dumping Secondary IDT: 8542b000
1000:KeyButton+0x388c (KMDF) (KINTERRUPT 8b05fe00)
1003:FT5X06+0x6cc8 (KMDF) (KINTERRUPT 8b05fd00)
1004:VirtualCodec+0x6350 (KMDF) (KINTERRUPT 8b05fc00)
1005:sdport!SdPortWriteRegisterUshort+0x38c8 (KINTERRUPT 8b05f900)
```

但这个 IDT 是完全由软件定义和维护的，旨在给驱动程序（KMDF 和 WDM 驱动）提供兼容的开发接口和调试信息，与 x86 架构中的 IDT 有根本不同。

〖 3.7　本章小结 〗

本章首先介绍了中断和异常这两个重要概念（见 3.1 节和 3.2 节），然后介绍了 IA-32 CPU 定义的各个异常（见 3.3 节）。3.4 节讨论了中断和异常的优先级。3.5 节介绍了中断/异常的响应和处理。3.6 节介绍了 ARM 架构中的异常处理机制。

异常与调试有着更为密切的关系，本章从 CPU 的角度首次介绍了异常的基本概念，第三篇和第四篇将分别从操作系统和编译器（程序语言）的角度做进一步阐述。

〖 参考资料 〗

[1] IA-32 Intel Architecture Software Developer's Manual Volume 3. Intel Corporation.

[2] Tom Shanley. The Unabridged Pentium 4: IA-32 Processor Genealogy[M]. Boston: Addison Wesley, 2004 .

[3] ARM Architecture Reference Manual ARMv7-A and ARMv7-R edition (B1.8 Exception handling). ARM Holdings.

第 4 章

断点和单步执行

提到调试，很多人立刻会想到设置断点和单步执行。的确，这是两种常用的调试方法，是所有调试器必备的核心功能。本章首先介绍 x86 CPU 是如何支持断点和单步执行功能的，然后再扩展到 ARM 架构。4.1 节和 4.2 节将分别介绍软件断点和硬件断点，4.3 节介绍用于实现单步执行功能的陷阱标志。在前三节的基础上，4.4 节将分析一个真实的调试器程序，看它是如何实现断点和单步执行功能的。4.5 节将通过实例介绍反调试和化解的方法。4.6 节介绍 ARM 架构对断点和单步执行的支持。

『 4.1 软件断点 』

x86 系列处理器从其第一代产品英特尔 8086 开始就提供了一条专门用来支持调试的指令，即 INT 3。简单地说，这条指令的目的就是使 CPU 中断（break）到调试器，以供调试者对执行现场进行各种分析。调试程序时，我们可以在可能有问题的地方插入一条 INT 3 指令，使 CPU 执行到这一点时停下来。这便是软件调试中经常用到的断点（breakpoint）功能，因此 INT 3 指令又称为断点指令。

4.1.1 INT 3

下面通过一个小实验来感受一下 INT 3 指令的工作原理。在 Visual C++ Studio 6.0（以下简称为 VC 6）中创建一个简单的 HelloWorld 控制台程序 HiInt3，然后在 main()函数的开头通过嵌入式汇编插入一条 INT 3 指令：

```
int main(INT argc, char* argv[])
{
    // manual breakpoint
    _asm INT 3;
    printf("Hello INT 3!\n");
    return 0;
}
```

在 VC 环境中执行以上程序时，会得到图 4-1 所示的对话框。单击 OK 按钮后，程序便会停在 INT 3 指令所在的位置。由此看来，我们刚刚插入的一行指令（_asm INT 3）相当于在那里设置了一个断点。实际上，这也正是通过注入代码手工设置断点的方法，这种方法在调试某些特殊的程序时非常有用。

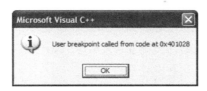

图 4-1 CPU 遇到 INT 3 指令时会把执行权移交给调试设施

此时打开反汇编窗口，可以看到内存地址 00401028 处确实是 INT 3 指令：

```
10:       _asm INT 3;
00401028   int        3
```

打开寄存器窗口，可以看到程序指针寄存器的值也是 00401028：

```
EAX = CCCCCCCC EBX = 7FFDE000 ECX = 00000000 EDX = 00371588
ESI = 00000000 EDI = 0012FF80
EIP = 00401028 ESP = 0012FF34 EBP = 0012FF80 ……
```

根据我们在第 3 章中的介绍，断点异常（INT 3）属于陷阱类异常，当 CPU 产生异常时，其程序指针是指向导致异常的下一条指令的。但是，现在我们观察到的结果却是指向导致异常的这条指令的。这是为什么呢？简单地说，是操作系统为了支持调试对程序指针做了调整。我们将在后面揭晓答案。

4.1.2 在调试器中设置断点

下面考虑一下调试器是如何设置断点的。当我们在调试器（例如 VC6 或 Turbo Debugger 等）中对代码的某一行设置断点时，调试器会先把这里本来指令的第一个字节保存起来，然后写入一条 INT 3 指令。因为 INT 3 指令的机器码为 11001100b（0xCC），仅有一个字节，所以设置和取消断点时也只需要保存和恢复一个字节，这是设计这条指令时须考虑好的。

顺便说一下，虽然 VC6 是把断点的设置信息（断点所在的文件和行位置）保存在和项目文件相同位置且相同主名称的一个 .opt 文件中，但是请注意，该文件并不保存每个断点处应该被 INT 3 指令替换掉的那个字节，因为这种替换是在启动调试时和调试过程中动态进行的。这可以解释，有时在 VC6 中，在非调试状态下，我们甚至可以在注释行设置断点，当开始调试时，会得到一个图 4-2 所示的警告对话框。这是因为当用户在非调试状态下设置断点时，VC6 只是简单地记录下该断点的位置信息。当开始调试（让被调试程序开始运行）时，VC6 会一个一个地取出 OPT 文件中的断点记录，并真正将这些断点设置到目标代码的内存映像中，即要将断点位置对应的指令的第一个字节先保存起来，再替换为 0xCC（即 INT 3 指令），这个过程称为落实断点（resolve breakpoint）。

在落实断点的过程中，如果 VC6 发现某个断点的位置根本对应不到目标映像的代码段，那么便会发出图 4-2 所示的警告。

图 4-2　VC6 在开始调试时才真正设置断点，会对无法落实的断点发出警告

4.1.3 断点命中

当 CPU 执行到 INT 3 指令时，由于 INT 3 指令的设计目的就是中断到调试器，因此 CPU 执行这条指令的过程也就是产生断点异常（breakpoint exception，即#BP）并转去执行异常处理例程的过程。在跳转到处理例程之前，CPU 会保存当前的执行上下文（包括段寄存器、程序指针寄存器等内容）。清单 4-1 列出了 CPU 工作在实模式时执行 INT 3 的过程（摘自《英特尔 IA-32 架构软件开发手册（卷 2A）》）。

清单 4-1　实模式下 INT 3 指令的执行过程

```
1    REAL-ADDRESS-MODE:
2    IF ((vector_number * 4) + 3) is not within IDT limit
3    THEN #GP;
4    FI;
5    IF stack not large enough for a 6-byte return information
6    THEN #SS;
7    FI;
8    Push (EFLAGS[15:0]);
9    IF ← 0; (* Clear interrupt flag *)
10   TF ← 0; (* Clear trap flag *)
11   AC ← 0; (* Clear AC flag *)
12   Push(CS);
13   Push(IP);
14   (* No error codes are pushed *)
15   CS ← IDT(Descriptor (vector_number * 4), selector));
16   EIP ← IDT(Descriptor (vector_number * 4), offset)); (* 16 bit offset AND
17   0000FFFFH *)
18   END
```

其中第 2 行是检查根据中断向量号计算出的向量地址是否超出了中断向量表的边界（limit）。实模式下，中断向量表的每个表项是 4 个字节，分别处理例程的段和偏移地址（各两字节）。如果超出了，那么便产生保护性错误异常。#GP 即 General Protection Exception，通用保护性异常。第 7 行的 FI 是 IF 语句的结束语句。

第 5 行是检查栈上是否有足够的空间来保存寄存器，当堆栈不足以容纳接下来要压入的 6 字节的（CS、IP 和 EFLAGS 的低 16 位）内容时，便产生堆栈异常#SS。第 9 行到第 11 行是清除标志寄存器的 IF、TF 和 AC 位。第 12 行和第 13 行是将当前的段寄存器和程序指针寄存器的内容保存在当前程序的栈中。

第 15 行和第 16 行是将注册在中断向量表（IDT）中的异常处理例程的入口地址加载到 CS

和 IP（程序指针）寄存器中。这样，CPU 执行好这条指令后，接下来便会执行异常处理例程的函数了。

对于 DOS 这样的在实模式下的单任务操作系统，断点异常的处理例程通常就是调试器程序注册的函数，因此，CPU 便开始执行调试器的代码了。当调试器执行好调试功能需要恢复被调试程序执行时，它只要执行中断返回指令（IRET），便可以让 CPU 从断点的位置继续执行了（见下文）。

在保护模式下，INT 3 指令的执行过程虽然有所不同，比如是在由 IDTR 寄存器标识的 IDT 中寻找异常处理函数，找到后会检查函数的有效性，但其原理是一样的，也是保存好寄存器后，便跳转去执行异常处理例程。

对于 Windows 这样工作在保护模式下的多任务操作系统，INT 3 异常的处理函数是操作系统的内核函数（KiTrap03）。因此执行 INT 3 会导致 CPU 执行 nt!KiTrap03 例程。因为我们现在讨论的是应用程序调试，断点指令位于用户模式下的应用程序代码中，因此 CPU 会从用户模式转入内核模式。接下来，经过几个内核函数的分发和处理（见第 11 章），因为这个异常是来自用户模式的，而且该异常的拥有进程正在被调试（进程的 DebugPort 非 0），所以内核例程会把这个异常通过调试子系统以调试事件的形式分发给用户模式的调试器，对于我们的例子也就是 VC6。在通知 VC6 后，内核的调试子系统函数会等待调试器的回复。收到调试器的回复后，调试子系统的函数会层层返回，最后返回到异常处理例程，异常处理例程执行中断返回指令，使被调试的程序继续执行。

在调试器（VC6）收到调试事件后，它会根据调试事件数据结构中的程序指针得到断点异常的发生位置，然后在自己内部的断点列表中寻找与其匹配的断点记录。如果能找到，则说明这是"自己"设置的断点，执行一系列准备动作后，便允许用户进行交互式调试。如果找不到，就说明导致这个异常的 INT 3 指令不是 VC6 动态替换进去的，因此会显示一个图 4-1 所示的对话框，意思是说一个"用户"插入的断点被触发了。

值得说明的是，在调试器下，我们是看不到动态替换到程序中的 INT 3 指令的。大多数调试器的做法是在被调试程序中断到调试器时，会先将所有断点位置被替换为 INT 3 的指令恢复成原来的指令，然后再把控制权交给用户。对于不做这种断点恢复的调试器（如 VC6），它的反汇编功能和内存观察功能也都有专门的处理，让用户看到的始终是断点所在位置本来的内容。本节后面我们会给出两种观察方法。

在 Windows 系统中，操作系统的断点异常处理函数（KiTrap03）对于 x86 CPU 的断点异常会有一个特殊的处理，会将程序指针寄存器的值减 1。

```
nt!KiTrap03+0x9a:
8053dd0e 8b5d68      mov    ebx,dword ptr [ebp+68h]
8053dd11 4b      dec    ebx
8053dd12 b903000000     mov    ecx,3
8053dd17 b803000080     mov    eax,80000003h
8053dd1c e8a3f8ffff    call   nt!CommonDispatchException (8053d5c4)
```

出于这个原因，我们在调试器看到的程序指针指向的仍然是 INT 3 指令的位置，而不是它的下一条指令。这样做的目的有如下两个。

- 调试器在落实断点时，不管所在位置的指令是几个字节，它都只替换一个字节。因此，如果程序指针指向下一个指令位置，那么指向的可能是原来的多字节指令的第二个字节，不是一条完整的指令。

- 因为有断点在，所以被调试程序在断点位置的那条指令还没有执行。按照"程序指针总是指向即将执行的那条指令"的原则，应该把程序指针指向这条要执行的指令，也就是倒退回一个字节，指向原来指令的起始地址。

这也就是前面问题的答案。

综上所述，当 CPU 执行 INT 3 指令时，它会跳转到异常处理例程，让当前的程序接受调试，调试结束后，异常处理例程使用中断返回机制让 CPU 再继续执行原来的程序。下面我们将详细介绍恢复执行的过程。

4.1.4　恢复执行

当用户结束分析希望恢复被调试程序执行时，调试器通过调试 API 通知调试子系统，这会使系统内核的异常分发函数返回到异常处理例程，然后异常处理例程通过 IRET/IRETD 指令触发一个异常返回动作，使 CPU 恢复执行上下文，从发生异常的位置继续执行。注意，这时的程序指针指向断点所在的那条指令，此时刚才的断点指令已经被替换成本来的指令，于是程序会从断点位置的原来指令继续执行。

这里有一个问题，前面我们说当断点命中中断到调试器时，调试器会把所有断点处的 INT 3 指令恢复成本来的内容。因此，在用户发出恢复执行命令后，调试器在通知系统真正恢复程序执行前，需要将断点列表中的所有断点再落实一遍。但是对于刚才命中的这个断点需要特别对待，试想如果把这个断点处的指令也替换为 INT 3，那么程序一执行便又触发断点了。但是如果不替换，那么这个断点便没有被落实，程序下次执行到这里时就不会触发断点，而用户并不知道这一点。对于这个问题，大多数调试器的做法都是先单步执行一次。具体地说，就是先设置单步执行标志（见 4.2 节），然后恢复执行，将断点所在位置的指令执行完。因为设置了单步标志，所以 CPU 执行完断点位置的这条指令后会立刻再中断到调试器中，这一次调试器不会通知用户，会做一些内部操作后便立刻恢复程序执行，而且将所有断点都落实（使用 INT 3 替换），这个过程一般被称为"单步走出断点"。如果用户在恢复程序执行前已经取消了当前的断点，那么就不需要先单步执行一次了。

4.1.5　特殊用途

因为 INT 3 指令的特殊性，所以它有一些特别的用途。让我们从一个有趣的现象说起。当用 VC6 进行调试时，我们常常会观察到一块刚分配的内存或字符串数组里面被填满了"CC"。如果是在中文环境下，因为 0xCCCC 恰好是汉字"烫"字的简码，所以会观察到很多"烫烫烫……"（见图 4-3），而 0xCC 又正好是 INT 3 指令的机器码，这是偶然的么？当然不是。因为这是编译器故意这样做的。为了辅助调试，编译器在编译调试版本时会用 0xCC 来填充刚刚分配的缓冲区。这样，如果因为缓冲区或堆栈溢出时程序指针意外指向了这些区域，那么便会因为遇到 INT 3 指令而马上中断到调试器。

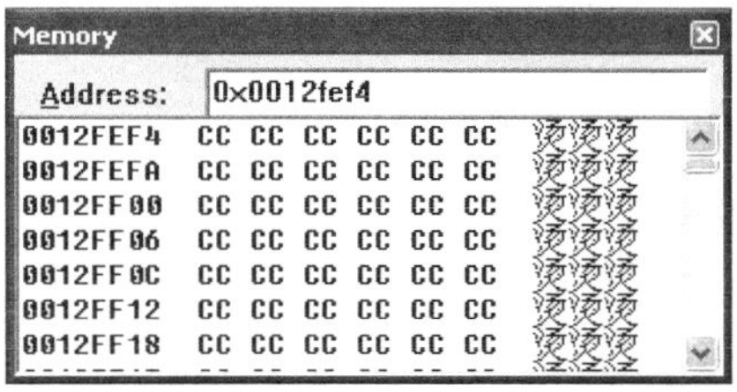

图 4-3　填充了 INT 3 指令的缓冲区

事实上，除了以上用法，编译器还用 INT 3 指令来填充函数或代码段末尾的空闲区域，即用它来做内存对齐。这也可以解释为什么有时我们没有手工插入任何对 INT 3 的调用，但还会遇到图 4-1 所示的对话框。

4.1.6　断点 API

Windows 操作系统提供了供应用程序向自己的代码中插入断点的 API。在用户模式下，可以使用 DebugBreak() API，在内核模式下可以使用 DbgBreakPoint()或者 DbgBreakPointWithStatus()API。

把前面 HiInt3 程序中对 INT 3 的直接调用改为调用 Windows API DebugBreak()（需要在开头加入 include <windows.h>），然后执行，可以看到产生的效果是一样的。通过反汇编很容易看出这些 API 在 x86 平台上其实都只是对 INT 3 指令的简单包装：

```
1    lkd> u nt!DbgBreakPoint
2    nt!DbgBreakPoint:
3    804df8c4 cc                   int      3
4    804df8c5 c3                   ret
```

以上反汇编是用 WinDBG 的本地内核调试环境而做的。提示符 lkd>的含义是"local kernel debug"，即本地内核调试——需要 Windows XP 或以上的操作系统才能支持。

DbgBreakPointWithStatus()允许向调试器传递一个整型参数：

```
lkd> u nt!DbgBreakPointWithStatus
804df8d1 8b442404             mov      eax,[esp+0x4]
804df8d5 cc                   int      3
```

其中[esp+0x4]代表 DbgBreakPointWithStatus 函数的第一个参数。

4.1.7　系统对 INT 3 的优待

关于 INT 3 指令还有一点要说明的是，INT 3 指令与当 n=3 时的 INT n 指令（通常所说的软件中断）并不同。INT n 指令对应的机器码是 0xCD 后跟 1 字节 n 值，比如 INT 23H 会被编译为 0xCD23。与此不同的是，INT 3 指令具有独特的单字节机器码 0xCC。而且系统会给予 INT 3 指令一些特殊的待遇，比如在虚拟 8086 模式下免受 IOPL 检查等。

因此，当编译器看见 INT 3 时会特别将其编译为 0xCC，而不是 0xCD03。尽管没有哪个编译器会将 INT 3 编译成 0xCD03，但是可以通过某些方法直接在程序中插入 0xCD03，比如可以使用如下嵌入式汇编，利用_EMIT 伪指令直接嵌入机器码：

```
__asm _emit 0xcd __asm _emit 0x03
```

将前面的 HiInt3 小程序略作修改，使用_EMIT 伪指令插入机器码 0xCD03，并在其前后再加入一两行用作"参照物"的其他指令，如清单 4-2 所示。

清单 4-2　HiInt3 程序的源代码

```
7     int main(int argc, char* argv[])
8     {
9        // 手工断点
10       _asm INT 3;
11       printf("Hello INT 3!\n");
12
13       _asm
14       {
15          mov eax,eax
16          __asm _emit 0xcd __asm _emit 0x03
17          nop
18          nop
19       }
20       //或者使用 Windows API
21       DebugBreak();
22       //
23       return 0;
24    }
```

在 VC6 下编译以上代码，然后执行，先会得到两次图 4-1 所示的对话框，第二次是我们用 EMIT 方法插入的 0xCD03 所导致的，但是再执行会反复得到访问违例异常，无法继续。

为了一探究竟，我们使用比 VC6 集成调试器更强大的 WinDBG 调试器。启动 WinDBG 后通过 File→Open Executable 打开可执行程序（\bin\debug\HiInt3.exe）。然后使用反汇编命令 u `hiint3!HiInt3.cpp:11` 观察源代码从第 11 行起的汇编代码（见清单 4-3）。

清单 4-3　HiInt3 程序的汇编代码（第 11 行起）

```
0:000> u `hiint3!HiInt3.cpp:11`
HiInt3!main+0x19 [C:\dig\dbg\author\code\chap04\HiInt3\HiInt3.cpp @ 11]:
00401029 681c204200      push    offset HiInt3!`string' (0042201c)
0040102e e82d000000      call    HiInt3!printf (00401060)
00401033 83c404          add     esp,4
00401036 8bc0            mov     eax,eax
00401038 cd03            int     3
0040103a 90              nop
0040103b 90              nop
0040103c 8bf4            mov     esi,esp
```

可以看到，我们使用 EMIT 伪指令向可执行文件中成功地插入了机器码 0xCD03，而且反汇编程序也将其反汇编成 INT 3 指令。0xCD03 的地址是 00401038。它后面是两个 NOP 指令，机器码为 0x90。

按 F5 快捷键让程序执行，先会遇到 main 函数开头的 INT 3。按 F5 快捷键再执行，WinDBG 会接收到断点异常事件，并显示如下信息：

```
(cf8.f28): Break instruction exception - code 80000003 (first chance)
eax=0000000d ebx=7ffdc000 ecx=00424a60 edx=00424a60 esi=0151f764 edi=0012ff80
eip=00401039 esp=0012ff34 ebp=0012ff80 iopl=0         nv up ei pl nz na po nc
cs=001b  ss=0023  ds=0023  es=0023  fs=003b  gs=0000          efl=00000202
HiInt3!main+0x29:
00401039 0390908bf4ff    add     edx,dword ptr [eax-0B7470h] ds:0023:fff48b9d=??
??????
```

其中 80000003 是 Windows 操作系统定义的断点异常代码。注意，此时的程序指针寄存器的值等于 00401039，这指向的是 0xCD03 的第二个字节。观察最后一行的汇编指令，看来已经出了问题，EIP 指针已经指向了一条指令的中间字节而不是起始处，接下来的指令都"错位"了，本来不属于同一指令的两个 NOP 指令的机器码（0x90）以及它后面的 MOV 指令被强行组合成一条虚假的 ADD 指令，新的指令已经和以前的大相径庭了。根据规定，EIP 指针应该总是指向即将要执行的下一条指令的第一个字节。现在由于 EIP 指向错位了，因此当前的指令变成了一个 ADD 指令，它引用的地址是 fff48b9d，这是指向内核空间的一个地址，是不允许用户代码直接访问的，这正是继续执行会产生访问违例的原因。

```
0:000> g
(1374.d28): Access violation - code c0000005 (first chance)
…
```

那么是什么原因导致 EIP 指针错位的呢？正如前面介绍的，Windows 的断点异常处理函数 KiTrap03 在分发这个异常前总是会将程序指针减 1，对于单字节的 INT 3 指令，这样做减法后，刚好指向 INT 3 指令（或者原来指令的起始处）。但对于双字节的 0xCD03 指令，执行这条指令后的 EIP 指针的值是这个指令的下一指令的地址，即 0040103a，因此减 1 后等于 00401039，即指向 0xCD03 的第二个字节了。

此时，可以通过 WinDBG 的寄存器修改命令将 EIP 寄存器的值手工调整到下一指令（nop）位置：

```
r eip=0040103a
```

这样调整后，程序便可以继续顺利执行了。

4.1.8 观察调试器写入的 INT 3 指令

可以通过两种方法来观察调试器所插入的断点指令（0xCC，INT 3）。第一种方法是使用 WinDBG 调试器的 Noninvasive 调试功能。举例来说，在 VC6 中启动调试，并在第 11 行（printf("Hello INT 3!\n")）设置一个断点。然后启动 WinDBG，选择 File→Attach to a Process，在对话框的进程列表中选择 HiInt3 进程，并选中下面的 Noninvasive 复选框，而后单击 OK 按钮等待 WinDBG 附加到 HiInt3 进程显示命令提示符后，输入以下命令，对第 11 行源代码所对应的位置进行反汇编：

```
0:000> u `hiint3!HiInt3.cpp:11`
HiInt3!main+0x19 [C:\dig\dbg\author\code\chap04\HiInt3\HiInt3.cpp @ 11]:
00401029 cc              int     3
0040102a 1c20            sbb     al,20h
0040102c 42              inc     edx
0040102d 00e8            add     al,ch
...
```

其中，地址 00401029 处的 0xCC 就是 VC6 调试器插入的断点指令。由于插入了这条指令，导致 WinDBG 的反汇编程序以为 0040102a 是下一条指令的开始而继续反汇编，得到了完全错误的结果。与清单 4-3 所示的正确汇编结果相比较，我们知道，事实上从 00401029 开始的 5 个字节 0x681c204200 都是一条指令，即 push offset HiInt3!'string'（0042201c），目的是将 printf 的字符串参数压入栈。当插入断点时，push 指令的第一个字节 0x68 被替换为 0xCC（INT 3），反汇编程序把 push 指令的其余字节当作新的指令了。第二种方法是通过内核调试会话来观察用户态调试器所插入的断点指令。

4.1.9　归纳和提示

因为使用 INT 3 指令产生的断点是依靠插入指令和软件中断机制工作的，所以人们习惯把这类断点称为软件断点。软件断点具有如下局限性。

- 属于代码类断点，即可以让 CPU 执行到代码段内的某个地址时停下来，不适用于数据段和 I/O 空间。

- 对于在只读存储器（ROM）中执行的程序（比如 BIOS 或其他固件程序），无法动态增加软件断点。因为目标内存是只读的，无法动态写入断点指令。这时就要使用我们后面要介绍的硬件断点。

- 在中断向量表或中断描述表（IDT）没有准备好或遭到破坏的情况下，这类断点是无法或不能正常工作的，比如系统刚刚启动时或 IDT 被病毒篡改后，这时只能使用硬件级的调试工具。

虽然软件断点存在以上不足，但因为它使用方便，而且没有数量限制（硬件断点需要寄存器记录断点地址，有数量限制），所以目前仍被广泛应用。

关于软件断点的使用，还有以下两点特别值得注意。第一个值得特别注意的地方是，不可以把软件断点设置在某条指令的中间位置。以下面这个 NtReadFile 函数为例，可以把断点设置在每一条指令的开始处，但切勿设置在指令的某个中间字节上：

```
0:001> u 7c90d9b0
ntdll!NtReadFile:
7c90d9b0 b8b7000000      mov     eax,0B7h
7c90d9b5 ba0003fe7f      mov edx,offset SharedUserData!SystemCallStub (7ffe0300)
7c90d9ba ff12            call    dword ptr [edx]
7c90d9bc c22400          ret     24h
7c90d9bf 90              nop
```

假设执行 bp ntdll!NtReadFile+1，把断点设置在第一条指令的第二个字节处，那么调试器不会给出任何警告，而且这个意外也很难被察觉。

使用前面提到的 Noninvasive 方法附加到同一个进程观察，这个函数的第一条指令变为：

```
0:000> u ntdll!NtReadFile
ntdll!NtReadFile:
7c90d9b0 b8cc000000      mov     eax,0CCh
```

可见，函数的内容被篡改了。这样的断点不仅永远不会命中，还会导致非常怪异的结果。在本例中，原来指令中的 0x0B7 代表 NtReadFile 的系统服务编号（卷 2 详细介绍）。设置断点后，服务编号被意外修改成了 0xCC，代表了完全不同的另一个系统服务。于是，进入内核态后，内核会调用另一个系统服务，真是阴差阳错。

第二个值得特别注意的地方是，切勿把软件断点设置到变量上。这样就会导致调试器把变量的值修改掉，替换成 0xCC，后果也非常严重而且不易察觉。例如，在 WinDBG 中调试 BadBoy 小程序时，如果执行 bp g_boy 命令以全局变量 g_Boy 的地址作为参数，那么 WinDBG 不会给出任何警告。观察断点设置前的地址值：

```
0:001> dd g_Boy L1
00417888  00416890
```

设置断点并恢复执行后，再用第二个调试器观察：

```
0:000> dd g_Boy
00417888  004168cc
```

可见，变量的值已经被修改。

软件断点是应用最广泛的调试功能之一，在后面的内容中，我们还会分别从操作系统、编译器和调试器的角度进一步介绍软件断点。

4.2 硬件断点

1985 年 10 月，英特尔在推出 286 三年半之后推出了 386。这是 PC 历史上又一个具有划时代意义的产品，作为 IA-32 架构的鼻祖，它真正将个人计算机带入了 32 位时代。在调试方面，386 也引入了很多新的功能，其中最重要的就是调试寄存器和硬件断点。

4.2.1 调试寄存器概览

IA-32 处理器定义了 8 个调试寄存器，分别称为 DR0～DR7。在 32 位模式下，它们都是 32 位的；在 64 位模式下，它们都是 64 位的。本节将以 32 位的情况为例进行讨论（见图 4-4）。

首先，DR4 和 DR5 是保留的，当调试扩展（debug extension）功能被启用（CR4 寄存器的 DE 位设为 1）时，任何对 DR4 和 DR5 的引用都会导致一个非法指令异常（#UD），当此功能被禁止时，DR4 和 DR5 分别是 DR6 和 DR7 的别名寄存器，即等价于访问后者。

31	30	29	28	27	26	25	24	23	22	21	20	19	18	17	16	15	14	13	12	11	10	9	8	7	6	5	4	3	2	1	0	
LEN 3		R/W 3		LEN 2		R/W 2		LEN 1		R/W 1		LEN 0		R/W 0				GD						GE	LE	G3	L3	G2	L2	G1	L1	G0	L0	DR7
																BT	BS	BD										B3	B2	B1	B0	DR6
																																DR5
																																DR4
断点3线性地址																																DR3
断点2线性地址																																DR2
断点1线性地址																																DR1
断点0线性地址																																DR0

图 4-4　调试寄存器 DR0～DR7

其他 6 个寄存器分别如下。

- 4 个 32 位的调试地址寄存器（DR0～DR3），64 位下是 64 位的。

- 1 个 32 位的调试控制寄存器（DR7），64 位时，高 32 位保留未用。

- 1 个 32 位的调试状态寄存器（DR6），64 位时，高 32 位保留未用。

通过以上寄存器最多可以设置 4 个断点，其基本分工是 DR0～DR3 用来指定断点的内存（线性地址）或 I/O 地址。DR7 用来进一步定义断点的中断条件。DR6 的作用是当调试事件发生时，向调试器报告事件的详细信息，以供调试器判断发生的是何种事件。

4.2.2　调试地址寄存器

调试地址寄存器（DR0～DR3）用来指定断点的地址。对于设置在内存空间中的断点，这个地址应该是断点的线性地址而不是物理地址，因为 CPU 是在线性地址被翻译为物理地址之前来做断点匹配工作的。这意味着，在保护模式下，我们不能使用调试寄存器来针对一个物理内存地址设置断点。

4.2.3　调试控制寄存器

在 DR7 寄存器中，有 24 位是被划分成 4 组分别与 4 个调试地址寄存器相对应的，比如 L0、G0、R/W0 和 LEN0 这 6 位是与 DR0 相对应的，L1、G1、R/W1 和 LEN1 这 6 位是与 DR1 相对应的，其余的以此类推。表 4-1 列出了 DR7 中各个位域的具体含义。

表 4-1　调试控制寄存器（DR7）

简　称	全　　称	比　特　位	描　述
R/W0 ～R/W3	读写域	R/W0：16，17 R/W1：20，21 R/W2：24，25 R/W3：28，29	分别与 DR0～DR3 这 4 个调试地址寄存器相对应，用来指定被监控地址的访问类型，其含义如下。 ● 00：仅当执行对应地址的指令时中断 ● 01：仅当向对应地址写数据时中断 ● 10：386 和 486 不支持此组合。对于以后的 CPU，可以通过把 CR4 寄存器的 DE（调试扩展）位设为 1 启用该组合，其含义为"当向相应地址进行输入输出（即 I/O 读写）时中断" ● 11：当向相应地址读写数据时都中断，但是从该地址读取指令除外
LEN0 ～LEN3	长度域	LEN0：18，19 LEN1：22，23 LEN2：26，27 LEN3：30，31	分别与 DR0～DR3 这 4 个调试地址寄存器相对应，用来指定要监控的区域长度，其含义如下。 ● 00：1 字节长 ● 01：2 字节长 ● 10：8 字节长（奔腾 4 或至强 CPU）或未定义（其他处理器） ● 11：4 字节长 注意：如果对应的 R/Wn 为 0（即执行指令中断），那么这里的设置应该为 0，参见下文
L0～L3	局部断点启用	L0：0 L1：2 L2：4 L3：6	分别与 DR0～DR3 这 4 个调试地址寄存器相对应，用来启用或禁止对应断点的局部匹配。如果该位设为 1，当 CPU 在当前任务中检测到满足所定义的断点条件时便中断，并且自动清除此位。如果该位设为 0，便禁止此断点
G0～G3	全部断点启用	G0：1 G1：3 G2：5 G3：7	分别对应 DR0～DR3 这 4 个调试地址寄存器，用来全局启用和禁止对应的断点。如果该位设为 1，当 CPU 在任何任务中检测到满足所定义的断点条件时都会中断；如果该位设为 0，便禁止此断点。与 L0～L3 不同，断点条件发生时，CPU 不会自动清除此位
LE 和 GE	启用局部或者全局（精确）断点（Local and Global (exact) breakpoint Enable）	LE：8 GE：9	从 486 开始的 IA-32 处理器都忽略这两位的设置。此前这两位是用来启用或禁止数据断点匹配的。对于早期的处理器，当设置有数据断点时，需要启用本设置，这时 CPU 会降低执行速度，以监视和保证当有指令要访问符合断点条件的数据时产生调试异常
GD	启用访问检测（General Detect Enable）	13	启用或禁止对调试寄存器的保护。当设为 1 时，如果 CPU 检测到将修改调试寄存器（DR0～DR7）的指令，CPU 会在执行这条指令前产生一个调试异常

　　通过表 4-1 的定义可以看出，调试控制寄存器的各个位域提供了很多选项允许我们通过不同的位组合定义出各种断点条件。

　　下面进一步介绍读写域 R/Wn，通过对它的设置，我们可以指定断点的访问类型（又称访问条件），即以何种方式（读写数据、执行代码还是 I/O）访问地址寄存器中指定的地址时中断。读写域占两个二进制位，可以指定 4 种访问方式，满足不同调试情况的需要。以下是 3 类典型的使用方式，其中第一类又分两种情况。

（1）**读/写内存中的数据时中断**：这种断点又称为数据访问断点（data access breakpoint）。利用数据访问断点，我们可以监控对全局变量或局部变量的读写操作。例如，当进行某些复杂的系统级调试或者调试多线程程序时，我们不知道是哪个函数或线程在何时修改了某一变量，这时就可以设置一个数据访问断点。以 WinDBG 调试器为例，可以通过 ba 命令来设置这样的断点，如 ba w4 00401200。其中 ba 代表 break on access，w4 00401200 的含义是对地址 00401200 开始的 4 字节内存区进行写操作时中断。如果我们希望有线程或代码读这个变量时也中断，那么只要把 w4 换成 r4 便可以了。现代调试器大多还都支持复杂的条件断点，比如当某个变量等于某个确定的值时中断，这其实也可以用数据访问断点来实现，其基本思路是设置一个数据访问断点来监视这个变量，当每次这个变量的值发生改变时，CPU 都会通知调试器，由调试器检查这个变量的值，如果不满足规定的条件，就立刻返回让 CPU 继续执行；如果满足，就中断到调试环境。

（2）**执行内存中的代码时中断**：这种断点又称为代码访问断点（code access breakpoint）或指令断点（instruction breakpoint）。代码访问断点从实现的功能上看与软件断点类似，都是当 CPU 执行指定地址开始的指令时中断。但是通过寄存器实现的代码访问断点与软件断点相比有个优点，就是不需要像软件断点那样向目标代码中插入断点指令。这个优点在某些情况下非常重要。例如，在调试位于 ROM（只读存储器）上的代码（比如 BIOS 中的 POST 程序）时，我们根本没有办法向那里插入软件断点（INT 3）指令，因为目标内存是只读的。此外，软件断点的另一个局限是，只有当目标代码被加载进内存后，才可以向该区域设置软件断点。而调试寄存器断点没有这些限制，因为只要把需要中断的内存地址放入调试地址寄存器（DR0～DR3），并设置好调试控制寄存器（DR7）的相应位就可以了。

（3）**读写 I/O（输入输出）端口时中断**：这种断点又称为 I/O 访问断点（Input/Output access breakpoint）。I/O 访问断点对于调试使用输入输出端口的设备驱动程序非常有用。也可以利用 I/O 访问断点来监视对 I/O 空间的非法读写操作，提高系统的安全性，这是因为某些恶意程序在实现破坏动作时，需要对特定的 I/O 端口进行读写操作。

读写域定义了要监视的访问类型，地址寄存器（DR0～DR3）定义了要监视的起始地址。那么要监视的区域长度呢？这便是长度域 LENn（n=0，1，2，3，位于 DR7 中）的任务。LENn 位段可以指定 1、2、4 或 8 字节长的范围。

对于代码访问断点，长度域应该为 00，代表 1 字节长度。另外，地址寄存器应该指向指令的起始字节，也就是说，CPU 只会用指令的起始字节来检查代码断点匹配。

对于数据和 I/O 访问断点，有两点需要注意：第一，只要断点区域中的任一字节在被访问的范围内，都会触发该断点。第二，边界对齐要求，2 字节区域必须按字（word）边界对齐，4 字节区域必须按双字（doubleword）边界对齐，8 字节区域必须按 4 字（quadword）边界对齐。也就是说，CPU 在检查断点匹配时会自动去除相应数量的低位。因此，如果地址没有按要求对齐，可能无法实现预期的结果。例如，假设希望通过将 DR0 设为 0xA003、将 LEN0

设为 11（代表 4 字节长）实现任何对 0xA003~0xA006 内存区的写操作都会触发断点，那么只有当 0xA003 被访问时会触发断点，对 0xA004、0xA005 和 0xA006 处的内存访问都不会触发断点。因为长度域指定的是 4 字节，所以 CPU 在检查地址匹配时，会自动屏蔽起始地址 0xA003 的低 2 位，只是匹配 0xA000。而 0xA004、0xA005 和 0xA006 屏蔽低 2 位后都是 0xA004，所以无法触发断点。

4.2.4 指令断点

关于指令断点还有一点要说明。对于如下所示的代码片段，如果指令断点被设置在紧邻 MOV SS EAX 的下一行，那么该断点永远不会被触发。原因是为了保证栈段寄存器（SS）和栈顶指针（ESP）的一致性，CPU 执行 MOV SS 指令时会禁止所有中断和异常，直到执行完下一条指令。

```
MOV SS, EAX
MOV ESP, EBP
```

类似地，紧邻 POP SS 指令的下一条指令处的指令断点也不会被触发。例如，如果指令断点指向的是下面的第二行指令，那么该断点永远不会被触发。

```
POP SS
POP ESP
```

但是，当有多个相邻的 MOV SS 或 POP SS 指令时，CPU 只会保证对第一条指令采取如上"照顾"。例如，对于下面的代码片段，指向 MOV ESP, EBP 的指令断点是会被触发的。

```
MOV SS, EDX
MOV SS, EAX
MOV ESP, EBP
```

IA-32 手册推荐使用 LSS 指令来加载 SS 和 ESP 寄存器，通过 LSS 指令，一条指令便可以改变 SS 和 ESP 两个寄存器。

4.2.5 调试异常

IA-32 架构专门分配了两个中断向量来支持软件调试，即向量 1 和向量 3。向量 3 用于 INT 3 指令产生的断点异常（breakpoint exception，即#BP）。向量 1 用于其他情况的调试异常，简称调试异常（debug exception，即#DB）。硬件断点产生的是调试异常，所以当硬件断点发生时，CPU 会执行 1 号向量所对应的处理例程。

表 4-2 列出了各种导致调试异常的情况及该情况所产生异常的类型。

表 4-2 导致调试异常的各种情况

异 常 情 况	DR6 标志	DR7 标志	异常类型
因为 EFlags[TF]=1 而导致的单步异常	BS=1		陷阱
调试寄存器 DRn 和 LENn 定义的指令断点	Bn=1 and (Gn=1 or Ln=1)	R/Wn=0	错误
调试寄存器 DRn 和 LENn 定义的写数据断点	Bn=1 and (Gn=1 or Ln=1)	R/Wn=1	陷阱

续表

异 常 情 况	DR6 标志	DR7 标志	异常类型
调试寄存器 DRn 和 LENn 定义的 I/O 读写断点	Bn=1 and (Gn=1 or Ln=1)	R/Wn=2	陷阱
调试寄存器 DRn 和 LENn 定义的数据读（不包括取指）写断点	Bn=1 and (Gn=1 or Ln=1)	R/Wn=3	陷阱
当 DR7 的 GD 位为 1 时，企图修改调试寄存器	BD=1		错误
任务状态段（TSS）的 T 标志为 1 时进行任务切换	BT=1		陷阱

　　对于错误类调试异常，因为恢复执行后断点条件仍然存在，所以为了避免反复发生异常，调试软件必须在使用 IRETD 指令返回重新执行触发异常的指令前将标志寄存器的 RF（Resume Flag）位设为 1，告诉 CPU 不要在执行返回后的第一条指令时产生调试异常，则 CPU 执行完该条指令后会自动清除 RF 标志。

4.2.6　调试状态寄存器

　　调试状态寄存器（DR6）的作用是当 CPU 检测到匹配断点条件的断点或有其他调试事件发生时，用来向调试器的断点异常处理程序传递断点异常的详细信息，以便使调试器可以很容易地识别出发生的是什么调试事件。例如，如果 B0 被置为 1，那么就说明满足 DR0、LEN0 和 R/W0 所定义条件的断点发生了。表 4-3 列出了 DR6 中各个标志位的具体含义。

表 4-3　调试状态寄存器（DR6）

简称	全称	比特位	描　　述
B0	Breakpoint 0	0	如果处理器检测到满足断点条件 0 的情况，那么处理器会在调用异常处理程序前将此位置为 1
B1	Breakpoint 1	1	如果处理器检测到满足断点条件 1 的情况，那么处理器会在调用异常处理程序前将此位置为 1
B2	Breakpoint 2	2	如果处理器检测到满足断点条件 2 的情况，那么处理器会在调用异常处理程序前将此位置为 1
B3	Breakpoint 3	3	如果处理器检测到满足断点条件 3 的情况，那么处理器会在调用异常处理程序前将此位置为 1
BD	检测到访问调试寄存器	13	这一位与 DR7 的 GD 位相联系，当 GD 位被置为 1，而且 CPU 发现了要修改调试寄存器（DR0~DR7）的指令时，CPU 会停止继续执行这条指令，把 BD 位设为 1，然后把执行权交给调试异常（#DB）处理程序
BS	单步（Single step）	14	这一位与标志寄存器的 TF 位相联系，如果该位为 1，则表示异常是由单步执行（single step）模式触发的。与导致调试异常的其他情况相比，单步情况的优先级最高，因此当此标志为 1 时，也可能有其他标志也为 1
BT	任务切换（Task switch）	15	这一位与任务状态段（TSS）的 T 标志（调试陷阱标志，debug trap flag）相联系。当 CPU 在进行任务切换时，如果发现下一个任务的 TSS 的 T 标志为 1，则会设置 BT 位，并中断到调试中断处理程序

因为单步执行、硬件断点等多种情况触发的异常使用的都是一个向量号（即 1 号），所以调试器需要使用调试状态寄存器来判断到底是什么原因触发的异常。

4.2.7 示例

下面通过一些例子来加深理解。表 4-4 列出了对调试寄存器的设置，通过这些设置，我们定义了 4 个硬件断点，表格的最后一列是我们预期的断点触发条件。

表 4-4 断点示例

编号	地址寄存器	R/Wn	LENn	断点触发条件
0	DR0=A0001H	R/W0=11（读/写）	LEN0=00（1B）	读写 A0001H 开始的 1 字节
1	DR1=A0002H	R/W1=01（写）	LEN1=00（1B）	写 A0002H 开始的 1 字节
2	DR2=B0002H	R/W2=11（读/写）	LEN2=01（2B）	读写 B0002H 开始的 2 字节
3	DR3=C0000H	R/W3=01（写）	LEN3=11（4B）	写 C0000H 开始的 4 字节

对于上面的调试器设置，表 4-5 列出了一些读写操作（数据访问），并说明它们是否会命中断点。

表 4-5 内存访问示例

访问类型	访问地址	访问长度	触发断点与否
读或写	A0001H	1	触发（与断点 0 匹配）
读或写	A0001H	2	触发（读与断点 0 匹配，写与断点 0 和 1 都匹配）
写	A0002H	1	触发（与断点 1 匹配）
写	A0002H	2	触发（与断点 1 匹配）
读或写	B0001H	4	触发（与断点 2 匹配，对 B0002 和 B0003 的访问落入断点 2 定义的区域）
读或写	B0002H	1	触发（与断点 2 匹配）
读或写	B0002H	2	触发（与断点 2 匹配）
写	C0000H	4	触发（与断点 3 匹配）
写	C0001H	2	触发（与断点 3 匹配）
写	C0003H	1	触发（与断点 3 匹配）
读或写	A0000H	1	否
读	A0002H	1	否（断点 1 的访问类型是写）
读或写	A0003H	4	否
读或写	B0000H	2	否
读	C0000H	2	否（断点 3 定义的访问类型是写）
读或写	C0004H	4	否

表格最后一列说明了断点的命中情况及原因。可以看到，一个数据访问可能与多个断点定义的条件相匹配，这时，CPU 会设置状态寄存器的多个位，显示出所有匹配的断点。

再举个实际的例子。在 WinDBG 中打开上一节的 HiInt3 程序。根据清单 4-2 可以知道，printf 函数所使用的字符串的内存地址是 0042201c。考虑到 printf 函数执行时会访问这个地址，所以我们尝试对其设置断点。但当初始断点命中时执行 ba 命令，WinDBG 会提示设置失败：

```
0:000> ba w1 0042201c
        ^ Unable to set breakpoint error
The system resets thread contexts after the process
breakpoint so hardware breakpoints cannot be set.
Go to the executable's entry point and set it then.
 'ba w1 0042201c'
```

上面的信息表示此时尚不能设置硬件断点，原因是系统此时正在以 APC（Asynchronous Procedure Calls）（IRQL 为 1）方式执行新进程的用户态初始化工作，此时使用的是一个特殊的初始化上下文。这个过程结束后，系统才会切换到新线程（新进程的初始线程）自己的上下文，以普通方式（IRQL 为 0）执行新的线程。因为硬件断点所依赖的调试寄存器设置是保存在线程上下文中的，所以 WinDBG 提示我们先执行到程序的入口，然后再设置硬件断点，以防设置的断点信息丢失。实践中，大家可以通过对 main 函数或者 WinMain 函数设置软件断点让程序运行到入口函数，停下来后再设置硬件断点。如果希望在 main 函数之前就设置硬件断点，比如调试全局变量或者静态变量的初始化时就需要这样，那么可以对系统的线程启动函数设置断点，比如 ntdll!RtlUserThreadStart（有时这个函数的符号名可能多一个下画线，即_RtlUserThreadStart），或者 kernel32!BaseThreadInitThunk。

因为 HiInt3 程序的 main 函数开始处已经有一条 INT 3 指令了（这等同于一个软件断点），所以我们直接按 F5 快捷键让程序继续执行。待断点如期命中后，在 0042201c 附近设置如下 3 个硬件断点：

```
0:000> ba w1 0042201c
0:000> ba r2 0042201e
0:000> ba r1 0042201f
```

设置以上断点后立刻观察调试寄存器：

```
0:000> r dr0,dr1,dr2,dr3,dr6,dr7
dr0=00000000 dr1=00000000 dr2=00000000 dr3=00000000 dr6=00000000 dr7=00000000
```

可见，这时这些断点尚未设置到调试寄存器中，因为调试器是在恢复被调试程序执行时才把这些寄存器通过线程的上下文设置到 CPU 的寄存器中的。但使用 WinDBG 的列断点命令，可以看到已经设置的断点：

```
0:000> bl
 0 e 0042201c w 1 0001 (0001)  0:**** HiInt3!'string'
 1 e 0042201e r 2 0001 (0001)  0:**** HiInt3!'string'+0x2
 2 e 0042201f r 1 0001 (0001)  0:**** HiInt3!'string'+0x3
```

按 F5 快捷键让程序执行，断点 1 会先命中：

```
Breakpoint 1 hit
eax=0042201e ebx=7ffdd000 ecx=0012fc6c edx=0012fcd0 esi=0159f764 edi=0012ff80
eip=004014f9 esp=0012fc48 ebp=0012fefc iopl=0         nv up ei pl nz ac pe nc
cs=001b  ss=0023  ds=0023  es=0023  fs=003b  gs=0000         efl=00000216
HiInt3!_output+0x29:
004014f9 884dd8          mov     byte ptr [ebp-28h],cl     ss:0023:0012fed4=65
```

使用 kp 命令显示栈回溯信息，可以看到当前在执行_output 函数，它是被 printf 函数所调用的：

```
0:000> kp
ChildEBP RetAddr
0012fefc 004010bb    HiInt3!_output+0x29 [output.c @ 371]
0012ff28 00401033    HiInt3!printf+0x5b [printf.c @ 60]
0012ff80 00401209    HiInt3!main+0x23 [C:\...\code\chap04\HiInt3\HiInt3.cpp @ 11]
0012ffc0 7c816ff7    HiInt3!mainCRTStartup+0xe9 [crt0.c @ 206]
0012fff0 00000000    kernel32!BaseProcessStart+0x23
```

观察程序指针的值 eip=004014f9，需要注意的是，这并非触发断点的指令。因为数据访问断点是陷阱类断点，所以当断点命中时，触发断点的指令已经执行完毕，程序指针指向的是下一条指令的地址。可以使用 ub 004014f9 l2 命令来观察前面的两条指令：

```
0:000> ub 004014f9 l2
HiInt3!_output+0x24 [output.c @ 371]:
004014f4 8b450c          mov     eax,dword ptr [ebp+0Ch]
004014f7 8a08            mov     cl,byte ptr [eax]
```

可见，当前程序指针的前一条指令是 mov   cl,byte ptr [eax]，其含义是将 EAX 寄存器的值所指向的一个字节赋给 CL 寄存器（ECX 寄存器的最低字节）。EAX 的值是 0042201e，因此这条指令是从内存地址 0042201e 读取一个字节赋给 CL 的，这正好符合断点 1 的条件。

此时观察调试寄存器的内容：

```
0:000> r dr0,dr1,dr2,dr3,dr6,dr7
dr0=0042201c dr1=0042201e dr2=0042201f dr3=00000000 dr6=ffff0ff2 dr7=03710515
```

可以看到 DR0～DR2 存放的是 3 个断点的地址。DR3 还没有使用。为了便于观察，我们把 DR6 和 DR7 寄存器的各个位域和取值画在图 4-5 中。

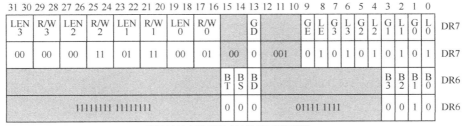

图 4-5 观察 DR6 和 DR7 寄存器的值

DR6 的位 1 为 1，表明断点 1 命中。DR7 的 R/W0 为 01，表明断点 0 的访问类型为写。R/W1 和 R/W2 为 11，表明断点 1 和断点 2 的访问类型为读写都命中。LEN1 等于 01，表明 2 字节访问。LEN0 和 LEN2 等于 00，表明是 1 字节访问。

按 F5 快捷键继续执行，WinDBG 会显示断点 1 和断点 2 都命中：

```
0:000> g
Breakpoint 1 hit
Breakpoint 2 hit
eax=0042201f ebx=7ffdd000 ecx=0012fc6c edx=0012fcd0 esi=7c9118f1 edi=0012ff80
eip=004014f9 esp=0012fc48 ebp=0012fefc iopl=0         nv up ei pl nz ac pe nc
cs=001b  ss=0023  ds=0023  es=0023  fs=003b  gs=0000             efl=00000216
HiInt3!_output+0x29:
004014f9 884dd8              mov         byte ptr [ebp-28h],cl    ss:0023:0012fed4=6c
```

EIP 的指针与刚才的相同，因此触发断点的指令与刚才的一样，表明程序在循环执行。从 EAX 的值可以看到，这次访问的内存地址是 0042201f，这刚好落入断点 1 定义范围的第二个字节，断点 2 定义范围的第一个字节。再观察调试寄存器：

```
0:000> r dr0,dr1,dr2,dr3,dr6,dr7
dr0=0042201c dr1=0042201e dr2=0042201f dr3=00000000 dr6=ffff0ff6 dr7=03710515
```

这次 DR6 的位 2 和位 1 都为 1，表明断点 2 和断点 1 都命中了。

4.2.8 硬件断点的设置方法

只有在实模式或保护模式的内核优先级（ring 0）下才能访问调试寄存器，否则便会导致保护性异常。这是出于安全性的考虑。那么，像 Visual Studio 2005（VS2005）这样的用户态调试器是如何设置硬件断点的呢？答案是通过访问线程的上下文（CONTEXT）数据来间接访问调试寄存器。CONTEXT 结构用来保存线程的执行状态，在多任务系统中，操作系统通过让多个任务轮换运行来使多个程序同时运行。当一个线程被挂起时，包括通用寄存器值在内的线程上下文信息会被保存起来，当该线程恢复执行时，保存的内容又会被恢复到寄存器中。清单 4-4 显示了当使用 VS2005 调试本地的 C++程序时，VS2005 调用 SetThreadContext API 来设置调试寄存器的函数调用过程（栈回溯）。

清单 4-4 VS2005 的本地调试器设置调试寄存器的过程

```
0:026> kn 100
 # ChildEBP RetAddr
00 07bee11c 5be24076 kernel32!SetThreadContext              // 调用系统 API 设置线程上下文
01 07bee128 5be96b9c NatDbgDE!Win32Debugger::RawSetThreadContext+0x2e
02 07bee410 5be96166 NatDbgDE!SetupDebugRegister+0x14f
03 07bee42c 5be5e5a7 NatDbgDE!DrSetupDebugRegister+0x2a       // 设置调试寄存器
04 07bee44c 5be1d63d NatDbgDE!_HPRCX::SetupDataBps+0x5b        // 设置数据断点
05 07bee45c 5be1e7f6 NatDbgDE!AddQueue+0x82
06 07bee474 5be27635 NatDbgDE!_HPRCX::ContinueThread+0x3d
07 07bee4a8 5be2b694 NatDbgDE!SetupSingleStep+0x94             // 设置单步标志
08 07bee4ec 5be2b701 NatDbgDE!StepOverBpAtPC+0xfb              // 单步越过断点，见下文
09 07bee570 5be35eee NatDbgDE!ReturnStepEx+0x196
0a 07bee5cc 5be25f3b NatDbgDE!PushRunningThread+0x93
0b 07beea10 5be25f7f NatDbgDE!ProcessContinueCmd+0x103         // 处理继续运行命令
0c 07beea34 5be12fa2 NatDbgDE!DMLib::DMFunc+0x149              // DM 层的分发函数
0d 07beea44 5be124e9 NatDbgDE!TLClientLib::Local_TLFunc+0x8c
                                                              // 转给本地的传输层函数
```

```
0e 07beea68 5be12510 NatDbgDE!CallTL+0x33                          // 调用传输层
0f 07beea88 5be126c2 NatDbgDE!EMCallBackTL+0x18
10 07beeab0 5be25e83 NatDbgDE!SendRequestX+0x7d
11 07beeae0 5be25e34 NatDbgDE!Go+0x4a                              // 执行 Go 命令
12 07bef7dc 5be12496 NatDbgDE!EMFunc+0x53b                         // EM 层的分发函数
13 07bef804 5be25e19 NatDbgDE!CallEM+0x20                          // 调用 EM（执行模型）层
14 07bef840 5be2603f NatDbgDE!CNativeThread::Go+0x57               // 执行 Go 命令
15 07bef85c 5be26081 NatDbgDE!CDebugProgram::ExecuteEx+0x66        // 命令解析和分发
16 07bef864 77e7a1ac NatDbgDE!CDebugProgram::Execute+0xd
...    // 省略多行
```

从上面的栈回溯可以清楚地看到，VS2005 的本地调试引擎（NatDbgDE）执行命令（Go）的过程，从 EM（Execution Model）层到传输层（Transport Layer），再到 DM（Debugge Module）层。最后由 DM 层调用 SetThreadContext API 将调试寄存器设置到线程上下文结构中。我们将在本书后续分卷中介绍 Visual Studio 调试器的分层模型和各个层的细节。

下面通过一个 C++例子来演示如何手工设置数据访问断点。清单 4-5 列出了这个小程序（DataBp）的源代码。

清单 4-5　DataBp 程序的源代码

```cpp
1    // DataBP.cpp :演示如何手工设置数据访问断点
2    // Raymond Zhang Jan. 2006
3    //
4
5    #include "stdafx.h"
6    #include <windows.h>
7    #include <stdlib.h>
8
9    int main(int argc, char* argv[])
10   {
11       CONTEXT cxt;
12       HANDLE hThread=GetCurrentThread();
13       DWORD dwTestVar=0;
14
15       if(!IsDebuggerPresent())
16       {
17          printf("This sample can only run within a debugger.\n");
18          return E_FAIL;
19       }
20       cxt.ContextFlags=CONTEXT_DEBUG_REGISTERS|CONTEXT_FULL;
21       if(!GetThreadContext(hThread,&cxt))
22       {
23          printf("Failed to get thread context.\n");
24          return E_FAIL;


25       }
26       cxt.Dr0=(DWORD) &dwTestVar;
27       cxt.Dr7=0xF0001;//4 bytes length read& write breakponits
28       if(!SetThreadContext(hThread,&cxt))
29       {
30          printf("Failed to set thread context.\n");
31          return E_FAIL;
32       }
```

```
33
34      dwTestVar=1;
35      GetThreadContext(hThread,&cxt);
36      printf("Break into debuger with DR6=%X.\n",cxt.Dr6);
37
38      return S_OK;
39  }
```

第 11 行和第 12 行读取当前线程的 CONTEXT 结构，其中包含了线程的通用寄存器和调试寄存器信息。第 15 行检测当前程序是否正在被调试，如果不是正在被调试，那么当断点被触发时便会导致异常错误。第 26 行是将内存地址放入 DR0 寄存器。第 27 行是设置 DR7 寄存器，F 代表 4 字节读写访问；01 代表启用 DR0 断点。第 28 行通过 SetThreadContext() API 使寄存器设置生效。第 34 行尝试修改内存数据以触发断点。

在 VC6 下运行该程序（不设置任何软件断点），会发现 VC6 停在 dwTestVar=1 的下一行。为什么会停在下一行而不是访问数据这一行呢？正如我们前面所介绍的，这是因为数据访问断点导致的调试异常是一种陷阱类异常，当该类异常发生时，触发该异常的指令已经执行完毕。与此类似，INT 3 指令导致的断点异常也属于陷阱类异常。但是通过调试寄存器设置的代码断点触发的调试异常属于错误类异常，当错误类异常发生时，CPU 会将机器状态恢复到执行导致异常的指令被执行前的状态，这样，对于某些错误类异常，比如页错误和除零异常，异常处理例程可以纠正"错误"情况后重新执行导致异常的指令。

在使用 WinDBG 调试器调试时，我们可以使用 ba 命令设置硬件断点。比如执行命令 ba w4 0xabcd 后，CPU 一旦再对内存地址 0xabcd 开始的 4 字节范围内的任何字节执行写访问，便会产生调试异常。如果把 w4 换成 r4，那么读写这个内存范围都会触发异常。

4.2.9 归纳

因为以上介绍的断点不需要像软件断点那样向代码中插入软件指令，依靠处理器本身的功能便可以实现，所以人们习惯上把这些使用调试寄存器（DR0～DR7）设置的断点称为硬件断点（hardware breakpoint），以便与软件断点区别开来。

硬件断点有很多优点，但是也有不足，最明显的就是数量限制，因为只有 4 个断点地址寄存器，所以每个 IA-32 CPU 允许最多设置 4 个硬件断点，但这基本可以满足大多数情况下的调试需要。

在多处理器系统中，硬件断点是与 CPU 相关的，也就是说，针对一个 CPU 设置的硬件断点并不适用于其他 CPU。

还有一点需要说明的是，可以使用调试寄存器来实现变量监视和数据断点。但并非所有调试器的数据断点功能都是使用调试寄存器来实现的。举例来说，WinDBG 的 ba 命令及 VS2005 的 C/C++调试器都是使用调试寄存器来设置数据断点的，但 VC6 调试器不是这样做的。一旦设置并启用了数据断点，VC6 调试器便会记录下每个变量的当前值，然后以单步的方式恢复程序执行（下一节将详细讨论单步标志）。这样，被调试程序执行一条汇编指令后便会因为调试异常而中断到 VC6 调试器，VC6 调试器收到调试事件后会读取断点列表中的每个数据变量的当前值，并与它们的保存值相比较，如果发生变化，那么就说明该断点命中，VC6 会显示图 4-6 所示的对话框。如果没有变化，那么便再设置单步标志，让被调试程序再执行一条指令。

图 4-6　VC6 显示的数据断点命中对话框

当显示以上对话框时，修改变量的那条指令已经执行完毕，所以单击 OK 按钮后，调试器显示的执行位置箭头指向的是导致变量变化的代码的下一行。

由于 VC6 的数据断点功能不是使用调试寄存器设置的，因此没有数量限制，但这种实现方法的明显缺点是效率低，会导致被调试程序的运行速度变慢。

4.3　陷阱标志

在 4.1 节和 4.2 节中，我们分别介绍了通过 INT 3 指令设置的软件断点和通过调试寄存器设置的硬件断点。无论是软件断点还是硬件断点，其目的都是使 CPU 执行到指定位置或访问指定位置时中断到调试器。除了断点，还有一类常用的方法可使 CPU 中断到调试器，这便是调试陷阱标志（debug trap flag）。可把陷阱标志想象成一面"令旗"，当有陷阱标志置起时，CPU 一旦检测到符合陷阱条件的事件发生，就会报告调试异常通知调试器。IA-32 处理器所支持的调试陷阱标志共有以下 3 种。

- 8086 支持的单步执行标志（EFLAGS 的 TF 位）。

- 386 引入的任务状态陷阱标志（TSS 的 T 标志）。

- 奔腾 Pro 引入的分支到分支单步执行标志（DebugCtl 寄存器中的 BTF 标志）。

下面分别详细介绍。

4.3.1　单步执行标志

在 x86 系列处理器的第一代产品 8086 CPU 的程序状态字 PSW（Program Status Word）寄存器中有一个陷阱标志位（bit 8），名为 Trap Flag，简称 TF。当 TF 位为 1 时，CPU 每执行完一条指令便会产生一个调试异常（#DB），中断到调试异常处理程序，调试器的单步执行功能大多是依靠这一机制来实现的。从 80286 开始，程序状态字寄存器改称标志寄存器（FLAGS），80386 又将其从 16 位扩展到 32 位，简称 EFLAGS，但都始终保持着 TF 位。

调试异常的向量号是 1，因此，设置 TF 标志会导致 CPU 每执行一条指令后都转去执行 1 号异常的处理例程。在 8086 和 286 时代，这个处理例程是专门用来处理单步事件的。从 386 开始，当硬件断点发生时也会产生调试异常，调用 1 号服务例程，但可利用调试状态寄存器（DR6）来识别发生的是何种事件。为了表达方便，我们把因 TF 标志触发的调试异常称为单步异常（single-step exception）。

单步异常属于陷阱类异常（3.2 节介绍了异常的 3 种类别），也就是说，CPU 总是在执行完导致此类异常的指令后才产生该异常。这意味着当因单步异常中断到调试器中时，导致该异常的指令已经执行完毕了。软件断点异常（#BP）和硬件断点中的数据及 I/O 断点异常也是陷阱类异常，但是硬件断点中的指令访问异常是错误类异常，也就是说，当由于此异常而中断到调试器时，相应调试地址寄存器（DRn）中所指地址处的指令还没有执行。这是因为 CPU 是在尝试执行下一条指令时进行此类断点匹配的。

CPU 是何时检查 TF 标志的呢？IA-32 手册的原文是 "while an instruction is being executed"（IA-32 手册卷 3 的 15.3.1.4 Single-Step Exception Condition），也就是说，在执行一个指令的过程中。尽管没有说过程中的哪个阶段（开始、中间还是末尾），但是可以推测应该是一条指令即将执行完毕的时候。也就是说，当 CPU 在即将执行完一条指令的时候检测 TF 位，如果该位为 1，那么 CPU 就会先清除此位，然后准备产生异常。但是这里有个例外，对于那些可以设置 TF 位的指令（例如 POPF），CPU 不会在执行这些指令期间做以上检查。也就是说，这些指令不会立刻产生单步异常，而是其后的下一条指令将产生单步异常。

因为 CPU 在进入异常处理例程前会自动清除 TF 标志，所以当 CPU 中断到调试器中后再观察 TF 标志，它的值总是 0。

既然调试异常的向量号是 1，可不可以像 INT 3 那样通过在代码中插入 INT 1 这样的指令来实现手工断点呢？对于应用程序，答案是否定的。INT 3 尽管具有 INT n 的形式，但是它具有独特的单字节机器码，而且其作用就是产生一个断点异常（breakpoint exception，即#BP）。因此系统对其有特别的对待，允许其在用户模式下执行。而 INT 1 则不然，它属于普通的 INT n 指令，机器码为 0xCD01。在保护模式下，如果执行 INT n 指令时当前的 CPL 大于引用的门描述符的 DPL，那么便会导致通用保护异常（#GP）。在 Windows 2000 和 XP 这样的操作系统下，INT 1 对应的中断门描述符的 DPL 为 0，这就要求只有内核模式的代码才能执行 INT 1 指令，访问该中断门。也就是说，用户模式下的应用程序没有权利使用 INT 1 指令。一旦使用，就会导致一个一般保护性异常（#GP），Windows 会将其封装为一个访问违例错误（见图 4-7）。在内核模式下，可以在代码（驱动程序）中写入 INT 1 指令，CPU 执行到该指令时会转去执行 1 号向量对应的处理例程，如果在使用 WinDBG 进行内核级调试，那么会中断到 WinDBG 中，WinDBG 会以为是发生了一个单步异常。

图 4-7 应用程序中执行 INT 1 指令会导致一般保护性异常

4.3.2 高级语言的单步执行

下面谈谈调试高级语言时的单步机制。由于高级语言的一条语句通常对应多条汇编指令，例如，在清单 4-6 中，C++的一条语句 i=a+b*c+d/e+f/g+h 对应于 15 条汇编语句，因此容易想到单步执行这条 C++语句的几种可能方法。第一种是用 TF 标志一步步地"走过"每条汇编指令，这种方法意味着会产生 15 次调试异常，CPU 中断到调试器 15 次，不过中间的 14 次都是简单地重新设置起 TF 标志，便恢复被调试程序执行，不中断给用户。第二种方法是在 C++语句对应的最后一条汇编指令处动态地插入一条 INT 3 指令，让 CPU 一下子跑到那里，然后再单步一次将被替换的那条指令执行完，这种方法需要 CPU 中断到调试器两次。第三种方法是在这条 C++语句的下一条语句的第一条汇编指令处（即第 18 行）替换入一个 INT 3，这样 CPU 中断到调试器一次就可以了。

清单 4-6 高级语言的单步跟踪

```
1    10:       i=a+b*c+d/e+f/g+h;
2    00401028 8B 45 F8       mov    eax,dword ptr [ebp-8]
3    0040102B 0F AF 45 F4    imul   eax,dword ptr [ebp-0Ch]
4    0040102F 8B 4D FC       mov    ecx,dword ptr [ebp-4]
5    00401032 03 C8          add    ecx,eax
6    00401034 8B 45 F0       mov    eax,dword ptr [ebp-10h]
7    00401037 99             cdq
8    00401038 F7 7D EC       idiv   eax,dword ptr [ebp-14h]
9    0040103B 8B F0          mov    esi,eax
10   0040103D 03 75 E0       add    esi,dword ptr [ebp-20h]
11   00401040 8B 45 E8       mov    eax,dword ptr [ebp-18h]
12   00401043 99             cdq
13   00401044 F7 7D E4       idiv   eax,dword ptr [ebp-1Ch]
14   00401047 03 F1          add    esi,ecx
15   00401049 03 C6          add    eax,esi
16   0040104B 89 45 DC       mov    dword ptr [ebp-24h],eax
17   11:       j=i;
18   0040104E 8B 55 DC       mov    edx,dword ptr [ebp-24h]
19   00401051 89 55 D8       mov    dword ptr [ebp-28h],edx
20   12:
21   13:       if(a)
22   0040D6C4 83 7D FC 00    cmp    dword ptr [ebp-4],0
23   0040D6C8 74 0B          je     main+55h (0040d6d5)
24   14:           i+=a;
25   0040D6CA 8B 45 DC       mov    eax,dword ptr [ebp-24h]
26   0040D6CD 03 45 FC       add    eax,dword ptr [ebp-4]
27   0040D6D0 89 45 DC       mov    dword ptr [ebp-24h],eax
28   15:       else if(b)
29   0040D6D3 EB 20          jmp    main+75h (0040d6f5)
30   0040D6D5 83 7D F8 00    cmp    dword ptr [ebp-8],0
31   0040D6D9 74 0B          je     main+66h (0040d6e6)
32   16:           i+=b;
33   0040D6DB 8B 4D DC       mov    ecx,dword ptr [ebp-24h]
34   0040D6DE 03 4D F8       add    ecx,dword ptr [ebp-8]
35   0040D6E1 89 4D DC       mov    dword ptr [ebp-24h],ecx
36   17:       else if(c)
```

后两种方法较第一种方法速度会快很多，但不幸的是，并不总能正确地预测出高级语言对应的最后一条指令和下一条语句的开始指令（要替换为 INT 3 的那一条指令）。比如对于第 28 行的 else if（b）语句，就很难判断出它对应的最后一条汇编语句和下一条高级语言语句的起始指令。因此，今天的大多数调试器在进行高级语言调试时都是使用第一种方法来实现单步跟踪的。

关于 TF 标志，还有一点值得注意，INT *n* 和 INTO 指令会清除 TF 标志，因此调试器在单步跟踪这些指令时，必须做特别处理。

4.3.3 任务状态段陷阱标志

除了标志寄存器中的陷阱标志（TF）位以外，386 还引入了一种新的调试陷阱标志，任务状态段（Task-State Segment，TSS）中的 T 标志。任务状态段用来记录一个任务（CPU 可以独立调度和执行的程序单位）的状态，包括通用寄存器的值、段寄存器的值和其他重要信息。当任务切换时，当前任务的状态会被保存到这个内存段里。当要恢复执行这个任务时，系统会根据 TSS 中的保存记录把寄存器的值恢复回来。

在 TSS 中，字节偏移为 100 的 16 位字（word）的最低位是调试陷阱标志位，简称 T 标志。如果 T 标志被置为 1，那么当 CPU 切换到这个任务时便会产生调试异常。准确地说，CPU 是在将程序控制权转移到新的任务但还没有开始执行新任务的第一条指令时产生异常的。调试中断处理程序可以通过检查调试状态寄存器（DR6）的 BT 标志来识别出发生的是否是任务切换异常。值得注意的是，如果调试器接管了调试异常处理，而且该处理例程属于一个独立的任务，那么一定不要设置该任务的 TSS 段中的 T 位；否则便会导致死循环。

4.3.4 按分支单步执行标志

在 IA-32 处理器家族中，所有 Pentium Pro、Pentium II 和 Pentium III 处理器，包括相应的 Celeron（赛扬）和 Xeon（至强）版本，因为都是基于相同的 P6 内核（Core）而被统称为 P6 处理器。P6 处理器引入了一项对调试非常有用的新功能：监视和记录分支、中断和异常，以及按分支单步执行（Single-step on branch）。奔腾 4 处理器对这一功能又做了很大的增强。下面具体介绍按分支单步执行的功能和使用方法。第 5 章将介绍分支、中断和异常记录功能。

首先解释按分支单步执行（Branch Trace Flag，BTF）的含义。前面介绍过，当 EFLAGS 寄存器的 TF 位为 1 时，CPU 每执行完一条指令便会中断到调试器，即以指令为单位单步执行。顾名思义，针对分支单步执行就是以分支为单位单步执行，换句话说，每步进（step）一次，CPU 会一直执行到有分支、中断或异常发生。为了行文方便，从现在开始，我们把发生分支、中断或异常的情况统一称为跳转。

那么，如何启用按分支单步执行呢？简单来说，就是要同时置起 TF 和 BTF 标志。众所周知，TF 标志位于 EFLAGS 中而 BTF 标志位于 MSR（Model Specific Register）中——在 P6 处理器中，这个 MSR 的名字叫 DebugCtlMSR，在奔腾 4 处理器中被称为 DebugCtlA，在奔腾 M 处理器中被称为 DebugCtlB。BTF 位是在这些 MSR 寄存器的位 1 中。

下面结合清单 4-7 中的代码进行说明。

清单 4-7 按分支单步执行

```
1    #define DEBUGCTRL_MSR 0x1D9
2    #define BTF 2
3    int main(int argc, char* argv[])
```

```
4     {
5         int m,n;
6         MSR_STRUCT msr;
7
8         if(!EnablePrivilege(SE_DEBUG_NAME)
9             || !EnsureVersion(5,1)
10            || !GetSysDbgAPI())
11        {
12            printf("Failed in initialization.\n");
13            return E_FAIL;
14        }
15        memset(&msr,0,sizeof(MSR_STRUCT));
16
17        msr.MsrNum=DEBUGCTRL_MSR;
18        msr.MsrLo|=BTF;
19        WriteMSR(msr);
20
21        //以下代码将全速运行
22        m=10,n=2;
23        m=n*2-1;
24        if(m==m*m/m)
25            m=1;
26        else
27        {
28            m=2;
29        }
30        //一次可以单步到这里
31        m*=m;
32
33        if(ReadMSR(msr))
34        {
35            PrintMsr(msr);
36        }
37        else
38            printf("Failed to ReadMSR().\n");
39
40        return S_OK;
41    }
```

在 VC6 的 IDE 环境下（系统的 CPU 应该是 P6 或更高），先在第 22 行设置一个断点，然后按 F5 快捷键运行到这个断点位置。第 19 行是用来启用按分支单步执行功能的，即设置起 BTF 标志。接下来，我们按 F10 快捷键单步执行，会发现一下子会执行到第 31 行，即从第 22 行单步一次就执行到了第 31 行，这便是按分支单步执行的效果。那么，为什么会执行到第 31 行呢？按照分支到分支单步执行的定义，CPU 会在执行到下一次跳转发生时停止。对于我们的例子，CPU 在执行第 22 行对应的第一条汇编指令时，CPU 会检测到 TF 标志（因为我们是按 F10 快捷键单步执行的，所以 VC6 会帮助我们设置 TF 标志）。此外，P6 及以后的 IA-32 CPU 还会检查 BTF 标志，当发现 BTF 标志也被置起时，CPU 会认为当前是在按分支单步执行，所以会判断是否有跳转发生。需要解释一下，这里所说的有跳转发生，是指执行当前指令的结果导致程序指针的值发生了跳跃，是与顺序执行的逐步递增相对而言的。值得说明的是，如果当前指令是条件转移指令（比如 JA、JAE、JNE 等），而且转移条件不满足，那么是不算有跳转发生的，CPU 仍会继续执行。

继续我们的例子，因为第 22 行的第一条汇编指令根本不是分支指令，所以 CPU 会继续执行。以此类推，CPU 会连续执行到第 24 行的 if 语句对应的最后一条汇编指令 jne（见清单 4-8）。因为这条语句是条件转移语句而且转移条件满足，所以执行这条指令会导致程序指针跳越。当 CPU 在执行这条指令的后期检查 TF 和 BTF 标志时，会认为已经满足产生异常的条件，在清除 TF 和 BTF 标志后，就产生单步异常中断到调试器。因为 EIP 总是指向即将要执行的指令，所以 VC6 会将当前位置设到第 31 行，而不是第 24 行。也就是说，中断到调试器时，分支语句已经执行完毕，但是跳转到的那条语句（即清单 4-7 中的第 31 行）还没有执行。

清单 4-8　第 24 行的汇编代码

```
1    128:      if(m==m*m/m)
2    0040DBBB 8B 45 FC          mov      eax,dword ptr [ebp-4]
3    0040DBBE 0F AF 45 FC       imul     eax,dword ptr [ebp-4]
4    0040DBC2 99                cdq
5    0040DBC3 F7 7D FC          idiv     eax,dword ptr [ebp-4]
6    0040DBC6 39 45 FC          cmp      dword ptr [ebp-4],eax
7    0040DBC9 75 09             jne      main+0B4h (0040dbd4)
```

对以上过程还有几点需要说明。

如果在从第 22 行执行到第 24 行的过程中，有中断或异常发生，那么 CPU 也会认为停止单步执行的条件已经满足。因此，按分支单步执行的全称是按分支、异常和中断单步（single-step on branches, exceptions and interrupts）执行。

由于只有内核代码才能访问 MSR 寄存器（通过 RDMSR 和 WRMSR 指令），因此在上面的例子中，在 WriteMSR() 函数中使用了一个未公开的 API ZwSystemDebugControl() 来设置 BTF 标志。

在 WinDBG 调试器调试时，执行 tb 命令便可以按分支单步跟踪。但是当调试 WoW64 程序（运行在 64 位 Windows 系统中的 32 位应用程序）时，这条命令是不工作的，WinDBG 显示 Operation not supported by current debuggee error in 'tb'（当前的被调试目标不支持此操作）。另外，因为需要 CPU 的硬件支持，在某些虚拟机里调试时，WinDBG 也会显示这样的错误提示。

『 4.4　实模式调试器例析 』

在前面几节中，我们介绍了 IA-32 CPU 的调试支持，本节将介绍两个实模式下的调试器，看它们是如何利用 CPU 的调试支持实现各种调试功能的。

4.4.1　Debug.exe

20 世纪 80 年代和 90 年代初的个人电脑大多安装的是 DOS 操作系统。很多在 DOS 操作系统下做过软件开发的人都使用过 DOS 系统自带的调试器 Debug.exe。它体积小巧（DOS 6.22 附带的版本为 15718 字节），只要有基本的 DOS 环境便可以运行，但它的功能非常强大，具有汇编、反汇编、断点、单步跟踪、观察/搜索/修改内存、读写 IO 端口、读写寄存器、读写磁盘（按扇区）等功能。

在今天的 Windows 系统中，仍保留着这个程序，它位于 system32 目录下。在运行对话框或命令行中都可以通过输入"debug"来启动这个经典的实模式调试器。Debug 程序启动后，会显示一个横杠，这是它的命令提示符。此时就可以输入各种调试命令了，Debug 的命令都是一个英文字母（除了用于扩展内存的 X 系列命令），附带 0 或多个参数。比如可以使用 L 命令把磁盘上的数据读到内存中，使用 G 命令让 CPU 从指定的内存地址开始执行，等等。输入问号（？）可以显示出命令清单和每个命令的语法（见清单 4-9）。

清单 4-9 Debug 调试器的命令清单

```
-?
assemble        A [address]                          ;; 汇编*
compare         C range address                      ;; 比较两个内存块的内容
dump            D [range]                            ;; 显示指定内存区域的内容
enter           E address [list]                     ;; 修改内存中的内容
fill            F range list                         ;; 填充一个内存区域
go              G [=address] [addresses]             ;; 设置断点并从=号的地址执行**
hex             H value1 value2                      ;; 显示两个参数的和及差
input           I port                               ;; 读指定端口
load            L [address] [drive] [firstsector] [number] ;; 读磁盘数据到内存
move            M range address                      ;; 复制内存块
name            N [pathname] [arglist]               ;; 指定文件名，供 L 和 W 命令使用
output          O port byte                          ;; 写 IO 端口
proceed         P [=address] [number]                ;; 单步执行，类似于 Step Over
quit            Q                                    ;; 退出调试器
register        R [register]                         ;; 读写寄存器
search          S range list                         ;; 搜索内存
trace           T [=address] [value]                 ;; 单步执行，类似于 Step Into
unassemble      U [range]                            ;; 反汇编
write           W [address] [drive] [firstsector] [number] ;; 写内存数据到磁盘
allocate expanded memory      XA [#pages]            ;; 分配扩展内存
deallocate expanded memory    XD [handle]            ;; 释放扩展内存
map expanded memory pages     XM [Lpage] [Ppage] [handle];; 映射扩展内存页
display expanded memory status  XS                   ;; 显示扩展内存状态
```

* 也就是将用户输入的汇编语句翻译为机器码，并写到内存中，地址参数用来指定存放机器码的起始内存地址。

** 如果不指定"=号"参数，那么便从当前的 CS:IP 寄存器的值开始执行。第二个参数可以是多个地址值，调试器会在这些地址的内存单元替换为 INT 3 指令的机器码 0xCC。

上述代码中的第一列是命令的用途（主要功能），第二列是命令的关键字，不区分大小写，后面是命令的参数。双分号后的部分是作者加的注释。

纵观这个命令清单，虽然命令的总数不多，不算后面的 4 个用于扩展内存的命令，只有 19 个，但是这些命令囊括了所有的关键调试功能。

其中 L 和 W 命令既可以读写指定的扇区，也可以读写 N 命令所指定的文件名。以下是 Debug 程序的几种典型用法。

- 当启动 Debug 程序时，在命令行参数中指定要调试的程序，如 debug debuggee.com。这样，Debug 程序启动后会自动把被调试的程序加载到内存中。因为是实模式，所以它们

都在一个内存空间中。我们稍后再详细讨论这一点。

- 不带任何参数启动 Debug 程序，然后使用 N 命令指定要调试的程序，再执行 L 命令将其加载到内存中，并开始调试。

- 不带任何参数启动 Debug 程序，然后使用 L 命令直接加载磁盘的某些扇区，比如当调试启动扇区中的代码和主引导扇区中的代码（MBR）时，通常使用这种方法。

- 不带任何参数启动 Debug 程序，然后使用它的汇编功能，输入汇编指令，然后执行，这适用于学习和试验。

Debug 程序是 8086 Monitor 程序的 DOS 系统版本，我们将在介绍 8086 Monitor 之后一起介绍它们的关键实现。

4.4.2　8086 Monitor

DOS 操作系统的最初版本是由被誉为"DOS 之父"的 Tim Paterson 先生设计的。Tim Paterson 当时就职于 Seattle Computer Products 公司（SCP），他于 1980 年 4 月开始设计，并将第一个版本 QDOS 0.10 于 1980 年 8 月推向市场。

在如此快的时间内完成一个操作系统，速度可以说是惊人的。究其原因，当然离不开设计者的技术积累。而其中非常关键的应该是 Tim Paterson 从 1979 年开始设计的 Debug 程序的前身，即 8086 Monitor。

8086 Monitor 是与 SCP 公司的 8086 CPU 板一起使用的一个调试工具。表 4-6 列出了 1.4A 版本的 8086 Monitor 的所有命令。

表 4-6　8086 Monitor 的命令（1.4A 版本）

命　　令	功　　能
B <ADDRESS>...<ADDRESS>	启动，读取磁盘的 0 道 0 扇区到内存并执行
D <ADDRESS>|<RANGE>	显示指定内存地址或区域的内容
E <ADDRESS> <LIST>	编辑内存
F <ADDRESS> <LIST>	填充内存区域
G <ADDRESS>...<ADDRESS>	设置断点并执行
I <HEX4>	从 I/O 端口读取数据
M <RANGE> <ADDRESS>	复制内存块
O <HEX4> <BYTE>	向 I/O 端口输出数据
R [REGISTER NAME]	读取或修改寄存器
S <RANGE> <LIST>	搜索内存
T [HEX4]	单步执行

从以上命令可以看出，8086 Monitor 已经具有了非常完备的调试功能。把这些命令与清单 4-9 所示的 Debug 程序的命令相比，可以发现，大多数关键命令都已经存在了。

8086 Monitor 是在 1979 年年初开始开发的，其 1.4 版本则是在 1980 年 2 月开发的。Tim Paterson 先生在给作者的邮件中讲述了他最初开发 8086 Monitor 时的艰辛。因为没有其他调试器和逻辑分析仪可以使用，他只好使用示波器来观察 8086 CPU 的信号，以此来了解 CPU 的启动时序和工作情况。因此，开发 8086 Monitor 不仅为后来开发 DOS 准备了一个强有力的工具，还让 Tim Paterson 对 8086 CPU 和当时的个人计算机系统了如指掌。这些基础对于后来 Tim Paterson 能在两个多月里完成 DOS 的第一个版本起到了重要作用。

事实上，Windows NT 的开发团队也是在开发的初期就开发了 KD 调试器，并一直使用这个调试器来辅助整个开发过程。我们将在第 6 篇详细介绍 KD 调试器。

4.4.3 关键实现

在对 Debug 和 8086 Monitor 的基本情况有所了解后，我们来看它们的主要功能是如何实现的。

8086 Monitor 是完全使用汇编语言编写的。整个程序的机器码大约有 2000 多个字节，可谓是非常精炼。在 Tim Paterson 先生目前公司的网站上有 8086 Monitor 程序的汇编代码清单，以下讨论将结合这份清单中的代码，为了节约篇幅，我们只引用关键的代码段，并在括号中标出页码，建议读者自行下载并对照阅读。

因为在实模式下的系统中只有一个任务在运行，所以调试器和被调试程序的代码和数据都是在一个内存空间中的，而且这个空间中的地址就是物理地址。为了避免冲突，调试器和被调试程序各自使用不同的内存区域。以 8086 Monitor 为例，它使用从 0xFF80 开始的较高端内存空间，把低端留给被调试程序。

调试器和被调试程序在一个内存空间中为实现很多调试功能提供了很大的便利。例如，对于所有与内存有关的命令，内存地址不需要做任何转换就可以直接访问。当设置断点时，也可以直接把断点指令写到被调试程序的代码中。这与多任务操作系统下的情况完全不同，在多任务操作系统中，调试器和被调试程序各自属于不同的内存空间，调试器需要借助操作系统的支持来访问被调试程序的空间。

为了响应调试异常，8086 Monitor 会改写中断向量表的表项 1（地址 4～7）、3（地址 0xC～0xF）和 19H（地址 0x64～0x67）——分别对应于 INT 1、INT 3 和 INT 19H。INT 1 用于处理单步执行时的异常，INT 3 用于处理断点异常，INT 19H 用于串行口通信接收命令。

下面以断点为例介绍调试器的工作过程。当 CPU 执行到断点指令（INT 3）时，会转去执行中断向量表中 3 号表项所指向的代码。当 8086 Monitor 初始化时，已经将其指向标号 BREAKFIX 所开始的代码（Mon_86_1.4a.pdf 的第 27 页），即：

```
BREAKFIX:
    XCHG SP, BP
    DEC [BP]
    XCHG SP, BP
```

在跳转到异常处理的代码前，CPU 把当时的程序指针寄存器的值保存在栈中，因此以上 3 条指令的作用是将放在栈顶的程序指针寄存器的值减 1 后再放回去，减 1 的目的是使其恢复为 INT 3 指令指向前的值，也就是执行 INT 3 指令，同时也就是设置断点的位置。

以上 3 行的下面便是标号 REENTER 开始的代码（也是 Mon_86_1.4a.pdf 的第 27 页），这也是 INT 1 和 INT 19H 的处理器入口。这样便很自然地实现了 3 个异常处理代码的共享。

REENTER 代码块首先将当前寄存器的值保存到变量中。调试时 R 命令显示的寄存器值都是从这些变量中读取的。也就是说，这些变量的作用与 Windows 系统中的 CONTEXT 结构的作用是一样的。

接下来，调用 CRLF 开始一个新的行，调用 DISPREG 显示寄存器的值，然后对变量 TCOUNT 递减 1。TCOUNT 用于记录 T 命令的参数，即单步执行的指令条数，如果 TCOUNT 不等于 0，那么就跳到 STEP1（Mon_86_1.4a.pdf 的第 27 页）去再单步执行一次。否则，判断 BRKCNT 变量，检查当前的断点个数，如果大于 0，那么就自然向下执行清除断点的代码（标号 CLEANBP），也就是说，将设置断点用的断点指令恢复成原来的指令内容。当恢复断点时，或者当 BRKCNT 等于 0 时，便跳转到标号 COMMAND（Mon_86_1.4a.pdf 的第 13 页），等待用户输入命令，开始交互式调试。

当用户输入命令后，调试器（8086 Monitor）会根据一个命令表来跳转到处理该命令的代码。执行完一个命令并显示结果后，调试器会等待下一个命令，直至接收到恢复程序执行的命令 T 或 G。以 G 命令为例，它最多可以跟 10 个地址参数，最多可以用来定义 10 个断点。调试器会依次解析每个地址，然后将其保存到内部的断点表中，而后将断点地址处的一个字节保存起来，并替换成 0xCC（即 INT 3 指令）。设置断点后（或 G 命令没有带参数，不需要设置断点），调试器会将 TCOUNT 命令设置为 1，然后跳转到 EXIT 标号（Mon_86_1.4a.pdf 的第 26 页）所代表的用于异常返回的代码。

EXIT 代码会先设置异常向量，然后把保存在变量中的寄存器内容恢复到物理寄存器中，最后把变量 FSAVE、CSSAVE 和 IPSAVE 的值压入到栈中，然后执行中断返回指令 IRET。

```
MOV SP, [SPSAVE]
PUSH [FSAVE]
PUSH [CSSAVE]
PUSH [IPSAVE]
MOV DS,[DSSAVE]
IRET
```

FSAVE 变量用于保存标志寄存器的值，CSSAVE 和 IPSAVE 变量分别用于保存段寄存器和程序指针寄存器的值。当产生异常时，CPU 便会把这 3 个寄存器的值压入到栈中，当异常返回时，CPU 是从栈中读取这 3 个寄存器的值，赋给 CPU 中的对应寄存器，然后从 CS 和 IP（程序指针）寄存器指定的地址开始执行。因为标志寄存器和 IP 寄存器的特殊作用，8086 架构没有设计直接对标志寄存器和程序指针寄存器赋值的指令，修改它们的最主要方式就是当中断返回时通过栈来间接修改。因为在调试器中可以修改 FSAVE、CSSAVE 和 IPSAVE 变量，所以可在调试器中通过修改这 3 个变量来影响恢复执行时它们的值。单步执行命令就是通过设置 FSAVE 的 TF 标志实现的。通过修改 IPSAVE 变量可以达到改变执行位置的目的，让程序"飞跃"到任意的地址恢复执行。

　　本节简要介绍了实模式下的调试器的实现方法。因为是单任务环境，所以实现比较简单。在保护模式和 Windows 这样的多任务操作系统下，因为涉及任务之间的界限和用户态及内核态的界限，所以要实现调试变得复杂很多，调试器必须与操作系统相互配合。我们将在后面的章节中逐步介绍相关内容。

4.5　反调试示例

　　出于某些理由，有些软件是不希望被调试的，于是便有了五花八门的反调试技术。与调试技术类似，很多反调试技术也是与 CPU 的硬件支持密不可分的。反调试技术千变万化，最常用的就是回避调试器。一旦检测到调试器存在，示例就拒绝运行（见图 4-8）或者不再走"寻常路"，故意跳来跳去，或者干脆跳入一个死循环，让调试者无法跟踪到它的真实轨迹。下面通过一个真实的例子略作阐述。

图 4-8　回避调试器

　　　　某年在深圳腾讯，有书友建议老雷写一本反调试技术的书，婉言谢绝，原因主要是深刻理解了调试，举一反三即可知反调试，再深挖一下，便可知化解之法，本节证之。（评于珠海石景山顶之渔女故事浮雕前）

老雷评点

　　本章 4.3 节介绍的跟踪标志（TF）是单步跟踪功能的基础，是大多数调试器所依赖的一个硬件基础。正因如此，它也被用来检测调试器的存在和实现反调试，清单 4-10 所示的这段汇编指令就是这样的。

清单 4-10　第 24 行的汇编代码

```
1    xor      eax,eax
2    push     dword ptr fs:[eax]
3    mov      dword ptr fs:[eax],esp
4    pushfd
5    or       byte ptr [esp+1],1
6    popfd
7    nop
8    nop
9    ret
```

短短 9 条汇编指令，是如何实现反调试的呢？可不要小看这 9 条指令，可以把它分成三部分。前 3 条是在当前线程的异常处理器链表（FS：0 链条，详见卷 2）上注册了一个结构化异常处理器。中间 3 条是设置 TF 标志，先将标志寄存器压入栈，然后修改栈上的值，设置 TF 位（Bit 8，即字节 1 的 Bit 0），然后再弹到标志寄存器中，这样便做好了单步跟踪的准备。接下来的空操作指令（nop）是要真的走一步，促发单步异常，用来检测是否有调试器存在。如果有调试器存在，那么调试器会收到异常，并处理掉这个异常，然后继续执行接下来的 nop 和 ret，返回到父函数。如果没有调试器呢？那么前 3 条指令所设置的异常处理函数后便收到异常，得到执行权。如此看来，这个函数的执行逻辑在有无调试器的情况下就可能不同，有调试器的情况下，它会返回到父函数，没有调试器时会执行参数指定的异常处理函数（前 3 条指令恰好是把压在栈上的参数当作异常处理函数），这就是它检测调试器的原理。不妨给这一小段函数取个名字叫 ExecuteWhenNoDebugger，以下伪代码演示了它的用法。

```
ExecuteWhenNoDebugger (FunctionSecret);
DeadLoopOrAcessViolationShamelessly (); // debugger is on, escape
```

也就是说，没有调试器时，ExecuteWhenNoDebugger 便一去不返，去执行保密逻辑了。如果函数"顺利返回"便说明有调试器在，赶紧使出浑身解数"撒野耍赖"。

对于这样的反调试方法，有什么办法可以破解呢？其实只要了解了它的工作处理和异常处理的规则，就很容易化解它。假设在用 WinDBG 调试这个软件，那么在收到这样的单步异常时，WinDBG 会给出如下提示：

```
(c54.2fe4): Single step exception - code 80000004 (first chance)
First chance exceptions are reported before any exception handling.
This exception may be expected and handled.
```

给出这个提示的原因是 WinDBG 觉得这个单步异常有些突然，并不是自己埋伏的。此时如果继续单步或者执行 G 命令，那么 WinDBG 便会处理掉这个异常，便露出"马脚"了。但如果执行 Gn 命令，告诉 WinDBG 向系统回复"不处理"这个异常，那么系统便会继续分发这个异常，让这个软件的异常处理器收到，让它觉得没有调试器存在。简言之，只要执行命令 n，就将其化解了。

 格物致知 ────────────────────────────────

下面便通过调试一个做过"加壳保护"的小程序来让大家感受一下调试与反调试的激烈博弈。

① 启动 WinDBG，选择 File→Open Executable，指定 c:\swdbg2e\bin\hiheapa.exe，开始调试。

② 执行 g 命令运行小程序，但很快会中断下来，显示上文提到的消息，提示有单步异常发生。

③ 选择 View→Disassembly，打开反汇编窗口，可以看到清单 4-9 所示的指令。

④ 我们先尝试不懂“化解”方法的情况，按 F10 快捷键单步跟踪执行，执行 ret 指令后，立刻返回到预先埋伏的“铁丝网”，看到下面这样的无效指令：

```
0018ffc4 ff                ???
0018ffc5 ff                ???
0018ffc6 ff                ???
```

⑤ 继续单步执行，就会触发访问违例异常，无法继续了：

```
(14b4.10cc): Access violation - code c0000005 (first chance)
```

⑥ 执行.restart /f 重新调试这个程序，重复步骤 2 和步骤 3。这一次，执行 Gn 命令将其化解。

⑦ 通常一个反调试软件会设置“层层壁垒”，因此化解掉一个之后，还会有后续的——接下来会收到一个断点异常。在反汇编窗口中会看到下面这些指令：

```
004847de 50               push    eax
004847df 33c0             xor     eax,eax
004847e1 64ff30           push    dword ptr fs:[eax]
004847e4 648920           mov     dword ptr fs:[eax],esp
004847e7 bdd3f10e30       mov     ebp,300EF1D3h
004847ec 81c578563412     add     ebp,12345678h
004847f2 66b81700         mov     ax,17h
004847f6 6683e813         sub     ax,13h
004847fa cc               int     3
004847fb 90               nop
```

与清单 4-9 颇为类似，只不过这里触发的是断点异常。

⑧ 再执行 Gn 命令化解，还会再收到异常。至此，实验目的已经达到，直接关闭调试器，结束实验。

反调试技术的热门从侧面证明了调试技术的强大。对于那些编写不良代码的人来说，调试技术会让他们心生畏惧。当然，有些情况下，人们使用反调试技术实现软件保护等合理用途，这是反调试技术的正面应用。

4.6　ARM 架构的断点支持

在竞争激烈的芯片领域，有些公司逐渐没落，有些公司迅速崛起。在最近十几年中，ARM 迅猛发展，走出了一条非常独特的道路。ARM 的迅速崛起有多方面原因，从技术角度来看，ARM 平台的强大调试支持功不可没。翻看 ARM 手册，关于调试设施的信息俯拾即是。以 ARMv7 的架构参考手册为例，正文分 A、B、C 三大部分，其中 C 部分就是专门介绍调试设施的《调试架构》，与应用层架构（部分 A）和系统编程（部分 B）三足鼎立。阅读长达 300 多页的《调试架构》部分，其设施之丰富，其灵活性之高，其定义之详细，在不少地方都超过了 x86，真可谓是后来者居上。

老雷评点

老雷曾提议扩展 x86 之调试寄存器，结果不被采纳，与一职位甚高的同事聊起此事时，得知"对经典 x86 的改进很难推得动，不要去想"，听罢哑然。

ARM 架构把所有调试设施分为入侵式调试（invasive debug）和非入侵式（non-invasive debug）两大类。所谓入侵式调试，是指与被调试目标建立深度的调试关系，不仅可以观察调试目标，还可以改变调试目标，比如改变运行状态（如中断再恢复执行），或者修改调试目标的代码和数据等。而非入侵式调试则不然，一般只是观察调试目标的行为和数据，并不加以修改，性能监视就是典型的例子。

对于入侵式调试，ARM 手册中又将其分为两大模式：监视器模式（monitor debug-mode）和中止模式（halting debug-mode）。二者的根本区别在于报告和处理调试事件的方式。当设置为监视器模式时，调试事件会触发异常，然后交给软件来处理异常。当设置为中止模式时，调试事件会导致 CPU 中止，进入所谓的调试状态，停止执行任何指令，等待硬件调试器接管控制权和提供调试服务。简单来说，监视器模式就是依赖操作系统和软件调试器为主的软件模式，中止模式就是以 JTAG 等硬件调试器为主的硬件模式。因此，前者又称为自主调试（self-hosted debug），后者又称为外部调试（external debug）。

本书将分几个部分介绍 ARM 架构的各种调试设施。本节先介绍监视器模式下的断点和单步执行支持，第 7 章将详细介绍中止模式。

4.6.1　断点指令

本章前面详细介绍了 x86 的断点指令（INT 3），它对软件调试有着重要的作用。那么，ARM 架构中有类似的指令吗？

这个看似简单的问题其实并不简单。作者很久以前就想找到这个问题的答案，但前前后后花了不少时间才基本明白了其中的原委。

作者最初使用的是"用调试器学习调试"的方法。打开一个 WoA（Windows on Arm）系统的转储文件，然后反汇编 DbgBreakPoint 函数，看 x86 平台上用 int 3 的地方用的是什么：

```
ntdll!DbgBreakPoint:
76f5e9d0 defe      _ _debugbreak
76f5e9d2 4770      bx          lr
```

上面的第二条指令是返回到父函数，第一条指令的助记符是_ _debugbreak，起初作者以为它就是 ARM 架构中的断点指令。但后来意识到受骗了，因为找遍 ARM 手册，根本没有_ _debugbreak 这条指令。原来，第一条指令的机器码 defe 根本不是任何指令的机器码，而是无效指令，_ _debugbreak 是反汇编器给它硬取的名字，所谓"强为之名"，两条下画线暗示了这个特征。怎么会这样呢？简单来说，早期的 ARM 平台主要是靠硬件调试器来调试（即前面说的中止模式），直到 ARMv5 才引入专门的断点指令。因此，不知道哪位高人想出了个替代的方法，就是使用 defe 这样的无效指令来替代断点指令，当 CPU 执行到这条指令时会产生无效指令异常，剩下的任务就都丢给异常处理函数和系统软件了。

上面 DbgBreakPoint 函数使用的是 2 字节的 THUMB 指令，阅读 Linux 内核源代码中用于支持内核调试的 kgdb.h（/arch/arm/include/asm），可以看到用于触发异常的 4 字节标准 ARM 指令。

```
#define BREAK_INSTR_SIZE    4
#define GDB_BREAKINST           0xef9f0001
#define KGDB_BREAKINST          0xe7ffdefe
#define KGDB_COMPILED_BREAK     0xe7ffdeff
```

以及提供给内核的接口函数：

```
static inline void arch_kgdb_breakpoint(void)
{
    asm(__inst_arm(0xe7ffdeff));
}
```

与 x86 的对应函数相比，上述方法真是有些不体面。

```
static inline void arch_kgdb_breakpoint(void)
{
    asm("    int $3");
}
```

其实，使用无效指令不只是不体面，其实际效果也有很多不足。在阅读 gdb 和 kgdb 中的有关代码时，可以看到很多晦涩的代码。这样的代码不易阅读，编写时一定也很痛苦，以至于在上面提到的 kgdb.h 的开头，我们可以看到这样一条专门写给 ARM 硬件设计师的留言：

```
* Note to ARM HW designers: Add real trap support like SH && PPC to
* make our lives much much simpler. :)
```

ARMv5 引入的断点指令叫 BKPT，在 Thumb 指令集和 ARM 指令集中都有。CPU 执行该指令时会产生 Prefetch Abort 异常。搜索 GDB 的源代码，可以发现 GDB 在某些情况下会使用 BKPT 指令，并将其称为增强的软件断点指令（enhanced software breakpoint insn）（gdb/arm-tdep.c）。

ARMv8 引入的 64 位指令集中，新增了一条名为 BRK 的断点指令。在 32 位指令集中，则保留了 BKPT 指令，允许继续使用。观察 ARM 版 64 位 Windows 10 的 DbgBreakPoint 函数，可以看到如下指令：

```
ntdll!DbgBreakPoint:
00007ffe`51572fa0 d43e0000 brk            #0xF000
00007ffe`51572fa4 d65f03c0 ret            lr
```

综上所述，早期 ARM 架构中没有断点指令，使用未定义指令来替代，ARMv5 为弥补这个不足引入了 BKPT 指令，ARMv8 又引入了 BRK 指令，而且行为不同。这样的不断变化难免给人朝令夕改的感觉。从积极的角度看，这体现了持续改进的精神。但是带来的实际问题是很多地方还在使用老的无效指令方法，降低了技术进步的速度。

4.6.2　断点寄存器

ARM 架构的 14 号协处理器（CP14）是专门支持调试的，ARMv6 将其正式纳入 ARM 架构。

此前，ARM 架构的调试支持都是实现相关的。因此本节介绍的内容适用于 ARMv6 或者更高版本。

简单来说，从 ARMv6 开始的 ARM 架构定义了 16 对断点寄存器。每对两个，名字分别为 BVR*n* 和 BCR*n*（*n* 为 0～15），其编号分别为 64～79 和 80～95。

BVR 的全称是断点数值寄存器（Breakpoint Value Register），BCR 的全称是断点控制寄存器（Breakpoint Control Register）。前者用来定义断点的参数取值，后者用来设置断点的选项。二者一一对应，相互配合一起描述一个断点。二者合称断点寄存器对（Breakpoint Register Pair）。

BVR 的取值有两种情况：当设置普通的断点时，它的值是指令的虚拟地址（Instruction Virtual Address，IVA）；当设置所谓的上下文断点时，它的值是上下文 ID（Context ID）。ARM 处理器会将 BVR 的值与我们在第 2 章介绍过的 CP15 中的 CONTEXTIDR 寄存器的值进行比较，并根据匹配结果和系统设置决定是否要报告调试事件。

下面两条指令分别用来读写某个 BVR 寄存器：

```
MRC p14,0,<Rt>,c0,<CRm>,4  ; 将 DBGBVR<n> 读到 Rt, n 的值为 0～15。
MCR p14,0,<Rt>,c0,<CRm>,4  ; 将 Rt 写到 DBGBVR<n>, n 的值为 0～15。
```

BCR 寄存器的格式比较复杂，图 4-9 给出了 32 位时的位定义。

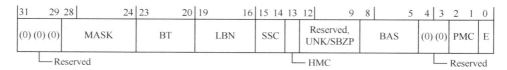

图 4-9　BCR 寄存器

首先，BCR 的最低位（位域 E）用来启用（Enable，1）和禁止该断点（0）。接下来介绍 BT 位域，它是用来定义断点类型（Breakpoint type）的，共有 4 位，可以定义 16 种类型，目前共定义了 10 种。10 种类型中有 5 种是基本类型（Base type），使用 BT[3:1]来指定基本类型，其定义分别如下。

- 0b000：指令地址匹配。

- 0b001：上下文 ID 匹配。

- 0b010：指令地址不匹配（IVA Mismatch）。这种类型用于特殊的场合，报告异常的条件是检测到当前指令地址与 BVR 中设置的地址不一样。在网上可以搜索到多条关于这类断点的瑕疵的报告[4]。ARMv8 中仅保留了在 32 位时支持这个功能，64 位时删除了这个功能。

- 0b100：VMID（虚拟机 ID）匹配，要匹配的 VMID 设置在另一组名为 DBGBXVR 的寄存器组的对应寄存器中（仅适用于包含虚拟化扩展的情况）。

- 0b101：VMID 和 Context ID 同时匹配（仅适用于包含虚拟化扩展的情况）。

BT[0]用来启用所谓的链接选项（link），因为这一位有 0、1 两种可能，于是上述 5 种基本类型变为 10 种。不过，不是所有链接类型都有意义。目前使用的只有一种情况：当基本类型为地址匹配时，如果 BT[0]为 1，那么 LBN（Linked Breakpoint Number）位域中应该是另一个上下文匹配断点的编号，这样便可以实现上下文与地址同时匹配，支持进程相关的断点。

MASK 位域用来指定匹配的长度（范围），当断点类型为地址匹配时，MASK 的值用来指定地址比较时需要屏蔽（忽略）掉的地址位数，如果为 0，代表不屏蔽，1、2 两个值保留不用，3 代表屏蔽掉低 3 位，依次类推，MASK 的所有位为 1 时（0x1F）表示屏蔽低 31 位。举例来说，如果 BCR 指定的地址值为 0x12345678，MASK 的值为 0b00011，那么地址匹配的范围便是 0x12345678～0x1234567F 的 8 个字节。

BAS 位域的全称是 Byte Address Select，BVR 中的地址是按字（word，ARM 中 word 为 32 位）对齐的，如果希望匹配到地址不对齐的某个字节，那么应该通过这个位域来选择字（word）中的某个字节。

PMC（Privileged Mode Control）、HMC（Hyp Mode Control）和 SSC（Security State Control.）这 3 个位域具有类似的作用，都是给断点附加模式或者状态条件，用来指定在什么样的情况下应该报告调试事件、什么情况下不要报告。比如，如果 HMC 和 SSC 为 0、PMC 为 0b01，那么只有当处理器处于特权级别 1（PL1）时才报告调试事件。如果把 PMC 改为 0b11，那么便所有模式都报告。如果把 SSC 改为 0b10，那么便只有当处理器处于安全模式（secure mode）时才报告调试事件。如果把 SSC 改为 0b01，那么便只有当处理器处于非安全模式（non-secure mode）时才报告调试事件。

虽然 ARM 架构定义了 16 对断点寄存器，但其具体数量还是要看芯片实现的。ARM 架构规定可以通过读取 CP14 的 DBGDIDR 寄存器来检查当前平台的调试设施实现细节，如图 4-10 所示。

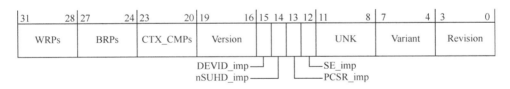

图 4-10　DBGDIDR 寄存器

图 4-10 是来自 ARMv7 手册的 DBGDIDR 寄存器（ARMv8 版本的低字节为保留）定义，其中 BRP 位域的值加 1 就是断点寄存器对的数量，允许值为 1～15，代表断点寄存器对的数量为 2～16（ARM 架构规定最少 2 对）。

在内核调试会话中观察 WoA 系统中 NT 内核的_CONTEXT 结构体，可以看到 Bvr 和 Bcr 数组，长度为 8，这说明 WoA 系统支持 8 对断点寄存器。

```
0: kd> dt _CONTEXT -ny b*
nt!_CONTEXT
   +0x150 Bvr : [8] Uint4B
   +0x170 Bcr : [8] Uint4B
```

对于 64 位的 WoA 系统，Bvr 数组的每个元素都扩展为 64 位，但 Bcr 数组仍是 32 位，而且支持的寄存器对数没有变。

```
nt!_CONTEXT
   +0x318 Bcr : [8] Uint4B
   +0x338 Bvr : [8] Uint8B
```

清单 4-11 列出了使用断点寄存器设置简单指令断点的伪代码（见本章参考资料[3]的第 327 页）。

清单 4-11　使用断点寄存器设置指令断点

```
1     SetSimpleBreakpoint(int break_num, uint32 address, iset_t isa)
2     {
3       // 首先将对应断点置为禁用状态
4       WriteDebugRegister(80 + break_num, 0x0);
5       // 其次将地址写到 BVR 寄存器，保持低 2 位为 0
6       WriteDebugRegister(64 + break_num, address & 0xFFFFFFC);
7       // 然后根据情况决定“字节地址选择”（BAS）位域的值
8       case (isa) of
9       {
10        // 注意：Cortex™-R4 处理器不支持 Jazelle 或者 ThumbEE 状态，
11        // 但 ARMv7 Debug Architecture 定义中支持这两种状态
12        when JAZELLE:
13          byte_address_select := (1 << (address & 3));
14        when THUMB:
15          byte_address_select := (3 << (address & 2));
16        when ARM:
17          byte_address_select := 15;
18      }
19      // 最后，写屏蔽与控制寄存器，启用断点
20      WriteDebugRegister(80 + break_num, 7 | (byte_address_select << 5));
21    }
```

根据前面介绍的 BCR 位定义，清单 4-11 的第 20 行第二个参数 7 代表启用该断点，并且将 PMC 设置为 0b11，即匹配所有模式。

对于运行在 ARM 平台上的 Linux 系统（不妨将其称为 LoA），内核启动时，会检查 CPU 的硬件断点支持情况，并通过内核消息报告出来，比如下面是 Tinker 单板系统（感谢人人智能）启动时打印出的信息：

```
[0.246744] hw-breakpoint: found 5 (+1 reserved) breakpoint and 4 watchpoint registers.
```

来自 arch/arm/kernel/hw_breakpoint.c 中的如下代码：

```
pr_info("found %d " "%s" "breakpoint and %d watchpoint registers.\n",
    core_num_brps, core_has_mismatch_brps() ? "(+1 reserved) " :
    "", core_num_wrps);
```

其中的 core_num_brps 代表可用的硬件断点数量，它的值来自同一个源文件中的 get_num_brps 函数：

```
core_num_brps = get_num_brps();
```

下面是 get_num_brps 函数的源代码：

```
/* Determine number of usable BRPs available. */
static int get_num_brps(void)
{
    int brps = get_num_brp_resources();
```

```
        return core_has_mismatch_brps() ? brps - 1 : brps;
}
```

如此看来，一共检测到 6 个硬件断点支持，保留了 1 个给"地址不匹配时命中"的特殊用途。

上面系统的 CPU 是瑞芯微的 RK3288，实现的是 ARMv7 版本。

```
[ 0.000000] CPU: ARMv7 Processor [410fc0d1] revision 1 (ARMv7), cr=10c5387d
[ 0.000000] Machine model: rockchip,rk3288-miniarm
```

综上所述，ARM 架构定义了 16 对断点寄存器，可以利用它们在代码空间对指令地址设置硬件断点，并且可以附加多种条件，包括匹配进程（上下文匹配）和处理器执行模式。与 x86 架构最多支持 4 个硬件断点相比，ARM 架构支持的硬件断点数量有明显增加，可以附加进程匹配条件也是一大进步。二者的另一个明显区别是 x86 的调试寄存器既可以用来设置指令断点，也可以设置数据访问断点，但是 ARM 的断点寄存器是不可以用来设置数据访问断点的。4.6.3 节介绍的监视点寄存器是用来满足这一需要的。

4.6.3 监视点寄存器

ARM 架构单独定义了监视点寄存器来支持数据访问断点功能。与断点寄存器对类似，ARM 架构定义了 16 对监视点寄存器，名字分别为 WVRn 和 WCRn（n 为 0～15），编号分别为 96～111 和 112～127。

WVR 的全称是监视点数值寄存器（Watchpoint Value Register），用来指定要监视数据的虚拟地址。

WCR 的全称为监视点控制寄存器（Watchpoint Control Registers），用来定义监视点的控制信息。WCR 寄存器的位定义如图 4-11 所示。其中的 E 位用来禁止（0）或者启用（1）监视点，WT 位用来指定监视点的类型，0 代表普通监视点，1 代表该监视点与 LBN 位域指定的断点相关联，即所谓的链接到断点。

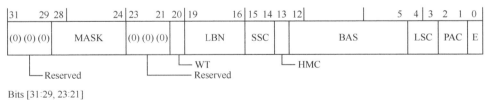

图 4-11 WCR 寄存器

与 BCR 类似，WCR 的 MASK 位域用来指定匹配地址的范围，0 代表不需要屏蔽，1 和 2 保留，3～31 代表要屏蔽的地址位数。BAS（Byte Address Select）位域的用法与 BCR 类似——用来选取要匹配的字节。ARM 架构定义了两种方案供设计芯片时选择：第一种方案是 BAS 的长度为 4 位，即图 4-11 中的第 5～8 位，第 9～12 位保留，此时 WVR 中的地址必须 4 字节边界对齐，BAS 的每一位用来选择 4 个字节（字）中的一个。第二种方案是 BAS 的长度为 8 位，WVR 中的地址按 8 字节（双字）边界对齐，BAS 的每一位选择双字所含 8 个字节中的一个。

LSC（Load/store access control）位域的作用是指定要匹配的访问方式，有如下 4 种选项。

- 0b00 保留不用。

- 0b01 匹配任何加载（load）、互斥加载（load-exclusive）或者交换（swap）访问。

- 0b10 匹配任何存储（store）、互斥存储（store-exclusive）或者交换（swap）访问。

- 0b11 匹配所有类型的访问。

PAC（Privileged Access Control）用来指定要匹配的访问权限，0b00 保留不用，0b01 代表只匹配特权访问，0b10 代表只匹配非特权访问，0b11 代表匹配特权和非特权两种访问中的任何一种。

与断点寄存器的情况类似，虽然 ARM 架构定义了 16 对监视点寄存器，但其实际数量也是依赖芯片实现的，可以通过读取前面提到的 DBGDIDR 寄存器（见图 4-10）的 WRPs 位域来检测，也是加一即为监视点寄存器对（WRP）的数量，最小值为 2。

举例来说，著名的 Cortex A9 微架构实现了 4 对监视点寄存器，6 对断点寄存器。

软件方面，32 位 WoA 系统的 CONTEXT 结构体中，WRP 的数量只有 1 对，即：

```
nt!_CONTEXT
   +0x190 Wvr : [1] Uint4B
   +0x194 Wcr : [1] Uint4B
```

在 NT 内核的处理器控制块（KPRCB）中，有两个字段分别记录着支持的断点和监视点数量：

```
0: kd> dt _KPRCB 81229000+580 -y Max?o
ntdll!_KPRCB
   +0x510 MaxBreakpoints : 6
   +0x514 MaxWatchpoints : 1
```

在 64 位版本中，监视点的数量增加到 2 对，以下分别是 CONTEXT 和 KPRCB 结构体中的相应字段：

```
nt!_CONTEXT
   +0x378 Wcr : [2] Uint4B
   +0x380 Wvr : [2] Uint8B
0: kd> dt _KPRCB fffff800cf070000+980  -y max
nt!_KPRCB
   +0x898 MaxBreakpoints : 6
   +0x89c MaxWatchpoints : 2
```

看来 WoA 支持的监视点很少。为了便于访问，调试寄存器 WoA 版本的 NT 内核封装了一些函数，下面是其中的几个：

```
0: kd> x nt!*hwdebugre*
811554f4            nt!KiWriteHwDebugRegs (<no parameter info>)
8104ba34            nt!KiSetHwDebugRegs (<no parameter info>)
8104bcb8            nt!KiReadHwDebugRegs (<no parameter info>)
```

对于 LoA 系统，可以通过检查内核消息来观察监视点的支持情况，比如，在前面提到的 Tinker 单板系统中，执行 dmesg | grep watch，便可以看到：

```
[0.246744] hw-breakpoint: found 5 (+1 reserved) breakpoint and 4 watchpoint registers.
[0.246806] hw-breakpoint: maximum watchpoint size is 4 bytes.
```

这意味着，系统支持 4 个监视点，每个监视点的监视长度是 4 个字节。

顺便说一下，ARMv7 中定义了一个名为 DBGWFAR（Watchpoint Fault Address Register）的寄存器用来报告触发监视点的指令地址，ARMv8 将其列为废弃（deprecated）寄存器，保留不用。原因应该是这个信息可以通过异常上下文获取到，后面讨论操作系统层时将会继续介绍。

4.6.4　单步跟踪

ARM 架构是如何支持单步跟踪的呢？与断点指令的情况类似，这个在 x86 上很简单的问题，在 ARM 架构中有些复杂。

查看 ARMv5 到 ARMv7 版本的架构手册，并没有与 x86 陷阱标志位（TF）类似的设施。或许 ARM 的设计师们觉得没有必要单独用一个设施，复用其他设施就可以了。为何如此猜测呢？因为在多个版本的 ARM 手册中，都可以看到官方推荐的复用断点寄存器的单步方式。简单来说，就是使用上面介绍的"指令地址不匹配（IVA Mismatch）"类型的断点来实现单步跟踪。在 ARMv7 架构手册和实现 ARMv7 的 Cortex™-R4 微架构技术参考手册[3]中都可以找到关于这种方法的详细描述，后者更加详细，不仅给出了伪代码（见清单 4-12），还讨论了特殊情况。

清单 4-12　使用断点寄存器实现单步跟踪

```
1    SingleStepOff(uint32 address)
2    {
3    bkpt := FindUnusedBreakpointWithMismatchCapability();
4    SetComplexBreakpoint(bkpt, address, 4 << 20);
5    }
```

在清单 4-12 的伪代码中，第 3 行是找到一个可用的支持 IVA Misatch 类型断点的断点寄存器对。第 4 行是使用这个寄存器对设置一个复杂断点，其中第三个参数用来指定断点类型，即 0b010，代表 IVA Misatch 类型。

使用上面这种方法实现的单步跟踪功能在大多数情况下是可以工作的，但对于个别情况是有问题的。例如，如果当前的指令是个空循环，跳转到同一条指令，比如 B .（B 是简单跳转指令），那么使用这种单步方法就不是每次执行一条指令，而是直到跳出循环（比如有中断发生）了。

另一种特殊情况是递归调用，比如某个名为 ThisFunction 的函数在函数末尾有如下两条指令：

```
BL ThisFunction
POP {saved_registers, pc}
```

第一条指令是调用这个函数自己，执行时会把 POP 指令的地址压入栈；第二条指令是恢复寄存器，也有返回到父函数的功能（弹出保存的 LR 寄存器到 PC）。假设多次递归调用后，现在我们要单步跟踪递归调用层层返回时的细节。当单步执行上面的 POP 指令时，因为之前 BL

指令保存的 LR 地址就是 POP 指令的地址，所以单步一次并不是执行一条指令而是执行很多次递归返回，一直返回到函数名不同的那一级父函数。

上面的问题有失严谨，而且使用也比较麻烦，需要访问多个寄存器，操作较多，所以 ARMv8 的 64 位架构（AArch64）引入了与 x86 的陷阱标志类似的单步跟踪支持，为了与前面介绍的基于硬件断点寄存器的方法相区别，我们称之为软件单步（software step）。

在 AArch64 新引入的 MDSCR_EL1 寄存器中（见图 4-12），最低位（bit 0）就是用来支持软件单步的 SS 位，为 1 启用单步，为 0 禁止。MDSCR 是监视器调试系统控制寄存器（Monitor Debug System Control Register）的缩写，表示这个寄存器是为监视器调试模式而设计的。名字中的 EL1 是 Exception Level 1 的缩写，表示这个寄存器只可以在 EL1 或者更高的特权级别访问，不可以在 EL0（低特权）访问。

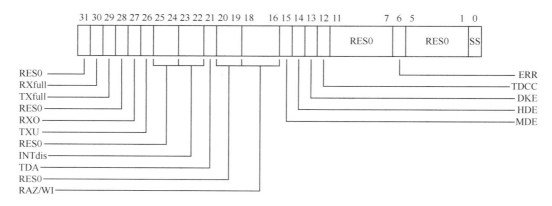

图 4-12　MDSCR_EL1 寄存器

SS 位的工作原理与 TF 位非常类似，处理器在检测到 SS 位为 1 时，便会报告调试事件（如果没有禁止）。

除了 SS 位，MDSCR_EL1 寄存器中还有其他一些重要的控制位，比如 MDE（Monitor Debug Events）位是用来启用或者禁止断点和监视点异常的。

可以使用如下指令来读写 MDSCR_EL1 寄存器：

```
MRS <Xt>, MDSCR_EL1 ; Read MDSCR_EL1 into Xt
MSR MDSCR_EL1, <Xt> ; Write Xt to MDSCR_EL1
```

在 Linux 内核源代码中，arch/arm64/kernel/debug-monitor.c 包含了访问 MDSCR_EL1 寄存器的多个函数，包括设置 SS 标志的 kernel_enable_single_step()、清除 SS 标志的 kernel_disable_single_step()函数和判断该标志是否存在的 kernel_active_single_step()函数等。

4.7　本章小结

本章使用较大的篇幅详细介绍了 CPU 对断点（见 4.1 节和 4.2 节）和单步执行（见 4.3 节）这两大关键调试功能的支持。4.4 节以实模式调试器为例，介绍了调试器是如何使用这些支持来实现有关功能的。4.5 节通过实例和动手实验简要介绍了反调试和化解反调试的基本原理。4.6 节介绍了 ARM 架构的断点设施。

下一章将介绍 CPU 的分支记录和性能监视机制。

〖 参考资料 〗

[1]   IA-32 Intel Architecture Software Developer's Manual Volume 3. Intel Corporation.

[2]   8086 Monitor Instruction Manual. Seattle Computer Products Inc.

[3]   Cortex-R4 and Cortex-R4F Technical Reference Manual. ARM Limited.

[4]   ARMv7 Hardware Breakpoint not triggering.

## 第 5 章

分支记录和性能监视

沿着正确的轨迹执行是软件正常工作的必要条件。很多软件错误都是因为程序运行到了错误的分支。尽管这通常不是错误的根本原因，但却是"顺藤摸瓜"的关键线索。因此，了解软件的运行轨迹对于寻找软件问题的根源有着重要意义。很多性能问题是因为执行了不必要的代码或循环而导致的，所以运行轨迹对于分析软件的运行效率和软件调优也有着重要意义。

此章内容对调试和调优都有益处，鉴于篇幅所限，有些偏重于调优的内容无法深挖，望攻调优者，莫嫌其简，喜调试者，莫厌其烦。

老雷评点

因为 CPU 是软件的执行者，每一条指令不论是顺序执行还是分支和跳转，都是由它来执行的，所以让 CPU 来记录软件的运行轨迹是最适合的。

CPU 的设计者们早就意识到了这一点。在第 4 章中，我们介绍过 P6 处理器引入的按分支单步执行的功能，其实该功能基于一个更基本的功能，那就是监视和记录分支（branch）、中断（interrupt）和异常（exception）事件，简称分支监视和记录。奔腾 4 处理器对这一功能又做了很大的增强，允许将分支信息记录到内存中一块称为 BTS（Branch Trace Buffer）的缓存区中。此外，奔腾 4 还引入了基于精确事件的采样技术（Precise Event Based Sampling，PEBS）以及用于存储 BTS 和 PEBS 数据的调试存储区（debug store）技术。因为把 BTS 和 PEBS 数据保存到内存区这个动作本身会导致较多的内存访问，可能产生明显的额外开销，所以代号为 Skylake 的酷睿微架构引入了 RTIT（Real Time Instruction Trace）技术，可以通过单独的输出机制把追踪信息送到处理器外部。

本章将首先介绍分支监视功能的意义和一般方式（见 5.1 节），而后详细介绍 P6 处理器引入的基于寄存器的分支记录功能（见 5.2 节）以及奔腾 4 处理器引入的基于内存的调试存储机制（见 5.3 节）。在 5.4 节中，我们将编写一个名为 CpuWhere 的小程序来演示调试存储机制的用法。而后我们将简要地介绍性能监视机制，先介绍英特尔架构（见 5.5 节），再扩展到 ARM 架构（见 5.6 节）。

5.1 分支监视概览

分支监视是跟踪和记录 CPU 执行路线（history）的基本措施，对软件优化和软件调试都有着至关重要的作用。在 CPU 没有集成内部高速缓存（cache）之前，所有内存读写操作都要通过前端总线进行，因此可以使用逻辑分析仪等工具监视到 CPU 的所有内存读写动作，特别是取指动作（从某一内存地址读取指令）。尤其是在 CPU 执行分支指令后，可以通过分析它接下来取指的地址知道 CPU 执行了哪个分支。也就是说，对于内部没有高速缓存的传统处理器，可以通过观察前端总线观察 CPU 的执行路线。

但对于集成有高速缓存的处理器来说（见图 5-1），CPU 是成批地将代码读入高速缓存，而后再从高速缓存中读取指令并解码和执行。这使得位于前端总线上的调试工具失去了精确观察 CPU 所有取指操作的能力，不能像以前那样观察到 CPU 的执行轨迹。

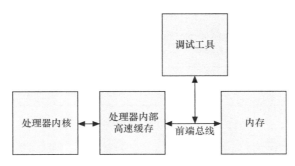

图 5-1　位于前端总线上的调试工具

为了解决以上问题，奔腾处理器引入了一种专门的总线事务（bus transaction），称为分支踪迹消息（Branch Trace Message，BTM）。在 BTM 功能被启用后（后文讨论），CPU 在每次执行分支和改变执行路线时都会发起一个 BTM 事务，将分支信息发送到前端总线上。这样，调试工具便可以通过监听和读取 BTM 消息跟踪 CPU 的执行路线了。

因为硬件调试工具的价格通常都比较昂贵，而且设置和使用也都比较麻烦，所以 P6 处理器引入了通过内部寄存器来记录分支信息的功能。这样，只要进行必要的设置，CPU 便会把分支信息记录到特定的寄存器中。寄存器可以记录的信息毕竟有限，于是奔腾 4 处理器引入了通过特定的内存区域来记录分支信息的功能。后面两节我们将分别讨论这两种分支监视机制。

5.2 使用寄存器的分支记录

本节先介绍使用 MSR 寄存器来记录分支的方法。P6 处理器最先引入了这种方法，可以记录最近一次分支的源和目标地址，称为 Last Branch Recording，简称 LBR。奔腾 4 处理器对其做了增强，增加了寄存器个数，以栈的方式可以保存多个分支记录，称为 LBR 栈（LBR Stack）。

5.2.1 LBR

P6 处理器设计了如下 5 个 MSR 寄存器（Machine/Model Specific Register），用来实现 LBR 机制。

- 用来记录分支的 LastBranchToIP 和 LastBranchFromIP 寄存器对。
- 用来记录异常的 LastExceptionToIP 和 LastExceptionFromIP 寄存器对。
- 一个 MSR 寄存器来控制新加入的调试功能，称为 DebugCtl，其格式如图 5-2 所示。

当发生分支时，LastBranchFromIP 用来记录分支指令的地址，LastBranchToIP 用来记录这个分支所要转移到的目标地址。

当异常（调试异常除外）或中断发生时，CPU 会先把 LastBranchToIP 和 LastBranch- FromIP 中的内容分别复制到 LastExceptionToIP 和 LastExceptionFromIP 寄存器中，然后再把发生异常或中断时被打断的地址更新到 LastBranchFromIP，把异常或中断处理程序的地址更新到 LastBranchToIP 寄存器中。

图 5-2　DebugCtl MSR（P6 处理器）

虽然 DebugCtl MSR 是一个 32 位的寄存器，但是只使用了低 7 位，其中各个位的含义如下。

- LBR 位用来启用 LBR 机制，如果此位被置为 1，那么处理器会使用上面介绍的 4 个寄存器来记录分支和异常或中断位置。对于 P6 处理器，当 CPU 产生调试异常时，CPU 会自动清除此位，以防调试异常处理函数内部的分支覆盖掉原来的结果。

- BTF（Branch Trace Flag）的作用是启用按分支单步执行。如果此位被置为 1，那么 CPU 会将标志寄存器 EFLAGS 的 TF（陷阱标志）位看作 "single-step on branches（针对分支单步执行）"。换句话说，当 BTF 位和 TF 位都为 1 时，在 CPU 执行完下一个分支指令后便会产生调试异常。我们在 4.3 节中详细介绍了这一功能。

- PB0 与 CPU 上的 BP0#（Breakpoint and Performance Monitoring output pin 0）引脚相对应。如果此位被置为 1，那么当 CPU 检测到 DR0（调试地址寄存器 0）所定义的断点条件时会设置 BP0# 引脚，以通知硬件调试工具；如果此位被置为 0，那么当性能计数器 0 的值增加或溢出（由 PerfEvtSel0 寄存器控制）时，CPU 会反转（toggle）BP0# 引脚上的电平。

- PB1～PB3 与 PB0 类似，只是与 CPU 上的 BP1#～BP3# 引脚和 DR1～DR3 寄存器相对应。

- TR（Trace message enable）位用来启用（设为 1）或禁止向前端总线（FSB）上发送分支踪迹消息（BTM）。如果此位被置为 1，每当 CPU 检测到分支、中断或异常时，都会向 FSB 总线上发送 BTM 消息，以通知总线分析仪（bus analyzer）之类的调试工具。启用这项功能会影响 CPU 的性能。

5.2.2　LBR 栈

P6 的 LBR 机制只可以记录最近一次的分支和异常，奔腾 4 处理器对其做了增强，引入了所谓的"最近分支记录堆栈"，简称 LBR 栈，可以记录 4 次或更多次的分支和异常。奔腾 M 处理器和 Core 系列处理器也支持 LBR 栈。

LBR 栈是一个环形栈，由数个用来记录分支地址的 MSR 寄存器（称为 LBR MSR）和一个表示栈顶（Top Of Stack）指针的 MSR 寄存器（称为 MSR_LASTBRANCH_ TOS）构成。CPU 在把新的分支记录放入这个堆栈前会先把 TOS 加 1，当 TOS 达到最大值时，会自动归 0。

LBR 栈的容量因 CPU 型号的不同而不同，目前产品的可能值为 4、8、16 或 32。可以通过 CPUID 指令取得 CPU 的 Family 和 Model 号，再根据 Model 号确定 LBR MSR 的数量。

以奔腾 4 CPU 为例，Model 号为 0～2 的处理器有 4 个 LBR MSR 寄存器，即 MSR_LASTBRANCH_0～MSR_LASTBRANCH_3，每个 MSR 的长度是 64 位，高 32 位是分支的目标地址（To），低 32 位是分支指令的地址（From）。这样，这个堆栈最多可以记录最近 4 次的分支、中断或异常。

Model 号大于等于 3 的奔腾 4 处理器有 32 个 LBR MSR 寄存器，被分为 16 对，分别是 MSR_LASTBRANCH_0_FROM_LIP～MSR_LASTBRANCH_15_FROM_LIP 和 MSR_LASTBRANCH_0_TO_LIP～MSR_LASTBRANCH_15_TO_LIP，每个 MSR 的长度是 64 位，但高 32 位保留未用，因此最多可以记录 16 次最近发生的分支、中断或异常。

奔腾 M 处理器定义了 8 个 LBR 寄存器，即 MSR_LASTBRANCH_0～MSR_LASTBRANCH_7，地址为 0x40～0x47。这 8 个寄存器都是 64 位的，低 32 位用来记录 From 地址，高 32 位用来记录 To 地址。

Core 微架构的 CPU 通常有 8～64 个 LBR 寄存器，分为 4～32 对，MSR_LASTBRANCH_0_FROM_IP～MSR_LASTBRANCH_x_FROM_IP 用来记录分支的源地址，MSR_LASTBRANCH_0_TO_IP～MSR_LASTBRANCH_x_TO_IP 用来记录分支的目标地址。这些寄存器都是 64 位的，可以记录最近 4～32 次分支、中断或异常。

LBR 寄存器中内容的含义可能因为 CPU 型号的不同而不同。在 P6 处理器中，4 个分支记录寄存器所保存的地址都是相对于当前代码段的偏移。在 Pentium 4 处理器中，LBR 栈中记录的是线性地址。在 Core 微架构的 CPU 中，可以通过 IA32_PERF_CAPABILITIES 寄存器的 0～5 位（[5:0]，LBR_FMT）的值来进行判断，具体信息请参见 IA 手册卷 3B 的第 17～18 章。

5.2.3　示例

为了演示如何使用 LBR 寄存器了解 CPU 的执行轨迹，我们编写了一个 WinDBG 扩展模块（DLL），名为 LBR.DLL。执行这个模块的 lbr 命令，便可以访问和显示 LBR 寄存器的内容。清单 5-1 列出了演示性的源代码。完整的代码和项目文件在 chap05\lbr 目录下。

清单 5-1 显示 LBR 栈的 WinDBG 扩展命令源代码

```
1    //
2    // WinDBG 扩展模型，用于读取 LBR 寄存器
3    //
4    #define LBR_COUNT 8
5    #define LBR_MSR_START_ADDR 0x40
6    #define MSR_LASTBRANCH_TOS 0x1c9
7    #define MSR_DEBUGCTLB       0x1d9
8    DECLARE_API( lbr )
9    {
10     ULONG64 llDbgCtrl,llLBR;
11     ULONG   ulFrom,ulTo,ulTos;
12     CHAR    szSymbol[MAX_PATH];
13     ULONG   ulDisplacement;
14     int nToRead;
15
16     Version();
17     ReadMsr(MSR_DEBUGCTLB,&llDbgCtrl);
18     dprintf("MSR_DEBUGCTLB=%x\n", (ULONG)llDbgCtrl);
19     llDbgCtrl&=0xFFFFFFFE;// 清除 LBR 位,位 0
20     WriteMsr(MSR_DEBUGCTLB,llDbgCtrl);
21     dprintf("LBR bit is cleared now.\n");
22
23     ReadMsr(MSR_LASTBRANCH_TOS,&llLBR);
24     ulTos=llLBR&0xF;
25     dprintf("MSR_LASTBRANCH_TOS=%x\n", ulTos);
26
27     nToRead=ulTos;
28     for (int i=0; i< LBR_COUNT;i++)
29     {
30       ReadMsr(LBR_MSR_START_ADDR+nToRead,&llLBR);
31       ulFrom = llLBR;
32       ulTo = (llLBR>>32);
33
34       szSymbol[0] = '!';
35       GetSymbol((PVOID)ulTo, (PUCHAR)szSymbol, &ulDisplacement);
36       dprintf("MSR_LASTBRANCH_%x: [%08lx] %s+%x\n", nToRead,
37         ulTo,szSymbol,ulDisplacement);
38
39       szSymbol[0] = '!';
40       GetSymbol((PVOID)ulFrom, (PUCHAR)szSymbol, &ulDisplacement);
41       dprintf("MSR_LASTBRANCH_%x: [%08lx] %s+%x\n", nToRead,
42         ulFrom, szSymbol,ulDisplacement);
43
44       nToRead--;
45       if(nToRead<0)
46         nToRead=LBR_COUNT-1;
47     }
48
49     llDbgCtrl+=1; // 设置位 bit 0
50     WriteMsr(MSR_DEBUGCTLB,llDbgCtrl);
51     dprintf("LBR bit is set now.\n");
52   }
```

清单 5-1 中的代码是以 Pentium M 处理器为例的，限于篇幅，支持最新处理器的代码（较长）没有列出（包含在本书电子资源中）。Pentium M 处理器的 LBR 栈有 8 个 LBR 寄存器，地

址为 0x40～0x47，可以记录 8 次程序分支。它的 LBR 栈栈顶寄存器（MSR_LASTBRANCH_TOS）的地址为 0x1C9，调试控制寄存器（MSR_DEBUGCTLB）的地址为 0x1D9。第 4～7 行的 4 个常量是用来标志这些信息的。对于其他类型的寄存器，这些常量的值可能有所不同。

第 17 行和第 18 行的代码用于读出并显示调试控制寄存器的值。第 19 行和第 20 行是将调试控制寄存器的 LBR 标志（位 0）清除。这样做的目的是暂时禁止 CPU 的 LBR 机制，使 LBR 寄存器的内容保持稳定。不然，我们读写这些寄存器的代码可能会使 LBR 寄存器的值不断变化。

第 23 行是从 MSR_LASTBRANCH_TOS 寄存器读出 LBR 栈的栈顶寄存器号（TOS）。这个寄存器的低 4 位有效，因此第 24 行做了一个与操作，去除其他位。

第 28～47 行的循环体依次读取 8 个 LBR 寄存器中的每一个。因为编号为 TOS 的寄存器记录的是最近的分支，所以我们从这个寄存器开始读取，并使用 nToRead 代表要读取的 LBR 寄存器号。

对于每个 LBR 寄存器，其低 32 位代表分支的 From 地址，我们将其赋给 ulFrom 变量，高 32 位代表分支的 To 地址，我们将其赋给 ulTo 变量。然后我们调用 WinDBG 的 GetSymbol 函数查询这两个地址的符号。第 41 行代码用于将得到的结果打印到调试器中。

第 49 行和第 50 行将调试控制寄存器的 LBR 位重新设置起来。

可以在安装有 Pentium M 或者酷睿处理器的系统（或者目标系统）上运行 lbr 模块。方法是将 lbr.dll 复制到 WinDBG 的 winext 目录中，然后启动一个本地内核调试对话或双机内核调试对话（注意，一定要内核调试会话，应用程序调试会话不可以），并执行!lbr.lbr。清单 5-2 显示了在运行 Pentium M 处理器的本机内核调试会话中的执行结果。

清单 5-2　在本机内核调试对话中执行 lbr 命令的结果

```
lkd> !lbr.lbr
Access LBR (Last Branch Recording) registers of IA-32 CPU.
Version 1.0.0.2 by Raymond
MSR_DEBUGCTLB=1
LBR bit is cleared now.
MSR_LASTBRANCH_TOS=5
MSR_LASTBRANCH_5: [804ff190] nt!WRMSR+0
MSR_LASTBRANCH_5: [8065ef6e] nt!KdpSysWriteMsr+1c
MSR_LASTBRANCH_4: [8065ef5e] nt!KdpSysWriteMsr+c
MSR_LASTBRANCH_4: [805374da] nt!_SEH_prolog+3a
MSR_LASTBRANCH_3: [805374a0] nt!_SEH_prolog+0
MSR_LASTBRANCH_3: [8065ef59] nt!KdpSysWriteMsr+7
MSR_LASTBRANCH_2: [8065ef52] nt!KdpSysWriteMsr+0
MSR_LASTBRANCH_2: [8060d364] nt!NtSystemDebugControl+356
MSR_LASTBRANCH_1: [8060d356] nt!NtSystemDebugControl+348
MSR_LASTBRANCH_1: [8060d0c3] nt!NtSystemDebugControl+b5
MSR_LASTBRANCH_0: [8060d0b6] nt!NtSystemDebugControl+a8
MSR_LASTBRANCH_0: [8060d0a1] nt!NtSystemDebugControl+93
MSR_LASTBRANCH_7: [8060d09c] nt!NtSystemDebugControl+8e
MSR_LASTBRANCH_7: [8060d08d] nt!NtSystemDebugControl+7f
MSR_LASTBRANCH_6: [8060d089] nt!NtSystemDebugControl+7b
MSR_LASTBRANCH_6: [8060d082] nt!NtSystemDebugControl+74
LBR bit is set now.
```

在以上结果中，TOS 的值为 5，也就是 5 号 LBR 寄存器（MSR_LASTBRANCH_5）记录的是最近一次分支的 From 和 To 信息，因此我们从这个寄存器开始显示，然后依次显示 4、3、2、1、0、7、6。这样的结果与栈回溯类似，上面的是后执行的。或者说，CPU 的执行路线是从下至上的。

对于显示 LBR 寄存器的各行，第 1 列是 LBR 寄存器的名称，每个寄存器占 2 行，上面的是高 32 位，即 To 地址，下面的是低 32 位，即 From 地址。以从 MSR_LASTBRANCH_3 向上的 6 行为例，8065ef59 是 MSR_LASTBRANCH_3 的低 32 位内容，nt!KdpSys- WriteMsr+7 是地址 8065ef59 所对应的符号。上面一行 nt!_SEH_prolog+0 是 MSR_LASTBRANCH_3 的 To 地址所对应的符号。因此 MSR_LASTBRANCH_3 记录的分支就是从 nt!KdpSysWriteMsr+7 向 nt!_SEH_prolog+0 转移的。类似地，MSR_LASTBRANCH_4 记录的是从 nt!_SEH_prolog+3a 向 nt!KdpSysWriteMsr+c 转移的。

观察 KdpSysWriteMsr 的反汇编（见清单 5-3）可以看到，MSR_LASTBRANCH_3 记录的是第 3 行汇编的 CALL 调用所导致的跳转，它的低 32 位记录的是当前指令的地址（8065ef59），高 32 位记录的是被调用函数的地址（805374a0）。类似地，MSR_LASTBRANCH_4 记录的是从 nt!_SEH_prolog 函数返回到 KdpSysWriteMsr 函数的跳转。MSR_LASTBRANCH_5 记录的是调用 WRMSR 函数的 CALL 指令所导致的分支。

清单 5-3　KdpSysWriteMsr 函数的反汇编（局部）

```
lkd> u nt!KdpSysWriteMsr la
nt!KdpSysWriteMsr:
8065ef52 6a08            push    8
8065ef54 68d88c4d80      push    offset nt!RamdiskBootDiskGuid+0x74 (804d8cd8)
8065ef59 e84285edff      call    nt!_SEH_prolog (805374a0)
8065ef5e 33f6            xor     esi,esi
8065ef60 8975fc          mov     dword ptr [ebp-4],esi
8065ef63 8b450c          mov     eax,dword ptr [ebp+0Ch]
8065ef66 ff7004          push    dword ptr [eax+4]
8065ef69 ff30            push    dword ptr [eax]
8065ef6b ff7508          push    dword ptr [ebp+8]
8065ef6e e81d02eaff      call    nt!WRMSR (804ff190)
```

下面的输出是作者在包含 Kaby Lake 微架构的第 7 代酷睿处理器上（Windows 10 本地内核调试会话）运行 lbr 命令的部分结果：

```
lkd> !lbr
Access LBR (Last Branch Recording) registers of IA CPU.
Version 1.2.8 by Raymond
Family 0x6 Model 0x8e detected
LBR stack: count 32, BaseFrom=0x680, BaseTo=0x6c0, BaseInfo=0xdc0, flags 0x4
IA32_PERF_CAPABILITIES = 0x33c5
MSR_DEBUGCTL = 0x3
LBR bit is cleared now.
MSR_LASTBRANCH_TOS=d
MSR_LASTBRANCH_d (info): Cycle Count 28, HIDWORD 0
MSR_LASTBRANCH_d (to): [fffff800957e686c] nt!KdpSysWriteMsr+0
MSR_LASTBRANCH_d (from): [fffff80095c66d91] nt!KdSystemDebugControl+6c1 bMISPRED 0
MSR_LASTBRANCH_c (info): Cycle Count 20, HIDWORD 80000000
MSR_LASTBRANCH_c (to): [fffff80095c66d8a] nt!KdSystemDebugControl+6ba
MSR_LASTBRANCH_c (from): [fffff80095c66d7e] nt!KdSystemDebugControl+6ae bMISPRED 1
[省略很多行]
```

可以结合下面的反汇编信息来理解上面的分支信息：

```
lkd> u fffff80095c66d7e
nt!KdSystemDebugControl+0x6ae:
fffff800`95c66d7e 740a       je  nt!KdSystemDebugControl+0x6ba (fffff800`95c66d8a)
fffff800`95c66d80 b8040000c0 mov     eax,0C0000004h
fffff800`95c66d85 e90d010000 jmp nt!KdSystemDebugControl+0x7c7
fffff800`95c66d8a 4883c208   add     rdx,8
fffff800`95c66d8e 418b0a     mov     ecx,dword ptr [r10]
fffff800`95c66d91 e8d6fab7ff call    nt!KdpSysWriteMsr (fffff800`957e686c)
```

c 组寄存器描述的是 je 指令所做的条件跳转，从地址 fffff80095c66d7e 到地址 fffff80095c66d8a，其中的 bMISPRED 代表此次跳转的分支与预测的分支不同，即分支预测失败。上面的 d 组寄存器记录的是 call 指令所做的执行转移，info 寄存器中的 Cycle Count 为 28，代表自上次更新 LBR 寄存器到这次更新之间的时钟周期数。

5.2.4　在 Windows 操作系统中的应用

在 x64 版本的 Windows 操作系统中，可以看到很多与 LBR 有关的设施，首先，在 NT 内核中，可以看到如下函数（第一个）和全局变量（后 4 个）：

```
0: kd> x nt!*lastBranch*
fffff803`d1108874 nt!KeCopyLastBranchInformation
fffff803`d141e66c nt!KeLastBranchMSR
fffff803`d141e39c nt!KiLastBranchToBaseMSR
fffff803`d141e394 nt!KiLastBranchFromBaseMSR
fffff803`d141e500 nt!KiLastBranchTOSMSR
```

在 SDK 的重要头文件 winnt.h 中，线程上下文结构体（_CONTEXT）内新增了（与 32 位版本相比）如下与 LBR 有关的字段：

```
    //
    // Special debug control registers.
    //

    DWORD64 DebugControl;
    DWORD64 LastBranchToRip;
    DWORD64 LastBranchFromRip;
    DWORD64 LastExceptionToRip;
    DWORD64 LastExceptionFromRip;
} CONTEXT, *PCONTEXT;
```

或许当年设计以上设施时，设计者是想利用 LBR 设施增强系统的可调试性，把每个线程的上次跳转信息保存到重要的线程上下文结构中。这是非常好的想法，如果实现的话，调试时便又多了一个探寻的线索。

但令人遗憾的是，作者多年来多次观察上述 LBR 设施，发现线程上下文中的 LBR 字段内容总是 0，比如：

```
0:000> dt ntdll!_CONTEXT 0000000`0009e7c0 -yn Last
   +0x4b0 LastBranchToRip : 0
   +0x4b8 LastBranchFromRip : 0
```

```
+0x4c0 LastExceptionToRip : 0
+0x4c8 LastExceptionFromRip : 0
```

内核中记录 MSR 地址的全局变量也为 0，似乎没有初始化过：

```
0: kd> dd nt!KiLastBranchToBaseMSR L1
fffff803`d141e39c  00000000
```

几年前，作者曾与微软的同行探讨这个问题，得知检查 CPU 特征（是否支持 LBR）的代码有瑕疵。几年过去了，最近观察 Windows 10，问题依旧。其成熟和在调试中发挥实际作用尚待时日。

老雷评点

　　要把一种新的调试设施做到如断点那样成熟所需绝非一时之工，也绝非一人之力。

5.3　使用内存的分支记录

上一节介绍的使用 MSR 寄存器的分支记录机制有一个明显的局限，那就是可以记录的分支次数太少，其应用价值比较有限。因为寄存器是位于 CPU 内部的，所以靠增加 LBR 寄存器的数量来提高记录分支的次数是不经济的。于是，人们很自然地想到设置一个特定的内存区供 CPU 来保存分支信息。这便是分支踪迹存储（Branch Trace Store，BTS）机制。

BTS 允许把分支记录保存在一个特定的称为 BTS 缓冲区的内存区内。BTS 缓冲区与用于记录性能监控信息的 PEBS 缓冲区是使用类似的机制来管理的，这种机制称为调试存储（Debug Store，DS）区，简称为存储区。

PEBS 的最初全称是 Precise Event Based Sampling，即基于精确事件的采样技术，是奔腾 4 处理器引入的一种性能监控机制。当选择的某个性能计数器被设置为触发 PEBS 功能且这个计数器溢出时，CPU 便会把当时的寄存器状态以 PEBS 记录的形式保存到 DS 中的 PEBS 缓冲区内。每条 PEBS 记录的长度是固定的，32 位模式时为 40 个字节，包含了 10 个重要寄存器（EFLAGS、EIP、EAX、EBX、ECX、EDX、ESI、EDI、EBP 和 ESP）的值，IA-32e 模式时为 144 字节，除了以上 10 个寄存器外，还有 R8～R15 这 8 个新增的通用寄存器。

代号为 Goldmont 的微架构（在 Skylake 基础上开发的低功耗 SoC 版本）扩展了 PEBS 技术，使其也可以基于不精确的事件进行采样。因此，PEBS 的全称也随之改为基于处理器事件的采样技术（Processor Event Based Sampling）。

下一节将详细讨论性能监视功能。本节将集中讨论如何建立 DS 区以及如何用它来记录分支信息。

5.3.1　DS 区

下面我们仔细看看 DS 区的格式。因为当 CPU 工作在 64 位的 IA-32e 模式时，所有寄存器和地址字段都是 64 位的，需要比工作在 32 位模式时更大的存储空间，所以 DS 区的格式也有所不同。本节将以 32 位为例进行介绍。

首先，DS 区由以下 3 个部分组成。

- 管理信息区：用来定义 BTS 和 PEBS 缓冲区的位置和容量。管理信息区的功能与文件头的功能很类似，CPU 通过查询管理信息区来管理 BTS 和 PEBS 缓冲区。

- BTS 缓冲区：用来以线性表的形式存储 BTS 记录。每个 BTS 记录的长度固定为 12 个字节，分成 3 个双字（DWORD），第一个 DWORD 是分支的源地址，第二个 DWORD 是分支的目标地址，第三个 DWORD 只使用了第 4 位（bit 4），用来表示该记录是否是预测出的。

- PEBS 缓冲区：用来以线性表的形式存储 PEBS 记录。每个 PEBS 记录的长度固定为 40 个字节。

DS 存储区的管理信息区的数据布局如图 5-3 所示。

3	2	1	0	偏移
BTS缓冲区基地址（BTS首字节的线性地址，要符合4字节对齐要求）				00h
BTS索引（下一个BTS记录的首字节线性地址）				04h
BTS最大绝对值（BTS缓冲区的边界线性地址）				08h
BTS中断阈值（希望产生中断的BTS记录的线性地址）				0Ch
PEBS缓冲区基地址（PEBS首字节的线性地址，要符合4字节对齐要求）				10h
PEBS索引（下一个PEBS记录的首字节线性地址）				14h
PEBS最大绝对值（PEBS缓冲区的边界地址）				18h
PEBS中断阈值（希望产生中断的PEBS记录的线性地址）				1Ch
计数器复位值的低32位				20h
保留		计数器复位值的高8位		24h
保留				28h
保留				2Ch
保留				30h

图 5-3　DS 区的管理信息区

从图 5-3 中可以看到，DS 管理信息区又分成了两部分，分别用来指定和管理 BTS 记录和 PEBS 记录。

IA 手册（18.6.8.2 节）定义了 DS 区应该符合的如下条件。

第一，DS 区（3 个部分）应该在非分页（non-paged）内存中。也就是说，这段内存是不可以交换到硬盘上的，以保证 CPU 随时可以向其写入分支信息。

第二，DS 区必须位于内核空间中。对于所有进程，包含 DS 缓冲区的内存页必须被映射到相同的物理地址。也就是说，CR3 寄存器的变化不会影响 DS 缓冲区的地址。

第三，DS 区不要与代码位于同一内存页中，以防 CPU 写分支记录时会触发防止保护代码页的动作。

第四，当 DS 区处于活动状态时，要么应该防止进入 A20M 模式，要么应该保证缓冲区边界内地址的第 20 位（bit 20）都为 0。

第五，DS 区应该仅用在启用了 APIC 的系统中，APIC 中用于性能计数器的 LVT 表项必须初始化为使用中断门，而不是陷阱门。

DS 区的大小可以超过一个内存页，但是必须映射到相邻的线性地址。BTS 缓冲区和 PEBS 缓冲区可以共用一个内存页，其基地址不需要按 4KB 边界对齐，只需要按 4 字节对齐。IA 手册建议 BTS 和 PEBS 缓冲区的大小应该是 BTS 记录（12 字节）和 PEBS 记录（40 字节）大小的整数倍。

5.3.2　启用 DS 机制

了解了 DS 区的格式和内存要求后，下面我们看看如何启用 DS 机制。具体步骤如下。

第一步，应该判断当前处理器对 DS 机制的支持情况，判断方法如下。

- 先将 1 放入 EAX 寄存器，然后执行 CPUID 指令，EDX[21]（DS 标志）应该为 1。

- 检查 IA32_MISC_ENABLE MSR 寄存器的位 11（BTS_UNAVAILABLE），如果该位为 0，表示该处理器支持 BTS 功能，如果该位为 1，则不支持。

- 检查 IA32_MISC_ENABLE MSR 寄存器的位 12（PEBS_UNAVAILABLE），如果该位为 0，则表示该处理器支持 PEBS 功能，如果该位为 1，则不支持。

第二步，根据前面的要求分配和建立 DS 区。

第三步，将 DS 区的基地址写到 IA32_DS_AREA MSR 寄存器。这个寄存器的地址可以在 IA 手册卷 3B 的附录中查到，目前 CPU 对其分配的地址都是 0x600。

第四步，如果计划使用硬件中断来定期处理 BTS 记录，那么设置 APIC 局部向量表（LVT）的性能计数器表项，使其按固定时间间隔产生中断（fixed delivery and edge sensitive），并在 IDT 中建立表项并注册用于处理中断的中断处理例程。在中断处理例程中，应该读取已经记录的分支信息和 PEBS 信息，将这些信息转存到文件或其他位置，然后将缓冲区索引字段复位。

第五步，设置调试控制寄存器，启用 BTS。

5.3.3　调试控制寄存器

在支持分支监视和记录机制的处理器中，都有一个用来控制增强调试功能的 MSR，称为调试控制寄存器（Debug Control Register）。对于不同的处理器，这个寄存器的名称和格式有所不同，主要有以下 4 种。

- P6 系列处理器中的 DebugCtl MSR，我们在 5.2 节对其格式做过详细的介绍。

- 奔腾 4 系列处理器中的 DebugCtlA MSR，其格式如图 5-4 所示。

- 奔腾 M 系列处理器中的 DebugCtlB MSR，其格式如图 5-5 所示。

- Core 系列和 Core 2 系列处理器中的 IA32_DEBUGCTL MSR，其格式如图 5-6 所示。从

名称上来看，这个名称已经带有 IA-32 字样——称为架构中的标准寄存器，以后的 IA-32
系列处理器应该会保持这个名称。

奔腾 4 的 DebugCtlA MSR 如图 5-4 所示。

图 5-4　DebugCtlA MSR（奔腾 4 处理器）

图 5-5　DebugCtlB MSR（奔腾 M 处理器）

图 5-6　IA32_DEBUGCTL MSR（Core、Core 2 及更新的 IA-32 处理器）

其中 LBR、BTF 的含义与 P6 中的一样。概括来说，TR 位用来启用分支机制；BTS 位用来
控制分支信息的输出方式，如果 BTS 位为 1，则将分支信息写到 DS 区的 BTS 缓冲区中，如果
为 0，则向前端总线发送分支跟踪消息（BTM），供总线分析仪等设备接收。

BTI（Branch Trace INTerrupt）如果被置为 1，那么当 BTS 缓冲区已满时，会产生中断；如
果为 0，CPU 会把 BTS 缓冲区当作一个环形缓冲区，写到缓冲区的末尾后，CPU 会自动回转到
缓冲器的头部。

BOO（BTS_OFF_OS）和 BOU（BTS_OFF_USER）用来启用 BTS 的过滤机制，如果 BOO
为 1，则不再将 CPL 为 0 的 BTM 记录到 BTS 缓冲区中，也就是不再记录内核态的分支信息；
如果 BOU 为 1，则不再将 CPL 不为 0 的 BTM 记录到 BTS 缓冲区中，也就是不再记录用户态
的分支信息。

尽管名称和格式有所不同，对于目前的 CPU，以上 4 种 MSR 的地址都是 0x1D9。

启用 DS 机制，需要编写专门的驱动程序来建立和维护 DS 存储区，我们将在下一节给出一
个示例。

5.4　DS 示例：CpuWhere

上一节介绍了 IA 处理器的调试存储（DS）功能。为了演示其用法，帮助读者加深理解，
我们将编写一个示例性的应用，这个应用的名字为 CpuWhere，其含义是使用这个应用，用户可

以看到 CPU 曾经运行过哪些地方（where has CPU run）。

5.4.1 驱动程序

因为访问 MSR 和分配 BTS 缓冲区都需要在内核态进行，所以要使用 DS 机制，需要编写一个驱动程序，我们将其命名为 CpuWhere.sys。

首先，我们需要定义两个数据结构：DebugStore 和 BtsRecord。

DebugStore 结构用来描述 DS 存储区的管理信息区，代码如下：

```
typedef struct tagDebugStore
{
    DWORD    dwBtsBase;            // BTS 缓冲区的基地址
    DWORD    dwBtsIndex;           // BTS 缓冲区的索引，指向可用的 BTS 缓冲区
    DWORD    dwBtsAbsolute;        // BTS 缓冲区的极限值
    DWORD    dwBtsIntThreshold;    // 报告 BTS 缓冲区已满的中断阈值
    DWORD    dwPebsBase;           // PEBS 缓冲区的基地址
    DWORD    dwPebsIndex;          // PEBS 缓冲区的索引，指向可用的 BTS 缓冲区
    DWORD    dwPebsAbsolute;       // PEBS 缓冲区的极限值
    DWORD    dwPebsIntThreshold;   // 报告 PEBS 缓冲区已满的中断阈值
    DWORD    dwPebsCounterReset;   // 计数器的复位值
    DWORD    dwReserved;           // 保留
} DebugStore, *PDebugStore;
```

BtsRecord 结构用来描述 BTS 缓冲区的每一条数据记录，代码如下：

```
typedef struct tagBtsRecord
{
    DWORD    dwFrom;      // 分支的发起地址
    DWORD    dwTo;        // 分支的目标地址
    DWORD    dwFlags;     // 标志
} BtsRecord, *PBtsRecord;
```

以上两个结构都是用于 32 位模式的，如果系统工作在 64 位（IA-32e）模式下，那么需要将大多数字段从 DWORD 改为 8 字节的 DWORD64，或者使用 DWORD_PTR 这样的指针类型自动适应 32 位和 64 位。

定义了以上结构后，便可以使用 Windows 操作系统的 ExAllocatePoolWithTag 函数来在非分页内存区中建立 DS 区了。清单 5-4 给出了主要的源代码。

清单 5-4　建立 DS 区的源代码

```
1     #define  BTS_RECORD_LENGTH sizeof(BtsRecord)
2
3     PDebugStore    g_pDebugStore=NULL;
4     PVOID          g_pBtsBuffer=NULL;
5     DWORD          g_dwMaxBtsRecords=0;
6     BOOLEAN        g_bIsPentium4=0xFF;
7     BOOLEAN        g_bIsTracing=0;
8     DWORD          g_dwOptions=0;
9
10    NTSTATUS SetupDSArea(DWORD dwMaxBtsRecords)
11    {
12        if(g_pDebugStore==NULL)
```

```
13              g_pDebugStore=ExAllocatePoolWithTag(
14                 NonPagedPool,sizeof(DebugStore),
15                 CPUWHERE_TAG);
16
17          memset(g_pDebugStore,0,sizeof(DebugStore));
18
19          if(g_pBtsBuffer && g_dwMaxBtsRecords!=dwMaxBtsRecords)
20          {
21              ExFreePoolWithTag(g_pBtsBuffer,CPUWHERE_TAG);
22              g_pBtsBuffer=NULL;
23          }
24          g_pBtsBuffer=ExAllocatePoolWithTag(
25              NonPagedPool,dwMaxBtsRecords*BTS_RECORD_LENGTH,
26              CPUWHERE_TAG);
27          if(g_pBtsBuffer==NULL)
28          {
29              DBGOUT(("No resource for BTS buffer %d*%d",
30                  dwMaxBtsRecords, BTS_RECORD_LENGTH));
31              return STATUS_NO_MEMORY;
32          }
33
34          g_dwMaxBtsRecords=dwMaxBtsRecords;
35          // zerolize the whole buffer
36          memset(g_pBtsBuffer,0, dwMaxBtsRecords*BTS_RECORD_LENGTH);
37
38          g_pDebugStore->dwBtsBase=(ULONG)g_pBtsBuffer;
39          g_pDebugStore->dwBtsIndex=(ULONG)g_pBtsBuffer;
40          g_pDebugStore->dwBtsAbsolute=(ULONG)g_pBtsBuffer
41              +dwMaxBtsRecords*BTS_RECORD_LENGTH;
42          //在使用环形 BTS 缓冲区时，如果要阻止 CPU 产生
43          //中断，软件需要把 BTS 中断阈值设置得大于 BTS
44          //的绝对最大值，只清除 BTINT
45          //标志是不够的
46          g_pDebugStore->dwBtsIntThreshold=(ULONG)g_pBtsBuffer
47              +(dwMaxBtsRecords+1)*BTS_RECORD_LENGTH;
48
49          DBGOUT(("DS is setup at %x: base %x, index %x, max %x, int %x",
50          g_pDebugStore,g_pDebugStore->dwBtsBase,
51          g_pDebugStore->dwBtsIndex,
52          g_pDebugStore->dwBtsAbsolute,
53          g_pDebugStore->dwBtsIntThreshold))
54
55          return STATUS_SUCCESS;
56      }
```

第 12～17 行分配一个 DebugStore 结构，将其线性地址赋给全局变量 g_pDebugStore，并将整个结构用 0 填充。第 19～34 行分配用于保存分支记录的 BTS 缓冲区，其大小是由参数 dwMaxBtsRecords 所决定的。第 36 行将这个缓冲区初始化为 0。第 38～47 行用来初始化 DebugStore 结构。因为我们不打算使用中断方式来报告 BTS 缓冲区已满，所以将产生中断的阈值（dwBtsIntThreshold 字段）设得很大，比缓冲区的最大值还大一些。

准备好 DS 区后，就可以通过设置 MSR 寄存器来启用 DS 机制了。清单 5-5 给出了用于启用和禁止 BTS 机制的 EnableBTS 函数的源代码。

清单 5-5 启用和禁止 BTS 的源代码

```
 1   NTSTATUS EnableBTS(BOOLEAN bEnable,BOOLEAN bTempOnOff)
 2   {
 3      DWORD dwEDX,dwEAX;
 4
 5      if(!bTempOnOff)
 6      {
 7         ReadMSR(IA32_MISC_ENABLE,&dwEDX,&dwEAX);
 8         if(bEnable && ( (dwEAX & (1<<BIT_BTS_UNAVAILABLE))!=0 ) )
 9         {
10            DBGOUT(("BTS is not supported %08x:%08x",dwEDX,dwEAX));
11            return -1;
12         }
13         if(bEnable) // 禁止时，保持寄存器原来的值
14         {
15            // 将 DS 内存地址写到 MSR
16            dwEDX=0;
17            dwEAX=bEnable?(DWORD)g_pDebugStore:0;
18
19            WriteMSR(IA32_DS_AREA, dwEDX,dwEAX);
20         }
21      }
22
23      // 启用 MSR 中的标志
24      ReadMSR(IA32_DEBUGCTL, &dwEDX,&dwEAX);
25      DBGOUT(("Old IA32_DEBUGCTL=%08x:%08x", dwEDX,dwEAX));
26
27      // 设置 MSR_DEBUGCTLA 寄存器中的 TR 和 BTS 标志
28      if(bEnable)
29      {
30         dwEAX|=(1 << (g_bIsPentium4?BIT_P4_BTS:BIT_BTS) );
31         dwEAX|=(1 << (g_bIsPentium4?BIT_P4_TR:BIT_TR) );
32         // Clear the BTINT flag in the MSR_DEBUGCTLA
33         dwEAX&=~(1<< (g_bIsPentium4?BIT_P4_BTINT:BIT_BTINT) );
34      }
35      else
36      {
37         dwEAX&=~(1<< (g_bIsPentium4?BIT_P4_BTS:BIT_BTS) );
38         dwEAX&=~(1<< (g_bIsPentium4?BIT_P4_TR:BIT_TR) );
39      }
40      WriteMSR(IA32_DEBUGCTL, dwEDX,dwEAX);
41
42      // show new value after write
43      ReadMSR(IA32_DEBUGCTL, &dwEDX,&dwEAX);
44      DBGOUT(("Current IA32_DEBUGCTL=%08x:%08x", dwEDX,dwEAX));
45
46      return STATUS_SUCCESS;
47   }
```

参数 bEnable 用来指定是启用还是禁止 BTS，参数 bTempOnOff 用来指定本次操作是否是暂时性的。当我们读取 BTS 缓冲区时，需要暂时禁用 BTS 机制，读好后再启用它。暂时性的禁用只操作调试控制寄存器，不操作 IA32_DS_AREA 寄存器。第 7～12 行用于检查 CPU 是否支持 BTS，即读取 IA32_MISC_ENABLE 寄存器并检查它的 BTS_UNAVAILABLE 标志。第 13～20 行用于设置 IA32_DS_AREA 寄存器。剩下的代码用于操作调试控制寄存器。对于我们关心的 TR、

BTINT 和 BTS 位，奔腾 4 之外的两种调试控制寄存器（IA32_DEBUGCTL 和 DebugCtlB）的这些位是一样的，所以我们只是判断当前的 CPU 是否是奔腾 4——全局变量 g_bIsPentium4 记录了这一特征。

除了以上代码，驱动程序中还实现了以下一些函数和代码：用于启动和停止追踪的 StartTracing 函数，其内部会调用 SetupDSArea 和 EnableBTS；用于读取 BTS 记录的 GetBtsRecords 函数，它会根据 DebugStore 结构中的信息来读取 CPU 已经产生的 BTS 记录，读好后，再把索引值恢复原位。此外，还有负责与应用程序通信的 IRP 响应函数，以及其他 WDM 定义的驱动程序函数。

5.4.2 应用界面

有了驱动程序后，还需要编写一个简单的应用程序来管理驱动程序以及读取和显示 BTS 记录——我们将其命名为 CpuWhere.exe。图 5-7 是 CpuWhere.exe 的执行界面。窗口左侧是一系列控制按钮，此处的编辑框用来指定 BTS 缓冲区可以容纳的 BTS 记录数，即 SetupDSArea 函数的参数。窗口右侧的列表框用来显示从驱动程序读取到的 BTS 记录。BTS 记录显示的顺序与栈回溯类似，即最近发生的位于上方。或者说，CPU 的运行轨迹是从下到上的。

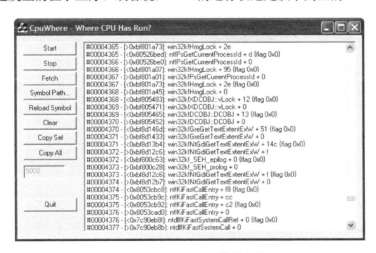

图 5-7　CpuWhere.exe 的执行界面

在列表框中，每条 BTS 记录显示为两行，上面一行用来显示分支的目标地址（方括号中），地址前以 ">" 符号表示，地址后为这个地址所对应的符号；下面一行为分支的发起地址，地址前以 "<" 表示，大括号中的是本条 BTS 记录的标志字段（dwFlags）。每一行的开头是以 "#" 开始的流水号。

以图 5-7 中的第 2 行为例，#00004365 - [<0x80526bed]: nt!PsGetCurrentProcessId + d {flag 0x0}。其中，地址前的 "<" 代表这是一个 BTS 记录的发起行，0x80526bed 是 BtsRecord 中的 dwFrom 字段的值，nt!PsGetCurrentProcessId + d 是这个地址所对应的符号和位移（displacement）。

观察 nt!PsGetCurrentProcessId 函数的反汇编，可以看到地址 0x80526bed 是 ret 指令的下一条指令的地址，因此 CPU 是在执行 ret 指令时产生这条 BTS 记录的。

```
lkd> u nt!PsGetCurrentProcessId
nt!PsGetCurrentProcessId:
80526be0 64a124010000      mov      eax,dword ptr fs:[00000124h]
80526be6 8b80ec010000      mov      eax,dword ptr [eax+1ECh]
80526bec c3                ret
80526bed cc                int      3
```

观察第 1 行（#00004365 - [>0xbf801a73]: win32k!HmgLock + 2e），它是这个 BTS 记录的目标地址，于是可以推测出这个 BTS 记录记载的是从 PsGetCurrentProcessId 函数返回 HmgLock 这一事件。第 3 行和第 4 行（#00004366）记载的是 HmgLock 函数调用 PsGetCurrentProcessId 时的分支。

图 5-7 所示列表框的倒数第 2 行和第 3 行记录了调用系统服务时从用户态向内核态的转移过程。它们记载了从用户态地址[<0x7c90eb8f]跳转到内核态地址[>0x8053cad0]的过程。

CpuWhere.exe 的大多数实现都是非常简单的。比较复杂的地方就是如何查找 BTS 记录所对应的符号。因为 BTS 记录中既有内核态的地址，也有用户态的地址，简单地使用 DbgHelp 库中的符号函数（SymFromAddr 等）是不能满足我们的需要的。

为了用比较少的代码解决以上问题，我们使用了 WinDBG 的调试引擎。通过调试引擎所输出的接口，我们启动了一个本地内核调试会话，然后利用调试引擎来为分支记录中的地址寻找合适的符号。其核心代码如清单 5-6 所示。

清单 5-6   启动本地内核调试的 StartLocalSession 方法

```
1    // 启动本地内核调试会话
2    HRESULT CEngMgr::StartLocalSession(void)
3    {
4        HRESULT hr;
5
6        if(m_Client==NULL)
7            return E_FAIL;
8        if ((hr = m_Client->SetOutputCallbacks(&m_OutputCallback)) != S_OK)
9        {
10           Log("StartLocalSession", "SetOutputCallbacks failed, 0x%X\n", hr);
11           return hr;
12
13       }
         // 注册我们自己事件的回调函数
14       if ((hr = m_Client->SetEventCallbacks(&m_EventCb)) != S_OK)
15       {
16           Log("StartLocalSession", "SetEventCallbacks failed, 0x%X\n", hr);
17           return hr;
18       }
19       hr = m_Client->AttachKernel(DEBUG_ATTACH_LOCAL_KERNEL,NULL);
20       if(hr!=S_OK)
21       {
22           Log("StartLocalSession",
23             "AttachKernel(DEBUG_ATTACH_LOCAL_KERNEL,NULL)failed with %x",hr);
24           return hr;
25       }
26
27       if ((hr = m_Control->WaitForEvent(DEBUG_WAIT_DEFAULT,
```

```
28                                              INFINITE)) != S_OK)
29       {
30           Log("StartLocalSession", "WaitForEvent failed, 0x%X\n", hr);
31       }
32       return hr;
33    }
```

第 8～12 行设置一个输出回调类，用来接收调试引擎的信息输出。我们将这些输出定向到列表框中。第 19～25 行用来启动本地内核调试，第 27～31 行是等待初始的调试事件。等待这一事件后，调试引擎的内部类会针对本地内核的实际情况进行初始化，此后就可以使用调试引擎的各种服务了。本书后续分卷将进一步介绍调试引擎的细节。

因为依赖 WinDBG 版本的调试引擎（Windows 系统目录自带的版本有裁剪），所以运行 CpuWhere.exe 之前需要先安装 WinDBG，而后将 CpuWhere.exe 复制到 WinDBG 程序的目录中再运行它。

5.4.3 2.0 版本

在更新本书第 2 版的时候，作者对 CpuWhere.exe 做了很多改进，我们将其称为 2.0 版本，将前面讨论的称为 1.0 版本。

2.0 版本的最大变化是具有多 CPU 支持（最多 64 个）。用户可以选择在 1 个或多个 CPU 上开启分支监视。这个改动涉及数据结构、驱动程序、用户态代码、驱动程序接口和图形界面。

清单 5-7 列出了支持多 CPU 的关键数据结构。因为需要为每个 CPU 建立独立的 DS 区，并分别进行维护和管理，所以不再像 1.0 版本那样使用全局变量。新的做法是先把那些变量封装到名为 BTS_STATE 的结构体，再在 WDM 驱动的设备对象扩展中定义一个结构体数组，数组的每个元素对应一个 CPU。

清单 5-7　支持多 CPU 的结构体

```
1    typedef struct _BTS_STATE
2    {
3        PDEBUG_STORE    DebugStore; // 内核空间中的虚拟地址（va）
4        PMDL            MdlDebugStore;
5        PVOID           VaUserDebugStore;
6
7        ULONG           BtsStatus;
8    }BTS_STATE, *PBTS_STATE;
9
10   typedef struct _BTS_DEVICE_EXTENSION
11   {
12       PDEVICE_OBJECT    DevObj;
13       DWORD             MaxBtsRecords;
14       DWORD             Flags; //BTS_FLAG_xx;
15       DWORD             Options;
16       //
17       // 按 CPU 分配成员
18       BTS_STATE         BtsState[MAX_CPU_PER_GROUP];
19       //
20   }BTS_DEVICE_EXTENSION,*PBTS_DEVICE_EXTENSION;
```

因为要操作的 MSR 是与 CPU 相关的，每个 CPU 都有自己的寄存器实例，所以启动监视时必须严格保证当前线程是在希望操作上的 CPU 上执行。如何实现这一目标呢？我们的做法是为要监视的每个 CPU 创建一个工作线程，并且通过设置线程的亲缘性（affinity）将该线程绑定在对应的 CPU 上，核心的代码如清单 5-8 所示。

清单 5-8　启动分支监视的用户态代码

```
1    HRESULT CKrnlAgent::Start(DWORD dwMaxRecord, ULONG64 ul64CpuMask)
2    {
3        PBtsThreadPara pThreadPara = NULL;
4
5        if(m_hSysHandle==INVALID_HANDLE_VALUE)
6            return E_FAIL;
7
8        m_dwMaxRecords = dwMaxRecord;
9
10       this->m_bStop = FALSE;
11
12       for(int i=0; i< 64; i++)
13       {
14           if(ul64CpuMask & ((ULONGLONG)1<<i))
15           {
16               pThreadPara = new BtsThreadPara;
17
18               pThreadPara->CpuNo = i;
19               pThreadPara->PtrAgent = this;
20
21               m_hBtsThreads[i] = CreateThread(NULL, 0, ThreadProcBtsWorker,
22                   (PVOID)pThreadPara, CREATE_SUSPENDED, NULL);
23
24               SetThreadAffinityMask( m_hBtsThreads[i], (1<<i));
25
26               ResumeThread(m_hBtsThreads[i]);
27           }
28       }
29
30       return S_OK;
31   }
```

参数 ul64CpuMask 用来指定需要监视的 CPU，如果某一位为 1，则代表要监视该编号的 CPU。SetThreadAffinityMask 是 Windows 操作系统中专门用来设置线程亲缘性的 API。

2.0 版本使用新的方式来读取 BTS 记录，直接把内核态分配的 DS 区映射到用户态，让应用程序直接读取其中的信息，省去了 1.0 版本的内存复制过程。在驱动程序中使用 AllocNonPagedMemory 函数分配内存页时便可以得到用户空间可以访问的指针，代码如下：

```
Status = AllocNonPagedMemory(
    TotleBytes, &(BtsState->MdlDebugStore),
    &(BtsState->VaUserDebugStore),
    &(BtsState->DebugStore)
    );
```

因此，2.0 版本的界面（见图 5-8）将原来的"抓取"（Fetch）按钮改为"Pause/Unpause"。只要单击 Pause 按钮，上面提到的工作线程先会通知驱动暂停监视，然后便直接读取 DS 区，并把信息显示到对应 Tab 页的列表中。

2.0 版本还加入了 64 位支持，可以工作在 64 位的 Windows 系统上。作者测试了 Windows 7
和 Windows 10。测试平台是装有第四代酷睿（Haswell）处理器（i3-4100M）的神易 MINI 主机，
使用该款机器的一个原因是它自带难得一见的串口，调试起来很方便。如果读者在其他环境下
试用时遇到问题，那么最有效的方法是使用内核调试（见第 18 章）来定位问题根源。清单 5-9
列出了检查 CpuWhere 驱动程序内部关键数据结构的 WinDBG 命令和执行记录（清单中是正常
结果，供比较使用）。

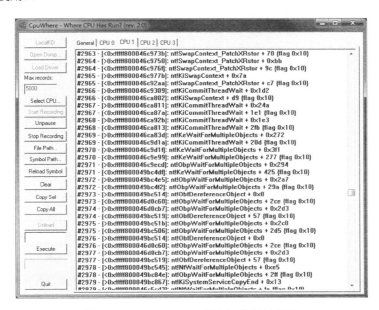

图 5-8　CpuWhere 2.0 版本工作时的截图

清单 5-9　在内核调试会话中观察驱动程序的关键数据结构

```
1    0: kd>  !drvobj cpuwhere
2    Driver object (ffffd5827522db90) is for:
3         \Driver\CpuWhere
4    Driver Extension List: (id , addr)
5
6    Device Object list:
7    ffffd5827516e630
8    0: kd> !devobj ffffd5827516e630
9    Device object (ffffd5827516e630) is for:
10   CpuWhere \Driver\CpuWhere DriverObject ffffd5827522db90
11   Current Irp 00000000 RefCount 1 Type 00008306 Flags 00000048
12   SecurityDescriptor ffffad0740074c80 DevExt ffffd5827516e780 DevObjExt
13   ffffd5827516ef98
14   ExtensionFlags (0x00000800)  DOE_DEFAULT_SD_PRESENT
15   Characteristics (0000000000)
16   Device queue is not busy.
17   0: kd> dt cpuwhere!_BTS_DEVICE_EXTENSION ffffd5827516e780
18      +0x000 DevObj             : 0xffffd582`7516e630 _DEVICE_OBJECT
19      +0x008 MaxBtsRecords      : 0
20      +0x00c Flags              : 0
21      +0x010 Options            : 0
```

```
22        +0x018 BtsState          : [64] _BTS_STATE
23  0: kd> dx -r1 (*((cpuwhere!_BTS_STATE (*)[64])0xffffd5827516e798))
24      [0]                        [Type: _BTS_STATE]
25      [1]                        [Type: _BTS_STATE]
26      [2]                        [Type: _BTS_STATE]
27      [3]                        [Type: _BTS_STATE]
28      [4]                        [Type: _BTS_STATE]
29  [省略多行]
30  0: kd> dx -r1 (*((cpuwhere!_BTS_STATE *)0xffffd5827516e7b8))
31      [+0x000] DebugStore        : 0xffffc38135e12000 [Type: _DEBUG_STORE *]
32      [+0x008] MdlDebugStore     : 0xffffd58271c7e8b0 [Type: _MDL *]
33      [+0x010] VaUserDebugStore  : 0x21a83290000 [Type: void *]
34      [+0x018] BtsStatus         : 0x1 [Type: unsigned char]
35  0: kd> dx -r1 (*((cpuwhere!_DEBUG_STORE *)0xffffc38135e12000))
36      [+0x000] BtsBase           : 0xffffc38135e12050 [Type: unsigned __int64]
37      [+0x008] BtsIndex          : 0xffffc38135e1e548 [Type: unsigned __int64]
38      [+0x010] BtsAbsolute       : 0xffffc38135e2f510 [Type: unsigned __int64]
39      [+0x018] BtsIntThreshold   : 0xffffc38135e2f528 [Type: unsigned __int64]
40      [+0x020] PebsBase          : 0x0 [Type: unsigned __int64]
41      [+0x028] PebsIndex         : 0x0 [Type: unsigned __int64]
42      [+0x030] PebsAbsolute      : 0x0 [Type: unsigned __int64]
43      [+0x038] PebsIntThreshold  : 0x0 [Type: unsigned __int64]
44      [+0x040] PebsCounterReset  : 0x0 [Type: unsigned __int64]
45      [+0x048] Reserved          : 0x0 [Type: unsigned __int64]
```

第 1 行是使用!drvobj 命令列出驱动对象（第 2 行）和它创建的设备对象（第 7 行）。然后再使用!devobj 观察设备对象的详细信息，这样做主要是为了得到与其关联的设备扩展结构体的地址（第 12 行），该指针指向的就是清单 5-7 中的 BTS_DEVICE_EXTENSION 结构体。有了这个地址之后，使用 dt 命令观察（第 17 行），然后可以用 dx 命令来显示结构体中的 BtsState 数组（第 23 行）。接下来可以根据监控的 CPU 编号来观察对应的数组元素，显示出某个 CPU 对应的 BTS_STATE 结构体（第 30 行），并通过其中的 DebugStore 成员继续观察对应的 DEBUG_STORE 结构体（第 35 行）。第 36～39 行为 CPU 手册定义的 BTS 字段的值，可以看到 BTS 缓冲区的记录指针（BtsIndex）为 0xffffc38135e1e548，距离起始地址 50424 字节，因为每条记录为 24 个字节，所以缓冲区中已经有 2101 条记录了。如图 5-8 所示，界面上设置的总记录数为 5000，所以还有大约一半缓冲区可以使用。

老雷评点

    读上面调试日志，可观 NT 内核经典驱动模型（WDM）之梗概，亦可见其融面向对象思想于过程语言（C）之妙处。

5.4.4　局限性和扩展建议

CpuWhere 程序可以观察到 CPU 的运行轨迹，并可以将其翻译为程序符号。通过这些信息，我们可以精确地了解 CPU 的运行历史，为软件调试和研究软件的工作过程提供第一手资料。

但是 CpuWhere 毕竟是一个示例性的小程序，虽然作者在这个小程序上花费了很多时间，但它仍只是 BTS 功能的一个初级应用，还有如下局限。

- 没有考虑进程上下文。目前只是简单地将 BTS 记录中的地址传递给内核调试引擎寻找匹配的符号，因为我们没有仔细地设置和维护进程上下文，所以查到的用户态地址的符号可能是不准确的，甚至是错误的。

- 我们只是以单一的线性列表来显示 BTS 记录，一种更好的显示方式是以调用图（calling graph）的方式来显示函数的调用和返回。

- 使用的是环形缓冲区模式，不是中断模式。BTS 区满了之后，CPU 会循环使用。

对此感兴趣的读者可以从本书线上资源中下载 CpuWhere 的源代码，加以改进和补充，去掉上述不足。

老雷评点　　2011 年 9 月，《软件调试》第 2 版的第一次开工，坚持到 2013 年 8 月（写到本章），开始更新 CpuWhere 程序，不想一头扎进去，用了一个月，以至于那次努力半途而废。2017 年，再次开工，写到本章时，以前的环境已经不在，于是重新搭建环境，编译运行，一边调试，一边又做了些更新，还好这次跨过了这道坎。前前后后花在这个程序上的时间需以月计了。聊缀数语，希望读者诸君阅读本节时学到的不只是分支记录。

5.4.5　Linux 内核中的 BTS 驱动

浏览 Linux 内核源代码树（作者使用的是 4.4 版本），打开 arch/x86/kernel/cpu/perf_event_intel_bts.c 文件——它便是英特尔公司为 IA CPU 的 BTS 设施编写的驱动程序。驱动的代码不长，比作者编写的 Windows 版本的驱动要简单得多，主要原因是使用了 Linux 2.6 内核引入的 perf 框架。这个框架是以面向事件的思想设计的，驱动程序只要提供管理事件的几个回调函数（包括初始化、开始、停止、增加、删除、读取等）即可。清单 5-10 所示的初始化函数 bts_init 便是把这些回调函数先赋值到一个结构体（bts_pmu）的成员中，然后再调用 perf 框架的注册函数（perf_pmu_register）报告给框架。

清单 5-10　Linux 内核 BTS 驱动的初始化函数

```
1    static __init int bts_init(void)
2    {
3        if (!boot_cpu_has(X86_FEATURE_DTES64) || !x86_pmu.bts)
4            return -ENODEV;
5
6        bts_pmu.capabilities   = PERF_PMU_CAP_AUX_NO_SG | PERF_PMU_CAP_ITRACE;
7        bts_pmu.task_ctx_nr    = perf_sw_context;
8        bts_pmu.event_init     = bts_event_init;
9        bts_pmu.add        = bts_event_add;
10       bts_pmu.del        = bts_event_del;
11       bts_pmu.start          = bts_event_start;
12       bts_pmu.stop           = bts_event_stop;
13       bts_pmu.read           = bts_event_read;
14       bts_pmu.setup_aux      = bts_buffer_setup_aux;
```

```
        bts_pmu.free_aux       = bts_buffer_free_aux;

        return perf_pmu_register(&bts_pmu, "intel_bts", -1);
}
arch_initcall(bts_init);
```

在默认情况下，BTS 驱动会被构建到 Linux 内核中，使用 perf 工具的 list 命令可以观察到：

```
# perf list | grep bts
  intel_bts//                                   [Kernel PMU event]
```

使用如下命令可以监视并记录指定进程（ls 为例）的运行过程：

```
# perf record --per-thread -e intel_bts// --dump ls /home -R
```

在 intel_bts//记录的数据默认放在当前目录的 perf.data 文件中。执行 perf report 便可以查看和分析结果（见图 5-9）。

```
Samples: 506M of event 'branches', Event count (approx.): 506255003
  Children      Self  Command  Shared Object                Symbol
     2.10%     2.10%  firefox  [kernel.kallsyms]            [.] test_clear_page_writeback
     1.84%     1.84%  firefox  [kernel.kallsyms]            [.] enqueue_entity
     1.76%     1.76%  firefox  libxul.so                    [.] vpx_get_mb_ss_mmx
     1.08%     1.08%  firefox  libpthread-2.23.so           [.] pthread_mutex_unlock
     1.02%     1.02%  firefox  [kernel.kallsyms]            [.] __percpu_counter_add
     0.91%     0.91%  firefox  libpthread-2.23.so           [.] pthread_mutex_lock
     0.90%     0.90%  firefox  libxul.so                    [.] 0x0000000000ebd94b
     0.87%     0.87%  firefox  [kernel.kallsyms]            [.] ext4_finish_bio
     0.76%     0.76%  firefox  [kernel.kallsyms]            [.] sched_clock
     0.74%     0.74%  firefox  [kernel.kallsyms]            [.] radix_tree_tag_clear
     0.65%     0.65%  firefox  [kernel.kallsyms]            [.] blk_rq_map_sg
     0.63%     0.63%  firefox  [kernel.kallsyms]            [.] dec_zone_page_state
     0.62%     0.62%  firefox  [kernel.kallsyms]            [.] nmi_handle
     0.58%     0.58%  firefox  libxul.so                    [.] 0x0000000000a44828
     0.56%     0.56%  firefox  [kernel.kallsyms]            [.] try_to_wake_up
     0.56%     0.56%  firefox  firefox                      [.] malloc
     0.49%     0.49%  firefox  [kernel.kallsyms]            [.] __fprop_inc_percpu_max
     0.48%     0.48%  firefox  libxul.so                    [.] _init
     0.42%     0.42%  firefox  [kernel.kallsyms]            [.] select_task_rq_fair
     0.39%     0.39%  firefox  [kernel.kallsyms]            [.] do_nmi
     0.38%     0.38%  firefox  [kernel.kallsyms]            [.] native_sched_clock
     0.37%     0.37%  firefox  [kernel.kallsyms]            [.] end_page_writeback
     0.37%     0.37%  firefox  [kernel.kallsyms]            [.] wb_domain_writeout_inc
     0.37%     0.37%  firefox  [kernel.kallsyms]            [.] inc_zone_page_state
     0.35%     0.35%  firefox  ld-2.23.so                   [.] do_lookup_x
```

图 5-9 使用 perf 脚本分析 BTS 记录

注意，图 5-9 所示的分析结果完全是按事件数量计算的。标题第一行显示了总的样本数——506255003，即 5 亿多个。看表格中 malloc 那一行，所占百分比为 0.56，即 283 万多个。这反映了被监视进程很频繁地调用了 malloc 函数。可以通过设置 MSR_LBR_SELECT 寄存器来对分支事件进行过滤，这样便可以只监视某一类或者几类感兴趣的分支跳转。

在内核代码树的 tools/perf/Documentation/intel-bts.txt 文件中，有关于 BTS 驱动的简要说明。

英特尔公司的 VTune 软件是一款强大的辅助调试和性能分析工具，具有丰富的功能，它所依赖的技术除了本节介绍的 BTS 技术，还有下一节将介绍的性能监视机制。

5.5 性能监视

很多程序员都有过这样的经历：为了评估一段代码的执行效率，分别在这段代码的前面和后面取系统时间，然后通过计算时间差得到这段代码的执行时间。这可以说是最简单的性能监视（performance monitoring）方法。这种方法忽略了很多因素，所以得到的结果只是一个非常粗略的估计。比如在一个多任务的操作系统中，CPU 在执行这段代码的过程中，很可能被多次切换去执行其他的程序或处理各种中断请求，而这些时间是不固定的。

性能监视对软件调优（tuning）和软件调试都有着重要的意义，为了更好地满足性能监视任务的需要，IA 处理器从奔腾开始就提供了性能监视机制，包括专门的计数器、寄存器、CPU 管脚和中断支持等。

需要指出的是，虽然从奔腾 CPU 开始的所有 IA 处理器都包含了性能监视支持，但是直到 Core Solo 和 Core Duo 处理器公布时，才将一部分性能监视机制纳入到 IA 架构中，其他部分仍是与处理器型号相关的。换句话说，IA CPU 的性能监视支持是与处理器型号相关的，使用时，应该先检查 CPU 的型号。下面按照由简单到复杂的顺序分别介绍不同 IA CPU 的性能监视机制。

5.5.1 奔腾处理器的性能监视机制

奔腾处理器是第一个引入性能监视机制的 IA 处理器，该机制包括两个 40 位的性能计数器（PerfCtl0 和 PerfCtl1）、一个 32 位的名为 CESR（Counter Event Select Register）的控制寄存器，以及处理器上的 PM0/BP0 和 PM1/BP1 管脚。CESR 寄存器用于选择要监视的事件和配置监视选项，PM0/BP0 和 PM1/BP1 管脚用于向外部硬件通知计数器状态（各对应一个计数器）。PerfCtl0、PerfCtl1 和 CESR 都是 MSR，可以通过 RDMSR 和 WRMSR 指令来访问。下面我们以 CESR 的格式为线索，介绍奔腾处理器的性能监视机制。

图 5-10 画出了 CESR 的各个位域。

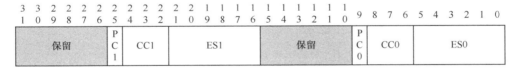

图 5-10　奔腾处理器的 CESR

显而易见，CESR 的高 16 位和低 16 位的布局是相同的。低 16 位对应计数器 0，高 16 位对应计数器 1。每个部分都包含下面 3 个域。

（1）6 位的事件选择域 ES（Event Select）：用来选择要测量（监视）的事件类型，例如 DATA_READ、DATA_WRITE、CODE_READ 等。IA-32 手册卷 3B 的附录 A 中列出了每种 IA-32 处理器所支持的全部事件类型。

（2）3 位的计数器控制域 CC（Counter Control）：用来设置计数器选项，其可能值和含义如下。

- 000：停止计数。

- 001：当 CPL=0、1 或 2 时对选定的事件计数。

- 010：当 CPL=3 时对选定的事件计数。

- 011：不论 CPL 为何值，都对选定的事件计数。

- 100：停止计数。

- 101：当 CPL=0、1 或 2 时对时钟（clocks）计数，相当于记录 CPU 在内核态的持续时间。

- 110：当 CPL=3 时对时钟（clocks）计数，相当于记录 CPU 在用户态的持续时间。

- 111：不论 CPL 为何值，都对时钟计数。

显而易见，最高位是用来控制对事件计数还是对时钟计数（即持续时间）；中间位用来使能（enable）当 CPL 为 3（用户模式下）时是否计数；最低位用来使能（enable）当 CPL 为 0、1 或 2（内核模式下）时是否计数。

（3）1 位的管脚控制域 PC（Pin Control）：用来设置对应的 PM/BP 管脚行为。如果该位为 1，那么当对应计数器溢出时，PM/BP 管脚信号被置起（asserted）；如果该位为 0，那么当对应计数器递增时，PM/BP 管脚信号被置起。

5.5.2 P6 处理器的性能监视机制

与奔腾处理器的性能监视机制相比，P6 处理器的性能监视机制可以大体概括如下。

第一，仍然实现了两个 40 位的性能计数器 PerfCtl0 和 PerfCtl1。

第二，增加了 RDPMC 指令用于读取性能计数器的值。因为性能计数器是 MSR，所以可以通过 RDMSR 指令来读取，但是 RDMSR 指令只能在内核模式（或实模式）下执行。而 RDPMC 指令可以在任何特权级别下执行，因此有了 RDPMC 指令后就可以在用户模式下读取性能计数器了。其使用方法是将计数器号（0 和 1）放入 ECX 寄存器中，然后执行 RDPMC 指令，其结果会被放入 EDX:EAX 对（EAX 中包含低 32 位，EDX 中包含高 8 位）中。

第三，使用两个 32 位的 MSR（PerfEvtSel0 和 PerfEvtSel1），分别控制计数器 PerfCtl0 和 PerfCtl1。不再像奔腾处理器那样使用一个 CESR 寄存器的高 16 位和低 16 位来分别控制两个计数器。可以用 RDMSR 和 WRMSR 指令来访问 PerfEvtSel0 和 PerfEvtSel1 寄存器（在内核模式或实模式下）。它们的地址分别是 186H 和 187H。

PerfEvtSel 寄存器的位布局如图 5-11 所示。

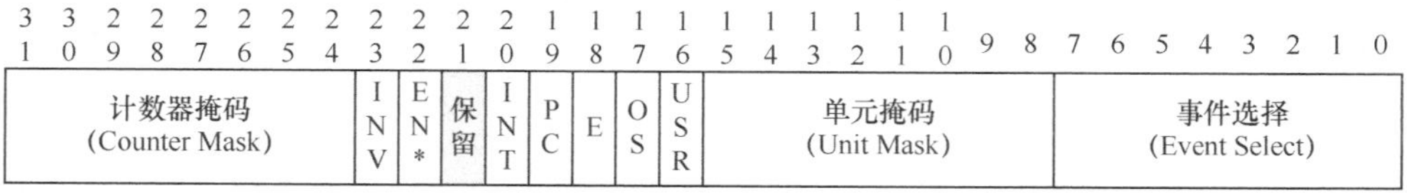

图 5-11 P6 处理器的 PerfEvtSel 寄存器

其各个位域的含义如下。

- 8 位的事件选择域 ES（Event Select）：用来选择要监视的事件类型。具体类型定义参见 IA 手册中。

- 8 位的单元掩码域 UMASK（Unit Mask）：进一步定义 ES 域中指定的要监视事件。可以理解为 ES 域中指定的要监视事件的更详细的条件和参数。

- 1 位的用户模式域 USR（User Mode）：指定当处理器处于特权级 1、2 或 3（即用户模式下）时是否计数。

- 1 位的系统模式域 OS（Operating System Mode）：指定当处理器处于特权级 0（即内核模式下）时是否计数。

- 1 位的边缘检测域 E（Edge Detect）：用来记录被监视事件（其他域指定）从 deasserted 到 asserted 的状态过渡次数。

- 1 位的管脚控制域 PC（Pin Control）：其含义与奔腾处理器相同，参见上文。

- 1 位的中断使能域 INT（APIC Interrupt Enable）：用于控制当相应计数器溢出时是否让本地的 APIC（Advanced Programmable Interrupt Controller，即集成在 CPU 内部的可编程中断控制期)产生一个中断。事先应该设置好 APIC 的局部向量表（Local Vector Table，LVT）、中断服务例程及 IDT。

- 1 位的计数器使能域 EN（Enable Counters）：当设为 1 时，启动两个计数器；当为 0 时，禁止两个计数器。该位仅在 PerfEvtSel0 中实现。

- 8 位的计数器掩码域 CMASK（Counter Mask）：用作计数器的计数条件阈值，当事件数与这个阈值比较满足条件时才改变计数器的值。下面的 INV 位用来指定比较方法。

- 1 位的取反域 INV（Invert）：该位为 1 时，当事件数量少于 CMASK 中的值时才将事件计入计数器中。如果该位为 0，那么当事件数量大于等于 CMASK 中的值时，才将事件计入计数器中。

5.5.3　P4 处理器的性能监视

与 P6 系列和奔腾处理器相比，P4 处理器对性能监视支持做了非常大的改进和增强。尽管选择和过滤事件类型以及通过 WRMSR、RDMSR 或 RDPMC 指令来访问有关寄存器的一般方法没有变，但是 MSR 寄存器的布局和设置机制都有了很大的变化。具体变化如下。

第一，性能计数器的数量由 2 个增加至 18 个（每个仍然是 40 位的），RDPMC 指令也做了增强，可以以更快的速度读取这些寄存器；CR4 寄存器增加了 PCE 位，允许操作系统限制在用户模式下执行 RDPMC 指令。

18 个性能计数器被分为 9 对，又进一步划分为以下 4 组。

（1）BPU（Branch Prediction Unit）组包含 2 个计数器对。

- MSR_BPU_COUNTER0（编号 0）和 MSR_BPU_COUNTER1（编号 1）。

- MSR_BPU_COUNTER2（编号 2）和 MSR_BPU_COUNTER3（编号 3）。

（2）MS（Microcode Store）组包含 2 个计数器对。

- MSR_MS_COUNTER0（编号 4）和 MSR_MS_COUNTER1（编号 5）。

- MSR_MS_COUNTER2（编号 6）和 MSR_MS_COUNTER3（编号 7）。

（3）FLAME 组包含 2 个计数器对。

- MSR_FLAME_COUNTER0（编号 8）和 MSR_FLAME_COUNTER1（编号 9）。

- MSR_FLAME_COUNTER2（编号 10）和 MSR_FLAME_COUNTER3（编号 11）。

（4）IQ（Instruction Queue）组包含 3 个计数器对。

- MSR_IQ_COUNTER0（编号 12）和 MSR_IQ_COUNTER1（编号 13）。

- MSR_IQ_COUNTER2（编号 14）和 MSR_IQ_COUNTER3（编号 15）。

- MSR_IQ_COUNTER4（编号 16）和 MSR_IQ_COUNTER5（编号 17）。

如果希望记录更大的范围，那么可以将一个计数器与本组内不属于同一对的其他计数器进行级联（counter cascading）。

第二，事件选择控制寄存器（ESCR）的数量也大幅增加，多达 43～45 个（与处理器的详细型号有关），用于选择和过滤要监视的事件，以及控制特定的计数器。一个计数器最多可以与 8 个 ESCR 之一相关联。一个 ESCR 也可能被用于多个计数器。ESCR 的布局如图 5-12 所示。

图 5-12　P4 处理器的 ESCR

位 25～30 用来选择要监视的事件大类（event class）；位 9～24 用来选择事件大类中的具体事件；位 5～8 可以指定一个与微指令相关联的标记（tag）值，用来辅助对回收期事件计数；位 4 用于启用或禁止微指令标记（tagging）功能；位 3（OS）和位 2（USR）与以前的含义相同。

第三，新增 18 个计数器配置控制寄存器（Counter Configuration Control Register，CCCR），它们与 18 个计数器一一对应，用于设置计数的方式和参数。CCCR 的布局如图 5-13 所示。

位 12（enable）用来启动对应的计数器。位 13～15（选择 ESCR）用来指定与对应计数器相关联的 ESCR，即间接选择要监视的事件。位 18（启用比较）用来启动位 19～24 所定义的事件过滤。位 19（补码）为 1 时，当事件数小于等于阈值时递增计数器；位 19 为 0 时，当事件数大于阈值时递增计数器；位 20～23 指定用于比较的阈值，具体值与被监视的事件类型有关。位 24（沿检测）用于启用或禁止上升沿（false-to-true）检测。位 25（FORCE_OVF）为 1 时，计数器每次递增都会强制计数器溢出，位 25 为 0 时且仅当计数器真正溢出时才发生溢出；位 26（OVF_PMI）为 1 时，每当计数器溢出都会产生 PMI 中断；位 30（级联标志）用于启用和禁止计数器级联；位 31（OVF 标志）为 1 时表示对应计数器已经溢出，此标志位不会自动清除

（必须由软件显式清除）。

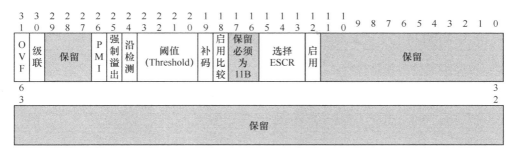

图 5-13　CCCR 寄存器

第四，将事件分为如下两种类型：回收阶段事件（at-retirement event）和非回收阶段事件（non-retirement event）。前者是指发生在指令执行的回收阶段（retirement stage）的事件；后者是指发生在指令执行过程中任何时间的事件，如总线事务等。针对回收期事件的计数仅记录与分支预测正确的路径上的微操作有关的事件。针对非回收期事件的计数会记录指定类型的所有事件，即使该事件属于预测错误的分支（不会进入回收期）。

第五，将采样（sampling）计数器的方式（也就是使用计数器的模式）归纳为如下 3 种。

- 定期读取（event counting）：在计数器计数期间，软件以一定的间隔读取计数器的值。

- 计数器溢出时产生中断：当计数器溢出时，产生性能监视中断（Performance Monitoring Interrupt，PMI）。中断处理程序记录下返回指令指针（Return Instruction Pointer，RIP，也就是被中断程序的指令地址），复位计数器，然后重新开始计数。IA 手册将此方式称为基于事件的非精确采样（non-precise event-based sampling）。通过分析 RIP 的分布，可以分析代码的执行情况以供性能优化使用。英特尔的 VTune 工具可以将 RIP 分布等信息以图形的方式显示出来。

- 计数器溢出时自动保存状态：当计数器溢出时，自动将通用寄存器、EFlags 寄存器和 EIP 寄存器的值保存到调试存储区。此方式即我们上一节介绍的基于事件的精确采样技术（Precise Event-Based Sampling，PEBS）。该技术不仅对目标程序代码影响较小，保存的状态信息也很丰富，因此对软件性能优化非常有用。但是该技术仅适用于一部分回收期事件（Execution_event、Front_end_event 和 Replay_event），不能用于非回收期事件。

第六，IA32_MISC_ENABLE 寄存器中增加了两个位域用于检测处理器对性能监视的支持能力（位 7 和位 12）。

IA 手册卷 3 第 19 章列出了奔腾 4 处理器支持的所有非回收期事件以及每个事件的参数设置信息。下面简要介绍如何开始对非回收期事件进行计数。具体步骤如下。

① 选择要监视的事件。

② 根据 IA 手册卷 3 第 19 章中的指导信息为每个要监视的事件选取一个支持该事件的 ESCR。

③ 选取一个与所选的 ESCR 相关联的 CCCR 和计数器（CCCR 和计数器是一一对应的），

并从 IA 手册查找到选取的计数器、ESCR、CCCR 的地址。

④ 使用 WRMSR 指令设置 ESCR，指定要监视的事件和要计数的特权级别。

⑤ 使用 WRMSR 指令设置 CCCR，指定 ESCR 和事件过滤选项。

⑥ [可选]设置计数器级联选项。

⑦ [可选]设置 CCCR 以便当计数器溢出时产生性能监控中断（PMI）。如果启用 PMI，那么必须设置本地 APIC、IDT 及相应的中断处理例程。

⑧ 使用 WRMSR 指令置起 CCCR 的启用标志（Enable），开始事件计数。如果要停止计数，则将该标志清零。

下面再来看看启动 PEBS 的过程。

① 建立 DS 内存区，详见上一节。

② 通过设置 IA32_PEBS_ENABLE MSR 的 Enable PEBS（位 24）启用 PEBS。

③ 设置中断和中断处理例程。PEBS 可以与分支监视和 NPEBS（non-precise event-based sampling）共享一个中断和中断处理例程。

④ 设置 MSR_IQ_COUNTER4 计数器和相关联的 CCCR，以及一个或多个 ESCR（指定要监视的事件）。只能使用 MSR_IQ_COUNTER4 计数器进行 PEBS 采样。

完成以上设置后，CPU 便会使用 MSR_IQ_COUNTER4 计数器对 ESCR 指定的事件进行计数，当计数器溢出时，CPU 便会自动将当时的寄存器内容以 PEBS 记录的形式写到 DS 内存区的 PEBS 缓冲区中。当 PEBS 缓冲区已满（或满足 DS 管理区中定义的中断条件）时，CPU 便会产生性能监视中断（PMI），并转去执行对应的中断处理例程（称为 DS ISR）。DS ISR 应该将 DS 内存区中的信息转存到文件中，并清空已满的缓冲区、复位计数器值，然后返回。

5.5.4 架构性的性能监视机制

于 2006 年推出的 Core Duo 和 Core Solo 处理器将 CPU 内的性能监视设施分为两类：一类是架构性的（architectural），另一类是非架构性的（non-architectural）。所谓架构性的，就是说这部分机制会成为 IA 架构中的标准部分，会被以后的 IA 处理器所兼容。非架构性的仍然与处理器相关。

Core Duo 和 Core Solo 中引入的架构性性能监视设施主要如下。

（1）有限数量的事件选择寄存器，名称为 IA32_PERFEVTSELx，第一个的地址为 0x186，其他寄存器的地址是连续的。

（2）有限数量的事件计数寄存器，名称为 IA32_PMCx，第一个的地址为 0xC1，其他寄存器的地址是连续的。

（3）用于检查性能监视机制支持情况的检测机制，即 CPUID 指令的 0xA 号分支（leaf），简称 CPUID.0AH。

执行本书示例代码中的 CpuID 小程序，便可以检测当前 CPU 的性能监视机制支持情况。比如，以下是在作者写作本内容时使用的 Kaby Lake 处理器上的执行结果：

```
Input=0xa:0x0, EAX=0x7300404, EBX=0x0, ECX=0x0, EDX=0x603
```

在返回的信息中，EAX 的第一个字节 04 代表的是版本号（Version ID），这与 IA 手册上所描述的 Skylake 和 Kaby Lake 微架构支持版本 4 刚好一致（卷三 18.2 节）；第二个字节是每个逻辑 CPU 配备的通用性能监视计数器的个数；第三个字节是通用性能监视计数器的位宽，0x30 代表 48 位。EDX 寄存器的位 0～4（3）代表固定功能的性能计数器的数量，位 5～12（0x30）代表固定功能性能计数器的位宽。更多详细描述请参见 IA 手册卷 2 中关于 CPUID 指令的介绍。

IA32_PERFEVTSELx 寄存器的位布局如图 5-14 所示。

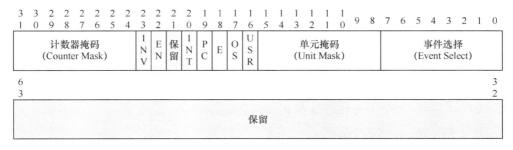

图 5-14 IA32_PERFEVTSELx 寄存器

显而易见，其布局和位定义与 P6 处理器的 PerfEvtSel 寄存器（见图 5-11）是完全一样的，其含义也基本相同，在此不再赘述。

在写作本书第 2 版时，IA 手册上共定义了 4 个版本的架构性的性能监视机制。支持较高版本的处理器一定支持所有低版本的功能。

5.5.5　酷睿微架构处理器的性能监视机制

酷睿（Core）微架构的 IA 处理器（例如 Core 2 Duo 和 Core 2 Quad 等）除了支持 Core Solo 和 Core Duo 处理器所引入的架构性能监视机制外，还提供了以下性能监视设施。

（1）3 个固定功能计数器，名为 MSR_PERF_FIXED_CTR0～MSR_PERF_FIXED_ CTR2，地址为 0x309～0x30A。这 3 个计数器分别用来专门监视以下 3 个事件：INSTR_RETIRED. ANY、CPU_CLK_UNHALTED.CORE 和 CPU_CLK_UNHALTED. REF。启用这 3 个计数器不需要设置任何事件选择寄存器（IA32_PERFEVTSELx），只需要设置一个新引入的 MSR_PERF_FIXED_CTR_CTRL 寄存器。

（2）3 个全局的计数器控制寄存器，用于简化频繁使用的操作。

- MSR_PERF_GLOBAL_CTRL：用于启用或禁止计数器，每个二进制位（保留位除外）对应一个专用的（MSR_PERF_FIXED_CTRx）或通用的性能计数器。将某一位设置为 1 便启用对应的计数器，清 0 便停止计数。因此通过这个寄存器，只要使用一条 WRMSR

指令便可以控制多个计数器。

- MSR_PERF_GLOBAL_STATUS：用于读取计数器的溢出状态，每个二进制位对应一个计数器或一种状态。通过这个寄存器，只要使用一条 RDMSR 指令便可以读到多个计数器及 PEBS 缓冲区的当前状态。

- MSR_PERF_GLOBAL_OVF_CTRL：用于清除计数器或缓冲区的溢出标志，位定义与 MSR_PERF_GLOBAL_STATUS 相对应。

5.5.6　资源

如何利用硬件设施编写性能监控软件这一话题超出了本书讨论的范围，感兴趣的读者可以参考以下开源项目或工具。

- Brinkley Sprunt 的 Brink and Abyss 项目，用于 Linux。

- Don Heller 的 Rabbit（A Performance Counters Library）项目（Linux）。

- Mikael Pettersson 的 perfctr（Linux 下的 x86 性能监视计数器驱动）。

- 美国田纳西大学 ICL 实验室的 PAPI（Performance Application Programming Interface）项目（支持 Windows 和 Linux）。

- PCL（Performance Counter Library）项目（支持 Linux 和 Solaris 等操作系统）。

- 英特尔公司的 VTune 工具（VTune Performance Analyzer）。

在性能优化方面，另一个宝贵的资源就是 IA 手册中的优化手册，全称为 Intel® 64 and IA-32 Architectures Optimization Reference Manual。感兴趣的读者可以从英特尔公司的网站下载它的电子版本。

⎡ 5.6　实时指令追踪 ⎦

2012 年 8 月，作者有幸参加了英特尔公司内部的 DTTC（Design and Test Technology Conference）大会。即使对于英特尔的员工来说，这也是个神秘的会议，因为会议上讨论的大多都是关乎公司命运的 CPU 核心技术。在那次会议上，我在一个分会场里第一次听到了实时指令追踪（Real Time Instruction Trace，RTIT）技术，来自以色列的演讲者带着自豪感介绍这项新的调试技术，几次提到它的先进性，号称具有划时代意义。

DTTC 上的几乎所有内容都是要保密的，尤其是处于研发阶段尚未发布的技术，所以我虽然很早就知道了 RTIT，但是在任何场合也不可以随便说，即使对公司里的同事。

从 2013 年下半年开始，支持 RTIT 技术的 SoC 产品和工具陆续推出。2014 年 7 月关于 RTIT 的专利公布[3]。2015 年，支持 RTIT 的酷睿芯片推出，支持 RTIT 的 Linux 内核驱动发布。至此，RTIT 技术彻底揭开神秘的面纱。

公开后的 RTIT 技术有个商业化的名字，称为英特尔处理器追踪技术（Intel® Processor Trace），简称 Intel PT。在 IA 手册中，大多数地方使用的都是 Intel PT，但也有个别地方，比如 MSR 寄存器名，还保留着旧名字 RTIT。本书将混用这两个名字，视作等价。

5.6.1　工作原理

与之前介绍过的 BTS 技术相比，RTIT 的最大特点是副作用（overhead）小。在英特尔的官方资料中，称其对性能的影响低于 5%。RTIT 是如何降低副作用的呢？最主要的方法是将 RTIT 逻辑分离出来，让其成为一个单独的组件，专司其职。在来自 RTIT 专利[4]的图 5-15 中，很容易可以看出这一特征。

图 5-15 中，左侧是处理器芯片（广义上的 CPU），其中的 RTIT LOGIC 109 便代表 RTIT 单元，它左侧的方框代表 0～N 个逻辑 CPU。右侧的大方框代表内存，内部靠上的方框代表软件（操作系统、应用程序等），下面的方框代表 RTIT 数据。

RTIT 专利的正文特别说明，RTIT 有两种输出模式：一种是图 5-15 所示的将监视数据写到内存中的专用区域中，我们不妨将其称为内存模式；另一种是将监视数据输出到所谓的追踪传输子系统（Trace Transport Subsystem）——该子系统会根据系统的硬件配置将信息传送给外部硬件，比如专业的追踪工具。IA 手册没有给后一种模式取名字，在描述 RTIT 的控制寄存器 IA32_RTIT_ CTL 时，启用后一种模式的位域称为 FabricEn。因此我们就把它称为互联（Fabric）模式。

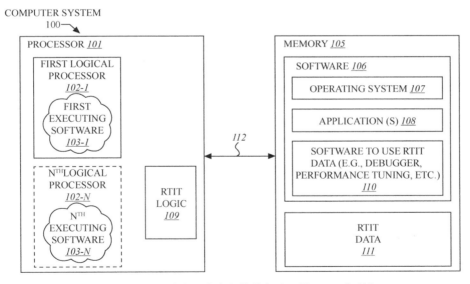

图 5-15　RTIT 结构图（来自英特尔公司的 RTIT 专利）

在使用内存模式时，根据内存区的多少又分两种方式：一种是使用一块连续的内存区，称为单区域输出（Single-Range Output）；另一种是输出到多个长度可以不同的内存区中，这些内存区的物理地址以指针表的形式关联到一起，所以这种方式称为物理地址表（Table of Physical Addresses）输出，简称 ToPA 输出。

寄存器 IA32_RTIT_OUTPUT_BASE 是配置 RTIT 数据区位置的关键寄存器，使用单内存区时，它存放的便是 RTIT 数据区的物理地址。如果使用 ToPA 输出，那么它存放的是第一个物理地址表的物理地址。

5.6.2 RTIT 数据包

RTIT 的追踪数据是以包（packet）的形式来组织和传输的。每个数据包都有固定的类型和格式，以头信息（header）开始，后面跟随长度不等的负载（payload）。

目前定义了的包类型有 14 种，分为如下 4 类，见表 5-1。

表 5-1 RTIT 的数据包

类别	包　名	描　述
基本信息	包数据流边界（Packet Stream Boundary），简称 PSB	以固定间隔（比如每 4KB 追踪数据）产生，既有心跳作用，又有分界作用，解码包时总是应该从 PSB 包开始
	页表信息包（Paging Information Packet），简称 PIP	报告 CR3 寄存器变化，追踪工具可以根据这个信息得到当前进程信息和翻译线性地址
	时间戳计数器（Time-Stamp Counter），简称 TSC	辅助标注时间
	处理器核心的总线比率（Core Bus Ratio），简称 CBR	报告 CPU 核心的总线时钟比率（bus clock ratio）
	溢出（Overflow），简称 OVF	报告内部缓冲区用完，通知有包丢失
控制流程	分支与否（Taken Not-Taken），简称 TNT	报告条件分支指令的执行方向，是做了跳转（称 Taken），还是没有（Not-taken）
	目标 IP 包，简称 TIP	报告因为异常、中断或者其他间接分支跳转时的目标 IP（程序指针）
	流程更新包（Flow Update Packets），简称 FUP	对于中断、异常或者其他不能断定分支跳转的来源 IP 地址的异步事件，报告源 IP 地址
	执行模式（MODE）包	报告处理器的执行信息，包括执行模式等
软件插入	PTWRITE 包，简称 PTW	软件通过 PTWRITE 指令插入的数据
电源管理	MWAIT 包	成功通过 MWAIT 指令进入深度大于 C0 的睡眠状态
	进入省电状态（Power State Entry）包，简称 PWRE	进入深度大于 C0 的睡眠状态
	退出省电（Power State Exit）状态包，简称 PWRX	退出深度大于 C0 的睡眠状态
	执行停止（Execution Stopped）包，简称 EXSTOP	因为进入省电状态等原因而停止执行软件

从表 5-1 可以看出,RTIT 机制给追踪工具提高了非常丰富的信息,不仅有详细的执行流程,还有关于 CPU 状态的变化情况。特别值得一提的是,应用程序还可以利用 PTWRITE 指令插入一个 PTW 包——PTWRITE 指令支持一个操作数,可以是应用程序指定的任何内容。利用这一机制,我们就可以在被调优的软件中插入特殊的代码,向优化工具输出一个特殊的数据,"打印"一条信息到 RTIT 数据流中。PTW 包的格式如图 5-16 所示,第一行是二进制位的位数,下面的每一行代表一个字节。已经填写了 0 或者 1 的位表示那些位是固定的包头信息,字节 1 的 IP 位如果为 1,则表示在这个 PTW 包后面后跟随一个 FUP 包,后者会包含程序指针信息。PayloadBytes 字段用来表示负载数据的长度,0b00 表示负载数据的长度是 4 字节,0b01 表示 8 字节。

	7	6	5	4	3	2	1	0
0	0	0	0	0	0	0	1	0
1	IP	PayloadBytes		1	0	0	1	0
2	Payload [7:0]							
3	Payload [15:8]							
4	Payload [23:16]							
5	Payload [31:24]							
6	Payload [39:32]							
7	Payload [47:40]							
8	Payload [55:48]							
9	Payload [63:56]							

图 5-16 PTW 包的格式

不是所有 IA CPU 都支持 RTIT 的所有功能,应该使用 CPUID 指令的(EAX=14H,ECX=0)分支来检测具体的支持情况。比如在作者写作使用的 i5-7200 CPU 上的检测结果为:

```
Input=0x14:0x0, EAX=0x1, EBX=0xf, ECX=0x7, EDX=0x0
```

返回结果中的 EAX 为 1 代表可以继续通过(EAX=14H,ECX=1)来继续检测 RTIT 的能力,EBX 中的 0xF 表示支持 CR3 过滤(bit 0)、支持可配置的 PSB(Packet Stream Boundary)(bit 1)、支持 IP 过滤(bit 2)以及支持 MTC(Mini time Counter)(bit 3),但是不支持 PTWRITE(bit 4 为 0)。

5.6.3 Linux 支持

Linux 的 4.1 内核最先包含了 RTIT 驱动,名字叫作 Intel(R) Processor Trace PMU driver for perf,简称 perf intel-pt,源程序文件名为 perf_event_intel_pt.c。但是 perf 的用户态工具是从 Linux 4.3 开始支持 RTIT 的。

根据 perf intel-pt 的主要开发者 Adrian Hunter(英特尔工程师)在 2015 年 Tracing Summit 大会上所做的报告,perf intel-pt 有以下几种工作模式。

- 全程追踪(full trace)模式:连续追踪,将追踪信息写到磁盘中。
- 快照(snapshot)模式:使用环形缓冲区记录追踪数据,当配置的事件发生时便停止追踪。
- 采样模式:也是使用环形缓冲区记录追踪数据,当采样事件发生时,提取出采样点前后的追踪信息。

- 内存转储（core dump）模式：使用 rlimit 启用，追踪数据写到环形缓冲区，当发生崩溃时，将追踪数据写到转储文件。

前两种模式当时已经支持，后两种为计划支持。

著名的 GDB 调试器从 7.10 版本开始支持 RTIT，利用强大的 RTIT 机制来实现反向单步（reverse-step）。GDB 是通过 perf 接口和 perf intel-pt 驱动通信，因此不需要额外的驱动。在 GDB 源代码包中，btrace.h 和 btrace.c 中包含了 RTIT 有关的代码。

英特尔公司公布了名为 libipt 的开源库，用来解码 RTIT 包（见 GitHub 官方网站）。

在 GitHub 上，有一个名为 simple-pt 的独立工具，它有自己的驱动程序，不依赖 perf 接口和上面讲的 perf 驱动。除了驱动，它还有 3 个应用，分别用来从驱动中收集数据（名为 sptcmd）、解码追踪信息（名为 sptdecode）以及直接显示追踪信息（fastdecode）。它的解码功能是基于英特尔 libipt 的开源库的。

RTIT 是一套功能强大而且比较复杂的设施，其用途也很广泛，因篇幅所限，本节只介绍了冰山一角，IA 手册卷三专设一章来描述 RTIT，即第 36 章 Intel Proecssor Trace，希望了解更多详情的读者可以参阅。上面提到的 perf intel-pt 驱动和 GDB 的源代码也是非常宝贵的资源。

『 5.7　ARM 架构的性能监视设施 』

在 ARM 架构中，虽然 ARMv5 的 ARMv6 的某些实现中就包含了性能监视设施，比如 XScale，但是那些实现并不属于 ARM 架构的标准。直到 ARMv7，才正式将性能监视设施纳入到架构定义，称为性能监视扩展（Performance Monitors Extension）。在 ARMv7 手册中（C12 章），可以看到两个版本的性能监视扩展，分别称为 PMUv1 和 PMUv2，其中 PMU 是性能监视单元（Performance Monitor Unit）的缩写。ARMv8 将性能监视设施扩展到 64 位并做了一些改进，称为 PMUv3。

在 ARM 手册中，性能监视设施被纳入调试架构（Debug Architecture）范畴（ARMv7 的部分 C），属于非入侵调试（non-invasive debug）部分。

5.7.1　PMUv1 和 PMUv2

下面先介绍 ARMv7 中定义的 PMUv1 和 PMUv2，因为后者主要是增加了根据执行状态过滤事件的能力，所以为了行文之便，我们统一称它们为 ARMv7 PMU（性能监视单元）。

从接口层面来看，ARMv7 PMU 的主要设施如下。

- 一个时钟计数器（cycle counter）：可以数每个时钟，也可以每 64 个时钟递增 1。

- 多个事件计数器：每个计数器要数的事件可以由程序来选择。具体个数视实现而定，最多为 31 个。

- 控制设施：包括启用和复位计数器、报告溢出、启用溢出中断等。

上述设施大多是以寄存器形式访问的，表 5-2 列出了 ARMv7 PMU 的所有寄存器。

表 5-2 ARMv7 PMU 寄存器一览

名称	Opc1	CRm	Opc2	类型	描　述
PMCR			0	RW	控制寄存器
PMCNTENSET			1	RW	计数器启用情况设置（set）寄存器，写时启用指定计数器，读时可得到启用情况
PMCNTENCLR			2	RW	计数器启用情况清除（clear）寄存器，写时禁止指定计数器，读时可得到启用情况
PMOVSR		C12	3	RW	溢出标志状态寄存器
PMSWINC			4	WO	软件递增计数器
PMSELR			5	RW	事件计数器选择（Event Counter Selection）寄存器
PMCEID0	0		6	RO	读取架构手册上定义的普通事件（common event）的实现情况，每一位代表一个事件
PMCEID1			7	RO	同上
PMCCNTR			0	RW	时钟周期计数器
PMXEVTYPER		C13	1	RW	事件类型选择计数器
PMXEVCNTR			2	RW	事件计数（event count）寄存器，读写 PMSELR 选择的计数器的值
PMUSERENR			0	RW	启用（位 0 为 1）或者禁止（位 0 为 0）用户态访问 PMU
PMINTENSET		C14	1	RW	中断启用设置计数器
PMINTENCLR			2	RW	中断启用清除计数器
PMOVSSET			3	RW	溢出标志设置寄存器，仅当有虚拟扩展时存在

以上寄存器都是通过 15 号协处理器（系统控制器）来访问的，比如，可以使用以下两条指令分别读写 PMCR 寄存器：

```
MRC p15, 0, <Rt>, c9, c12, 0 ; Read PMCR into Rt
MCR p15, 0, <Rt>, c9, c12, 0 ; Write Rt to PMCR
```

ARM 架构手册将具有普遍适用性的性能事件称为普遍事件（common event），并分为架构范畴的（architectural）和微架构范畴的（microarchitectural）两大类，并且给所有普遍事件定义了固定的编号。ARMv7 定义的普遍事件共有 30 个，编号为 00～0x1D。

在 Linux 内核源代码树中，arch\arm64\kernel\perf_event_v7.c 包含了 ARMv7 PMU 的 perf 框架驱动。文件开头的 armv7_perf_types 枚举定义了所有普遍事件。其下定义了一些与处理器实现有关的事件，比如 armv7_a8_perf_types 定义了 Cortex-A8（ARMv7）微架构实现的特定事件。

5.7.2　PMUv3

在引入 64 位支持的 ARMv8 架构中，包含了新版本的性能监视单元，称为 PMUv3。PMUv3 是向后兼容的，在 32 位架构 AArch32 中，保持了 PMUv1 和 PMUv2 定义的功能。在新的 64 位架构 AArch64 中，PMU 的结构和工作原理仍与 32 位很类似，最大的变化就是所有 PMU 寄存器都升级为系统寄存器，可以根据名称直接使用 MRS 和 MSR 指令访问。比如，可以用下面两条指令分别读写 PMU 的控制寄存器 PMCR_EL0：

```
MRS <Xt>, PMCR_EL0 ; Read PMCR_EL0 into Xt
MSR PMCR_EL0, <Xt> ; Write Xt to PMCR_EL0
```

PMCR_EL0 是 PMCR 在 AArch64 下的名字，EL0 是 Exception Level 0 的缩写，代表异常级别（特权级别）。类似地，其他 PMU 寄存器的名字也都被加上这样的后缀。

第二个较大的变化是改变了配置计数器的方式。在 PMUv2 中，如果要配置某个计数器对应的事件，应该先把要配置的计数器写到 PMSELR，然后再把事件类型写到 PMXEVTYPER。例如下面是来自 Linux 内核驱动 perf_event_v7.c 的代码：

```
static inline void armv7_pmnc_write_evtsel(int idx, u32 val)
{
    armv7_pmnc_select_counter(idx);
    val &= ARMV7_EVTYPE_MASK;
    asm volatile("mcr p15, 0, %0, c9, c13, 1" : : "r" (val));
}
```

这种方式不仅需要两次访问，在多线程环境下还有因并发访问而出错的风险。因此，PMUv3 对此做了改进，新增了 31 个事件类型寄存器，PMEVTYPER<n>_EL0（$n = 0 \sim 30$），与 31 个计数器一一对应，这样便可以一步完成配置每个计数器对应的事件。不过 PMUv3 仍保留了老的方式，为老的 PMSELR 和 PMXEVTYPER 定义了 PMSELR_EL0 和 PMXEVTYPER_EL0。在 Linux 4.4.14 内核的 ARMv8 perf 驱动（arch\arm64\kernel\perf_event.c）中，使用的还是老的方式。

5.7.3　示例

在 Linux 系统中，可以通过 perf 工具来使用上述性能监视设施。使用 perf 前，可能先要安装。安装方法可能因 Linux 发行版本不同而不同。在 Ubuntu 16.04 上，可能需要执行如下命令：

```
sudo apt install linux-tools-common
sudo apt install linux-tools-4.13.0-39-generic  （此命令参数与内核版本有关）
```

安装 perf 后，执行 perf list 命令便可以列出系统中的性能监视事件，包括软件事件、硬件事件、原始硬件事件（通过硬件手册里的寄存器编号或者事件编号来访问硬件的性能计数器）、追踪点事件等。

接下来，便可以使用下面这样的命令来启用和收集追踪事件：

```
perf stat -e task-clock,cycles,instructions,branch-misses ./gemalloc
```

其中，-e 后面跟随的是事件列表，可以跟随多个事件，以逗号分隔。事件列表后面是要优化的应用程序。perf 会创建这个程序，然后开始监视，当这个程序终止时，监视便结束，perf 会显示出监视结果。如果不指定应用程序，那么就会收集整个系统的信息。此外，perf 后的第一个参数也可以是 record，这样便会把收集到的事件信息记录到名为 perf.data 的文件中。可以使用 perf report 命令来显示 perf.data 文件中的信息。

5.7.4　CoreSight

CoreSight 是 ARM 公司设计的一套调试和追踪技术，可以为 SoC 芯片内的器件增加调试支持，让调试工具可以发现和访问它们。CoreSight 也像 ARM 公司的其他芯片设计方案一样，是以 IP 授权的方式出售的。

简单来说，CoreSight 是帮助 SoC 厂商实现调试和调优支持的一套电路设计方案。在公开的《CoreSight 架构规约 v3.0》中[5]，比较详细地定义了设计 SoC 时使用 CoreSight 的方法，包括如何通过标识每个部件让其具有可见性（可以被调试工具所发现）、如何为公共部件复用 ARM 已经做好的设计，等等。

用软件的术语来理解，CoreSight 就像是一套调试函数库，把它加入芯片中，可使这个芯片具有可见性（visibility）——可以被发现，可以与其他调试设施通信，就更容易被调试和优化了。

在 ARM 的 DS-5 开发套件（Development Studio）中，包含了一个名为 Streamline 的调优工具，它可以检测到芯片中的 CoreSight 设施，然后利用这些设施进行收集各类追踪数据，提供调优功能。

『 5.8　本章小结 』

本章首先介绍了 IA CPU 的分支监视、记录和性能监视机制。这些机制为软件调试、优化和性能分析提供了硬件支持。在 5.2 节和 5.4 节中我们给出了两个示例性的应用，演示了如何利用 CPU 的分支记录机制来观察 CPU 的运行轨迹。5.5 节介绍了性能监视机制，并列出了一些资源。5.6 节介绍了强大的实时指令追踪（RTIT）技术。5.7 节介绍了 ARM 架构的性能监视设施。

『 参考资料 』

[1]　Intel 64 and IA-32 Architectures Software Developer's Manual Volume 3B. Intel Corporation.

[2]　Intel 64 Architecture x2APIC Specification. Intel Corporation.

[3]　Real Time Instruction Trace Programming Reference. Intel Corporation.

[4]　Real Time Instruction Trace Processors, Methods, and Systems (US 20140189314 A1).

[5]　ARM CoreSight Architecture Specification v3.0. ARM Limited.

第 6 章

机器检查架构

在软件开发中，我们经常使用写日志或 print 类语句将程序运行时遇到的错误情况（比如函数调用失败）记录到文件中或打印到屏幕上，以辅助调试。当 CPU 执行程序指令时，它也可能遇到各种错误情况，包括内部或外部（比如前端总线、内存或 MCH）的故障，这时它该如何处理呢？

早期针对个人电脑设计的 CPU 检测到硬件错误时，通常的办法是立即重新启动，以防因继续运行而造成更严重的后果。但随着 CPU 的高速化和复杂化，以及个人电脑上运行的重要任务越来越多，人们意识到应该有一种机制来报告 CPU 检测到的硬件错误，以供调试分析时使用。

那么如何让 CPU 来报告硬件错误呢？因为错误发生在 CPU 内部或前端总线一级，所以 CPU 比其上运行的软件更清楚错误的原因，按照"谁拥有最多知识，谁就承担职责"的原则，CPU 应该负责记录下发生的错误及发生错误时的相关信息。但是 CPU 只能直接读写寄存器或内存这些临时性存储器，计算机一旦重新启动，记录在这些地方的信息就会丢失。所以要解决这个问题还必须有软件的配合。于是，一种很自然的方法是，CPU 先收集好要记录的信息，并把它们存储到特定的寄存器或内存区域中，然后通过产生异常的方式把控制权交给软件，接下来软件将这些信息写到外部存储器（如硬盘）上永久记录下来。这便是 IA-32 处理器（泛指 Intel 64 和 IA-32 处理器）的机器检查（Machine Check）机制的基本原理。

最早引入机器检查机制的 IA-32 处理器是奔腾处理器，其后推出的 P6 和奔腾 4 系列处理器进一步强化了该功能，并将其纳入 IA-32 架构规范，称为机器检查架构（Machine Check Architecture，MCA）。

通过 CPUID 指令可以检查处理器对机器检查机制的支持情况，EDX 寄存器的 MCA（位 14）和 MCE（位 7）分别表示处理器是否实现了机器检查架构和机器检查异常。

下面便从奔腾处理器的机器检查异常（MCE）入手，按照由简到繁的顺序介绍 MCA 的工作原理和使用方法。

6.1 奔腾处理器的机器检查机制

奔腾处理器的机器检查（MC）机制又称为内部错误检测（internal error detection），其主要设施如下。

- 用以记录错误的机器检查地址寄存器（Machine Check Address Register，MCAR），以及机器检查类型寄存器（Machine Check Type Register，MCTR）。二者在 IA-32 手册中的名字分别为 P5_MC_ADDR 和 P5_MC_TYPE。

- 用以向系统软件汇报机器检查错误的机器检查异常（Machine Check Exception，简称 #MC），以及 CR4 寄存器中的 MCE 标志（CR4[MCE]，位 6），通过 MCE 标志可以启用或禁止机器检查异常。机器检查异常的向量号是 18，通常操作系统会设置异常处理例程来处理该异常。

- 用以向系统芯片组报告错误的管脚信号，包括报告地址校验错误的 APCHK#信号、数据校验错误的 PCHK#信号和内部奇偶或冗余（Functional Redundancy Check）校验的 IERR#信号。

- 用以接收芯片组报告的总线错误的 BUSCHK#信号。

下面我们来介绍以上设施的用法。

为了校验地址和数据，奔腾处理器配备了 8 个数据校验信号（pin）DP[7:0]（每一位对应于 64 位数据总线的一个字节）和 1 个地址校验信号 AP（Address Parity）。如果 CPU 检测到地址信号奇偶校验错误，那么它就会置起（assert）APCHK#信号（因为低电平有效，所以置低），通知系统有错误发生。对于该类错误，奔腾处理器将错误处理的任务交给了主板上的系统芯片组。

如果 CPU 当从内存中读数据时检测到数据信号奇偶校验错误，它就会置起 PCHK#信号，通知系统有错误发生，同时如果 PEN#（Parity Enable）信号有效，那么 CPU 会将这一次总线周期（bus cycle）的地址写入机器检查地址寄存器 MCAR 中，并将这次总线周期的类型参数记录在寄存器检查类型寄存器 MCTR 中。此外，如果 CR4 寄存器中的 MCE 标志（bit 6）为 1，那么 CPU 会产生机器检查异常，目的是向系统软件报告有错误发生。然后 CPU 会转去执行机器检查异常处理例程（通常是操作系统的一部分）。异常处理例程可以通过读取 MCAR 和 MCTR 寄存器的内容了解发生错误的地址和错误类型，并采取进一步的措施。

P5_MC_ADDR 和 P5_MC_TYPE 都是 64 位的 MSR，可以通过 RDMSR 来访问。P5_MC_ADDR 用于存放失败总线周期的物理地址，P5_MC_TYPE 用于存放失败总线周期的类型。P5_MC_TYPE 只使用了低 5 位，位布局如图 6-1 所示。

图 6-1 P5_MC_TYPE 寄存器

CHK 位为 1，表示 P5_MC_ADDR 和 P5_MC_TYPE 中包含有效的数据。使用 RDMSR 读取寄存器后，该位会自动复位为 0。W/R、D/C 和 M/IO 位用来表示当错误发生时 W/R#、D/C# 和 M/IO#信号（均为奔腾处理器的管脚信号）的值，这些信号值代表了总线周期的类型：读或写、数据或代码、访问内存或 IO。LOCK 位表示当时 LOCK#信号是否有效。

除了奇偶校验错误，当 CPU 检测到 BUSCHK#信号（输入信号）被置起时（通常是芯片组在一个总线周期结束时设置此信号，表示该总线周期没有成功完成），它也会将当时的总线周期地址和类型详细记录到 P5_MC_ADDR 和 P5_MC_TYPE 寄存器中。在记录后，如果 CR4[MCE] 为 1，即允许机器检查异常，那么 CPU 便会产生一个机器检查异常。

综上所述，奔腾处理器的 MCA 机制能够记录的机器检查错误有以下两种。

● 读周期（read cycle）中的数据奇偶校验错误。

● 没有成功完成的总线周期，也就是系统内存控制器（MCH）通过 BUSCHK#信号向 CPU 报告的失败总线周期。

6.2　MCA

奔腾之后的 P6 和奔腾 4 系列处理器对奔腾引入的机器检查机制做了改进和增强，并将其纳入 IA-32 架构规范，称为机器检查架构（Machine Check Architecture，MCA）。

6.2.1　概览

首先，与奔腾处理器的架构相比，扩展后的 MCA 可以报告更多类型的错误，如下所示。

● 前端总线（FSB）上的总线事务错误（transaction error）。

● 内部高速缓存或 FSB 上的 ECC 错误，不论是可纠正的 ECC 还是不可纠正的 ECC。

● FSB 上或内部的奇偶校验错误。

● 内部高速缓存或 TLB 中的存储错误。TLB（Translation Lookaside Buffer）位于 CPU 内部，用于缓存页面表，以减少在将虚拟内存地址转化为物理内存地址时对内存的访问次数。

从实现方面看，仍然可以将 MCA 的设施概括为机器检查异常和机器检查寄存器两个方面。机器检查异常的工作方式与奔腾相比没什么变化。变化很大的是机器检查寄存器，其数量明显增加了，除了一套全局控制寄存器（IA32_MCG_×××）外，还有多组与不同硬件单元相对应的错误报告寄存器（见图 6-2）。

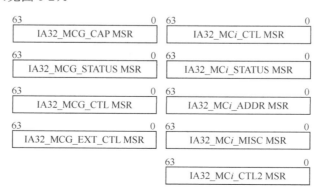

图 6-2　机器检查架构的寄存器

　　每组错误报告寄存器称为一个 bank，包含一个控制寄存器（IA32_MCi_CTL MSR）、一个状态寄存器（IA32_MCi_STATUS MSR）、一个地址寄存器（IA32_MCi_ ADDR MSR）和一个附加信息寄存器（IA32_MCi_MISC MSR）。因为这些寄存器都是 MSR（64 位），所以可以通过 RDMSR 指令来访问。IA-32 架构规定第一个错误报告寄存器（IA32_MC0_CTL_MSR）的 MSR 地址总是 400H，因此系统软件可以很方便地遍历所有的错误报告寄存器。错误报告寄存器的具体组数因 CPU 型号不同而有所不同——P6 有 5 组，P4 有 4 组。具体组数是记录在机器检查全局寄存器 IA32_MCG_ CAP 中的。

6.2.2　MCA 的全局寄存器

　　下面我们来详细认识一下 MCA 的每个全局寄存器。

　　（1）IA32_MCG_CAP 寄存器：只读寄存器，用以描述 MCA 的具体实现情况，包含以下位域（见图 6-3）。

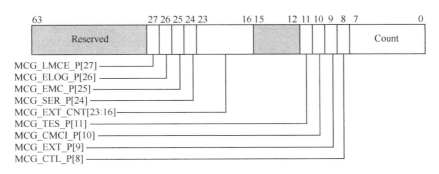

图 6-3　IA32_MCG_CAP MSR

- Count（位 0~7）：错误报告寄存器组数。

- MCG_CTL_P（Control MSR Present）（位 8）：用以表示是否实现了 IA32_MCG_CTL 寄存器，如果实现，则为 1，否则为 0。

- MCG_EXT_P（Extended MSR Present）（位 9）：用以表示是否实现了扩展的机器检查状态寄存器（从地址 180H 开始的 MSR）。如果实现，则为 1，否则为 0。

- MCG_CMCI_P（Corrected MC error counting/signaling extension present）（位 10）：如果此位为 1，代表具有根据已纠正错误数量报告中断（CMCI）的能力。

- MCG_TES_P（threshold-based error status present）（位 11）：如果此位为 1，代表 IA32_MCi_STATUS 寄存器的位 56：53 的含义是符合架构标准的（不然就是 CPU 型号相关的），其中位 54：53 用于报告基于阈值的错误状态，位 56：55 是保留的。

- MCG_EXT_CNT（Extended MSR Count）（位 16~23）：用以表示扩展的机器检查状态寄存器的数量（从地址 180H 开始的 MSR 寄存器）。仅当 MCG_EXT_P 位为 1 时才有意义。

- MCG_SER_P（software error recovery support present）（位 24）：如果此位为 1，代表处理器支持软件方式的错误恢复，IA32_MCi_STATUS 寄存器的位 56：55 用来通知是否有尚未纠正的可恢复错误，以及是否需要软件来采取纠正动作。

- MCG_EMC_P（Enhanced Machine Check Capability）（位 25）：如果此位为 1，代表处理器支持增强的机器检查能力，可以优先通知固件（firmware）。

- MCG_ELOG_P（extended error logging）（位 26）：当此位为 1 时，如果处理器检查到错误，可以先调用平台固件，让固件以 ACPI 格式记录错误日志，以弥补 MSR 记录能力的不足。

P6 处理器的 MCG_CAP 寄存器和以上介绍的 IA32_MCG_CAP 寄存器在 0～8 位的含义相同，9～63 位保留。

举例来说，使用 RW-Everything 工具访问作者正在使用的 Intel Core i5-2540M　CPU，读到的 IA32_MCG_CAP 寄存器（编号 0x179）的值为 0x00000C08，其含义如下。

- 有 8 组错误报告寄存器。

- 没有实现 IA32_MCG_CTL 寄存器。

- 没有实现扩展的机器检查状态寄存器。

- 具有根据已纠正错误数量报告异常的能力。

- 具有基于阈值报告错误状态的能力。

（2）IA32_MCG_STATUS 寄存器：当机器检查异常发生时，该寄存器用以描述处理器的状态，包含以下位域（见图 6-4）。

图 6-4　IA32_MCG_STATUS 寄存器

- RIPV（Restart IP Valid）（位 0）：表示是否可以安全地从异常发生时压入栈中的指令指针处重新开始执行。1 表示可以，0 表示不可以。

- EIPV（Error IP Valid）（位 1）：该位为 1 表示异常发生时压入栈中的指令指针与导致异常的错误直接关联，该位为 0 表示二者可能无关。

- MCIP（Machine Check In Progress）（位 2）：该位为 1 表示已经产生了机器检查异常。软件可以设置或清除这个标记。当该位为 1 时，如果再有机器检查异常发生，那么 CPU 会进入关机（shutdown）状态（停止执行指令，直到收到 NMI 中断、SMI 中断、硬件复位或 INIT#信号）。

- LMCE_S（Local Machine Check Exception Signaled）（位 3）：该位为 1 表示当前的机器检查事件只报告给了这个逻辑处理器。

（3）IA32_MCG_CTL 寄存器：该寄存器用来启用或禁止机器检查异常报告功能。IA-32 手册没有明确定义每个位对应的具体机器异常内容，只是说全部写为 1 会启用所有异常报告，全部写为 0 会禁止所有异常报告。该寄存器只有当 IA32_MCG_CAP 的 MCG_CTL_P 位为 1 时才存在。

6.2.3　MCA 的错误报告寄存器

下面介绍 MCA 的各组错误报告寄存器的工作方式。每组错误报告寄存器都包含一个控制寄存器（IA32_MCi_CTL MSR）、一个状态寄存器（IA32_MCi_STATUS MSR）、一个地址寄存器（IA32_MCi_ADDR MSR）和一个附加信息寄存器（IA32_MCi_ MISC MSR）。

IA32_MCi_CTL（控制寄存器，P6 称为 MCi_CTL）寄存器的各个位分别用来启用或禁止报告与其对应的错误。因为 MSR 寄存器有 64 位，所以该寄存器最多可以控制 64 种错误的报告与否。该寄存器的实际使用位数与处理器及其所对应的硬件单元有关。当修改这个寄存器时，处理器仅修改已经被使用的各个位。另外，P6 处理器仅允许向控制寄存器写全 1 或全 0，并且建议只有 BIOS 代码才能使用 MC0_CTL 寄存器。

IA32_MCi_STATUS（状态寄存器，P6 称为 MCi_STATUS）用来表示错误的具体信息。其各个位的布局如图 6-5 所示。

- MCA Error Code（位 0～15）：MCA 错误代码，定义方式我们将在下文介绍。该错误代码的含义对于所有 IA-32 处理器都是一致的。

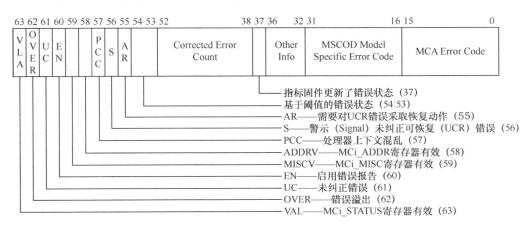

图 6-5　IA32_MCi_STATUS 寄存器

- Model-Specific Error Code（位 16～31）：型号相关的错误代码。与处理器型号有关的错误代码。该错误代码的含义会因处理器的型号不同而可能不同，IA-32 手册卷 3B 的附录 E 中列出了各种型号处理器的错误码定义。

- Other Information（位 32～56）：错误相关信息。该信息与处理器型号有关。

- PCC（Processor Context Corrupt）（位 57）：如果为 1，则表示处理器的状态可能已经被发生的错误所破坏，不能安全地恢复执行。如果为 0，则表示发生的错误没有影响处理器的状态。

- ADDRV（MCi_ADDR register valid）（位 58）：如果为 1，则表示 IA32_MCi_ADDR 寄存器中包含有效的错误发生地址。如果为 0，则表示 IA32_MCi_ADDR 寄存器不存在或不包含有效的地址信息。

- MISCV（MCi_MISC register valid）（位 59）：如果为 1，则表示 IA32_MCi_MISC 寄存器中包含有效的错误相关信息。如果为 0，则表示 IA32_MCi_MISC 寄存器不存在或不包含有效的附加信息。

- EN（Error enabled）（位 60）：表示 IA32_MCi_CTL 寄存器中的相应位是否启用该错误。

- UC（Uncorrected error）（位 61）：如果为 1，则表示处理器没有或不能纠正错误情况。如果为 0，则表示处理器能够纠正错误情况。

- OVER（Error overflow）（位 62）：如果为 1，则表示当上一个错误还没有清理时又发生了一个错误。当 CPU 在报告错误时，如果发现目标 IA32_MCi_STATUS 寄存器的 VAL 位为 1，说明已经有错误信息在寄存器中，那么 CPU 会根据以下规则决定是否覆盖寄存器中的错误信息——启用的错误可以覆盖没有启用的错误；不可纠正的错误可以覆盖可以纠正的错误；不可纠正的错误不可以覆盖还有效的上一个不可纠正的错误。如果可以覆盖，那么处理器会用新的错误信息覆盖前一个错误信息，并将此位置为 1，软件负责清除此位。

- VAL（MCi_STATUS register valid）（位 63）：表示本寄存器中的信息是否有效。处理器在写入错误信息后设置此位，软件在读取该寄存器后应该清除此位。

IA32_MCi_ADDR（地址寄存器，P6 称为 MCi_ADDR）用来记录产生错误的代码地址或数据地址。只有当 IA32_MCi_STATUS 的 ADDRV 位为 1 时，该寄存器中的内容才有效。

该寄存器中的地址因错误情况不同，可能是段内的偏移地址、线性地址或 36 位的物理地址。

IA32_MCi_MISC（附加信息寄存器，P6 称为 MCi_MISC）用来记录与错误相关的附加信息。只有当 IA32_MCi_STATUS 的 MISCV 位为 1 时，该寄存器中的内容才有效。

6.2.4 扩展的机器检查状态寄存器

从奔腾 4 和至强处理器开始，IA-32 处理器还包含了数量不等的 MCA 扩展状态寄存器，用来进一步记录机器检查异常发生时的处理器状态。具体实现情况和数量可以通过读取 IA32_MCG_CAP 寄存器的 MCG_EXT_P 位和 MCG_EXT_CNT 位域获得。如果支持扩展的机器检查状态寄存器，那么这些寄存器的起始地址是 180H，见表 6-1。

表 6-1 MCA 扩展状态寄存器

MSR	地址	描　述
IA32_MCG_EAX	180H	机器检查错误发生时 EAX 寄存器的值
IA32_MCG_EBX	181H	机器检查错误发生时 EBX 寄存器的值
IA32_MCG_ECX	182H	机器检查错误发生时 ECX 寄存器的值
IA32_MCG_EDX	183H	机器检查错误发生时 EDX 寄存器的值
IA32_MCG_ESI	184H	机器检查错误发生时 ESI 寄存器的值
IA32_MCG_EDI	185H	机器检查错误发生时 EDI 寄存器的值
IA32_MCG_EBP	186H	机器检查错误发生时 EBP 寄存器的值
IA32_MCG_ESP	187H	机器检查错误发生时 ESP 寄存器的值
IA32_MCG_EFLAGS	188H	机器检查错误发生时 EFLAGS 寄存器的值
IA32_MCG_EIP	189H	机器检查错误发生时 EIP 寄存器的值。
IA32_MCG_MISC	18AH	只使用 1 位（位 0），如果为 1，则表示在操作调试存储区（Debug Store）时发生了内存页错误（或 Page Assist）
IA32_MCG_RESERVED1 ～IA32_MCG_RESERVEDn	18BH～ 18AH+n	保留供将来使用

　　需要说明的是，以上寄存器属于读或写零（read/write zero）寄存器，意思是软件可以读这些寄存器，或者向这些寄存器写零。如果软件企图向这些寄存器写入非零值，那么将导致一般性保护异常（#GP）。当硬件重启（开机或 RESET）时这些寄存器会被清零，但是当软件重启（INIT）时，这些寄存器的值会被保持不变。

　　对于 64 位模式，表 6-1 略有变化，地址 0x180～0x189，对应的是同名的 64 位寄存器，IA32_MCG_RAX 等。地址 0x190～0x197 对应的是 64 位新增的 8 个寄存器 R8～R15。

6.2.5　MCA 错误编码

　　当处理器检测到机器检查错误时，它会向对应的 IA32_MCi_STATUS 寄存器的低 16 位写入一个错误代码（MCA Error Code），并将该寄存器的 VAL 位置为 1。视错误情况的不同，处理器还可能向 16～31 位写入一个与处理器型号有关的错误码。这里我们介绍一下 MCA 错误码的编码和解析方法。MCA 错误代码的含义对于所有 IA-32 处理器都是一致的。

　　首先，所有错误码被分为简单错误码和复合错误码两种。简单错误码的位编码及含义见表 6-2。

表 6-2　IA32_MCi_STATUS 寄存器的 MCA 简单错误码

错　误	位　编　码	含　义
无错误	0000 0000 0000 0000	没有错误
未分类的错误	0000 0000 0000 0001	还没有分类的错误

续表

错　　误	位　编　码	含　　义
微指令（microcode）ROM 奇偶校验错误	0000 0000 0000 0010	处理器内部的微指令 ROM 中存在奇偶校验错误
外部错误	0000 0000 0000 0011	来自其他处理器的 BINIT#信号导致该处理器进入机器检查
FRC 错误	0000 0000 0000 0100	FRC（Functional Redundancy Check）错误
内部未分类错误	0000 01×× ×××× ××××	处理器内部的未分类错误

　　复合错误码用来描述某一类型的错误，同一类型中又使用不同的位域来进一步分类。例如 1××××是 TLB 错误，××××这 4 位又分为 TTLL 两个位域，TT 用来代表事务类型（Transaction Type），LL 用来代表缓存级别（memory hierarchy level）。详情见表 6-3～表 6-7。

表 6-3　MCA 复合错误码的编码规则

类　　型	模　　式	译　　码
TLB 错误	0000 0000 0001 TTLL	{TT}TLB{LL}_ERR
memory hierarchy error	0000 0001 RRRR TTLL	{TT}CACHE{LL}_{RRRR}_ERR
内部时钟	0000 0100 0000 0000	
总线或互连错误	0000 1PPT RRRR IILL	BUS{LL}_{PP}_{RRRR}_{II}_{T}_ERR

表 6-4　TT（Transaction Type）位域的编码

事　务　类　型	助　记　符	二进制编码
指令	I	00
数据	D	01
通用（generic）	G	10

表 6-5　LL（Memory Hierarchy Level）位域的编码

Hierarchy Level	助　记　符	二进制编码
0 级	L0	00
1 级	L1	01
2 级	L2	10
通用（generic）	LG	11

表 6-6　RRRR（Request）位域的编码

请　求　类　型	助　记　符	二进制编码
一般错误（generic error）	ERR	0000
一般读（generic read）	RD	0001

续表

请 求 类 型	助 记 符	二进制编码
一般写（generic write）	WR	0010
读数据（data read）	DRD	0011
写数据（data write）	DWR	0100
取指（instruction fetch）	IRD	0101
预取（prefetch）	PREFETCH	0110
Eviction	EVICT	1111
Snoop	SNOOP	1000

表 6-7　PP（Participation）、T（Time-out）和 II（Memory or I/O）位域的编码

位 域	事 务	助 记 符	二进制编码
PP	本处理器发起请求	SRC	00
PP	本处理器响应请求	RES	01
PP	本处理器作为第三方观察到错误	OBS	10
PP	通用（generic）		11
T	请求超时	TIMEOUT	1
T	请求没有超时	NOTTIMEUT	0
II	内存访问	M	00
II	保留		01
II	I/O	IO	10
II	其他事务		11

6.3　编写 MCA 软件

本章开头提到过，MCA 的整体设计思路是通过硬件与软件的配合来实现对硬件错误的记录（logging）和处理（handling）的。这意味着 MCA 设施需要软件的配合才能发挥作用。

6.3.1　基本算法

简单来说，如果 CPU 自身在运行过程中发生了错误，或者系统的其他部件（如其他 CPU、内存或 MCH）发生了错误，并通过某种方式（比如设置 CPU 的某些管脚信号）告知了 CPU，那么 CPU 会先将事故现场的相关信息记录到寄存器中，然后通过以下方式通知软件。

如果是不可纠正的错误，而且机器检查异常（MC#）被允许（CR4 寄存器），那么 CPU 便

会产生一个机器检查异常，然后转去执行软件事先设置好的异常处理例程。比如观察 Windows 10 系统（64 位）的 IDT，可以看到负责处理 MCE 异常的内核函数名叫 KiMcheckAbort。

如果是可纠正的错误，或者机器检查异常（MC#）被禁止，那么 CPU 不会产生异常（只是将错误情况记录在那儿，期望软件来读取）。对于这类情况，软件应该定期查询 MCA 寄存器来检测是否曾经有机器检查错误发生。

对于支持 CMCI 的处理器（MCG_CMCI_P 为 1），可以通过可纠正机器检查异常处理函数来处理尚未纠正的可恢复（Uncorrected Recoverable，UCR）错误。

清单 6-1 给出了机器检查异常处理例程的伪代码，该代码的最初版本来源于 IA 手册（卷 3A 15-2），但作者对其做了部分修改。

清单 6-1　机器检查异常处理例程

```
1    IF CPU supports MCE
2      THEN
3        IF CPU supports MCA
4          THEN
5            call errorlogging routine; (* returns restartability *)
6          ELSE (* Pentium(R) processor compatible *)
7            READ P5_MC_ADDR
8            READ P5_MC_TYPE;
9            report RESTARTABILITY to console;
10       FI;
11   FI;
12   IF error is not restartable
13     THEN
14       report RESTARTABILITY to console;
15       abort system;
16   FI;
17   IF CPU supports MCA
18     THEN CLEAR MCIP flag in IA32_MCG_STATUS;
19   FI;
```

第 1～3 行是通过 CPUID 指令来检查处理器对 MCE 和 MCA 的支持情况（EDX 的相应位）的。第 7～9 行是针对奔腾处理器的特殊处理的。值得说明的是，上述伪代码是没有包含恢复 UCR 错误的逻辑，IA 手册卷 3A 清单 15-4 给出了支持 UCR 的伪代码。

清单 6-2 给出了查询和记录机器检查错误的伪代码。

清单 6-2　查询和记录机器检查错误的伪代码

```
1    Assume that execution is restartable;
2    IF the processor supports MCA
3      THEN
4        FOR each bank of machine-check registers
5          DO
6            READ IA32_MCi_STATUS;
7            IF VAL flag in IA32_MCi_STATUS = 1
8              THEN
9                IF ADDRV flag in IA32_MCi_STATUS = 1
10                 THEN READ IA32_MCi_ADDR;
11               FI;
```

```
12              IF MISCV flag in IA32_MCi_STATUS = 1
13                THEN READ IA32_MCi_MISC;
14              FI;
15              IF MCIP flag in IA32_MCG_STATUS = 1
16                  (* Machine-check exception is in progress *)
17                  AND PCC flag in IA32_MCi_STATUS = 1
18                  OR RIPV flag in IA32_MCG_STATUS = 0
19                  (* execution is not restartable *)
20                THEN
21                  RESTARTABILITY = FALSE;
22                  return RESTARTABILITY to calling procedure;
23              FI;
24              Save time-stamp counter and processor ID;
25              Set IA32_MCi_STATUS to all 0s;
26              Execute serializing instruction (i.e., CPUID);
27          FI;
28      OD;
29  FI;
```

从第 4 行开始一个 FOR 循环，每次处理一组（bank）错误报告寄存器。可以通过查询 IA32_MCG_CAP（或 P6 的 MCG_CAP）寄存器得到错误报告寄存器的组数。

第 15～23 行用来检查是否可以返回发生错误的地方并重新执行，第 17 行判断 PCC（Process Context Corrupt）标志位——该位为 1 表示处理器的上下文已经损坏，第 18 行判断 RIPV（Restart IP Valid）标志——该位为 0 表示不可以恢复执行。较老版本 IA 手册中的原始代码（Example 14-3）在第 18 行处的 OR 位置是 AND，作者认为不当，因为这两个条件之一满足，就不可以恢复执行了。在作者编写本书第 2 版时，新版 IA 手册（Example 15-3）已经改正了这个错误。

6.3.2 示例

下面通过一个使用 MFC 编写的小程序 MCAViewer 来演示如何检测 CPU 对 MCA 的支持情况，以及如何通过查询方式读取错误报告寄存器的内容。图 6-6 是 MCAViewer 在作者编写本书第 1 版时使用的电脑上运行时的截图。

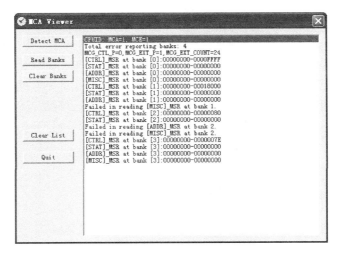

图 6-6　MCAViewer 的执行界面

从图 6-6 中可以看到，运行 MCAViewer 的 CPU 既支持 MCE 又支持 MCA，说明一定是 P6 或 P6 后的 CPU（实际上是 Pentium 4）。列表的第二行显示该 CPU 共配备了 4 组错误报告寄存器。清单 6-3 给出了如何读取 MCA 各个错误报告寄存器的源代码，整个程序的完整代码位于 chap06\McaViewer 目录中。

清单 6-3　读取 MCA 的错误报告寄存器

```
1    #define MCA_MCIBANK_BASE 0x400
2    void CMcaPoller::PollBanks(CListBox &lb)
3    {
4        MSR_STRUCT msr;
5        TCHAR szMsg[MAX_PATH];
6        //
7        LPCTSTR szBankMSRs[]={"CTRL","STAT","ADDR","MISC"};
8        // 每个 Bank 4 个 MSR 寄存器，我们把它们的名字
9        //显示为相等长度
10       //
11
12       if(m_nTotalBanks<=0)
13           DetectMCA(lb);
14       if(m_nTotalBanks<=0)
15           return;
16
17       msr.MsrNum=MCA_MCIBANK_BASE;
18       for(int i=0;i<m_nTotalBanks;i++)
19       {
20           //循环显示每个寄存器
21           for(int j=0;j<4;j++)
22           {
23               if(m_DvrAgent.RDMSR(msr)<0)
24                   sprintf(szMsg,"Failed in reading [%s]_MSR at bank %d.",
25                       szBankMSRs[j],i);
26               else
27                   sprintf(szMsg,"[%s]_MSR at bank [%d]:%08X-%08X",
28                       szBankMSRs[j],i,msr.MsrHi,msr.MsrLo);
29               lb.AddString(szMsg);
30               msr.MsrNum++;
31           }
32       }
33   }
```

因为 IA-32 架构将错误报告寄存器的起始地址确定为 0x400，每组包含 4 个寄存器，所以只要使用两层循环就可以很简单地遍历所有寄存器了。值得说明的是，并不是每一组都全部实现 4 个寄存器，应该根据每组的状态寄存器（STATUS）来判断该组是否包含地址（ADDR）和附加信息（MISC）寄存器。以上代码省略这个判断，因此图 6-6 包含了几条读取 MISC 和 ADDR 寄存器失败的记录。

6.3.3　在 Windows 系统中的应用

在 Windows 系统中，内核会负责处理机器检查异常，并提供接口给其他驱动程序或上层应用程序。从 Windows XP 开始，硬件抽象层（HAL）便包含了对 MCA 的基本支持，并可通过 HalSetSystemInformation()注册更复杂的 MCA 处理例程。

```
McaDriverInfo.ExceptionCallback = MCADriverExceptionCallback;
    McaDriverInfo.DpcCallback = MCADriverDpcCallback;
    McaDriverInfo.DeviceContext = McaDeviceObject;

    Status = HalSetSystemInformation(
                HalMcaRegisterDriver,
                sizeof(MCA_DRIVER_INFO),
                (PVOID)&McaDriverInfo
                );
```

Windows XP 的 DDK 包含了一个完整的例子，名为 IMCA（DDKROOT\src\kernel\mca\imca）。感兴趣的读者可以进一步阅读其代码或对其进行编译安装。

Windows Server 2003 DDK 的示例源代码包含了一个名为 mcamgmt 的小程序（路径为 DDKROOT\src\kernel\mca\mcamgmt），演示了如何通过 WMI 接口查询、读取和解析 MCA 信息。图 6-7 是在 Windows 10 系统上运行这个小程序的截图。

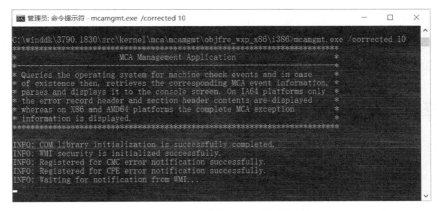

图 6-7　DDK 中的 MCA 管理工具

遗憾的是，在较新的 WDK/DDK（如 Windows 7 或者 Windows 10）中根本找不到上述两个例子，不知出于什么原因被移除了。

　　　　DDK 中的例子越来越少，估计是在升级时某些例子出现了兼容或者其他问题，于是最简单的解决方法就是删除。岂不知在删除一个个经典示例的同时，也会对 Windows 的未来造成伤害。

老雷评点

当有不可纠正的机器检查错误发生时，Windows 会出现蓝屏（BSOD），并终止系统运行，对应的 Bug Check 编号是 0x9C（MACHINE_CHECK_EXCEPTION）。对于支持 MCA 和处理器，4 个参数分别如下。

- 参数 1：发生错误的错误报告寄存器组编号。

- 参数 2：包含 MCA 异常信息的 MCA_EXCEPTION 结构体地址。

- 参数 3：发生错误的 MCi_STATUS 寄存器的高 32 位。

- 参数 4：发生错误的 MCi_STATUS 寄存器的低 32 位。

比如，打开作者搜集的一个 9c 蓝屏时产生的转储文件，可以看到如下停止码和参数：

```
BugCheck 9C, {0, fffff801050b8ba0, 0, 0}
```

大括号中的第二个参数是 **MCA_EXCEPTION** 结构体的地址，可以这样观察：

```
0: kd> dt _MCA_EXCEPTION fffff801050b8ba0
nt!_MCA_EXCEPTION
    +0x000 VersionNumber     : 1
    +0x004 ExceptionType     : 0 ( HAL_MCE_RECORD )
    +0x008 TimeStamp         : _LARGE_INTEGER 0x1d1476c`71b7e224
    +0x010 ProcessorNumber   : 0
    +0x014 Reserved1         : 0
    +0x018 u                 : <unnamed-tag>
    +0x038 ExtCnt            : 0
    +0x03c Reserved3         : 0
    +0x040 ExtReg            : [24] 0
```

Windows Vista 操作系统设计了更完善的机制来管理硬件一级的错误，这一机制称为 WHEA（Windows Hardware Error Architecture）。我们将在第 17 章中详细介绍操作系统对 MCA 的支持机制及 WHEA。

6.3.4　在 Linux 系统中的应用

浏览 Linux 内核的源代码，可以在 kernel/cpu/mcheck/ 目录下找到与机器检查有关的多个源文件。这些源文件中，mce.c 是核心，里面包含了如下两个重要的初始化函数。

- mcheck_cpu_init，用于检测处理器的机器检查特征。这个函数会被外部的 CPU 初始化函数（identify_cpu，位于 /arch/x86/kernel/cpu/common.c）所调用。

- mcheck_init_device。它会调用 subsys_system_register 创建一个子系统，然后调用 mce_device_create 为每个 CPU 创建一个设备对象。对于每个设备对象，会创建多个属性。利用 Linux 内核虚拟文件系统，可以观察这些设备对象（子目录）和属性（文件）。

例如，对于作者使用的 SENY MINI PC 系统，在 /sys/devices/system/machinecheck 目录下可以看到 4 个子目录：machinecheck0~ machinecheck3。

```
/sys/devices/system/machinecheck$ ls
machinecheck0  machinecheck1  machinecheck2  machinecheck3  power  uevent
```

每个子目录对应一个 CPU，进入到其中的一个，比如 machinecheck0，可以看到多个属性文件：

```
/sys/devices/system/machinecheck/machinecheck0$ ls
bank0  bank2  bank4  bank6 cmci_disabled  ignore_ce  power  tolerant uevent bank
1 bank3  bank5 check_interval  dont_log_ce monarch_timeout  subsystem  trigger
```

在 mce.c 中定义了一个全局变量 mca_cfg，其结构体定义为：

```
struct mca_config {
    bool dont_log_ce;
```

```
        bool cmci_disabled;
        bool lmce_disabled;
        bool ignore_ce;
        bool disabled;
        bool ser;
        bool bios_cmci_threshold;
        u8 banks;
        s8 bootlog;
        int tolerant;
        int monarch_timeout;
        int panic_timeout;
        u32 rip_msr;
    };
```

在使用 KGDB 调试时，可以使用如下命令来观察这个结构体，了解 MCA 有关的配置信息：

```
(gdb) p mca_cfg
$1 = {dont_log_ce = false, cmci_disabled = false, lmce_disabled = false, ignore_ce
= false, disabled = false, ser = false, bios_cmci_threshold = false, banks = 7 '\a',
bootlog = -1 '\377', tolerant = 1, monarch_timeout = 1000000, panic_timeout = 30, rip_msr
= 0}
```

在 mce.c 中，经常可以看到一个名为 mce 的结构体，其定义如下：

```
struct mce {
    __u64 status;
    __u64 misc;
    __u64 addr;
    __u64 mcgstatus;
    __u64 ip;
    __u64 tsc;              /* cpu time stamp counter */
    __u64 time;             /* wall time_t when error was detected */
    __u8  cpuvendor;        /* cpu vendor as encoded in system.h */
    __u8  inject_flags;     /* software inject flags */
    __u8  severity;
    __u8  usable_addr;
    __u32 cpuid;            /* CPUID 1 EAX */
    __u8  cs;               /* code segment */
    __u8  bank;             /* machine check bank */
    __u8  cpu;              /* cpu number; obsolete; use extcpu now */
    __u8  finished;         /* entry is valid */
    __u32 extcpu;           /* linux cpu number that detected the error */
    __u32 socketid;         /* CPU socket ID */
    __u32 apicid;           /* CPU initial apic ID */
    __u64 mcgcap;           /* MCGCAP MSR: machine check capabilities of CPU */
};
```

简单来说，这个结构体是用来机器检查异常的档案，因为机器检查异常是 CPU 相关的，所以在 mce.c 中，使用 DEFINE_PER_CPU 宏为每个 CPU 定义了两个变量：mces_seen 和 injectm：

```
static DEFINE_PER_CPU(struct mce, mces_seen);
DEFINE_PER_CPU(struct mce, injectm);
```

前者用来描述发生在所属 CPU 的机器检查异常的详细信息，后者用来实现 MCE 注入，通常用于测试。注入 MCE 的简单步骤如下。

① 先执行 sudo modprobe mce-inject 加载 mce-inject 驱动。

② 下载和编译 mce-inject 测试工具。

```
$ git clone https://github.com/andikleen/mce-inject.git
$ sudo apt-get install flex bison
$ cd mce-inject
$ make
```

③ 执行 mce-inject 程序注入错误，比如 sudo ./mce-inject test/corrected，参数是一个文本文件，内容包含着注入错误的详细参数。

执行 cat /proc/interrupts 观察系统中的中断信息，可以看到有两行与 MCE 有关的信息：

```
MCE:         0         0         0         0   Machine check exceptions
MCP:        21        21        20        20   Machine check polls
```

上面一行是 MCE 异常，与 Windows 中的 KiMcheckAbort 作用类似。下面一行是计时器（timer）性质的，用于定期检查（轮询）是否有机器检查错误发生。中间的 4 列数字代表对应异常和中断在每个 CPU 上的发生次数（系统中共有 4 个逻辑 CPU）。

老雷评点

　　如果读者希望此处看到关于 ARM 一节，此亦老雷之所望。不过搜遍 ARM ARM（两个 ARM 含义不同，见第 2 章），并没有与 MCA 类似之设施，或许将来会有，或许已经存在，但秘而不宣。

⌈ 6.4　本章小结 ⌋

本章介绍了 IA CPU 的机器检查架构（MCA）。MCA 既代表了 CPU 自身的可调试性，同时也对调试系统级错误及硬件错误提供了支持。

⌈ 参考资料 ⌋

[1] Intel 64 and IA-32 Architectures Software Developer's Manual Volume 3A. Intel Corporation.

[2] Intel 64 and IA-32 Architectures Software Developer's Manual Volume 3B. Intel Corporation.

[3] Tom Shanley. The Unabridged Pentium 4: IA-32 Processor Genealogy[M]. Boston: Addison Wesley, 2004.

第 7 章

JTAG 调试

大多数软件调试任务是在可以启动的系统上进行的。这些系统上已经具有了基本的运行环境，可以启动到图形化的操作界面或某种形式的命令行，可以运行调试器或基本的调试工具。那么，如果在基本的启动过程中出现故障，比如系统开机后还没有启动到任何可以操作的界面就停滞不前了，应该如何调试呢？当开发一个新的计算机系统（比如主板）或基本的启动软件及系统软件时也有类似的问题。针对这些问题的一种基本解决方案就是使用基于 JTAG 技术的硬件调试工具。硬件调试工具的最大优点就是不需要在目标系统上运行任何软件，可以在目标系统还不具备基本的软件环境时进行调试，因此，JTAG 调试非常适合调试 BIOS、操作系统的启动加载程序（boot loader），以及使用软件调试器难以调试的特殊软件。

本章首先介绍硬件调试工具的简单发展历程（见 7.1 节），然后介绍 JTAG 的工作原理（见 7.2 节）和典型应用（见 7.3 节）。7.4 节和 7.5 节将分别介绍英特尔 CPU 和 ARM CPU 的 JTAG 支持、调试端口和硬件调试器。

7.1 简介

随着印刷电路板（Print Circuit Board，PCB）和集成电路（Integrated Circuit，IC）的不断发展和普及，验证和调试 PCB 及 IC 的难度也在不断加大。早期的芯片大多管脚较少且封装工艺简单，例如 8086 有 40 个管脚，使用的是 DIP（Dual In-Line Package）封装方式。当这样的芯片安插在电路板上后，可以很容易地测试到每个管脚的信号。另外，当时电路板的面积也相对较大，线路比较稀疏，可以比较容易测量到各个管脚或元器件的电压、波形等信息。

不过，单纯观察某几个管脚的信号通常难以解决比较复杂的问题，比如某个芯片与其他芯片间的通信问题，于是在 20 世纪 70 年代出现了在线仿真（In-Circuit Emulation，ICE）技术。

7.1.1 ICE

简单来说，ICE 调试就是用一个专门的仪器（调试工具）暂时替代要调试的芯片（通常是微处理器），让其与被调试系统的其他硬件一起工作，并运行被调试的软件，这个仪器会模拟原来芯片的功能，因此人们通常将该仪器称为仿真器（emulator）。由于仿真器是针对调试目的而设计的，因此它集成了各种调试功能，比如单步执行、观察寄存器等。

典型的 ICE 调试通常由 3 大部分组成：被调试的目标系统（又称下位机）、用于调试的主机（又称上位机）和仿真器。仿真器通过专门设计的接口接入到目标系统中，并且通过电缆和上位机相连接。

ICE 调试技术一出现，很快就被广泛地使用，直到今天，ICE 调试仍然是调试嵌入式系统的一种常用方法。可以进行单机内核调试的著名软件调试器 SoftICE 的名称就来源于硬件仿真器，暗指具有类似于 ICE（In-Circuit Emulation）的强大功能。

ICE 调试的主要问题是调试不同类型或型号的芯片（微处理器）通常需要使用不同的仿真器。因为仿真器与目标系统的连接方式是与目标芯片的封装结构紧密相关的，要使仿真器连入目标系统，通常必须使用针对目标芯片开发的仿真器。为了缓解这一问题，很多调试工具厂商把仿真器与目标系统连接的部分（仿真头，header）独立出来，以便增加仿真器的适用面，但仍没有从根本上解决问题。另外，芯片的升级速度通常超过仿真器的发展速度，一个新的芯片或者现有芯片的新版本出现后，能够仿真它的仿真器要过一段时间才能出现，难以及时满足市场的需要。

7.1.2　JTAG

当传统方式的 ICE 调试遇到以上问题的同时，最原始的手工测试方法（直接测量管脚或元器件）也变得越来越困难。一方面，随着集成电路技术的发展，在芯片功能不断增强的同时，芯片的管脚数量不断增加，封装方式也不断革新。如采用 LGA775 封装的奔腾 4 CPU 有 775 个管脚，需要通过专门的插槽固定在主板上，这样不仅从正面看不到管脚，而且背面也很难找到，因为能够支持奔腾 4 CPU 的主板，其印刷电路板大多是多层的（通常为 4 层）。另一方面，随着芯片速度和信号频率的不断提高，PCB 的布线要求也越来越严格，线路的长短和走向都必须遵循严格的规定。因此，观察主板电路时，我们会发现密如蛛网的线路穿上穿下。对于这样密集的电路，直接测量线路信号不仅非常困难，还容易损坏板上的芯片或元器件。

如果不解决以上问题，就会影响和制约集成电路的进一步发展，人们很快就意识到了问题的严重性。于是在 1985 年，一些大的电子和半导体厂商联合成立了一个工作小组，目的是寻找一种统一的方案来解决电路板级（board level）的测试问题，然后使其成为一个工业标准。这个小组的名称叫 Joint Test Action Group，简称 JTAG。JTAG 小组提出的方案在 1990 年得到了 IEEE（电气和电子工程师协会）的批准，并被定名为 Test Access Port and Boundary Scan Architecture（测试访问端口和边界扫描架构），简称 IEEE 1149.1—1990。由于该标准是由 JTAG 组织制定的，因此更多时候人们还是称其为 JTAG 标准，并将基于该标准的调试方法称为 JTAG 调试。

1993 年和 1995 年，IEEE 对 JTAG 标准做了两次补充，分别称为 IEEE 1149.1a—1993 和 IEEE 1149.1b—1995。

JTAG 标准推出后，得到了广泛的认可和支持，有着非常广泛的应用，本章后面的章节将集中介绍它的原理和应用。

『 7.2 JTAG 原理 』

JTAG 的核心思想就是将测试点和测试设施集成在芯片内部（build test facilities/test points into chip），并通过一组标准的信号（接口）向外输出测试结果，这些标准信号称为 TAP（Test Access Port）信号。有了标准的 TAP 信号，基于 JTAG 技术的调试工具就可以与这个芯片进行通信，而不必关心它内部的实现细节。这样，一个 JTAG 调试工具就可以比较容易地调试很多种芯片。这与软件设计中的对象抽象思想非常类似。

为了支持 JTAG，芯片内部通常需要实现一个边界扫描链路和一个 TAP 控制器。下面我们将分别讨论。

7.2.1 边界扫描链路

在支持 JTAG 技术的芯片内会为每个需要测试的输入输出管脚配备一个移位寄存器单元（移位寄存器的一个位），称为边界扫描单元（Boundary-Scan Cell，BSC）。简单理解，BSC 就是一个可控制的信号采集器，可以让信号直接通过，也可以将信号（电平值）记录下来。

一个芯片内的多个边界扫描单元通常被串联起来，形成一个链路，这称为边界扫描链（Boundary-Scan Chain），如图 7-1 所示。

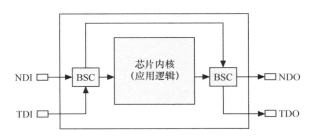

图 7-1　边界扫描示意图

图 7-1 所示的是包含边界扫描单元的一个简单芯片的示意图，图中画出了针对两个正常信号（NDI 和 NDO）的 JTAG 链路，每个信号配备一个边界扫描单元（BSC），两个 BSC 串联起来形成一个简单的链路。中央的矩形表示芯片的内部逻辑，NDI（Normal Data Input）代表正常的数据输入信号，NDO 代表正常的数据输出信号，TDI 代表测试数据输入信号，TDO 代表测试数据输出信号。当芯片正常工作时，NDI 和 NDO 信号自由穿过 BSC，对芯片的本身逻辑不产生任何影响。在边界测试模式（boundary-test mode）下，根据需要，BSC 可以有如下两种工作模式。

（1）对于外部测试（external testing），也就是当测试该芯片与外围电路或者与其他芯片互连时，输出管脚处的 BSC 可以将由 TDI 输入的测试触发（test stimulus）输出给外部器件；输入管脚处的 BSC 可以捕捉到来自外部的输入并将结果通过 TDO 输出给外界的调试器观察。在这种模式下，芯片本身的内部逻辑好像被替换掉，它的输入被发送到外部的调试器，它的输出也是外部调试器所指定的。因此通过这种方法，可以实现我们前面介绍的仿真调试（ICE）。

（2）对于内部测试（internal testing），也就是当测试芯片内部的应用逻辑时，输入管脚处的 BSC 会将通过 TDI 输入的测试触发发给芯片，输出管脚处的 BSC 会将芯片的输出捕捉下来并通过 TDO 发给外部的调试器。这样可以很容易地监视到芯片的输出信号，解决了前面说的管脚信号难以测量的问题。

在对 BSC 有了基本的了解后，理解 JTAG 工作原理的另一个重要问题就是如何控制和访问 BSC。要回答这个问题，我们需要了解 JTAG 的控制机制，即测试访问端口（Test Access Port，TAP）。

图 7-2 所示的是一个支持 JTAG 调试/测试的芯片的更多细节。

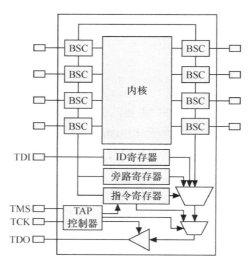

图 7-2　Test Access Port 工作原理示意图

下面我们从 3 个角度来理解这幅图：TAP 信号、TAP 寄存器和 TAP 控制器（TAP controller）。

7.2.2　TAP 信号

JTAG 标准定义了以下 5 个标准信号供外部调试器和被调试芯片通信。

（1）TCK（Test Clock）：测试时钟输入信号，TAP 的所有操作都是通过这个信号来驱动的。TCK 与芯片本身的时钟信号是分开的。这样做的好处是，只要它们符合 JTAG 标准，就可以通过一个 TCK 信号来驱动同一电路板上多个不同频率的芯片。

（2）TMS（Test Mode Selection）：测试模式选择输入信号，TMS 信号用来控制 TAP 状态机（将在下文详述）的转换。通过 TMS 信号，可以控制 TAP 在不同的状态间相互转换。TMS 信号在 TCK 的上升沿有效。

（3）TDI（Test Data Input）：测试数据输入信号，TDI 是数据输入的通道。所有要输入到特定寄存器的数据都是通过 TDI 一位一位串行输入的（由 TCK 驱动）。TDI 信号在 TCK 的上升沿有效。

（4）TDO（Test Data Output）：测试数据输出信号，TDO 是输出数据的通道。所有要从 JTAG

寄存器中输出的数据都是通过 TDO 一位一位串行输出的（由 TCK 驱动）。TDO 信号在 TCK 的下降沿有效。

（5）TRST（Test Reset）：测试复位信号，TRST 可以用来对 TAP 控制器进行复位（初始化）。TRST 在 IEEE 1149.1 标准里是可选的。因为通过 TMS 也可以对 TAP 控制器进行复位（初始化）。

IEEE 1149.1 标准规定前 4 个信号是必须实现的，而且不论芯片的种类和其他管脚有多大差异，这几个信号的工作方式是不变的，这为调试工具的标准化提供了很好的基础。换句话说，芯片可以通过这 4 个或 5 个标准化的信号来隐藏其内部结构和外部形状（封装工艺）的差异，只要芯片按照标准实现这几个信号，那么它就可以与 JTAG 调试器通信，让用户可以使用 JTAG 所支持的强大调试功能。这是 JTAG 标准被广泛支持的重要原因。

7.2.3 TAP 寄存器

JTAG 标准定义了如下几种寄存器，其中有些是必须实现的，有些根据芯片的设计需要，是可选实现的。

（1）指令寄存器：用来选择需访问的数据寄存器，或者选择需要执行的测试。每个支持 JTAG 调试的芯片必须包含一个指令寄存器。

（2）旁路（Bypass）寄存器：一位的移位寄存器，用以当不需要进行任何测试的时候，在 TDI 和 TDO 之间提供一条长度最短的串行路径。这样允许测试数据可以快速地通过当前芯片到板上的其他芯片上去。

（3）设备 ID 寄存器：用以标示芯片生产厂商及版本信息，使调试器可以自动识别当前调试的是什么芯片。

（4）边界扫描（Boundary-Scan）寄存器：边界扫描寄存器的每一位就是我们前面介绍的一个边界扫描单元（BSC），因此，一个边界扫描链就是一个边界扫描寄存器，访问边界扫描寄存器就相当于访问边界扫描链中的边界扫描单元。换言之，可以通过操控边界扫描寄存器，来实现对测试器件的输入输出信号进行观测和控制，以达到测试或调试的目的。

所有 TAP 寄存器可以分为指令寄存器和数据寄存器两类。旁路寄存器、设备 ID 寄存器和边界扫描寄存器都属于数据寄存器。除了设备 ID 寄存器外，其他几个都是必须实现的。JTAG 标准允许芯片设计厂商实现更多的数据寄存器和指令寄存器（称为私有指令寄存器）。

7.2.4 TAP 控制器

TAP 控制器（TAP controller）既是驱动 TAP 各部件工作的发动机，又是指挥指令和数据寄存器协同工作的控制中枢。从实现来看，TAP 控制器是一个包含 16 个状态的有限状态机。在 TMS 信号的驱动下，TAP 在各个状态间切换，实现各种操作。这个状态机的所有状态和转换关系如图 7-3 所示，其中的箭头表示所有可能的状态转换流程。箭头旁边的数字表示选择该转换流程的条件，也就是 TMS 的值（电平）。举例来说，如果当前状态为 Capture-DR（捕捉数据寄存器），而且在 TCK 的下一个上升沿时 TMS=0，那么 TAP 控制器就进入 Shift-DR 状态（对当前数据寄存器移位）；如果在 TCK 的下一个上升沿时 TMS= 1，那么 TAP 控制器进入 Exit1-DR 状态（退出移位状态）。

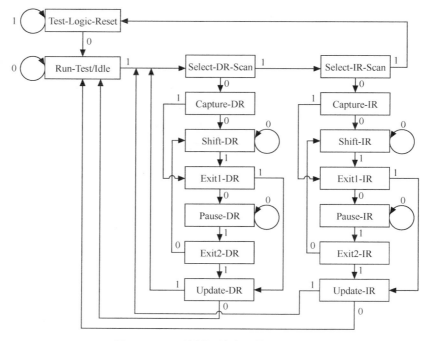

图 7-3　TAP 控制器的有限状态机模型

在 16 个状态中，有 6 个稳定状态：Test-Logic-Reset、Run-Test/Idle、Shift-DR、Pause-DR、Shift-IR 和 Pause-IR，即状态机可以停留在这些状态上。例如在 Shift-DR 状态，如果下一个 TMS 值是 0，那么状态机仍然处于该状态上，这样便实现了循环移位操作。

从图 7-3 中，我们还可以看到该状态机有两个主要的状态序列：针对数据寄存器的××-DR 序列和针对指令寄存器的××-IR 序列。从 Run-Test/Idle 状态开始，如果下一个 TMS 值是 0，那么状态机就停留在这个状态上，即处于空闲状态（Idle）；如果是 1，那么状态机就进入 Select-DR-Scan 状态；如果再下一个 TMS 是 0，那么便进入 Capture-DR 状态，接下来可以选择对数据寄存器进行各种操作。如果当前状态是 Idle，下一个 TMS 是 1，那么便进入 Select-IR-Scan 状态，用以选择进入对指令寄存器进行各种操作的状态，以此类推，不再赘述。

7.2.5　TAP 指令

TAP 指令用来通知 TAP 控制器应该执行何种操作。JTAG 标准定义了 9 条指令，其中有 3 条是必须要实现的，其余 6 条是可选的。芯片设计者也可以定义其他指令。JTAG 标准没有指定指令的长度，芯片设计者可以根据具体情况制定。

（1）BYPASS 指令（必须实现）：选中旁路寄存器，使其将 TDI 和 TDO 连接起来形成通路，从而可以让测试数据没有影响地流过该芯片。JTAG 标准规定该指令代码的所有位必须为 1。

（2）SAMPLE/PRELOAD 指令（必须实现）：选中边界扫描寄存器，使其与 TDI 和 TDO 形成通路，然后利用数据扫描操作访问边界扫描寄存器：将各个边界扫描单元中的内容送出去，实现对芯片的输入输出信号进行采样的目的，或者向边界扫描单元预先装载（preload）数据，供 EXTEST 指令使用。

（3）EXTEST 指令（必须实现）：使芯片进入外部测试模式（external boundary-test mode），同时选中边界扫描寄存器，使其与 TDI 和 TDO 形成通路。在该模式下，输入信号处的边界扫描单元会记录下输入信号的值，输出信号处的边界扫描单元会将测试数据向外输出给外部的其他器件（可以是不支持 JTAG 的）。JTAG 标准规定该指令的代码所有位必须为 0。

（4）INTEST 指令（可选）：使芯片进入内部测试模式（internal boundary-test mode），同时选中边界扫描寄存器，使其与 TDI 和 TDO 形成通路。在该模式下，输入信号处的边界扫描单元会将自己的值送给芯片，输出信号处的边界扫描单元会记录下芯片的输出信号。

（5）RUNBIST 指令（可选）：使芯片进入自检模式（built-in self-test mode），同时选中用于自检的用户定义的（user-specified）数据寄存器，使其与 TDI 和 TDO 形成通路。在该模式下，边界扫描单元使芯片处于孤立的状态——不受输入的影响，其输出也不影响其他部件。

（6）CLAMP 指令（可选）：将输出信号处的边界扫描单元的值输出给外部电路。在加载这个指令之前，可以使用 SAMPLE/PRELOAD 事先将边界扫描单元的值准备好。该指令会选中旁路寄存器，使其与 TDI 和 TDO 形成通路。

（7）HIGHZ 指令（可选）：使芯片的所有输出信号（包括 two-state 和 three-state 信号）进入禁止（高危，high-impedance）状态。该指令会选中旁路寄存器，使其与 TDI 和 TDO 形成通路。

（8）IDCODE 指令（可选）：使芯片保持正常工作的同时，选中设备 ID 寄存器，使其与 TDI 和 TDO 连接形成通路，以便通过数据扫描操作将设备 ID 寄存器的内容输出给调试器。

（9）USERCODE 指令（可选）：与 IDCODE 类似用来读取附加的设备信息。

本节简要介绍了 JTAG 技术的基本原理，其细节超出了本书的范围，感兴趣的读者可以阅读参考文献中列出的资料。

7.3 JTAG 应用

JTAG 标准一经推出，便得到了广泛的认可和支持，并被应用到众多领域中。以下列出的只是一小部分的典型应用。

（1）设计验证和调试。例如对芯片进行在线仿真（ICE）调试；访问芯片的自检功能（使芯片开始自检，然后读取自检结果）；通过边界扫描采集信号，进行芯片、电路板和系统测试；下载和上传程序或数据（比如刷新 EEPROM 或 FLASH，读写内存）等。关于调试方面的应用，本节后文会详细论述。

（2）生产测试。利用 JTAG 的串行化能力，进行大规模的自动化测试。比如可以把要测试的部件通过一个简单的总线串联起来，在系统控制台发布测试指令，测试结果通过 JTAG 信号传回控制台以供分析。

（3）系统配置和维护。对于数据中心、电站等单位，可以利用 JTAG 标准采集或发送数据，以配置各种不同的设备。

7.3.1 JTAG 调试

典型的 JTAG 调试环境由 3 大部分组成：被调试系统、调试机和将二者联系起来的 JTAG 工具（见图 7-4）。被调试系统又称为下位机，通常是正处于开发过程中的一套组件，包括主板、CPU 等部件。调试机又称为主机（host）或上位机，可以是普通的台式机、笔记本电脑等。

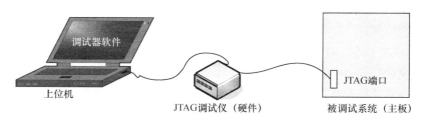

图 7-4　JTAG 调试示意图

JTAG 工具通常由以下几部分组成。

（1）下位机接口：即与被调试系统上的调试端口（debug port）进行连接的物理接口和电缆。对于不同厂商的 CPU，其调试端口的信号数量和物理形式有所不同，因此也就要求 JTAG 工具需要有不同的接口与之连接。但因为调试端口包含的信号中真正用到的主要是 5 路 JTAG 信号，所以很多 JTAG 工具厂商都设计了各种各样的转接口，以便支持更多的目标系统。本节下文会详细介绍与 IA 架构的被调试系统相连接的各种方式。

（2）缓存和控制仪：JTAG 工具的核心部件，通常是一个小盒子，用于通过 JTAG 协议与目标系统的被调试芯片通信。它的面板上有一些基本的显示和控制界面（开关等），其内部主要包含有接口电路、控制电路和用于缓存（buffer）数据的存储器。这个小盒子的名称有几种叫法，如 JTAG 调试器、JTAG 仿真器等，或者干脆就称为硬件调试器。

（3）上位机接口：与调试机（debugger）连接的物理接口和电缆。通常有两种形式：一种是通过专用的 PCI 插卡插入调试机的 PCI 插槽中；另一种是使用 USB 这样的通用接口，只要插入调试机的空闲 USB 口即可。

（4）调试软件：供调试人员调试目标系统的软件环境，通常是一个增强的软件调试器，除了具备普通软件调试器的各种调试功能外，它还具有增强的设置 JTAG 端口、设置硬件断点、查看目标系统的底层信息等各种功能。

基于 JTAG 标准的调试工具有很多，其名称也各不相同，如××仿真器、××ICE、××调试器等。尽管有些文档将 ICE 调试和 JTAG 调试混淆使用，但是我们应该清楚这两个术语本质上是有差异的。ICE 的内涵就是指用调试工具"冒充"被调试系统中的某一部件（常常是微处理器）以实现观察和调试目标系统的目的。可以将 ICE 理解为一种调试思想，有很多种具体手段来实现这种思想。而 JTAG 调试是指基于 JTAG 标准（边界扫描技术和 TAP）的一种实现途径，它支持包括 ICE 在内的各种调试功能。总之，ICE 调试和 JTAG 调试是两种不同角度的命名方法，它们之间既有联系，又有区别。

7.3.2　调试端口

调试端口（debug port 是指被调试系统上用来与调试工具连接的物理接口或接头（header）——通常是位于电路板上的一个方形接口（接头）。以针对 IA-32 处理器设计的主板为例，调试端口主要有 ITP（30 针）、ITP700（25 针）和 XDP（60 针）3 种（见 7.4 节）。

尽管大多数主板上都留有调试端口所需的电路，在开发阶段的样板中也配有调试端口，但是在大批量生产时往往不再焊接调试接头。那么，如果要再调试这样的系统怎么办？一种常见的方法就是使用图 7-5 所示的转接头（interposer）。将该接头插到目标主板的插槽上，然后再将 CPU 插在该接头上——该接头带有调试端口。对于不同的 CPU 插槽，应该使用不同的转接头。

图 7-5　带有调试端口的 CPU 转接头（interposer）

『 7.4　IA 处理器的 JTAG 支持 』

奔腾处理器是 IA 处理器中最早实现 JTAG 支持的处理器，其后的 IA-32 处理器也都包含了这一支持。下面先以 P6 系列处理器为例介绍 IA-32 处理器的 JTAG 支持，然后介绍探测模式和 ITP/XDP 端口。

7.4.1　P6 处理器的 JTAG 实现

首先，P6 处理器的管脚包含了 JTAG 标准定义的所有 5 种信号，即测试时钟信号 TCK、测试模式选择信号 TMS、测试数据输入信号 TDI、测试复位信号 TRST#和测试数据输出信号 TDO。

P6 处理器实现了 7 条 TAP 指令，其中包括 3 条 JTAG 标准规定必须实现的指令和 4 条可选指令。P6 处理器的 TAP 指令的长度为 6 个比特位，其操作码定义见表 7-1。

表 7-1 P6 处理器的 TAP 指令（选自《P6 系列处理器硬件开发手册》）

TAP 指令	操作码	处理器管脚输入来源	选中的 TAP 数据寄存器	状态动作			
				Run-Test /Idle	Capture-DR	Shift-DR	Update-DR
EXTEST	000000	边界扫描单元	边界扫描寄存器	—	对所有处理器的管脚采样	移位数据寄存器	更新数据寄存器
SAMPLE/ PRELOAD	000001	—	边界扫描寄存器	—	对所有处理器的管脚采样	移位数据寄存器	更新数据寄存器
IDCODE	000010	—	设备 ID 寄存器	—	加载处理器的唯一标识代码	移位数据寄存器	—
CLAMP	000100	边界扫描单元	旁路寄存器	—	复位旁路寄存器	移位数据寄存器	—
RUNBIST	000111	边界扫描单元	BIST 结果寄存器	开始自检测试（BIST）	捕捉自检结果	移位数据寄存器	—
HIGHZ	001000	悬置（floated）	旁路寄存器	—	复位旁路寄存器	移位数据寄存器	—
BYPASS	111111	—	旁路寄存器	—	复位旁路寄存器	移位数据寄存器	—

表 7-1 的第 3 列是相应指令执行期间处理器核心的输入来源，第 4 列是指令要选中的数据寄存器，第 5～8 列是指在状态机的 Run-Test/Idle、Capture-DR、Shift-DR 和 Update-DR 状态时 TAP 控制器所采取的动作。以 RUNBIST 指令为例，其指令编码（操作码）为 000111，在此指令执行期间，处理器的输入是由边界扫描单元驱动的，RUNBIST 指令会选中 BIST 结果寄存器，使其与 TDI 和 TDO 形成通路，在 Run-Test/Idle 状态，TAP 控制器执行的操作是开始自检测试（Built-In Self Test，BIST），在 Capture-DR 状态，会将自检结果捕捉到 BIST 结果寄存器，在 Shift-DR 状态，会对 BIST 结果寄存器进行移位操作。

表 7-2 列出了 P6 处理器的所有 TAP 数据寄存器、每个寄存器的长度和选中该寄存器的 TAP 指令。

表 7-2 P6 处理器的 TAP 数据寄存器

TAP 数据寄存器	长 度	哪些指令会选中该寄存器
旁路寄存器	1	BYPASS、HIGHZ、CLAMP
设备 ID 寄存器	32	INCODE
BIST 结果寄存器	1	RUNBIST
边界扫描寄存器	159	EXTEST、SAMPLE/PRELOAD

边界扫描寄存器的长度是 159 个比特位，这与 P6 处理器的输入输出信号的数量相吻合，也就是每个输入输出信号都配备有一个边界扫描单元，用以控制和记录该信号。

设备 ID 寄存器的长度是 32 位，被划分成几个部分用以表示版本型号等信息，详细定义见表 7-3。

表 7-3　P6 处理器的设备 ID 寄存器

| | 版本 | 产品编号 | | | | 厂商 ID | 1 | 整 个 代 码 |
		Vcc	产品类型	Generation（第几代）	型号			
长度	4	1	6	4	5	11	1	32
二进制	XXXX	0	000001	0110	00011	00011	1	XXXX300000101100 0011000000010011
十六进制	X	0	01	6	03	09	1	X02c3013

7.4.2　探测模式

下面介绍 IA-32 处理器的探测模式（Probe Mode）。探测模式是专门用于调试的一种处理器内部模式。与实模式和保护模式这些软件可以控制的操作模式不同，只有通过专门的管脚信号和边界扫描寄存器才可以访问探测模式。在探测模式下，CPU 中断正常的操作，从外部看就好像处于休眠的状态，但通过调试工具可以与其通信，分析并修改系统的状态，包括内存、I/O 空间和各种寄存器。以奔腾处理器为例，调试工具可以通过将 R/S#管脚信号置低电平要求处理器进入探测模式。当处理器检测到该信号后，完成正在执行的指令后，便停止执行下一条指令（freeze on next instruction boundary），并设置 PRDY（Probe Ready）信号。调试工具发现 PRDY 信号后，便可以通过 JTAG 协议向目标处理器发送各种调试命令和数据了，比如观察内存、设置断点等。在调试工具完成设置后，可以通过解除 R/S#信号（恢复其高电平）使处理器退出探测模式，恢复执行原来的程序。

从实现角度来看，探测模式是通过扩展 JTAG 标准实现的，包括增加 TAP 寄存器、TAP 指令和管脚信号。

可能是为了避免混淆，英特尔的各种文档没有系统地介绍探测模式。通常是用进入"空闲状态"等词语一带而过。但从调试的角度分析，CPU 此时是在另一种模式下工作着的。

7.4.3　ITP 接口

为了更好地调试基于 IA-32 处理器设计的主板和系统，英特尔定义了 3 种调试接口用以和集成在处理器中的调试功能通信。这 3 种接口是：ITP（30 针）、ITP700（25 针）和 XDP（60 pin）。

ITP 是 In-Target Probe 的缩写，意思是目标内探测器。下面我们详细介绍曾经广泛使用过的 ITP700 接口。

ITP700 是一个 25 针（pin）的接口（见图 7-6），主要包含 3 类信号，即 JTAG 信号、系统信号和执行信号。JTAG 信号即 IEEE 1149.1 中定义的标准信号。系统信号用来指示整个系统的状态。执行信号用来控制目标处理器的执行和复位。

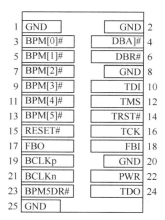

图 7-6　ITP700 接口示意图

表 7-4 列出并解释了 ITP700 接口的各个信号，其中第 3 列给出的输入和输出方向是相对于 ITP 工具的。

表 7-4　ITP 信号说明

信　号	编号	输入/输出	描　述
PWR	22	输入	目标系统的电源。ITP 工具可以用来：①判断目标系统的电源是否稳定；②用作产生 BPM[5:0]#和 RESET#信号时的参考电压；③与 DBA#信号一起用于仲裁（arbitrate）边界扫描链的使用权
BCLK（p/n）	19/21	输入	目标系统的差分驱动总线信号。用于采样执行信号等
DBA#（Debug Port Active）	4	输出	指示调试端口是否活动（active）。ITP 使用该信号表示它正在使用目标系统的 TAP 接口
DBR#（Debug Port Reset）	6	输出	复位调试端口。ITP 可以使用该信号来复位目标系统
FBI	18	输出	TAP 主时钟（master clock）的另一个来源。对于大多数 ITP 实现，该信号都是可选的，因为通常都使用 TCK 作为 TAP 的主时钟
FBO	17	输入	是 TCK 的回馈
TCK	16	输出	TAP 主时钟的标准来源。如果 FBI 被用为主时钟信号，那么 ITP 工具可以不提供 TCK
TDI	10	输出	TAP 的数据输入信号。ITP 工具通过该信号向目标系统发送数据
TDO	24	输入	TAP 的数据输出信号。ITP 工具通过该信号从目标系统接收数据

续表

信　　号	编号	输入/输出	描　　述
TMS	12	输出	TAP 状态管理信号
TRST# （Test Reset）	14	输出	测试逻辑复位信号
BPM[5:0]#	13、11、 9、7、5、 3	输入	来自目标系统的断点信号。BPM[3:0]#用来表示对应的调试寄存器断点被触发（或对应的性能计数器溢出，依赖于 DebugCtl 寄存器） BPM4#相当于奔腾处理器的 PRDY 信号，目标 CPU 用以回应 ITP 工具的探测请求（Probe Request），通知 ITP 工具已经进入探测模式，可以接受各种调试命令了 BPM5#应该与 BPM5DR 短接，因此没有独立功能
RESET#	15	输入	来自目标系统的复位信号
BPM5DR#	23	输出	相当于 PREQ（Probe Request）信号，ITP 工具用之请求对目标处理器的控制权

参考资料[5]更详细地介绍了 ITP700 端口的细节以及设计中应该注意的问题。

7.4.4　XDP 端口

XDP 是 eXtended Debug Port 的缩写，意思是扩展的调试端口。ITP 所包含的信号是 XDP 的一个子集，因此可以通过一个转接头将 XDP 端口转为 ITP。

简单来说，XDP 是一个图 7-7 所示的接头，共有 60 针，除了 JTAG 标准中定义的信号外，还包括很多实现扩展功能的信号。与 ITP 相比，尽管 XDP 的信号数量更多，但是由于设计不同，它占用的主板空间更小。

图 7-7　XDP 端口

市场上销售的大多数主板并没有安装 XDP 端口，但是在其背面（不安装零件的一面）通常留有一组焊点，可以焊接上称为 XDP-SSA（Second Side Attach）的调试端口。XDP-SSA 共有 31 个信号，是 XDP 的一个子集，因此不再具有 XDP 的某些增强功能。通常处于开发阶段的主板才带有完整的 XDP 调试端口。

参考资料[6]详细介绍了 XDP 端口的所有信号及功能。

7.4.5 ITP-XDP 调试仪

有几家公司生产和开发 IA 平台的 JTAG 调试器，除了英特尔公司外，著名的还有 Arium（合并到 Asset Intertech）和劳特巴赫（Lauterbach）。

完整的 JTAG 调试器一般分为硬件和软件两个部分。为了避免引起歧义，本书把硬件部分称为 JTAG 调试仪。图 7-8 所示的是英特尔公司的 JTAG 调试仪，名叫 ITP-XDP，常常简称为 ITP。

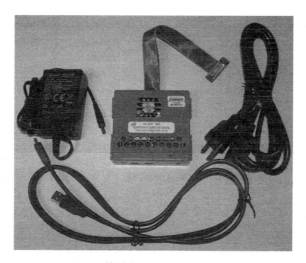

图 7-8　英特尔公司的 JTAG 调试仪

在很长一段时间里，ITP 是很敏感的秘密武器。即使是英特尔的内部员工，也要特别申请才可走内部流程购买（内部价格 500 美元）。如果要带出公司使用，还需要上级审批。大约从 2011 年开始，英特尔逐步放宽了 ITP 的适用范围，先是允许一些外部合作伙伴购买和使用，后来在官网上明码标价出售（单价 3000 美元，软件需另外购买）。

老雷评点　　2010 年年底，英特尔在与台湾某 OEM 联合开发新款平板电脑时遇到多个技术难题。老雷临危受命，携带 ITP 到台北"救火"。某日正在使用 ITP 时，一台湾同行看见了这个神秘小盒子后大为激动："哇，你在用 ICE 啊！"并唤同伴来看。那位同行对 ICE 的敬重，让我对他刮目相看。

7.4.6 直接连接接口

大约从 2016 年开始，英特尔逐步对外公布了一种名为直接连接接口（Direct Connect Interface，DCI）的新技术。简单来说，DCI 技术可以复用 USB3 接口来访问处理器内部的各种调试功能（DFx），包括 JTAG 逻辑。DCI 技术的最大优点就是使用日益普及的 USB3 接口，不再像 ITP/XDP 那样需要专门的硬件接口（大多数电子产品只有在开发阶段才有这个接口）。使用 USB3 接口的另一个好处是不必打开机箱就可以访问到，因此英特尔公司自己的 DCI 调试仪就称为 Intel® Silicon View Technology Closed Chassis Adapter（为英特尔硅观察技术设计的不需开机箱适配器）（见图 7-9）。DCI 调试仪的价格也比 ITP 便宜很多（390 美元）。

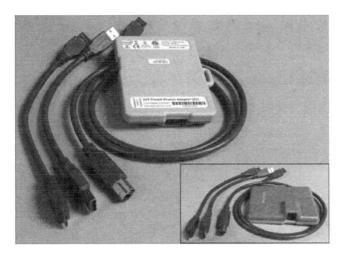

图 7-9　英特尔公司的 DCI 调试仪

DCI 的方便性增加了它可能产生的安全风险——黑客可能通过 DCI 协议控制和访问计算机系统，因此 DCI 功能一般是禁止的，使用时应该先在 BIOS 设置中启用。

7.4.7　典型应用

正如本章开头所说的，硬件调试工具通常用来解决软件调试器难以解决的问题。以下是使用 JTAG 方式调试的一些典型场景。

（1）调试系统固件代码，包括 BIOS 代码、EFI 代码以及支持 AMT 技术的 ME（Management Engine）代码。

（2）调试操作系统的启动加载程序（Boot Loader），以及系统临界状态的问题，比如进入睡眠和从睡眠状态恢复过程中发生的问题。

（3）软件调试器无法调试的其他情况，比如开发软件调试器时调试实现调试功能的代码（例如 Windows 的内核调试引擎），以及调试操作系统内核的中断处理函数、任务调度函数等。

（4）观察 CPU 的微观状态，比如 CPU 的 ACPI 状态（C State）。

7.5　ARM 处理器的 JTAG 支持

于 1992 年开始发布的 ARM6 系列处理器是最早实现了 JTAG 支持的 ARM 架构处理器。这一系列处理器中最著名的是苹果公司牛顿 PDA（Newton PDA）产品使用的 ARM610 芯片。如我们在第 2 章所述，ARM6 系列处理器属于 ARMv3 架构。不过，当时的 JTAG 支持还没有被纳入 ARM 架构中，只是一种可选择的实现。后来的 ARM7 系列和 ARM9 系列也是如此。比如，著名的 ARM7TDMI 中的 D 便代表实现了 JTAG 调试支持，I 是 ICE 的缩写。这种情况持续了几年，直到 2002 年 ARMv6 架构推出时，才把名为 ARM 调试接口（ADI）的调试支持纳入到架构定义中，并推荐实现 ARMv6 的处理器要支持 ADIv4。概而言之，ARMv3 架构的某些 ARM 处理器最早实现了 JTAG 支持，但不是架构性特征，ARMv6 时把 ADI 支持定义为架构的一部分。

7.5.1　ARM 调试接口

ADI 的全称是 ARM 调试接口架构规约（ARM Debug Interface Architecture Specification）。ADI 的 1～3 版本实现在某些 ARM 核心中。ADI 的版本 4（简称 ADIv4）被纳入 ARMv6，正式成为 ARM 架构的一部分。目前较新的版本是 ADIv6。

简单来说，ADI 为使用 ARM 架构的设备定义了调试子系统，详细规划了这个子系统的组成和每个部件的角色，确定了它们的职责，定义了它们之间的连接方式。

当使用硬件调试器调试 ARM 目标系统时，需要一台主机，典型的连接方式如图 7-10 所示。图中左侧是主机，一般是 Windows 系统或者 Linux 系统，中间是硬件调试器，主机和硬件调试器之间的连接方式一般是 USB 或者网线，比较旧的连接方式还有串行端口。硬件调试器通过特殊的电缆连接到目标系统的调试连接插口（Debug Connector）。硬件调试器和调试连接口都有很多种，我们将在后面介绍。表面上看，使用一个调试器就把主机和目标系统连接在一起。接下来的问题是，调试器是如何访问和控制调试目标的呢？这就涉及 SoC 芯片的内部设计了，而这正是 ADI 要解决的问题。

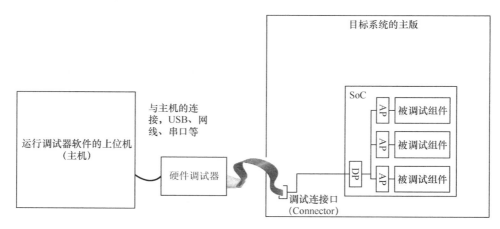

图 7-10　ADI 调试系统互联关系示意图

进一步来说，ADI 定义了 SoC 芯片内部应该如何设计，以便可以与调试器通信，实现各种调试功能。为了实现这个目标，ADI 定义了 3 个角色：DP、AP 和被调试器件。也就是图 7-10 中代表 SoC 的方框内所画的。图中画出了 1 个 DP、3 个 AP 和 3 个被调试组件。

7.5.2　调试端口

调试端口（Debug Port，DP）的职责是与调试器通信，接受调试器的命令和参数，把命令结果提供给调试器。ADI 定义了以下 3 种 DP。

（1）JTAG-DP：是与本章前面介绍过的 IEEE 1149.1 标准兼容的通信方式，通过扫描链来读写寄存器信息和传递数据。

（2）SW-DP：是 ARM 公司定义的标准，通过两根线进行串行通信，ARM 将其称为串行线（Serial Wire）技术，简称 SW。

（3）SWJ-DP：可以动态选择使用串行线或者 JTAG 方式通信。

通常，一个支持 ADI 的 SoC 芯片至少要实现一个调试端口。这个调试端口可以选择上面 3 种实现方式之一。

7.5.3　访问端口

访问端口（Access Port，AP）的职责是访问被调试的目标器件，从那里读取信息，或者把数据写给目标器件。ADI 定义了以下两种 AP。

（1）MEM-AP：全称为内存访问端口（Memory Access Port），是通过内存映射的方式访问目标器件和它的资源。

（2）JTAG-AP：使用 JTAG 方式访问被调试的目标器件。

一个支持 ADI 的 SoC 中至少有一个 AP。考虑到 SoC 系统中包含很多个需要调试的组件，所以通常要实现多个 AP。AP 的类型应该根据被调试目标的特征来选择。

7.5.4　被调试器件

在 ADI 中，支持两种调试器件，一种是 CoreSight 器件，另一种是 JTAG 器件。CoreSight 是 ARM 公司设计的一套调试技术，我们在第 5 章曾经介绍过（见 5.7.4 节）。

当一个 SoC 内部有多个 AP 和被调试组件时，每个被调试组件应该配有一块只读内存（ROM），里面以表格形式记录器件的 ID 信息，以便调试器可以通过这些信息区分不同的器件。

在 ADIv6 的规约文档中，分 A、B、C、D 四个部分详细介绍了 ADI 总体结构、DP、AP 和器件识别机制[9]，希望了解更多详细信息的读者可以查阅。

7.5.5　调试接插口

ADI 定义的是 SoC 芯片内部的规范。实际调试时，必须落实的一个问题是如何把硬件调试器与目标系统连接起来。通常，在设计设备的主板时会考虑提供何种接插口（connector）供调试器连接。

说明一下，我们现在谈论的调试接插口与上面谈的调试端口虽有联系，但并不相同。上面的调试端口定义的是内部设计，这里的调试接插口涉及物理连接。换句话说，本书把英文中的 interface、port、connector 这 3 个单词分别翻译为接口、端口、接插口，以便区分。

因为使用 ARM 芯片的系统一般都是小型设备，主板较小，"寸土寸金"，所以必须根据实际情况来决定提供何种接插口。好在有多种不同尺寸的调试接插口可供选择。

我们首先来介绍 ARM-20 接口，它的形状和针脚编号如图 7-11 所示。

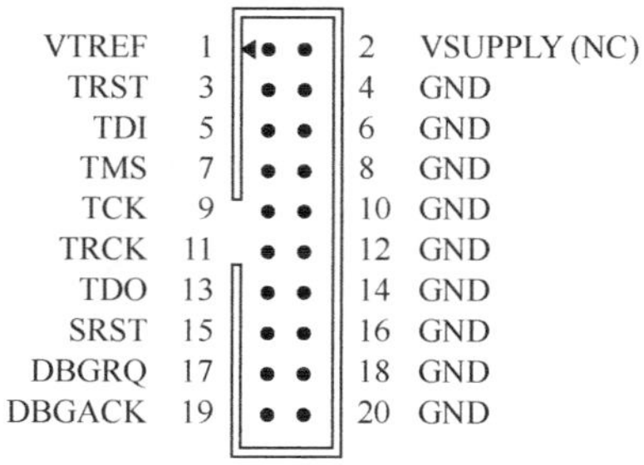

```
          VTREF     1  ◀▪▪   2   VSUPPLY (NC)
          TRST      3   ▪▪   4   GND
          TDI       5   ▪▪   6   GND
          TMS       7   ▪▪   8   GND
          TCK       9   ▪▪  10   GND
          TRCK     11   ▪▪  12   GND
          TDO      13   ▪▪  14   GND
          SRST     15   ▪▪  16   GND
          DBGRQ    17   ▪▪  18   GND
          DBGACK   19   ▪▪  20   GND
```

图 7-11   ARM JTAG 20（ARM-20）接口

ARM-20 接口是 ARM 公司定义的，共有 20 个针脚，其中既有标准的 JTAG 信号（TDI、TDO、TMS、TCK 等），也有前面介绍过的串行通信标准信号（SWDIO、SWCLK），所以，ARM-20支持我们上面介绍的 3 种 DP。表 7-5 描述了 ARM-20 接口的各个针脚信号名称和功能。

表 7-5   ARM-20 接口信号定义

针脚	信号名称	I/O	描　述
1	VTREF	输入	目标电压参考(Voltage Target Reference)
2	NC	—	不连接或者用作电源
3	nTRST	输出	对目标系统发起复位请求(Test Reset)
4	GND	—	地
5	TDI	输出	JTAG 的测试数据输入（Test Data In）信号
6	GND	—	地
7	TMS	输出	测试模式选择（Test Mode Select）
8	SWDIO	输入/输出	在 SWD 模式时用作接收和发送串行数据
9	GND	—	地
10	TCK	输出	测试时钟
11	SWCLK	输出	在 SWD 模式时用作时钟信号
12	GND	—	地
13	RTCK	输入	测试时钟信号回显（echo back）（Return Test Clock）
14	GND	—	地
15	TDO	输入	测试数据输出
16	SWO	输入	在 SWD 模式时供调试器接收数据
17	GND	—	地

续表

针脚	信号名称	I/O	描　　述
18	nSRST	输入/输出	系统复位，彻底重启目标系统
19	GND	—	地
20	DBGRQ	输出	调试请求（Debug Request），请求目标处理器进入调试状态
21	GND	—	地
22	DBGACK	输入	确认收到调试请求（Debug Acknowledge）
23	GND	—	地

ARM-20 接口的物理尺寸有两种：一种是标准大小；另一种是标准大小的一半，以减少占用空间。

在 TI 的系统上，经常使用的是一种 14 针的调试接插口，名为 TI-14。

除了上面介绍的，还有 MIPI-10/20/34 等多种接口，大同小异。当遇到接口不匹配时，可以考虑通过转接头进行转接。

7.5.6　硬件调试器

适用于 ARM 平台的硬件调试器有多种，图 7-12 是 ARM 公司的 DSTREAM 调试器。

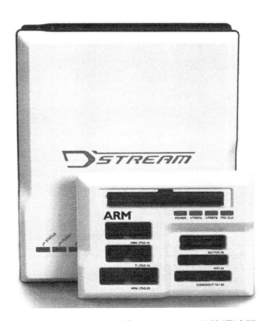

图 7-12　ARM 公司的 DSTREAM 硬件调试器

如图 7-12 所示，其中包含一大一小两个盒子，后面的是主调试器，前面的是接口转换器，以便与不同调试接插口的目标设备连接。

7.5.7 DS-5

DS-5 是 ARM 倾力打造的开发套件（Development Studio），包含基于 Eclipse 的 IDE、DS-5 调试器、名为 Streamline 的性能分析器以及名为 FVP（Fixed Virtual Platform）的仿真平台。

DS-5 调试器可以与上面提到的 DSTREAM 硬件调试器合作，一起调试产品开发早期的底层问题。

使用 DS-5 的 semihosting 技术，可以把目标设备上的输出重定向到主机端，当目标设备没有显示器时这个功能很有用。

DS-5 有收费的商业版本，也有免费的社区版本和适用版本。

『 7.6　本章小结 』

本章介绍了硬件调试工具广泛使用的 JTAG 标准，以及它在 IA 架构和 ARM 架构中的应用。使用硬件调试工具的优点是依赖少，可控性强，因此非常适合调试系统软件、敏感的中断处理代码以及与硬件有关的问题。另外，因为不需要在目标系统中运行任何调试引擎或其他软件，所以使用硬件调试工具比使用软件工具对被调试软件的影响更小，也就是具有更小的海森伯效应（见 15.3.9 节）。

硬件调试工具的局限性是价格比较昂贵，要求目标系统具有调试接插口（如 ITP 或 XDP），连接和设置也相对复杂。

本章是这一篇的最后一章。总体而言，本篇以英特尔处理器和 ARM 处理器为例介绍了 CPU 对软件调试的支持，下面从"需求"的角度再对这些功能进行概括（见表 7-6）。

表 7-6　调试需求和 CPU 的支持

调 试 需 求	CPU 的支持	章　　节
执行到指定地址处的指令时中断到调试器	指令访问断点	4.2 节
执行完每一条指令后都中断到调试器	单步执行标志（陷阱标志）	4.3 节
执行完当前分支后中断到调试器	按分支单步执行（陷阱标志）	4.3 节，5.3 节
访问指定内存地址的内存数据（读写内存）时中断到调试器	数据访问断点（硬件断点）	4.2 节
访问指定 I/O 地址的 I/O 数据（输入输出）时中断到调试器	I/O 访问断点（硬件断点）	4.2 节
遇到该指令就中断到调试器	断点指令（软件断点）	4.1 节
切换到指定的任务就中断到调试器	TSS 中的 T 标志	4.3 节
记录软件/CPU 的执行轨迹	分支记录机制	5.2 节，5.3 节
监视 CPU 和软件的执行效率	性能监视	5.5 节

续表

调 试 需 求	CPU 的支持	章　节
记录下 CPU 遇到的硬件错误	MCA	6.2 节
调试 CPU 本身的问题，或以上手段都难以解决的其他调试任务	JTAG 支持	7.4 节

『 参考资料 』

[1] Dual-Core Intel Xeon Processor LV and Intel 3100 Chipset Development Kit User's Manual. Intel Corporation.

[2] IEEE Std 1149.1(JTAG) Testability Primer. Texas Instrument.

[3] P6 Family Processors Hardware Developer's Manual. Intel Corporation.

[4] Robert R. Collins. Overview of Pentium Probe Mode.

[5] ITP700 Debug Port Design Guide. Intel Corporation.

[6] Debug Port Design Guide for UP/DP Systems. Intel Corporation.

[7] ITP-XDP 3BR Kit . Intel Corporation.

[8] ARM JTAG Interface Specifications. Lauterbach GmbH.

[9] ARM Debug Interface Architecture Specification ADIv6.0 ARM Limited.

第三篇
GPU 及其调试设施

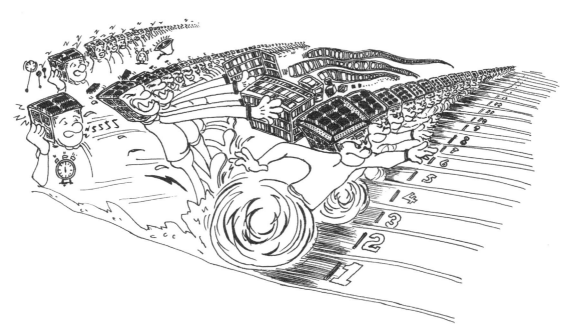

GPU 源于显卡，1999 年 Nvidia 发布第一代 GeForce 时，开始使用 GPU 之名。近年来，GPU 发展迅猛，凭借强大的并行计算能力和高效率的固定硬件单元，在人工智能、区块链、虚拟和增强现实（VR/AR）、3D 游戏和建模、视频编解码等领域大显身手。另外，这种趋势还在延续，基于 GPU 的应用和创新层出不穷。

但是从系统架构来看，针对 GPU 的架构转型还在进行过程中，目前 GPU 依然还处于外设的地位，还没有摆脱从属身份。因为这个根本特征，对 GPU 编程并不像对 CPU 编程那样直接，而调试和优化 GPU 程序的难度就更大了，要比 CPU 程序复杂很多。

本篇是按"总起-分论-综合"的结构来组织的，一共 7 章。第 8 章介绍 GPU 的发展简史、基本问题、软件接口、驱动模型和 GPU 调试的概况，第 9～13 章分别介绍 Nvidia、AMD、Intel、ARM 和 Imagination 五个家族的 GPU。对于每个家族的 GPU，深入解析它的发展历程、硬件结构、软件接口、编程模型和调试设施。分别讨论之后，第 14 章再综合前面内容，做简单的横向比较，探讨发展趋势，总结全篇。

一般把 GPU 的应用分为 4 个大类：显示、2D/3D、媒体和 GPGPU。本书侧重介绍 GPGPU，偶尔兼顾其他 3 种。

在阅读本篇时，建议先读第 8 章，然后根据自己的情况在第 9～13 章中选择一两章，最后再读第 14 章的综合讨论和学习方法。

某种程度上说，CPU 的时代已经过去，GPU 的时代正在开启。经历了半个多世纪的发展，CPU 已经很成熟，CPU 领域的创新机会越来越少。而 GPU 领域则像是一块新大陆，有很多地方还是荒野，等待开垦，仿佛 19 世纪的美国西部，或者 20 世纪的上海浦东。对于喜欢软件技术的各位读者来说，现在学习 GPU 是个很好的时机。

◀ **第 8 章** ▶

GPU 基础

在开始介绍各家 GPU 之前，本章首先介绍一些公共基础，分为 3 个部分。8.1 节和 8.2 节介绍 GPU 的简要发展历史以及与诸多问题都有关的设备身份问题。8.3~8.5 节分别介绍 GPU 的软件接口、驱动模型和有代表性的编程技术。8.6 节简要浏览 GPU 的调试设施。

『 8.1 GPU 简史 』

早期的计算机主要靠卡片输出计算结果。个人电脑出现后，显示器成为主要的输出设备，与之配套的显卡随之成为现代计算机的一个关键设备。显卡的本来职责就是承载要显示的屏幕内容，把要显示的信息送给显示器。

8.1.1 从显卡说起

1981 年 8 月 12 日，型号为 5150 的 IBM PC 发布，标志着 IBM 兼容 PC 的历史正式开始。在 5150 机箱内部，插着一块很长的扩展卡（见图 8-1）。这块卡是用于显示和打印的，名叫单色显示和打印适配器（Monochrome Display and Printer Adapter，缩写为 MDPA 或 MDA）或者显卡[1]。

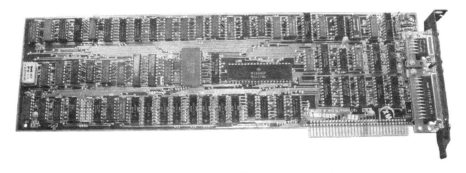

图 8-1　第一代 IBM PC 中的单色显示适配卡（MDA）

顾名思义，MDA 只能显示黑白两种颜色，而且只能显示字符，即所谓的单色字符模式。一次可以显示 25 行、80 列的字符。

当年在大学读书时，有一门课叫"IBMPC 汇编语言编程"，老师讲的内容不多，大多数时间都是让学生上机实践。在实践环节中会布置一个大作业，并让学生在 DOS 环境中用汇编语言编写一个程序。很多人实现的一个功能就是在 DOS 下呈现菜单栏、下拉菜单，然后在各个菜单项下加入五花八门的功能。在 DOS 下，整个屏幕的大小就是 25 行 80 列。当用扩展 ASCII 码实现菜单边框时，要精确计算屏幕的布局，每一行每一列要显示什么都要心里有数。

MDA 卡上包含了 4000 字节的刷新缓冲区，用于存放要显示的屏幕内容，其中 2000 字节存放的是屏幕上字符的 ASCII 码，刚好与 25 行 80 列的屏幕内容一一对应。另外 2000 字节存放的是每个字符的属性信息，属性信息包括是否加亮（highlight）、闪烁（blink）、加下画线、反显等。MDA 上的字符发生器（charracter generator）负责产生每个字符的显示信息，根据字符编码从保存的字符库中（类似于字体文件）找到字形描述，再根据属性字节的要求"绘制"出字符的每个像素。

图 8-1 中，横躺着那块个头最大的芯片是摩托罗拉公司生产的，型号为 MC6845，它的主要功能是产生显示信号，与 CRT（阴极射线管）显示器一起协作，把刷新缓冲区中的字符按要求显示在屏幕上。MC6845 常称为 CRT 控制器（CRT controller），其角色在今天的 GPU 和显卡中仍然存在，并称为显示控制器（display controller）。

1987 年，IBM 公司发布了名为 PS/2（Personal System/2）的第三代个人电脑。与前一代 PC AT（AT 代表 Advanced Technology）相比，这一代引入了多项新技术。除了在 PC 历史上使用了很多年的 PS/2 鼠标键盘接口外，还有名为 VGA 的新一代图形显示技术。

VGA 的全称为视频图形阵列（Video Graphics Array）。其核心功能是把帧缓冲区（frame buffer）中的要显示内容转变成模拟信号并通过一个 15 针的 D 形（D-sub）接口送给显示器。这个 15 针的显示接口一直使用到现在，即通常说的 VGA 接口。VGA 不仅支持彩色显示，还支持多种图形模式。

一块 VGA 显卡的主要部件有以下几个部分。

- 视频内存（video memory），其主要作用是临时存放要显示的内容，即上面提到的刷新缓冲区和帧缓冲区，也就是通常所说的显存。

- 图形控制器，承载显卡的核心逻辑，负责与 CPU 和上层软件进行交互，管理显卡的各种资源，通常实现在一块集成芯片内，是显卡上最主要的芯片。这部分不断扩展和增强，逐步演化为后来的 GPU。

- 显示控制器，负责把要显示的内容转化为显示器可以接收的信号，有时也称为 DAC（数字模拟信号转换器）。

- 视频基本输入输出系统（Video BIOS，VBIOS），显卡上的固件单元，从硬件角度来看，是一块可擦写的存储器（EPROM）芯片，里面存放着用于配置和管理显卡的代码和数据。对于显卡的开发者来说，可以通过修改 VBIOS 快速调整改变显卡的设置，或者修正瑕疵。对于软件开发者来说，调用 VBIOS 提供的功能不但可以加快编程速度，而且可以提高兼容性（VBIOS 以统一的接口掩盖了硬件差异性）。在 DOS 下，可以很方便地通过软中断机制（INT 10h）来调用 VBIOS 提供的服务。

老雷评点　　犹记当年在 DOS 下编写汇编代码，通过 INT 10 设置显示模式，在单步调试这样的代码时，如果在时序敏感处停留过久，CRT 显示器的输出画面会变得一片混乱，光怪陆离。

在 PC 产业如日东升的 20 世纪 80 年代，显卡是 PC 系统必备的关键部件，而且价格不菲。于是以开发显卡为主业的多家公司相继出现，著名的有 1985 年成立的 ATI（Array Technology Inc.），1987 年成立的 Trident Microsystems（中文名泰鼎）。两家公司都以研发显卡上的核心芯片组而闻名。ATI 公司的 Wonder 系列（ATI 18800）和 Trident TVGA8800 都是 VGA 时代很有影响的显卡核心芯片。

老雷评点　　在 VGA 时代，泰鼎是显卡领域的著名公司，老雷大学时所购 486 电脑，搭配的便是 TVGA 显卡。但在后来的竞争中，泰鼎逐步落后，于 2012 年解散。

8.1.2　硬件加速

1991 年，S3 公司（S3 Graphics, Ltd）推出了名为 S3 86C911 的图形芯片，其最大的亮点是 2D 图形加速功能，可以通过芯片内的硬件单元提高 2D 图形的绘制效果和速度。

举个简单的例子来解释 2D 图形加速的意义。假设我们要在屏幕上显示一条斜线。因为屏幕上的每个像素点使用的是整数坐标，是离散的，所以就需要通过一些近似算法来把连续的斜线映射成屏幕上离散的一个个点。这个过程如果完全由软件来做，那么不仅占用 CPU 较久而且效果可能不好。除了画斜线外，画圆和画其他图形或者对图形进行缩放时也有类似的问题。S3 的两位创立者（Dado Banatao 和 Ronald Yara）正是看准了这个机遇，于 1989 年成立公司，用两年时间研发出了 86C911，结果一鸣惊人。产品名字中的 911 源自以速度著称的保时捷汽车。可以说，S3 公司就是为图形加速而生的。

1994 年，3dfx Interactive 公司成立，两年后，推出了名为巫毒（Voodoo）的产品，其杀手铜是 3D 加速。第一代巫毒产品（Voodoo1）不仅自身价格昂贵（约 300 美元），而且因为缺少普通的显示功能，还需要用户同时配备一张普通显卡来一起工作，但这并没影响这款产品的热销。3dfx Interactive 公司依靠这款产品一夜成名，迅速成为显卡市场的领导者。3D 加速的主要应用便是 3D 游戏，巫毒系列显卡为 3D 游戏提供了强大的动力，让 PC 游戏进入 3D 时代。3D 游戏的发展反过来又进一步推动 3D 加速技术的发展。二者相互推动，使 3D 加速和 3D 游戏成为 20 世纪 90 年代的两大热门技术。

　　有了 2D 和 3D 加速技术后，显卡的用途更加广泛了，除了游戏之外，还有工程建模。巨大的市场潜力吸引更多的公司加入这个领域。1993 年，Nvidia 公司成立。1995 年，芯片巨头英特尔推出 i740 显卡，正式加入显卡领域的竞争。

　　1999 年 8 月 31 日，Nvidia 公司发布 GeForce 256 芯片[2]，将光照引擎（lighting engine）、变换引擎（transform engine）和 256 位的四通道渲染引擎（256-bit quadpipe rendering engine）集成到一块芯片中，并赋予这块高度集成的芯片一个新的称呼，叫 GPU（Graphics Processing Unit）。从此，GPU 之名逐渐流行，显卡成为旧的名字。

8.1.3　可编程和通用化

　　进入新千年后，显卡领域的竞争愈演愈烈。2000 年年末，3dfx Interactive 公司陷入危机，申请破产失败，只好选择被 Nvidia 公司收购。泰鼎和 S3 公司也因为跟不上创新的步伐而脱离第一阵线。英特尔依靠集成在芯片组（北桥）中的集成显卡占据着低端市场。Nvidia 和 ATI 公司处在领先位置，争夺老大。

　　2001 年，Nvidia 公司发布第三代 GPU 产品——GeForce 3。值得说明的是，上文提到的 GeForce 256 是第一代 GPU，也是第一代 GeForce，名字中的 256 代表的是渲染引擎的位宽，不是产品的序号。

　　GeForce 3 最大的亮点是可编程，最先支持微软 DirectX 8 引入的着色器（shader）语言。

　　在 GeForce 3 之前，设计 GPU 的基本思路是把上层应用常用的复杂计算过程用晶体管来实现，比如计算量比较大的各种 2D 和 3D 操作，这样设计出的一个个功能模块称为固定功能（fixed function）单元，有时也称为加速器，多个加速器连接起来便成为流水线（pipeline）。设计固定功能单元的优点是速度快，缺点是死板和不灵活。而可编程的优点是灵活度高，通用性好。当然，可编程方法也有缺点。首先，可编程方法的速度通常慢于固定功能单元。其次，可编程引擎的效果更加依赖上层软件，如果上层代码写得不好，或者与引擎的流水线结构配合得不好，那么可编程方法的效果就可能很差。

　　那么到底是该多花资源做固定功能单元，还是集中资源做通用性更好的可编程引擎呢？这是 GPU 设计团队中经常争论的一个问题。不同人有不同的看法，同一个人在不同的时间也可能看法不同。通俗一点说，固定功能单元直接满足需要，直截了当，见效快，立竿见影；而可编程方法需要把各种应用中的通用逻辑抽象提炼出来，然后设计出具有通用性的一条条指令，接着再编写软件实现各种应用。相对来说，后一种方法的挑战更多，风险更大。

　　2003 年，约翰·尼可尔斯（John Richard Nickolls）加入 Nvidia 公司的 GPU 设计团队。约翰曾在 Sun 公司（Sun Microsystems）担任架构和软件部门的副总裁，很熟悉并行计算，非常看好 GPU 在并行计算领域的前景。

　　2006 年 11 月 8 日，Nvidia 公司发布 Geforce 8800 显卡，卡上的 GPU 名叫 G80，使用的是特斯拉微架构[3]。

　　G80 最大的特色是使用通用处理器来替代固定功能的硬件单元，通过多处理器并行来提高处理速度。G80 引入了全新的流式多处理器（Streaming Multiprocesor，SM）结构，使流处理器阵列成为 GPU 的核心。G80 中包含了 128 个流处理器（Streaming Processor，SP），每 8 个一组，组成一个流式多处理器。G80 把 GPU 的可编程能力和通用计算能力提升到一个前所未有的高度，以通用计算来实现图形功能，革命性地把图形和计算两大功能统一在一起。这种以通用处理器来替代以前的多个分立着色器的做法，称为"统一化的流水线和着色器"（Unified Pipeline and Shader），有时也称为"统一化的着色器架构"（Unified Shader Architecture），又或者简称为统一化设计（Unified Design）[4]。

图 8-2（a）是 G80 芯片的晶片照片（dieshot），图 8-2（b）是主要模块的描述。图中的 SM 即代表流式多处理器。G80 一共有 16 个 SM，分 4 组均匀分布在芯片的 4 个黄金位置。从图中也可以粗略估计出通用单元占据了芯片的大约一半面积。

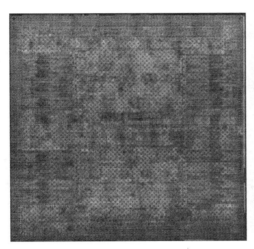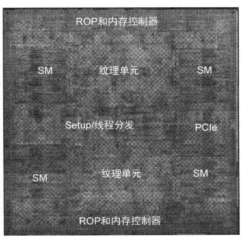

（a）晶片照片　　　　　　　　　（b）布局描述

图 8-2　G80 的晶片照片和布局描述

G80 的成功是空前的。G80 显卡的各项性能明显超越竞争对手（ATI Radeon X1950）以及自家的前一代产品。更重要的是，G80 开创了新的 GPU 设计方法，证明了使用通用处理器来加速图形计算不但是可行的，而且是大有优势的。

2007 年，Nvidia 公司的 CUDA 计算模型发布，让开发者可以使用 C 语言的扩展来开发各种应用，这进一步释放了 G80 架构的潜能，让 GPU 逐步应用到通用计算领域，这为人工智能技术的大爆发奠定了计算方面的基础。概而言之，G80 不仅满足了图形加速方面的需求，还为 GPU 开创出了通用计算的新道路。用著名科技媒体 ExtremeTech 的话来说，G80 重新定义了什么是 GPU，以及它们能做什么。G80 的成功在 GPU 历史上具有里程碑的意义。2016 年 11 月 8 日，G80 发布 10 周年的时候，ExtremeTech 采访了 G80 研发团队的部分成员，记者询问道："设计 G80 时是否已经考虑到了通用计算用途？是有意为之，还是误打误撞，一石二鸟，意外多了一项收获？" Nvidia GPU 架构部门的副总裁约翰·丹斯金（John Danskin）回答说，我们竭尽所能设计可编程能力优秀的图形引擎，而后我们也确保它能很好地完成计算。他特别提到约翰·尼可尔斯（John Nickolls，图 8-3），说他的愿景就是让 GPU 解决高性能计算的问题。约翰·尼可尔斯长期耕耘在并行计算领域，曾合伙创建著名的小型机公司 MasPar Computer，也在 Sun Microsystems 公司工作过，于 2003 年加入 Nvidia 公司。加入 Nvidia 后，他大力主张使用通用计算思想革新 GPU 设计，是 G80 背后的一个伟大灵魂。可惜，约翰·尼可尔斯先生于 2011 年因患癌症去世。

图 8-3　G80 的关键设计者约翰·尼可尔斯（1950—2011）

为了纪念约翰·尼可尔斯，Nvidia 公司以及约翰·尼可尔斯的同事和朋友们在约翰·尼可尔斯毕业的伊利诺伊大学设立了尼可尔斯奖学金[5]。

8.1.4　三轮演进

前面简要回顾了 GPU 的演进过程，从最早的显示功能，到 2D/3D 加速，再到通用可编程。经过这 3 个阶段的演进，一个单一功能的扩展卡发展为支持多种类型应用并具有无限扩展能力的通用计算平台，其发展前景难以估量。真可谓，三轮演进，终成正果。

老雷评点　　打开 20 世纪 90 年代初的 PC 机箱，里面一般都插着几块卡，比如声卡、显卡、超卡（超级 I/O 卡的简称）、电影卡等，如今很多卡都灭亡了，只有显卡顽强地存活下来，而且生命力强劲，不断发展。

值得说明的是，在这个演进过程中，前一阶段的成果并没有丢弃，而是叠加在一起。比如，今天的 GPU 大多仍保留着最早的显示功能。总体而言，今天的 GPU 包含四大功能：显示、2D/3D 加速、视频编解码（一般称为媒体）和通用计算（称为 GPGPU）。图 8-4 中把这四大功能模块画在了一起。

图 8-4　现代 GPU 的四大功能模块

在开发 GPU 的团队中，通常也按上述四大功能来划分组织架构并分配各种资源。

综上所述，经历三轮演进，传统的显卡演化成了今日的 GPU。在这场跨世纪的演进中，GPU 积累了显示、2D/3D 加速、媒体和通用计算四大功能于一身。

8.2　设备身份

因为 AI、区块链等潮流的推动，GPU 产品常常供不应求。尽管在市场中地位显赫，但是在计算机架构中 GPU 的身份没有改变过，始终属于设备身份，比协处理器还低。今天的计算机架构是以 CPU 为核心的，GPU 一直属于设备。即使对于集成在 CPU 芯片中的 GPU 来说，虽然物理上与 CPU 在一起，但是其身份仍是设备身份，以英特尔 GPU 为例，它在 PCI 总线上的位置总是 0 : 2.0（0 号总线上的 2 号设备）。深刻理解这个基本特征，对于学习 GPU 很重要，因为很多机制都是由这个基本身份问题所决定的。本节简略探讨其中几个方面的机制。

8.2.1　"喂模式"

迄今为止，GPU 还不能直接从磁盘等外部存储器加载程序。只能等待 CPU 把要执行的程序和数据复制过来喂给它。本书把这种模式简称为"喂模式"。

"喂模式"意味着 GPU 不独立，需要依靠 CPU 来喂它。不然，它就会闲在那里，处于饥饿状态。或者说，GPU 内虽然有强大的并行执行能力，但如果没有 CPU "喂"代码和数据过来，那么再强大的硬件也会空置。

8.2.2　内存复制

"喂模式"决定了 GPU 端的代码和数据大多都是从 CPU 那边复制过来的。对于独立显卡而言，这一点较好理解。对于集成显卡，其实很多时候也需要复制。虽然集成的 GPU 常常使用一部分系统主内存作为显存，但是这部分内存与 CPU 端的普通内存还是有很多区别的，这导致很多时候还需要进行内存复制。

8.2.3　超时检测和复位

为了更好地管理 GPU，CPU 在给 GPU "喂"任务后，通常会启动一个计时器，目的是监视 GPU 的工作速度。如果 GPU 没有在定时器指定的时间内完成任务，那么 CPU 端的管理软件就会重启 GPU。这个机制在 Windows 操作系统中有个专门的名字，称为超时检测和复位（Timeout Detection and Reset，TDR）。Linux 系统中也有类似的机制，似乎没有专门的名字，本书将其泛称为 TDR。从 TDR 机制来看，GPU 像是工人，CPU 像是工头，工人如果跑错了路并堵在某个地方，工头会让它复位，从头再来。

8.2.4　与 CPU 之并立

GPU 不独立的根本原因是 GPU 上还没有自己的操作系统。从发展趋势来看，GPU 端将有自己的操作系统，与 CPU 端的操作系统并立或者将其取代。只有到了那时候，GPU 的设备身份才会彻底改变。

8.3　软件接口

因为 GPU 的设备身份，需要 CPU 把程序和数据喂给它。为了规范和指导这个交互过程，CPU 和 GPU 之间定义了多种接口，有些是行业内的标准接口，有些是 GPU 厂商私有保密的。

8.3.1　设备寄存器

因为 GPU 从 PC 系统的显卡设备演变而来，所以通过设备寄存器与其通信是最基本的方式。在几十年的演进中，设备寄存器的类型又分为几种。在经典的 PC 系统中，通过固定的 I/O 端口来访问显卡。比如，下面这几个 I/O 地址区间是给显卡使用的。

> 3B0～3BB：单色显示/EGA/VGA 视频和旧的打印适配器
>
> 3C0～3CF：视频子系统（Video Subsystem）
>
> 3D0～3DF：为视频保留的

打开 Windows 系统的设备管理器，单击"查看"菜单下的"按类型列出资源"，仍可以看到上述 I/O 区域是给显卡用的。

> 0x000003B0～0x000003BB　　Intel(R) HD Graphics 620
>
> 0x000003C0～0x000003DF　　Intel(R) HD Graphics 620

在系统开机启动的时候，还依赖上面这些端口来对显卡完成基本的初始化，让其可以工作。

I/O 端口速度较慢，不适合传递大量数据。因此，PC 系统中，一直保留着一段物理内存空间给显卡用，其范围如下。

> 0xA0000～0xBFFFF　　　Intel(R) HD Graphics 620

这样映射在物理内存空间的输入输出就是所谓的 MMIO。直到今天，MMIO 仍是 CPU 和 GPU 之间沟通的主要方式。MMIO 空间通常分为几部分，其中一部分作为寄存器使用。第 11 章将以英特尔显卡为例对此做更多介绍。

1992 年，英特尔公司发布了第一个版本的 PCI 总线标准。很快，PCI 接口的显卡陆续出现。直到今天，大多数显卡和 GPU 都是以 PCI 设备的身份出现在计算机系统中的。

每个 PCI 设备都有一段配置空间，最初是 256 字节，在 PCIe 中有所扩展。通过 GPU 设备的 PCI 配置空间，可以访问一些基本的信息，或者进行更改，包括调整 MMIO 空间的位置。

综上所述，设备寄存器有多种，最古老的是 I/O 端口形式，今天主要使用的是映射到物理内存空间的 MMIO 方式，个别时候使用 PCI 配置空间。

设备寄存器的宽度不等，一般从 1 字节到 8 字节，大多数是 4 字节（32 位）。在 GPU 的四大功能中，显示部分最老，也是至今仍主要使用设备寄存器方式与 CPU 交互的部分。

8.3.2 批命令缓冲区

通过设备寄存器不适合传递大量信息。因为频繁访问不仅速度慢，而且会影响 GPU 的其他用户。以 3D 渲染任务为例，需要向 GPU 传递很多参数和命令，如果游戏 A 直接把这些命令和参数直接写给 GPU，那么就会影响其他游戏。解决这个问题的方法是批命令缓冲区，先把每个程序需要执行的命令放入命令缓冲区中，全部命令准备好了之后，再提交给 GPU。今天的 GPU 普遍支持这种批命令的方式。比如，在图 8-5 所示的 G965 框图中，矩形框代表 GPU，当时称为图形处理到擎（Graphic Processing Engine）顶上从外到内的箭头代表 GPU 通过内存接口（MI）从外部接收命令流。箭头下方的 CS 代表命令流处理器（Command Streamer）。

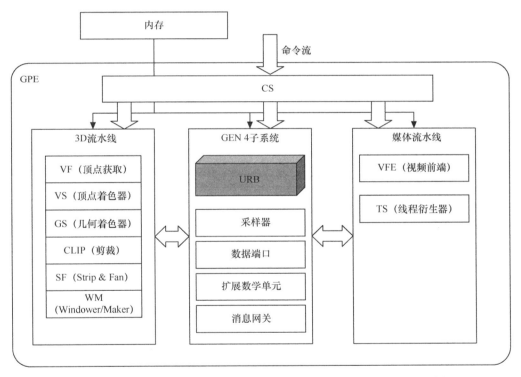

图 8-5　G965 GPU 的逻辑框图

图 8-5 中，中间的 GEN4 子系统中包含了通用执行单元（EU），两侧分别是固定功能的 3D 流水线和媒体流水线。CS 负责把命令分发给不同的执行流水线。第 11 章将详细介绍英特尔 GPU 和 GEN 架构。

8.3.3 状态模型

上面介绍的批命令缓冲区解决了成批提交的问题，可以让 GPU 的多个用户轮番提交自己的命令，但是还有一个问题没有解决。那就是如果一个任务没有执行完，同时有更高优先级的任务需要执行，或者一个任务执行中遇到问题，如何把当前的任务状态保存起来，然后切换到另一个任务。用操作系统的术语来说，就是如何支持抢先式调度。

今天的 GPU 流水线都灵活多变，参数众多，如果在每次切换任务时都要重复配置所有参数和寄存器，那么会浪费很多时间。

状态模型是解决上述问题的较好方案。简单来说，在状态模型中使用一组状态数据作为软硬件之间的接口，相互传递信息。用程序员的话来说，就是定义一套软件和硬件都认可的数据结构，然后通过这个数据结构来保存任务状态。当需要执行某个任务时，只要把这个状态的地址告诉 GPU，GPU 就会从这个地址加载状态。当 GPU 需要挂起这个任务时，GPU 可以把这个任务的状态保存到它的状态结构体中。

在现代 GPU 中，状态模型是一项重要而且应用广泛的技术。在主流的 GPU 中都有实现，图 8-6 来自英特尔公开的编程手册，用于说明 GPU 的状态模型。

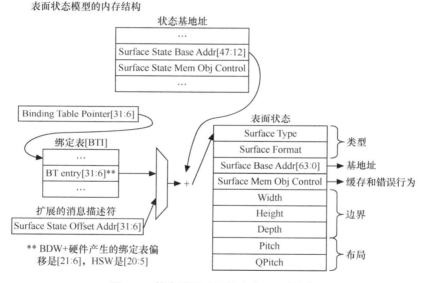

图 8-6　状态模型（图片来自 01 网站）

在图 8-6 中，上面是一个基本的数据结构，其起始地址有个专门的名字，称为状态基地址（State Base Address），当向 GPU 下达任务时，要把这个地址告诉 GPU。从此，GPU 便从这个状态空间来获取状态信息。图中左侧是绑定表，考虑到准备任务时某些数据在 GPU 上的地址还不确定，所以就先用句柄来索引它，在提交任务时，内核态驱动和操作系统会在修补阶段（Patching）更新绑定表的内容，落实对象引用。

总结一下，本节简要浏览了 GPU 与 CPU 之间的编程接口。从早期的设备寄存器方式到后来的批命令方式，再到状态模型。变革的主要目的是更好地支持多任务，并且可以快速提交和切换任务。

『 8.4 GPU 驱动模型 』

由 CPU 来给 GPU 喂任务的工作模式由来已久，根深蒂固。长时间的积累，导致 CPU 端产生了很多种管理 GPU 的模块，比如驱动程序、运行时、操作系统的 GPU 管理核心等。于是就需要有个模型来协调各个模块，GPU 的驱动模型便是用来解决这个问题的。本节将分别介绍 Windows 操作系统和 Linux 操作系统上的 GPU 驱动模型。这个话题比较复杂，本节只能提纲挈领地介绍要点。

8.4.1 WDDM

WDDM 是 Windows Vista 引入的 GPU 驱动模型，其全称为"Windows 显示驱动模型"（Windows Display Driver Model）。名字中的"显示"显然是不全面的，因为 WDDM 所定义的范围并不局限于显示功能，还有 GPU 的另三类应用：媒体、2D/3D 加速和 GPGPU。

可以把 Windows 的图形系统大体分为三个阶段：第一个阶段是 GDI，第二个阶段是 Windows 2000 和 XP 时使用的 XPDM，第三阶段便是 Vista 引入的 WDDM。

WDDM 引入了很多项创新，代表着 GPU 软件模型的一次重大进步。首先，它梳理不同身份的模块，重新定义分工，确定了图 8-7 所示的四分格局。所谓四分格局，就是纵向按特权级别一分为二，把与硬件密切相关的部分放在内核空间中，把没有必要放在内核空间中的部分放在用户空间中；横向按开发者一分为二，把公共部分提炼出来由微软来实现，把差异较大的设备相关的部分交给显卡厂商去实现。

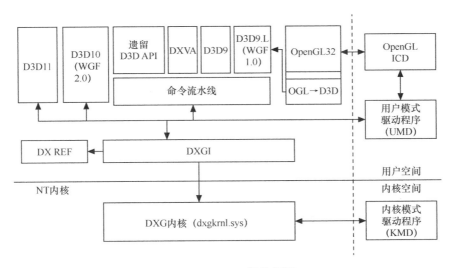

图 8-7　WDDM 架构框图

图 8-7 中，左下角是位于内核空间的 DirectX Graphics Kernel，简称 DXG 内核。它是 WDDM 的核心模块，从某种程度来说，可以把它看作 Windows 操作系统中管理 GPU 的内核。它的主要任务有两个：显存管理和任务调度。在 WDDM 中，普遍使用虚拟内存技术来管理 GPU 内存，

使用图形页表把 GPU 的物理内存映射到虚拟内存。当 GPU 内存不足时，可以把某些临时不用的页交换出去，需要时再通过页交换（Paging）机制交换回来。在任务调度方面，WDDM 支持抢先式多任务调度，抢先调度的粒度因 WDDM 和硬件的版本不同而不同，大趋势是在不断变小，以提高实时性并保证高优先级任务可以及时得到执行。

右下角是显卡厂商的内核模式驱动程序，一般简称为 KMD。可以认为，KMD 是 DXG 内核的帮手，当 DXG 内核需要访问硬件时，会调用 KMD。可以认为，KMD 拥有硬件，但是不擅长管理，于是委托给 DXG 内核来管理。

图 8-7 中的左上部分代表操作系统的 GPU 编程接口和运行时。图中画出了 3 个版本的 DirectX 接口，还有用于视频编解码的 DXVA，以及 OpenGL。

右上部分是显卡的用户模式驱动程序，一般简称为 UMD。UMD 的最主要任务是把应用程序提交的任务翻译为 GPU 命令，放入专门分配的命令缓冲区中，并通过运行时接口成批地提交到内核空间。另外，UMD 还负责执行及时编译等不适合在内核空间完成的任务。图中 UMD 上方的 OpenGL ICD 代表用于汇报 OpenGL 设备的接口模块，ICD 是 Installable Client Driver 的缩写。

WDDM 模型是进程内模型。举例来说，每个调用 DX API 的应用程序进程内，都会加载一份运行时和 UMD 的实例。图 8-8 所示的栈回溯很生动地反映了挖地雷程序内四方协作的过程。

```
# ChildEBP RetAddr
00 aefc9490 90f32e50 igdkmd32!KmSubmitCommand
01 aefc94b8 90f33018 dxgkrnl!DXGADAPTER::DdiSubmitCommand+0x49
02 aefc94c4 8fc810d5 dxgkrnl!DXGADAPTER_DdiSubmitCommand+0x10
03 aefc94d4 8fc8a4ea dxgmms1!DXGADAPTER::DdiSubmitCommand+0x11
...
0a aefc97a0 90f4dd10 dxgmms1!vidSchSubmitCommand+0x38b
0b aefc9b44 90f4fa2b dxgkrnl!DXGCONTEXT::Render+0x5bd
0c aefc9d28 83c8b44a dxgkrnl!DxgKRender+0x328
0d aefc9d28 77c664f4 nt!KiFastCallEntry+0x12a
0e 001ae1b8 761f5f05 ntdll!KiFastSystemCallRet
0f 001ae1bc 66ef5a95 GDI32!NtGdiDdDDIRender+0xc
10 001ae328 662d370f d3d9!RenderCB+0x174
11 001ae494 66393c68 igdumd32!USERMODE_DEVICE_CONTEXT::FlushCommandBuffer+0x15f
...
18 001ae664 662d81d4 igdumd32!BltVidToSys+0x149
19 001ae68c 66f4430d igdumd32!Blt+0x1e4
1a 001ae7d4 66f446af d3d9!DdBltLH+0x11fd
...
25 001aed84 00aa386f minesweeper!RenderManager::Render+0x226
26 001aeda4 00aa3b0c minesweeper!RenderManager::SaveBackBuffer+0x79
27 001aedd0 00aa956d minesweeper!RenderManager::PresentBuffer+0x22
...
32 001afb20 00a9df26 minesweeper!WinMain+0xb1
```

图 8-8　WDDM 四方协作示例

图 8-8 中，最下方是 WinMain 函数，栈帧 27～25 代表应用程序在执行呈现（present）动作时要保存后备缓冲区（back buffer），于是调用了 DX 的位块传输 API（Blt）。栈帧 1a 中的 d3d9 是 DirectX 的运行时模块，它把调用转给英特尔显卡驱动的 UMD 模块 igdumd32，后者把这个

请求转给内部的 BltVidToSys 函数（从显存向主存）。BltVidToSys 函数继续调用内部函数把这个操作转化为 GPU 的命令，放入命令缓冲区中。准备好命令缓冲区后，UMD 调用 DX 运行时的回掉函数 RenderCB，后者发起系统调用，把命令缓冲区提交给 DXG 内核。DxgkRender 是 DXG 内核中的接口函数，负责接收渲染请求。接下来是复杂的命令提交过程，要先验证命令缓冲区并修补其中的地址引用（Patching），然后把准备好的命令缓冲区挂到当前进程的 GPU 执行上下文结构体中，交给 DXG 内核的调度器，排队等待执行。排队成功后，调用显卡驱动的 KMD 模块并提交给 GPU 硬件。

8.4.2 DRI 和 DRM

在 UNIX 和 Linux 系统中，X 窗口系统（X Window System）历史悠久，应用广泛。它起源于美国的麻省理工学院，最初版本发布于 1984 年 6 月，其前身是名为 W 的窗口系统。从 1987 年开始，X 的版本号一直为 11，因此，今天的很多文档中经常使用 X11 来称呼 X。X 是典型的"客户端-服务器"架构，服务器部分一般称为 X 服务器，客户端称为 X 客户端，比如 xterm 等。

进入 20 世纪 90 年代后，随着 3D 技术的走红，开源系统中也需要一套与 DirectX 类似的 GPU 快速通道。1998 年，DRI 应运而生。DRI 的全称为直接渲染基础设施（Direct Renderring Infrastructure）。DRI 的目标是让 DRI 客户程序和 X 窗口系统都可以高效地使用 GPU。

1999 年，DRI 项目的一部分核心实现开始发布，名叫直接渲染管理器（Direct Rendering Manager，DRM）。严格来说，DRM 是 DRI 的一部分，但今天很多时候，这两个术语经常相互替代。

经过十多年的演进变化，今天的 DRI 架构已经和 WDDM 很类似，也可以按前面介绍的四象限切分方法划分为四大角色，如图 8-9 所示。

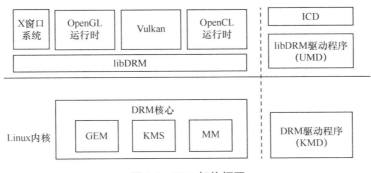

图 8-9 DRI 架构框图

在 DRI 架构中，内核模式的核心模块称为 DRM 核心，其角色相当于 WDDM 中的 DXG 内核。DRM 核心的目标是实现与 GPU 厂商无关的公共逻辑，主要有以下几方面。

- 管理和调度 GPU 任务，这部分一般称为"图形执行管理器"（Graphics Execution Manager，GEM）。

- 检测和设置显示模式、分辨率等，这部分功能一般称为"内核模式设置"（Kernel Mode Setting，KMS）。

- 管理 GPU 内存，这部分一般称为图形内存管理器（GMM）。

与具体 GPU 硬件密切关联的部分要分别实现，使用 DRM 的术语，这部分称为 DRM 驱动，套用 WDDM 的术语就是 KMD。

用户空间中的各种 API 和运行时通过 libDRM 与内核空间交互，厂商相关的部分一般称其为 libDRM 驱动，相当于 WDDM 中的 UMD。

举例来说，Nvidia GPU 的 KMD 名为 nvidia-drm，UMD 名为 libGL-nvidia-glx。

『 8.5 编程技术 』

现代 GPU 的发展趋势是使用通用的执行单元代替固定功能的硬件流水线。这个趋势要求现代 GPU 不仅要有强大的并行执行能力，还必须有好的指令集和编程模型，这样才能吸引应用程序开发者来为这个 GPU 编写软件，发挥硬件的能力。

但问题是编程模型和指令集的开发与推广难度都是很大的，都需要长时间的积累和巨大的投入。本节按照历史顺序简要介绍三种有代表性的 GPU 编程技术，以点带面。

8.5.1 着色器

现代 GPU 是在图形应用的强大推力下发展起来的。在这个发展过程中，3D 图形应用自 20 世纪 80 年代兴起后至今不衰。某种程度上说，是 3D 技术成就了 GPU，GPU 编程是从为 3D 渲染服务的着色器（shader）开始的。

1986 年著名的皮克斯动画工作室（Pixar Animation Studios）成立，最大的股东就是乔布斯。皮克斯公司以完全不同的思路来制作动画片，他们专门开发了一个名叫 RenderMan 的软件来让计算机生产出高质量的三维动画。很多著名的动画电影和好莱坞大片中的特效都是使用 RenderMan 产生的[6]。

可能是与合作伙伴联合开发的需要，1988 年，皮克斯公司发布了 RenderMan 接口规约（RenderMan Interface Specification，RISpec）。RISpec 中定义了一种与 C 语言类似的语言，名叫 Renderman Shading Language（RSL）。在 RSL 中，着色器一词被赋予了新的内涵。它代表一段计算机程序，用来产生不同的光照效果、阴影和颜色信息等。换句话说，在计算机所描述的 3D 世界中，每个物体都是使用很多三角形来表达的，3D 渲染的任务就是要把这样的三维世界转化为一帧帧的二维图像。在这个转换过程中，需要大量的计算，为了提高灵活性，需要一种编程语言来自由定义计算的过程。着色器和着色器语言应运而生。

2000 年 11 月，微软发布 DirectX 8.0（RC10），其中包含了汇编语言形式的着色器支持。两年后，DirectX 9 发布，包含了高层着色器语言（High-Level Shading Language，HLSL）。与此对应，2002 年，OpenGL 引入了汇编语言形式的着色器语言。2004 年，高层语言形式的 OpenGL 着色器语言（GLSL）发布。HLSL 和 GLSL 至今仍在图形领域广泛应用。

应通用计算的需要，HLSL 和 GLSL 后来都曾加入支持通用计算的计算着色器（compute shader）。在 2009 年发布的 DirectX 11 中，微软还特别包含了一系列 API 来特别支持计算任务，称为 Direct Compute。但是着色器就是着色器，这个名字就注定了它难以承担通用计算这个大任务，无法流行起来。

8.5.2　Brook 和 CUDA

斯坦福大学计算机图形实验室（Stanford Computer Graphics Laboratory）为现代 GPU 的发展做出了巨大的贡献，不但培养出了很多顶尖人才，而且孕育了多个重要项目，其中之一就是著名的 Brook 项目。如果把时光倒流回 2001 年 10 月的斯坦福大学，那里的流语言（Streaming Languages）课题组正在设计一门新的流式编程语言，名叫 Brook。10 月 8 日，一个名叫 Ian Buck 的在读博士生起草出了 0.1 版本的 Brook 语言规约，给项目组审查讨论。项目组广泛研究了当时的其他并行编程技术，包括 Stream C、C*、CILK、Fortran M 等。当时项目组的成员有 Mark Horowitz、Pat Hanrahan、Bill Mark、Ian Buck、Bill Dally、Ben Serebrin、Ujval Kapasi 和 Lance Hammond。

Brook 语言是基于 C 语言进行的扩展，目的是让用户可以从熟悉的编程语言自然过渡到并行编程。

到了 2003 年，Brook 语言的讨论和定义应该基本完成了。一个新的名为 BrookGPU（Brook for GPU）的项目开始[7]，目的是为 Brook 语言开发在 GPU 上运行所需的编译器和运行时（库）。这个项目的带头人就是起草 Brook 语言规约的 Ian Buck。整个项目组的成员有 Ian Buck、Tim Foley、Daniel Horn、Jeremy Sugerman、Pat Hanrahan、Mike Houston 和 Kayvon Fatahalian。

在上面的名单里，Pat Hanrahan 是导师，Mike Houston 毕业后加入 AMD，参与了 AMD 多款 GPU 的设计，曾经是 AMD 的院士架构师，其他几个人也都成为 GPU 和并行计算领域的名人。

在 2004 年的 SIGGRAPH 大会上，Ian Buck 发表了题为 "Brook for GPUs:Stream Computing on Graphics Hardware" 的演讲，公开介绍了 BrookGPU 项目。

在 Ian Buck 的演讲稿的最后一页中有个征集合作的提示。我们不知道有多少家公司当年曾经对 Brook 项目感兴趣，但可以确定的是 ATI 和 Nvidia 都在其列。因为 ATI 曾经推出基于 Brook 的 ATI Brook+技术，而 Nivida 的做法更加彻底，2004 年 11 月，直接把 Ian Buck 雇为自己的员工。

Ian Buck 加入 Nvidia 时，前一年加入的约翰·尼可尔斯应该正在思考如何改变 GPU 的内部设计，使用新的通用核心来取代固定的硬件流水线，让其更适合并行计算。作者认为两个人见面时一定有志同道合、相见恨晚的感觉。2006 年，使用通用核心思想重新设计的 G80 GPU 问世。2007 年，基于 Brook 的 CUDA 技术推出。高瞻远瞩的硬件，配上优雅别致的软件，二者相辅相成，共同开创了 GPGPU 的康庄大道。

CUDA 本来是 Compute Unified Device Architecture 的缩写，但后来 Nvidia 取消了这个全称。CUDA 就是 CUDA，不需要解释。CUDA 项目所取得的成功众所周知，详细情况将在下一章介绍。

8.5.3 OpenCL

CUDA 是 Nvidia 私有的，竞争对手不可以使用。其他公司怎么办呢？要么开发自己的，要么选择开放的标准。

上文曾经提到，微软在 DirectX 11 中曾高调推出支持通用计算的 Direct Compute 技术。但是 Direct Compute 基于蹩脚的 Shader 语言，难以推广。但是微软没有放弃，大约在 2012 年，又推出了基于 C++语言的 C++ AMP（Accelerated Massive Parallelism）。

2007 年前后，苹果公司也在设计新的并行编程技术。但是在正式推出前选择了把它交给著名的开放标准制定组织 Khronos Group。2008 年 Khronos Group 基于苹果公司所做的工作推出了 1.0 版本的 OpenCL（Open Computing Language）标准。

OpenCL 也是基于 C 语言进行的扩展，但是与 CUDA 相比，相差悬殊。CUDA 和 OpenCL 的核心任务都是从 CPU 上给 GPU 编程。如何解决 CPU 代码和 GPU 代码之间的过渡是关键之关键。CUDA 比较巧妙地掩盖了很多烦琐的细节，让代码自然过渡，看起来很优雅。而 OpenCL 则简单粗暴。以关键的发起调用为例，在 OpenCL 中要像下面这样一个一个地设置参数。

```
clSetKernelArg(kernel, 0, sizeof(cl_mem), (void *)&memobjs[0]);
clSetKernelArg(kernel, 1, sizeof(cl_mem), (void *)&memobjs[1]);
clSetKernelArg(kernel, 2, sizeof(float)*(local_work_size[0] + 1) * 16, NULL);
clSetKernelArg(kernel, 3, sizeof(float)*(local_work_size[0] + 1) * 16, NULL);
```

然后，再调用一个名字拗口、参数非常多的排队函数。

```
clEnqueueNDRangeKernel(queue, kernel, 1, NULL, global_work_size, local_work_size, 0,
NULL, NULL);
```

而 CUDA 只要一行。

```
mykernel<<< gridDim, blockDim, 0 >>>(para1, para2, para3, para4);
```

二者相比，高下自见。一个简单，一个笨拙，一个是高山流水，一个是下里巴人。后面将在介绍英特尔 GPU 时进一步介绍 OpenCL。

在 CUDA 和 OpenCL 中，都把在 GPU 中执行的计算函数称为算核（compute kernel），有时也简称核（kernel），本书统一将其称为算核。

〖 8.6 调试设施 〗

因为并行度的跃升，GPU 程序比 CPU 程序更加复杂和难以驾驭，所以需要更强大的调试设施。GPU 硬件和软件模型的设计者大多都认识到了这一点，不仅继承了 CPU 端的成熟经验，还有创新和发展。本节先简要介绍目前 GPU 调试的常见设施，后面各章将根据具体的软硬件平台分别展开介绍。

8.6.1 输出调试信息

在 CUDA 和 OpenCL 中都定义了 printf 函数，让运行在 GPU 上的算核函数可以很方便地输出各种调试信息。GPU 版本的函数原型与标准 C 一样，但是某些格式符号可能略有不同。

到目前为止，算核函数不能直接显示内容到屏幕，所以 GPU 上的 printf 实现一般都先把信息写到一个内存缓冲区，然后再让 CPU 端的代码从这个缓冲区读出信息并显示出来，如图 8-10 所示。

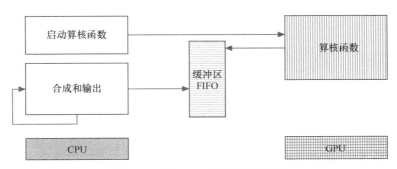

图 8-10　从 GPU 上输出调试信息

以 CUDA 为例，算核函数调用 printf 时会把要输出的信息写到一个先进先出（FIFO）的内存缓冲区中，格式模板和动态信息是分别存放的。

CPU 端的代码启动算核函数后，一般会调用 cudaDeviceSynchronize()这样的同步函数等待 GPU 的计算结果。在同步函数中，会监视 FIFO 内存区的变化，一旦发现新信息，便将模板信息和动态信息合成在一起，然后输出到控制台窗口。

可以通过 CUDA 的如下两个函数分别获取和改变 FIFO 缓冲区的大小。

- cudaDeviceGetLimit(size_t* size,cudaLimitPrintfFifoSize)

- cudaDeviceSetLimit(cudaLimitPrintfFifoSize, size_t size)

在 OpenCL 中，printf 函数的实现是与编译器和运行时相关的，在英特尔开源的 Beignet 编译器中，也使用与图 8-10 类似的内存缓冲区方法。当一个算核完成或者 CPU 端调用 clFinish 等函数时，保存在内存区中的调试信息会显示出来。

8.6.2 发布断点

在调试 GPU 程序时，用户可能希望在 GPU 真正开始执行自己的代码前就中断下来，仿佛一开始执行算核函数就遇到断点一样，这样的中断与 CPU 调试时的初始断点类似，本书将其称为发布断点（launch breakpoint）。

例如，在 CUDA GDB（见第 9 章）中，可以通过 set cuda break_on_launch 命令来启用和禁

止发布断点（参数 all 表示启用，none 表示禁止）。

CUDA GDB 的帮助手册把发布断点称为算核入口断点（kernel entry breakpoint）。

8.6.3 其他断点

当然，今天的大多数 GPU 都支持普通的软件断点。Nvidia GPU 中有专门的软件断点指令，英特尔 GPU 中每一条指令的操作码部分都有一个调试控制位，一旦启用，这个指令便具有了断点指令的效果。

英特尔 GPU 还支持操作码匹配断点，可以针对某一种指令操作来设置断点。这将在第 11 章详细介绍。

8.6.4 单步执行

今天的多种 GPU 调试器都支持单步执行 GPU 上的程序，可以在高级语言级别单步，也可以在汇编语言级别单步。在 CUDA 中，每次单步时，整个 WARP 的所有线程都以同样的步调执行一步。

8.6.5 观察程序状态

在 CUDA GDB 等工具中，可以观察 GPU 程序的各类变量，包括内置变量等，也可以直接观察原始的 GPU 内存。

GPU 的寄存器数量通常都远远超过 CPU，在 CUDA GDB 和英特尔的 OpenCL 调试工具（GT 调试器，详见第 11 章）中，也可以观察 GPU 寄存器。

GPU 的汇编指令和机器码对很多程序员来说很神秘，对于 Nvidia GPU 和 SoC GPU 等不公开指令集的 GPU 来说，更是难得一见。在 CUDA GDB 中，通过反汇编窗口，既可以观察中间指令身份的 PTX 指令，也可以观察 GPU 硬件真正使用的机器指令。在 GT 调试器中，也可以观察反汇编。

〖 8.7　本章小结 〗

本章从 GPU 的简要历史讲起，追溯了 GPU 的发展历史，特别强调了对 GPU 领域的诸多问题都有根本影响的设备身份问题。因为设备身份，今天必须从 CPU 端 "喂程序" 给 GPU。这种 "喂程序" 的工作模式带来了一系列复杂的问题。首先需要在 GPU 与 CPU 之间建立高速的通信渠道和通信接口，其次需要在 CPU 端建立复杂的 "管理团队" 来对 GPU 实施 "远程" 管理。当然，"喂" 模式也增大了编写 GPU 程序的复杂度。要编写两种代码，在程序中不仅要编写 CPU 端的代码，还要编写 GPU 端的代码。在写程序时，要考虑两个地址空间，很多内存要分配两次，一次分配在 CPU 端，一次分配在 GPU 端。高复杂度增加了对 GPU 开发者的要求，

GPU 程序的开发和调试技术还处于起步阶段，发展的空间还很大。

〖 参考资料 〗

[1] The 10 most important graphics cards in PC history .

[2] NVIDIA Launches the World's First Graphics Processing Unit: GeForce 256 .

[3] Technical Brief: NVIDIA GeForce 8800 GPU Architecture Overview.

[4] Nvidia Tesla: A UNIFIED GRAPHICS AND COMPUTING ARCHITECTURE.

[5] John Nickolls Obituary.

[6] Shading Language (RSL) .

[7] BrookGPU.

第 9 章

Nvidia GPU 及其调试设施

虽然很早就有 GPU 这个名字，但现代意义的 GPU 离不开 Nvidia[1][2]。从某种程度上讲，Nvidia 成就了 GPU，GPU 也成就了 Nvidia。正因为如此，讨论 GPU 不能不谈到 Nvidia 和 Nvidia GPU。本章分三部分。前面五节是基础，首先介绍 Nvidia 及其 GPU 的概况，然后介绍 Nvidia GPU 的微架构和指令集，包括硬件相关的 SASS 指令集和跨硬件兼容的 PTX 指令集，接着介绍 Nvidia GPU 的编程模型和 CUDA 技术。中间两节介绍与调试关系密切的异常和陷阱机制，以及系统调用。后面几节涉及调试设施，首先介绍断点指令和数据断点，然后介绍调试符号和 CUDA GDB，最后介绍用于扩展调试功能的 CUDA 调试器 API。

9.1 概要

Nvidia 公司成立于 1993 年 4 月，主要创始人为出生于中国台南的黄仁勋（Jensen Huang）。创建 Nvidia 公司之前，他曾在 AMD 和 LSI 公司工作。另两位创始人分别叫 Chris Malachowsky 和 Curtis Priem，都曾在 Sun 公司工作。三位创始人在电子和芯片设计领域有很强的技术背景。

9.1.1 一套微架构

2006 年推出的 G80 在 Nvidia GPU 历史上具有重要意义，它开创的以通用流处理器为主导的统一设计思想代表了现代 GPU 的发展方向，为 Nvidia 在 GPU 领域的领导地位打下了坚实的基础[3]。此后十几年中，Nvidia 的 GPU 基本沿着 G80 所开创的技术路线发展，以大约两年推出一种微架构的速度优化和改进。Nvidia 的微架构都以科学家的名字命名，G80 的微架构称为特斯拉（Tesla）。特斯拉之后的微架构名字分别为费米（Fermi）、开普勒（Kepler）、麦斯威尔（Maxwell）、帕斯卡（Pascal）和伏特（Volta）。下一节将分别介绍这些微架构。

9.1.2 三条产品线

Nvidia 的 GPU 产品分为三条产品线，分别是面向 PC 市场的 GeForce 产品线、针对工作站市场的 Quadro 产品线和针对高性能计算（HPC）的 Tesla 产品线。

比如前面介绍的 G80 就是基于特斯拉微架构的，基于这个微架构的 GPU 还有 G84、G86、G92、G94、G96、G98 等。其中，G84 便是 Quadro 产品线中的 Quadro FX 370 显卡产品的 GPU[4]。而特斯拉产品线中的 Tesla S870 虽然使用的也是 G80 GPU，但是把 4 个 G80 组合在一起[5]。

值得解释的是，可能是特斯拉这个名字在 Nvidia 太受欢迎了，G80 的微架构叫特斯拉，针对 HPC 的产品线也叫特斯拉。在同一个公司里，出现这样的情况是不应该的，有点撞衫的感觉，约翰先生在一次演讲时也承认这有点搞笑。不过这也无伤大雅，没有阻碍 Nvidia GPU 的流行。

9.1.3 封闭

对于软件开发者来说，在几家著名的 GPU 厂商中，Nvidia 算得上最封闭的。这主要表现在两个方面。首先，不公开 GPU 的硬件文档，比如用于编写软件与驱动程序的寄存器信息和指令集等。其次，不提供 Linux 版本驱动程序的源代码。这意味着，在 Linux 系统中使用 CUDA 技术和 Nvidia GPU 时，需要安装以二进制文件为主的 Nvidia 私有驱动程序，这会导致 Linux 内核进入被污染（tainted）状态。比如，在 Ubuntu 系统中安装 Nvidia 的 390.12 版本驱动程序后，以下是使用 dmesg | grep nvidia 命令观察到的不和谐消息。

```
[    0.923328] nvidia: loading out-of-tree module taints kernel.
[    0.923330] nvidia: module license 'NVIDIA' taints kernel.
[    0.923331] Disabling lock debugging due to kernel taint
```

Linux 内核社区对 Nvidia 的做法有很多批评意见，Linux 内核创始人 Linus 先生曾公开指责 Nvidia 公司，将其称为"独一无二的最糟糕公司"（the single worst company）。

当然，这种封闭性也增加了本章的写作难度。好在 Nvidia 的 CUDA 工具包（toolkit）中包含了一些有深度的文档，比如 CUDA 开发者指南和 PTX 指令集手册等。如果不特别说明，本章的信息大多都源自这些文档以及 Nvidia 公司的技术白皮书。

『 9.2 微架构 』

微架构是芯片领域的一个常用术语，它代表芯片内部的基本结构和根本设计。通常一家芯片设计公司会集中精力设计一套微架构，根据目标市场封装成不同产品线里的产品。

本节将选取一些有代表性的 GPU 来认识 Nvidia GPU 的微架构，目的是希望读者能对 Nvidia GPU 硬件有所了解，为后面学习软件模型和调试设施打下较好的基础，这里仍从 G80 说起。

9.2.1 G80（特斯拉 1.0 微架构）

G80 内部一共有 128 个流式处理器（Streaming Processor，SP），每 8 个一组，组成一个流式多处理器（Streaming Multiprocessor，SM），每两个 SM 组成一个集群，称为纹理处理器集群（Texture/Processor Cluster，TPC）。换个角度来说，G80 内部包含了 8 个 TPC、16 个 SM 和 128 个 SP，如图 9-1 所示[6]。

图 9-1 最下方的方框代表显存（DRAM），其上的 ROP 代表光栅操作处理器（Raster Operation Processor），可以直接对显存中的图形数据做各种位运算。ROP 旁边的 L2 代表二级缓存。ROP 和 L2 上面的横条代表互联网络，它把所有 TPC 和其他部件连接起来。

图 9-1 中央是 8 个 TPC，其上方是三种任务分发器，分别用来分发顶点任务（处理点、线和三角形），像素任务（处理光栅输出、填充图元的内部区域），以及通用计算任务。

图 9-1 中最上方的三个矩形（位于 GPU 外面）代表通过总线桥接与系统内存和主 CPU 的通信。

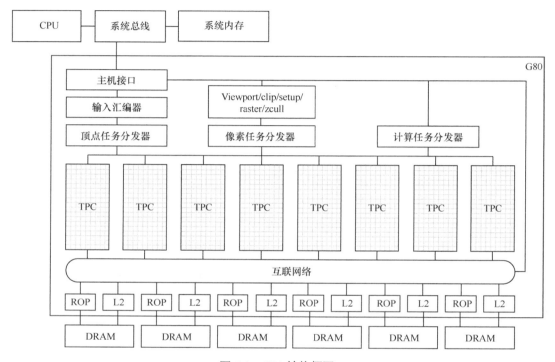

图 9-1　G80 结构框图

对 G80 的宏观架构有个大体了解之后，下面再深入 TPC 和 SM 的内部。图 9-2 是 TPC 的内部结构框图，为了节约篇幅，这里将其画为横向布局。

首先，在每个 TPC 中，包含两个 SM，以及如下共享的设施。

- 一个 SM 控制器（SMC）：除了管理 SM 外，它还负责管理和调度 TPC 的其他资源，包括读写内存，访问 I/O，以及处理顶点、像素和几何图形等类型的工作负载。

- 几何控制器（geometry controller）：负责把软件层使用 DX10 着色器定义的顶点处理和几何处理逻辑翻译为 SM 上的操作，并负责管理芯片上专门用于存储顶点属性的存储区，根据需要读写或者转发其中的数据。

- 纹理单元（texture unit）：负责执行纹理操作，通常以纹理坐标为输入，输出 R、G、B、A 这 4 个分量。

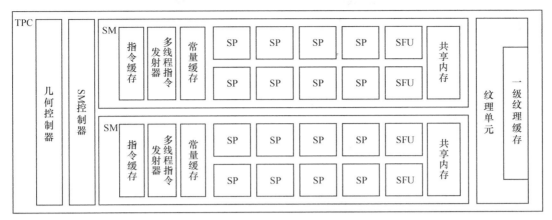

图 9-2 TPC 和 SM 的内部结构框图

在每个 SM 中，除了由 8 个流处理器组成的 SP 阵列外，还包含如下共享的设施。

- 一级缓存（cache），分为两个部分。一个部分用于缓存代码，称为指令缓存（I cache）；另一部分用来缓存常量数据，称为常量缓存（C cache）。

- 共享内存，后面将讲到的使用__shared__关键字描述的变量会分配在这里。

- 两个特殊函数单元（Special Function Unit，SFU），用于支持比较复杂的计算，比如对数函数、三角函数和平方根函数等，每个 SFU 内部包含 4 个浮点乘法器。

- 一个多线程指令发射器（MT issuer），用于读取指令，并以并发的方式发射到 SP 或者 SFU 中。

最后再介绍一下 SM 中最重要的执行单元——SP。在每个 SP 内，都包含一个标量乘加（multiply-add）单元，它可以执行基本的浮点运算，包括加法、乘法和乘加。SP 还支持丰富的整数计算、比较和数据转换操作。

值得说明的是，SP 和 SFU 是独立的，可以各自执行不同的指令，同时工作，以提高整个 SM 的处理能力。

9.2.2 GT200（特斯拉 2.0 微架构）

2008 年 6 月，Nvidia 发布了 GeForce GTX 280 产品，其 GPU 基于第二代特斯拉微架构。与其相对，G80 所使用的微架构称为第一代特斯拉（特斯拉 1.0）。下面便以 GT200 为例简要介绍特斯拉 2.0 微架构。

首先，GT200 增加了更多的 SP，将其从 G80 中的 128 个增加到 240 个，但仍然是每 8 个 SP 组成一个 SM。其次，把 30 个 SM 分成 10 个集群（TPC），每个 TPC 包含 3 个 SM（G80 中是两个）。

GT200 的其他改进有支持双精度浮、提升纹理处理能力以及更大的寄存器文件等。

9.2.3 GF100（费米微架构）

2010 年 3 月，Nvidia 发布 GeForce 400 系列 GPU 产品，其微架构名叫费米（Fermi）。初期所发布产品的 GPU 代号名为 GF100，代号中的 F 代表费米微架构[7]。

与前一代相比，GF100 的第一个明显变化是进一步增加 SP 的数量，由 GT200 中的 240 个增加到 512 个。SP 的名字也改称 CUDA 核心（core）。每个 SM 包含 32 个 CUDA 核心，每 4 个 SM 组成一个集群，集群的名字由 TPC 改称 GPC（Graphics Processing Cluster）。GF100 中包含 4 个 GPC，如图 9-3 所示。

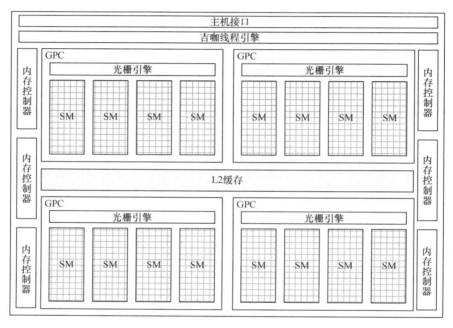

图 9-3　GF100 结构框图

GF100 的最重要技术之一是所谓的二级分布式线程调度器（two-level distributed thread scheduler）。第一级是指图 9-3 上方的吉咖线程引擎，它是芯片级的，负责分发全局工作，把线程块（block）分发给各个 SM。第二级是指 SM 内部的 WARP 调度器，它负责把线程以 WARP 为单位分发给 SM 中的执行单元。

在每个 SM 内部（见图 9-4），除了有 32 个 CUDA 核心外，还有一些共享的资源，包括 128KB 的寄存器文件、64KB 大小的共享内存和 L1 缓存、4 个特殊函数单元（SFU）、16 个用于访问内存的 LD/ST 单元、1 个用于 3D 应用的 PolyMorph 引擎、4 个纹理处理单元，以及纹理数据缓存等。

在每个 CUDA 核心中（见图 9-4 左侧），包含了浮点单元和整数单元，分别用于执行对应类型的数学运算。

把特斯拉 1.0、2.0 微架构和费米微架构相比较，一个明显的变化趋势是每个集群的 SM 数量增加，从 2 到 3 再到 4。每个 SM 中包含的核心数量也在不断增加，从 8 到 10 再到 32。

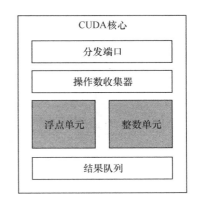

图 9-4　GF100 的流式多处理器和 CUDA 核心框图

9.2.4　GK110（开普勒微架构）

2012 年 3 月，Nvidia 发布 GeForce 680 2GB 显卡，其 GPU 代号为 GK104，并且基于新的开普勒微架构。这与上一代费米微架构正式发布刚好相隔两年。一年之后，Nvidia 发布 GeForce GTX Titan 6GB 显卡，其 GPU 为 GK110，是基于改进版本的开普勒微架构。下面便以 GK110 为例来理解开普勒微架构的特征。

开普勒微架构最大的特点是大刀阔斧地对 SM 扩容，很多单元都翻倍甚至翻几倍（见表 9-1），不仅核心数特别多，其他共享资源也随着大幅度增加，其数量达到空前的规模，但这个发展方向似乎是错的，因为从后面一代麦斯韦尔微架构开始又把 SM 做小了。因此可以说，开普勒微架构中 SM 的个头是空前绝后的。为了突出它的大个头，Nvidia 把这一代的 SM 称为 SMX。

表 9-1　开普勒微架构中 SM 与费米微架构中 SM 的比较

每个 SM 中的模块	GK104/GK110（开普勒微架构）	GF104（费米微架构）	比率
32 位 CUDA 核心	192	48	4:1
特殊函数单元	32	8	4:1

续表

每个 SM 中的模块	GK104/GK110（开普勒微架构）	GF104（费米微架构）	比率
LD/ST 单元	32	16	2:1
纹理单元	16	8	2:1
Warp 调度器	4	2	2:1

在每个 SMX 中（见图 9-5），有 192 个 32 位的 CUDA 核心，64 个双精度浮点单元，32 个特殊函数单元（SFU），32 个 LD/ST 单元，256KB 的寄存器文件，4 个 Warp 调度器，16 个纹理单元。

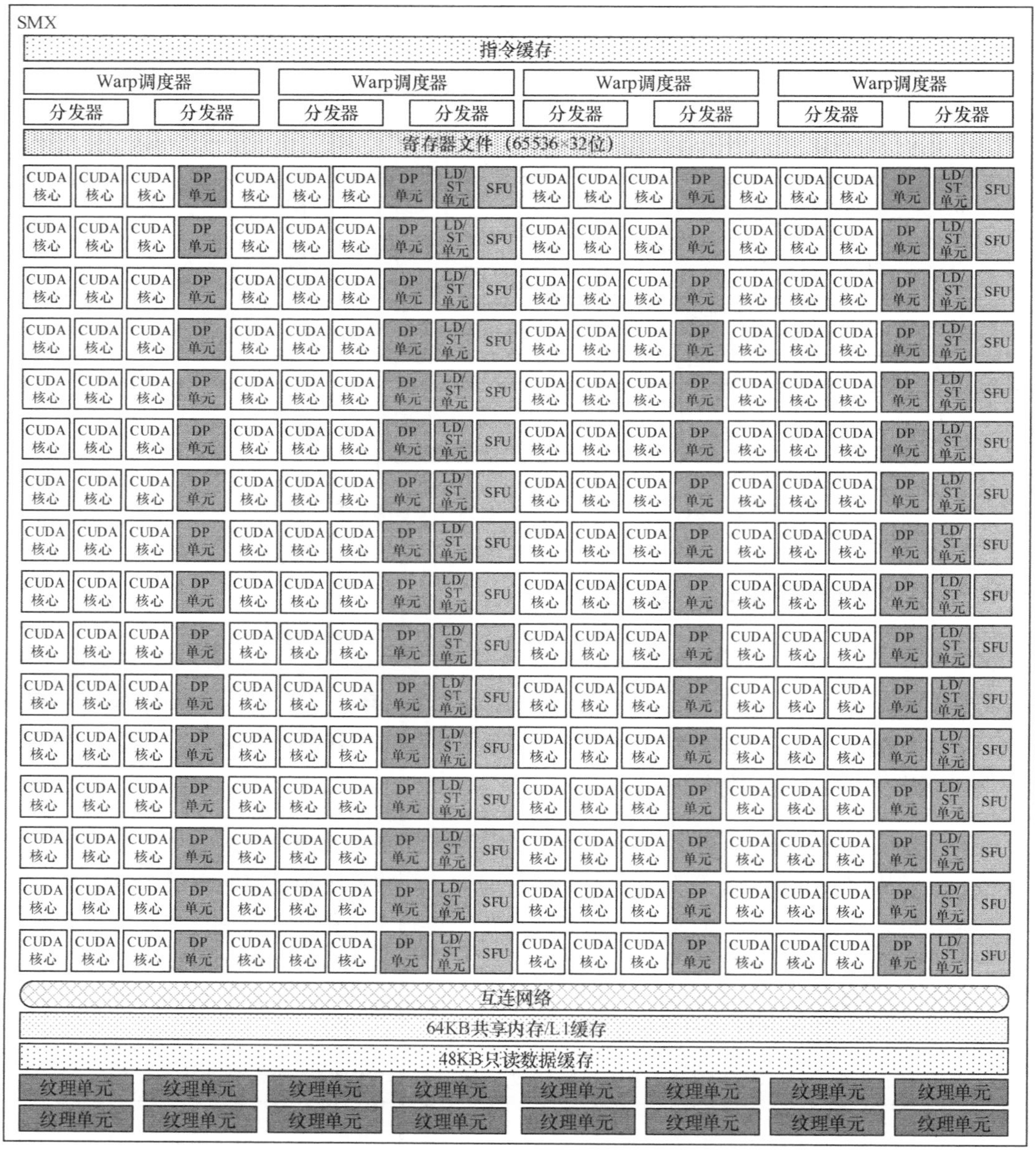

图 9-5　GK110 的 SMX 结构框图

在 GK110 的设计中，SMX 的个数为 15 个，于是总共有 2880 个 32 位 CUDA 核心。但是因为芯片生产中某些单元可能存在瑕疵，可能禁止对应的 SMX，所以 Nvidia 的文档中特别注明用户产品中实际的 SMX 个数可能是 13 或者 14，CUDA 核心数可能是 2496 或者 2688。产品良率方面的因素应该也是后来又把 SM 做小的一个原因。

除了重构 SM 之外，开普勒微架构引入的新技术还有 Hyper-Q（工作队列数提升到 32 个，以提高内部处理器的利用率）、Dynamic Parallelism（在 GPU 的算核函数内可以启动新的算核和线程，此前只能从 CPU 端启动算核）、Grid Management Unit（管理要执行的线程网格）、GPU Boost（与 CPU 的调频技术类似）、GPUDirect（在同一台机器上的多个 GPU 之间直接传递数据）。

9.2.5 GM107（麦斯威尔微架构）

2014 年 2 月 18 日，Nvidia 同时发布 GeForce GTX 750 和 GeForce GTX 750 Ti 两款显卡产品，它们的 GPU 都是 GM107，基于的微架构名叫麦斯威尔。

在 GTX 750 Ti 的白皮书中[8]，副标题特别强调这个产品的设计目标是追求每瓦特电能所能提供的性能（Designed for Extreme Performance per Watt）。正文中解释说 GM107 是为供电有限的移动平台和小型电脑而设计的，其设计灵魂就是要提高每瓦特的性能（The Soul of Maxwell: Improving Performance per Watt）。针对这样的目标，Nvidia 重新设计了 SM，并给新的 SM 取了个新的名字，叫 SMM。作者认为最后一个 M 可能代表 Maxwell，也可能有缩小（Mini）之意。

在每个 SMM 中（见图 9-6），把处理器核心划分为 4 个片区（block），每个片区包含 32 个 CUDA 核心，8 个 SFU，8 个 LD/ST 单元。每个片区有自己的指令缓冲区和 Warp 调度器，以及 64KB 的寄存器文件。4 个片区加起来，一共有 128 个 CUDA 核心，32 个 SFU。

作者写作本节书稿时所用笔记本电脑中就包含了一个麦斯威尔微架构的 GPU，型号为 GM108-A，它有 3 个 SMM，384 个 CUDA 核心，它的设计功耗（Thermal Design Power）为 30W。

9.2.6 GP104（帕斯卡微架构）

2016 年 5 月，Nvidia 发布 GeForce GTX 1080，一个月后，又发布 GeForce GTX 1070，两款显卡使用的 GPU 都是 GP104，微架构名叫帕斯卡。

GP104 的 SM 结构与上一代麦斯威尔 SM 的结构非常类似，在每个 SM 中，分 4 个片区配置 128 个 32 位的 CUDA 核心，每个片区配备 8 个 SFU 和 8 个 LD/ST 单元。

不同的是，在 GP104 中（见图 9-7），SM 的个数大大增多，共有 20 个，每 5 个 SM 组成一个图形处理集群（GPC）。在整个 GPU 中，一共有 4 个 GPC，20 个 SM，2560 个 32 位 CUDA 核心，以及 160 个纹理处理单元（每个 SM 包含 8 个纹理处理单元）。

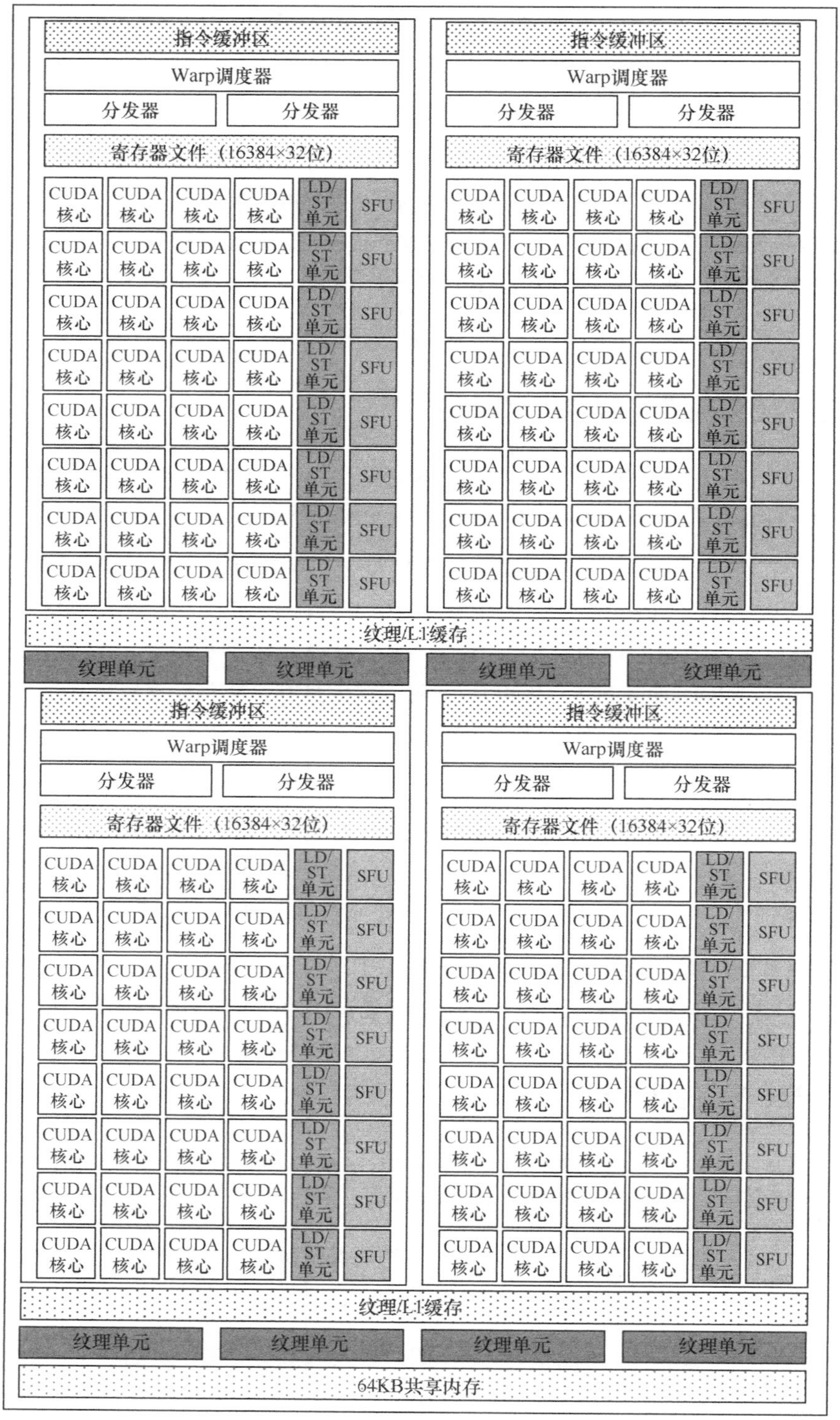

图 9-6　GM107（麦斯威尔微架构）的 SMM 结构框图

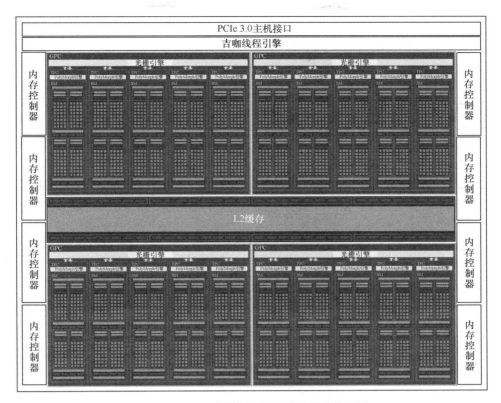

图 9-7　GP104（帕斯卡微架构）的结构框图

帕斯卡微架构中，另一项值得关注的功能是把 GPU 的多任务调度支持提升到一个新的水平。当执行图形任务时，可以在像素级别暂停当前任务，当执行计算任务时，可以在指令级别暂停当前任务，二者分别称为"像素级别的图形任务抢先"（Pixel-Level Graphics Preemption）和"指令级别的计算任务抢先"（Instruction-Level Compute Preemption）[9]。

9.2.7　GV100（伏特微架构）

2017 年 5 月，Nvidia 对外宣布了基于新一代伏特微架构的 GV100 GPU，同时宣布了基于该 GPU 的首款显卡产品特斯拉 V100。

GV100 的主要变化体现在两个方面，一方面是进一步优化 SM 内部的结构，另一方面是大刀阔斧地提升 SM 的数量。

伏特微架构基本沿用了麦斯威尔微架构开创的 SM 结构，但是加入了一些增强。在 GV100 的每个 SM 中（见图 9-8），仍是按 4 个片区来配置处理器。在每个片区中，除了有 16 个 32 位的 CUDA 核心外，还有 16 个整数处理器（图中标为 INT），8 个双精度浮点处理器（图中标为 FP64）。此外，还针对深度学习用途增加了两个支持混合精度数据类型的张量核心（Tensor Core）。引入张量核心应该也有与谷歌公司的 TPU（Tensor Processing Unit）竞争的目的。

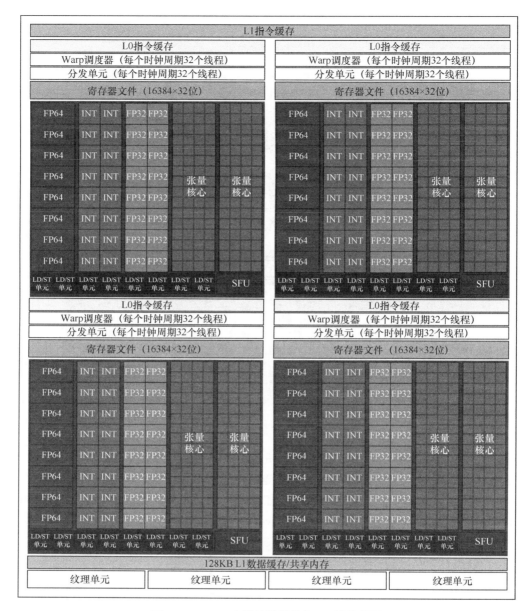

图 9-8 GV100（伏特微架构）SM 结构框图

GV100 发布在正值人工智能（AI）技术如火如荼的时候，其主要设计目标也是面向 AI 的。在这一目标的指导下，可以看到 SM 中的硬件资源分配也是朝着 AI 方向倾斜的。有一方重，就有另一方轻，在 GV100 中，针对 3D 图形应用的资源明显减少。纹理处理单元的数量从帕斯卡微架构时的 8 个减少为 4 个，专门应用于 3D 图形的 PolyGraph 引擎也不见了。

在芯片层面，GV100 空前地把 SM 个数提高到 84，每 14 个 SM 组成一个 GPC，一共有 6 个 GPC（见图 9-9）。不过，因为生产过程中部分芯片的个别 SM 可能存在瑕疵，所以在实际产品中 SM 的数量可能是低于 84 个的。在 GV100 的产品描述中，SM 的个数为 80，于是 32 位 CUDA 核心的总个数达到空前的 5120。

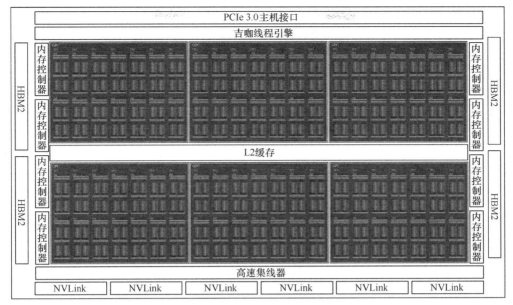

图 9-9　GV100（伏特微架构）结构框图

在图 9-9 中，左右两侧标有 HBM2 的方框代表第二代高带宽内存接口（High Bandwidth Memory 2，HBM2）。HBM 技术最先是由 AMD 研发的，2013 年成为工业标准。为了保证内部的 5000 多个 CUDA 核心可以顺畅地访问显存，GV100 配备了 8 个内存控制器（memory controller），每两个内存控制器控制共用一个 HBM2 高速接口，以避免内存访问成为瓶颈。

图 9-9 下方的 NVLink 代表的是高速互联接口，主要用于多个 GPU 之间的高速通信。NVLink 技术是帕斯卡微架构引入的。

9.2.8　持续改进

上文花较大篇幅介绍了 Nvidia GPU 的微架构，从特斯拉微架构开始，一直到较新的伏特微架构。为了更容易观察各个微架构之间的共性和差异，针对特斯拉产品线中的 4 款产品，表 9-2 列出了它们的关键特征[5]。

表 9-2　不同微架构关键特征比较

关 键 特 性	特斯拉 K40	特斯拉 M40	特斯拉 P100	特斯拉 V100
GPU	GK180（开普勒架构）	GM200（麦斯威尔架构）	GP100（帕斯卡架构）	GV100（伏特架构）
SM 个数	15	24	56	80
TPC 个数	15	24	28	40
FP32 核心/ SM	192	128	64	64
FP32 核心/ GPU	2880	3072	3584	5120
FP64 核心/ SM	64	4	32	32
FP64 核心/ GPU	960	96	1792	2560

续表

关 键 特 性	特斯拉 K40	特斯拉 M40	特斯拉 P100	特斯拉 V100
张量核心	NA	NA	NA	640
GPU 跳频时钟	810/875MHz	1114MHz	1480MHz	1530MHz
FP32 TFLOP/s[①]	5.04	6.8	10.6	15.7
FP64 TFLOP/s[①]	1.68	0.21	5.3	7.8
张量核心 TFLOP/s[①]	NA	NA	NA	125
纹理单元	240	192	224	320
显存接口	384 位 GDDR5	384 位 GDDR5	4096 位 HBM2	4096 位 HBM2
内存大小	最大 12GB	最大 24GB	16GB	16GB
L2 缓存大小	1536KB	3072KB	4096KB	6144KB
共享内存/SM（KB）	16、32 和 48	96	64	最高可配置为 96
寄存器文件/SM	256KB	256KB	256KB	256KB
寄存器文件/GPU	3840KB	6144KB	14336KB	20480KB
TDP	235W	250W	300W	300W
晶体管数量	7.1×10^9	8×10^9	1.53×10^{10}	2.11×10^{10}
芯片面积	551mm²	601mm²	610mm²	815mm²
生产工艺	28nm	28nm	16nm FinFET+	12nm FFN

① 这里都是 GPU 跳频（boost）后的峰值数据。

　　与 CPU 相比，GPU 的关键优势是多核和并行能力。如何不断增加并行能力，保持领先呢？开普勒微架构大胆尝试了在一个 SM 中增加 CUDA 核心的个数，但是这样做功耗高、难以保证所有核的利用率而且影响产品的良率。于是从麦斯威尔微架构开始，每个 SM 中 CUDA 核心的数量又减少了，从 192 个减少到 128 个，并且分成 4 个片区，每个片区有调度器，精细化管理，目的是提高效率。帕斯卡微架构进一步把每个 SM 中 CUDA 核心的数量减少到 64 个，伏特微架构沿用了这个数量，看来每个 SM 中配置 64 个 CUDA 核心是经过几番波动后得出的最佳值。降低了每个 SM 中 CUDA 核心的数量后，要提高并行度就要增加 SM 的个数。从表 9-2 中可以看到，SM 的数量在不断上升。保持 SM 的紧凑和高效，通过 SM 的个数来实现伸缩性，看起来这是 Nvidia 目前的策略。

　　除了 SM 方面的规律外，从表 9-2 中，还可以看到如下一些明显的趋势：生产工艺不断精细化，晶体管密度越来越高；晶体管的总数单调上升，GV100 达到惊人的 2.11×10^{10} 亿个；总的 CUDA 核心数和并行能力不断上升。

『 9.3　硬件指令集 』

　　对于使用通用处理器思想设计的 GPU 来说，它的指令集代表着软硬件之间最根本的接口，其重要性不言而喻。但遗憾的是，Nvidia 并没有公开详细的指令集文档。我们只能通过非常有限的资料介绍指令集的部分信息。

9.3.1 SASS

Nvidia 把 GPU 硬件指令对应的汇编语言称为 SASS。关于 SASS 的全称，官方文档不见其踪影。有人说它是 Streaming ASSembler（流式汇编器）的缩写[10]，也有人说它是 Shader Assembler 的缩写，作者觉得前者可能更接近。

可以使用 CUDA 开发包中的 cuobjdump 来查看 SASS 汇编，比如执行如下命令可以把嵌在 vectorAdd.exe 中的 GPU 代码进行反汇编，然后以文本的形式输出出来。

```
cuobjdump --dump-sass win64\debug\vectorAdd.exe
```

在使用 CUDA GDB 调试时，可以直接使用 GDB 的反汇编命令来查看 SASS 汇编，比如 x /i、display /i 命令，或者 disassemble 命令。

```
(cuda-gdb) x/4i $pc-32
   0xa689a8 <acos_main(acosParams)+824>: MOV R0, c[0x0][0x34]
   0xa689b8 <acos_main(acosParams)+840>: MOV R3, c[0x0][0x28]
   0xa689c0 <acos_main(acosParams)+848>: IMUL R2, R0, R3
=> 0xa689c8 <acos_main(acosParams)+856>: MOV R0, c[0x0][0x28]
```

在使用 Nsight 调试时，可以在汇编语言窗口查看 SASS 指令，如图 9-10 所示。

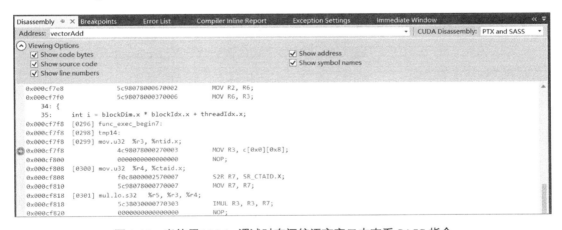

图 9-10　当使用 Nsight 调试时在汇编语言窗口中查看 SASS 指令

在图 9-10 中，包含了三种代码：CUDA 扩展后的 C 语言代码（行号后带冒号）、Nvidia GPU 程序的中间指令（称为 PTX 指令，后文将详细介绍，该指令前有方括号）以及 GPU 硬件的 SASS 指令。每一条 SASS 指令的显示包含三个部分：地址、机器码和指令的 SASS 反汇编表示，例如以下代码。

```
0x000cf7f8            4c98078000270003        MOV R3, c[0x0][0x8];
```

对于无法得到 SASS 官方文档的人来说，在调试器下结合源代码和有文档的 PTX 指令来学习 SASS 汇编是很好的方法。

9.3.2　指令格式

SASS 指令的一般格式如下。

(指令操作符)(目标操作数)(源操作数 1), (源操作数 2) …

有效的目标操作数和源操作数如下。

- 普通寄存器 Rx。

- 系统寄存器 SR_x。

- 条件寄存器 Px。

- 常量，使用 c[X][Y] 表示。

举例来说，S2R R7, SR_TID.X 用于把代表当前线程 ID 的系统寄存器 SR_TID 的 X 分量赋值给普通的寄存器 R7。再比如 MOV R3, c[0x0][0x8]用于把代表协作线程组（CTA）维度大小的常量读到 R3 寄存器中。

值得特别强调的是，Nvidia GPU 硬件指令最大的特点是，所有指令都属于标量指令，指令的操作数都是标量，而不是向量，与 x86 CPU 的普通指令类似。x86 CPU 的 SIMD 指令是典型的向量指令。

9.3.3　谓词执行

包括 Nvidia GPU 在内的大多数 GPU 都支持所谓的谓词执行（predicated execution）技术，目的是减少程序中的分支。

举例来说，对于如下 C 语句：

```
if (i < n)
   j = j + 1;
```

可以使用 PTX 指令表示为以下代码。

```
    setp.lt.s32 p, i, n; // p = (i < n)
@p  add.s32 j, j, 1;    // if i < n, add 1 to j
```

前一条指令对 i 和 n 两个变量做"小于"（less than, lt）比较，把结果写到谓词寄存器（predicate register）p 中。第二条指令前的@p 则表示根据谓词寄存器 p 的值来决定是否要执行后面的加法指令。

谓词技术在 3D 图形应用中也大有用武之地，在微软的 DirectX API 中有接口来使用这个技术[11]，可以调用 CreatePredicate 方法创建谓词变量，调用 SetPredication 方法来动态设置谓词变量，详情参见 DirectX SDK 的 DrawPredicated 示例（SDK root\Samples\C++\Direct3D10\DrawPredicated）。

9.3.4 计算能力

虽然每一代微架构都尽可能与顶层软件保持稳定的接口，但因为新增功能和设计改变等因素，还会导致一些差异。为了解决这个问题，Nvidia 使用名为计算能力（Compute Capability，CC）的版本机制来标识微架构演变所导致的硬件差异。通常使用两位数字表示计算能力的版本。一位代表主版本号，与前面介绍的微架构相对应，另一位代表同一代微架构内的少量变化，比如 G80 的 CC 版本号为 1.0，后来改进的 GT200 版本为 1.3。表 9-3 列出了目前已发布微架构所对应的计算能力版本号。

表 9-3 微架构与计算能力版本号

微架构	计算能力版本号	说 明
特斯拉	1.x	G80 为 1.0，G92、G94、G96、G98、G84、G86 为 1.1，GT218、GT216、GT215 为 1.2，GT200 为 1.3
费米	2.x	GF100 和 GF110 为 2.0，其余为 2.1
开普勒	3.x	有 3.0、3.2、3.5 和 3.7 多个子版本
麦斯威尔	5.x	GM107 和 GM108 为 5.0，还有 5.2 和 5.3 子版本
帕斯卡	6.x	GP100 为 6.0，GP108 为 6.2
伏特	7.x	GV100 为 7.0

在编译 CUDA 程序时，经常见到这样的参数：-gencode=arch=compute_61，其中，compute_61 就是用来指定产生与计算能力为 6.1 的硬件兼容的代码。

9.3.5 GT200 的指令集

就像在硬件方面不断改进、不断优化一样，Nvidia 也在不断调整与改进每一代 GPU 的指令集。限于篇幅，这里选择第一代特斯拉微架构（CC 1.x）和目前公开的最新一代伏特微架构（CC 7.0）的指令集进行比较学习。表 9-4 列出了基于特斯拉微架构的 GT200 GPU 的指令集。

表 9-4 GT200 的指令集

操 作 码	描 述
A2R	把地址寄存器的内容移动到数据寄存器中
ADA	把立即数累加到地址寄存器上
BAR	协作线程组范围内（CTA-wide）的同步屏障（barrier）
BRA	按条件分支跳转
BRK	根据条件从循环中中断（break）
BRX	从常量内存区读取地址并跳转到该地址
C2R	把条件码复制到数据寄存器中

操　作　码	描　　述
CAL	无条件调用子过程
COS	计算余弦值
DADD	双精度浮点数加法
DFMA	双精度浮点数融合乘加（fused multiply-add）
DMAX	对双精度浮点数取最大值
DMIN	对双精度浮点数取最小值
DMUL	双精度浮点数乘法
DSET	针对双精度浮点数按条件赋值（conditional set）
EX2	指数函数（指数为 2）
F2F	从浮点数转换为浮点数并复制
F2I	从浮点数转换为整数并复制
FADD、FADD32、FADD32I	单精度浮点数加法
FCMP	单精度浮点数比较
FMAD、FMAD32、FMAD32I	单精度浮点数乘加
FMAX	对单精度浮点数取最大值
FMIN	对单精度浮点数取最小值
FMUL、FMUL32、FMUL32I	单精度浮点数乘法
FSET	针对双精度浮点数按条件赋值
G2R	把共享内存中的数据读到寄存器。如果带有.LCK 后缀，则表示锁定该共享内存块（bank），直到执行 R2G.UNL 时才解锁，用于实现原子操作
GATOM.IADD	针对全局内存的原子操作（atomic operation）。执行原子操作，并返回内存中原来的值,相当于 x86 CPU 中的互锁系列操作。除了 IADD 之外，支持的操作还有 EXCH、CAS、IMIN、IMAX、INC、DEC、IAND、IOR 和 IXOR
GLD	从全局内存读
GRED.IADD	针对全局内存的整合操作（reduction operation）。只执行原子操作，没有返回值，除了 IADD 之外，支持的操作还有 IMIN、IMAX、INC、DEC、IAND、IOR 和 IXOR
GST	写到全局内存中
I2F	从整数转换为浮点数并复制
I2I	从整数转换为整数并复制
IADD、IADD32、IADD32I	整数加法

操 作 码	描 述
IMAD、IMAD32、IMAD32I	整数乘加
IMAX	对整数取最大值
IMIN	对整数取最小值
IMUL、IMUL32、IMUL32I	整数乘法
ISAD、ISAD32	对差的绝对值求和（sum of absolute difference）
ISET	针对整数按条件赋值
LG2	对浮点数取对数（以 2 为底数）
LLD	从局部内存读取
LST	写到局部内存中
LOP	逻辑操作（AND、OR、XOR）
MOV、MOV32	把源操作数传送到目标操作数
MVC	把常量数据区的数据传送到目标操作数
MVI	把立即数传送到目标操作数
NOP	空操作
R2A	把数据寄存器的内容复制到地址寄存器中
R2C	把数据寄存器的内容复制到条件码中
R2G	写到共享内存中
RCP	求单精度浮点数的倒数（reciprocal）
RET	按条件从子过程返回
RRO	区域整合操作符（Range Reduction Operator）
RSQ	平方根倒数（Reciprocal Square Root）
S2R	把特殊寄存器中的内容复制到数据寄存器中
SHL	向左移位
SHR	向右移位
SIN	求正弦
SSY	设置同步点，用在可能发生分支的指令前
TEX/TEX32	读取纹理数据
VOTE	选择 Warp 的元语（Warp-vote primitive）

纵观表 9-4，所有指令加起来不过几十条（表格行数为 62，有些行包含多条指令），但它们

组合起来，可谓变化无穷，再与强大的流处理器阵列结合起来，其威力便强大无边了，这正是通用处理器优于固定功能单元的地方。

9.3.6　GV100 的指令集

在写本节内容时，基于 GV100 的 Tesla V100 GPU 不但价格昂贵（2999 美元），而且一卡难求。伏特微架构代表了 Nvidia 已发布 GPU 中的最高境界。表 9-5 列出了该微架构的指令集。

表 9-5　GV100（伏特微架构）的指令集

操 作 码	描　　述
浮点数指令	
FADD	32 位浮点数（FP32）加法
FADD32I	32 位浮点数（FP32）加法，支持立即数
FCHK	浮点数范围检查
FFMA32I	32 位浮点数融合乘加，支持立即数
FFMA	32 位浮点数融合乘加
FMNMX	取 32 位浮点数的最小值和最大值
FMUL	32 位浮点数乘法
FMUL32I	32 位浮点数乘法，支持立即数
FSEL	浮点数选取（Select）
FSET	32 位浮点数比较和置位
FSETP	32 位浮点数比较和设置谓词（Predicate）
FSWZADD	针对调配（Swizzle）格式的 32 位浮点数做加法
MUFU	针对 32 位浮点数的多功能运算（求正余弦等）
HADD2	半浮点数（FP16）加法
HADD2_32I	半浮点数（FP16）加法，支持立即数
HFMA2	半浮点数融合乘加
HFMA2_32I	半浮点数融合乘加，支持立即数
HMMA	半矩阵乘加（Half Matrix Multiply and Accumulate）
HMUL2	半浮点数乘法（FP16 Multiply）
HMUL2_32I	半浮点数乘法（FP16 Multiply），支持立即数
HSET2	半浮点数比较与设置（FP16 Compare And Set）
HSETP2	半浮点数比较与设置谓词（FP16 Compare And Set Predicate）
DADD	64 位浮点数加法（FP64 Add）

续表

操 作 码	描 述
浮点数指令	
DFMA	64 位浮点数融合乘加（FP64 Fused Mutiply Add）
DMUL	64 位浮点数乘法（FP64 Multiply）
DSETP	64 位浮点数比较与设置谓词（FP64 Compare And Set Predicate）
整数指令	
BMSK	位域屏蔽（Bitfield Mask）
BREV	位反转（Bit Reverse）
FLO	寻找第一个为 1 的位（Find Leading One）
IABS	对整数取绝对值
IADD	整数加法
IADD3	三输入整数加法
IADD32I	整数加法，支持立即数
IDP	整数点积与累加（Dot Product and Accumulate）
IDP4A	整数点积与累加（Dot Product and Accumulate）
IMAD	整数乘加（Multiply And Add）
IMUL	整数乘法
IMUL32I	整数乘法，支持立即数
ISCADD	整数缩放与相加（Scaled Integer Addition）
ISCADD32I	整数缩放与相加（Scaled Integer Addition）
ISETP	整数比较与设置谓词（Predicate）
LEA	加载有效地址（LOAD Effective Address）
LOP	逻辑运算
LOP3	逻辑运算，支持 3 个操作数
LOP32I	逻辑运算，支持立即数
POPC	统计位为 1 的二进制位的个数（Population Count）
SHF	漏斗式移位（Funnel Shift）
SHL	向左移位（Shift Left）
SHR	向右移位（Shift Right）
VABSDIFF	求差的绝对值（Absolute Difference）
VABSDIFF4	求差的绝对值（Absolute Difference）

操　作　码	描　　述
转换指令	
F2F	浮点数到浮点数的转换
F2I	浮点数到整数的转换
I2F	整数到浮点的转换
FRND	舍成整数（Round To Integer）
赋值指令	
MOV	赋值
MOV32I	赋值，支持立即数
PRMT	重排寄存器对（Permute Register Pair）
SEL	根据谓词选取源（Select Source with Predicate）
SGXT	符号扩展（Sign Extend）
SHFL	Warp 范围内的寄存器换位（Register Shuffle）
谓词和条件码指令	
PLOP3	谓词逻辑运算（Predicate Logic Operation）
PSETP	合并的谓词判断与设置谓词
P2R	把谓词寄存器的值赋给普通寄存器
R2P	把寄存器赋给谓词和条件码寄存器（Predicate/CC Register）
加载和存储指令	
LD	从普通内存加载
LDC	加载常量
LDG	从全局内存加载
LDL	从局部内存窗口加载
LDS	从共享内存窗口加载
ST	存储到普通内存中
STG	存储到全局内存中
STL	存储到局部或者共享内存窗口中
STS	存储到局部或者共享内存窗口中
MATCH	在线程组范围内匹配寄存器的值
QSPC	查询空间（Query Space）
ATOM	针对普通内存的原子操作

续表

操　作　码	描　　述
加载和存储指令	
ATOMS	针对共享内存的原子操作
ATOMG	针对全局内存的原子操作
RED	针对普通内存的整合操作（Reduction Operation）
CCTL	缓存控制
CCTLL	本地缓存控制，最后一个 L 是 Local（本地）的缩写
ERRBAR	错误屏障（Error Barrier）
MEMBAR	内存屏障（Memory Barrier）
CCTLT	纹理缓存控制
纹理指令	
TEX	纹理获取（Texture Fetch）
TLD	纹理加载（Texture Load）
TLD4	纹理加载 4（Texture Load 4）
TMML	当访问逐级递减纹理图时要设置访问级别
TXD	读取带导数的纹理信息（Texture Fetch With Derivatives）
TXQ	纹理查询（Texture Query）
表面指令	
SUATOM	表面整合（Surface Reduction）
SULD	表面加载（Surface Load）
SURED	针对表面内存的原子整合（Atomic Reduction）
SUST	存储表面
控制指令	
BMOV	移动 CBU 状态
BPT	断点和陷阱（BreakPoint/Trap）
BRA	相对跳转（Relative Branch）
BREAK	跳出指定的聚合屏障（Convergence Barrier）
BRX	间接的相对跳转（Relative Branch Indirect）
BSSY	设置聚合屏障和同步点
BSYNC	在聚合屏障（Convergence Barrier）中同步线程
CALL	调用函数

续表

操　作　码	描　　述
控制指令	
EXIT	退出程序
IDE	中断启用和禁止（Interrupt Enable/Disable）
JMP	绝对跳转（Absolute Jump）
JMX	间接的绝对跳转（Absolute Jump Indirect）
KILL	终止线程（Kill Thread）
NANOSLEEP	暂停执行（Suspend Execution）
RET	从子例程返回（Return From Subroutine）
RPCMOV	给程序计数器寄存器（PC Register）赋值
RTT	从陷阱返回
WARPSYNC	在 Warp 中同步线程
YIELD	放弃控制（Yield Control）
杂项指令	
B2R	将屏障赋值给寄存器（Move Barrier To Register）
BAR	屏障同步（Barrier Synchronization）
CS2R	把特殊寄存器赋值给普通寄存器
CSMTEST	测试和更新剪切状态机（Clip State Machine）
DEPBAR	依赖屏障（Dependency Barrier）
GETLMEMBASE	取局部内存的基地址（Local Memory Base Address）
LEPC	加载有效的程序计数器（Load Effective PC）
NOP	空操作（No Operation）
PMTRIG	触发性能监视器
R2B	把寄存器赋值给屏障（Move Register to Barrier）
S2R	把特殊寄存器赋值给普通寄存器
SETCTAID	设置协作线程组（CTA）的 ID
SETLMEMBASE	设置局部内存基地址（Set Local Memory Base Address）
VOTE	在 SIMD 线程组范围内投票（Vote Across SIMD Thread Group）
VOTE_VTG	测试和更新剪切状态机（Clip State Machine）

特斯拉架构和伏特微架构的发布时间相隔 11 年，比较二者的指令集，可以看到很多变化。

首先，指令数量明显增加，后者（伏特微架构）大约是前者（特斯拉微架构）的 2 倍。在新增的指令中，除了针对双精度浮点、半精度浮点、纹理、表面等新的数据类型外，还有缓存控制、断点和陷阱以及线程控制等高级指令。这代表着 GPU 上的代码也日趋复杂，不仅是算术运算。

细心的读者还会发现，变化不只是增加，也有减少，比如特斯拉微架构中的复杂数学函数指令（正余弦、对数等）在伏特微架构中都不见了。不过，不是真的不再支持这些操作，而是指令的格式改变了。如果在汇编指令级单步跟踪调用正弦函数的语句，就会发现使用的是表 9-5 中的 MUFU 指令。

```
0x000cf6d8   [0471] sin.approx.f32        %f2, %f1;
0x000cf6d8          5c90000000070000       RRO.SINCOS R0, R0;
0x000cf6e0          0000000000000000       NOP;
0x000cf6e8          5080000000170000       MUFU.SIN R0, R0;
```

看来，MUFU.SIN 取代了以前的 SIN 指令，而且通过不同的指令后缀可以支持多种数学函数，这样原本的多条指令被合并为 1 条指令。这背后的原因是 SASS 汇编的机器码很长，一般都是 8 字节。为了充分利用指令的每一个位域，我们会发现 SASS 指令大多都很长，除了一个主操作外，再用点（.）跟随一个子操作，比如 MUFU.SIN。在 GPU 领域，多种 GPU 都使用"超常指令字"（Very Long Instruction Word，VLIW）。后面要介绍的英特尔和 AMD 的某些 GPU 指令都属于此类，虽然 Nvidia 的 GPU 指令不属于 VLIW，但也是受其影响的。

值得说明的是，当在 CUDA 程序中直接调用 sin 函数时，编译器并不会使用上面的 MUFU 指令，而是调用一个更复杂的软件实现。原因是 MUFU 指令是通过硬件里的 SFU 进行快速计算的，但是结果不够精确，所以默认不会使用。如果一定要用，那么可以可以调用 CUDA 的内部函数（intrinsics）__sinf()。

整理表 9-5 花了作者很多时间（少半个春节假期）。有些读者可能会问："为什么要花这个时间呢？"答案是，这些指令是根本，是软硬件之间交互的根本纲领和基本法则。通过这些指令，我们可以感知 GPU 内部的硬件结构，了解它最擅长的功能。了解这些，对写代码、调试和优化都善莫大焉。

君子务本，本立而道生。

老雷评点

9.4　PTX 指令集

根据上一节对 GPU 硬件指令的介绍，我们知道不同微架构的指令是有较大差异的。这意味着，如果把 GPU 程序直接按某一微架构的机器码进行编译和链接，那么产生的二进制代码在其他微架构的 GPU 上执行时很可能会有问题。为了解决这个问题，并避免顶层软件直接依赖底层硬件，Nvidia 定义了一个虚拟环境，取名为并行线程执行（Parallel Thread eXecution，PTX）环境。然后针对这个虚拟机定义了一套指令集，称为 PTX 指令集（ISA）。

有了 PTX 后，顶层软件只要保证与 PTX 兼容即可（见图 9-11）。在编译程序时，可以只产生 PTX 指令，当实际执行时，再使用即时编译（JIT）技术产生实际的机器码。这与 Java 和.NET 等编程语言使用的中间表示（IR）技术很类似。

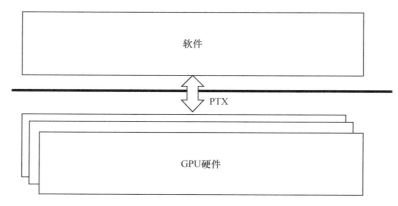

图 9-11 PTX 的重要角色

与 SASS 没有公开文档不同，PTX 指令集的应用指南（Parallel Thread eXecution ISA Application Guide）非常详细，有在线版本，CUDA 工具包中也有。CUDA 9.1 版本的文件名为 ptx_isa_6.1.pdf，长达 300 余页。建议读者阅读本节内容时，同时参照这个文档。

9.4.1 汇编和反汇编

手工写一段 PTX 汇编程序并不像想象的那么困难。清单 9-1 是作者编写的一个简单例子。

清单 9-1 调用正弦指令的 PTX 汇编函数

```
/*
Manual PTX assembly code by Raymond for the SWDBG 2nd edition.
All rights reserved. 2018
*/

.version 6.1
.target sm_30
.address_size 64

.global .u32 gOptions = 0;

.visible .entry doSin(.param .u64 A, .param .u64 B,     .param .u32 nNum)
{
    .reg .f32      %fA, %fB;
    .reg .b64      %pA, %pB, %u64Offset;
    .reg .pred      %p<2>;
    .reg .b32      %nTotal,%nIndex,%nBlockDim,%nBlockID,%nTid;

    ld.param.u64      %pA, [A];
    ld.param.u64      %pB, [B];
    ld.param.u32      %nTotal, [nNum];
```

```
mov.u32        %nBlockDim, %ntid.x;
mov.u32        %nBlockID, %ctaid.x;
mov.u32        %nTid, %tid.x;
mad.lo.s32     %nIndex, %nBlockDim, %nBlockID, %nTid;
setp.ge.s32    %p1, %nIndex, %nTotal;
@%p1 bra       TAG_EXIT;

mul.wide.s32   %u64Offset, %nIndex, 4;
add.s64        %pA, %pA, %u64Offset;
ld.global.f32  %fA, [%pA];
sin.approx.f32 %fB, %fA;
add.s64        %pB, %pB, %u64Offset;
st.global.f32  [%pB], %fB;

TAG_EXIT:
    ret;
}
```

清单 9-1 中包含的 PTX 汇编函数名叫 doSin，它接受三个参数：传递输入值的浮点数组 A，存放输出值的数组 B，以及数组的元素个数 nNum。函数的功能是根据当前线程的 ID 计算出数组的索引值 i，然后求 sin(A[i])，把结果赋给 B[i]，对应的 C 代码如下。

```
__global__ void
doSin(const float *A, float *B, int numElements)
{
    int i = blockDim.x * blockIdx.x + threadIdx.x;

    if (i < numElements)
    {
        B[i] = __sinf(A[i]);
    }
}
```

稍后再解释清单中的语句细节，首先介绍如何编译这个汇编文件。方法也非常简单，只要执行 CUDA 工具包中的 ptxas 程序，比如，ptxas geptxmanual.ptx，默认输出的目标文件称为 elf.o。另外，可以通过-o 选项指定新的文件名，也可以增加-v 选项输出辅助信息，下面给出一个示例。

```
C:\dbglabs\ptx> ptxas -v -o sin.o geptxmanual.ptx
ptxas info    : 4 bytes gmem
ptxas info    : Compiling entry function 'doSin' for 'sm_30'
ptxas info    : Function properties for doSin
    0 bytes stack frame, 0 bytes spill stores, 0 bytes spill loads
ptxas info    : Used 6 registers, 340 bytes cmem[0]
```

如果想查看目标文件里的信息，那么可以用 nvdisasm 来反汇编。

```
nvdisasm sin.o
```

默认的输出是控制台，加上 "> disasm32.txt" 可以将输出重定向到文本文件。反汇编出来的机器码非常短小精悍，值得细细品味，如清单 9-2 所示。

清单 9-2　反汇编得到的 doSin 函数机器码

```
.text.doSin:
        /*0008*/                    MOV R1, c[0x0][0x44];
```

```
/*0010*/                              S2R R0, SR_CTAID.X;
/*0018*/                              S2R R3, SR_TID.X;
/*0020*/                              IMAD R0, R0, c[0x0][0x28], R3;
/*0028*/                              ISETP.GE.AND P0, PT, R0, c[0x0][0x150], PT;
/*0030*/                       @P0    EXIT;
/*0038*/                              ISCADD R2.CC, R0, c[0x0][0x140], 0x2;
/*0048*/                              MOV32I R5, 0x4;
/*0050*/                              IMAD.HI.X R3, R0, R5, c[0x0][0x144];
/*0058*/                              LD.E R2, [R2];
/*0060*/                              ISCADD R4.CC, R0, c[0x0][0x148], 0x2;
/*0068*/                              IMAD.HI.X R5, R0, R5, c[0x0][0x14c];
/*0070*/                              RRO.SINCOS R0, R2;
/*0078*/                              MUFU.SIN R0, R0;
/*0088*/                              ST.E [R4], R0;
/*0090*/                              EXIT;
.L_2:
/*0098*/                              BRA `(.L_2);
.L_21:
```

对比清单 9-1 和清单 9-2，可以发现很多官方文档秘而不宣的有趣细节，比如代表线程块大小的 blockDim 内置变量是以常量形式存放的，清单 9-2 中的 c[0x0][0x28] 就是 blockDim.x。此外，函数的参数也是以常量形式传递的。清单 9-2 中的 c[0x0][0x144] 和 c[0x0][0x140] 代表的便是参数 A，c[0x0][0x148] 和 c[0x0][0x14c] 代表的便是参数 B。因为参数 A、B 是数组指针，都是 64 位，所以各以两个 32 位整数的形式存放。

清单 9-2 末尾的分支跳转指令让人困惑，看起来它没有任何意义，因为上面的指令已经指定了两种情况下的 EXIT，逻辑完备。另外，这个跳转指令就跳转到本条指令，真是难以理解。作者推测它是用来占位的。为了提高执行速度，GPU 会提前读取当前指令后面的指令到缓存中。为了防止预取指令时访问到无效内存，一种简单的解决方案就是在有效代码的后面附加上一定长度的"无用"指令。

值得说明的是，手工写 PTX 汇编程序只是出于探索和教学目的。在实际工程中，我们通常让编译器产生 PTX 指令，可以在 NVCC 的编译选项中加上 -ptx，让其输出 PTX 清单文件，比如以下指令。

```
nvcc -I=d:\apps\cuda91\common\inc  -ptx c:\dbglabs\ptx\geptx.cu
```

如果希望看到同时包含源代码和 PTX 汇编的输出，那么可以加上 --source-in-ptx 选项。不过，在写作本内容时，这个功能似乎还存在瑕疵，必须同时增加调试（-G）选项它才可以正常工作。

```
nvcc -I=d:\apps\cuda91\common\inc -ptx --source-in-ptx -G c:\dbglabs\ptx\geptx.cu
```

加入 -ptx 选项后便不再生成 EXE 了。如果不希望影响正常编译，那么可以增加 -keep 选项，让 NVCC 保留编译过程中产生的 PTX 文件。

9.4.2　状态空间

在 PTX 中，把用于存放数据的各种空间统称为状态空间，并根据其特性不同细分为多个类别，见表 9-6。

表 9-6　状态空间

名称	描　述	访问速度
.reg	寄存器	0
.sreg	特殊寄存器，只读的，预定义的，且与平台相关	0
.const	常量，位于共享的只读内存中	0
.global	全局内存，所有线程共享	>100 个时钟周期
.local	局部内存，每个线程私有	>100 个时钟周期
.param	参数，分为两类。一类是算核（kernel）的参数，按线程网格（grid）定义；另一类是函数参数，按线程定义	0
.shared	可寻址的共享内存，同一个 CTA 中的线程共享	0
.tex	全局纹理内存（不鼓励使用）	>100 个时钟周期

在 PTX 代码中，状态空间修饰常常出现在变量类型之前，代表这个变量所处的状态空间，比如清单 9-1 中，故意定义了一个全局变量。

```
.global .u32 gOptions = 0;
```

在 PTXAS 的输出中，报告了这个变量使用了 4 字节的全局内存（4 bytes gmem）。

9.4.3　虚拟寄存器

在 PTX 中，使用.reg 声明的寄存器变量就是所谓的虚拟寄存器。寄存器变量可以自由取名字，名字前贯以 "%" 作为标志。比如在清单 9-1 中，函数一开头便定义了很多个寄存器变量。

```
.reg .f32       %fA, %fB;
.reg .b64       %pA, %pB, %u64Offset;
.reg .pred      %p<2>;
.reg .b32       %nTotal,%nIndex,%nBlockDim,%nBlockID,%nTid;
```

第 1 行和第 2 行分别定义了两个 32 位浮点数和 3 个 64 位寄存器变量。第 3 行定义了两个谓词寄存器变量，p<2>这样的写法相当于 p1 和 p2，这是定义多个寄存器的快捷方法。

在生成硬件指令时，PTXAS 会把虚拟寄存器与硬件寄存器绑定，也就是从寄存器文件空间中分配物理寄存器。

如果定义的寄存器变量太多，那么寄存器空间可能不够用，这时会自动使用内存来替补，称为溢出到内存（spilled to memory）。

寄存器可以是有类型的，也可以是无类型的。比如上面第 1 行定义的是浮点类型的寄存器变量，第 2 行定义的便是无类型的寄存器变量，长度为 64 位。

寄存器的大小（size）是有限制的。谓词寄存器（通过.reg .pred 定义）的大小是一位，标量寄存器的大小可以是 8 位、16 位、32 位或者 64 位，向量寄存器的大小可以为 16 位、32 位、64 位或者 128 位。

9.4.4 数据类型

在 PTX 汇编代码中，可以经常见到数据类型修饰。除了定义变量外，很多指令也带有数据类型后缀，比如 mov.u32 表示操作的是 32 位无符号整数。表 9-7 列出了 PTX 汇编代码中所有的基本数据类型。

表 9-7 基本类型

基 本 类 型	指 示 符
有符号整数	.s8, .s16, .s32, .s64
无符号整数	.u8, .u16, .u32, .u64
浮点数	.f16, .f16x2, .f32, .f64
二进制位（无类型）	.b8, .b16, .b32, .b64
谓词	.pred

除了基本类型之外，在 PTX 汇编代码中，还可以很方便地使用向量和数组。

向量的长度是有限制的，支持的长度一般为两个或者 4 个元素，分别用 .v2 和 .v4 来表示，例如以下代码。

```
.global .v4 .f32 V;  // a length-4 vector of floats
.shared .v2 .u16 uv; // a length-2 vector of unsigned ints
.global .v4 .b8 v;   // a length-4 vector of bytes
```

长度限制是所有元素加起来不能超过 128 位，因此 .v4 .f64 是不可以的。

定义数组的方法和 C 语言很类似，比如以下代码。

```
.local  .u16 kernel[19][19];
.shared .u8 mailbox[128];
.global .u32 index[] = { 0, 1, 2, 3, 4, 5, 6, 7 };
.global .s32 offset[][2] = { {-1, 0}, {0, -1}, {1, 0}, {0, 1} };
```

9.4.5 指令格式

PTX 指令以可选的谓词开始，然后是操作码，后面跟随 0 个或者最多 3 个操作数，其用法如下。

```
[@p] opcode [d, a, b, c];
```

比如清单 9-1 中的如下两条指令。

```
setp.ge.s32   %p1, %nIndex, %nTotal;
@%p1 bra      TAG_EXIT;
```

上面一条指令不带谓词，无条件执行。下面一条指令是带谓词的（总是以@符号开始），只有谓词变量 %p1 为 1 时才会执行后面的操作。

另外，上面一条指令有三个操作数，第一个操作数是目标操作数，后面两个操作数是源操作数。整条指令用于对两个源操作数做大于等于（ge）比较。如果第 1 个源操作数大于等于第 2 个操作数，那么便将谓词寄存器%p1 置位；否则，清零。

一般情况下，目标操作数只有一个，但也可以多于 1 个，比如以下代码。

```
setp.lt.s32 p|q, a, b; // p = (a < b); q = !(a < b);
```

这条指令中，p 和 q 都是目标操作数，使用"|"分隔。

个别情况下，目标操作数是可选的。如果不提供目标操作数，那么可以使用(_)来占位，写成以下形式。

```
opcode (_), a, b, c;
```

9.4.6　内嵌汇编

可以使用 asm{}关键字在 CUDA 程序中嵌入 PTX 汇编。比如，可以用下面的语句来插入一个全局的内存屏障（memory barrier）。

```
asm("membar.gl;");
```

如果汇编代码和 CUDA 代码之间有数据交互，那么可以使用 Linux 下常用的 AT&T 汇编格式。

```
asm("template-string" : "constraint"(output) : "constraint"(input));
```

PTX 指令可以写在模板字符串里，例如以下代码。

```
asm("add.s32 %0, %1, %2;" : "=r"(i) : "r"(j), "r"(k));
```

其中，%0、%1 和%2 按文本顺序引用右侧的操作数，因此，上面的语句相当于。

```
add.s32 i, j, k;
```

操作数前的约束用来指定数据类型，常用的约束有以下几个。

```
"h" = .u16 reg
"r" = .u32 reg
"l" = .u64 reg
"f" = .f32 reg
"d" = .f64 reg
```

接下来再举几个例子，也可以重复引用某个操作数，比如，下面两行代码是等价的。

```
asm("add.s32 %0, %1, %1;" : "=r"(i) : "r"(k));
```

```
add.s32 i, k, k;
```

如果没有输入操作数，那么可以省略最后一个冒号，比如以下代码。

```
asm("mov.s32 %0, 2;" : "=r"(i));
```

如果没有输出操作数，就把两个冒号连起来，比如以下代码。

```
asm("mov.s32 r1, %0;" :: "r"(i));
```

「 9.5　CUDA 」

PTX 指令集以汇编语言的形式定义了软硬件之间的指令接口，它的主要用途是隔离硬件的差异性，把差异性化的硬件以统一的接口提供给软件。然而，PTX 汇编语言不适合普通软件开发者使用，主要是给编译器使用的。

那么让开发者使用什么样的语言来编写 GPU 的代码呢？对于以通用处理器形式设计的 GPU 来说，这是一个至关重要的问题，关系到是否能吸引足够多的开发者，关系到上层软件是否能发挥底层硬件的能力，关系到整个产品的成败。

不知道在 Nvidia 公司当初是否曾针对这个问题发生过激烈的争论，但是可以确定地说，他们最终选择了在 C 语言的基础上做扩展，并给扩展后的 C 语言取了一个新的名字——CUDA C，简称 CUDA。CUDA 是 Compute Unified Device Architecture 的缩写，意思是计算统一化的设备架构，这个名字体现了从 G80 开始的统一化设计思想。

9.5.1　源于 Brook

第 8 章介绍过，CUDA 源于斯坦福大学中一个名为 Brook 的研究性项目。Brook 项目开始于 2003 年，主要开发者名叫 Ian Buck。

简单说，Brook 是为了解决如何在 GPU 硬件上编写通用计算程序而开发的一套编程语言，不过它不是全新的语言，而是在 C 语言的基础上扩展而来的，称为支持流的 C 语言（C with streams）。

2004 年 11 月，Ian Buck 加入 Nvidia 公司，遇见了 G80 之父约翰·尼可尔斯，让 Brook 技术有缘与 G80 融合。2007 年 2 月 15 日，CUDA 0.8 版本首次公开发布，6 月 23 日 1.0 版本正式发布[12]，开始了光辉的旅程。

9.5.2　算核

在并行计算领域，常常把需要大量重复的操作提炼出来，编写成一个短小精悍的函数，然后把这个函数放到 GPU 或者其他并行处理器上去运行，重复执行很多次。为了便于与 CPU 上的普通代码区分开，人们给这种要在并行处理器上运行的特别程序取了个新的名字，称为算核（kernel）。

众所周知，kernel 这个词是计算机领域的常用词汇，代表操作系统的高特权部分，是软件世界的统治者。显然，这两个名字撞车了。

追溯历史，在贝叶斯概率理论中，很早就用 kernel 方法来做概率密度估计。在机器学习中，也很早就有所谓的 kernel 方法。在分析高维空间时，为了降低计算量，不真的对空间中的数据坐标做计算，而是计算特征空间中所有数据对的内积（inner product），这种方法也称为 kernel trick。后来这种方法也用于处理序列数据、图像、文本和各种向量数据。在图像处理领域中，衍生出了很多著名的应用，比如模糊化、锐化、边缘检测等，也用于提取图像的复杂特征，比如检查人脸和人的五官。这些应用的基本思想都是用一个小的矩阵"扫描"目标图像，把矩阵的每个元素按照定义的规则与目标图像的像素做运算。因为算法不同，所以这个矩阵有不同的名字，比如，"卷积矩阵""屏蔽矩阵""卷积核"等。与传统神经网络相比，目前深度学习领域流行的卷积网络技术的一个最大变化就是引入了卷积核来提取特征。GPU 领域的 kernel 术语与上述方法中的 kernel 一词一脉相承，历史也很长。

如此看来，操作系统领域的 kernel 和计算领域的 kernel 源自不同的背景，难以区分先后。可以说是各自独立发展，自成体系，本来是互不干涉的。

随着深度学习和 AI 技术的流行，并行计算技术的应用日益广泛，才使得这两个术语经常碰面。怎么办呢？在英文中，因为两个单词一模一样，所以只能增加 compute 或者 OS 等修饰语来加以区分，但在实际的文章中，很多时候都没有修饰，只能靠上下文来区分。在中文中，把代表操作系统核心的 kernel 翻译为内核已经非常流行，对于代表计算的 kernel，一般都选择不翻译，直接使用英文，简单明了。但这样也不是很好，至少那些反对中英文混杂的人会觉得不舒服。

为了避免混淆，作者建议把代表计算的 kernel 翻译为不同的中文。到底翻译成什么呢？经过一番讨论，较好的方案是翻译为算核，当与函数连用时，翻译为算核函数，简称核函数。

两个术语撞车的深层次原因是 kernel 这个词的内涵让人喜欢，它所代表的两个基本特征"短小""精悍"具有永恒的魅力。

从代码的角度来看，算核函数用于把普通代码里的循环部分提取出来。举例来说，如果要把两个大数组 A 和 B 相加，并把结果放入数组 C 中，那么普通的 C 程序通常如下。

```
for(int i = 0; i < N ; i++)
    C [i] = A[i] + B[i]
```

如果用算核表达，那么算核函数中就只有 C [i] = A[i] + B[i]。对应的 CUDA 程序如清单 9-3 所示。

清单 9-3　做向量加法的 CUDA 程序片段

```
// Kernel definition
__global__ void VecAdd(float* A, float* B, float* C)
{
    int i = threadIdx.x;
    C[i] = A[i] + B[i];
}

int main()
{
    ...
    // Kernel invocation with N threads
    VecAdd<<<1, N>>>(A, B, C);
    ...
}
```

与普通的 C 语言程序相比，上面代码有三处不同。第一处是函数前的__global__修饰。它是 CUDA 新引入的函数执行空间指示符（Function Execution Space Specifier），一共有以下 5 个函数执行空间指示符。

- __global__：一般用于定义 GPU 端代码的起始函数，表示该函数是算核函数，将在 GPU 上执行，不能有返回值，在调用时总是异步调用。另外，只有在计算能力不低于 3.2 的硬件上，才能从 GPU 端发起调用（这一功能称为动态并行），否则，只能从 CPU 端发起调用。

- __device__：用来定义 GPU 上的普通函数，表示该函数将在 GPU 上执行，可以有返回值，不能从 CPU 端调用。

- __host__：用来定义 CPU 上的普通函数，可以省略。

- __noinline__：指示编译器不要对该函数做内嵌（inline）处理。默认情况下，编译器倾向于对所有标有 __device__ 指示符的函数做内嵌处理。

- __forceinline__：指示编译器对该函数做内嵌处理。

简单来说，前两种指示符都代表该函数在 GPU 上执行，第三种指示符代表该函数在 CPU 上执行。

9.5.3　执行配置

与普通 C 程序相比，上述 CUDA 程序的第二个明显不同是调用算核函数的地方，即 main 中的如下语句。

```
VecAdd<<<1, N>>>(A, B, C);
```

函数名之后，圆括号之前的部分是 CUDA 的扩展，用了三对"<>"。这三对尖括号真是新颖，不知道是哪位同行的奇思妙想。（简单搜索了一下 Brook 0.4 版本，没有搜索到，作者认为这应该是 CUDA 的发明。）简单来说，尖括号中指定的是循环方式和循环次数。1 代表只要一个线程块（block），这个线程块里包含 N 个线程。

不要小看上面这一行代码，它非常优雅地解决了一个大问题。这个大问题就是到底该如何在 CPU 的代码里调用 GPU 的算核函数。根据前面的介绍，在调用算核函数时，不仅要像调用普通函数那样传递参数，还需要传递一个信息，那就是如何做循环，简单说就是循环方式和循环次数。

没有比较，难见差异。不妨看看如何使用 OpenCL 做同样的事情。先要调用 clCreateKernel 创建 kernel 对象。

```
ocl.kernel = clCreateKernel(ocl.program, "VecAdd", &err);
```

再一次次地调用 clSetKernelArg()设置参数。

```
err = clSetKernelArg(ocl->kernel, 1, sizeof(cl_mem), (void *)&ocl->srcB);
```

然后再把算核对象放入队列中。

```
err = clEnqueueNDRangeKernel(
        oclobjects.queue, ocl.kernel,
        1,  0, global_size, local_size, 0, 0, 0 );
```

可以看到，OpenCL 的做法非常麻烦，反复地调用几个 API，传递几十个参数。而在 CUDA 中，只有那么优雅的一行。

作者无数次端详这一行代码时，都感慨颇多。并行计算发展很多年了，一个个并行模型不断出现，一种种语言不断扩展，唯有 CUDA 把串行代码（CPU）和并行代码（GPU）之间的过渡表达得如此简洁自然。

如果追溯一下 CUDA 和 OpenCL 的出现时间，其实 CUDA 在前，OpenCL 在后。OpenCL 升级几次，至今依然是那么冗长的调用方式。翻看 OpenCL 规约，篇首一个个长长的致谢列表，用于记录那些为设计 OpenCL 标准做出贡献的人。端详这个列表，不禁感慨：这么多人里面难道没有一个深谙代码之道的程序员吗？

老雷评点

此一问让几多人羞愧难当。

在 CUDA 手册中，这三对括号有个通俗的名字，叫执行配置（Execution Configuration），其完整形式如下。

```
<<< Dg, Db, Ns, S >>>
```

其中，Dg 用来指定线程网格的维度信息，是 Dimension of grid 的缩写；Db 用来指定线程块（block）的维度，是 Dimension of block 的缩写；线程网格和线程块都是用来方便组织线程的。其设计思想是可以按照数据的形状来组织线程，让每个线程处理一个数据元素。Dg 和 Db 的类型都是 dim3，是一个整型向量，有 x、y、z 三个分量。每个分量的默认值为 1。所以，本节开头的简单写法等价于以下代码。

```
dim3 blocksPerGrid(1, 1, 1);
dim3 threadsPerBlock(1, 1, N);
VecAdd<<< blocksPerGrid, threadsPerBlock>>>(A, B, C);
```

第三部分叫 Ns，用来指定为每个线程块分配的共享内存大小（以字节为单位），其类型为 size_t。这个参数是可选的，默认值为 0。在 Nvidia GPU 内部，配备了有限数量的高速存储器，供算核代码中由__shared__指示符描述的变量使用，其作用域是当前的线程块，所以当前线程块中的各个线程可以使用这样的变量来共享信息。其效果有点像全局变量，但是访问速度要比全局变量快。

最后一部分 S 用来指定与这个算核关联的 CUDA 流，它是可选的。每个 CUDA 流代表一组可以并发执行的操作，用于提高计算的并发度和 GPU 的利用率。

作者心语：上面几段文字甚花工夫，在去往杭州的高铁上写了一半，后一半在杭州北高峰下的云松书舍完成。西湖三月，人流如织，但书院里格外宁静。独坐听松亭，以膝为案，啾啾鸟语声与嗒嗒键盘声共鸣。感谢金庸大侠修建了这个园林并开放给公众。

老雷评点

难怪字里行间有剑气。

9.5.4 内置变量

上述代码与普通 C 程序的第三处不同是算核函数中直接使用了一个 threadIdx 变量。它是 CUDA 定义的内置变量（built-in variable），在写 CUDA 程序时，不需要声明，可以直接使用。

截至 CUDA 9.1 版本，CUDA 一共定义了 5 个内置变量，简述如下。

- 变量 gridDim 和 blockDim 分别代表线程网格和线程块的维度信息，也就是启动核函数时通过三对尖括号指定的执行配置情况。

- 变量 blockIdx 和 threadIdx 分别表示当前线程块在线程网格里的坐标位置和当前线程在线程块里的位置。

上面 4 个变量都是 dim3 类型，x、y、z 三个分量分别对应三个维度。

- 变量 warpSize 是整型的，代表一个 Warp 的线程数。稍后会详细介绍 Warp。

在使用 Nsight 调试 CUDA 程序时，可以通过"局部变量"窗口来查看内置变量的值。例如，图 9-12 就是调试 CUDA 工具集中的 vecAdd 示例程序时，中断在 vecAdd 算核函数时的场景。

局部变量		
名称	值	类型
⚙ @flatBlockIdx	28	long
☁ @flatThreadIdx	0	long
▶ ☁ threadIdx	{x = 0, y = 0, z = 0}	const uint3
▶ ☁ blockIdx	{x = 28, y = 0, z = 0}	const uint3
▶ ☁ blockDim	{x = 256, y = 1, z = 1}	const dim3
▶ ☁ gridDim	{x = 196, y = 1, z = 1}	const dim3
☁ @gridId	1	const long long
☁ i	7168	int
▶ ☁ A	0x00000005012c0000 0.0012512589	__device__ const float* __parameter__
▶ ☁ B	0x00000005012f0e00 0.56358534	__device__ const float* __parameter__
▶ ☁ C	0x0000000501321c00 0.56483662	__device__ float* __parameter__
☁ numElements	50000	__parameter__ int

图 9-12　通过"局部变量"窗口查看内置变量

在这个向量加法示例中，要把向量 A 和 B 相加赋值给向量 C，三个向量的长度都是 50 000。启动算核的代码如下。

```
// Launch the Vector Add CUDA Kernel
int threadsPerBlock = 256;
int blocksPerGrid =(numElements + threadsPerBlock - 1) / threadsPerBlock;
printf("CUDA kernel launch with %d blocks of %d threads\n",
```

```
                        blocksPerGrid, threadsPerBlock);
    vectorAdd<<<blocksPerGrid, threadsPerBlock>>>(d_A, d_B, d_C, numElements);
```

1 行代码是把每个线程块的大小定义为 256,因此需要的线程块个数为: 50000/256 = 195.3125,再向上取整即 196 个。

可以看到在图 9-12 中, blockDim = {x = 256, y = 1, z = 1}, gridDim = {x = 196, y = 1, z = 1}。通过 blockIdx 和 threadIdx 可以知道当前线程是块{x = 28, y = 0, z = 0}里的{x = 0, y = 0, z = 0}号线程。考虑到读者可能经常需要把三维形式的坐标值换算到一维形式,CUDA 还可定义了两个伪变量@flatBlockIdx 和@flatThreadIdx。二者都是长整型,分别代表平坦化的线程组编号和线程编号。

9.5.5　Warp

GPU 编程的一个基本特点是大规模并行,让 GPU 内数以千计的微处理器同时转向要处理的数据,每个线程处理一个数据元素。

一方面是大量需要执行的任务,另一方面是很多等待任务的微处理器。如何让这么多微处理器有条不紊地把所有任务都执行完毕呢? 这是个复杂的话题,详细讨论它超出了本书的范围。这里只能介绍其中的一方面: 调度粒度。

与军队里把士兵分成一个个小的战斗单位类似,在 CUDA 中,也把微处理器分成一个个小组。每个组的大小是一样的。迄今为止,组的规模总是 32 个。CUDA 给这个组取了个特别的名字: Warp。

Warp 是 GPU 调度的基本单位。这意味着,当 GPU 调度硬件资源时,一次分派的执行单元至少是 32 个。如果每个线程块的大小不足 32 个,那么也会分配 32 个,多余的硬件单元处于闲置状态。

Warp 一词来源于历史悠久的纺织技术。纺织技术的核心是织机(Loom)。经历数千年的发展,世界各地的人们发明了很多种织机。虽然种类很多,但是大多数织机的一个基本原理都是让经线和纬线交织在一起。通常的做法是首先部署好一组经线,然后使用某种装置把经线分开,形成一个 V 形的开口,再把系着纬线的梭子投过经线的开口,而后调整经线的上下布局,再投梭子穿纬线,如此往复。

图 9-13 是作者在成都蜀锦博物馆拍摄的一张织机照片(局部)。这个织机需要两人配合操作,一人坐在高处,负责根据要编织的花样操作综框(图中左侧矩形装置),使经线开口。另一人坐在图中右侧,负责穿梭子。地下放了一面镜子,便于观察另一面的情况。在纺织领域,Warp 就是指经线,也就是图 9-13 中从左到右平行分布的那一组丝线。

在纺织中,经线的数量决定了织物的幅度,也可以认为经线的数量决定了并行操作的并行度。在 CUDA 中,使用 Warp 来代表同时操作的一批线程,也代表并行度。

图 9-13　历史悠久的并行技术

9.5.6　显式并行

这里把 CUDA 这样明确指定并行方式的做法称为显式并行（explicit parallel）。这是与隐式并行（implicit parallel）相对而言的。

隐式并行的例子有很多，最著名的莫过于 CPU 中流行的乱序执行技术。乱序执行的基本特点是在 CPU 内部把本来串行的指令流同时发射到多个硬件流水线来并行执行。为什么叫隐式并行呢？因为对程序员来说，根本不知道自己的代码是如何并行的。并行的方式是隐藏在 CPU 内部的。

简单来说，显式并行是在编程接口中就明确并行的方式。而隐式并行是在没有明确并行接口的前提下，暗中做并行。

2018 年爆出的幽灵（Spectre）和熔断（Meltdown）两大安全漏洞都与隐式并行密切相关，这给多年来以乱序执行技术为荣耀的英特尔公司当头两棒。希望这个公司能够提高警惕。

老雷评点

乱序执行有很多个名字，早期的手册中常用的是投机执行，安全漏洞爆出后，用得更多的是预测执行，或许担心"投机"之名引发更多普通用户的不满。回望历史，如果在当年花大量精力做投机执行时就大张旗鼓地做显式并行，那么何至于今日之被动局面。如此说来，投机之名，何其精恰也。

9.6　异常和陷阱

与 CPU 的异常机制类似，Nvidia GPU 也有异常机制，在官方文档中大多称为陷阱（trap）。因为它与调试关系密切，所以本节专门介绍 Nvidia GPU 中与陷阱机制密切相关的内容。

9.6.1　陷阱指令

从 PTX 指令集的 1.0 版本开始，就有一条专门用于执行陷阱操作的指令，名字就叫 trap。

PTX 文档对这条指令的描述非常简略，惜字如金。只有简洁的一句话：Abort execution and generate an interrupt to the host CPU（中止执行，并向主 CPU 产生一个中断）。

如果在 CUDA 程序中通过嵌入式汇编代码插入一条 trap 指令，那么会发现它的效果居然与断点指令完全相同，查看反汇编代码，对应的硬件指令竟然也完全一样。

```
    asm("trap;");
0x000cf950   [0304] tmp15:
0x000cf950   [0307] trap;
0x000cf950                        BPT.TRAP 0x1;
```

如此看来，至少对于作者试验的软硬件版本，陷阱指令与断点指令可以实现等价的效果。陷阱指令的默认功能就是触发断点。不过，这只是陷阱指令的一种用法，它应该可以产生不同类型的陷阱。或许现在就是这样的用法，即使不这样使用，将来应该也会这样使用。

9.6.2　陷阱后缀

某些 PTX 指令支持.trap 后缀，意思是遇到意外情况时执行陷阱操作，其作用与 C++中的 throw 指示符很类似。

例如，在下面的写平面（surface store）指令中，.trap 后缀就告诉 GPU，如果遇到越界情况，就执行陷阱操作。

```
sust.b.3d.v2.b64.trap [surf_A, {x,y,z,w}], {r1,r2};
```

所谓执行陷阱操作，其实就是 GPU 停止执行目前的指令流，跳转到专门的陷阱处理程序。

9.6.3　陷阱处理

本书第二篇比较详细地介绍过 CPU 执行陷阱操作的过程。那么 GPU 是如何做的呢？

在 Nvidia 的官方文档中，很难找到关于这个问题的深入介绍，即使有，也只是只言片语。

不过，当作者在茫无际涯的互联网世界中搜索时，却有意外惊喜，找到了 Nvidia 公司多名员工关于陷阱处理的一篇专利文献，标题为"用于并行处理单元的陷阱处理程序架构"（Trap Handler Architecture for a Parallel Processing Unit）[13]。这篇长达 20 页的专利文献，不仅内容详细、语言精准恰当，还有多达 9 幅的插图，可谓细致入微。看到这篇专利文献，真是踏破铁鞋无觅处，得来全不费工夫。

高！

老雷评点

在这篇编号为 US8522000 的专利文献中，发明者详细描述了 GPU（专利中称为 PPU）执行陷阱操作的过程，既包括总的架构和设计思想，又有详细的流程。图 9-14 便是来自该专利文献的陷阱处理程序总体架构图。

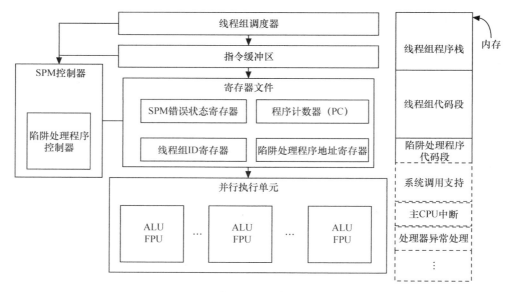

图 9-14　陷阱处理程序总体架构图

某种程度上来讲，图 9-14 包括了一个 GPGPU 的大部分关键逻辑，这从侧面反映了陷阱机制的重要性和牵涉面之广。图中的 SPM 是 Streaming Multiprocessor 的缩写，也就是前面介绍过的流式多处理器（SM）。与每个 CPU 都可以有自己的陷阱处理程序不同，在 GPU 中，属于一个 SM 的所有处理器共享一个陷阱处理程序。

图 9-14 右侧是内存布局图，非常值得品味，分别简单介绍如下。

- 线程组程序栈，用于存放线程组的状态信息，包括稍后介绍的异常位置信息。

- 线程组代码段，存放线程组的代码，即 GPU 的指令。

- 陷阱处理程序代码段，存放陷阱处理程序。内部又分为几个部分，前两个部分分别用于支持系统调用和主 CPU 中断，后面是一个个的陷阱处理函数。

这个专利的提交时间是 2009 年 9 月 29 日，结合其他资料，作者推测这个专利所描述的设计最早用在费米微架构中。在 David Patterson 撰写的费米架构十大创新[14]的第 7 条（名为调试支持）中，特别介绍了费米架构中引入的陷阱处理机制。在此前的 GPU 中，如果 GPU 遇到异常（断点单步等），就冻结这个 GPU 的状态，然后发中断给 CPU，让 CPU 上的程序来读取 GPU 的状态，接着根据读到的状态进行处理。异常处理完之后，再恢复 GPU 执行。而在新的设计中，GPU 自己可以执行位于显存中的陷阱处理程序，也就是刚刚介绍的陷阱处理程序代码。这意味着 GPU 可以自己处理异常情况。这个变化的意义不仅仅在于异常处理本身。陷阱处理程序代码的地位非同寻常，它掌控着系统的命脉和生杀大权。在 CPU 端，异常处理是内核中的关键部分，是内核管理层的"要塞"。GPU 有了自己的陷阱处理器，就有了自己的管理层。其意义何其大也。历史上，操作系统就是由中断处理程序演变而来的。从这个意义上看，这个变化真可以用翻天覆地来形容。

图 9-15 也是来自上述专利文献的插图，它描述了 GPU 执行陷阱处理程序的具体过程。

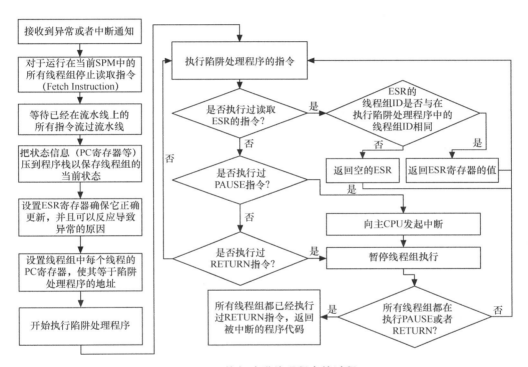

图 9-15　执行陷阱处理程序的过程

品味图 9-15，会发现里面的有些操作与 CPU 的做法很类似，比如在转移执行前先把执行状态信息（程序计数器、代码段地址、程序状态字等）压到栈上并保存。根据专利中的描述，使用的栈就是图 9-14 中的线程组程序栈（编号 545）。不过，也有些步骤不同，比如以下步骤。

- 把错误信息保存到 ESR（Error Status Register）寄存器中。x86 CPU 是把错误码压到栈上。

- 要把触发异常的线程组 ID 保存到线程组 ID 寄存器中，因为如前所述，每个 SM 共享一个异常处理程序，所以要通过这个 ID 信息知道是哪个线程组出了异常。对于 CPU，因为每个 CPU 处理自己的异常，所以是不需要这一步的。

- 所有线程组都会执行陷阱处理程序，不仅仅是发生异常的线程组，这与 CPU 的做法也是不同的。

- 如果需要把异常报告给 CPU，那么会发中断给 CPU，并且让当前线程组进入暂停（halt）状态。

陷阱机制赋予处理器"飞跃"的能力。可以从常规的程序代码飞跃到陷阱处理程序代码，处理完之后，再继续回到本来执行的程序。操作系统专家 Dave Probert 前辈曾说过，中断和陷阱机制让 CPU 变得有趣。对于 GPU，也是如此。

9.7　系统调用

在 CPU 和传统的操作系统领域，系统调用一般是指运行在低特权的用户态程序调用高特权的系统服务，比如应用程序在调用 fread 这样的函数读文件时，CPU 会执行特殊的指令（syscall、sysenter 或者 int 2e 等）进入内核空间，执行内核空间的文件系统函数，执行完成后，再返回用户空间。

在 Nvidia 的 GPU 程序中，也有系统调用机制。PTX 的手册里把系统调用解释为对驱动程序操作系统代码的调用（System calls are calls into the driver operating system code）。这里的驱动程序操作系统可以有两种理解。一种理解是驱动程序所在的操作系统，比如 Windows 或者 Linux。另一种理解是指驱动程序实现的为 GPU 程序服务的操作系统，这是个新事物，不是传统的 Windows 和 Linux。那么到底是哪一种呢？作者认为与软硬件的版本有关，早期是前一种情况，后期逐步向后一种情况过渡。

9.7.1　vprintf

在 PTX 手册中，列举了很多个系统调用。其中有一个名叫 vprintf，用于从 GPU 代码中输出信息，与 CPU 上的 printf 很类似，因为它恰好与调试的关系比较密切，所以就先以它为例来理解 GPU 的系统调用。

在使用系统调用时，必须有它的函数原型，vprintf 的函数原型如下。

```
.extern .func (.param .s32 status) vprintf (.param t1 format, .param t2 valist)
```

其中，status 是返回值，format 和 valist 分别是格式化模板和可变数量的参数列表。对于 32 位地址，t1 和 t2 都是.b32 类型；对于 64 位地址，它们都是.b64 类型。

调用系统调用的方法和调用常规函数很类似，比如下面是使用 32 位地址时的调用方法。

```
cvta.global.b32    %r2, _fmt;
st.param.b32  [param0], %r2;
cvta.local.b32  %r3, _valist_array;
st.param.b32  [param1], %r3;
call.uni (_), vprintf, (param0, param1);
```

第一条指令把当前地址空间中的指针转换到全局空间（也叫通用空间（generic space）），然后再存储到参数区中。

如果在 CUDA 程序中调用 printf 来输出信息，其内部就会调用 vprintf。打开一个 CUDA 程序，加入一行 printf（或者打开 CUDA 开发包中的 simplePrintf 示例），然后查看反汇编窗口，可以看到发起系统调用的 PTX 指令和硬件指令。

```
0x000d1218   [0287] st.param.b64      [param1+0], %rd3;
0x000d1218                            MOV R6, R0;
0x000d1220                            NOP;
0x000d1228                            MOV R7, R2;
0x000d1230   [0289] call.uni (retval0),
0x000d1230                            JCAL 0x85ac0;
```

上面的 call.uni 是 PTX 指令，JCAL 是硬件指令。在单步跟踪上面的指令时，如果试图跟踪进入 JCAL 指令的目标函数，那么并不能跟踪进去，无论是按 F11 键还是按 F10 键，都会单步跟踪到 JCAL 的下一条指令，这与跟踪 CPU 的 syscall 指令的情况一样。

那么 GPU 是如何执行 vprintf 函数的呢？简单说，GPU 会把中间结果写到一个以 FIFO（先进先出）形式组织的内存区中，然后 CPU 端再把中间结果合成和输出到 CUDA 程序的控制台窗口。图 9-16 是在 Visual Studio 中观察这个 FIFO 内存区的情景。

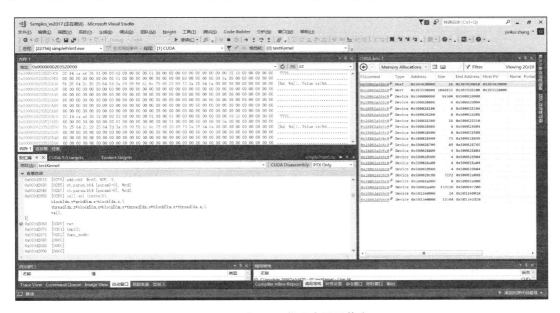

图 9-16　在 GPU 代码中显示信息

在图 9-16 中，下方的"反汇编"窗口显示的是 PTX 指令，当前执行点刚好是 call.uni 的下一条指令，也就是刚刚执行过 vprintf。左上角是 FIFO 内存区，灰色部分是刚刚执行 vprintf 后变化的内容。仔细观察，可以看到 printf 的格式化模板内容（"[%d, %d]:\t\tValue is:%d\n",\）。右侧是内存分配列表，可以找到 FIFO 内存区是列表中的第二个，其大小为 1 048 832 字节（可以通过 cudaDeviceSetLimit 调整）。

9.7.2　malloc 和 free

与普通 C 中的 malloc 和 free 类似，CUDA 中提供两个类似的函数 malloc 和 free，供 GPU 上的程序动态分配和释放 GPU 上的内存。这两个函数都是以系统调用的方式实现的。

它们的原型分别如下。

```
.extern .func (.param t1 ptr) malloc (.param t2 size)
.extern .func free (.param t1 ptr)
```

它们的参数和与普通 C 中的完全相同。

9.7.3　__assertfail

断言是常用的调试机制。在 CUDA 中，可以像普通 C 程序那样使用 assert（包含 assert.h），其内部基于以下名为__assertfail 的系统调用。

```
.extern .func __assertfail (.param t1 message, .param t1 file, .param .b32 line,
.param t1 function, .param t2 charSize)
```

假设在一个算核函数中增加下面这样一条 assert 语句。

```
__global__ void testKernel(int val)
{
    assert(val==0);
}
```

然后以如下代码启动这个算核函数。

```
dim3 dimGrid(2, 2000);
dim3 dimBlock(2, 3, 4);
testKernel<<<dimGrid, dimBlock>>>(10);
```

因为传递的参数 val 为 10，所以断言总是失败的。不过，当在 Visual Studio 中直接执行或者以普通的调试方式（调试 CPU 代码）运行时，程序可以畅通无阻地执行完毕，断言语句仿佛被忽略了。当在 Nsight 下调试时，断言会失败。当执行到断言语句时，不但 Nsight 监视程序（Nsight monitor）会在托盘区域弹出图 9-17（a）所示的提示信息，而且程序会自动中断。

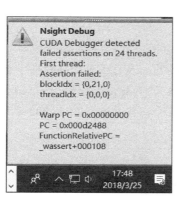

（a）提示信息

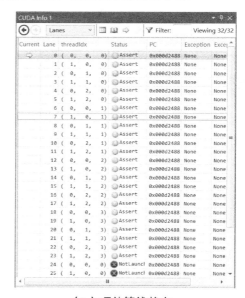

（b）硬件管线状态

图 9-17　断言失败的提示信息和硬件管线状态

中断到调试器后，在 CUDA Info 窗口中从顶部的下拉列表中选择 Lanes（管线）（见图 9-17（b）），在 Status 一列中，显示 Assert 的行代表该 CUDA 核因为断言失败而暂停执行。

值得说明的是，在启动算核的代码中，定义每个线程块（block）有 24 个线程（2×3×4），还不满一个 Warp，但是 GPU 还会分配一个 Warp 来执行，不过只使用其中的 24 个，余下 8 个处于禁止状态。因此，图 9-17（b）中从 24 号开始的管线显示为没有启动（Not Launched）。

因为传递的参数是 10，所有线程都会遇到断言失败，所以图 9-17（a）的提示信息中表明"CUDA 调试器检测到断言失败发生在 24 个线程上"。

『 9.8 断点指令 』

虽然算核函数的名字中蕴含着短小精悍之意，但是在实际项目中，其代码可能也因为各种因素会不断膨胀，变得不再简单明了。那么如何调试算核函数呢？他山之石，可以攻玉。首先，借鉴 CPU 上的成熟方法，把 CPU 多年积累下来的宝贵经验和成熟套路继承过来。然后，想办法改进，在新的环境中，改正以前的局限，增加新的功能，争取青出于蓝而胜于蓝。

断点是软件调试的一种基本手段，也是软件工程师们最熟悉、使用最多的调试功能之一，本节便介绍 Nvidia GPU 的断点支持。

9.8.1 PTX 的断点指令

在 PTX 1.0 版本中就包含了一条专门用于调试的断点指令，名叫 brkpt。

在 CUDA 程序中，可以非常方便地插入断点指令，只要使用前面介绍过的嵌入式汇编语法就可以了，例如以下代码。

```
__global__ void
vectorAdd(const float *A, const float *B, float *C, int numElements)
{
    int i = blockDim.x * blockIdx.x + threadIdx.x;

    asm("brkpt;");

    if (i < numElements)
    {
        C[i] = A[i] + B[i];
    }
}
```

这样嵌入的断点指令的效果与在普通 C 程序中嵌入 CPU 的断点指令（x86 下的 INT 3 或者调用 DebugBreak）非常类似。

如果在 Nsight 调试器下启动上面的算核函数，当 GPU 执行到断点指令时，会自动停止执行，中断到调试器，如图 9-18 所示。

在作者使用的软硬件环境下，中断到来后，代表程序计数器的执行点指向的是断点指令的下一行。这与 CPU 端的行为有所不同。如第 4 章所述，在 CPU 端，断点命中后，系统会自动把程序计数器"调整回退"到刚刚执行过的断点指令。不过这属于细微差别，无伤大雅，读者了解其特性后不要被误导就可以了。

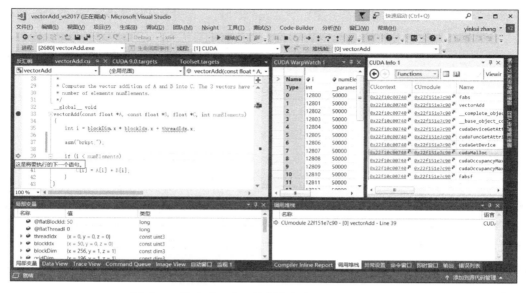

图 9-18　因为手工嵌入的断点指令而中断到调试器

如果在没有调试器的情况下执行上面的算核函数，那么 GPU 遇到断点后会报告异常，导致程序意外终止，可以看到类似下面这样的错误消息。

```
Exception condition detected on fd 424
=thread-group-exited,id="i1"
```

因此，使用上面的代码主要出于学习目的，在实际项目中，尽量不要这样手工插入断点指令。为了特殊调试而插入这样的断点也要及时清除或通过条件编译进行控制，比如写成下面这样。

```
#ifdef ADV_DEBUG
    asm("brkpt;");
#endif
```

这样，当需要特别调试时，只要在编译选项中增加 ADV_DEBUG 符号或者在代码中增加 #define ADV_DEBUG 就可以了。

9.8.2　硬件的断点指令

前面介绍过，PTX 指令是中间指令，并不是 GPU 硬件的指令。那么 GPU 硬件的断点指令是什么呢？

在 Nsight 调试器中，调出"反汇编"窗口（在菜单栏中选择"调试"→"窗口"→"反汇编"），查看上面手工嵌入的 PTX 指令对应的 SASS 指令，便看到了硬件的断点指令（见图 9-19）。

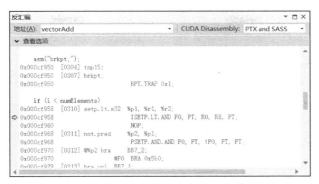

图 9-19 在"反汇编"窗口中查看硬件的断点指令

从图 9-19 可以清楚地看出，手工嵌入的 brkpt 指令（属于 PTX 指令集）对应的硬件指令为 BPT.TRAP 0x1，特别摘录的对应关系如下。

```
        asm("brkpt;");
0x000cf950  [0304] tmp15:
0x000cf950  [0307] brkpt;
0x000cf950                          BPT.TRAP 0x1;
```

在前面介绍硬件指令集时，细心的读者就会看到在指令列表中有一条断点指令，名叫 BPT。现在看来，BPT 只是主操作符，它至少还支持后缀 .TRAP 和操作数 1。或许它还支持其他操作数，但是官方的公开资料里对此讳莫如深。

9.9 Nsight 的断点功能

Nsight 是 Nvidia 为集成开发环境（IDE）开发的一套插件，目前支持 Visual Studio 和 Eclipse 两大著名的 IDE。本节以 Visual Studio 版本为例，简要介绍 Nsight 的断点功能。

9.9.1 源代码断点

在使用 Nsight 调试时，可以使用多种方式在算核函数的源代码中设置断点，与在普通 C 代码中设置断点的方法几乎一样。通常，首先将光标移动到要设置断点的代码行，然后在菜单栏中选择"调试"→"切换断点"并按 F9 键，或者单击源代码窗口左侧边缘附近的断点状态图标区（在行号左侧一列）。

值得说明的是，如果对源代码行设置断点失败，那么请检查编译选项中是否启用了"产生 GPU 调试符号"选项（"项目属性"→ CUDA C/C++ → Device → Generate GPU Debug Information）（即 -G 选项）（9.11 节将详细介绍）。

9.9.2 函数断点

Nsight 还支持函数端点，设置方法也有多种。可以使用 Visual Studio 的标准界面（在菜单栏中选择"调试"→"新建断点"→"函数断点"），也可以使用 Nsight 的扩展界面。在 CUDA Info

窗口中设置断点，基本步骤是打开一个 CUDA Info 窗口（在菜单栏中选择 Nsight→Windows→CUDA Info），选择 Functions 视图（见图 9-20 左下角部分），然后在 Functions 列表中选择要设置断点的函数并右击，从上下文菜单中选择 Set Breakpoint。

值得说明的是，当函数断点命中时，中断的位置是在函数名那一行，如图 9-20 所示。

观察图 9-20 右侧的"反汇编"窗口，可以看到此时的指令是在准备参数，还没有进入算核函数的函数体。所以函数断点命中的时机要比设在函数内第 1 行的断点要早，这可以用来调试 GPU 加载算核函数参数的过程。

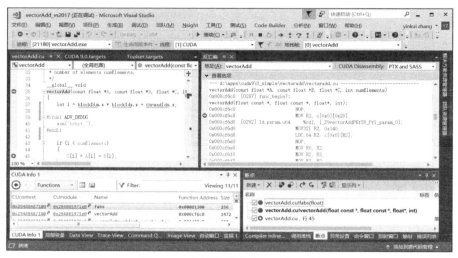

图 9-20　当函数断点命中时的场景

9.9.3　根据线程组和线程编号设置条件断点

为了可以精确中断到调试者最感兴趣的场景，Nsight 具有丰富的条件断点支持，可以像调试普通 C 程序那样给断点设置条件。除了使用普通的变量之外，条件中也可以使用 CUDA 的内置变量。图 9-21 显示的就是条件断点 `threadIdx.x == 200` 命中时的场景。

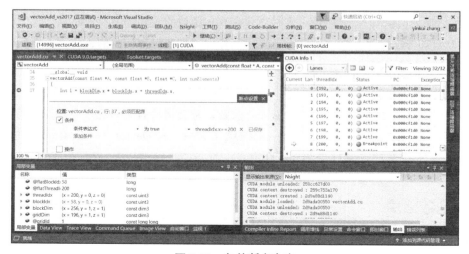

图 9-21　条件断点命中

观察图 9-21 所示的"局部变量"窗口，可以看到当前线程的编号为{200, 0, 0}，线程组编号为{58, 0, 0}。右上角的 CUDA Info 窗口显示了当前 Warp 中的 32 个执行管线（lane）的信息，灰色箭头所指的 8 号管线执行的正是当前命中断点的线程。

为了更方便地针对线程组和线程编号设置断点，Nsight 还定义了 4 个宏，比如 `threadIdx.x == 200` 可以使用宏简写为`@threadIdx(200, 0, 0)`。表 9-8 列出了这 4 个宏的详细信息。

表 9-8　方便设置条件断点的宏

宏	展　　开	说　　明
@threadIdx(x, y, z)	`(threadIdx.x == (x) && threadIdx.y == (y)` `&& threadIdx.z == (z))`	必须使用十进制数
@threadIdx(#N)	`( (((threadIdx.z * blockDim.y) +` `threadIdx.y) * blockDim.x + threadIdx.x)` `== (N) )`	根据平坦线程号设置条件，必须使用十进制数
@blockIdx(x, y, z)	`(blockIdx.x == (x) && blockIdx.y == (y) &&` `blockIdx.z == (z))`	必须使用十进制数
@blockIdx(#N)	`( (((blockIdx.z * gridDim.y) + blockIdx.y)` `* gridDim.x + blockIdx.x) == (N) )`	根据平坦的线程块号设置条件，必须使用十进制数

在 Nsight 内部，当执行条件断点操作时，位于 Visual Studio 进程内的插件模块会通过网络通信（Socket）把条件信息送给 Nsight 的监视器进程（进程名为 Nsight.Monitor.exe）。如果设置的条件无效，那么监视器进程会弹出类似图 9-22 所示的错误提示。

图 9-22　当设置无效条件断点时的错误提示

对应地，在 Visual Studio 的"输出"窗口中，也有类似的错误消息，比如以下消息。

```
Invalid breakpoint condition specified.
Syntax error, unexpected LITERAL, expecting RPAREN, or COMMA
threadIdx(100,0,0)
          ^     error at column 15
This breakpoint instance will hit unconditionally.
```

出现上述错误是因为使用 **threadIdx** 宏时缺少@符号。

⌈ 9.10 数据断点 ⌋

与 CPU 端的数据断点类似，在使用 Nsight 调试时，也可以对算核函数要访问的变量设置数据断点。数据断点有时也称为数据监视断点，或者简称监视断点和监视点。

9.10.1 设置方法

Nsight 的数据断点功能复用了 Visual Studio 的界面，因此设置方法与设置 CPU 的数据断点方法非常类似。首先，使用下面两种方法之一调出图 9-23 所示的"新建数据断点"界面。

图 9-23　"新建数据断点"对话框

- 在菜单栏中单击"调试"→"新建断点"→"数据断点"。
- 在菜单栏中单击"调试"→"窗口"→"断点"打开"断点"窗口，然后在"断点"窗口中单击左上角的"新建"→"数据断点"。

接下来，只要把要监视变量的地址和长度输入到对话框中即可。值得强调的是，一定要输入变量的地址，而不只是变量名。举例来说，对于一直作为例子的向量加法程序，如果希望数组 C 的 28000 号元素变化时中断，那么应该在地址栏中输入@C[28000]，而不只是 C[28000]。如果输入 C[28000]，那么会把这个元素的值（默认为 0）当作地址送给 GPU，导致这个断点永远不会命中。

对于 64 位的算核程序，目前支持的数据断点长度为 1、2、4、8 四个值。

另一点值得说明的是，通过 Nsight 设置的数据断点只能监视写操作，在读操作中不会命中。

9.10.2 命中

图 9-24 显示了 GPU 的数据断点命中时的场景。弹出的对话框中包含了数据断点所监视的地址和长度信息。单击"确定"按钮关闭对话框后，把鼠标指针悬停在 C[i] = A[i] + B[i] 这一行，意思是这一行修改了被监视的内存。在"断点"子窗口中，命中的断点会加粗显示。

观察"反汇编"窗口，可以看到执行点对应的指令是下面这条存储（Store）指令。

```
0x000cfc58                                    ST.E [R2], R8, P0;
```

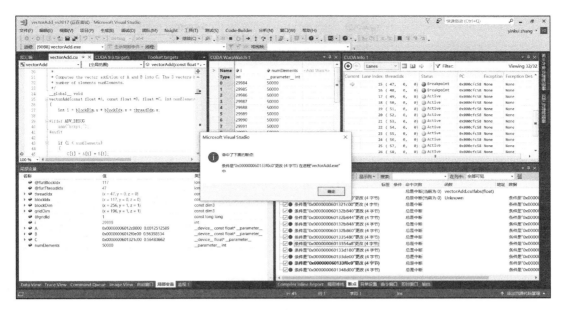

图 9-24　数据断点命中

上面指令可以描述为根据谓词寄存器 P0 决定是否把 R8 写到 R2 所指向的地址。从寄存器窗口观察 R2 值，发现它与断点的监视地址（0x60133f0c0）并不相同，即使去掉最高位 6，余下的部分也不一样，不过二者比较接近，只差 4 字节。这是为什么呢？下面给出了寄存器信息。

```
R0 = 0x0000752f R1 = 0x00fffc80 R2 = 0x0133f0bc R3 = 0x00000005 R4 = 0x0133f0bc
R5 = 0x00000000 R6 = 0x0000752f R7 = 0x00000000 R8 = 0x3f37436e R9 = 0x0000752f
R10 = 0x0000752f CFA = 0x00fffc80 P0 = 1 P1 = 0 P2 = 1 P3 = 0 P4 = 0
P5 = 0 P6 = 0 CC = 0x0

LogicalPC = 0x000cfc58 FunctionRelativePC = 0x00000598
```

观察图 9-24 右上角的 CUDA Info 窗口，会发现有两条管线都显示断点状态，目前显示的是上面一条，双击下面一条切换到另一个线程，再观察以下寄存器信息。

```
R0 = 0x00007530 R1 = 0x00fffc80 R2 = 0x0133f0c0 R3 = 0x00000005 R4 = 0x0133f0c0
R5 = 0x00000000 R6 = 0x00007530 R7 = 0x00000000 R8 = 0x3f339167 R9 = 0x00007530
R10 = 0x00007530 CFA = 0x00fffc80 P0 = 1 P1 = 0 P2 = 1 P3 = 0 P4 = 0 P5 = 0
P6 = 1 CC = 0x0

LogicalPC = 0x000cfc58 FunctionRelativePC = 0x00000598
```

这次 R2 就与数据断点地址的低位部分完全匹配了。如此看来，至少对于作者使用的软硬件配置，数据断点命中，不但刚好访问断点地址的执行单元会进入断点状态，而且访问附近地址的执行单元也可能会进入断点状态，这应该与 GPU 以 Warp 为单位并行执行的特征有关。

那么，为什么断点地址的高位部分与 R2 不一样呢？这应该是 Nvidia GPU 分配和访问内存的方法决定的。观察 CUDA Info 的"内存分配"窗口，我们会发现所有内存都具有一个共同特征，那就是最高（十六进制）位都一样，推测它们都属于同一个段，具有相同的基地址。上面的 R2 寄存器所含地址是基于这个基地址的偏移量。这与 x86 CPU 上的段概念非常类似。

另外值得说明的是，GPU 是在执行写操作之前中断的，用官方文档上的话来说，是在刚好要对断点地址执行写操作之前中断的（just prior to writing data to that address）。举例来说，对于设置在&C[30000]的断点，中断下来后，我们观察 C[30000]，它的值还是 0，还没有变化。这与 x86 CPU 中的数据断点行为是不一样的。

9.10.3　数量限制

CPU 上的数据断点是有数量限制的（纯软件模拟的情况除外）。那么 GPU 上的数据断点是否有数量限制呢？在 Nsight 的手册上，没有这个问题的答案。作者曾经故意设置了 30 个数据断点，也没有触碰到限制。看来，GPU 支持的数据断点数量远远超过 CPU。

9.10.4　设置时机

与在没有开始调试就可以设置代码断点不同，只有当调试会话建立后，才可以设置数据断点。因此，通常需要先设置一个代码断点，中断后再设置数据断点。

9.11　调试符号

调试符号是衔接二进制信息和源代码信息的桥梁，很多调试功能都是依赖调试符号的。本节将简要介绍 CUDA 程序的调试符号。一个 CUDA 程序包含两类代码，一类是在 CPU 上执行的主机部分，另一类是在 GPU 上执行的设备部分。本节只介绍设备部分的调试符号，也就是用于 GPU 调试的信息。

9.11.1　编译选项

在 CUDA 的编译和链接选项中都有关于调试符号的设置，通过-G 选项可以配置是否产生 GPU 调试信息。

CUDA 编译器的很多地方都与 LINUX 和 GCC 编译器有关，作者认为或许这是当初开发 CUDA 技术时制订的策略。比如，-G 选项很容易让人联想起 GCC 中的-g（小写）选项。在 GCC 中，-g 选项用于产生 CPU 的调试符号。

9.11.2　ELF 载体

CUDA 程序的 GPU 代码是以 ELF 文件存放的。ELF 的全称是 Executable and Linkable Format，是 Linux 操作系统上使用的可执行文件格式。

对于 Windows 平台上的 CUDA 程序，把 ELF 文件形式的 GPU 代码存放到 Windows 中 PE（Portable and Executable）格式的可执行文件中。

使用 CUDA 工具包中的 cuobjdump 可以观察或者提取出 PE 文件中的 ELF 部分。比如，下面的命令会列出 simplePrintf.exe 中包含的所有 ELF 内容（在编译时针对不同微架构产生了多个 ELF 文件）。

```
D:\apps\cuda91\bin\win64\Debug>..\..\cuobjdump -lelf simplePrintf.exe
ELF file     1: simplePrintf.1.sm_30.cubin
ELF file     2: simplePrintf.2.sm_35.cubin
<省略 5 行>
ELF file     8: simplePrintf.8.sm_70.cubin
```

可以使用-elf 选项来观察 ELF 文件的详细信息，比如..\..\cuobjdump -elf simplePrintf.exe。

9.11.3 DWARF

DWARF 是一种开放的调试信息格式，被包括 GCC 在内的很多编译器所采用。CUDA 编译器也使用了这个格式来描述 GPU 的调试符号。

在 GCC 中，DWARF 调试信息是与编译好的可执行代码放在同一个 ELF 文件中的。与此类似，CUDA 编译出的 GPU 调试符号也是与 GPU 代码一起放在 ELF 文件中的。在 Windows 平台上，它们又一起嵌入 PE 文件中。这意味着，对于 Windows 平台上的 CUDA 程序，CPU 部分的调试信息是放在 PDB 中的，而 GPU 的调试信息是放在可执行文件中的。

本书后续分卷将详细介绍 DWARF 格式。

9.12 CUDA GDB

在 Linux 系统上，除了可以使用 Eclipse 插件形式的 Nsight 调试器外，还可以使用 CUDA GDB 来调试 CUDA 程序。

CUDA GGB 是基于著名的 GDB 开发的。CUDA GDB 的大部分代码是开源的，可以在 GitHub 上下载其代码。

9.12.1 通用命令

使用 CUDA GDB 调试 CUDA 程序与使用普通 GDB 调试普通程序在很多地方都是相同的。或者说，CUDA GDB 只是在 GDB 的基础上做了一些扩展，让其可以支持 GPU 代码和 GPU 目标。为了减少读者的学习时间，CUDA GDB 尽可能保持与普通 GDB 的一致性，很多命令的格式和用法都是保持不变的。我们把与普通 GDB 相同的命令叫通用命令。比如，开始调试会话的 file 和 run 命令、观察栈回溯的 bt 命令、设置断点的 b 命令、恢复执行的 c 命令、反汇编的 disassemble 命令等都是通用命令。

举例来说，可以使用 break 命令对 foo.cu 中的算核函数设置断点。

```
(cuda-gdb) break foo.cu:23
```

也可以使用 cond 命令对断点附加条件。

```
(cuda-gdb) cond 3 threadIdx.x == 1 && i < 5
```

也可以把上面两条命令合成如下一条。

```
(cuda-gdb) break foo.cu:23 if threadIdx.x == 1 && i < 5
```

上面条件中的 threadIdx 是 CUDA 的内置变量，代表执行算核函数的线程 ID。

9.12.2　扩展

为了支持 GPU 调试的特定功能，CUDA GDB 对一些命令做了扩展，主要是 set 和 info 命令。

CUDA GDB 增加了一系列以 set cuda 开头的命令，比如 set cuda break_on_launch application 和 set cuda memcheck on 等。前者执行后，每次启动算核函数时都会中断到调试器；后者用于启用内存检查功能，检测与内存有关的问题。

类似地，CUDA GDB 还增加了很多个以 info cuda 开头的命令，用于观察 GPU 有关的信息。比如，info cuda devices 可以显示 GPU 的硬件信息。此外，info cuda 后面可以跟随的参数如下。

- sms：显示当前 GPU 的所有流式多处理器（SM）的信息。

- warps：显示当前 SM 的所有 Warp 的信息。

- lanes：显示当前 Warp 的所有管线的信息。

- kernels：显示所有活跃算核的信息。

- blocks：显示当前算核的所有活跃块（active block），支持合并格式和展开格式，可以使用 set cuda coalescing on/off 来切换。

- threads：显示当前算核的所有活跃线程，支持合并格式和展开格式，可以使用 set cuda coalescing on/off 来切换。

- launch trace：当在算核函数中再次启动其他算核函数时，可以用这个命令显示当前算核函数的启动者（父算核）。

- launch children：查看当前算核启动的所有子算核。

- contexts：查看所有 GPU 上的所有 CUDA 任务（上下文）。

9.12.3　局限

与 Windows 平台上的 Nsight 相比，CUDA GDB 是有一些局限的，比如针对 GPU 算核代码的监视点是不支持的。

本书后续分卷将详细介绍 GDB 以及它的变体，包括重要调试命令的详细解析，以及常用功能的工作原理和核心代码。为了避免重复，本节只做简单介绍。

⌈ 9.13　CUDA 调试器 API ⌋

CUDA GDB 内部使用一套名叫 CUDA 调试器 API（CUDA Debugger API）的编程接口来访

问底层信息和 GPU 硬件。CUDA 的工具包包含了这套 API 的文档。在 CUDA GDB 的开源代码中，包含了 API 的头文件和用法。

9.13.1　头文件

在 CUDA GDB 源代码目录的 include 子目录中，可以找到 CUDA 调试器 API 的核心头文件 cudadebugger.h。这个头文件包含了调试器 API 的常量、结构体定义和函数指针表。

其中，最重要的一个结构体就是包含函数指针表的 CUDBGAPI_st 结构体，它的字段都是函数指针。

```
struct CUDBGAPI_st {
    /* Initialization */
    CUDBGResult (*initialize)(void);
    CUDBGResult (*finalize)(void);

    /* Device Execution Control */
    CUDBGResult (*suspendDevice)(uint32_t dev);
    CUDBGResult (*resumeDevice)(uint32_t dev);
    CUDBGResult (*singleStepWarp40)(uint32_t dev, uint32_t sm, uint32_t wp);

    /* Breakpoints */
    CUDBGResult (*setBreakpoint31)(uint64_t addr);
    CUDBGResult (*unsetBreakpoint31)(uint64_t addr);
…
};
```

这个结构体包含了调试 API 的所有函数接口，根据功能分为如下多个小组，上面列出了三组，分别为初始化、设备执行控制以及断点。设备执行控制小组包含 3 个函数：suspendDevice 用于暂停执行，resumeDevic 用于恢复执行，singleStepWarp40 用于单步执行。为了节约篇幅，还有一些小组没有列出，包括设备状态观察、设备状态改变、硬件属性、符号、事件以及与版本相关的扩展功能。

9.13.2　调试事件

与很多基于调试事件的调试模型类似，CUDA 调试 API 也是调试事件驱动的。在 cudadebugger.h 中定义了多个用于描述调试事件的结构体，目前版本有 6 个，分别为 CUDBGEvent30、CUDBGEvent32、CUDBGEvent42、CUDBGEvent50、CUDBGEvent55、CUDBGEvent。前面 3 个已经过时，不建议使用。在每个结构体中，第一个字段是名为 CUDBGEventKind 的枚举类型变量，代表事件的类型，后面是用于描述事件详细信息的联合体结构，根据事件类型选择对应的结构体。以下节选开头的部分。

```
typedef struct {
    CUDBGEventKind kind;
    union cases_st {
        struct elfImageLoaded_st {
            uint32_t  dev;
            uint64_t  context;
```

```
        uint64_t  module;
        uint64_t  size;
        uint64_t  handle;
        uint32_t  properties;
    } elfImageLoaded;
…
```

其中，CUDBGEventKind 是枚举类型的常量，定义了所有事件类型，其详情见表 9-9。

表 9-9　CUDA 调试事件的类型、号码与含义

事 件 类 型	号 码	含 　义
CUDBG_EVENT_INVALID	0x0	无效事件
CUDBG_EVENT_ELF_IMAGE_LOADED	0x1	算核映像加载
CUDBG_EVENT_KERNEL_READY	0x2	算核启动就位（launched）
CUDBG_EVENT_KERNEL_FINISHED	0x3	算核终止
CUDBG_EVENT_INTERNAL_ERROR	0x4	内部错误
CUDBG_EVENT_CTX_PUSH	0x5	CUDA 执行上下文入栈
CUDBG_EVENT_CTX_POP	0x6	CUDA 执行上下文出栈
CUDBG_EVENT_CTX_CREATE	0x7	CUDA 执行上下文创建
CUDBG_EVENT_CTX_DESTROY	0x8	CUDA 执行上下文销毁
CUDBG_EVENT_TIMEOUT	0x9	等待事件超时
CUDBG_EVENT_ATTACH_COMPLETE	0xa	附加完成
CUDBG_EVENT_DETACH_COMPLETE	0xb	分离完成
CUDBG_EVENT_ELF_IMAGE_UNLOADED	0xc	算核映像模块卸载

在 CUDA GDB 的 cuda-events.c 中，包含了接收和处理调试事件的逻辑，函数 void cuda_process_event (CUDBGEvent *event)是入口，内部按参数指定的事件类型分别调用其他子函数。

9.13.3　工作原理

CUDA 调试 API 的内部实现使用的是进程外模型，调用 API 的代码一般运行在调试器进程（比如 cuda-gdb）中，API 的真正实现运行在名为 cudbgprocess 的调试服务进程中，二者通过进程间通信（IPC）进行沟通，其协作模型如图 9-25 所示。

当在 cuda-gdb 中开始调试时，cuda-gdb 会创建一个临时目录，其路径一般为：/tmp/cuda-dbg/<pid>/session<n>。

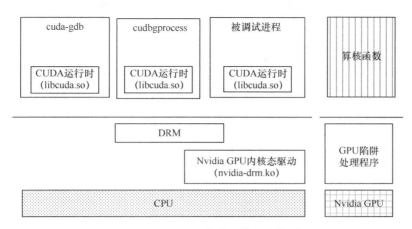

图 9-25 CUDA 的进程外调试模型

其中，pid 为 cuda-gdb 进程的进程 ID，*n* 代表在 cuda-gdb 中的调试会话序号。第一次执行 run 命令来运行被调试进程时，*n* 为 1，重新运行被调试进程调试时 *n* 便为 2。例如，作者在进程 ID 为 2132 的 cuda-gdb 中第 3 次执行 run 后，cuda-gdb 使用的临时目录名为 /tmp/cuda-dbg/2132/session3，其内容如清单 9-4 所示。

清单 9-4　CUDA 调试器使用的临时目录

```
root@zigong:/tmp/cuda-dbg/2132/session3# ll
total 156
drwxrwx--- 2 gedu gedu  4096 5 28 14:48 ./
drwxrwx--x 3 gedu gedu  4096 5 28 14:47 ../
-rwxr-xr-x 1 gedu gedu  5000 5 28 14:47 cudbgprocess*
-rw------- 1 gedu gedu 86184 5 28 14:48 elf.677300.a03250.o.qQBQYf
-rw------- 1 gedu gedu 10792 5 28 14:48 elf.677300.a03820.o.09dHeJ
-rw------- 1 gedu gedu 24008 5 28 14:48 elf.677300.a03e90.o.EdIcvc
-rw------- 1 gedu gedu  4840 5 28 14:48 elf.677300.ac3af0.o.GCscMF
-rw------- 1 gedu gedu  4944 5 28 14:48 elf.677300.ae85b0.o.EPQYKM
srwxrwxr-x 1 gedu gedu     0 5 28 14:47 pipe.3.2=
```

清单 9-4 中的 cudbgprocess 在整个模型中具有很重要的作用，它是调试服务的主要提供者，这里将其称为调试服务程序。

接下来，会以服务的形式启动 cudbgprocess，启动时通过命令行参数传递一系列信息。

```
/tmp/cuda-dbg/2132/session3/cudbgprocess 2132 128 1 0 0 0 400
```

调试服务进程启动后，会与 GPU 的内核模式驱动程序建立联系，然后通过 IOCTL 机制与其通信。它也会与 CUDA GDB 建立通信连接，以便接受 CUDA GDB 的任务请求，为其提供服务。

在 CUDB GDB 的源代码中，libcudbg.c 包含了所有调试 API 的前端实现，其内部会通过 IPC 机制调用被调试进程中的后端实现。下面以一个 API 为例做简单说明。下面是 cudbgSuspendDevice 函数的代码，来自 libcudbg.c。

```
static CUDBGResult
cudbgSuspendDevice (uint32_t dev)
{
    char *ipc_buf;
    CUDBGResult result;

    CUDBG_IPC_PROFILE_START();

    CUDBG_IPC_BEGIN(CUDBGAPIREQ_suspendDevice);
    CUDBG_IPC_APPEND(&dev,sizeof(dev));

    CUDBG_IPC_REQUEST((void *)&ipc_buf);
    result = *(CUDBGResult *)ipc_buf;
    ipc_buf +=sizeof(CUDBGResult);

    CUDBG_IPC_PROFILE_END(CUDBGAPIREQ_suspendDevice, "suspendDevice");

    return result;
}
```

在这个函数中，首先把调用信息放在用于跨进程通信的 ipc_buf 中，然后通过 CUDBG_IPC_REQUEST 宏发送出去。这个宏定义在 libcudbgipc.h 中，展开后会调用 cudbgipcRequest 函数，后者的实现也是开源的。在 libcudbgipc.c 中，其在内部使用管道文件与后端通信。

〖 9.14　本章小结 〗

本章使用较大的篇幅全面介绍了 Nvidia GPU 的硬件和软件。首先介绍硬件基础，包括微架构、硬件指令，然后从 PTX 指令集过渡到软件模型和 CUDA 技术，接下来介绍与调试密切相关的陷阱机制和系统调用。后面部分详细讨论了 Nvidia GPU 调试设施，包括 GPU 硬件提供的设施，以及调试符号、调试器和调试 API 等软件设施。

因为主题和篇幅限制，本书没有介绍 Nvidia GPU 的图形调试设施和调优工具（nvprof 及 API），感兴趣的读者可以参考 CUDA 工具集中的有关文档。

〖 参考资料 〗

[1] The 10 most important graphics cards in PC history .

[2] NVIDIA Launches the World's First Graphics Processing Unit: GeForce 256 .

[3] Nvidia Tesla: A UNIFIED GRAPHICS AND COMPUTING ARCHITECTURE.

[4] NVIDIA Quadro FX 370.

[5] Inside Volta: The World's Most Advanced Data Center GPU.

[6] Technical Brief: NVIDIA GeForce 8800 GPU Architecture Overview.

[7]   NVIDIA Fermi GF100 GPUs - Too little, too late, too hot, and too expensive .

[8]   The Soul of Maxwell: Improving Performance per Watt .

[9]   Whitepaper: NVIDIA GeForce GTX 1080 .

[10] what is "SASS" short for?.

[11] Predication.

[12] NVIDIA CUDA Windows Release Notes Version 1.0.

[13] Trap handler architecture for a parallel processing unit.

[14] The Top 10 Innovations in the New NVIDIA Fermi Architecture, and the Top 3 Next Challenges.

第 10 章

AMD GPU 及其调试设施

与上一章的结构类似，本章先介绍 AMD 公司研发的 Radeon 系列 GPU，探讨它的发展简史、微架构和软件模型，然后详细介绍 AMD GPU 的调试设施。

10.1 演进简史

1985 年 8 月，四位华裔加拿大人创立了一家名叫 Array Technology 的公司，这就是后来在显卡领域大名鼎鼎的 ATI 公司。四个创始人的名字分别是刘理凯（Lee Ka Lau）、刘百行（P. H. Lau）、何国源（Kwok Yuen Ho）和班尼·刘（Benny Lau）。

2000 年，ATI 开始使用 Radeon（中文翻译为镭）作为新产品线的品牌商标。自此开始，Radeon 成为显卡和 GPU 领域的一个响亮名字，直到今天。

2006 年 7 月，AMD 做出惊人之举，以 56 亿美元的价格收购 ATI。那几年，AMD 因为 x64 的成功，长期被英特尔挤压的局势有所扭转，人们本来觉得它会借此机会对英特尔主导的 x86 市场攻城略地。没想到，它把现金砸在了购买 ATI 上，当时很多人认为这是发疯之举。十几年过去了，如今回望历史，这真的是非常有战略眼光的一步棋。

> **格友评点**　　胜过英特尔以 76.8 亿美元收购 McAfee 千倍。

10.1.1　三个发展阶段

从 2000 年的 R100 开始，Radeon 商标的显卡至今已经走过了近 20 个年头。从技术角度来看，其发展经历可以分为如下三个阶段。

- 2000 年～2007 年，这一阶段的设计特点是用固定功能的硬件流水线（fixed pipeline）来实现 2D/3D 加速，主要产品有 R100（支持 DirectX 7）、R200、R300、R420、R520（支持 DirectX 9.0C）等。

- 2007 年～2012 年，通用化设计思想成为主流，逐步使用统一的渲染器模型（Unified

Shader Model）替代固定功能的硬件流水线。这一阶段的大多数产品都属于 Terascale 微
架构，主要产品有 R600、R700（Terascale 1）、Evergreen（Terascale 2）和 Northern Islands
（Terascale 3）。

- 2011 年 8 月，在 HPG11（High Performance Graphics）大会上，AMD 公开介绍了新的 GPU
  微架构，名叫 Graphics Core Next（GCN）。推出以来，该微架构已经迭代 6 次，从 GCN 1
  到 GCN 6，至今仍在使用。有消息称替代 GCN 的新设计将在 2020 年推出。

10.1.2　两种产品形态

2006 年 AMD 启动代号为 Fusion（融合）的项目，目标是研发把 CPU 和 GPU 集成在同一
块晶体（die）上的 SoC。收购 ATI 便是这个项目的一部分。经过五年努力，2011 年，AMD 终
于推出了代号为 LIano 的第一代产品。AMD 给这个新形态的芯片赋予一个新的名字，称为加速
处理单元（Accelerated Processing Unit，APU）。

早期的 APU 中使用的是 Terascale 微架构的 GPU，2013 年开始使用 GCN 微架构的 GPU，
直到今天。

APU 推出后，AMD 的 GPU 便有了两种产品形态，一种是 PCIe 接口的独立显卡，另一种
是 APU 中的集成 GPU。

在作者为写作本章而准备的 ThinkPad 笔记本电脑中，配备了上述两种形态的 GPU。先说
APU，其正式名称为 A10-8700P APU，开发代号叫 CARRIZO，是 LIano 的后代，发布于 2015
年，是专门针对笔记本市场的产品，被视为第一款符合 HSA 1.0 规范（见 10.5 节）的 SoC。这
个 APU 中的 CPU 包含了 4 个核心，实现的是 Excavator 微架构。A10-8700P 内的 GPU 是 Radeon
R6，包含了 6 个计算单元（CU），实现的是第三代 GCN 微架构。

另一个 GPU 在独立显卡中，型号为 Radeon M340DX，配备的是代号为 HAINAN 的 GPU，
实现的是第二代 GCN 微架构。

『 10.2　Terascale 微架构 』

2007 年 5 月 14 日，AMD 推出第一款基于 R600 GPU 的 Radeon HD 2900 XT 显卡，这是
ATI 被纳入 AMD 旗下后的第一款重量级产品，一推出便备受关注，结果也不负众望。R600 的
内部设计采用的是第一代 Terascale 微架构，本节就以它为例来介绍 Terascale 微架构。

10.2.1　总体结构

R600 包含大约 7 亿个晶体管，芯片的晶体面积（die size）也比较大，有 420mm^2[1]。占据
芯片核心位置的是流处理器单元（Stream Processing Unit）。R600 内部包含 320 个流处理器，分
为 4 组，每一组称为一个 SIMD 核心。在图 10-1 所示的 R600 GPU 结构框图中，中央像四串糖
葫芦似的部分便是 4 组流处理器。每一组又细分为 8 行，以中轴为界，左右各一小组，每一小

组包含 5 个流处理器，这样一行有 10 个流处理器，8 行刚好有 80 个流处理器。值得说明的是，每一小组中 5 个流处理器的能力是不一样的，只有一个可以执行特殊函数，因此图 10-1 中的 5 个小矩形故意画得 1 大 4 小。

格友评点	糖葫芦之语妙。

老雷评点	作文之法，意之曲折者，宜写之以浅显之词。理之浅显者，宜运之以曲折之笔。

　　值得说明的是，R600 的指令手册把流处理器称为并行数据处理器（Data-Parallel Processor，DPP），这可能是为了避免与 G80 使用同样的术语。

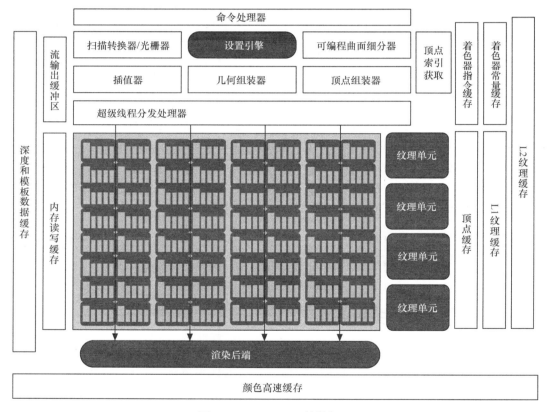

图 10-1　R600 GPU 结构框图

　　除了通用的流处理器之外，R600 还包含 16 个纹理单元（Texture Unit）。这 16 个纹理单元也分为 4 组，与 4 个 SIMD 核心分别连接，协同工作。

　　在 R600 中，还包含一个可编程的曲面细分器（tessellator）。曲面细分（tessellation）是当时很新的 3D 图形技术，其核心思想是让 GPU 自动产生三角形，更精细地描述 3D 物体，以提高 3D 画面的质量。ATI 和 AMD 投入很多力量研发和推广这项技术。后来终于被微软采纳，成为 DirectX 11 中的最重要技术之一，大放异彩。

10.2.2 SIMD 核心

对 R600 的总体结构有所了解后，我们再深入到每个 SIMD 核心的内部。图 10-2 是 SIMD 核心的结构框图，来自 Mike Houston 在 2008 年 Siggraph 大会上的演讲。Mike Houston 在斯坦福大学读博时参与了包括 Brook（CUDA 源头）在内的多个 GPGPU 项目，2007 年加入 AMD，后来成为 AMD 的院士。

首先解释一下，图 10-1 和图 10-2 的画法不同，对于 80 个流处理器，前者竖着画，后者横着画，就像把本来立着的糖葫芦放倒了。图 10-2 中，画出了两个 SIMD 核心，每个包含四个部分，从左到右依次为：负责调度的线程序列器（Thread Sequencer）、80 个流处理器、本地共享内存和纹理单元。这种结构的设计思想是纹理处理器从内存获取纹理数据后，首先进行解压缩等预处理，然后再交给流处理器做更多运算。纹理单元和流处理器可以通过本地共享内存快速通信与交换数据。

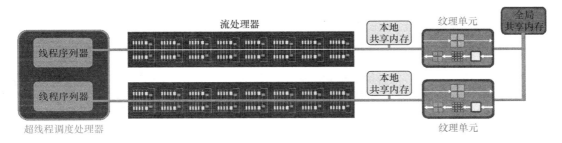

图 10-2　SIMD 核心的结构框图

图 10-2 这样由流处理器、纹理单元、共享内存和线程调度器组成的 SIMD 核心就像是一个多兵种的战斗军团，可以联合起来对并行的数据进行各种计算。这样的 SIMD 核心要比 Nvidia 的 CUDA 核"大"很多：不但在晶体管数量上要大，而且在处理能力方面也要大。

10.2.3 VLIW

VLIW 的全拼是 Very Long Instruction Word，直译便是非常长的指令字，是通用芯片领域的一个术语。它用来指代一种指令集体系结构（ISA）设计风格，表面上是说指令的长度很长，深层的含义是指通过长指令一次执行一套功能很强大的操作，在指令层次上实现并行操作。

Terascale 的指令集是典型的 VLIW 风格，上面描述的每个 SIMD 核心有 80 个流处理器，每 5 个流处理器组成一个 ALU，每个 ALU 中的 5 个流处理器可以同时执行 4 或者 5 条以 VLIW 格式同时发射（co-issue）的操作（op）。

因为 VLIW 指令是在编译期产生的，所以 VLIW 技术的实际效果是依赖编译器的，需要编译器在编译时寻找到合适的并行机会。根据 AMD 的分析，对于典型的 3D 游戏应用，大多时候只使用 5 个中的 3 或者 4 个执行单元。为此，在后来版本的 Terascale GPU 中，AMD 改进了设计，把 5 个流处理器缩减为 4 个。这个变化简称为从 VLIW5 到 VLIW4，其中，5 和 4 表示流处理器的个数从 5 个变为 4 个。较早使用这种 GPU 设计的产品是 A10-4600M，它属于 APU 产品。这样改进后，也可以降低 GPU 占用的芯片面积，提高单位面积的性能（performance per mm²）。

10.2.4　四类指令

R600 的指令分为四个大类：流程控制（contrl-flow，CF）指令、ALU（算术逻辑单元）指令、纹理获取（texture-fetch）指令和顶点获取（vertex-fetch）指令。前两种指令的长度均是 64 位（两个 DWORD），后两种指令的长度均是 128 位（4 个 DWORD）。

在 R600 中，有分句（clause）的概念，每个分句由相同类型的多条指令组成。除了流程控制指令外，另三种指令都可以组成对应类型的分句，因此有三种分句，即 ALU 分句、纹理获取分句和顶点获取分句。

每个 R600 程序都分两个节（section），前面一节是流程控制指令，后面一节是子句，ALU子句在前，另两种子句在后。当 CPU 端的软件启动 R600 程序时，会把每种子句的起始地址告诉 R600。

流程控制指令又可以细分为如下几种子类型。

- 用于发起子句的指令。

- 输入和输出指令，前者用于把数据从各类缓冲区中加载到通用寄存器（GPR），后者用于把数据从通用寄存器写到各类缓冲区。

- 与其他功能单元的通信和同步指令，比如 EMIT_VERTEX 指令指示有顶点输出（写到缓冲区）。

- 条件执行指令。

- 分支和循环指令，除了各种形式的循环语句外，还有 CALL 和 RET 这样的调用子过程的指令。

纵观 R600 的硬件结构和软件指令，可以看出它的很多设计都带着 3D 烙印，有些概念直接来自 DirectX 这样的 3D 模型。所以，R600 很适合执行顶点、像素、几何变换等图形任务，满足了当时 GPU 的主要用途。然而，从通用计算的角度看，它虽然比之前的固定硬件单元前进了一大步，但无论硬件结构还是软件模型都不够通用，与 G80 的差距很大，有待 GCN 微架构继续完成历史使命。

▌10.3　GCN 微架构 ▐

2011 年 8 月，在 HPG11（High-Performance Graphics）大会上，AMD 的两位院士架构师 Michael Mantor 和 Mike Houston 一起介绍了新一代的 GPU 微架构[2]，名字就叫"下一代图形核心"（Graphics Core Next，GCN）。

从此，AMD 大约以每年更新一次的速度向前推进 GCN 微架构，已经发展了 6 代，其代号分别为 Southern Islands（2011 年）、Sea Islands（2013 年）、Volcanic Islands（2014 年，GCN3）、Arctic Islands（2016 年）、Vega（2017 年，GCN5）和 Navi（计划 2019 年发布）。

10.3.1 逻辑结构

　　与 Terascale 相比，GCN 的首要目标是增加通用计算能力，不仅要很好地支持传统的图形应用，还要支持新兴的通用计算（GPGPU）应用。因此，GCN 的改进重点是内部的通用计算单元。图 10-3 是来自 Vega ISA 手册的 GCN5 微架构逻辑框图。很容易看出，中间偏右的数据并行处理器（Data-Parallel Processor，DPP）部分变化很大，DPP 阵列外围的部分变化不大。

　　虽然图 10-3 是逻辑图，省略了很多部件，但 GCN 的主要变化确实是在 DPP 阵列上。为了提高通用计算能力，GCN 对 Terascale 的 SIMD 核心做了大刀阔斧的革新，并给新的核心取了一个新名字，称为计算单元（Compute Unit），以突出其通用计算特征。

　　图 10-3 中，分四行画出了 4 个 CU，但有省略符号表示可能有更多 CU。在每一个 CU 中，画了一组标量 ALU（标量算术逻辑单元，sALU）和标量寄存器（sGPR），还有四组向量 ALU（向量算术逻辑单元，vALU）和向量寄存器（vGPR）。

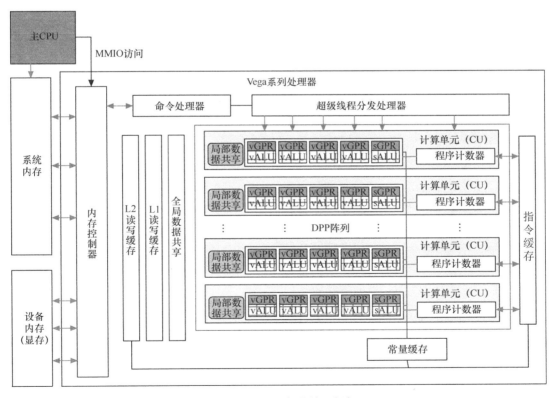

图 10-3 GCN5 微架构的逻辑框图

10.3.2 CU 和波阵

　　下面介绍每个 CU 的内部结构。与 SIMD 核心的结构（见图 10-2）相比，CU 的结构（见

图 10-4）变化很大。首先，每个 CU 包含了 4 个 SIMD 单元，每个 SIMD 单元包含一个 16 路的向量算术逻辑单元（vALU）。除了向量单元外，每个 CU 中还有 1 个标量单元，它包含一个整数类型的算术逻辑单元（sALU）。sALU 负责执行标量指令和流程控制指令，继承了 Terascale 微架构中把流程控制逻辑独立出来的特征。概括一下，在每个 CU 内部，有 64 个 vALU，1 个 sALU。每个 SIMD 单元有 64KB 的寄存器，称为 vGPR。sALU 有 8KB 的寄存器，称为 sGPR。

图 10-4 中，左侧大约三分之一的部分称为 CU 前端（CU front-end），它负责获取、解码和发射指令。为了提高 vALU 的利用率，每个 SIMD 单元有自己的程序计数器和指令缓冲区，即图 10-4 中左侧 4 个标有 PC & IB 的部分，PC 和 IB 分别是程序计数器和指令缓冲区的缩写。每个指令缓冲区可以容纳 10 个波阵（wavefront，有时简称为 wave），4 个指令缓冲区共计容纳 40 个波阵。

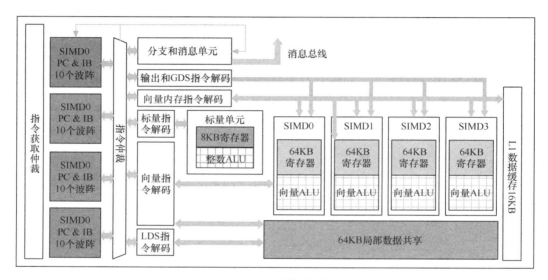

图 10-4　GCN 微架构的 CU

波阵是 AMD 定义的术语，相当于 CUDA 中的 WARP，但容量大一倍，可容纳 64 个线程。二者都是 GPU 调度线程和组织计算资源的基本单位。从软件的角度来看，每个算核函数在多个并行的线程中同时执行，每个线程处理自己的数据。对于硬件，一个一个地调度线程效率太低了，解决方法是成批地调度和执行，批次多大呢？Nvidia 选择了 32 个作为一批，取名为 Warp；AMD 选择了 64 个作为一批，取名为波阵。

严格来讲，Warp 和波阵是用来描述线程的，但是有时也用它们来描述用以容纳调度和执行成批线程的硬件设施。比如在图 10-4 中，每个 PC & IB 矩形中都标有 10 个波阵。其含义是每个指令缓冲区可以容纳 10 个波阵。指令缓冲单元不仅可以做取指和解码等准备工作，还可以执行某些特殊指令，比如空指令（S_NOP）、同步指令（S_BARRIER）、暂停指令（S_SETHALT）等。

可以把指令缓冲区看作一张大嘴，有了这张大嘴后，CU 的吞吐能力大大增加，可以一次吞入 $64 \times 10 \times 4 = 2560$ 个线程。像巨蟒一样先把巨大的食物吞到嘴里，再慢慢压进体内并消化。

按此计算，对于拥有 32 个 CU 的 Radeon HD 7970 显卡，同时可以运行的线程数高达 81 920 个。不过，这样的线程与英特尔 CPU 的超线程概念类似，虽然逻辑上有那么多个线程在解码和执行，但是它们共享后端执行单元，实际执行速度肯定是要打折扣的。

对于每个 CU，2560 个逻辑线程共享内部的硬件资源。粗略计算，内部的执行单元有不到 100 个（包括纹理单元），所以逻辑线程和执行单元的比例是很悬殊的。从技术上讲，这样设计是为了提高后端执行单元的利用率；从商业上讲，它便于产品宣传。

有趣的是，在市场宣传方面，AMD 很少提及成千上万的逻辑线程数。相反，还经常使用把每个计算单元称为一个核的方法。比如前面提到过的 Thinkpad 笔记本电脑的键盘下面贴着三个徽标：AMD A10、10 Compute Cores 4 CPU + 6 GPU、RADEON dual Graphics。其中的"6 GPU"是指 A10 的 GPU 中包含 6 个 CU 核心。使用 GPU-Z 观察，会看到有 384 个统一渲染器（Unified Shader），这与上面介绍的每个 CU 有 64 个 vALU 是一致的。

10.3.3　内存层次结构

使用 GPU 做通用计算的典型场景是对大量的数据进行并行处理。在计算时，需要让数量众多的计算单元可以快速访问到要计算的数据。为此，GCN 内部设计了多种类型和层次的缓存。图 10-5 是来自 Vega 指令手册的 GCN 内存层次结构图，可以看到针对每个内存通道都有二级读写缓存。在每个 CU 内部，设有针对纹理数据的一级读写缓存。

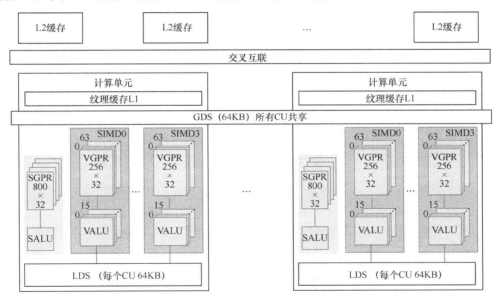

图 10-5　GCN 内存层次结构图

高速缓存可以加快 GPU 内部单元访问外部数据的速度。另一方面，为了加快 GPU 内部各个计算单元之间的数据通信，GCN 内部还配备了全局数据存储器（Global Data Store，GDS），用于跨 CU 的数据交换。在每个 CU 内部，配备了局部数据存储器（Local Data Store，LDS），供算核函数中带有共享属性的变量使用，让 CU 内部的所有计算单元可以快速同步数据。

10.3.4　工作组

在 GCN 中，多个波阵（wavefront）可以组成一个工作组（workgroup，WP），要确保同一个工作组的波阵在同一个 CU 上运行，以便于同步和共享数据。每个工作组最多包含 16 个波阵，也就是 16×64＝1024 个工作项（work-item）。对于同一个工作组中的多个波阵，可以用 S_BARRIER 指令来同步多个波阵，当一个波阵先执行到这条指令时，会等待其他波阵也执行到这条指令时再继续执行。图 10-6 形象地描述了组织计算任务的多个单位的关系。该图来自 HSA 联盟（见 10.5 节）发布的编程手册[3]。

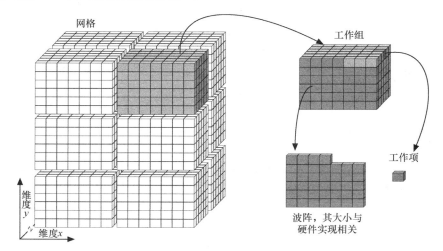

图 10-6　描述计算任务的多个单位

下面通过一个实例来理解工作组和 GCN 调度线程的基本方法。清单 10-1 是通过 ROCm-GDB 调试器（见 10.13 节）观察到的某个工作组的状态。

清单 10-1　工作组状态

```
Information for Work-group 0
Index   Wave ID {SE,SH,CU,SIMD,Wave}   Work-item ID        PC        Source line
   0    0x408001c0 { 0, 0, 1, 0, 0}    [0,12, 0 - 15,15, 0] 0x2a8    temp_source@line 64
   1    0x408001d0 { 0, 0, 1, 1, 0}    [0, 4, 0 - 15, 7, 0] 0x2a8    temp_source@line 64
   2    0x408001e0 { 0, 0, 1, 2, 0}    [0, 0, 0 - 15, 3, 0] 0x2a8    temp_source@line 64
   3    0x408001f0 { 0, 0, 1, 3, 0}    [0, 8, 0 - 15,11, 0] 0x2a8    temp_source@line 64
```

清单的第 1 行显示工作组编号（0 号）。然后是一个 4 行（不算标题行）多列的表格。每一行描述的是一个波阵的不同属性。

第 1 列是行号。第 2 列是波阵的硬件标识（ID），它是按照物理硬件槽位号（hardware slot id）产生的，大括号中的数据是信息来源。其中，SE 代表渲染引擎（Shader Engine）ID，SH 是渲染阵列 ID，CU 是计算单元 ID，SIMD 是每个 CU 中的 SIMD 单元编号，最后的 Wave 是波阵槽位编号，图 10-4 中的每个指令缓冲单元（PC & IB）可以容纳 10 个波阵，这个编号代表 10 个位置之一。注意，清单中 4 行的波阵号都是 0，说明 4 个波阵使用的都是 4 个指令缓冲单元的第 1 个槽位。4 行中的 CU 编号也相同，只有 SIMD 单元号不同，说明属于同一个工作组的 4 个波阵在同一个 CU 上执行，每个 SIMD 单元的 0 号槽位在执行一个波阵。第 3 列显示的是工作项 ID，连字符前面的三元组是起始编号，后面的三元组是截止编号，每一行覆盖的范围刚好是 64 个工作项。第 4 列是程序指针，4 行相同，代表都执行到相同的位置。最后一列是源代码位置，@符号前是源文件名，后面是行号。因为排版限制，清单中省略了一列，名叫 Abs Work-item

ID，代表工作项的绝对 ID，对于本例，与第 3 列数值完全相同。

10.3.5 多执行引擎

虽然通用计算单元是 GCN 的重头和主角，但也不是全部。在 GCN 中，也有用来支持其他应用的硬件单元。以视频应用为例，用于多媒体解码的部分称为统一视频解码器（Unified Video Decoder，UVD）。用于多媒体编码的部分叫视频编码引擎（Video Coding Engine，VCE）。此外，支持显示的部分叫显示控制引擎（Display Controller Engine，DCE）。与上面的简称对应，图形和计算阵列部分也有个统一的简称，称为 GCA（Graphic & Compute Array）。

10.4 GCN 指令集

通过上一节，读者对 GCN 硬件应该有了基本的认识。本节继续介绍 GCN 的指令集，巩固上一节的知识，并把焦点转移到软件方面。因为在硬件结构上，GCN 就把执行单元分为向量 ALU 和标量 ALU，所以在指令方面，GCN 的指令定义也明确区分向量操作和标量操作。在 GCN 程序的汇编中，大部分指令都以 S_ 或者 V_ 开头，前者代表标量（Scalar）指令，后者代表向量（Vector）指令。

10.4.1 7 种指令类型

在向量和标量两个大类的基础上，GCN 又把所有指令细分为如下 7 种类型[4]。

- 分支（branch）：比如实现无条件分支的 s_branch 指令，实现条件分支的 s_cbranch_<test> 指令，还有一系列根据调试状态实现分支的 s_cbranch_cdbgxxx（见 10.10 节）等。

- 标量 ALU 或标量形式的内存访问：前者包括各种整数算术运算、比较、位操作和读写硬件状态的特别指令（S_GETREG_B32、S_SETREG_B32），后者用于访问内存，比如从内存读取数据的 S_LOAD_DOWRD 指令，向内存写数据的 S_STORE_DOWRD 指令等。GCN 以波阵为单位执行程序，该类指令的特点是对每个波阵只要操作一个元素。

- 向量 ALU：向量形式的各种计算，与标量 ALU 不同，当执行向量 ALU 指令时，一个波阵中的 64 个线程要各自操作自己的数据。

- 向量形式的内存访问：在 vGPR 和内存之间移动数据，把内存中的数据读到每个线程的 vGPR 中，或者把 vGPR 中的数据写入内存中。又分为有类型（typed）访问和无类型（untyped）访问，前者以 MTBUF_ 开头，后者以 MUBUF_ 开头。

- 局部数据共享（local data share，LDS）：用于访问局部共享内存，比如指令 DS_READ_ {B32,B64,B96,B128,U8,I8,U16,I16} 可以为每个线程读取一份对应类型和大小的数据。

- 全局数据共享（global data share）或者导出（export）：访问全局共享内存，或者把数据从 VGPR 复制到专门的输出缓冲区中，比如把渲染好的像素以 RGBA 的形式输出到多个渲染目标（Multi-Render Target，MRT）。

- 特殊指令（special instruction）：包括空指令（S_NOP）、同步用的屏障指令 S_BARRIER、暂停和恢复的 S_SETHALT 等。

上述分类的一个目的是让 CU 前端可以根据指令类型快速处理和分发指令。比如，特殊指令在前端就可以执行，标量计算和标量内存访问要分发给标量单元（sALU）。所有程序流程控制使用的都是标量指令，包括分支、循环、子函数调用和陷阱。sALU 可以使用 s 通用寄存器（sGPR），但是不可以使用 vGPR 和 LDS（参见 ISA 手册 5.2 节）。相反，vALU 可以访问 SGPR。

10.4.2　指令格式

GCN 的指令是不等长的，为一个或两个 DWORD，也就是 32 位或者 64 位。

根据指令的特征，GCN 指令有 20 余种格式，每种格式都有一个简称。以 S_SLEEP 指令为例，其格式代号为 SOPP，如图 10-7 所示。

图 10-7　GCN 的 SOPP 指令格式

该格式的指令都是一个 DWORD。其中，低 16 位为立即数，最高 9 位固定为 0b101111111，中间 7 位为操作码，用于标识每一种指令，S_SLEEP 的操作码为 14（0xE）。S_SLEEP 指令会让当前波阵进入睡眠状态，睡眠的时间大约为 64 * SIMM16[6:0]个时钟周期 + 1～64 个时钟周期。其中，SIMM16[6:0]代表立即数部分的第 0 位到第 6 位。

10.4.3　不再是 VLIW 指令

上一节介绍的 Terascale 指令集是典型的 VLIW 风格，每个 ALU 可以并行执行 4 条或者 5 条以 VLIW 格式同时发射（co-issue）的操作。但这需要编译器在编译时就找到并行机会，产生合适的 VLIW 指令，否则就会浪费硬件资源。

在 GCN 中，编译器直接产生低粒度的微操作指令，这样的指令会在 64 个 vALU 上同时执行，各自操作自己的数据。这样就减小了编译器的压力，不再把提高并行度这样的关键任务放在编译器和应用程序上。

因此，可以很放心地说，GCN 的指令集不再属于 VLIW，这在 AMD 官方的 GCN 架构白皮书[4]上已经表达得非常明确。不过，或许是出于成见，仍有人认为 AMD GPU 使用的指令集还是 VLIW 指令。

10.4.4　指令手册

在 AMD 的开发者网页[5]上可以下载到部分版本的 GCN 指令集（ISA）手册，目前有 GCN1、2、3 和 5 版本，内容结构大体相同，都分为 13 章。前 4 章分别介绍术语、程序组织、算核状态（寄存器等）和流程控制，篇幅不长，加起来只有 30 多页，值得细读。第 5～8 章分别介绍标量操作、向量操作、标量内存操作和向量内存操作。第 9～11 章介绍内存层次和数据共享等深度内容。第 12 章为所有 GCN 指令的列表，分门别类地介绍指令的操作码和操作过程。第 13 章介绍指令的编码格式。

10.5　编程模型

虽然 AMD 公司的经营业绩很不稳定，几次大起大落，但是它始终保持着很强的开创精神，让人敬佩。在硬件方面，它率先把内存管理器移入 CPU、勇敢收购 ATI 并把 GPU 与 CPU 融合成 APU 都是很好的例子。在软件方面，它也一直在提出新的构想，并锲而不舍地努力着。关于 GPU 的编程模型，除了支持 DirectX、OpenGL 等业界流行的方法外，AMD 也在不断推陈出新。

10.5.1　地幔

2013 年 9 月，多家媒体报道 AMD 与著名的游戏公司 DICE 在开发一套新的图形 API，该 API 可以更直接地控制硬件。这个新技术有个响亮而且富有意义的名字——地幔（Mantle）[6]。

图 10-8 是来自官方编程手册[7]的架构图。实线框中的是必需的 Mantle 软件组件，虚线框中的是可选的 Mantle 软件组件。

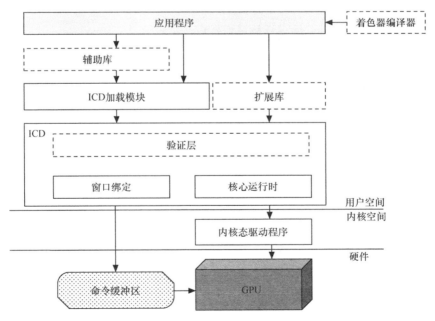

图 10-8　地幔编程模型架构图

图 10-8 左下方的垂直箭头是地幔技术的关键。箭头上方是用户空间，下方是硬件，这个粗大的箭头就好像一条高速公路，把应用程序与 GPU 硬件联系起来，不需要经过很多复杂的中间层。内核是软件领域中的政府，像地幔这样跨越政府建设快捷通道是软件领域里常用的一种优化思路。

从 2014 年起，关于地幔技术的开发资料和开发包陆续发布，支持的硬件是 GCN 微架构的 GPU，操作系统是 Windows。接下来，使用地幔技术的游戏也陆续发布。

地幔的成功很快引起了竞争者的注意，没过多久就有其他公司也推出了与地幔思想类似的技术，比如苹果公司在 2014 年 6 月发布了 Metal 技术，微软公司在 2014 年 3 月发布了 DirectX 12。与之前版本侧重改变硬件接口不同，DirectX 12 的重点就是提升 CPU 端的效率，与地幔的思想如出一辙。

进入 2015 年后，人们对地幔未来的看法变得多样化，有人希望它加入 Linux 的支持，有人希望它可以支持其他品牌的 GPU。最终 AMD 选择了开放，把地幔捐献给了以制定图形接口著名的 Khronos 组织。2015 年的 GDC 大会上，Khronos 宣布了基于地幔衍生出的 Vulkan 编程接口。Vulkan 是今天仍在使用的 GPU 编程接口，以偏向底层和高效而著称。

10.5.2　HSA

异构计算是个古老的话题，随着 GPU、多核以及 NUMA 这样的非对称技术的发展，它又成为计算机系统的一个焦点问题。前面提到过，AMD 公司从 2006 年开始启动 FUSION 项目，之后收购 ATI，把 GPU 集成到 CPU 中推出 APU。这期间，他们一定想到过这个问题。异构是硬件发展的趋势，异构也应该是软件的未来。但是说来容易，做起来难，因为涉及面太广。AMD 也清楚地认识到了这一点，觉得自己势单力薄。于是在 2012 年，AMD 携手 ARM、Imagination、Mediatek、高通和三星共同发起并成立了名为 HSA Foundation 的联盟[8]。

HSA 联盟的目标是让程序员可以更简单地编写并行程序。

2015 年 3 月，HSA 联盟发布了 HSA 标准的 1.0 版本，分为如下三个部分。

- HSA 系统架构规约（HSA System Architecture Specification），定义了硬件的运作规范。

- HSA 程序员参考手册（HSA Programmers Reference Manual（PRM）），该部分是整个标准的核心，详细定义了名为 HSAIL 的 HSA 中间语言，描述了 HSAIL 的指令集，定义了 HSA 中间语言的二进制格式（BRIG），以及构建 HSA 软件生态系统所需的工具链和开发规范。

- HSA 运行时规约（HSA Runtime Specification），定义了应用与 HSA 平台之间的接口。

在 GitHub 网站的 HSA 联盟页面上[9]，可以看到与上述标准有关的一些开源项目，有运行时的参考实现、针对 HSAIL 的编译器和工具以及调试器等。但这些项目几乎都是针对 AMD 硬件的，开发者大多也都来自 AMD。

10.5.3　ROCm

或许 AMD 觉得依靠 HSA 联盟多方协作速度太慢，或许 AMD 觉得 HSA 联盟的其他成员不够努力，在 2015 年的超算大会（SC15）上，AMD 宣布了一个新的计划，名叫玻耳兹曼宣言（Boltzmann Initiative）。这个计划的核心项目称为 ROCm，全称为 Radeon Open Compute。ROCm 的目标是为 AMD 的 Radeon GPU 打造一套高效而且开放的软件栈，为包括人工智能和超级计算在内的各种应用提供基础环境。简单地说，ROCm 旨在与 CUDA 正面对抗，竞争 GPGPU 的市场份额。

ROCm 项目开始后，原本在 HSA 联盟上的多个项目都暂停或者转移到了 ROCm 项目中。在 ROCm 的 GitHub 站点上[10]，可以看到多个项目在频繁更新，火热推进。除了核心平台外，还有名为 HCC 的异构设备编译器、运行时、ROCm-GDB 调试器（见 10.13 节）、GPU 调试工具 SDK（见 10.12 节）、内核态驱动（ROCk，k 代表 kernel）等。

在 ROCm 的开发工具项目中[11]，有一个名为 HIP 的工具，用于把 CUDA 程序转变为可以在 ROCm 平台上运行的 C++程序。HIP 的全称叫"供移植用的异构计算接口"（Heterogeneous-compute Interface for Portability）。

值得说明的是，开始 ROCm 并不代表停止 HSA。在 ROCm 中，很多地方都是基于 HSA 规范的，而且使用了 HSAIL、BRIG 等核心技术。可以认为，HSA 是和伙伴们一起推动的标准，ROCm 是在自己平台上的实现，AMD 在很踏实地两条腿走路。

10.5.4　Stream SDK 和 APP SDK

下面介绍 AMD 的另外两种编程模型和开发工具。一个叫 ATI Stream SDK，这是从 ATI 时代就开始的并行计算开发工具，是与 Terascale GPU 配套的编程工具，最初版本使用的编程语言是与 CUDA 同源的 Brook，叫 ATI Brook+。ATI Brook+工作在 ATI 的计算抽象层（Compute Abstraction Layer，CAL）之上，让用户可以使用高层语言编写并行计算程序。

不过，AMD 没有一直按 Brook+这个路线发展。在 OpenCL 出现后，AMD 选择了 OpenCL，并把加入 OpenCL 支持的 Stream SDK 2.0 改名为 APP SDK。APP 是加速并行处理（Accelerated Parallel Processing）的缩写。这次改名发生在 2011 年前后。APP SDK 发展到 3.0 版本后，似乎也停止了，在 AMD 网站上的链接消失不见了。

10.5.5　Linux 系统的驱动

在 Linux 内核源代码树中，有几个主要显卡厂商的驱动，其位置都在 drivers/gpu/drm/目录下。对于 ATI 和 AMD 的显卡，早期的驱动位于 radeon 子目录中。2015 年 4 月，名为 AMDGPU 的新驱动发布，它支持 GCN 微架构的 GPU。2015 年 9 月，AMDGPU 驱动进入 Linux 内核 4.2 的主线（mainline）。

除了 amdgpu 目录之外，在 drm 目录下还有一个名叫 amdkfd 的目录。简单说，这个驱动是用于支持 HSA 应用的，是 HSA 软件栈的一部分。作者认为名字中的 kfd 是"内核态融合驱动"（Kernel Fusion Driver）的缩写。终结器是 HSA 中的概念，需要并行的逻辑先编译为中间语言，运行时由终结器根据实际硬件编译成目标代码并执行。

⌈ 10.6　异常和陷阱 ⌋

异常和陷阱机制赋予处理器飞跃的能力，是处理器报告意外和错误情况的基本方法，也是报告调试事件的基本途径。

至少从第一代 GCN 微架构开始，AMD GPU 内便实现了比较全面的异常和陷阱机制。但是，公开的资料对此介绍不多，我们仅能根据有限的资料和源代码管中窥豹，略陈概要。为了行文简略，如不特别说明，下文都以 Vega 微架构（GCN5）为例。

10.6.1　9 种异常

根据公开的 ISA 手册，在 Vega 微架构中，共定义了如下 9 种异常。在下面的异常列表中，方括号内的数字就是二进制位的序号。

- [12]：无效的指令或者操作数（invalid）。

- [13]：输入的浮点数不是正规浮点数（非正规，denormal）。

- [14]：浮点计算中除数为 0（float_div0）。

- [15]：溢出（overflow）。

- [16]：向下溢出（underflow）。

- [17]：浮点计算的结果不精确（inexact）。

- [18]：整数计算中除数为 0（int_div0）。

- [19]：地址监视（address watch）。

- [20]：内存访问违规（memory violation）。

其中，地址监视异常是用来监视内存访问的，与 x86 的硬件断点类似，10.8 节将单独介绍。

10.6.2　启用

在 GCN 中，有一个名为 MODE 的模式寄存器，一共有 32 位，其中有 9 位是用来启用和禁止上面提到的 9 种异常，从第 12 位开始，每一位对应一种异常。

10.6.3　陷阱状态寄存器

GCN 还配备了一个陷阱状态寄存器，名叫 TRAPSTS。当有异常发生时，GCN 用这个寄存器报告异常的详细情况。

TRAPSTS 寄存器也是 32 位的，其中第 0～8 位用来报告刚刚发生的是何种异常（EXCP），每一位对应上面描述的 9 种异常中的一种。注意，这些位具有黏性特征，一旦置 1，硬件不会自动复位为 0，需要使用软件来复位。

TRAPSTS 寄存器的第 10 位叫作 SAVECTX 位，CPU 端的软件可以通过写这一位告诉 GPU 立即跳转到陷阱处理函数并保存上下文。陷阱处理函数必须及时执行 S_SETREG 指令，清除这一位。算核函数中的代码也可以写这一位来触发陷阱，保存上下文。

第 11 位（ILLEGAL_INST）用来指示检测到了非法的指令。

第 12～14 位（ADDR_WATCH1～3）用来指示地址监视机制的命中情况，三个位与监视的三个地址一一对应，10.8 节将介绍地址监视机制。

当有浮点异常发生时，第 16～21 位（EXCP_CYCLE）向陷阱处理函数报告异常发生在哪个时钟周期。因为执行一条浮点指令可能需要多个时钟周期，通过这个信息，可以帮助判断浮点错误发生在浮点操作的哪个阶段。第 29～31 位（DP_RATE）用来进一步描述 EXCP_CYCLE字段，细节从略，感兴趣的读者请查阅 Vega 指令手册的第 3 章（3.10 节）。

10.6.4　陷阱处理器基地址

如何告诉 GCN 陷阱处理函数的位置呢？在 GCN 中，定义了一个名叫 TBA 的寄存器，其全称为陷阱基地址（Trap Base Address）。TBA 是个 64 位的寄存器，用来存放陷阱处理函数的入口地址。在开源的 Linux 内核 amdkfd 中，向用户态提供了 IOCTL 接口，供调试器等软件来定制陷阱处理函数。驱动中的接口函数（kfd_ioctl_set_trap_handler）会把要设置的信息先记录下来，再通过 MMIO 和上下文状态保存和恢复机制（见 10.9 节）间接设置到 GPU 的 TBA 寄存器中。

10.6.5　陷阱处理过程

有多种机制会触发 GCN 的陷阱机制，包括用户程序发起（使用 S_TRAP 指令）、执行程序时遇到异常或者主机端发起。无论是何种原因，GCN 都会产生一条 S_TRAP 指令，然后使用统一的方式来处理。

GCN 中的 S_TRAP 指令与 x86 CPU 的 INT n 指令非常类似，都会让处理器跳转到异常处理程序。

下面就结合 S_TRAP 指令的处理过程来简要介绍 GCN 处理陷阱的过程。以下是来自 Vega指令手册的微操作。

```
TrapID = SIMM16[7:0];
Wait for all instructions to complete;
{TTMP1, TTMP0} = {3'h0, PCRewind[3:0], HT[0], TrapID[7:0],PC[47:0]};
PC = TBA; // trap base address
PRIV = 1.
```

其中，第 1 行表示把 S_TRAP 指令的立即数部分赋值给 TrapID 内部变量。第 2 行表示等待所有在执行的指令完成。第 3 行把当前状态赋值给 TTMP1 和 TTMP0 寄存器。TTMP0～TTMP15是特别为异常处理函数定义的寄存器，共使用了 16 个标量通用寄存器，每一个都是 32 位的寄存器。在第 3 行中，等号左侧表示把 TTMP1 和 TTMP0 拼接为一个 64 位的寄存器，右侧是赋值给这个大寄存器的信息，也就是要传递给陷阱处理函数的信息，由低到高分别如下。

● 第一部分表示程序计数器（PC）的当前值，共 48 位。

● 第二部分表示程序计数器回滚值（PCRewind），用来计算导致异常的程序地址。因为当发现错误情况准备报告异常时，程序指针可能已经指向了下一条指令，所以这个回滚值告诉异常处理器应该回退的数量，其计算公式为：(PC−PCRewind*4)，这部分的长度是 4 位。

- 第三部分表示 HT 标志，1 代表是主机端触发的陷阱（Host Trap），如果是因为用户程序执行 S_TRAP 指令或者异常则为 0，长度为 1 位。

- 第四部分表示陷阱编号（TrapID），0 为硬件保留，长度为 8 位。

- 剩下的最后 3 位填充为 0，保留不用。

第 4 行代表把 TBA 寄存器中保存的陷阱处理程序地址赋值给程序指针寄存器。最后一行表示把状态寄存器（STATUS）的特权位（PRIV）置为 1，因为陷阱处理程序在 GCN 的特权模式下执行，可以访问高特权的资源。作者认为最后两行的位置应该颠倒一下，先置特权标志，再改程序指针，因为修改程序指针后处理器就跳转到异常处理函数去执行了。

『 10.7　控制波阵的调试接口 』

本节介绍 AMD GPU 的调试支持，首先介绍用来控制波阵的调试接口。需要先声明一下，在公开的文档中，包括前面提到过的指令集文档，并没有包含专门的章节来介绍调试支持，零散的信息也不多。因此本节开始的大部分内容都主要依据开源的代码，包括 Linux 下的开源驱动程序和 GitHub 上的开源项目。

10.7.1　5 种操作

在 AMD 的 GPGPU 模型中，波阵是调度 GPU 执行资源的基本单位，相当于 NVIDIA 的 WARP。每个波阵包含 64 个线程，以相同步伐同时处理 64 个工作项。

对于 CPU，线程是 CPU 的基本调度单位，在调试 CPU 程序时，我们经常需要对线程执行暂停（SUSPEND）、恢复（RESUME）等操作。类似地，波阵是调度 GPU 的基本单位，在调试 GPGPU 时，也需要对波阵执行暂停和恢复等操作。在 amdkfd 驱动的 kfd_dbgmgr.h 中，可以看到 AMD GPU 支持对波阵执行 5 种操作：暂停、恢复、终止、进入调试模式和跳入陷阱。下面是有关的枚举定义。

```
enum HSA_DBG_WAVEOP {
    HSA_DBG_WAVEOP_HALT = 1,    /* Halts a wavefront */
    HSA_DBG_WAVEOP_RESUME = 2,  /* Resumes a wavefront */
    HSA_DBG_WAVEOP_KILL = 3,    /* Kills a wavefront */
    HSA_DBG_WAVEOP_DEBUG = 4,   /* Causes wavefront to enter dbg mode */
    HSA_DBG_WAVEOP_TRAP = 5,    /* Causes wavefront to take a trap */
    HSA_DBG_NUM_WAVEOP = 5,
};
```

其中，HSA_DBG_WAVEOP_DEBUG 让 GPU 进入单步调试模式，这将在 10.9 节单独介绍。

10.7.2　指定目标

某一时刻，可能有很多个波阵在 GPU 上执行，上述操作命令可以发给指定的某个波阵，也可以发给当前被调试进程的所有波阵，或者广播给当前进程所在计算单元上的所有波阵。下面是在同一个头文件中定义的发送模式。

```
enum HSA_DBG_WAVEMODE {
    /* send command to a single wave */
    HSA_DBG_WAVEMODE_SINGLE = 0,
    /*
     * Broadcast to all wavefronts of all processes is not supported for HSA user mode
     */
    /* send to waves within current process */
    HSA_DBG_WAVEMODE_BROADCAST_PROCESS = 2,
    /* send to waves within current process on CU  */
    HSA_DBG_WAVEMODE_BROADCAST_PROCESS_CU = 3,
    HSA_DBG_NUM_WAVEMODE = 3,
};
```

中间有一种数值为 2 的模式代表发给所有进程的所有波阵。但是把这个定义隐藏了，原因是不允许用户态调试器发送这样的命令。

10.7.3 发送接口

AMDKFD 驱动公开了一个 IOCTL 形式的接口给用户空间的调试器程序，源程序文件为 kfd_chardev.c。控制码 AMDKFD_IOC_DBG_WAVE_CONTROL 用来调用波阵控制。用户空间的程序需要传递下面这个结构体作为参数。

```
struct dbg_wave_control_info {
    struct kfd_process *process;
    uint32_t trapId;
    enum HSA_DBG_WAVEOP operand;
    enum HSA_DBG_WAVEMODE mode;
    struct HsaDbgWaveMessage dbgWave_msg;
};
```

最后一个成员用来指定操作目标的“地理”信息，其定义与硬件版本相关，目前使用的是 **AMDGen2** 版本。

```
union HsaDbgWaveMessageAMD {
    struct HsaDbgWaveMsgAMDGen2 WaveMsgInfoGen2;
};
```

其详细定义如清单 10-2 所示。

清单 10-2　用于指定硬件目标的波阵控制消息结构体

```
struct HsaDbgWaveMsgAMDGen2 {
    union {
        struct ui32 {
            uint32_t UserData:8;    /* user data */
            uint32_t ShaderArray:1;   /* Shader array */
            uint32_t Priv:1;    /* Privileged */
            uint32_t Reserved0:4;    /* Reserved, should be 0 */
            uint32_t WaveId:4;    /* wave id */
            uint32_t SIMD:2;    /* SIMD id */
            uint32_t HSACU:4;    /* Compute unit */
```

```
            uint32_t ShaderEngine:2;/* Shader engine */
            uint32_t MessageType:2;   /* see HSA_DBG_WAVEMSG_TYPE */
            uint32_t Reserved1:4;    /* Reserved, should be 0 */
        } ui32;
        uint32_t Value;
    };
    uint32_t Reserved2;
};
```

回忆我们在介绍工作组状态时使用的清单 10-1，当时的波阵 ID 信息与清单 10-2 所定义的结构体有很多关联之处。

10.7.4　限制

值得说明的是，上述机制依赖 GPU 的硬件实现，而且不是所有版本的 AMD GPU 都支持这些功能。比如多个函数中都有下面这样的检查，如果发现是不支持的硬件，则会报告错误并返回。

```
if (dev->device_info->asic_family == CHIP_CARRIZO) {
    pr_debug("kfd_ioctl_dbg_wave_control not supported on CZ\n");
    return -EINVAL;
}
```

上面代码中的 CARRIZO 是指 2015 年发布的 APU 产品，可能是因为产品瑕疵禁止了控制功能。

10.8　地址监视

在调试 CPU 程序时，可以通过设置监视点（watch point）来监视变量访问。监视点的实现有多种方法，比如使用 x86 CPU 的调试寄存器是一种常用的方法。

为了能够监视 GPU 程序中的变量访问，AMD GPU 提供了很强大的地址监视（address watch）机制。

10.8.1　4 种监视模式

回忆 x86 CPU 的调试寄存器定义，硬件监视的原始访问模式有三种：读、写和执行。在 AMD GPU 中，监视的原始访问方式也有三种，不过是读、写和原子操作。

GPU 程序具有非常高的并行度，同步是个大问题。为了减小软件开发者的负担，AMD GPU 中定义了很多具有原子特征的指令，比如 FLAT_ATOMIC_ADD（原子方式加）、FLAT_ATOMIC_CMPSWAP（比较并交换）、FLAT_ATOMIC_SWAP（交换）、FLAT_ATOMIC_UMAX（无符号最大值）、FLAT_ATOMIC_SMAX（有符号最大值）、FLAT_ATOMIC_INC（递增）、FLAT_ATOMIC_DEC（递减）等。上面三种访问方式中的原子操作就是指这些原子指令所执行的操作。

在调试时，要监视一个变量，除了指定变量地址外，还希望能指定它的访问方式，比如有些变量频繁被读取，但是我们可能只关心写入它时的情况。为此，在前面提到过的 kfd_dbgmgr.h 中，定义了4种监视模式给调试器使用："仅读""非读""仅原子"和"所有"。其枚举定义如下。

```
enum HSA_DBG_WATCH_MODE {
    HSA_DBG_WATCH_READ = 0,        /* Read operations only */
    HSA_DBG_WATCH_NONREAD = 1,     /* Write or Atomic operations only */
    HSA_DBG_WATCH_ATOMIC = 2,      /* Atomic Operations only */
    HSA_DBG_WATCH_ALL = 3,         /* Read, Write or Atomic operations */
    HSA_DBG_WATCH_NUM,
};
```

10.8.2 数量限制

与x86的硬件断点有数量限制一样，GCN的地址监视机制也是有数量限制的。根据ISA手册和AMDGPU驱动的源代码（amdgpu_amdkfd_gfx_v7.h），其数量限制也是4个。

```
enum {
    MAX_TRAPID = 8,          /* 3 bits in the bitfield. */
    MAX_WATCH_ADDRESSES = 4
};
```

10.8.3 报告命中

当监视点命中时，GCN会设置陷阱状态寄存器（TRAPSTS）中的第7位（EXCP[7]），并设置第12~14位（ADDR_WATCH1~3）来报告4个监视地址中命中的是哪一个或者哪几个，然后通过陷阱机制，跳转到陷阱处理函数。

10.8.4 寄存器接口

根据AMDGPU驱动中的代码，可以通过MMIO寄存器来配置地址监视机制。GPU为每个要监视的地址定义了三个32位的寄存器，分别是地址的高32位部分、低32位部分和控制属性，比如下面三个常量宏是为0号监视定义的。

```
mmTCP_WATCH0_ADDR_H,
mmTCP_WATCH0_ADDR_L,
mmTCP_WATCH0_CNTL
```

amdgpu驱动中的kgd_address_watch_execute和kgd_address_watch_disable函数分别用来启用监视点和禁止监视点，其核心代码用于设置上述MMIO寄存器。

10.8.5 用户空间接口

与波阵控制类似，用户空间可以通过IOCTL机制来调用amdkfd驱动中的地址监视管理函数，其控制码为AMDKFD_IOC_DBG_ADDRESS_WATCH。

10.9 单步调试支持

单步跟踪是最经典的调试方法之一。源代码级别的单步跟踪常常依赖于汇编指令一级的单步机制，而汇编指令级别的单步机制往往都基于处理器的硬件支持。比如，x86 CPU 的陷阱标志位就是用来支持单步跟踪的。GCN 微架构也毫不例外地设计了类似的设施。

10.9.1 单步调试模式

在 GCN 的模式寄存器（MODE）中，有一个 DEBUG 位（第 11 位）。当该位为 1 时，GCN 每次执行完一条指令后，都会发起异常，跳转到陷阱处理函数，但程序结束指令（S_ENDPGM）除外。

GCN 发起单步异常的另一个条件是陷阱机制是启用的，也就是状态寄存器的 TRAP_EN = 1。这是为了确保软件已经准备好了异常处理程序。

10.9.2 控制方法

对于运行在 CPU 上的调试器来说，只能通过间接的方法来控制 MODE 寄存器的 DEBUG 位。有几种方式可以实现这个目标。

第一种方法是使用前面介绍过的波阵控制接口，操作码部分指定 HSA_DBG_WAVEOP_DEBUG（值为 4）。这种方法比较简单，而且对于用户空间的调试器有开源的驱动程序支持和封装好的 IOCTL 接口。

第二种方法是在陷阱处理程序中修改寄存器上下文中的 MODE 寄存器部分。在 amdkfd 驱动中，包含有关的一些支持，包括一个包含汇编源代码的陷阱处理程序，源文件名为 cwsr_trap_handler_gfx8.asm，还有把陷阱处理函数的代码复制到 GPU 空间并进行设置的代码。另外，还公开了 IOCTL 接口给用户态来进行定制。

以下是 amdkfd 驱动中的初始化代码。

```
static void kfd_cwsr_init(struct kfd_dev *kfd)
{
    if (cwsr_enable && kfd->device_info->supports_cwsr) {
        BUILD_BUG_ON(sizeof(cwsr_trap_gfx8_hex) > PAGE_SIZE);

        kfd->cwsr_isa = cwsr_trap_gfx8_hex;
        kfd->cwsr_isa_size = sizeof(cwsr_trap_gfx8_hex);
        kfd->cwsr_enabled = true;
    }
}
```

其中，cwsr 是 Computer Context Save Restore 的缩写[15]，是这个陷阱处理程序的名字。

当发生异常时，CWSR 会把寄存器状态复制到内存中，主要执行 s_getreg_b32 指令把寄存器读取到内存中，比如下面是操作 MODE 寄存器的部分。

```
s_getreg_b32 s_save_m0, hwreg(HW_REG_MODE)
```

当恢复上下文时，会执行如下 s_setreg_b32 指令来恢复寄存器。

```
s_setreg_b32 hwreg(HW_REG_MODE), s_restore_mode
```

第三种方法是通过 MMIO 寄存器接口，在算核函数的设置中，启用调试模式。比如在 SPI_SHADER_PGM_RSRC1_VS 寄存器中，第 22 位即为 DEBUG_MODE，该位的作用是在启动波阵时打开调试模式。类似这样的寄存器有多个，但是公开文档（名为 3D 寄存器的系列文档）中的介绍都比较简略。

10.10 根据调试条件实现分支跳转的指令

在 GCN 中，还设计了一种根据调试条件实现分支跳转的机制。

10.10.1 两个条件标志

在 GCN 的状态寄存器（STATUS）中，有两个称为条件调试指示符的位，名字分别叫 COND_DBG_USER（第 20 位）和 COND_DBG_SYS（第 21 位）。前者用来指示是否处于用户调试模式，后者用来指示是否处于系统调试模式。

10.10.2 4 条指令

与上述两个条件相配套，GCN 配备了如下 4 条条件分支指令。

```
s_cbranch_cdbgsys                src0
s_cbranch_cdbgsys_and_user       src0
s_cbranch_cdbgsys_or_user        src0
s_cbranch_cdbguser               src0
```

简单说，这 4 条指令就根据状态寄存器的 COND_DBG_USER 和 COND_DBG_SYS 来实现分支跳转。以第 1 条指令为例，其内部逻辑如下。

```
if(COND_DBG_SYS != 0) then
PC = PC + signext(SIMM16 * 4) + 4;
endif.
```

其中，SIMM16 代表指令中的立即数部分。类似地，其他三条指令的判断条件为：(COND_DBG_USER != 0)、(COND_DBG_SYS || COND_DBG_USER)和(COND_DBG_SYS && COND_DBG_USER)。

在公开的文档中，没有介绍上述设施的详细用法。在开源的驱动中，目前也没有使用这个机制。一种可能的应用场景是在指令级别动态选择执行调试逻辑，比如函数开头和结尾的动态采样与追踪等。

10.11 代码断点

代码断点（code breakpoint）是指设置在代码空间中的断点，比如在源代码或者汇编代码中的断点。代码断点一般是基于软件指令的，比如在 x86 CPU 中，著名的 INT 3 指令是设置软件断点的常用方法。

10.11.1 陷阱指令

在 GCN 的指令集中，没有专门的断点指令。但是有一条触发陷阱的陷阱指令 S_TRAP。

S_TRAP 指令的格式就是在 10.4 节中介绍的 SOPP 格式（见图 10-5）。其操作码为 18。图 10-9 画出了 S_TRAP 指令的机器码。

图 10-9　S_TRAP 指令的机器码

S_TRAP 指令的长度是一个 DWORD（32 位），其中，低 16 位为立即数，用来指示陷阱号（TRAP_ID）。因为高位部分是固定的，所以 S_TRAP 指令的机器码总是 0xBF92xxxx 这样的编码。

10.11.2　在 GPU 调试 SDK 中的使用

与 Nvidia 的 GPU 调试 SDK 类似，AMD 也有 GPU 调试 SDK 供开发者使用，这将在下一节详细介绍。调试 SDK 中有设置代码断点的函数接口，名称和原型如下。

```
HwDbgStatus  HwDbgCreateCodeBreakpoint(HwDbgContextHandle  hDebugContext,  const
HwDbgCodeAddress codeAddress, HwDbgCodeBreakpointHandle *pBreakpointOut);
```

那么这个 API 在内部基于刚才介绍的 S_TRAP 指令来设置代码断点吗？

坦率说，作者第一次看到 S_TRAP 指令就觉得亲切，觉得可以用来实现断点功能。但是官方 SDK 中是否真的使用这个指令？还是另有妙方呢？

GPU 调试 SDK 包含一部分源代码，但是大部分核心函数都是二进制形式，上面的函数也是如此。这一点和 Nvidia 的做法也一样。

没有详细文档描述，也没有源代码求证，把推测写进书里让作者很不安。

老雷评点　　　　君子戒慎乎其所不睹，恐惧乎其所不闻。

无奈中作者想到了反汇编。请出著名的 IDA 工具，找到 HwDbgCreateCodeBreakpoint 函数，顺着 IDA 呈现的调用路线追溯，很快找到最终执行实际断点设置和恢复的是下面这个方法。

```
bool HwDbgBreakpoint::Set(HwDbgBreakpoint *const this, bool enable)
```

在这个函数内部，看到多处 0xBFxxxxxx 这样的"身影"。

```
cmp     eax, 0BF800000h
cmp     eax, 0BF920000h
```

其中，第 1 行是 S_NOP 指令的机器码，第 2 行就是 S_TRAP 指令的机器码。特别地，下面这几条指令让人如释重负。

```
.text: 002017A8          mov       edx, 0BF920007h
.text: 002017AD          mov       rax, [rdi]
.text: 002017B0          call      qword ptr [rax+18h]
```

其中，0BF920007h 用于触发 TRAP_ID 为 7 的陷阱。结合下面的常量定义，可以确定无疑，官方调试 SDK 中设置代码断点的方法就是使用 S_TRAP 指令，更确切地说，是 S_TRAP 0x7。这与 INT 3 非常相似。

```
var TRAP_ID_DEBUGGER          = 0x07
```

10.12 GPU 调试模型和开发套件

为了让开发者能够更容易地使用 GPU 的调试功能，AMD 在 GitHub 上提供了半开源的 GPU 调试 SDK。初期的版本是 HSAFoundation 的项目[12]，后来转移为 ROCm 的项目[13]。两个项目目前都只支持 Linux 系统，不支持 Windows 系统，而且都有定制过的 GDB 公开。下面首先对新的 ROCm 版本 SDK 做简单介绍，然后介绍从 CPU 上调试 GPU 程序的交叉调试模型。

10.12.1 组成

整个 SDK 包含如下几个部分。

- 4 个头文件，其中的 AMDGPUDebug.h 是核心，里面定义了 SDK 输出的主要 API。另外几个头文件都是关于 ELF 的。ELF 是 Linux 下常用的可执行文件格式，包括 AMD 在内的多家 GPU 厂商都复用 ELF 文件来承载 GPU 程序的代码和符号信息。

- 一个动态库文件，libAMDGPUDebugHSA-x64.so，大小大约是 18MB，是与 GPU 硬件交互的核心调试模块，简称 DBE（作者认为这是调试引擎之简称）。这个文件中包含了调试符号，但没有源代码，是闭源的。

- 一个静态库文件，libelf.a，它是 ELF 有关函数的实现。

- 少量的源代码，源程序目录（src）下包含三个子目录，分别是 HSADebugAgent、HwDbgFacilities 和 DynamicLibraryModule。第一个是所谓的调试主体模块（Debug Agent），后文会再介绍。

- 一个文档，是由 Doxygen 根据源代码中的注释产生的。

目前，闭源的 DBE 模块只有 x64 版本，这意味着整个 SDK 不支持 32 位操作系统。

10.12.2 进程内调试模型

在当前的软件架构中，要让 GPU 执行任务，必须在 CPU 端有个宿主（Host）进程。在调试时，上面提到的 DBE 模块必须运行在这个宿主进程中，因此 AMD 把这种调试方式称为进程内调试模型。其实，相对于 CPU 上启动算核函数的代码来说，该模型是进程内调试模型，对于实际被调试且运行在 GPU 上的算核函数来说，该模型并不是进程内调试模型。图 10-10 画出了从 CPU 上调试 GPU 程序时的多方协作模型。

图 10-10 左侧是 CPU 和 CPU 端的软件，横线上方是用户空间，左边是调试器进程，内部有针对 GPU 程序的特别逻辑，这些逻辑向调试器的顶层模块报告一个 GPU 程序目标，并提供访问 GPU 程序的接口。在被调试进程中，GPU 程序的宿主代码在初始化 HSA 运行时库期间会触发加载 GPU 调试主体（Debug Agent）模块，后者会加载 GPU 调试核心模块（DBE），其过程如清单 10-3 所示。

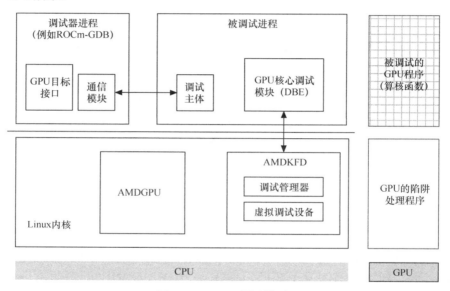

图 10-10　GPU 调试模型

清单 10-3　加载 GPU 调试核心模块

```
#0   HwDbgInit (pApiTable=0x7ffff7dd5f20) at
     /home/jenkins/workspace/HwDebug-Linux-DBE/HWDebugger/Src/HwDbgHSA/HwDbgHSA.cpp:154
#1   0x00007ffff3cdc037 in OnLoad (pTable=0x7ffff7dd5f20, runtimeVersion=1,
     failedToolCount=0,
     pFailedToolNames=0x0) at HSADebugAgent.cpp:507
#2   0x00007ffff7b6dc23 in ?? () from /opt/rocm/hsa/lib/libhsa-runtime64.so.1
#3   0x00007ffff7b6e425 in ?? () from /opt/rocm/hsa/lib/libhsa-runtime64.so.1
#4   0x00007ffff7b54d2a in ?? () from /opt/rocm/hsa/lib/libhsa-runtime64.so.1
#5   0x0000000000403635 in AMDT::HSAResourceManager::InitRuntime (verbosePrint=true,
     gpuIndex=0)
     at ../Common/HSAResourceManager.cpp:80
#6   0x000000000040df84 in RunTest (doVerify=false) at MatrixMul.cpp:76
#7   0x000000000040deeb in main (argc=1, argv=0x7fffffffdbf8) at MatrixMul.cpp:65
```

在清单 10-3 中，栈帧#5 实现在调试主体中的初始化函数，其内部会调用 hsa_init 函数，进入 HSA 的运行模块 libhsa-runtime64。

在准备调试时，应该将调试 SDK 和调试主体模块的路径放在 LD_LIBRARY_PATH 环境变量中。在用于启动 GDB 调试器的 rocm-gdb 脚本文件中，定义了另一个环境变量 HSA_TOOLS_LIB，它指定了调试主体的模块名和运行时工具模块的名字。下面是 rocm-gdb 脚本中的有关命令。

```
export HSA_TOOLS_LIB="libhsa-runtime-tools64.so.1 libAMDHSADebugAgent-x64.so"
```

被调试程序启动后，HSA 运行时会根据上述环境变量加载调试主体模块，后者调用 HwDbgInit API 初始化 GPU 调试核心模块（DBE）。

DBE 模块内部会通过 IOCTL 接口与内核空间中的 AMDKFD 驱动建立联系。后者通过 MMIO 和中断接口与 GPU 硬件通信。

在 GPU 的地址空间中，算核函数运行在低特权模式，遇到断点或者发生异常后，会进入高特权的陷阱处理程序并执行。陷阱处理程序内部集成了调试支持，会把 GPU 的异常信息报告给 amdkfd 驱动，后者再转给用户空间的 DBE 模块。

调试器进程和调试主体之间的通信方式可以有多种，调试 SDK 中实现了一种基于共享内存的双向通信设施，因为使用了先进先出的队列，所以在代码中简称为 FIFO。以下是两个 FIFO 文件的名字。

```
const char gs_AgentToGdbFifoName[]  = "fifo-agent-w-gdb-r";
const char gs_GdbToAgentFifoName[]  = "fifo-gdb-w-agent-r";
```

第一个 FIFO 供调试主体写，供调试器（GDB）读；后一个供调试器写，供调试主体读。

10.12.3　面向事件的调试接口

AMD 的 GPU 调试 API 与 Windows 操作系统的调试 API 有些相似，也是面向调试事件的设计模式。用于等待调试事件的函数如下。

```
HwDbgStatus HwDbgWaitForEvent(HwDbgContextHandle hDebugContext,
               const uint32_t            timeout,
               HwDbgEventType*      pEventTypeOut);
```

第一个参数是调用 HwDbgBeginDebugContext 开始调试时得到的句柄。第二个参数是最长等待时间（毫秒数）。第三个参数是等待到的事件结果，其定义为如下枚举常量。

```
typedef enum
{
HWDBG_EVENT_INVALID  = 0x0, /**< an invalid event */
HWDBG_EVENT_TIMEOUT = 0x1, /**< has reached the user timeout value */
HWDBG_EVENT_POST_BREAKPOINT = 0x2, /**< has reached a breakpoint */
HWDBG_EVENT_END_DEBUGGING = 0x3, /**< has completed kernel execution */
} HwDbgEventType;
```

处理调试事件后，调试器端应该调用如下函数来恢复目标执行。

```
HwDbgStatus HwDbgContinueEvent(HwDbgContextHandle hDebugContext, const HwDbgComm
and command);
```

第二个参数是要执行的命令，目前仅定义了 HWDBG_COMMAND_CONTINUE 一种。

```
typedef enum
{
    HWDBG_COMMAND_CONTINUE = 0x0, /**< resume the device execution */
} HwDbgCommand;
```

在开源的调试主体程序中对上述 C 语言形式的函数接口做了封装，使其成为面向对象的 C++接口。

10.13　ROCm-GDB

在 Windows 平台上，CodeXL 是 AMD 精心打造的开发工具，既可以以插件的形式工作在 Visual Studio 中，也可以独立运行。在 Linux 平台上，ROCm-GDB 是 AMD 基于 GDB 定制开发的 GPU 调试器。ROCm-GDB 和 CodeXL 都使用了上一节介绍的调试 SDK。

10.13.1　源代码

ROCm-GDB 的前端代码（图 10-9 中的调试器进程）是开源的[14]。新增的文件大多位于 ROCm-GDB/gdb-7.11/gdb 子目录下，名字以 rocm 开头。比如，rocm-breakpoint.c 用于处理各类与断点有关的任务，rocm-dbginfo.c 用于处理符号信息，rocm-cmd.c 用于处理新增的命令，rocm-fifo-control.c 是与被调试进程内的调试主体模块通信的，rocm-gdb 和 rocm-gdb-local 是两个脚本文件，rocm-thread.c 用于处理与线程有关的命令，比如用于切换当前线程的 rocm thread wg:<x,y,z> wi:<x,y,z>命令。此外，还有 rocm-segment-loader.c，它用于维护 GPU 程序的加载情况和段信息。

10.13.2　安装和编译

在使用 ROCm-GDB 前，需要先安装 ROCm 基础环境。这有两种方法，一种是从 AMD 公开的软件仓库服务器下载编译好的二进制文件并安装，另一种方法是下载源程序自己编译和安装。前一种方法比较简单，但是如果使用的环境不匹配则可能失败。作者在 Ubuntu 18.04 环境下安装时，在编译内核模块时出错，在 Ubuntu 16.04 环境下安装很顺利。安装好的文件位于 /opt/rocm 目录下。

安装好 ROCm 基础环境后，接下来应该下载和编译 GPU 调试 SDK，然后再编译 ROCm-GDB。GitHub 站点上的构建指导写得还算详细，本书不再详述。

为了能够在算核函数中设置断点，在编译算核函数时，应该使用如下选项。

```
BUILD_WITH_LIB BRIGDWARF=1
```

其中，BRIG 代表 HSA 中间语言的二进制格式，DWARF 是 Linux 平台上流行的符号格式，目前普遍为各种 GPU 程序所使用。

10.13.3　常用命令

表 10-1 列出了 ROCm-GDB 的新增命令。

表 10-1 ROCm-GDB 的新增命令

命　　令	描　　述
rocm thread	切换 GPU 线程和工作项，完整格式为 rocm thread wg:\<x,y,z\> wi:\<x,y,z\>
break rocm	每次分发（dispatch）算核函数时都中断到调试器，也可以指定算核函数名字（break rocm:\<kernel_name\>），于是，当其开始执行时中断；或者指定行号（break rocm:\<line_number\>）设置算核程序的源代码断点
disassemble	反汇编当前的算核函数
print rocm:	输出算核函数中的变量，完整格式为：print rocm:\<variable\>
set rocm trace	打开或者关闭（后跟 on 或者 off）GPU 分发算核函数时的追踪信息，也可以指定文件名（set rocm trace \<filename\>）将信息写入文件
set rocm logging	打开或者关闭调试主体和 DBE 内部的日志，完整格式为 set rocm logging [on|off]，日志的输出目标可以是标准输出或者文件
set rocm show-isa	控制是否把算核函数的指令（ISA）写入临时文件（temp_isa）
info rocm devices	观察 GPU 设备信息
info rocm kernels	输出当前的所有算核函数
info rocm kernel	输出指定算核的信息
info rocm wgs	显示当前所有工作组的信息
info rocm wg	显示指定工作组的信息，完整格式为 info rocm [work-group|wg] [\<flattened_id\>|\<x,y,z\>]
info rocm wis	显示当前所有工作项的信息
info rocm wi	显示指定工作项的信息，完整格式为 info rocm [work-item|wi] \<x,y,z\>
show rocm	显示以上通过 set 命令设置的各种配置选项的当前值

因为 ROCm-GDB 和调试主体都是开源的，所以结合源代码来学习 ROCm-GDB 是一种很好的方法。

10.14 本章小结

本章从 AMD 显卡的简要历史讲起，前半部分介绍了 AMD GPU 的微架构、指令集和编程模型。中间部分从 AMD GPU 的异常和陷阱机制入手，介绍了 AMD GPU 的调试设施，包括波阵控制、地址监视、单步调试、代码断点等。最后两节介绍了交叉调试模型、GPU 调试 SDK 和 ROCm-GDB 调试器。

AMD 公司创建于 1969 年，比英特尔只晚一年。在 X86 CPU 辉煌的时代，AMD 一直扮演着小弟的角色，虽然偶尔有出色的表现，但是始终难以扭转大局。随着 GPU 时代的到来，多年不变的局面开始改变。在 GPU 领域，AMD 显然走在了英特尔前头。这不但体现在硬件方面，而且体现在软件和生态系统方面。经过多年的不懈努力，AMD 主导的异构系统架构（HSA）已从最初的构想，逐步成为标准和现实。最近几年研发的 ROCm 软件栈也快速发展，有与 CUDA 争雄之势。

〖 参考资料 〗

[1] 2007 Hot Chips 19 AMD's Radeon™ HD 2900.

[2] AMD GRAPHIC CORE NEXT Low Power High Performance Graphics & Parallel Compute.

[3] HSA Programmer's Reference Manual: HSAIL Virtual ISA and Programming Model, Compiler Writer, and Object Format (BRIG).

[4] AMD GRAPHICS CORES NEXT (GCN) ARCHITECTURE White Paper.

[5] Developer Guides, Manuals & ISA Documents.

[6] AMD's Revolutionary Mantle Graphics API.

[7] Mantle Programming Guide and API Reference.

[8] HSA Foundation Members.

[9] HSA Foundation Launches New Era of Pervasive, Energy-Efficient Computing with HSA 1.0 Specification Release.

[10] ROCm: Platform for GPU Enabled HPC and UltraScale Computing.

[11] ROCm Developer Tools and Programing Languages.

[12] HSAFoundation 项目中的 AMD GPU 调试 SDK.

[13] ROCm 项目中的 AMD GPU 调试 SDK.

[14] ROCm-GDB 项目.

[15] AMD GPU 的在线讨论.

第 11 章

英特尔 GPU 及其调试设施

本章首先简要介绍英特尔 GPU 的发展历史和硬件结构，然后详细讨论 GPU 的多种编程接口，既有传统的 MMIO 寄存器接口、命令流和环形缓冲区接口，也有新的通过 GuC 微处理器提交任务的接口，以及适合多任务的状态模型接口。11.8 节～11.10 节重点介绍英特尔 GPU 的指令集、内存管理和异常机制。11.11 节～11.13 节详细介绍英特尔 GPU 的调试设施，包括断点支持、单步机制以及 GT 调试器。

『 11.1 演进简史 』

英特尔在 20 世纪 90 年代末加入到显卡领域的竞争，20 多年里，其产品形态经历了三个主要阶段。最初是 AGP 总线接口的独立显卡，然后是集成在芯片组中的集成显卡，再后来是与 CPU 集成在同一个芯片中的 GPU。

11.1.1　i740

1998 年，英特尔公司推出它的第一款显卡产品，名为英特尔 740，简称 i740。与当时的其他显卡相比，i740 的最大特色是使用了专门为显卡设计的 AGP 总线。AGP 的全称是"加速图形端口"（Accelerated Graphics Port），是专门为显卡设备量身定制的总线接口。当时的主流显卡大多用的是 PCI 总线。PCI 总线的特点是供系统中的多个设备共用，而 AGP 总线仅供显卡专用。

因为英特尔在 PC 产业的独特地位，所以它的显卡产品一推出，便广受关注。作者还记得，当年不少玩家抱怨 i740 的驱动程序很难装。这个容易被忽视的细节或许反映了英特尔显卡一直都有的大问题。

老雷评点

此处用隐笔。

11.1.2 集成显卡

虽然备受瞩目，但是 i740 的实际表现不如预期的那样好。1999 年，第一款集成了显卡功能的英特尔芯片组问世，名为 i810。从此，英特尔把显卡产品的重心放在集成显卡上，集成显卡的时代开始了。英特尔第一次在独立显卡方面的努力以 i740 的昙花一现而结束。

当年的芯片组是经典的南北桥双芯片架构，南桥负责容纳和连接各种低速设备，称为 ICH（I/O Controller Hub）。北桥负责连接内存和高速设备，本来称为 MCH（Memory Controller Hub），集成了显卡后改称为 GMCH。

考虑到市场需求的不同，对于某一代芯片组，有的产品可能带有集成显卡，有的可能不带。在英特尔的芯片组产品命名规则中，对于带有集成显卡的芯片组，其产品代号末尾会有字母 G，比如 815G。这种命名方法从 2000 年起开始使用，持续了很多年。2007 年左右，开始使用类似 82GME965 这样的命名方法，其中的 G 也代表包含集成显卡，M 代表针对移动平台（笔记本电脑）设计。

从 82810 开始的英特尔集成显卡一直延续着一些基本的特征，同时，也在不断加入新的功能，一代代地向前发展。大约从 2005 年开始，这一系列显卡有了一个统一的名字，叫 GenX。其中 Gen 为 Generation 的缩写，X 表示版本号。最早使用这种称呼的是 2005 年发布的 82915G 芯片组（简称 915）。直到今天，包含在 Linux 内核源代码包中的英特尔显卡开源驱动程序仍使用着它的名字（drivers\gpu\drm\i915）。915 称为 Gen3，向前追随，第一代集成显卡 i810 称为 Gen0。表 11-1 归纳了集成在芯片组中的 Gen 系列显卡的主要产品。

表 11-1 集成在芯片组中的 Gen 系列显卡

架构名	代 号	主 要 产 品	发布年份	说 明
Gen0	Whitney 和 Solano	82810/82815G	1999	—
Gen1	Almador	82830GM	2001	—
Gen1.5	Montara	82852GM 和 82855GM	2004	针对移动平台的产品
Gen2	Brookdale	82845G	2002	—
Gen2.5	Springdale	82865G	2003	—
Gen3	Grantsdale 和 Alviso	82915G 和 82915GM	2004	引入了像素着色器和双独立显示器
Gen3.5	Lakeport 和 Calistoga	82945G 和 82945GM	2005	—
Gen4	Broadwater 和 Crestline	82G965 和 GME965	2006	引入可编程核心和顶点着色器支持

在表 11-1 中，有多个单元格中都包含两项，这是因为在研发某一代产品时，要把一套核心设计应用在多个目标市场，比如 Gen3 中，Grantsdale 是针对桌面平台的，而 Alviso 是针对移动平台的。另外表格中的数据主要来自维基百科[1]，个别产品的发布时间可能和英特尔产品官网上的时间略有差别。

11.1.3　G965

表 11-1 中所列的 82G965（简称 G965）集成显卡值得特别介绍。它最关键的特征是引入了通用的可编程执行单元（Execution Unit，EU），代表着英特尔 GPU 历史中的一个重要里程碑。G965 的发布时间为 2006 年 6 月，同年 7 月英特尔发布了一份白皮书，介绍新的图形架构，书名为《英特尔下一代集成图形架构——英特尔图形和媒体加速器 X3000 和 3000》（Intel's Next Generation Integrated Graphics Architecture—Intel® Graphics Media Accelerator X3000 and 3000），副书名是 G965 图形技术的正式产品名称——GMA X3000 和 GMA 3000。准确地说，G965 是芯片组的名字，GMA 3000 是其中的图形（集成显卡）部分。不过，人们习惯了用 G965 这个名字来称呼它内部的集成显卡。

图 11-1 是来自 G965 白皮书的插图，用于描述 G965 引入的新集成显卡架构，其中间部分画出了 8 个通用执行单元，其两侧的部分代表固定功能单元（Fixed Function Unit，FFU），这种 EU + FFU 的混合设计在今天看来已经很普通，但是在当时是很新颖的。值得强调的是，Nvidia G80 也是同一年发布的，正式发布时间为 2006 年 11 月 8 日。二者比较，G965 的推出时间还比 Nvidia 的 G80 早 5 个月。因此，英特尔在白皮书的副书名中将 G965 称为"突破性的混合架构"（Ground breaking hybrid architecture），也是当之无愧的。可以推测，G965 和 G80 的研发时间大体在相同的时候，二者的基本设计思想也有很多相同的地方，发布时间也在同一年。令人唏嘘的是，二者的"命运"有天壤之别。G80 地位显赫，而 G965 渐渐不为人所知。

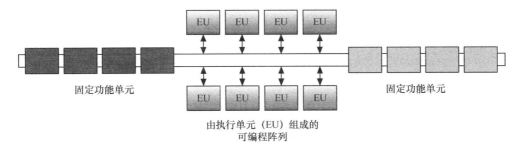

图 11-1　G965 引入的 INTEL 图形架构[2]

11.1.4　Larabee

在 2008 年的 SIGGRAPH 大会上，英特尔首次公开了正在研发中的独立 GPU 架构，也就是著名的 Larabee 项目。该项目的目标是与 Nvidia 和 AMD 竞争独立显卡的市场。这是英特尔在 i740 产品发布 10 年后第二次尝试进入独立显卡领域，很多人都对其充满期待。可惜一年后，人们等到的不是 Larabee 的发布，而是项目的取消。与之相伴的另一个坏消息是 IA 架构的一位灵魂人物 Pat Gelsinger 离开英特尔。在英特尔，广泛流传着 Pat 的励志故事。他 18 岁便从宾夕法尼亚州的一所两年制技术学校毕业，到英特尔工厂工作。他最初的职位是生产线上的技术工人（technician）。年轻的 Pat 一边工作，一边学习本科课程，一心想成为一名工程师，后来他参与了 IA 历史上多个重要产品的研发工作，并成为英特尔的 CTO。2009 年，可能因为与 Larabee 项目有关的问题，他离开了英特尔。Pat 是 IA 平台的经典图书《80386 编程》（《Programming the

80386》）的作者之一。著名的英特尔开发者大会（IDF）也由 Pat 创立。

老雷评点

　　2010 年的 IDF 上，曾有参会观众问：“Where is Pat?” IDF 于 2017 年停办，想来让人一叹。

11.1.5　GPU

　　2010 年 1 月，在一年一度的消费电子展上，英特尔发布了包含集成显卡（GPU）的处理器芯片。这款芯片内部实际上封装了两块晶片，一块是 Westmere 微架构的 CPU，另一块是代号为 Ironlake 的 GPU 和内存控制器。从此，传统的 CPU + MCH + ICH 的三芯片架构演变成了 CPU + PCH 的双芯片架构。传统的北桥芯片消失了，它的大部分功能向上移入到 CPU 当中，小部分功能向下移入到南桥中，新的南桥也有了一个新的名字，叫 PCH，全称为平台控制器中继器（Platform Controller Hub）。

　　在市场方面，集成到 CPU 中的新“显卡”也有了一个新的名字——Intel HD Graphics，其中 HD 是 High Definition 的缩写。在英特尔内部，通常把新的图形部分叫处理器图形（单元）（Processor Graphics），简称 pGraphics，或者 pGfx。

　　图 11-2 是 Sky Lake 处理器（酷睿 i7 6700K）的芯片快照[3]，中间是 4 个 CPU 内核，右侧是集成的内存控制器、显示控制器和 I/O 接口，左侧便是处理器 GPU。可以看到，GPU 所占的芯片面积在 2/5 左右，这反映了 GPU 的重要性。

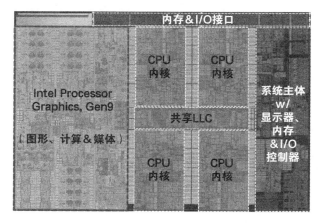

图 11-2　Sky Lake 处理器（酷睿 i7 6700K）的芯片快照[3]

　　乔迁之后，GEN 架构的 GPU 开始了新的发展历程，表 11-2 归纳了这一阶段的 Gen 架构 GPU 概况。

表 11-2 GEN 架构的 GPU

架 构 名	代 号	发 布 年 份	说 明
Gen5	Ironlake	2010	集成到 CPU 中的第一代 GEN GPU
Gen6	Sandy Bridge	2011	—
Gen7	Ivy Bridge	2012	—
Gen7.5	Haswell	2013	—
Gen8	Broadwell	2014	—
Gen8LP	Cherryview 和 Braswell	2015	低功耗设计
Gen9	Sky Lake	2015	—
Gen9LP	Apollo Lake	2016	低功耗设计
Gen9.5	Kaby Lake	2017	—

在表 11-2 中，LP 代表低功耗设计（Low Power），这些 GPU 是针对平板电脑和手机等超移动（ultra mobile）设备而定制的，集成在英特尔的 SoC 产品中。早期 SoC 产品基于 Imagination 公司的 PowerVR GPU 设计，后来的产品大多数基于自己的 Gen GPU 进行裁剪定制。

11.1.6 第三轮努力

2017 年，曾在 AMD 负责 GPU 业务的高管加入英特尔，领军高端图形部门——Core and Visual Computing Group（CVCG）。CVCG 的目标是研发计算能力超过 500 TFLOPS 的独立 GPU。时隔 Larabee 项目大约十年后，英特尔开始新一轮向高端 GPU 领域的冲击。

11.1.7 公开文档

很长一段时间里，英特尔 GPU 的技术文档是很敏感的保密信息，不对外公开，其中一些底层文档，即使是公司内部员工也要申请才能访问。但从 2008 年开始，英特尔开始公开 GPU 的底层文档，而且公开的力度越来越大，不但文档内容的覆盖面越来越广，而且针对的 GPU 产品也越来越新。公开的主要窗口是英特尔的开源技术中心网站，公开的文档统称为《程序员参考手册》（Programmer's Reference Manuals，PRM）[4]。

PRM 涵盖了从 G965（Gen4）开始到 Kaby Lake（Gen9.5）的大多数 GEN 架构 GPU，既有普通的桌面版本，也有低功耗版本。

虽然这些手册是内部文档的裁剪版本，但是其篇幅仍然很大。刚开始接触，可能不知从何读起。为了帮助读者阅读，下面简要介绍 PRM 文档的组织结构。

首先，从 Gen4 到 Gen7 的文档都分为 4 卷。卷 1 为全局介绍，名为图形基础（Graphics Core），主要内容为 GEN GPU 的基本结构、寄存器、编程环境等；卷 2 名为 3D 和媒体（3D/Media），介绍 3D 流水线以及与视频编解码有关的功能；卷 3 名为显示寄存器（Display Registers），介绍传统的显示功能；卷 4 名为通用计算子系统和核心（Subsystem and Cores），篇幅很大，包含了通用执行单元的诸多细节。

从 HASWELL（Gen7.5）开始的 PRM 卷数大大增加，以 Sky Lake 为例，它一共分为 16 卷。卷 1 为序言；卷 2 为命令参考（Command Reference），分 5 个部分介绍 GPU 命令、寄存器和数据结构；卷 3 为 GPU 概览；卷 4 为不同产品的资源配备情况；卷 5 为内存视图（Memory Views）；卷 6 介绍命令流处理器（Command Streamer）的编程接口；卷 7 的篇幅非常大（900 多页），涵盖 3D、视频编解码和 GPGPU 三大主题，侧重介绍通用执行单元，与老的卷 4 内容相似；卷 8 介绍视频解码流水线的用法；卷 9 介绍编码流水线的用法；卷 10 介绍 HEVC 编码器的用法；卷 11 介绍图块传输（Bit Block Image Transfer）引擎和 2D 图像处理；卷 12 显示（Display）方面的内容；卷 13 为 MMIO；卷 14 为可观察性，介绍性能监视机制；卷 15 介绍标量和格式转换器（Scalar and Format Converter，SFC）；卷 16 介绍绕过已知设计缺陷的方法。

11.2 GEN 微架构

从 1999 年发布的 i810 开始，GEN 架构的 GPU 已经发展了近 20 年。因为与英特尔芯片组和 CPU 集成，所以 GEN GPU 的累计发布数量极其巨大，是 PC 市场中发布数量最多的 GPU。

老雷评点   移动市场中，有 ARM 之 Mali 抢得此位，下一章探讨相关内容。

在这么长的发展过程中，GEN 架构经历了十余代的演进，从与芯片组集成发展到与 CPU 集成，所支持的功能也在不断增加。但是它一直保持着很多特色，本节以 Sky Lake 所包含的 Gen9 为例简要介绍 GEN 架构的基本特征。

首先声明，本节使用的插图都来自英特尔公开的文档，除了上一节提到的 PRM 外，主要还有 2015 年 8 月公布的技术白皮书《英特尔第 9 代处理器图形单元的计算架构》（The Compute Architecture of Intel Processor Graphics Gen9）[3]。该白皮书的部分内容曾在 2015 年 3 月的 Windows 硬件工程大会（WinHEC）上以专题演讲的形式公开过[5]，由英特尔 VPG 部门的一位首席工程师主讲。

老雷评点   台下听者寥寥，与 Nvidia 会场的座无虚席形成鲜明对比，令当时在台下听讲的老雷心中五味杂陈。

11.2.1　总体架构

与 AMD 的 APU 架构类似，Gen9 GPU 和 CPU 内核处在同一块芯片中，如图 11-3 所示。

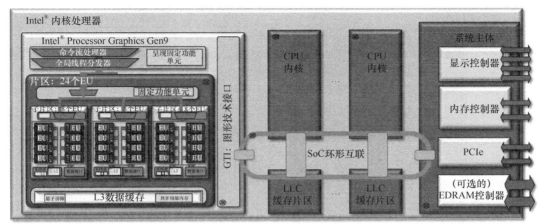

图 11-3　Sky Lake 处理器（酷睿 i7 6700K）的内部结构[3]

图 11-3 与图 11-2 描述的是同一款芯片，前者是内部的逻辑结构，后者是实际的芯片照片。在图 11-3 中，GPU、CPU 两类执行引擎以环形互联（ring interconnect）的方式与内存控制器和外部总线（PCIe）连接在一起。图中画了两个内存控制器，一个是普通的内存控制器，用于访问普通内存（DDR），也就是系统的主内存，另一个用于访问高速的 EDRAM，是专门给 GPU 用的，相当于独立显卡的显存。EDRAM 与 CPU 和 GPU 芯片是封装在一个芯片（外壳）中的，但不是一个晶片（die）中。EDRAM 是可选的（optional）功能，只在以 Iris 为商标的高端产品中才有。对于 Sky Lake，EDRAM 的容量有 64MB 和 128MB 两种。

为了使设计模块化，灵活满足不同的用户需求，Gen GPU 内以片区（slice）和子片（subslice）为单位来组织计算资源，与 Nvidia GPU 的 SM 和块区（block）类似。简单来说，在 Gen9 中，每 8 个 EU 组成一个子片，每 3 个子片组成一个片区，如图 11-4 所示。

图 11-4 中，最左侧的部分是不分片的，包含全局的命令流处理器（command streamer）、全局线程分发器（thread dispatcher）和多个固定功能（Fixed Function，FF）单元。固定功能单元分别用于媒体（media）处理和 2D/3D 应用（几何流水线）。相对于可以灵活配置的分片部分，该部分是相对固定的，称为"不可分片区"（unslice）。这个名字与 CPU 中的 Uncore 类似，Uncore 是相对于"核"（Core）而言的，用于支持 Core。为了沟通方便，通常把包含一个片区的 GEN GPU 简称为 GT2。把因生产瑕疵或者为低功耗设计而裁剪，资源数小于一个片区的产品叫 GT1。把有两个的产品叫 GT3 或者 GT3e，把 3 个片区的产品叫 GT4e，其中带有 e 的型号表示配有 eDRAM，是更高端的配置。Gen9 最多支持包含 3 个片区，有 72 个 EU。

举例来说，作者写作本书时使用的 DELL 笔记本电脑，配备的是 Kaby Lake 的 CPU（i5 7200U），其中包含的 GPU 是 GT2，商标为 HD 620，内部配备了一个片区，共有 24 个 EU。

在专门用于服务器市场的可视计算加速器（Visual Compute Accelerator，VCA）产品中，配备的都是高端的 GEN GPU。比如，在 VCA 1585LMV（MV 为 Monte Vista 的缩写，是产品代号）中，在一块以 PCIe 形式设计的卡上，部署了 3 块至强 E3 1585L CPU。其中，每块 CPU 内包含一个 Iris Pro P580 型号的 GPU，每个 GPU 都是高端的 GT4e 配置，有 72 个 EU 和 128MB 专用显存（eDRAM）。这意味着，整块卡的 EU 总数多达 216 个。[6]

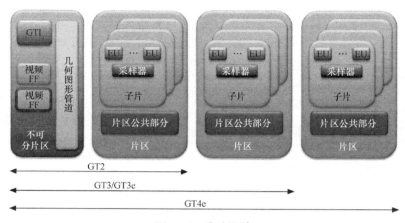

图 11-4　分片设计

11.2.2　片区布局

图 11-5 画出了 Gen9 GPU 中每个片区的布局。中间主体部分是三个子片，余下部分为三个子片共享的资源，即图 11-4 中所称的片区公共部分（Slice Common）。

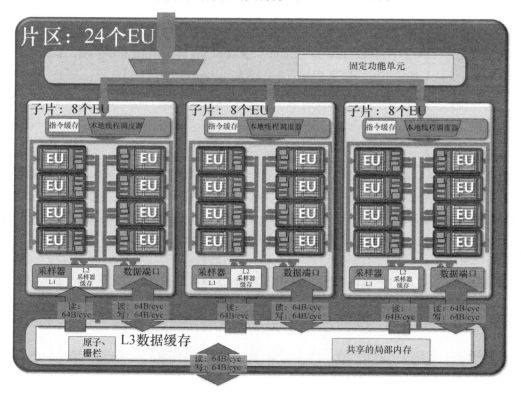

图 11-5　Gen9 GPU 中每个片区的布局

图 11-5 下方特别画出了第 3 级数据缓存（L3 data cache）。其容量为 768KB，可以缓存普通的数据，也可以用作共享内存，也就是在算核函数中定义的具有共享属性（shared）的变量。

11.2.3 子片布局

在 GEN GPU 中，比片区更小的下一级组织单位叫子片（subslice）。一个片区可以包含一个或多个子片。对于大多数的 Gen9 GPU，每个片区包含 3 个子片，也就是图 11-5 所示的情况。

图 11-6 展示了 Gen9 GPU 中每个子片的结构，中间的主体部分是 8 个 EU，稍后会详细介绍。8 个 EU 上面是本地线程分发器和指令缓存。每个 EU 可以同时执行 7 个线程，一个子片中有 8 个 EU，因此一个子片最多可以同时执行 56 个线程。本地线程分发器负责把需要执行的线程分发到合适的 EU 和流水线。

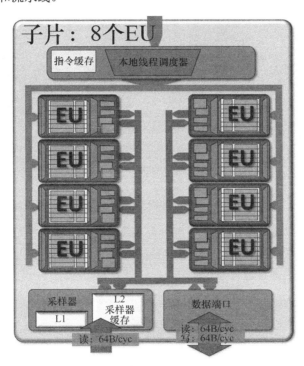

图 11-6　Gen9 GPU 中每个子片的布局

图 11-6 下方，画出了子片中的另外两个共享设施，左边是采样器（sampler），右边是数据端口（Data Port）。二者都是用来访问内存的，但是采样器专门用来访问只读的数据，因此它不需要考虑数据变化带来的数据同步问题。为了提高访问速度，其内部配备了专用的高速缓存，分 L1 和 L2 两级组织。此外，采样器还支持数据解压缩和格式转换，可以从不同格式的纹理（texture）和平面（surface）结构中获取数据。数据端口用于读写各种类型的通用数据缓冲区，以及所属片区上的共享内存。

每个子片包含的 EU 数量是个很重要的设计决定。在 Gen7.5 中，每个子片包含 10 个 EU，Gen8 和 Gen9 中降为 8 个。不过需要说明的是，这里说的是设计数量，因为生产过程中的某些问题，有些 EU 可能因为存在瑕疵而被禁用，所以实际产品中，每个子片中的 EU 数量可能是小于设计数量的。比如，在称为 GT1.5F 的 Gen9 GPU 中，每个子片的 8 个 EU 中有两个被禁用，也就是使用熔断（fuse）技术排除掉，余下的 EU 还有 3×6 = 18 个。

11.2.4　EU

下面介绍 Gen9 GPU 中最重要的基础构件——EU。EU 是现代 GPU 的灵魂和主角，是产生算力并为用户创造价值的核心部分。与其相比，很多公共设施都是为这个主角提供支持的。夸张一点说，上面费了不少笔墨，却全是铺垫，现在终于到了主角出场的时候。

那么，EU 到底是什么样的呢？与 Nvidia 的 CUDA 核和 AMD 的 CU 相比，它有哪些根本不同呢？要理解这些问题，需要先了解 EU 的基本结构，如图 11-7 所示。

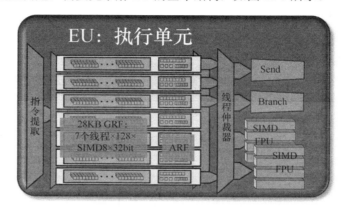

图 11-7　Gen9 GPU 的 EU

如何理解图 11-7 呢？首先，中间主体部分是寄存器文件，分为 7 行 2 列。7 行代表 7 个线程，每个线程有自己的寄存器。两列代表寄存器的两种类型，第一列代表 128 个 256 位的通用寄存器，第二列代表架构寄存器。

解释一下图 11-7 中的标签，其中，SIMD8 代表以 8 通道方式执行 SIMD（单指令的数据）指令，每一通道的数据宽度为 32 位。8 个通道刚好是 32×8 = 256 位。每个线程有 128 个寄存器，再乘以 7 个线程，那么每个 EU 中的所有通用寄存器大小加起来就是 28KB。在芯片设计时，寄存器空间是统一组织的，好像是一个文件。所以第 1 列称为通用寄存器文件（GRF）。第二列寄存器是 ARF，意思是架构寄存器文件，其中，寄存器代表 GEN 架构的特征，是架构基因的一部分。架构寄存器是专门用于某一用途的，比如 cr0 为控制寄存器，sr0 为状态寄存器，ip 为程序指针寄存器等，这将在 11.8 节专门介绍。

继续解说图 11-7，寄存器的左边是取指单元，用于读取指令。寄存器右侧先是线程仲裁器，然后是 4 个功能单元（function unit）。

简单来说，4 个功能单元就是 4 个执行指令的"车间"。其中两个用于执行各种算术指令，名叫 SIMD FPU。这里的 SIMD 代表支持以单指令多数据方式执行各种计算操作，名副其实。但名字中的 FPU 是不准确的，因为这一对功能单元既支持浮点数，也支持整数。

下面介绍另外两个功能单元。其中一个叫发送（Send）单元，用于执行内存访问指令、采样操作以及延迟较大的并且与其他部件通信的指令。另一个叫分支（Branch）单元，用于执行各种分支（divergence）和聚合（convergence）操作。

因为寄存器部分支持 7 个线程，而功能单元只有 4 个，所以线程仲裁器负责从 7 个线程中选取处于就绪（ready）状态的线程，然后把它的指令发射到 4 个功能单元之一。理想情况下，有 4 个线程在并行执行各自的指令。在图 11-7 中，寄存器和线程仲裁器之间的 4 个箭头代表从 7 个线程中选取 4 个并执行。

讲到这里，熟悉英特尔 CPU 微架构的读者可能觉得 EU 的线程结构和英特尔 CPU 的超线程技术类似。在超线程技术中，每个线程的执行状态（寄存器）是独立的，但是执行资源是共享的，每个核心中有两个超线程，共享一套执行资源。在 EU 中，7 个线程共享 4 个执行功能单元。

了解了 EU 的基本结构后，再做些补充和思考。首先，每个 EU 中的线程数量在不同版本的设计中可能不同，在 G965（Gen4）中，每个 EU 包含 4 个线程。

其次，EU 与 CUDA 核心如何比较呢？这是个敏感而且容易引起争议的问题。从寄存器资源角度比较，每个 EU 有 28KB 的通用寄存器文件，每个线程 4KB，这刚好与 V100 GPU 的每个 CUDA 核心（FP32）的寄存器文件大小相同。参见本书表 9-2，在特斯拉 V100 中，每个 SM 有 32 个 CUDA 核心，共用 256KB 寄存器文件，平均每个 CUDA 核心的寄存器文件也是 4KB。从支持的逻辑线程上来看，每个 EU 支持 7 个独立的线程。每个 CUDA 核心支持一个独立的线程（一套执行状态和寄存器）。因此，从上面两个角度来看，EU 的每个线程和 CUDA 核心大体相当。

说到这里，读者可能觉得，Nvidia 很会商业宣传，对外高调宣传 GPU 中的 CUDA 核心的数量，常常数百上千。相对而言，英特尔对外宣传的是 EU 数量，通常都是两位数。对普通用户来说，根本不知道 1 个 EU 有多少个线程，只是简单用数字比较。对于这个问题，不知道英特尔的产品经理们是如何想的。

老雷评点　　曲笔，故意取不相干人背锅，指桑骂槐。

11.2.5　经典架构图

按从大到小的顺序，上文简要介绍了 GEN GPU 的微架构，从总体结构深入到 EU 的内部。作为总结，这里再返回总体结构。图 11-8 是来自 G965 PRM 卷 1 的插图。虽然十几年过去了，GEN 架构已经有了很大的发展，但是这幅架构图的绝大部分对于目前的 GEN GPU 还是适用的，所以我们称其为经典架构图。

这幅架构图里包含的三大功能块至今没变，即 3D、媒体（Media）和 GPGPU。因为 GPGPU 部分相对独立，所以图中称其为子系统，这个名字在后来的 PRM 中依然使用。子系统部分既可以直接对外提供计算服务，也可以供媒体和 3D 部分使用。

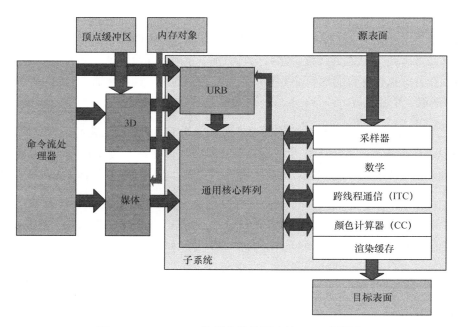

图 11-8 GEN GPU 的经典架构图（从 G965 开始）

从软件接口的角度来看，命令流处理器（Command Streamer）负责接收来自软件的命令，然后分发给内部的流水线。有一条特殊的命令，用来选择要使用的流水线，这条命令称为 PIPELINE_SELECT，其详细定义可以在 PRM 文档中找到。这条命令的最低两位代表要选择的流水线：00b 代表 3D，01b 代表 Media，10b 代表 GPGPU。

11.3　寄存器接口

如第 8 章所述，设备寄存器是 CPU 与显卡和 GPU 沟通的一种经典方式，始于 VGA 时代，一直使用到今天。对英特尔集成显卡而言，虽然硬件的"住所"几经变迁，从 AGP 设备到北桥，又从北桥搬迁到 CPU 中，但对软件而言，访问寄存器的方式都是一样的。

11.3.1　两大类寄存器

按照访问方式，可以把显卡的寄存器分成两大类。一类是以 I/O 端口方式访问的，或者说是通过 x86 CPU 的 in/out 指令来访问的。这种方式比较陈旧，速度较慢，因此只有早期 VGA 标准的寄存器还使用这种方式。另一类是内存映射方式，也叫"映射到内存空间的输入输出"（Memory Mapped Input/Output，MMIO）。

打开设备管理器，找到显卡设备，双击打开"属性"对话框。在资源部分，就可以观察它的输入/输出资源，以下是作者写作本书内容时所用笔记本电脑上 HD 620（Gen9.5）GPU 的资源使用情况。

内存地址 0xD4000000～0xD4FFFFFF

内存地址 0xB0000000～0xBFFFFFFF

内存地址 0xA0000～0xBFFFF

I/O 端口 0x0000F000～0x0000F03F

I/O 端口 0x000003B0～0x000003BB

I/O 端口 0x000003C0～0x000003DF

上面的地址都是物理地址。前三行是 MMIO 空间，后三行是 I/O 空间。在前三行中，第 1 行是处理器显卡的寄存器空间，大小为 16MB。第 2 行是用来与 GPU 交换其他数据的，CPU 通过读写这个空间来访问显卡的显存。如果显存很大，超过了这个空间的大小，那么要把需要访问的部分映射到这个空间。形象地说，这个空间就好像一个窗口，让 CPU 可以瞭望到 GPU 的显存空间，也有些像照相机的光圈，光圈打开，让光线通过，便可以看到景物。同时因为这个空间是通过 PCI 标准来动态商定的，所以又叫"PCI 光圈"（PCI Aperture），其最大值受 PCI 标准的限制。第 3 行是 VGA 标准定义的帧缓冲区（Frame Buffer）空间，其内容与屏幕上的内容（字符或者像素）是一一对应的。DOS 时代的直接写屏技术就是直接写这段内存，根据显示模式写不同的地址区间。

11.3.2 显示功能的寄存器

显示是显卡最初的功能，已经非常成熟和稳定。显示功能主要是通过寄存器接口来配置的。

虽然后来版本的 PRM 也用较长的篇幅介绍显示功能，但从学习的角度来讲，经典的 G965 PRM 卷 3 是非常好的入门资料。

该卷的标题叫"显示寄存器"（Display Registers），共有 6 章，第 1 章是简介，后面 5 章分门别类地描述了不同功能的显示寄存器。

本着以点带面的思想，我们选取著名的 PIPEACONF 寄存器来教读者阅读 PRM，理解显示寄存器的工作原理。

打开 PDF 格式的 PRM，搜索 PIPEACONF，找到该寄存器的定义页面。寄存器的描述信息大多包含两部分，首先是概要描述，然后是位定义表格，其中包含寄存器每一位的详细定义。比如，下面是 PIPEACONF 寄存器的概要信息。

```
PIPEACONF—Pipe A Configuration Register
Memory Offset Address: 70008h
Default: 00000000h
Normal Access: Read/Write double buffered
```

第一行的前半部分是寄存器名（简称），然后是简单描述，意思是显示通道 A 的配置寄存器。通道是英特尔显卡显示模块中的一个重要概念，是 Plane－Pipe－Port 三级架构的中间一级。简单地说，Plane 代表显示平面，Port 是显示端口，比如 VGA、DVI 等。平面和端口都可能是多个，管道的作用是把显示平面上的数据传输到显示端口，好像一个管道一样。因为每一级都可能有多个对象，所以需要软件来做配置。上面这个寄存器就是用来配置通道 A 的。

第二行是这个寄存器的偏移地址，它是相对于上面介绍的寄存器空间基地址的偏移量。第三行是默认值。第四行是允许的访问方式，这个寄存器可以读也可以写，而且是双重缓存的，意思是软件可以随时写这个寄存器，写的是寄存器的一份（软）拷贝，硬件单元正在使用的是另一份。当某一事件发生时，会把软件写的内容同步到硬件中。常见的触发事件是 VBLANK，有时也称垂直同步信号（VSync），一般在显示电路刷新好一帧内容后产生，通知更新下一帧画面。

 格物致知

下面通过一个试验来深入理解这个寄存器的功能。因为这个试验有些"危险"，可能导致计算机无法显示，所以不建议模仿。倘若打算模仿，请先通读本节以下内容并深刻理会每个步骤。

在作者写作本书时使用的一台台式机上，首先记下处理器显卡（HD 630，与上面的笔记本所用显卡略有不同）寄存器空间的起始地址 0xF6000000，然后在本地内核调试会话中观察 PIPEACONF 寄存器，结果如下。

```
lkd> !dd f6000000+70008 L4
#f6070008 c0000000 00000000 00000000 00000000
#f6070018 00000000 00000000 04000000 00000000
```

第一列是地址。第二列便是 PIPEACONF 寄存器的值，即 c0000000。参考 PRM，第 31 位为 1，代表该通道是启用的（Pipe A Enable），第 30 位也为 1，代表该通道的实际状态（Pipe State）确实是已经启用的。

接下来，到了惊险的时刻（对于大胆的模仿者，请保存工作文件，做好显示器无法显示而要强制重启计算机的准备）。使用!ed 命令来直接编辑物理内存，修改寄存器，禁止通道 A。

```
!ed f6000000+70008 00000000
```

通过键盘输入上述命令，眨眼之间，显示器变得一团漆黑。再按什么键，都不知道是什么结果了，因为显示器无法正常显示了。

接下来，最简单的恢复方法就是长按电源按钮重启系统了。在几年前的软硬件环境下，屏幕暗了一会儿后，会再变亮，因为有某事件触发显卡驱动重新启用显示管道，不知何时，那部分执行重复操作的代码被优化掉了。

在写作本书内容的时候，作者想出了一种使屏幕重新变亮的方法。在执行上述写 0 的命令前，先执行几次下面的启用命令。

```
!ed f6000000+70008 80000000
```

然后执行禁止写 0 的命令，待屏幕关掉后，要在黑暗中沉着冷静地按两次向上的方向键，调出前面执行过的启用命令，然后按 Enter 键。这样，屏幕便变亮了。

古有读书之乐，穿越时光，悟古人心境；今有调试之乐，电波传语，与硅片对谈。

老雷评点

『 11.4 命令流和环形缓冲区 』

上一节介绍的寄存器接口具有简单直接的优点，但是也有一些局限性，比如每次传递的数据有限。另外，每次一般只能执行一个操作，不能成批提交任务。为了弥补这些不足，今天的 GPU 都支持以命令流（Command Stream）的形式来接收任务。运行在 CPU 上的软件先把命令写到命令缓冲区（Command Buffer），然后再把准备好的缓冲区提交给 GPU 执行。因为 GPU 一般通过 DMA（直接内存访问）方式读取命令流，所以命令缓冲区一般也称为 DMA 缓冲区。另外，因为缓冲区里一般包含多条命令，像批处理文件一样，所以它也称为"批缓冲区"（Batch Buffer）。

11.4.1 命令

在经典的 G965 PRM 卷 1 中，第 4 章介绍了 GEN GPU 的命令格式。

首先，命令的长度是不固定的，但都是 DWORD（双字，32 位）的整数倍。其次，命令的格式也是不固定的，但第一个 DWORD 总是命令头（header）。命令头的最高 3 位是统一定义的，是唯一的公共字段，这个字段的名字在 G965 PRM 中称为用户（client）字段，后来的手册把它称为指令类型（instruction type）字段，本书将其称为命令类型，以便与 GEN EU 的指令相区分。

命令类型字段一共有三位，最多支持 8 种类型（对应数字 0~7）。G965 定义了 4 种，分别表示为 0~3，其中，0 代表内存接口（Memory Interface，MI），1 代表杂项，2 代表 2D 渲染和位块操作，简称 BLT，3 代表 3D、媒体和 GPGPU，简称 GFXPIPE。在这些类型中，4~7 保留未用。

举例来说，在公开的 i915 驱动中，代表 PIPELINE_SLECT 命令的常量是这样定义的。

```
#define PIPELINE_SELECT    ((0x3<<29)|(0x1<<27)|(0x1<<24)|(0x4<<16))
```

其中，0x3 便是命令类型字段，紧随其后的 1 代表命令子类型（command subtype），再后面的 0x1 代表命令的操作码（opcode），最后面的 0x4 代表子操作码（sub-opcode）。这个命令的最低两位是可变的，0 用来选择 3D 流水线，1 用来选择媒体流水线，2 用来选择 GPGPU。

在 i915 驱动的 cmd_parser.c 中，OP_3D_MEDIA 宏包含了 3D 类命令的通用格式，如下所示。

```
/* 3D/Media Command: Pipeline Type(28:27) Opcode(26:24) Sub Opcode(23:16) */
#define OP_3D_MEDIA(sub_type, opcode, sub_opcode) \
    ((3 << 13) | ((sub_type) << 11) | ((opcode) << 8) | (sub_opcode))
```

宏中的移位次数是相对于双字的高 16 位而言的，加上 16 便与 PIPELINE_SELECT 宏一致了。

在从 SKLYLAKE 开始的多卷本 PRM 中，篇幅最长的卷 2 就是用来描述 GPU 命令的，分为 a、b、c、d 四个部分，a 部分的篇幅最长，名为《命令参考：指令（命令操作码）》，详细描述每一条命令的操作码（command opcode）定义，也就是命令的命令头部分。b、d 两个部分分别描述命令相关的枚举定义和数据结构。

在流行的显卡驱动模型（WDDM 和 DRM）中，一般由用户模式驱动程序（UMD）来准备命令，命令放在特别分配的批缓冲区（Batch Buffer）中。在驱动代码里常将批缓冲区简称为 BB。准备好的批缓冲区会通过图形软件栈提交到内核空间。内核模式的图形核心软件（DXGKRNL或者 DRM）会与内核模式的驱动程序（KMD）对批缓冲区中的命令进行验证，对其中的资源引用进行重定位（relocation）或者修补（patching），最后再提交给硬件。提交给硬件的方式有多种，下面先介绍经典的环形缓冲区方法。

11.4.2　环形缓冲区

环形缓冲区（Ring Buffer）是向 GPU 提交命令流的一种经典方式。从通信的角度来讲，可以把它看作 CPU 和 GPU 之间的一个共享内存区。CPU 端的软件向里面写命令，一次可以写很多条，形成一个命令流，准备好后，通过寄存器接口告诉 GPU 命令流的起始和结束位置，让GPU 开始执行。GPU 执行一批命令时，CPU 可以准备下一批，二者并行合作。

进一步说，环形缓冲区就是一段内存区，为了便于让 GPU 和 CPU 都可以访问，一般将其分配在 GPU 的 PCI 光圈（PCI Aperture）空间中，也就是前面提到的 MMIO 空间。这样，只要将其映射到 CPU 端的线性地址，驱动程序便可以直接访问了。在 i915 驱动的 intel_init_ring_buffer函数中可以看到初始化的代码。

```
ring->virtual_start =
        ioremap_wc(dev_priv->gtt.mappable_base + i915_gem_obj_ggtt_offset(obj),
            ring->size);
```

其中，mappable_base 是可映射到 CPU 端的 MMIO 基地址（物理地址），obj 是函数 i915_gem_object_create_stolen 或者 i915_gem_alloc_object 创建的环形缓冲区对象。

从数据结构的角度来讲，除了用于存放命令流的线性内存区之外，环形缓冲区还有一个描述缓冲区状态的数据结构，包括环形缓冲区的起始地址、长度，以及当前有效部分的头尾偏移量，如图 11-9 所示。

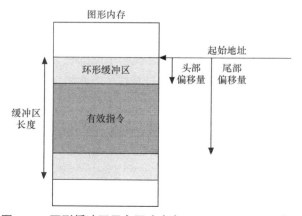

图 11-9　环形缓冲区示意图（来自 G965 PRM 12.3.4 节）

环形缓冲区结构体的具体定义大同小异，下面是 Linux 源代码树中 i810 驱动（名字源于 Gen0）的定义。

```
typedef struct _drm_i810_ring_buffer {
    int tail_mask;
    unsigned long Start;
    unsigned long End;
    unsigned long Size;
    u8 *virtual_start;
    int head;
    int tail;
    int space;
    drm_local_map_t map;
} drm_i810_ring_buffer_t;
```

其中，Start 和 End 用于描述环形缓冲区的起始和结束位置，是相对于 MMIO 空间基地址的偏移量。以下语句用于给 Start 字段赋值。

```
dev_priv->ring.Start = init->ring_start;
```

其中，init 是初始化用的结构体指针参数。

接下来的 virtual_start 是映射后的虚拟地址，也就是把物理地址（dev->agp->base + init->ring_start）映射到线性地址。最后的 map 字段是用于描述映射信息的。以下是初始化 map 结构体和调用内存映射函数的代码。

```
dev_priv->ring.map.offset = dev->agp->base + init->ring_start;
dev_priv->ring.map.size = init->ring_size;
dev_priv->ring.map.type = _DRM_AGP;
dev_priv->ring.map.flags = 0;
dev_priv->ring.map.mtrr = 0;
drm_core_ioremap(&dev_priv->ring.map, dev);
```

其中，init->ring_start 的值等于 Start 字段。

中间的 head 和 tail 字段用于描述当前正在使用的命令流，head 用于描述开头，tail 用于描述结尾，二者都是相对于 Start 的偏移量。

最后再介绍一下 space 字段，它代表环形缓冲区上的空闲空间大小，是通过以下公式计算的。

```
ring->space = ring->head - (ring->tail + 8);
if (ring->space < 0)
    ring->space += ring->Size;
```

在 i915 驱动中，也有一个与 drm_i810_ring_buffer_t 类似的结构体，名叫 intel_ringbuffer，位于 intel_ringbuffer.h 中，由于篇幅所限，不再详述。

11.4.3 环形缓冲区寄存器

上面介绍的数据结构是 CPU 端代码使用的。在 GPU 端，Gen 以寄存器的形式来报告环形缓冲区接口。它使用了 4 个寄存器，分别为：尾偏移、头偏移、起始地址和控制寄存器。下面是 i915 驱动中的对应宏定义。

```
#define RING_TAIL(base)              _MMIO((base)+0x30)
#define RING_HEAD(base)              _MMIO((base)+0x34)
#define RING_START(base)             _MMIO((base)+0x38)
#define RING_CTL(base)               _MMIO((base)+0x3c)
```

其中，base 是宏的参数，目的是复用这套宏描述 Gen 的多个环形缓冲区。以下是定义 base 的几个宏。

```
#define RENDER_RING_BASE         0x02000
#define BSD_RING_BASE            0x04000
#define GEN6_BSD_RING_BASE       0x12000
#define GEN8_BSD2_RING_BASE      0x1c000
#define VEBOX_RING_BASE          0x1a000
#define BLT_RING_BASE            0x22000
```

其中，RENDER_RING_BASE 是着色器引擎的，BLT_RING_BASE 是 2D 位块操作的，VEBOX_RING_BASE 是视频增强引擎（Video Enhancement Engine）的，其他几个都是视频引擎的，BSD 是 BitStream Decoder 的缩写。

从上述定义可以看出，目前的 Gen GPU 支持多个环形缓冲区，每个执行引擎都有自己的命令接收器和环形缓冲区，这样主要是了为了避免单一的环形缓冲区成为 CPU 和 GPU 之间的瓶颈，避免千军万马过独木桥。

11.5　逻辑环上下文和执行列表

随着 GPU 应用的增多，让系统中的多个应用可以"同时"使用 GPU 成为一个重要目标。这里的"同时"故意加上引号，表示多个应用以分时间片的方式轮番使用 GPU，与 CPU 上的多任务类似，表面上看好像多个任务同时在运行。要做到这一点，就必须让 GPU 也支持较低粒度的抢先式调度，也就是当有新的重要任务要运行时，可以"立刻"打断当前的任务，迅速切换到新的任务。

为了实现这个目标，2014 年推出的 Gen8 引入了一种新的方式来给 GPU 下达任务，称为逻辑环上下文和执行列表（Logical Ring Context and Execlist）。简单来说，CPU 端要为每个 GPU 任务准备一个规定格式的结构体，称为逻辑环上下文（Logical Ring Context，LRC）。与 CPU 上的线程上下文结构体类似，LRC 中记录 GPU 任务的详细运行状态。当需要运行一个任务时，只要把它的 LRC 发送到相应执行引擎的执行列表提交端口（ExecList Submit Port，ELSP）即可。提交时会附带一个全局唯一的提交标志（ID），用于识别这个任务。提交 ID 的长度是 20 位。

11.5.1　LRC

与 CPU 的线程上下文类似，LRC 是 GPU 引擎执行状态的一份副本。Gen 有多个执行引擎，每个引擎的 LRC 格式是不同的。在《Gen 编程手册》的卷 7（3D-Media-GPGPU Engine）中，描述了 LRC 的格式，其位置为 Render Command Memory Interface → Render Engine Logical Context Data → Register/State Context。

以 Gen8 渲染引擎（Render Engine）的 LRC 为例，它包含了 20 个内存页，共有 80KB，分为以下三个部分。

- 与进程相关的（Per-Process）硬件状态页，大小为 4KB。

- 环形缓冲区上下文，包括环形缓冲区寄存器的状态、页目录指针等。

- 引擎上下文，用于记录流水线状态、非流水线状态和统计信息等。

通过 i915 驱动的 i915_dump_lrc 虚拟文件，可以让 i915 驱动（函数名为 i915_dump_lrc_obj）帮我们把环形缓冲区上下文对应的内存页映射到 CPU 端，并显示它的内容。清单 11-1 是其中的一部分。软件环境为 Linux 4.13 内核，GPU 是 KabyLake（Gen9.5）。

清单 11-1 环形缓冲区上下文

```
CONTEXT: rcs0 0
    Bound in GGTT at 0xfffe7000
    [0x0000] 0x00000000 0x1100101b 0x00002244 0xffff000a // LRI 头和 CTX_CTRL
    [0x0010] 0x00002034 0x00000448 0x00002030 0x00000448 // 环的头和尾
    [0x0020] 0x00002038 0x00001000 0x0000203c 0x00003001 // 环的起始和控制
    [0x0030] 0x00002168 0x00000000 0x00002140 0xfffdddd8 // BB_ADDR
    [0x0040] 0x00002110 0x00000000 0x0000211c 0x00000000 // BB_STATE
    [0x0050] 0x00002114 0x00000000 0x00002118 0x00000000 // 第二个 BB
    [0x0060] 0x000021c0 0xffffe081 0x000021c4 0xffffe002 // BB_PER_CTX_PTR
    [0x0070] 0x000021c8 0x00000980 0x00000000 0x00000000
    [0x0080] 0x00000000 0x11001011 0x000023a8 0x00000293 // CTX_TIMESTAMP
    [0x0090] 0x0000228c 0x00000000 0x00002288 0x00000000 // PDP3
    [0x00a0] 0x00002284 0x00000000 0x00002280 0x00000000 // PDP2
    [0x00b0] 0x0000227c 0x00000000 0x00002278 0x00000000 // PDP1
    [0x00c0] 0x00002274 0x00000002 0x00002270 0x22844000 // PDP0
    [0x00d0] 0x00000000 0x00000000 0x00000000 0x00000000
    [0x00e0] 0x00000000 0x00000000 0x00000000 0x00000000
    [0x00f0] 0x00000000 0x00000000 0x00000000 0x00000000
    [0x0100] 0x00000000 0x11000001 0x000020c8 0x80000088
    [0x0110] 0x61040001 0x00000000 0x00000000 0x00000000 // GPGPU CSR 基地址
    [0x0120] 0x00000000 0x00000000 0x00000000 0x00000000
    [0x0130] 0x00000000 0x00000000 0x00000000 0x00000000
    [0x0140] 0x00000000 0x11001057 0x00002028 0xffff0000
    [0x0150] 0x0000209c 0xfeff0000 0x000020c0 0xffff0000
    [0x0160] 0x00002178 0x00000001 0x0000217c 0x00145855
    [0x0170] 0x00002358 0x138a36f8 0x00002170 0x00000000
```

结合 i915 驱动中的 intel_lrc.c 和 PRM，可以了解清单 11-1 中常用字段的含义。其中，第一行的第一个 DWORD 是 NOOP 命令，第二个 DWORD 是 Load_Register_Immediate（LRI）命令的命令头，其后的若干行都是"寄存器地址+寄存器取值"的形式。可以认为 GPU 在加载这个上下文时会先执行 NOOP 命令，然后执行 LRI 命令。在执行 LRI 命令时便会把随后的寄存器内容加载到寄存器中。

第 2 行和第 3 行便是环形缓冲区寄存器的信息，分别是 4 个寄存器（即环的头、尾、起始和控制寄存器）的地址和取值。

随后的三行描述两套批缓冲区（BB）的状态，每套有三个寄存器，分别是 BB_ADDR_UDW

（高的 DWORD）、BB_ADDR（低的 DWORD）和 BB_STATE。从 0x90 开始的 4 行都是关于页目录信息的，PDP 代表页目录指针（Page Directory Pointer）。如果要了解上述寄存器的详细定义，快捷方法是打开 PRM 卷 2 的 c 部分（比如 skl-vol02c-commandreference-registers-part1.pdf），然后搜索寄存器的地址。

11.5.2　执行链表提交端口

等待执行的 LRC 一般是以链表的形式放在队列里的，这个链表有时称为执行链表（ExecList），也叫运行链表（RunList）。Gen 公开了一个名为执行链表提交端口（ExecList Submit Port，ELSP）的寄存器，用于接收要执行的 LRC。为了提高吞吐率，Gen 的 4 个执行引擎都有自己的 ELSP 寄存器，而且每个 ELSP 寄存器内部都有一对端口，可以接收两个 LRC。提交的方法是把 LRC 的描述符写到 ELSP 寄存器，先写 LRC 1 的描述符，再写 LRC 0 的描述符。

11.5.3　理解 LRC 的提交和执行过程

观察 i915 驱动的虚拟文件是理解执行链表提交过程的一种好方法。在 Ubuntu 的终端窗口中先切换到 su 身份，然后转移到 i915 驱动的 debugfs 文件夹，便可以使用 cat 命令观察了。

```
# sudo su
# cd /sys/kernel/debug/dri/0
# cat i915_gem_request && cat i915_engine_info
```

第三条命令是关键，前一个 cat 显示请求队列，gem 是 GPU Engine Manager 的缩写，代表 i915 驱动中管理执行引擎的部分，后一个 cat 显示执行引擎的状态。把两个 cat 命令连在一起提交是为了缩短二者之间的时间差，让两条命令显示的信息尽可能接近同一时间点。

我们先解读任务较少时的简单结果，再看复杂情况。清单 11-2 是在 Ubuntu 系统启动后没有运行其他应用软件时的结果。前两行是 i915_gem_request 的内容，第 3 行起是 i915_engine_info 的内容，后者会显示 4 个执行引擎的状态。为了节约篇幅，这里只截取渲染引擎的部分。

清单 11-2　渲染引擎的请求队列和执行状态（简单情况）

```
root@gedu-i7:/sys/kernel/debug/dri/0# cat i915_gem_request && cat i915_engine_info
rcs0 requests: 1
    dc9 [4:807] prio=2147483647 @ 12ms: compiz[1955]/1
GT awake? yes
Global active requests: 1
rcs0
    current seqno dc9, last dc9, hangcheck d7b [11688 ms], inflight 1
    Requests:
        first  dc9 [4:807] prio=2147483647 @ 12ms: compiz[1955]/1
        last   dc9 [4:807] prio=2147483647 @ 12ms: compiz[1955]/1
    RING_START: 0x00031000 [0x00000000]
    RING_HEAD:  0x00000620 [0x00000000]
    RING_TAIL:  0x00000620 [0x00000000]
    RING_CTL:   0x00003000 []
    ACTHD:  0x00000000_02000620
    BBADDR: 0x00000000_0b31c59c
    Execlist status: 0x00000301 00000000
```

```
Execlist CSB read 5, write 5
    ELSP[0] idle
    ELSP[1] idle
```

清单 11-2 中，第 1 行的 rcs0 是执行引擎的简称，即渲染引擎命令流化器（Render Command Streamer）的缩写，0 代表 0 号，因为系统中只有一个，其意义不大。后面是活跃的请求数：1个。接下来是请求的概要信息，是通过 print_request 函数显示的，其核心代码如下。

```
drm_printf(m, "%s%x%s [%x:%x] prio=%d @ %dms: %s\n", prefix,
    rq->global_seqno,
    i915_gem_request_completed(rq) ? "!" : "",
    rq->ctx->hw_id,
    rq->fence.seqno,
    rq->priotree.priority,
    jiffies_to_msecs(jiffies - rq->emitted_jiffies),
    rq->timeline->common->name);
```

第 1 列是描述性的前缀，比如 first 和 last 等。第 2 列是全局的流水号，每个引擎独立维护，单调递增，可以通过 cat i915_gem_seqno 来观察其详情。第 3 列可能为空或者显示一个惊叹号，惊叹号代表已经完成，一般完成了就会被移除队列，很少会看到。第 4 列是 LRC 的硬件 ID。第 5 列是用于与硬件同步的栅栏 ID（fence ID）。第 6 列是优先级。第 7 列为排队时间，即从发射到软件队列时起到观察时的时间差，单位为毫秒。最后一列为提交任务的进程名。

也就是说，清单 11-2 中只有一个任务在队列中，是 Ubuntu 的窗口合成器进程 compiz 的，它的进程 ID 为 1955。

下面解说 engine_info 的概要行。

```
current seqno dc9, last dc9, hangcheck d7b [11688 ms], inflight 1
```

其含义为：当前正在执行的是 dc9 号请求，最后一次提交的也是这个请求，最近一次做挂起检查时执行的请求是 d7b 号（engine->hangcheck.seqno），检查的时间（engine->hangcheck.action_timestamp）在 11688ms 前，飞行（活跃）状态的请求一共有 1 个。

Requests 下是第一个请求和最近一次提交的请求，二者都是 dc9 号。

随后的 4 行是关于环形缓冲区的，每行三列。第 1 列为名称。第 2 列是通过下面这样的代码从硬件读到的值。

```
I915_READ(RING_START(engine->mmio_base))
```

第 3 列是活跃请求上下文结构体中的值。当时没有活跃请求，所以显示为 0 或空。

最后两行是 ELSP 端口的状态，因为唯一的请求正在执行，目前两个端口都空闲，所以没有任务在排队。

接下来再看一个 GPU 很忙碌时的输出结果。清单 11-3 是在执行 GpuTest 程序的压力测试时得到的信息。

清单 11-3　渲染引擎的请求队列和执行状态（较多大粒度任务）

```
rcs0 requests: 5
    15a2 [2:8d4] prio=2147483647 @ 1064ms: Xorg[1067]/1
```

```
    15a3 [8:19] prio=2147483647 @ 776ms: GpuTest[2365]/1
    15a4 [2:8d5] prio=2147483647 @ 772ms: Xorg[1067]/1
    15a5 [8:1a] prio=2147483647 @ 8ms: GpuTest[2365]/1
    15a6 [2:8d6] prio=2147483647 @ 8ms: Xorg[1067]/1
GT awake? yes
Global active requests: 11
rcs0
    current seqno 15a4, last 15a6, hangcheck 158d [1304 ms], inflight 11
    Requests:
        first  15a2 [2:8d4] prio=2147483647 @ 1064ms: Xorg[1067]/1
        last   15a6 [2:8d6] prio=2147483647 @ 8ms: Xorg[1067]/1
        active 15a5 [8:1a] prio=2147483647 @ 8ms: GpuTest[2365]/1
        [head 10a8, postfix 1100, tail 1128, batch 0x00000000_01dcd000]
    RING_START: 0x0002d000 [0x0002d000]
    RING_HEAD:  0x000010e4 [0x00001000]
    RING_TAIL:  0x00001128 [0x00001128]
    RING_CTL:   0x00003001 []
    ACTHD:  0x00000000_01dcdbbc
    BBADDR: 0x00000000_01dcdbbd
    Execlist status: 0x00044052 00000008
    Execlist CSB read 3, write 3
        ELSP[0] count=1, rq: 15a5 [8:1a] prio=2147483647 @ 8ms: GpuTest[2365]/1
        ELSP[1] count=1, rq: 15a6 [2:8d6] prio=2147483647 @ 8ms: Xorg[1067]/1
        Q 0 [2:8d7] prio=1024 @ 4ms: Xorg[1067]/1
        Q 0 [2:8d8] prio=1024 @ 4ms: Xorg[1067]/1
        Q 0 [4:cb1] prio=1024 @ 4ms: compiz[1955]/1
        Q 0 [4:cb2] prio=1024 @ 4ms: compiz[1955]/1
        Q 0 [4:cb3] prio=1024 @ 4ms: compiz[1955]/1
        Q 0 [8:1b] prio=0 @ 4ms: GpuTest[2365]/1
    GpuTest [2365] waiting for 15a5
```

清单 11-3 的前 6 行是 i915_gem_request 的信息，当时有 5 个请求，后面是 i915_engine_info 的信息，显示有 11 个请求，意味着在两个观察点之间新增了 6 个请求。当时正在执行的是 15a4 号，最近提交给硬件的是 15a6 号，可以看到它还在 ELSP 端口[1]排队。在 ELSP 端口 0 上的 15a5 号请求正处于活跃状态。因为 GpuTest 程序在频繁提交新的请求，所以可以看到 ELSP 端口信息后列出了 4ms 前刚刚发射到软件队列里的 6 个新请求。

最后再看频繁提交较小粒度任务的情况，执行 GpuTest 的 BenchMark 测试，输出结果如清单 11-4 所示。

清单 11-4　渲染引擎的请求队列和执行状态（较多小粒度任务）

```
Global active requests: 14
rcs0
    current seqno bf5b3, last bf5b7, hangcheck bf5ad [24 ms], inflight 14
    Requests:
        first  bf5af [b:be0] prio=2147483647 @ 108ms: GpuTest[6897]/1
        last   bf5b7 [2:4f820] prio=2147483647 @ 56ms: Xorg[1058]/1
        active bf5b4 [b:be1] prio=2147483647 @ 88ms: GpuTest[6897]/1
        [head 3428, postfix 3480, tail 34a0, batch 0x00000000_00a1f000]
    RING_START: 0x03543000 [0x03543000]
    RING_HEAD:  0x00003464 [0x00003380]
    RING_TAIL:  0x000035a8 [0x000035a8]
    RING_CTL:   0x00003001 []
    ACTHD:  0x00000000_00a20264
```

```
BBADDR: 0x00000000_00a20265
Execlist status: 0x00044052 0000000b
Execlist CSB read 4, write 4
    ELSP[0] count=1, rq: bf5b6 [b:be3] prio=2147483647 @ 88ms: GpuTest[6897]/1
    ELSP[1] count=1, rq: bf5b7 [2:4f820] prio=2147483647 @ 56ms: Xorg[1058]/1
    Q 0 [7:182e5] prio=0 @ 56ms: GpuTest[5555]/1
    Q 0 [b:be4] prio=0 @ 40ms: GpuTest[6897]/1
    Q 0 [b:be5] prio=0 @ 40ms: GpuTest[6897]/1
    Q 0 [b:be6] prio=0 @ 40ms: GpuTest[6897]/1
    Q 0 [2:4f821] prio=0 @ 4ms: Xorg[1058]/1
GpuTest [6897] waiting for bf5b4
Xorg [1058] waiting for bf5b7
```

值得注意的是，清单中间的活跃请求（active 行）为 bf5b4，但是 ELSP 端口行显示的并不是它，而是 bf5b6 和 bf5b7，导致这种信息不一致的原因应该是 CPU 显示两个信息的时间差。在那个时间间隙里，bf5b4 已经执行完毕，而且 CPU 端又提交了新的请求到 ELSP 端口。

11.6 GuC 和通过 GuC 提交任务

从 Broadwell（Gen8）开始，Gen GPU 中都包含了一个 x86 架构（Minute IA）的微处理器，名叫 GPU 微处理器（GPU Micro Controller），简称 GuC。

GuC 的主要任务是调度 Gen 的执行引擎，为 Gen 提供了一种新的调度接口给上层软件。增加 GuC 的目的是提供新的调度方式，逐步取代上一节介绍的执行列表方式。

11.6.1 加载固件和启动 GuC

当作者写作本书时，i915 驱动虽然已经包含了关于 GuC 的逻辑，但是默认没有启用，使用的提交方式还是执行列表。

要启用 GuC，需要在内核参数中加入如下选项。

```
i915.enable_guc_loading=1 i915.enable_guc_submission=1
```

在启动时，i915 驱动会检查 Gen 的版本信息，然后尝试加载对应版本的固件给 GuC。

在 i915 源代码的 intel_guc_fwif.h 文件中，简要描述了固件文件的布局。起始部分是个固定格式的头结构（uc_css_header），其中包含版本信息，以及各个组成部分的大小。头信息后面是编译好的固件代码和签名信息。

如果 i915 驱动在加载 GuC 固件时失败，它会输出类似下面这样的错误信息。

```
[drm] Failed to fetch valid uC firmware from i915/kbl_guc_ver9_14.bin (error 0)
[drm] GuC firmware load failed: -5
[drm] Falling back from GuC submission to execlist mode
```

前两行包含 i915 尝试加载的固件文件路径和错误码，第二行显示加载固件失败，最后一行表示回退到旧的执行列表提交方式。在内核参数中增加 drm.drm_debug=6 可以看到更详细的调试信息。

导致以上错误的一般原因是 i915 找不到固件文件。一种解决方法是重新编译 Linux 内核，并把 GuC 固件集成到内核文件中。主要步骤是先把合适版本的固件文件放入 Linux 内核源代码的 firmware/i915 子目录下，然后修改构建配置，通过额外固件选项指定 GuC 固件。

解决了上述找不到固件文件的问题后，另一种常见的错误是下面这样的"CSS 头定义不匹配"。

```
[drm] CSS header definition mismatch
```

导致这个问题的原因很可能是因为从 kernel 网网上下载固件时下载了 HTML 格式的文件。改正的方法是单击链接下载原始的二进制文件。

老雷评点

老雷曾不慎落入这个陷阱，感谢多年好友 HM 一语点破，并分享同样经历。

固件文件加载成功后，可以通过虚文件 i915_guc_load_status 观察其概况，如清单 11-5 所示。

清单 11-5　通过虚文件观察 GuC 的加载状态

```
# cat /sys/kernel/debug/dri/0/i915_guc_load_status
GuC firmware status:
    path: i915/kbl_guc_ver9_14.bin
    fetch: SUCCESS
    load: SUCCESS
    version wanted: 9.14
    version found: 9.14
    header: offset is 0; size = 128
    uCode: offset is 128; size = 142272
    RSA: offset is 142400; size = 256

GuC status 0x800330ed:
    Bootrom status = 0x76
    uKernel status = 0x30
    MIA Core status = 0x3
```

在清单 11-5 中，上半部分是固件的静态信息，包含版本号，三个部分（头信息、代码和 RSA 签名）的位置和大小。头结构的大小为 128 字节，随后紧跟的代码为 142 272 字节，RSA 数据为 256 字节。后半部分是供调试用的状态代码。

11.6.2　以 MMIO 方式通信

GuC 支持多种方式与它通信。一种基本的方式是通过映射在 MMIO 空间的 16 个软件画板（SOFT_SCRATCH）寄存器，其起始地址为 0xC180。以下为 i915 中的有关宏定义。

```
#define SOFT_SCRATCH(n)         _MMIO(0xc180 + (n) * 4)
#define SOFT_SCRATCH_COUNT      16
```

16 个画板寄存器中，0 号（SOFT_SCRATCH_0）用来传递一个动作码（action），后面的 15 个用来传递数据。写好画板寄存器后，软件应该写另一个 GuC 寄存器（0xC4C8），以触发中断通知 GuC。

通过上面提到的 i915_guc_load_status 虚拟文件，可以观察画板寄存器的内容，比如以下内容（原输出为一列，为节约篇幅，这里格式化为 3 列）。

```
Scratch registers:            5:  0xd5fd3        11:  0x0
       0:  0xf0000000         6:  0x0            12:  0x0
       1:  0x0                7:  0x8            13:  0x0
       2:  0x0                8:  0x3            14:  0x0
       3:  0x5f5e100          9:  0x74240        15:  0x0
       4:  0x600             10:  0x0
```

开源驱动中的 intel_guc_send_mmio 包含使用画板寄存器向 GuC 发送信息的详细过程，在此不再详述。

11.6.3　基于共享内存的命令传递机制

使用画板寄存器每次只能传递少量数据，而且速度较慢，因此它一般只用在初始化阶段。

GuC 支持一种基于共享内存的高速通信机制，称为命令传输通道（Command Transport Channel），简称 CT 或者 CTCH。

在初始 GuC 化时，i915 驱动便创建一个内存页，并将其分为 4 部分，分别用来发送和接收命令的描述（desc）和命令流（cmds）。下面是使用命令传输通道发送命令的主要过程。

```
fence = ctch_get_next_fence(ctch);
err = ctb_write(ctb, action, len, fence);
intel_guc_notify(guc);
err = wait_for_response(desc, fence, status);
```

以上代码来自 intel_guc_ct.c 的 ctch_send 函数，第 1 行获取用于同步的栅栏 ID（Fense ID）。第 2 行把 action 指针指向的数据写入 ctb 指针描述的 CT 缓冲区中。接下来触发中断通知 GuC 有新数据，并等待回复。

例如，下面的代码给 GuC 发送命令，让其从睡眠状态恢复过来。

```
data[0] = INTEL_GUC_ACTION_EXIT_S_STATE;
data[1] = GUC_POWER_D0;
data[2] = guc_ggtt_offset(guc->shared_data);
return intel_guc_send(guc, data, ARRAY_SIZE(data));
```

11.6.4　提交工作任务

在向 GuC 提交 GPU 任务前，需要先成为 GuC 的客户（client）。会给每个 GuC 客户分配三个内存页，用于向 GuC 提交工作请求。第一个内存页的一部分用于存放描述信息，另一部分用作发送信号的门铃（DoorBell，DB）区域。后面两个页内存用于存放工作任务，称为工作队列（Work Queue，WQ）。

通过虚文件 i915_guc_info 可以观察 GuC 的客户信息、用于提交任务的通信设施和任务的提交情况。清单 11-6 是执行 GpuTest 一段时间后的结果（删去了关于 log 的统计信息）。

清单 11-6　GuC 的客户信息和任务提交情况

```
root@gedu-i7:/sys/kernel/debug/dri/0# cat i915_guc_info
Doorbell map:
    00000000,00000000,00000000,00000000,00000000,00000000,00000000,00000001
Doorbell next cacheline: 0x40

GuC execbuf client @ ffff8a62e1d69cc0:
    Priority 2, GuC stage index: 0, PD offset 0x800
    Doorbell id 0, offset: 0x0, cookie 0x3ccf
    WQ size 8192, offset: 0x1000, tail 3312
    Work queue full: 0
    Submissions: 15538 rcs0
    Submissions: 29 bcs0
    Submissions: 0 vcs0
    Submissions: 0 vecs0
    Total: 15567
```

清单 11-6 的起始部分是门铃信息，当主机端的软件写这个区域时，会触发 GuC 中断，通知 GuC 有新的任务。接下来便是"执行链表"客户，用于接收执行链表格式的任务，便于与老的格式兼容。优先级那一行的 PD 代表进程描述（Process Descriptor），后面的 0x800 表示描述信息在第一个内存页的后半部分，前半部分是门铃区。以 WQ 开始的那一行是工作队列信息，其偏移量为 0x1000，即紧邻第一个内存页。清单最后 1 行是已经提交任务的总数，前面 4 行是向每一种执行引擎提交的数量。

11.7　媒体流水线

大约从 20 世纪 90 年代开始，数字多媒体技术日益流行。今天，这个领域更加繁荣，各种音视频应用难以计数。数字多媒体技术的核心任务是处理音频视频等流媒体，在 GPU 中，这部分功能统称为媒体（media）。媒体处理是现代 GPU 的四大应用之一，也是 GEN GPU 中比较有特色的功能。从历史角度看，在 G965（Gen4）引入 EU 时，当初最重要的应用之一就是媒体处理，当时还很少使用 GPU 来做通用计算。出于这个原因，直到今天，Gen 的 GPGPU 编程接口也与媒体功能有很多交叉和联系，比如在 PRM 中，媒体流水线和 GPGPU 流水线是在同一章介绍的，章名叫"媒体 GPGPU 流水线"（Media GPGPU Pipeline），其内容对理解 Gen 的 GPGPU 使用非常重要。或者说，即使你对编解码根本不感兴趣，只是想用 GEN 的 GPGPU 功能，理解媒体流水线的背景也是非常必要的。因此，将按历史顺序，本节先介绍 GEN 系列 GPU 的视频处理部分，然后从下一节开始介绍 GPGPU 功能，我们仍从经典的 G965 讲起。

11.7.1　G965 的媒体流水线

图 11-10 是 G965（Gen4）媒体流水线（media pipeline）的逻辑框图。这条流水线包含两个固定功能的硬件单元，一个叫视频前端（Video Front End，VFE），另一个叫线程衍生器（Thread Spawner，TS）。VFE 从命令流处理器接收命令，把要处理的数据写入名叫 URB（Unified Return Buffer）的缓冲区中。TS 根据命令要求计算所需线程的数量并准备好参数，然后送给 GEN 的线程分发器，后者把线程分配到 EU 上执行。

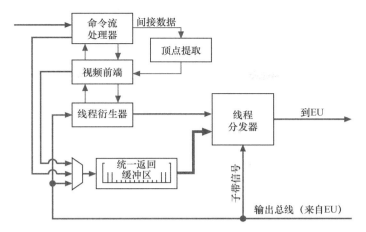

图 11-10　G965（Gen4）中的媒体流水线

值得说明的是，G965 中的媒体流水线不是完整的硬件流水线。虽然 VFE 中包含了一些专门用于视频处理的功能，比如变长解码（Variable Length Decode，VLD）、逆向扫描（inverse scan）等，但是要实现完整的视频编解码，还缺少一些功能。这些功能可以通过算核函数实现，可以在 EU 上执行，也可以在 CPU 上实现。G965 PRM 卷 2 比较详细地介绍了上述两种方案的关键步骤。图 11-11 就来自该卷，描述的是用前一种方式来解码 MPEG-2 视频流。

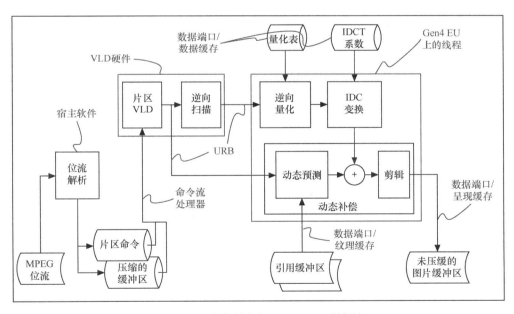

图 11-11　多方联合解码 MPEG-2 视频流

在图 11-11 中，左侧是 CPU 上的逻辑。视频播放器等宿主软件（host software）读取 MPEG 数据流，解析出不同类型的数据块，然后通过驱动程序和图形软件栈把解码任务和参数以命令的形式提交给 GPU 的命令流处理器，后者再送给 VFE。在 VFE 中，先完成变长解码和逆向扫描两种操作，再通过线程衍生器（TS）和线程分发器（TD）（图中没有画出 TS 和 TD）送给 EU 去执行逆离散余弦变换（IDCT）和运动补偿（Motion Compensation）等操作，最终解码好的数据通过数据端口写到图形缓冲区中。

11.7.2　MFX 引擎

2012 年推出的 Ivy Bridge（Gen6）对视频功能做了很大增强，对内部设计也做了较大重构，引入了新的多格式编解码器（Multi-Format Codec）引擎，简称 MFX。MFX 是多格式编码器（MFC）引擎和多格式解码器（MFD）引擎的统称。

MFX 中包含了多个用于视频处理的功能块（function block），有些是专门用于编码的，比如前向变换和量化（Forward Transformation and Quantization，FTQ）和位流编码（Bit Stream Encoding，BSE），有些是编解码都使用的，比如预测、运动补偿、逆量化与变换（Inverse Quantization and Transform，IQT）等。

图 11-12 是包含 MFX 的 Gen 结构图，来自 Gen PRM 卷 7 中的"媒体技术概要"（Generic Media）一节。

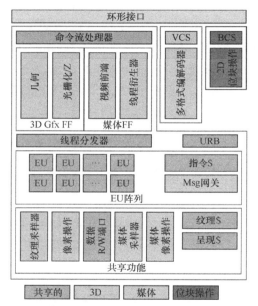

图 11-12　包含 MFX 的 Gen 结构图

图 11-12 中，把环形接口（Ring Interface）下面的硬件部件分为 4 大类，即 3D、媒体、位块操作（Blitter）和共享部分。图中标有$的部分代表不同类型的高速缓存。

值得说明的是，MFX 有自己的命令流处理器，简称 VCS。这意味着，MFX 有自己的状态上下文，可以独立运行。而 3D 和 VFE 等以线条框起的 L 形部分共享一个命令流处理器（CS）。

11.7.3　状态模型

包括媒体流水线在内的很多 GPU 功能都灵活多变，参数众多，如何定义这些硬件单元的软件接口是个关键问题。接口过于简单，可能会丧失灵活性和硬件功能；接口过于复杂，软件的复杂度和开发难度可能太大。

状态模型是解决上述问题的较好折中方案。简单来说，状态模型就是用一组状态数据作为软硬件之间的接口,相互传递信息。用程序员的话来说,就是定义一套软件和硬件都认可的数据结构,然后通过这个数据结构来通信。

在现代 GPU 中,状态模型是一项重要而且应用广泛的技术。在各个版本的 GENPRM 中,都有很多内容涉及它,但是描述最好的或许还是经典的 G965 软件手册卷 2(见该软件手册的10.6 节),图 11-12 便来自该卷。

图 11-13 最左一列画的是环形缓冲区中的命令,最上面一条是著名的 Media_State_Pointers命令,它的主要作用是指定要用的 VLD 状态和 VFE 状态。第 2 列中画的便是 VLD 状态,结构体称为 VLD 描述符。第 3 列中画的是 VFE 状态,它又分为两部分:相当于头结构的 VFE 状态描述符和接口描述符(表)的基地址。加粗线条框起来的部分就是接口描述符表,其中画了 3个表项(原图中有 5 项,为节约篇幅省略了两项)。

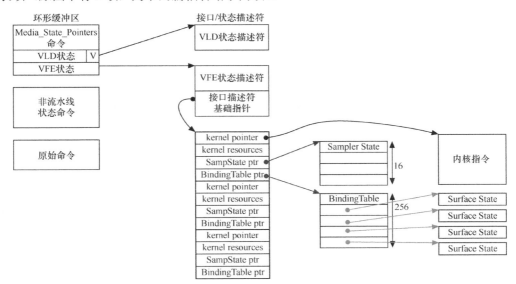

图 11-13 G965 的媒体状体模型

在每一个接口描述符中包含了多个指针,分别指向算核函数(GEN 的 EU 指令)、采样器的状态结构体和绑定表(binding table)。

绑定表是与状态模型关系密切的另一项常用技术,它的主要作用是避免直接用 GPU 可见的地址来索引较大的数据块。在目前的 GPU 编程模型中,CPU 端负责准备任务和参数,GPU 负责执行指定的任务。这样做的一个问题是,当 CPU 端准备参数时,数据块的 GPU 地址可能还不确定。绑定表很好地解决了这个问题,首先把要访问的数据列在表里,然后只要用表项的序号来引用数据就可以了。这个序号有个专用的名字,叫绑定表索引(Binding Table Index,BTI)。图 11-13 中,每个绑定表包含 256 个表项,每个表项指向一个平面状态结构体。

上面描述的状态模型在后来的 Gen GPU 中一直沿用着,命令参数和结构体定义随着功能演进而变化,但设计思想是一样的。除了媒体功能之外,状态模型也用在 3D 和 GPGPU 方面。

11.7.4 多种计算方式

根据编码格式、应用场景和硬件版本等方面的差异,对于某一种编解码操作,可能选择以下多种方式之一。

- 使用 GPU 的固定功能单元，这种方法的优点是速度快而且功耗低，缺点是灵活性差。这种方法有时简称为（纯）硬件方式。

- 使用 CPU，这种方法一般速度较慢、功耗较高，但具有灵活性高、编程简单、容易移植和云化等优点。这种方法有时简称为（纯）软件方式。

- 通过 OpenCL、CM（C for Media）等编程方法产生算核函数，在 GPU 中的 EU 上执行。这种方法有时简称为 GPU 硬件加速。

因为编解码操作包含很多个子过程，所以也可以为不同的子过程选择不同的方式，即所谓的混合（hybrid）方案。

11.8 EU 指令集

指令集（ISA）是处理器的语言，听其言，不仅可以知其所能，还可以知其所善为，理解其特性。GEN EU 的指令集具有很多非常有趣的特征，学习它不但可以帮助我们更好地使用 GEN 的 EU，而且可以给我们很多启发。

在英特尔公开的 PRM 中，包含了非常详细的 EU 指令集文档，而且包含多个版本，从经典的 G965（Gen4）到目前很流行的 Skylake（Gen9）和 Kabylake（Gen9.5）。以 Skylake 为例，EU 和指令集位于 PRM 卷 7 的最后 200 页左右。

11.8.1 寄存器

下面先介绍 EU 的寄存器。当涉及寄存器个数时，如不特别说明，范围都是指每个 EU 线程。

GPU 的寄存器都比较多，EU 也不例外。为了便于组织，分成两部分，每一部分称为一个寄存器文件（register file）。一个称为通用寄存器文件（General Register File，GRF），另一个称为架构寄存器文件（Architecture Register File，ARF）。

GRF 可以供编译器和应用程序自由使用，满足任意用途，可读可写。GRF 包含 128 个寄存器，命名方式是字母 r 加数字，即 r# 的形式，每个 GRF 的长度都是 256 位。

顾名思义，ARF 是 GEN 架构定义的专用寄存器，分别满足不同的用途，各司其职，见表 11-3。

表 11-3 EU 的 ARF

类型编码	名称	数量	描　　述
0000b	null	1	空（null）寄存器，代表不存在的操作数
0001b	a0.#	1	地址寄存器
0010b	acc#	10	累加寄存器
0011b	f#.#	2	标志寄存器

续表

类型编码	名称	数量	描　述
0100b	ce#	1	通道启用（channel enable）寄存器
0101b	msg#	32	消息控制寄存器
0110b	sp	1	栈指针寄存器
0111b	sr0.#	1	状态寄存器
1000b	cr0.#	1	控制寄存器
1001b	n#	2	通知计数（notification count）寄存器
1010b	ip	1	指令指针寄存器
1011b	tdr	1	线程依赖寄存器
1100b	tm0	2	时间戳（timestamp）寄存器
1101b	fc#.#	39	流程控制（flow control）寄存器

表 11-3 中的第 1 列代表该类型寄存器的引用编码。EU 指令中有一个名叫 RegNum 的字节用于索引架构寄存器，其中的高 4 位（RegNum [7:4]）用于指定寄存器类型，取值便是表 11-3 中第 1 列的内容。

表 11-3 中的部分寄存器与 CPU 上的类似，比如 ip 和 sp，前者代表当前的指令位置，后者用来描述当前线程所使用的栈，并且分成两部分，一部分描述栈顶，另一部分描述边界（limit）。

在英特尔为 Gen 定制的 GDB 调试器开源代码中，有一份很详细的 Gen 寄存器列表，位于 gdb/features/intel-gen 子目录下，分三组描述 Gen75、Gen8 和 Gen9 的寄存器。每一组有两个文件，一个是 xml 文件，另一个是.c 文件。例如，下面两行代码是关于通用寄存器 r0 的。

```
tdesc_create_reg (feature, "r0", 0, 1, NULL, 256, "vec256");
```

这样的代码有 128 行，与 Gen 的 128 个通用寄存器对应。下面两行代码是关于控制寄存器 cr0 和程序指针寄存器的。

```
tdesc_create_reg (feature, "cr0", 144, 1, NULL, 128, "control_reg");
tdesc_create_reg (feature, "ip", 145, 1, NULL, 32, "uint32");
```

函数 tdesc_create_reg 是 GDB 中用于创建调试目标描述信息的函数之一，用来创建寄存器描述。第一个参数是描述调试目标特征的 tdesc_feature 结构体指针，然后是寄存器名字，名字后面是寄存器的编号，接着是保存和恢复标志（save_restore），而后是寄存器组的名字，再后是寄存器的位数，最后是寄存器类型描述。

11.8.2　寄存器区块

GEN 支持把 EU 的 128 个通用寄存器拼接成一个二维的方形区域使用，并定义了非常灵活的方式来寻址这个区域中的单个或者多个单元。

图 11-14 画出了通用寄存器区的一种组织方式。在这个区域的水平方向，每个寄存器一行，从 r0 开始，依次递增。在垂直方向，每一列的宽度是一字节，一共 32 列，刚好是 256 位，从右往左，从字节 0 到字节 31。

GEN 定义了两种格式来索引寄存器区域中的元素。一种叫源操作数区域描述格式，其一般形式如下。

```
rm.n<VertStride;Width,HorzStride>:type
```

其中，type 用来指定元素的类型，可以是 ub | b | uw | w | ud | d | f | v，分别代表无符号字节、有符号字节、无符号字（16 位）、有符号字（16 位）、无符号双字（32 位）、有符号双字（32 位）、单精度浮点数和打包形式的半字节向量。最前面的 rm.n 用来指定寄存器区域的起始点（origin），m 代表寄存器号，n 代表子寄存器号（SubRegNum），用来指定数据从 256 位寄存器 n 的哪个部分起始，以元素大小为单位。尖括号中包含三个部分，以分号和逗号分隔。分号前面是垂直步长（VertStride），表示垂直方向上两个相邻元素的距离。逗号后面是水平步长（HorzStride），用来指定水平方向上两个相邻元素的距离，仍以元素的宽度为单位。可以把这个步长值理解为 GEN 在操作完一个元素后，要操作下一个元素时需要移动的幅度。分号和逗号之间的部分是宽度（Width），用来描述每一行的元素个数。

有了上面的约定后，就可以使用 r4.1<16;8,2>:w 这样的魔法表示来索引图 11-14 中标有 0，1，2，3，…，15 的 16 个字（Word，双字节）了。

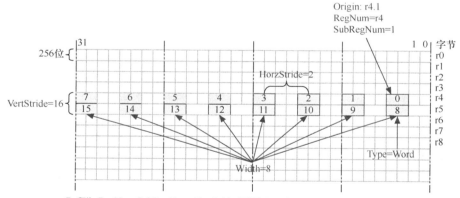

图 11-14　寄存器区块示例（图片来自 GEN PRM）

在 r4.1<16;8,2>:w 中，r4.1 表示从 r4 寄存器的第 1 个字起始，水平步长为 2，这意味着处理好第 0 个元素后，步进两个字便是下一个元素。16 代表垂直方向上两个相邻元素的距离是 16 个字。

上面介绍的格式是用于描述源操作数的。另一种类似的格式用于描述目标操作数，其一般形式如下。

```
rm.n<HorzStride>:type
```

与源操作数区块格式相比，这里少了垂直步长和宽度。

11.8.3　指令语法

EU 的指令很长，普通情况下，所有指令都是 128 位，即 16 字节，4 个 DWORD。在紧缩（compact）格式中，部分指令可以是 64 位。本书只讨论普通格式。

在普通格式中，一般用 DW0～DW3 来表示一条指令的 4 个 DWORD ，它们的分工如下。

- DW0 包含指令的操作码（opcode）和通用的控制位，比如后面介绍的调试控制位（见 11.11 节）。

- DW1 用于指定目标操作数（dst）和源操作数的寄存器文件与类型。

- DW2 包含第一个源操作数（src0）。

- DW3 包含第二个源操作数（src1），或者用来存放 32 位的立即数（Imm32），这个立即数可以作为第一个源操作数，也可以作为第二个源操作数。

EU 指令的一般格式如下。

```
[pred] opcode (exec_size) dst src0 [src1]
```

第一部分是可选的谓词修饰，用来指定执行执行这条指令的前提条件，目的是让当前线程可以轻易地跳过这条指令。第二部分是操作码，比如 mov 等。第三部分是用于描述指令级别并行度的执行宽度（exec_size），稍后将详细介绍该内容。后面三个部分分别用来指定一个目标操作数和两个源操作数，这很好理解。

11.8.4　VLIW 和指令级别并行

EU 指令是典型的 VLIW 风格，具有很强的指令级别并行能力。在一条 EU 指令中，可以定义一套并行度很高的操作。

以执行加法操作的 add 指令为例，其内部逻辑的伪代码（pseudocode）如下。

```
for (n = 0; n < exec_size; n++) {
    if (WrEn.chan[n] == 1) {
    dst.chan[n] = src0.chan[n] + src1.chan[n];
    }
}
```

其中，chan 是通道（channel）的缩写，是 EU 并行模型中的重要概念。简单理解，通道是并行执行的逻辑单位，一个通道相当于一条虚拟的硬件流水线。在 Ivybridge（Gen7）之前，每个 EU 线程最多支持 16 个通道，Ivybridge 将其增加到 32 个。这意味着，在一条 EU 指令中，可以最多对 32 组数据进行操作。值得说明的是，通道是逻辑概念，与 EU 中的物理执行单元没有直接耦合关系。当通道数大于 EU 中硬件单元的并行能力时，EU 会自动分成多次操作，一部分一部分地完成。

下面举一些例子来说明 EU 指令和 EU 寄存器的用法。假设在 3D 着色器中要完成如下操作。

```
add dst.xyz src0.yxzw src1.zwxy
```

那么一种做法是从 src0 和 src1 两个源操作数各取 16 组数据，按如下方式分别放入通用寄存器。

从 src0 中取 r2～r9（16 个 X 分量存放在 r2～r3 中，Y 分量存放在 r4～r5 中，Z 存放在 r6～r7 中，W 存放在 r8～r9 中）

从 src1 中取 r10～r17（16 个 X 分量存放在 r10～r11 中，Y 分量存放在 r12～r13 中，Z 存放在 r14～r15 中，W 存放在 r16～r17 中）

这里假定每个分量都是 32 位的浮点数，那么一个通用寄存器可以放 8 个分量。

接下来，就可以使用如下三条加法指令来完成上面的计算，结果存放在 r18～r25 中。

```
add (16)    r18<1>:f    r4<8;8,1>:f    r14<8;8,1>:f  // dst.x = src0.y + src1.z
add (16)    r20<1>:f    r6<8;8,1>:f    r16<8;8,1>:f  // dst.y = src0.z + src1.w
add (16)    r22<1>:f    r8<8;8,1>:f    r10<8;8,1>:f  // dst.z = src0.w + src1.x
```

其中，add 指令后面以小括号包围的（16）就是用来指定执行宽度的，也就是前面提到过的 exec_size，有时也写作 ExecSize，代表逻辑通道数量，在这里是 16。因为元素是在寄存器中连续存放的，所以源操作数和目标操作数的水平步长都为 1。

再举一个更有趣的例子，图 11-15 呈现了寄存器区域的另一种组织方式，每行 16 字节，一个通用寄存器占两行。图中标出了 Src0 和 Src1 两个区块，各自有 16 个元素，分为两行，每行 8 个元素。假设要把它们累加到一起，并且为了防止溢出，要把相加结果保存为双字节，那么便可以使用下面这样一条加法指令。

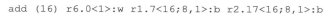

```
add (16) r6.0<1>:w r1.7<16;8,1>:b r2.17<16;8,1>:b
```

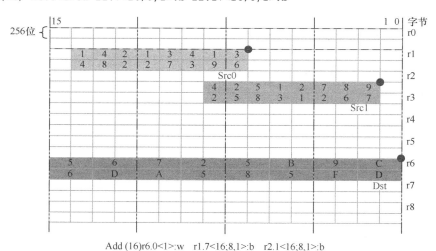

Add (16)r6.0<1>:w   r1.7<16;8,1>:b   r2.1<16;8,1>:b

图 11-15　加法指令示例（图片来自 GEN PRM）

图 11-15 中，源操作数区块内的数字代表要计算的数据，目标操作数区块内的数字表示计算结果。例如，r1.7 = 3，r2.17=9，相加的结果放在 r6.0 中，3 + 9 = 0xC。

补充一点，细心的读者可能注意图 11-14 下方的加法指令，其中，Src1 为 r2.1，与本书上面的代码不一致。这幅插图来自公开的 PRM 文档，图中所画 Src1 区域与下方文字不匹配，是个小错误，本书引用时将其纠正过来。

『 11.9 内存管理 』

因为多任务和不断增加的内存需求，今天的主流 GPU 都支持虚拟内存技术，简单来说，就是以页表的形式来把物理内存映射为虚拟内存。为了与 CPU 端的页表相区分，GPU 所用的页表一般称为图形翻译页表（Graphics Translation Table，GTT）。GEN 也不例外，在经典的 G965（Gen4）PRM 中，就可以看到很强大的虚拟内存支持，包括全局的图形翻译页表（Globle GTT，GGTT）以及与进程相关的图形翻译页表（Per-Process GTT，PPGTT）。

11.9.1 GGTT

GGTT 用于映射所有图形任务都可见的虚拟地址空间。或者说这套页表不会因为任务切换而切换。桌面显示、光标更新等高优先级的公共任务通常使用 GGTT 映射的虚拟内存。

在 G965 的 MMIO 寄存器中，有一个名为 PGTBL_CTL 的寄存器（地址为 0x2020），它用于控制 GGTT，它的宽度为 32 位，包含了如下几个字段。

- 高 20 位（Bit 12~31）为 GGTT 所在物理地址的第 12~31 位。

- 第 4~7 位为 GGTT 所在物理地址的第 32~35 位。

- 第 1~3 位为 GGTT 的大小，000 代表 512KB，100 代表 2MB，等等。

- 第 0 位为启用位，用来启用 GGTT。

从 Gen5 开始，配置 GGTT 的方法有所变化，因此在 i915 驱动的 i915_ggtt_probe_hw 函数中，使用如下代码分别处理。

```
if (INTEL_GEN(dev_priv) <= 5)
    ret = i915_gmch_probe(ggtt);
else if (INTEL_GEN(dev_priv) < 8)
    ret = gen6_gmch_probe(ggtt);
else
    ret = gen8_gmch_probe(ggtt);
```

GTT 的格式也是与硬件版本相关的，在 G965 中是简单的一级映射。

在 Ubuntu 系统中，可以通过 i915 驱动的虚拟文件来观察 GGTT 的内容。比如，在 /sys/kernel/debug/dri/0 目录下执行 cat i915_gem_gtt 命令，可以看到很多行输出，每一行代表通过 GGTT 分配的一个对象。比如，下面一行是供显示功能使用的。

```
ffff8a447183f180:  p         3072KiB 41 00  uncached (pinned x 1) (display) (ggtt
offset: 00040000, size: 00300000, normal) (stolen: 00012000)
```

其中，第 1 列是这个对象的基地址，冒号后面是标志部分，可能显示多种代表内存区状态的标志字符，上面只显示了 p，代表这个内存块处于固定（pinned）状态，GPU 硬件正在使用，不可以释放。还有其他可能的标志：*代表活跃性（active），X 和 Y 代表 Tiling 属性，g 代表发生过页错误（userfault_count>0），M 代表同时映射到了 CPU 端（mm.mapping 为真）。

标志部分后面是内存块的大小。其后是这个内存区的访问状态，以两个整数表示，第一个是读者（obj->base.read_domains），第二个是写者（obj->base.write_domain）。二者都是以置位的方式表示的，位定义在 include/uapi/drm/i915_drm.h 中，比如下面的定义。

```
#define I915_GEM_DOMAIN_CPU         0x00000001
```

接下来是缓存属性，来自 i915_cache_level_str(dev_priv, obj->cache_level)。而后还可能出现"dirty"描述，代表该内存被写过。也可能出现"purgeable"，表示可以删除。相关的代码如下。

```
obj->mm.dirty ? " dirty" : "",
obj->mm.madv == I915_MADV_DONTNEED ? " purgeable" : "");
```

接下来的小括号中的内容（ggtt offset: 00040000, size: 00300000, normal）是内存节点的信息，是如下函数输出的。

```
seq_printf(m, " (%sgtt offset: %08llx, size: %08llx, pages: %s",
               i915_vma_is_ggtt(vma) ? "g" : "pp",
               vma->node.start, vma->node.size,
               stringify_page_sizes(vma->page_sizes.gtt, NULL, 0));
```

第一部分的 ggtt 表示该内存块是从 GGTT 分配的，后面是偏移量，然后是十六进制表示的内存块大小（3MB），最后的 normal 来自其他函数，代表内存块属性是普通内存块（I915_GGTT_VIEW_NORMAL），特殊内存块有旋转内存块（I915_GGTT_VIEW_ROTATED）和局部内存块（I915_GGTT_VIEW_PARTIAL）等。

最后再解释一下最后一部分（stolen: 00012000）。集成显卡一般没有独立的显存，需要从 CPU 的主内存"偷"来一部分用作显存。一般是系统的固件（EFI/BIOS）在系统启动时划出一部分主内存给集成的 GPU。上面这个信息来自以下代码。

```
if (obj->stolen)
    seq_printf(m, " (stolen: %08llx)", obj->stolen->start);
```

也就是说，如果这个内存块的 stolen 指针不为空，就输出 stolen 信息，后面的数字是这个内存块相对于显存基地址的偏移量。

11.9.2　PPGTT

与 CPU 上每个进程有自己的地址空间类似，GPU 上的每个任务也可以有自己的地址空间，PPGTT 就是为这个目的而设计的。在今天的 GPU 软件栈中，一般用 GPU 上下文来管理 GPU 的任务，每个上下文结构中，一般定义一个字段指向它对应的 PPGTT。比如，在 i915 驱动中，可以通过下面这样的代码获取 ppgtt 指针。

```
struct i915_hw_ppgtt *ppgtt = ctx->ppgtt;
```

PPGTT 的格式也是与 Gen 版本有关的，从 Gen8 开始，通常使用的是与 x64 类似的 4 级页表格式。4 个级别的页表有时用 L4、L3 这样的方式描述，有时用专门的名字，分别叫叶映射表、页目录指针表、页目录表和页表，对应的表项经常简写为 PML4E（页映射表项）、PDPE（页目录指针表项）、PDE（页目录表项）和 PTE（页表表项）。

在 Ubuntu 系统下，可以通过 i915 的虚拟文件来观察 PPGTT。方法依然是先切换到 /sys/kernel/debug/dri/0 目录，然后执行 cat i915_ppgtt_info 命令。

命令结果中包含所有使用 PPGTT 的进程，以及每个进程的 PPGTT 信息。例如，下面是 Xorg 进程的信息。

```
proc: Xorg
  default context:
  context 1:
    PML4E #0
   PDPE #0
        0x0 [000,000,0000]: = 23a13f083 23a140083 23a141083 23a142083
        0x4000 [000,000,0004]: = 23a143083 23a144083 23a145083 23a146083
```

上述信息来自 gen8_dump_pdp 函数（i915_gem_gtt.c）。这个函数会依次遍历 PPGTT 的 4 级页表，上面第 4 行和第 5 行表示 0 号页映射表项和 0 号页指针表项，接下来本应该有 PDE #0 这样的页目录表项信息，但是目前代码没有输出，而是直接输出 PTE 了。输出 PTE 的方法是从 0 号表项开始每行输出 4 个表项，以等号分隔成左右两个部分。

左侧的第一个数字是 GPU 的虚拟地址，也就是 4 个连续页中第一页的起始地址，是映射后的虚拟地址。上面倒数第 2 行对应的是 0 号 PML4E 的 0 号 PDPE 的 0 号 PDE 的 0 号 PTE，所以其虚拟地址就是 0。方括号中的三个数字分别是 PDPE、PDE 和 PTE 编号，依然描述的是该行 4 项中第一项的情况。

等号右侧是 4 个 PTE 的原始数据，其格式与 CPU 的非常类似，低 12 位表示页属性，高位部分是该页的物理地址。很容易看出，上面显示的两行一共映射了 8 个物理页，8 个页的物理地址是连续的，页框号从 23a13f 到 23a146。

11.9.3 I915 和 GMMLIB

全面介绍 GPU 的 GTT 格式和虚拟内存机制超出了本书的范围。上面的简单介绍只是为了给读者打个基础，为解决调试时遇到的有关问题做一点准备。对于希望深入学习这部分内容的读者，i915 驱动是很好的资源。此外，英特尔还通过 GitHub 站点公开了一套名为 gmmlib 的源代码，这也是很宝贵的资源。

〖 11.10 异常 〗

与英特尔 CPU 的异常机制类似，GEN GPU 也有异常机制。考虑到异常机制与调试设施关系密切，本节根据公开的 PRM 文档，对其作简单介绍。

11.10.1 异常类型

根据来源和用途的不同，Gen 的异常分为多种类型（见表 11-4），这个信息来自公开 PRM 的 EU 部分。

表 11-4　GEN 架构定义的异常类型

类　　型	触发或者来源	识 别 方 式
软件异常	GPU 线程的代码	同步
断点	指令字中的断点位 IP 匹配断点命中 操作码匹配断点命中	同步
非法指令	硬件	同步
暂停（halt）	写 MMIO 寄存器	异步
上下文保存和恢复	抢先调度中断（preemption interrupt）	异步

表 11-4 中，最后一列是指 GPU 响应异常的方式，也称为识别（recognition）方式，它分为同步和异步两种。所谓同步方式是指 GPU 在执行过程中"自己意识"到异常并立刻中断当前执行的程序去处理异常。异步方式的异常都来自 GPU 外部，当时 GPU 可能在忙于执行其他任务，因此它可能不能立刻检测到异常。

上述异常是可以屏蔽的，ARF 寄存器中 cr0.1 的低 16 位用来禁止或者启用异常。

当 GPU 检测到异常后，会设置 cr0.1 中高 16 位中的对应位。值得说明的是，即使某个异常被禁止了，当 GPU 检测到异常条件时，仍然会设置对应的异常位。

11.10.2　系统过程

与 CPU 遇到异常会跳转到软件设计的异常处理函数类似，当 GPU 遇到异常时，会跳转到一个特殊的函数，名叫系统过程（system routine）。简单理解，系统过程就是部署给 GPU 的异常处理函数。

在跳转到系统过程之前，GPU 会把当时的程序指针（Application IP，AIP）保存到 c0.2 寄存器中。然后把系统过程的起始地址赋给程序指针（IP）寄存器。

当执行系统过程后，GPU 可以通过 s0.2 中保存的 AIP 信息返回应用程序。当再有异常时，再跳转到系统过程。

在 Gen 的手册中，经常把系统过程的入口位置称为 SIP。在创建 GPU 任务时，可以通过 STATE_SIP 字段来指定系统过程的位置。在使用 Code-Builder 等工具调试 OpenCL 程序时，OpenCL 运行时会通过驱动向 GPU 部署一个支持调试的系统过程。如果因为运行时或者驱动版本等原因导致这个动作失败，那么调试工具就可能报告如下错误。

```
igfxdcd: failed to locate the system routine[9].
```

这个错误是致命的，一旦发生就意味着很多调试功能都不能工作了。

『 11.11 断点支持 』

断点是非常常用而且基本的调试功能,Gen 提供了三种形式的断点支持。本节将分别介绍相关内容。

11.11.1 调试控制位

在 Gen 的长指令中,有一位专门用于支持调试,名叫调试控制(DebugCtrl)位。当 Gen 的 EU 执行指令时,会先检查这个控制位,一旦发现其为 1 就会报告断点异常,跳转到系统过程。这意味着,当算核函数中的断点命中时,断点所在位置的指令还没有执行。

为了帮助调试器"走出"断点,在 Gen 的控制寄存器 CR0.0 中有个断点抑制(breakpoint suppress)标志,调试器软件可以通过系统过程设置这个标志,这样恢复执行后,GPU 会重新执行有断点的指令,但不会再报告断点异常。这样做的一个好处是不会影响其他线程命中断点。

在公开的文档中,没有详细描述调试控制位的定义,通过调试跟踪,很可能第 Bit 位为 DebugCtrl 位。调试辅助驱动通常用 0x40000041 与目标指令做"或"操作来置位。

11.11.2 操作码匹配断点

GEN 还支持所谓的操作码匹配断点。当 EU 执行程序时,一旦遇到包含指定操作码的指令,就触发断点异常。

调试工具可以通过 MMIO 寄存器设置这类断点。在 G965 PRM 的卷 4 中,可以找到两个有关的寄存器,分别叫 ISC_L1CA_BP_OPC1(地址为 8294h~8297h)和 ISC_L1CA_BP_OPC2(地址为 8298h~829Ch)。二者格式和用法相同,第 16~23 位用于指定要设置的操作码,第 0 位用于启用和禁止。

11.11.3 IP 匹配断点

除了按操作码设置断点之外,也可以通过指定代码地址来设置断点,Gen 将其称为 IP 匹配断点。

与上面的操作码断点类似,调试工具也通过 MMIO 寄存器来设置 IP 匹配断点,仍然可以在 G965 PRM 的卷 4 中找到两个寄存器,分别名叫 ISC_L1CA_BP_ADR1(地址为 8288h~828Ch)和 ISC_L1CA_BP_ADR2(地址为 8290h~8293h)。两个寄存器的用法和格式相同,第 4~31 位用来指定地址的高 28 位。因为 Gen 指令的地址都是 8 字节对齐的,所以没有必要指定低 3 位。第 0 位用于临时禁止和启用。

如此看来,可以最多设置两个 IP 匹配断点。

值得说明的是,上面介绍的三种方式中,后两种是基于前一种的。当调试工具通过 MMIO 寄存器设置后两种断点时,GPU 内部的取指单元会得到这个信息,并在获取指令时执行匹配逻辑。匹配成功后,会修改对应的指令,设置调试控制位,并把修改后的指令写到 L1 指令缓存中。因此,设置后两种断点的 MMIO 寄存器名字中都包含 L1CA 字样，这里 L1CA 是 L1 Cache 的缩写。

11.11.4 初始断点

在 Gen 的 MMIO 寄存器中，有一个名叫 TD_CTL 的寄存器，其地址为 8000h～8003h。这个寄存器也叫调试控制（Debug Control）寄存器，包含了多个与调试有关的控制标志，它的第 4 位用于启用强制线程断点（Force Thread Breakpoint Enable）。这一位设置后，每个新的线程开始执行时都会产生一个断点异常，目的是中断到调试器（break into debugger）。这个断点称为 GPU 线程的初始断点。TD_CTL 中的 TD 代表 EU 的线程分发器（Thread Dispatcher）。简单理解，一旦启用强制线程断点后，每当线程分发器分发新的线程时就会触发断点异常。

11.12 单步执行

单步跟踪堪称与断点并列的常用调试功能。无论是源代码级别的单步跟踪还是汇编指令集级别的单步跟踪都离不开处理器的硬件支持。与断点设施一样，在经典的 G965 中就有单步跟踪支持。

简单来说，Gen 的单步设施主要依靠 cr0.1 控制寄存器中的"断点异常状态和控制"（breakpoint exception status and control）位。

通常，单步跟踪都是先通过断点让目标程序中断到调试器。中断之后，EU 会自动设置 cr0.1 中的断点异常状态和控制位。之后，当用户选择单步执行时，调试器故意不清除断点异常状态和控制位，并设置断点抑制位，这样 EU 在准备执行指令时，看到断点抑制标志，自动将其复位，但不报告异常。当 EU 执行这条指令后，如果检查到断点异常状态位，就会报告新的断点异常。于是便又中断到调试器中，而在这个过程中，刚好执行完了一条指令。

当用户直接恢复目标执行并且不再单步跟踪时，调试器只要清除掉 cr0.1 中的断点异常状态和控制位就可以了。

11.13 GT 调试器

与 Nvidia 的 CUDA GDB、AMD 的 ROCm GDB 类似，英特尔也为自己的 GEN GPU 开发了一个调试器，并且也是基于 GDB 的。目前发布的版本把这个调试器叫 GT 调试器（GT Debugger），GT 是英特尔对 Gen GPU 技术的一种模糊称呼，比如 GT2、GT3 等。其实，既然是基于 GDB 的，叫 Gen GDB 不是很好吗？

11.13.1 架构

与其他跨进程的 GPU 调试模型类似，GT 调试器的架构也是多进程的。图 11-16 画出了在 Visual Studio 环境下调试 OpenCL 算核函数时的架构示意图。图中画出了参与调试过程的主要软件，左侧的软件在 CPU 端，右侧的软件在 GPU 端。

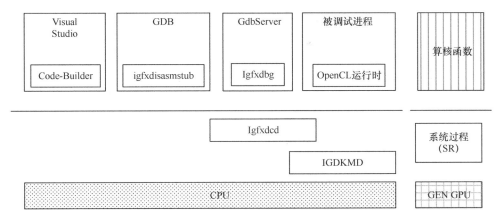

图 11-16　GT 调试器架构示意图

需要说明的是，对于目前发布的 GT 调试器和 OpenCL SDK，如果要调试在 GPU 上运行的算核函数，必须使用远程调试方式。其中的一个原因是为了防止 GPU 在算核函数中断或者处理其他调试任务时无暇处理图形显示而导致 GUI 死锁。

当在 Visual Studio 中开始调试时，Visual Studio 的组件 msvsmon 会创建被调试进程。被调试进程初始化 OpenCL 运行时，运行时模块内的调试支持会通过显卡驱动部署用于调试的系统过程（SR）。

在启动被调试进程后，安装在 Visual Studio 中的 Code-Builder 插件（OpenCL SDK 的一部分）会得到消息，然后根据配置启动 GdbServer（这是可以禁止的，配置项在 Visual Studio 菜单栏的 Tools→Code-Builder 下）。GdbServer 启动后会附加到被调试进程中，并在控制台窗口显示如下信息（删除了空行）。

```
Executing: C:\Intel\OpenCL\debugger\target\bin\gdbserver.exe :2530 --attach 6480
Started gdbserver, listening on localhost:2530
```

上述信息中的 6480 是被调试算核函数宿主进程的进程 ID。

GdbServer 会加载名为 Igfxdbg 的动态库模块，这个模块内包含了大多数用于 GPU 调试的函数，其作用与 Nvidia 和 AMD 的 GPU 调试 SDK 核心模块相当，英特尔将其称为调试支持库（Debug Support Library，DSL）[8]。

Igfxdbg 内部会通过 IOCTL 接口与自己的内核态搭档 Igfxdcd 建立通信。Igfxdcd 的全称是英特尔图形调试伙伴驱动（Intel(R) Graphics Debug Companion Driver），是专门用来支持 Gen GPU 调试的，它在内部会与英特尔显卡驱动的内核态模块 IGDKMD 一起管理 GPU 硬件的调试设施，并与运行在 GPU 上的系统过程通信，接收调试事件。

在开源的 Gdbserver 代码中，intel-gen-low.c 中包含了较多的新增逻辑，包括调用 igfxdbg 函数，比如用于初始化的 igfxdbg_Init 函数。

如果遇到 Gdbserver 无法启动，那么一个常见的原因是 igfxdcd 驱动没有加载，可以尝试在具有管理员权限的控制台窗口执行 net start igfxdcd 命令启动该驱动。

启动 GdbServer 后，Code-Builder 插件会启动定制过的 GDB。GDB 启动后一方面会通过网络套接字（socket）与 GdbServer 连接，另一方面会通过 GDB/MI 接口（GDB 与图形前端通信的接口）与 Visual Studio 进程和 Code-Builder 通信。

为了便于检查上述过程可能出现的问题，Code-Builder 会在 Visual Studio 的输出（Output）窗口输出一些调试信息，如清单 11-7 所示。

清单 11-7 GT 调试器在 Visual Studio 中输出的调试信息

```
INTEL_GT_DEBUGGER:(148960848)Received a program load complete event for pid: 14168
INTEL_GT_DEBUGGER:(148960868)Attempting to start a debug session...
INTEL_GT_DEBUGGER:(148960868)Verifying environment settings on host...
INTEL_GT_DEBUGGER:(148960868)Verifying environment settings on target localhost...
INTEL_GT_DEBUGGER:(148961933)Verifying registry settings on target localhost...
INTEL_GT_DEBUGGER:(148962721)Starting gdbserver on localhost
INTEL_GT_DEBUGGER:(148964238)Attempt 1/3 failed: One or more errors occurred.
INTEL_GT_DEBUGGER:(148964287)Successfully launched gdbserver on localhost, pid = 12856
INTEL_GT_DEBUGGER:(148964287)Starting gdb on the host machine
```

在上面的调试信息中，第 1 列代表 GT 调试器的全名，括号当中是时间戳，而后是具体的消息。第 1 行和第 2 行表示 Code-Builder 接收到 Visual Studio 的通知，尝试开始新的调试会话。第 3～5 行验证主机端和目标端的环境设置。GT 调试器调试时需要禁止 GPU 的抢先调度（EnablePreemption = 0），并禁止 Windows 系统的超时检测和复位机制，将代表检测级别的 TdrLevel 设置为 0。这两个表项中，后者就在如下表键下。

```
HKEY_LOCAL_MACHINE\SYSTEM\CurrentControlSet\Control\GraphicsDrivers
```

前者在上面表键的 Scheduler 子键下。

第 6 行显示启动 GdbServer。第 7 行表示启动成功。第 8 行启动 GDB。

11.13.2 调试事件

GT 调试器也使用了"调试事件驱动"的设计思想。目前定义的调试事件有 7 种，见表 11-5。

表 11-5 GT 调试器的调试事件

事 件 名	枚举常量值	说　明
eGfxDbgEventDeviceExited	1	被调试任务退出
eGfxDbgEventThreadStopped	2	算核线程因为遇到断点等原因中断
eGfxDbgEventThreadStarted	3	算核线程开始
eGfxDbgEventKernelLoaded	4	算核加载
eGfxDbgEventThreadExited	5	算核线程退出
eGfxDbgEventKernelUnloaded	6	算核卸载
eGfxDbgEventStepCompleted	7	单步完成

表 11-5 中的事件定义可以分为 4 类。算核模块加载和卸载代表空间的变化，与 CPU 端调试时的模块加载和卸载事件非常类似。调试器根据这两个事件维护断点和模块信息。线程的开始和结束代表 GPU 线程的开始和结束。任务退出相当于 CPU 调试中的进程退出。剩下的两个 eGfxDbgEventThreadStopped 和 eGfxDbgEventStepCompleted 都属于异常（Exception）类事件，底层关联密切，把二者定义为异常事件应该更合理一些。

调试支持库（DSL）中包含了等待调试事件的函数，名为 igfxdbg_WaitForEvent。也有用于恢复执行的函数，名为 igfxdbg_ContinueExecution。还有一个名叫 igfxdbg_StepOneInstruction 的函数，用于以单步方式恢复执行。

11.13.3　符号管理

调试符号是沟通二进制世界和源程序的桥梁，是很多调试功能的基础。与 Nvidia 和 AMD 的做法类似，英特尔的 OpenCL 编译器也使用 DWARF 格式的调试符号。在 DSL 中，一个名为 igfxdbginfo 的模块专门用于处理符号信息，包括从 ELF 格式的 GPU 代码模块中提取 DWARF 信息，以及解析符号等。

可能是为了某种便利，在使用 GT 调试器时，它会产生一个名为 default.gtelf 的临时文件。比如在 VS 的模块列表中，有时可以看到如下模块。

```
default.gtelf    C:\Users\ge\default.gtelf    N/A    Yes    Symbols not loaded.
     1                    Intel GPU Stub
```

在 GDB 中，也可以使用 file 命令加载这个文件，然后使用 info func 等命令观察这个模块中的算核函数信息。

11.13.4　主要功能

在 GT 调试器中，可以访问 Gen 的所有通用寄存器文件（GRF）和架构寄存器文件（ARF）。其工作原理是调用 DSL 中的 igfxdbg_ReadGrfBlock 和 igfxdbg_WriteRegisters 等接口。

使用 GT 调试器的反汇编功能，可以观察 Gen 的 EU 指令，这是通过 igfxdisasmstub64.dll 模块启动单独的反汇编程序 igfxdisasm.exe 来实现的。GT 调试器也支持在 EU 汇编级别单步跟踪。

GT 调试器支持各种形式的代码类断点，在内部像下面这样调用 DSL 函数。

```
igfxdbg_SetBreakpoint (td.kernel_handle, (unsigned)addr, &breakpoint);
```

另外，当在 Visual Studio 中调试 OpenCL 程序时，使用图 11-16 这样的调试模型，可以同时调试 CPU 端的代码和 GPU 端的代码，比如可以在两种类型的代码里设置断点。

11.13.5　不足

GT 调试器的第一个不足是不支持对数据设置监视点，在 GDB 的监视点函数中，可以看到一条"目前不支持监视点"的注释。

```
static int
intel_gen_stopped_by_watchpoint (void)
{
  /* No support for watchpoints for the time being.  */
  return 0;
}
```

另外，GT 调试器支持的最低硬件版本是 Gen7.5。虽然在 igfxdcd 驱动中支持更老一些的版本，但是运行时和 SR 模块只支持 Gen7.5 或者更高版本。

上面所描述的 GT 调试器来自 2017 R2 版本的英特尔 OpenCL SDK。发布时间是 2017 年 12 月，在作者写作本章的几个月时间中（截至 2018 年 5 月 25 日），一直没有新的版本。目前版本给作者的印象是不够稳定，设置在算核函数中的断点时常成为徒劳，不能落实和命中。总体来说，目前的版本只能算是可以工作了，离稳定可靠还有较大距离，距离简洁、高效和优雅就更远了。

『 11.14　本章小结 』

本章从英特尔 GPU 的简要历史开始，按照从硬件到软件，再到调试设施的顺序进行了深入讨论。11.2 节比较全面地介绍了 Gen 架构 GPU 的硬件结构，然后介绍了多种编程接口。11.8 介绍了 EU 的指令集，随后介绍了 Gen 的内存管理和异常机制。11.11 节开始介绍 Gen GPU 的调试设施，包括断点支持、单步机制等。最后通过 GT 调试器介绍了交叉调试模型和顶层的调试功能。

80386 的诸多开创性设计为英特尔在 CPU 时代的领先打下坚实基础。某种程度上说，G965 在 GPU 历史上也具有里程碑的意义，包含很多开创性的设计，但出于种种原因，英特尔在 GPU 时代没能占据头号位置。不过，这个芯片巨头已经清醒地认识到 GPU 的意义，如本章开篇所言，英特尔正在集结力量开发新的 GPU，让我们拭目以待。

『 参考资料 』

[1] List of Intel graphics processing units.

[2] Intel's Next Generation Integrated Graphics Architecture –Intel® Graphics Media Accelerator X3000 and 3000.

[3] The Compute Architecture of Intel Processor Graphics Gen9.

[4] HARDWARE SPECIFICATION – PRMS.

[5] Intel Processor Graphics (Presented by Intel).

[6] Intel Xeon Processor E3-1585L v5.

[7] GPU Debugging: Challenges and Opportunities.

第 12 章

Mali GPU 及其调试设施

智能手机、数码相机、网络摄像头等移动设备的流行，让可以集成到 SoC 中的低功耗 GPU 得到了充分发展。ARM 公司旗下的 Mali GPU 便是其中之一。本章前半部分介绍 Mali GPU 的概况和架构特征，包括 2010 年推出至今还在广泛使用的 Midgard 架构，以及 2016 年推出的 Bifrost 架构。后半部分先介绍 Mali GPU 的图形调试器，然后介绍在调试和调优中都使用的 Gator 系统、Kbase 驱动的调试设施，以及 Caiman、devlib 和离线编译器等。

12.1 概况

为了帮助读者理解后面的技术内容，本节将简要介绍 Mali GPU 的发展经历和概况，包括它的起源、架构演进路线和团队等。

12.1.1 源于挪威

Mali GPU 起源于挪威科技大学的一个研究项目，时间是在 20 世纪 90 年代那个诞生了 3dfx 和 Nvidia 的时代。2001 年，研究 Mali 的小组从挪威科技大学独立出来，成立了一家叫 Falanx 微系统的公司。Falanx 最初的目标是进军 PC 显卡市场，与 ATI、Nvidia 等大牌一争高下。然而，在迎来辉煌之前资金就出了问题。

在资金困难的境况下，Falanx 调整了方向，从竞争激烈的 PC 显卡市场转到门槛较低的 SoC 领域，用有限的资源设计低功耗的 GPU。他们努力优化设计，尽可能减少晶体管的数量，占用尽可能小的芯片面积，以便他们的设计可以更容易地集成到移动设备中。方向调整后，第一代 Mali GPU 诞生了，Falanx 也有了第一批客户。Zoran 公司在它的 Approch 5C SoC 中使用了 Mali-55。这个芯片曾被 LG 用在 Viewty 系列手机产品中。Viewty 手机的最大亮点是带有 500 万像素的数字相机，并具有强大的录像和多媒体能力，能以每秒 120 帧的速度录像，然后慢动作回放。这些功能很可能都有 Mali 的贡献。

12.1.2 纳入 ARM

随着移动设备和 SoC 市场的不断升温，ARM 公司的业绩日益上升。2006 年 6 月，ARM 收购了 Falanx。从此，Falanx 变为"ARM 挪威"（Arm Norway），Mali GPU 被纳入 ARM 旗下。

12.1.3　三代微架构

纳入 ARM 旗下后的第一个新设计名叫 Mali-200，与后来的 Mali-300、Mali-400、Mali-450 和 Mali-470 都属于 Utgard 微架构。Utgard 微架构的设计风格还属于固定功能加速流水线，内部包含多个分立的着色器，不是统一结构的通用着色器。

2010 年 11 月，ARM 宣布 Mali-T604 GPU[11]，很快被三星的猎户座 SoC（Exynos 5250）采用，并于 2011 年第四季度产品化，用在三星的智能手机和平板电脑中。T604 内部采用了统一的通用着色器设计，支持 1~4 个着色器核心。T604 与后来推出的 T624、T628、T658、T678 等 GPU 统称 T600 系列[2]。T600 与其后的 T700、T800 都属于 Midgard 微架构。自 2010 年发布后，包含 Midgard 微架构 GPU 的 SoC 和产品从 2011 年起陆续推出，仅仅 2013 年的发售数量就接近 4 亿[3]。

在 2016 年 5 月的 Computex 技术大会上，ARM 公开了新一代的 Mali GPU 微架构，名叫 Bifrost。与上一代 Midgard 相比，Bifrost 最大的改变是把指令集从原来的 SIMD 格式改为标量指令。第 9 章介绍过，Nvidia 的 GPU 从 G80 开始便使用标量指令集。

图 12-1 归纳了纳入 ARM 旗下后的三代 Mali GPU 微架构，以及每一代的主要 GPU，箭头下的文字概括了每一代微架构的关键特征。这幅图来自 ARM 公司官方的技术资料。

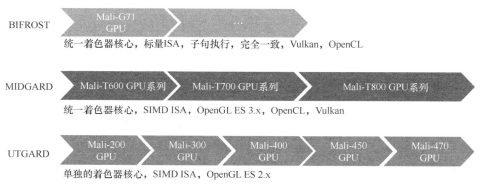

图 12-1　Mali GPU 的三代微架构和主要产品

从图 12-1 中也可以看出 Mali GPU 的命名规则，三种微架构的 GPU 名称格式分别为 Mali-XXX、Mali-TXXX 和 Mali-GXX，X 代表阿拉伯数字，前两者是三位数字，后者是两位数字。

12.1.4　发货最多的图形处理器

根据 ARM 院士 Jem Davies 在 2016 年 8 月所做演讲中的数据[4]，2012 年到 2015 年，Mali GPU 的发货数量分别是 1.5 亿、4 亿、5.5 亿和 7.5 亿。该报告和 ARM 官网都把 Mali GPU 称为世界上发布最多的 GPU。

在 PC 的鼎盛时代，英特尔的 GPU 曾也这样宣传过，如今时过境迁了。

格友评点	这样的第一有意思吗?

格友再评	有意思,妙不可言呢。

12.1.5 精悍的团队

在发货量世界第一的 GPU 后面,是一支很精悍的开发团队。2014 年 7 月,团队的总人数不到 500[1]。其中主要的力量在英国的剑桥和挪威的特隆赫姆,前者是 ARM 的大本营,后者是上文提到的 ARM 挪威,Mali GPU 的诞生地和初生摇篮。在瑞典隆德也有一个精悍的 Mali GPU 团队,2016 年,大约有百人,担负着广泛的任务,包括硬件设计和验证、GPU 建模、编译器、多媒体开发和软硬件测试等。

12.1.6 封闭的技术文档

从公开的技术文档数量和深入程度来看,在本书介绍的几个 GPU 厂商中,ARM 算是最保守和封闭的,超过 Nvidia。在 Mali GPU 的开发资源网页(见 Arm Developer 网站)中,没有指令集和寄存器这样的深层次文档,也没有系统介绍内部架构。目前可以看到的信息或浮于表面,或流于粗略。

导致上述现象的原因与 SoC GPU 的行业背景有关。在 PC GPU 领域,因为丰富的应用和高度的定制化需求,几家厂商已经认识到了开放的必要性和长久价值,整个行业形成了较好的开放传统。而 SoC GPU 则不然,早期产品大多使用在固定功能的环境中,即使后来用在智能手机和平板电脑中,但是与 PC 比较,还是相对单一和封闭的。从宏观上看,SoC GPU 的发展路线与 PC GPU 大体相同,但进度是落后一大截的。以 GPU 的四大类应用为例,显示、2D/3D 加速、媒体三大功能在 SoC GPU 上已经相对成熟,通用计算功能还处于发展初期。简言之,与 PC GPU 相比,SoC GPU 上的应用环境相对封闭,应用模式相对单一,因此顶层软件对底层硬件的灵活性需求也较少。这导致 SoC GPU 的厂商觉得没有必要公开硬件细节,只要公开 API 就行了。但从 PC GPU 的经验来看,这样做会使上层软件与底层硬件产生隔阂,"你不懂我""我也不懂你",时间长了,隔阂越来越大,造成恶性循环,最后结果可想而知。

12.1.7 单元化设计

与 AMD 的多引擎设计思想类似,ARM 的 GPU 团队把所有任务分成三个大的单元,分别称为 GPU、VPU(Vedio Processing Unit,视频编解码)和 DPU(Display Processing Unit,显示处理单元)。本书只介绍 3D 图形和通用计算的 GPU 部分。

12.2 Midgard 微架构

Midgard 是使用"统一核心"(Unified Cores)设计思想的第一代 Mali GPU 微架构,于 2010

年公布，至今还没有退役。在三星公司的多款猎户座（Exynos）SoC 和华为的麒麟 950 SoC 中，都集成了 Midgard 架构的 GPU。

12.2.1　逻辑结构

Midgard 架构支持 1～16 个通用着色器核心。图 12-2 是较高层次的 Midgard 架构逻辑框图。图中主体部分是 16 个着色器核心。其中，第 1 个着色器核心的外框为实线，表示至少包含一个着色器核心，其他着色器核心的外框为虚线，表示它们是可选的。着色器核心上面是硬件实现的任务管理逻辑，用来分发计算任务，也称为作业管理器（job manager）。

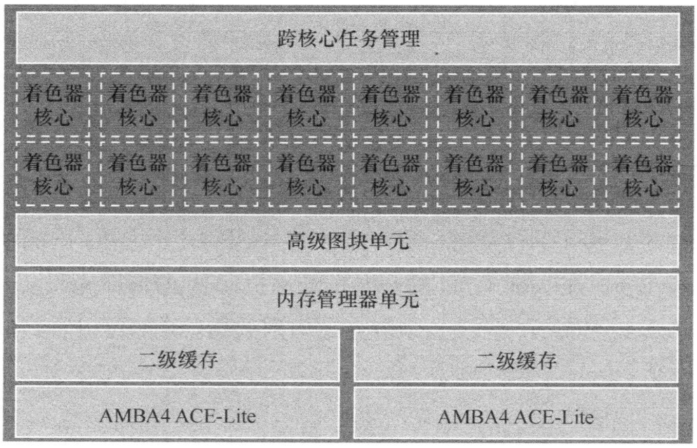

图 12-2　Midgard 微架构逻辑框图

图 12-2 的下面两层是两组 AMBA 总线接口和二级缓存，用于访问内存和与系统接口。它们上面是内存管理器，三者一起为着色器核心提供高速的数据访问服务。内存管理器上面是高级图块（tile）处理单元。图块是图形处理领域的常用术语，一般是指屏幕或者一个显示平面内的一小块矩形区域。在 Mali GPU 中，一直有按图块做 3D 渲染的传统，称为基于图块渲染（tile-based rendering）[5]，这样做的好处是减少访问显存的次数，降低功耗。

12.2.2　三流水线着色器核心

接下来，我们把目光聚焦到每个着色器核心的内部。

图 12-3 是 Midgard 架构的着色器核心框图，图中画了 4 条执行流水线（pipeline），从右到左分别是：一条纹理流水线、一条加载和存储流水线、两条算术流水线。一共 4 条流水线，分为 3 种类型。算术流水线简称 A 流水线（A-pipeline），负责所有算术处理。加载/存储流水线简称 LS 流水线（LS-pipeline），负责读写内存，执行插值操作，以及读写图像数据。纹理流水线简称 T 流水线（T-pipeline），只负责访问只读的纹理数据或者对纹理数据做各种处理。

在 Midgard 的设计中，算术流水线的数量是可以配置的，可以为一条或者多条。比如在 Mali-T720 和 Mali-T820 中只有一条，在 Mali-T880 中有三条，其他的 Midgard GPU 中都有两条[6]。

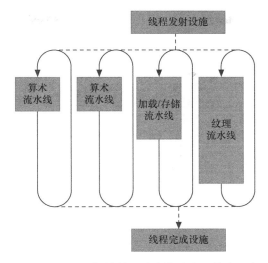

图 12-3 Midgard 架构的三流水线着色器核心示意图

因为在一个核心中配备了三类功能的流水线，所以 ARM 给这个着色器核心取了个简单的名字，叫三流水线着色器核心（Tri Pipeline Shader Core）。其实这个名字是容易误解的，因为数字三代表三类，不是三个，实际上是 2 + n 结构。这种 2 + n 结构其实与 AMD 在 Terascale 微架构中使用的 4 + 1 结构很类似。

在图 12-3 中，4 条流水线上方的矩形代表线程发射设施，下方代表线程完成设施。在有些介绍中，把前者称为线程池（thread pool），把后者称为线程老化（thread retire）（单元），图 12-4 便是这样。该图是根据 ARM 官方的技术资料[6]重新绘制的三流水线示意图，包含了流水线外的接口结构。

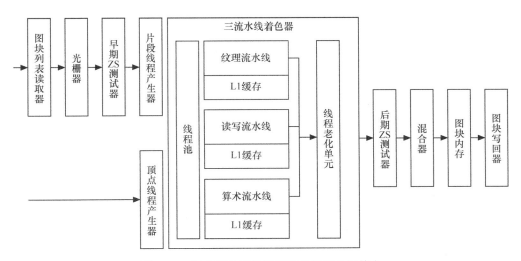

图 12-4 包含接口信息的三流水线着色器核心

图 12-4 的中心部分是三条执行流水线，左侧画了对两种不同任务做预处理的设施，上面一排用于处理图块任务，从左到右依次如下所示。

● 图块列表读取器（tile list reader），用于读取要处理的图块。

- 光栅器（rasterizer），负责把图元信息转化为像素信息。

- 早期深度和模板（stencil）测试器（early ZS tester），目的是及早排除不需要渲染的任务。

- 片段线程产生器（fragment thread creator），片段着色（fragment shade）是 OpenGL 定义的渲染流水线中的一个阶段，相当于像素渲染。这个线程产生器用于产生像素级别的渲染任务（线程）。

图 12-4 左下角的箭头代表顶点渲染任务，把该任务送给"顶点线程产生器"，后者把要执行的任务分解成较小粒度的操作，放入线程池中。

图 12-4 右侧的 4 个矩形描述的是渲染结果经过"后期深度和模板测试器"（Late ZS Tester），抛弃被遮挡的无用像素后，经过混合器写到图块内存（Tile Memory）。

12.2.3　VLIW 指令集

如前所述，ARM 公司没有公开 Mali GPU 的指令集，包括 Midgard 架构。但是在多个文档中都明确说了 Midgard 使用的是 SIMD（单指令多数据）风格的指令。在 Midgard 的每条算术流水线中，包含多个算术单元，根据公开的性能指标，很可能是 5 个。

在每个算术单元中（见图 12-5），SIMD 寄存器的宽度为 128 位，可以容纳 4 个单精度浮点数（FP32）或者 32 位整数（I32）、8 个半精度浮点（FP16）或者短整数（I16）。每个算术单元内包含一个向量乘法器（VMUL）、一个向量加法器、一个支持复杂浮点操作和函数的 VLUT、一个标量加法器（SADD）和一个标量乘法器（SMUL）。

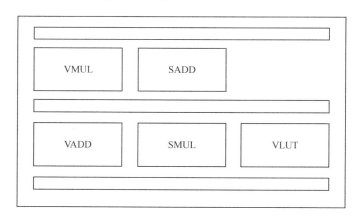

图 12-5　Midgard 架构的算术单元

Midgard 的指令属于 VLIW（Very Long Instruction Word）风格，属于 VLIW-5，其中，5 代表内部算术单元的个数。这意味着每一条指令内部可以包含 5 条并行指令，每一条又可以处理多个数据项。以 32 位浮点为例，理想情况下，一个 ALU 可以在一个时钟内同时执行如下 17 次浮点操作。

- VLUT 执行点乘操作，包含 4 次乘法操作和 3 次加法操作。

- VMUL 执行 4 次乘法操作。

- VADD 执行 4 次加法操作。

- SADD 和 SMUL 各执行 1 次标量操作。

这样加起来，便是 17 次浮点操作。按此计算，对于频率为 600MHz 的 Mali-T760，每个核心有两个算术流水线，因此就是每秒 34 次浮点运算，乘以 16 个核心是每秒 544 次浮点运算，再乘以 600M 便是每秒 326400 次浮点运算，这与宣传的 326 FP32 GFLOPS 基本一致。

根据 FreeDesktop 组织的逆向研究结果[7]，Midgard 指令的长度至少是 4 个字（word），而且都是 4 个字的整数倍。

每条指令的最低 4 位代表当前指令的类型，接下来的 4 位代表下一条指令的类型，供指令预取（prefech）设施使用。以下是常用指令类型的编码、简要描述和指令长度（见括号中文字）。

- 3——Texture（4 个字）

- 5——Load/Store（4 个字）

- 8——ALU（4 个字）

- 9——ALU（8 个字）

- A——ALU（12 个字）

- B——ALU（16 个字）

值得说明的是，上面指令长度的字是 32 位，4 字节，这意味着最短的 Midgard 指令是 16 字节，最长的有 64 字节，真的是名副其实的 VLIW（非常长的指令字）。

12.3 Bifrost 微架构

Midgard 微架构的 SIMD 结构和 VLIW 指令代表它的设计思想是在指令级别并行操作。这样的设计适合处理图形任务，编译器能容易地找到可以并行的指令，执行时填满硬件流水线。但是对于通用计算任务来说，编译器很难找到足够的可以同时并行的操作。为了解决 Midgard 微架构的这个基本问题，Bifrost 微架构应运而生。

基于 Bifrost 微架构的第一款 GPU 是 Mali-G71，发布时间是 2016 年 5 月，8 个月后华为推出了使用 Mali-G71 的麒麟 960 SoC。2017 年 5 月，ARM 宣布了新一代基于 Bifrost 微架构的 GPU，名为 Mali-G72 [8]。

12.3.1 逻辑结构

Bifrost 微架构支持 1～32 个着色器核心，其逻辑结构如图 12-6 所示。与 Midgard 的逻辑结构（见图 12-2）相比，二者的关键变化在着色器核心上。

图 12-6 下方的 4 组 L2 缓存中和 4 组 AMBA 4 ACE 中均有三组是虚线外框，这表示它们是

可选的，由芯片厂商根据访问内存的带宽需求来决定。

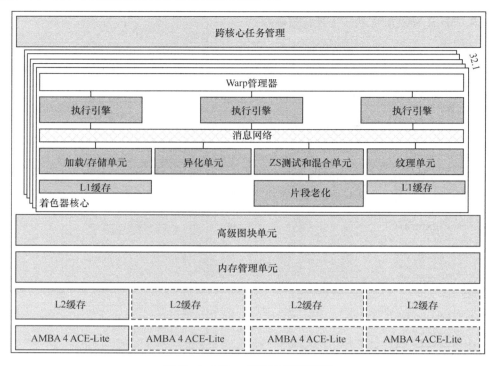

图 12-6　Bifrost 微架构逻辑框图

12.3.2　执行核心

Bifrost 的革新主要在着色器核心，有时也称为执行核心上。因为革新的首要目标是支持通用计算任务，所以后一种叫法更合适一些。

图 12-7 是执行核心的逻辑框图，其中的三个执行引擎（execution engine）取代了 Midgard 架构中的算术流水线。

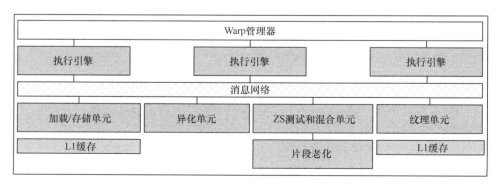

图 12-7　Bifrost 的执行核心

值得说明的是，引擎这一术语在 AMD GPU 中代表的是较大范围的功能单元，比如显示控制引擎（DCE）、视频编码引擎（VCE）等，而在 Bifrost 中，其范围要小得多。计算机领域的引擎一词本来就是模糊词汇，可大可小，大家不被误导就好。

每个执行核心中的执行引擎数量是可选的，可以为 1 或者多个，在 G71 中是 3 个。这符合 ARM 一贯喜欢的弹性原则。

除了执行引擎之外，在执行核心中还有其他几个执行单元，比如，在 Midgard 中就有的纹理单元和加载/存储单元。此外，还有用于各种插值操作的异化单元（Varying Unit），ZS（深度和模板）测试和混合单元，以及片段渲染结果老化单元（Fragment Retire）等。

12.3.3 标量指令集和 Warp

与硬件结构变化配合，Bifrost 的指令集也改变了，从 VLIW 风格的 SIMD 指令变为标量指令。下面是一小段 Bifrost 架构的指令，来自 ARM 院士 Jem Davies 在介绍 Bifrost 架构和 Mali-G71 的演讲资料[9]，用于解释 Bifrost 引入的子句（clause）功能。

```
LOAD.32  r0, [r10]
FADD.32  r1,r0,r0
FADD.32  r2,r1,r1
FADD.32  r3,r2,r2
FADD.32  r4,r3,r3
FADD.32  r3,r3,r4
FADD.32  r0,r3,r3
STORE.32 r0, [r10]
```

因为目前 ARM 公开的工具中都没有反汇编功能，所以上面这段指令也算是难得一见的 Mali GPU 指令。第一条指令加载数据从 r10 寄存器所指向的内存读到寄存器 r0。然后是多条加法指令，其中都有三个操作数。最后一条指令把 r0 寄存器的内容写回 r10 寄存器指向的内存，所有指令操作的都是 32 位浮点数，指令的助记符中以.32 指示。从这几条指令可以看出明显的标量特征，每条指令对单一的数据执行操作。

在把指令标量化的同时，Bifrost 也引入了 Warp 概念，以 Warp 为单位调度执行单元和算核函数。在图 12-6 中，执行引擎上方的 Warp 管理器就是用来管理和调度线程的。以 Warp 方式调度标志着 Mali GPU 从 Midgard 时代的指令级并行（Instruction Level Parallel，ILP）过渡到了线程级并行（Thread Level Parallel，TLP）。时间上，刚好与 G80 相距 10 年。

12.4 Mali 图形调试器

Mali 图形调试器（Mali Graphics Debugger，MGD）[10]是 ARM 公司为 Mali GPU 开发的一个 3D 图形调试工具，有独立版本，也包含在 DS-5 工具集合中。

12.4.1 双机模式

考虑包含 Mali GPU 的 SoC 主要是运行在手机等移动或者嵌入式设备上，MGD 软件的架构是典型的双机模式。目标机上要运行一个信息采集程序，称为 mgddaemon。mgddaemon 依赖一个名为 libinterceptor.so 的动态库。在使用时，会把这个动态库加载到要调试的进程中，以函数钩子的形式拦截 OpenGL 等 API 调用，采集信息。在主机端执行 MGD 主程序后，它会启动

Eclipse，呈现图形化的用户界面（见图 12-8）。

12.4.2 面向帧调试

MGD 的核心功能是围绕"图形渲染"这一 3D 领域的核心任务而设计的。一方面，MGD 会努力记录渲染过程的每个操作细节，包括 3D API 的调用时间、调用参数、调用结果等。另一方面，MGD 提供了一系列针对渲染结果——"帧"的调试功能，比如捕捉帧、回放帧、单步到下一帧等。

"捕捉帧"功能可以把绘制这一帧的所有过程细节和结果记录下来，供调试者追查每一个像素的产生过程。其实这一个功能比较早地出现在微软 DirectX SDK 的 PIX 工具中。

在安装 DS-5 套件后，启动 MGD，然后打开一个附带的追踪文件（Trace File），便可以快速感受 MGD 的功能了。图 12-8 便是打开 c:\Program Files\DS-5 v5.28.0\sw\mgd\samples\traces\frame_buffer_object.mgd 文件后，切换到第 10 帧，然后观察 glDrawElements API 调用时的情景。

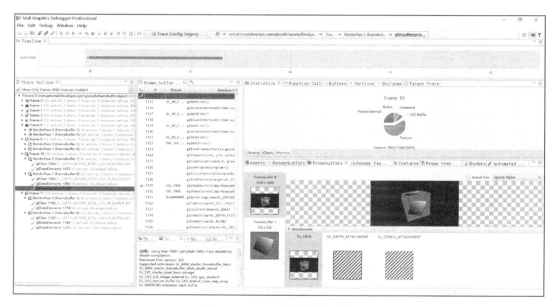

图 12-8　MGD 的帧捕捉功能

图 12-8 中的饼图显示的是绘制第 10 帧时的内存使用情况，其信息源自 Mali 驱动程序创建的虚文件接口/sys/kernel/debug/mali0/ctx/*/mem_profile。

PIX 的一个强大功能是反汇编着色器，MGD 至今仍不具备。因本书侧重 GPU 的通用计算特征，所以对图形调试工具就介绍到这里。

12.5 Gator

在 ARM 的工具软件中，经常见到 Gator 这个名字。比如在 DS-5 中可以看到这个名字，在 MALI GPU 的内核态驱动中也可以看到这个名字。它是做什么的呢？简单回答，它是 ARM 软件生态圈中的事件追踪系统，相当于 Windows 系统的 ETW，或者安卓操作系统的 ADB，其作用不可小觑。

与 ARM 之名类似，Gator 之名也在多处使用，并且有几个含义，有时泛指，有时特指，有时指用户态的后台服务，有时指内核态的驱动程序，有时又表示提供事件的事件源，本节分别做简单介绍，希望可以帮读者消除一些疑惑。

12.5.1　Gator 内核模块（gator.ko）

下面先介绍 Gator 家族中的 gator.ko。名字中的.ko 代表它是 Linux 操作系统下的可加载内核模块（Loadable Kernel Module）。

让人欣喜的是，gator.ko 的源代码是公开的（参见 GitHub 官网）。

不过，也不要指望从开源代码里了解太多，因为很多地方都故意用了障眼法，实情隐去，模糊代之，比如 gator.ko 的模块描述就是一个很好的代表。

```
MODULE_DESCRIPTION("Gator system profiler");
```

看了这个描述有收获吗？有一点。多吗？不多。描述中一共有三个单词。第一个单词 Gator 是以驴释驴。第二个单词 system 是放之四海而皆准的模糊词汇。第三个单词 profiler 是软件调优领域的一个常用术语，profile 有档案之意，指代软件之详情，profiler 是获取档案的工具。

其实，gator.ko 就是用于访问 ARM CPU 和 Mali GPU 内部调试和优化设施的内核态驱动，它可以动态启用这些设施，把信息存放在内存缓冲区中，然后再通过用户态的后台服务程序（gatord）发送到主机端。

在 gator.ko 初始化时，会创建用于存放事件的内存缓冲区。

```
/* Initialize the buffer with the frame type and core */
for_each_present_cpu(cpu) {
    for (i = 0; i < NUM_GATOR_BUFS; i++)
        marshal_frame(cpu, i);
    per_cpu(last_timestamp, cpu) = 0;
}
```

此外，还创建一个名为 gator_bwake 的内核态线程，用于维护内存缓冲区。

```
gator_buffer_wake_thread = kthread_run(gator_buffer_wake_func, NULL, "gator_bwake");
```

12.5.2　Gator 文件系统（gatorfs）

在 gator.ko 初始化时，会调用 gatorfs_register 注册一个虚拟文件系统，名叫 gatorfs。其关键代码如下。

```
static struct file_system_type gatorfs_type = {
    .owner = THIS_MODULE,
    .name = "gatorfs",
    .mount = gatorfs_mount,
    .kill_sb = kill_litter_super,
```

```
};
static int __init gatorfs_register(void)
{
    return register_filesystem(&gatorfs_type);
}
```

当用户态的服务模块启动时，会挂接 gatorfs 到/dev/gator 目录。如果挂接失败，则会报告下面的错误。

```
Unable to mount the gator filesystem needed for profiling.
```

上面的错误是使用 DS-5 工具时经常遇到的一个错误，它通常意味着没能加载 gator.ko 驱动，可能需要重新编译内核，然后再为新的内核编译与它匹配的驱动。

如果 gatorfs 挂接成功，那么/dev/gator 目录下会有一系列子目录和文件。用户态的后台服务就通过这些文件与内核态的 gator.ko 通信，包括执行各种控制动作，以及通过 buffer 虚文件读取驱动收集到的事件信息。

事件收集默认是禁止的，像下面这样对 enable 文件写 1 用来启用事件收集，写 0 用来停止事件收集。

```
echo 1>/dev/gator/enable
```

12.5.3　Gator 后台服务（gatord）

下面介绍 gatord，根据 Linux 下后台服务程序常用的命名约定，名字中的 d 代表这是一个后台服务程序。

简单来说，gatord 的角色是与 gator.ko 通信并获取追踪事件信息，对其做一些基本处理后，再发送给主机端的工具，比如 DS-5 的优化工具 Streamline 等。图 12-9 是几个角色的协作示意图。

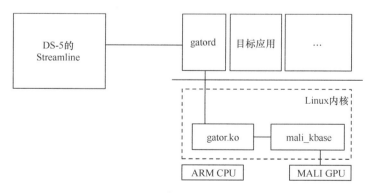

图 12-9　通过 gator 采集追踪事件

在 gatord 的源文件目录中，包含了很多追踪事件的名字，比如在 MaliHwCntrNames.h 文件中，根据 Mali GPU 的型号，分别定义了 GPU 内不同功能单元的硬件计数器名字，比如以下计数器。

```
"T83x_COMPUTE_ACTIVE",
"T83x_COMPUTE_TASKS",
```

```
"T83x_COMPUTE_THREADS",
"T83x_COMPUTE_CYCLES_DESC",
"T83x_TRIPIPE_ACTIVE",
"T83x_ARITH_WORDS",
```

在按 GPU 名字命名的 xml 文件中，有每个计数器的简要说明，比如在 events-Mali-T83x_ hw.xml 文件中可以查到 T83x_COMPUTE_ACTIVE 计数器的描述。

```
<event counter="ARM_Mali-T83x_COMPUTE_ACTIVE" title="Mali Core Cycles" name="Com
pute cycles" description="Number of cycles vertex\compute processing was active"/>
```

看来这个计数器的数值代表的是时钟周期个数，代表采样时间内顶点或者计算处理单元的活跃时间。可以用它来计算硬件单元的利用率（utilization）。

12.5.4 Kbase 驱动中的 gator 支持

Kbase 是 ARM 为 Mali GPU 开发的 Linux 内核模块，名字中的 K 是内核之意。目前 Kbase 的源文件还没有进入 Linux 内核源代码的主线，但可以从 ARM 网站下载源代码。在 Kbase 驱动中，也有一系列名叫 mali_kbase_gator_xxx 的文件，它们是帮助 gator.ko 访问 GPU 硬件的。

二者的接口是所谓的 gator API。Kbase 驱动实现了这个 API，供 gator.ko 调用，比如，在 gator.ko 中会像下面这样获取函数指针。

```
mali_set_hw_event = symbol_get(_mali_profiling_set_event);
```

然后通过函数指针调用 Kbase 中的实现。

12.5.5 含义

在英文中，Gator 一词有多种含义，可能是鳄鱼类的动物，也可能是农用或者军用的小货车。作者在 ARM 的公开文档中没有找到 Gator 的命名解释。但在 ARM 的软件工具链中，发现一个与 Gator 性质类似的数据采集工具，名叫 Caiman（12.6 节将详细介绍）。比如在 DS-5 的程序目录下，与包含 gatord 的 arm 和 arm64 目录并列的 win-64 子目录下有个 caiman.exe 文件。Caiman 也表示鳄鱼类的动物。如此看来，Gator 的意思多半就是鳄鱼了。或许当初给 Gator 程序命名的人很喜欢鳄鱼，也可能是希望 Gator 程序有鳄鱼般的大嘴，能够以极快的速度咬住并吞下要收集的各类事件。

〖 12.6　Kbase 驱动的调试设施 〗

Kbase 驱动是 Mali GPU 软件栈中的一个关键角色，本节简要介绍 Kbase 驱动中的调试支持，既包括调试驱动本身的设施，也包括它提供的用于调试和优化整个 Mali GPU 软件栈的设施。

12.6.1 GPU 版本报告

Kbase 驱动初始化时，会通过 Linux 内核的消息打印机制打印一些基本信息或者错误信息，比如，在 Tinker 单板系统中，可以看到下面这样的 GPU 版本信息。

```
[5.844563] mali ffa30000.gpu: GPU identified as 0x0750 r0p0 status 1
```

上面信息中的 0x0750 代表的是 GPU 的产品 ID，在 mali_kbase_gpu_id.h 中可以找到其定义。

```
#define GPU_ID_PI_T76X   0x0750u
```

这意味着，系统中的 GPU 属于 Mali Migard 架构的 T76X 系列，与 Tinker 单板产品的配置信息 Mali-T764 GPU 刚好一致。

0x0750 后面的 r0p0 是 GPU 的主版本号（Major）和子版本号（Minor），它标识的是针对该款 GPU 设计所做的改进版本，因此版本数字通常都比较小，r0p0、r0p2 或者 r1p0 这样的版本号是常见的。

12.6.2　编译选项

Kbase 驱动的编译选项中包含了一系列调试和优化有关的设置，比如 CONFIG_MALI_GATOR_SUPPORT 用于启用上一节提到的 Gator 支持，CONFIG_MALI_DEBUG 选项用于启用更多的错误检查。可以使用 zcat /proc/config.gz | grep -i mali 这样的命令来检查当前系统所使用驱动的设置，比如清单 12-1 是作者观察手头的 Tinker 单板系统（感谢海增和人人智能提供的实验硬件）的结果，右侧中文为注释。

清单 12-1　观察 Mali GPU 驱动的编译选项

```
tinker@ELAR-Systems:~$ zcat /proc/config.gz | grep -i mali
CONFIG_MALI_MIDGARD=y                            // 选择 Midgard 架构
# CONFIG_MALI_GATOR_SUPPORT is not set           // Gator 事件追踪机制
# CONFIG_MALI_MIDGARD_ENABLE_TRACE is not set    // Kbase 自身的追踪机制
CONFIG_MALI_DEVFREQ=y  // 启用传统的 DVFS（动态电压和频率变换）支持
# CONFIG_MALI_DMA_FENCE is not set               // 命令缓冲区的同步栅栏支持
CONFIG_MALI_EXPERT=y                             // 专业模式
# CONFIG_MALI_PRFCNT_SET_SECONDARY is not set // 启用第二个集合中的性能计数器
# CONFIG_MALI_PLATFORM_FAKE is not set     // 使用驱动内创建的虚假设备，在开发早期使用
# CONFIG_MALI_PLATFORM_DEVICETREE is not set   // 使用从设备树获取的硬件信息
CONFIG_MALI_PLATFORM_THIRDPARTY=y                // 判断是否为第三方平台
CONFIG_MALI_PLATFORM_THIRDPARTY_NAME="rk"        // 第三方名，rk 是瑞芯微 RK 系列
# CONFIG_MALI_DEBUG is not set                   // 增加更多错误检查
# CONFIG_MALI_NO_MALI is not set // 用于没有硬件 GPU 的情况下，供模拟环境测试使用
# CONFIG_MALI_TRACE_TIMELINE is not set     // 基于 Linux 内核追踪点技术的时序追踪设施
# CONFIG_MALI_SYSTEM_TRACE is not set        // 使用 Linux 系统的追踪机制
# CONFIG_MALI_GPU_MMU_AARCH64 is not set   // 使用 64 位页表格式
# CONFIG_MALI400 is not set                 // 选择支持 Mali 400 GPU
```

考虑到 ARM 系统的嵌入式特征，通常把 Kbase 驱动与内核构建在一个镜像文件（zImage）中。这意味着，如果要改变上述选项，那么需要下载用于构建内核镜像的所有源代码，然后重现构建。但这也并不像想象的那么困难，作者用午饭的时间就在 Tinker 单板系统上为它构建了新的内核，包括解压下载好的源代码包，安装 gcc 和其他依赖工具（libncurses4-dev、bc、libssl-dev），修改配置选项（make ARCH=arm miniarm-rk3288_defconfig，然后编辑.config），构建和产生 zImage（make zImage ARCH=arm），最后替换/boot 下的旧文件。

12.6.3　DebugFS 下的虚拟文件

调试文件系统（DebugFS）是 Linux 内核里专门用于调试的虚拟文件系统，供内核空间的代码可以通过文件形式输出信息或者接受控制。Kbase 驱动初始化时，会在 DebugFS 下创建一系列文件和子目录，例如，在前面多次提到的 Tinker 单板系统上，可以看到如下信息。

```
root@ELAR-Systems:/sys/kernel/debug/mali0# ls
ctx  gpu_memory  job_fault  quirks_mmu  quirks_sc  quirks_tiler
```

其中，ctx 是子目录，其他名称都表示文件。在 ctx 子目录下的 defaults 目录中，包含如下两个文件。

```
root@ELAR-Systems:/sys/kernel/debug/mali0/ctx/defaults# cat infinite_cache
N
root@ELAR-Systems:/sys/kernel/debug/mali0/ctx/defaults# cat mem_pool_max_size
16384
```

第一个文件用于启用无限缓存（Infinite Cache）功能，当前值 N 代表没有启用，使用命令 echo Y > infinite_cache 可以启用该功能。第二个文件是显存池的最大页数，也是可以配置的。

12.6.4　SysFS 下的虚拟文件

SysFS 是 Linux 系统中的另一种虚拟文件系统，默认挂接在/sys 目录，每一类内核对象在该目录下都会有一个子目录，比如 module、fs、devices 等。在 devices/platform 目录下会有一个类似下面这样的子目录。

```
/sys/devices/platform/ffa30000.gpu
```

其中有很多个文件和子目录，比如下面是在 Tinker 单板系统上观察到的结果。

```
core_availability_policy  js_scheduling_period  power
core_mask                 js_softstop_always    power_policy
debug_command             js_timeouts           reset_timeout
devfreq                   mem_pool_max_size     soft_job_timeout
driver                    mem_pool_size         subsystem
driver_override           misc                  uevent
dvfs_period               modalias              utilisation
gpuinfo                   of_node               utilisation_period
ipa                       pm_poweroff
```

其中的每个虚拟文件是 Kbase 驱动程序使用 DEVICE_ATTR 宏定义的一个设备属性，比如其中的 gpuinfo 就是通过如下代码定义的。

```
static DEVICE_ATTR(gpuinfo, S_IRUGO, kbase_show_gpuinfo, NULL);
```

其中，debug_command 文件可以接受调试命令，与驱动交互，但是在目前的公开版本中，仅支持 dumptrace 一条命令。

12.6.5　基于 ftrace 的追踪设施

函数追踪（function trace，ftrace）是 Linux 内核实现的一套事件追踪设施。如果打开编译选项 CONFIG_MALI_SYSTEM_TRACE，那么 Kbase 驱动便会创建一套基于 ftrace 的追踪设施，包括一个追踪器和一系列事件。

比如，在/sys/kernel/debug/tracing/events/mali 子目录下会看到如下文件。

```
enable filter mali_job_slots_event mali_mmu_as_in_use mali_mmu_as_released
mali_page_fault_insert_pages mali_pm_power_off mali_pm_power_on
```

使用 trace_cmd record（-e 指定事件）类似下面这样的命令可以开启和记录上面的函数追踪事件。

trace_cmd record -e mali 记录后，然后可以使用 trace_cmd report 来观察事件的统计报告。

12.6.6　Kbase 的追踪设施

值得特别介绍的是，Kbase 驱动自己还实现了一套信息追踪设施，其实现与 prink 类似，也是先分配一块内存区，然后循环使用。

为了避免与上面介绍的基于 ftrace 的追踪设施混淆，Kbase 自己实现的追踪设施称为 Kbase 追踪，事件定义在 mali_linux_kbase_trace.h 中。基于 ftrace 的实践定义在 mali_linux_trace.h 中。

当使用了 CONFIG_MALI_DEBUG 选项编译后，DebugFS 的 mali0 子目录下会增加一个名叫 mali_trace 的文件，它就是用于观察环形缓冲区内追踪信息的。

不过，必须要同时启用 CONFIG_MALI_MIDGARD_ENABLE_TRACE 选项，才能观察到追踪信息，不然缓冲区是空的，观察 mali_trace 什么也看不到。在代码内部，启用这个编译选项后，才会定义 KBASE_TRACE_ENABLE 宏，其定义如下。

```
#ifdef CONFIG_MALI_MIDGARD_ENABLE_TRACE
#define KBASE_TRACE_ENABLE 1
#endif
```

在 Kbase 的一些重要函数中可以看到类似下面这样产生事件的代码。

```
KBASE_TRACE_ADD(kbdev, CORE_CTX_DESTROY, kctx, NULL, 0u, 0u);
```

如果定义了 KBASE_TRACE_ENABLE，那么会把 KBASE_TRACE_ADD 宏定义为 kbasep_trace_add 函数，后者会把信息写到环形缓冲区。

例如，下面是电源管理模块中复位函数 kbase_pm_do_reset 的部分代码。

```
static int kbase_pm_do_reset(struct kbase_device *kbdev)
{
    KBASE_TRACE_ADD(kbdev, CORE_GPU_SOFT_RESET, NULL, NULL, 0u, 0);
    kbase_reg_write(kbdev, GPU_CONTROL_REG(GPU_COMMAND),
                        GPU_COMMAND_SOFT_RESET, NULL);
```

函数内的 KBASE_TRACE_ADD 便用于产生 Kbase 追踪事件。后面一句通过写硬件的控制寄存器来对 GPU 进行软复位。

可以使用 cat mali_trace 这样的简单命令来观察环形缓冲区内的事件。比如，清单 12-2 是在 Tinker 单板系统上启用 Kbase 追踪后，再观察 mali_trace 的部分结果。

清单 12-2 观察 Kbase 追踪的事件记录

```
root@ELAR-Systems:/sys/kernel/debug/mali0# cat mali_trace
3.316746,99,2,CORE_GPU_SOFT_RESET,  (null),,00000000,,,0x00000000
3.317534,114,0,CORE_GPU_IRQ,  (null),,00000000,,,0x00000100
3.317537,114,0,CORE_GPU_IRQ_CLEAR,  (null),,00000000,,,0x00000100
3.317537,114,0,CORE_GPU_IRQ_DONE,  (null),,00000000,,,0x00000100
3.317549,99,2,PM_CONTEXT_IDLE,  (null),,00000000,,0,0x00000000
3.317552,99,2,PM_CONTEXT_ACTIVE,  (null),,00000000,,1,0x00000000
3.323644,99,2,PM_CONTEXT_IDLE,  (null),,00000000,,0,0x00000000
3.324365,125,1,PM_CORES_POWERED,  (null),,00000000,,,0x00000000
3.324366,125,1,PM_CORES_POWERED_TILER,  (null),,00000000,,,0x00000000
3.324367,125,1,PM_CORES_POWERED_L2,  (null),,00000000,,,0x00000000
3.324368,125,1,PM_CORES_POWERED_TILER,  (null),,00000000,,,0x00000000
3.324371,125,1,PM_CORES_AVAILABLE,  (null),,00000000,,,0x00000000
3.324371,125,1,PM_CORES_AVAILABLE_TILER,  (null),,00000000,,,0x00000000
3.324371,125,1,PM_CORES_POWERED_L2,  (null),,00000000,,,0x00000000
3.324372,125,1,PM_CORES_POWERED,  (null),,00000000,,,0x00000000
3.324372,125,1,PM_CORES_POWERED_TILER,  (null),,00000000,,,0x00000000
3.324373,125,1,PM_DESIRED_REACHED,  (null),,00000001,,,0x00000000
3.324373,125,1,PM_DESIRED_REACHED_TILER,  (null),,00000000,,,0x00000000
3.324373,125,1,PM_WAKE_WAITERS,  (null),,00000000,,,0x00000000
3.324375,125,1,PM_GPU_OFF,  (null),,00000000,,,0x00000000
```

下面这行源代码描述了上面每一行的格式。

```
"Dumping trace:\nsecs,nthread,cpu,code,ctx,katom,gpu_addr,jobslot,refcount,info_val");
```

也就是说，从左到右各列分别为：时间戳（启动以来的秒数，与 printk 相同）、线程号、CPU 编号、事件代码、上下文结构指针、与事件关联的原子信息、GPU 地址、任务的插槽号、引用计数以及附加信息。

『 12.7 其他调试设施 』

本节将简要介绍与 Mali GPU 有关的其他调试设施，包括用于收集数据的 Caiman 以及离线编译器等。

12.7.1 Caiman

与 Gator 类似，Caiman 一词既可以指一种鳄鱼类的动物，也可以表示一种军用车辆的名字。在 ARM 的工具链中，它也是用于采集数据的，也是 DS-5 的一部分，不过它采集的数据种类主要是与电能有关的，比如电压、电流等。

目前，Caiman 支持两类硬件工具，一类是 NI（National Instruments）公司的数据采集器（DAQ），另一类是 ARM 电能探测器（ARM Energy Probe），如图 12-10（a）和（b）所示。

DS-5 中包含了预编译好的 Caiman 程序。值得说明的是，Caiman 程序是和 DS-5 的 Streamline 运行在同一台机器上的，也就是运行在主机端的，所以对于 Windows 版本的 DS-5，安装的便是 Windows 版本的可执行程序。

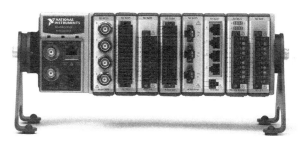

（a）NI 公司的 DAQ　　　　　　　　　　　（b）ARM 电能探测器

图 12-10　与 Caiman 配合的 DAQ 和 ARM 电能探测器

Caiman 是开源的，其源代码参见 GitHub 网站。下载 Caiman 的源代码后，会发现其中包含一个简单的协议文档，用于支持其他硬件工具。

12.7.2　devlib

Caiman 需要依赖硬件工具，而且需要通过电线与目标系统连接才能测量电压、电流等信息。这通常只能在实验室中对某些定制过的开放系统进行测量，对于最终产品和用户环境就很难适用了。为此，ARM 还开发了一套名叫 devlib 的数据收集工具，既可以使用硬件工具，也可以用纯软件的方式来采集电能信息，包括读取芯片的频率和芯片内部的计数器等，这套工具名叫 devlib。

在 devlib 中，有多个子项目，有的是 Python 脚本，有的是 C/C++ 语言的程序，其中之一叫 readenergy，它是个命令行工具，基本用法如下。

```
readenergy [-t PERIOD] [-o OUTFILE]
```

这个小工具按指定的时间间隔读取 Juno 开发板上电能计数器（Energy Counter）的信息，然后以 CSV 格式写到指定的输出文件中，如果没有指定文件，就直接输出到终端。可以读取的信息包括 GPU 的电流（gpu_current）和电压（gpu_voltage），以及系统其他关键部件的电能信息。

12.7.3　Mali 离线编译器

从 ARM 网站可以下载到为 Mali GPU 开发的离线编译器，使用这个编译器可以在 x86 硬件平台上交叉编译运行在 Mali GPU 上的各类程序，包括 OpenGL ES（Embedded System）标准的各类着色器程序、OpenCL 程序和 Vulkan 标准的各类着色器程序。

下面以 Windows 版本的 Mali 离线编译器为例对其做简单介绍。

在安装目录中，可以找到 Mali 离线编译器的主程序，名叫 malisc.exe，它是个命令行工具，基本用法如下。

```
malisc [选项] <要编译的源文件>
```

例如，可以这样编译 OpenGL ES 的计算着色器。

```
malisc samples\openglessl\shader.comp
```

如果没有特别指定文件类型，编译器会根据文件后缀进行判断，其约定如表 12-1 所示。

表 12-1　关于 Mali 离线编译器文件后缀的约定

后　缀	代表的文件	说　明
.vert	OpenGL ES Vertex Shader	顶点着色器
.frag	OpenGL ES Fragment Shader	片段着色器
.comp	OpenGL ES Compute Shader	计算着色器
.geom	OpenGL ES Geometry Shader	几何着色器
.tesc	OpenGL ES Tessellation Control Shader	曲面细分控制着色器
.tese	OpenGL ES Tessellation Evaluation Shader	曲面评估着色器
.cl	OpenCL Kernel	OpenCL 的算核程序

可以通过-o 选项指定输出文件，比如 malisc -o comp.bin samples\openglessl\shader.comp。

在编译时，malisc 会输出编译器的使用情况，比如以下信息。

```
64 work registers used, 10 uniform registers used, spilling not used.
```

也会输出需要发射给不同处理单元的指令条数，并预估执行时所需的时钟周期数，比如以下内容。

```
                        A       L/S     T
Instructions Emitted:   157     2       0
Shortest Path Cycles:   1.75    0       0
Longest Path Cycles:    157     2       0 -
```

行标题中的 A 代表算术单元，L/S 代表加载和存储单元，T 代表纹理单元。第 1 行代表要在每种执行单元上执行的指令数。第 2 行代表估计所需的最短时钟周期。第 3 行是估计的最长执行时间（时钟周期个数）。

可以通过-c 参数来指定目标 GPU，比如 malisc -c Mali-T830 samples\openglessl\shader.comp。这会针对 Midgard 微架构的 T830 GPU 进行编译并估算执行时间，上面的信息使用默认的 G72 GPU。

12.8　缺少的调试设施

在本书介绍的四个厂商的 GPU 中，Mali GPU 的软件工具链和调试设施在功能上是最薄弱的。本节简要罗列目前还缺少的调试设施，希望本书再版时情况会改变。

12.8.1　GPGPU 调试器

GPGPU 调试器堪称调试器软件领域的第 1 号工具。当 GPU 走上通用计算之路后，强大的调试器成为必备工具。ARM 目前虽然有 DS-5 和 MGD 等名字中包含调试器的工具，但都缺少最基本的 GPU 指令级别的反汇编和跟踪功能，还算不上真正意义上的 GPU 调试器。相比较而言，其他三家厂商都有一种或者两种 GPU 调试器，都有基于 GDB 的版本。

12.8.2 GPU 调试 SDK

为了让开发者能定制和增加针对 GPU 的调试功能，Nvidia、AMD 和英特尔都发布了 GPU 调试 SDK，并使它完全开源或者部分开源。目前 Mali GPU 在这方面还是空白。

12.8.3 反汇编器

反汇编器是理解复杂软件问题的另一种常用工具，是 GPU 工具链中的另一必备工具。但目前没有公开的 Mali GPU 反汇编器，只有功能不完整的第三方工具。

12.8.4 ISA 文档

指令集是芯片与软件世界沟通的基本语言，也是软件调试和调优的基本资料。Nvidia 虽然没有公开指令集的完整细节，但是也有数百页的 ISA 文档用于帮助开发者理解硬件。但是目前 Mali GPU 在这方面非常保守，讳莫如深。

〖 12.9 本章小结 〗

因为巨大的市场需求和与 ARM CPU 的联姻，Mali GPU 在最近十年来迅速发展，成为发货数量最多的 GPU。因为 Mali GPU 的主要市场是手机等移动设备，所以降低功耗是 Mali 设计者一直关注的首要目标，无论是从硬件架构中的流水线设计，还是从软件工具中的各种电源策略和调优设施，我们都可以感受到这一点。或许是因为把主要精力都用在降低功耗和成本上，所以 Mali GPU 在通用计算方面还处在初级阶段，无论是硬件结构，还是软件工具链，都与另外三家公司有很大的差距，不可同日而语。

〖 参考资料 〗

[1] ARM intros next-gen Mali-T604 embedded GPU, Samsung first to get it.

[2] ARM Announces 8-core 2nd Gen Mali-T600 GPUs.

[3] ARM's Mali Midgard Architecture Explored.

[4] ARM Unveils Next Generation Bifrost GPU Architecture & Mali-G71: The New High-End Mali.

[5] Tile-based rendering, Understanding the Mali rendering architecture.

[6] The Midgard Shader Core Second generation Mali GPU architecture Published March 2018 by Peter Harris.

[7] mali-isa-docs Midgard Architecture.

[8] ARM Announces Mali-G72: Bifrost Refined for the High-End SoC.

[9] The Bifrost GPU architecture and the ARM Mali-G71 GPU.

[10] Mali Graphics Debugger.

第13章

PowerVR GPU 及其调试设施

2007 年，苹果公司推出了第一代 iPhone 手机，三年后，又推出了第一代 iPad（平板电脑）。这两款产品对信息产业，乃至整个社会都具有非常深远的影响。这两款产品虽然外形和功能差别较大，但是内部使用的都是 PowerVR GPU。本章先介绍 PowerVR GPU 的背景信息和发展简史，然后介绍它的微架构和指令集，最后介绍它的软件模型和调试设施，包括断点支持、离线反汇编工具和调试器（PVR-GDB）。

『 13.1 概要 』

PowerVR GPU 的历史很悠久，最初的目标是要角逐 PC 市场，后来改变商业模式，主攻 SoC GPU 市场。饮水思源，在探索 PowerVR GPU 之前，我们先了解一下它的简要历史。

13.1.1 发展简史

1985 年，Tony Maclaren 创建了一家名叫 VideoLogic 的公司。顾名思义，这家公司成立初期的目标是开发各种视频技术，包括图像声音加速、视频捕捉和视频会议等。

进入 20 世纪 90 年代后，显卡逐渐成为 PC 市场中热门的畅销产品。1992 年，VideoLogic 开始了一个新项目[1]，这个项目的核心技术是使用名为 TBDR 的新方法来做 3D 渲染。TBDR 的全称叫"基于图块的延迟渲染"（Tile-Based Deferred Rendering）。相对于当时流行的普通渲染方法，TBDR 技术可以减少内存访问，大幅提升效率。当时，Nvidia 和 3dfx 还都没有成立，PC 显卡领域的厂商有泰鼎、ATI 和 S3 等。

最初，只有 Martin Ashton 和 Simon Fenney 两个人负责新显卡项目。他们花了大约一年时间，使用 FPGA 搭建了一个演示系统。在 1993 年的 SIGGRAPH 大会期间，一些合作伙伴观看了这个演示版本。

第一代的 PowerVR 产品只有 3D 加速功能，需要与普通 2D 显卡一起工作来显示渲染结果。PowerVR 产品的最初市场目标是游乐中心的游戏机。从 1995 年起，VideoLogic 与 NEC 合作，联合开发针对 PC 市场的产品。1996 年，针对 PC 市场的 PCX1 产品发布，第二年，又推出了型号为 PCX2 的改进版本。这两款产品有几种销售方式，有的是以 OEM 方式卖给 PC 厂商，有的是以自己的品牌或者合作伙伴的品牌（Matrox）直接销售给用户。

第二代 PowerVR 产品曾经应用在世嘉（Sega）公司的梦想传播者游戏机（Dreamcast console）中。这个面向家庭的游戏机产品在 1998 年一推出便非常畅销。1999 年，第二代 PowerVR 的 PC 版本（Neon 250）推出，但是因为推出时间晚了一年，难以与 Nvidia 的 Riva TNT2 和 3dfx 的 Voodoo3 竞争。

1999 年，VideoLogic 改变经营策略，转向与 ARM 类似的 IP 授权方式，并把公司名改为 Imagination Technologies，简称 IMG。

2001 年，包含第三代 PowerVR（代号 KYRO）的 STG 系列显卡推出，由 ST 公司生产，针对 PC 市场。

同一年，针对移动设备图形市场设计的第四代 PowerVR 推出，简称 MBX 架构。MBX 的推出时间恰逢智能手机开始迅猛发展，生逢其时，MBX 大受欢迎，十大芯片厂商中有 7 家都购买了 MBX 授权，包括英特尔（用在 XScale 中）、TI、三星、NEC 等。从技术角度来看，MBX 内部采用的是固定功能的硬件加速流水线，分为 TA、ISP 和 TSP 三个主要模块。TA 的全称是图块加速器（Tile Accelerator），ISP 的全称是图像合成处理器（Image Synthesis Processor），TSP 的全称是纹理和着色处理器（Texture and Shading Processor）。

2005 年，名为 SGX 的第五代 PowerVR 架构推出，仍然针对移动图形市场，在内部使用了统一的弹性化着色器引擎（Universal Scalable Shader Engine，USSE），功能更加强大和丰富，超出了 OpenGL ES 2.0 的要求。

2006 年时，PowerVR GPU 已经在移动设备领域非常流行，包括诺基亚、三星等多家厂商生产的三十多种手持设备都在使用 PowerVR GPU。2007 年，iPhone 发布，内部也使用了 PowerVR GPU。

在 2012 年的 CES 上，IMG 公司宣布了第 6 代 PowerVR GPU。这一代 GPU 的名字中经常包含 Rogue 一词。IMG 公司似乎从来没有解释过这个名字的含义，使用 AnandTech 网站中的话来说，IMG 一向不轻易给任何产品取名[2]。在中英字典中，Rogue 的直译是"流氓"。也许有文化差异，也许在游戏世界中，"流氓"也很酷，也许 IMG 公司取这个名字另有含义。也许也有人不喜欢这个名字，所以延续第 4 代叫 MGX、第 5 代叫 SGX 的传统，把第 6 代叫 RGX，其中，R 仍代表 Rogue。无论如何，可能是应了中国的老话，名字俗好养。RGX 推出后，顺风顺水，随着苹果手机、iPad 等时尚设备周游世界。另外，Rogue 的寿命很长，使用该 GPU 的芯片至今仍处于发货状态。

2016 年年初，PowerVR GPU 的第一大客户——苹果公司打算收购 IMG 公司，但收购谈判不了了之。取而代之的是"大脑流动"（brain drain）策略。苹果公司在 IMG 公司总部附近也创建了一个 GPU 研发中心，2016 年 5 月起开始招聘[3]，导致 IMG 公司的大量骨干改变乙方角色，直接到甲方上班。

出于种种原因，直到 2017 年 3 月，准备接替 Rogue 的下一代架构才推出，名叫 Furian，距离 Rogue 发布已经时隔五年多。但在 2017 年 4 月就传出苹果公司停用 PowerVR GPU 的消息，导致 IMG 股票跌幅达 70%。同年 11 月，名为 Canyon Bridge 的私募基金公司收购了 IMG 公司，价格为 5.5 亿英镑。IMG 的一段历史结束了，正在开始新的征途。

13.1.2 两条产品线

上一节简要介绍了 PowerVR GPU 和 IMG 公司的历史，其中提到的 Rogue 架构使用时间最久，其产品版本有很多，而且跨越几代，从 PowerVR 6 系列一直到目前最高的 9 系列。

为了适应不同市场区间的要求，IMG 公司把 PowerVR GPU 分成两条产品线，一条是针对高性能需求的较高端设备，另一条是针对低功耗或者低成本需求的低端设备。前一条叫 XT 产品线，后一条叫 XE 产品线。

从第 7 代开始，PowerVR GPU 型号命名大多为 GT 或者 GE 加四位数字，比如在 2017 年发布的第 5 代 iPad 中，使用的便是 PowerVR GT7600 GPU[4]。iPhone 7 使用的也是这一型号的 GPU[5]，但可能做了更多定制以降低功耗。

13.1.3 基于图块延迟渲染

基于图块延迟渲染（Tile Based Deferred Rendering，TBDR）是 PowerVR GPU 的一项核心技术。其核心思想是先把要渲染的图形平面分成大小相等的正方形区域，每个区域称为一个图块（Tile）。然后根据深度和模板信息，排除掉出于遮挡等原因而不需要渲染的图块，最后以图块为单位渲染，只渲染必要的图块。这样做最大的好处是省去了不必要的渲染工作，减少了很多内存访问，降低了功耗。

如上一节所讲，1992 年 PowerVR 项目开始时，TBDR 就是团队赖以生存的特色技术。但在 PC GPU 领域，功耗不是那么重要，所以 PowerVR 没能在 PC 市场发展起来。后来到了 SoC GPU 市场后，功耗便成了关键问题，鱼儿终于找到了荷塘。

13.1.4 Intel GMA

2010 年左右，英特尔公司大张旗鼓地冲击平板电脑市场。在软件方面，它声势浩大地开发针对平板的 Meego 操作系统。在硬件方面，它紧锣密鼓地研发低功耗的 SoC。在最初几代的英特尔 SoC 中，CPU 是自己的 x86 核心，GPU 便是基于 PowerVR 的 SGX 架构定制的。出于某种原因，英特尔把基于 PowerVR 授权而设计的 GPU 也取了一个自己的名字，叫 Intel GMA xxx。在 Linux 内核源代码树中，gpu/drm 子目录下有个名为 gma500 的子目录，里面存放的便是这一系列 GPU 的驱动程序源文件。在 psb_drv.c 中，有下面这样一段注释，概括了两种命名的对应关系。

```
/*
 * The table below contains a mapping of the PCI vendor ID and the PCI Device ID
 * to the different groups of PowerVR 5-series chip designs
 *
 * 0x8086 = Intel Corporation
```

```
 *
 * PowerVR SGX535     - Poulsbo     - Intel GMA 500, Intel Atom Z5xx
 * PowerVR SGX535     - Moorestown  - Intel GMA 600
 * PowerVR SGX535     - Oaktrail    - Intel GMA 600, Intel Atom Z6xx, E6xx
 * PowerVR SGX540     - Medfield    - Intel Atom Z2460
 * PowerVR SGX544MP2  - Medfield    -
 * PowerVR SGX545     - Cedartrail  - Intel GMA 3600, Intel Atom D2500, N2600
 * PowerVR SGX545     - Cedartrail  - Intel GMA 3650, Intel Atom D2550, D2700,
 *                                    N2800
 */
```

上面列表部分的中间一列是英特 SoC 平台的开发代号，最后一列是英特尔给定制后的 GPU 取的新名字，逗号后面是 SoC 的正式产品名称。列表部分的第二行是 Moorestown 平台，在 2010 年 5 月的 Computex 大会上首次公开，与英特尔研发的 Meego 操作系统一起成为当年大会的两个热点。

老雷评点

> 2010 年 5 月的中国台北，繁花似锦，Computex 大会上，人流如织。在多个会场和站台间流动的人群夹缝里，时常可以看到印有 Meego 标志的手提袋。至今，老雷还保存着当年在现场工作时穿的 Meego T 恤衫。

13.1.5　开放性

与其他几种 SoC GPU 相比，PowerVR 的公开资料算是比较多的。其中最重要的便是 2014 年 10 月与 PowerVR SDK v3.4 一起公开的指令集手册[6]。2017 年 10 月，IMG 公司又公开了一份新版本的指令集手册，包含了更详细的指令列表和描述。此外，在 IMG 公司的开发社区网站上也有较多的文档。不过，这只是相对于其他 SoC GPU 而言的，与 PC GPU 相比，不论是技术资料还是工具，二者都还不能同日而语。

13.2　Rogue 微架构

Rogue 是 PowerVR GPU 历史上时间跨度最长的一种架构，从 2012 年推出，使用至今。最初版本的 Rogue 架构称为第 6 代 PowerVR，后面做了三次改进升级，分别叫第 7 代、第 8 代和第 9 代，有时也叫系列 7、系列 8、系列 9。

本节将根据有限的资料简要介绍 Rogue 架构的内部结构和关键特征。因为要讨论 GPU 内部的硬件设计，所以在标题中使用了微架构字样。本节引用的内容如不特别注明，都来自上一节末尾提到的公开指令集手册。

13.2.1　总体结构

按照从总体到局部的顺序，下面先介绍 Rogue GPU 的内部结构。图 13-1 画出了 Rogue GPU

内部的逻辑结构。

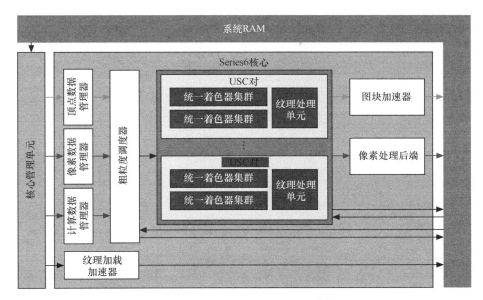

图 13-1　Rogue GPU 结构框图[7]

在图 13-1 中，顶部的横条和右侧外围的竖条都代表系统主内存。在 SoC GPU 中，没有专用的显存，需要与 CPU 共享主内存。右侧伸向内存的很多个箭头代表不同形式的内存访问。左侧是核心管理单元，注意，这里的核心是指整个 GPU，是过时的叫法，在较新的资料中把每个 ALU 称为一个核心（见图 13-2）。核心管理单元负责与 CPU 接口，接收任务并分发执行。标有"管理器"字样的三个矩形代表三种不同数据/任务的接收和预处理结构，上面的矩形代表顶点数据管理器，中间的矩形代表像素数据管理器（是从第 4 代的 ISP 演化而来的），最下面的矩形代表计算数据管理器。三种类型的数据经过预处理后，会进一步分解为若干个子任务，然后送给粗粒度调度器（Coarse Grain Scheduler）。粗粒度调度器再把任务分发给中间部分的某个统一着色器集群。在着色器集群中，有细粒度任务调度器，稍后介绍它。

统一着色器集群（Universal Shading Cluster，USC）是 PowerVR GPU 内的重要执行单元，用于把更小范围的计算资源组合成一个较大的集群，与 Gen GPU 的片区概念类似。

USC 的数量是可以根据产品的市场定位配置的，在针对中高端市场的 XT 产品线里，至少包含两个 USC，最多可以有 16 个。在 XE 产品线中，最多包含 1 个。

当存在多个 USC 时，每两个会组成一个 USC 对，它们共享一个纹理处理单元。多个 USC 对排列在一起称为 USC 阵列（USC Array）。图 13-1 中，画出了两个 USC 对，中间的省略号代表可以有更多个 USC 对。图中 USC 阵列右侧的图块加速器（Tiling Accelerator）和像素处理后端（Pixel Back End,PBE）属于固定功能单元，用于前面介绍的基于 TBDR 技术的 3D 渲染任务。

13.2.2　USC

接下来，我们再深入到 USC 内部。首先，在每个 USC 内部，包含多条 ALU 流水线（ALU

Pipeline）。比如在第 6 代 XT 配置中，有 16 条 ALU 流水线，其结构如图 13-2 所示。

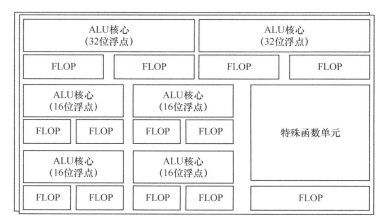

图 13-2　ALU 流水线结构框图[8]

通常，在每一条 ALU 流水线中，包含了多个算术逻辑单元（ALU）。图 13-2 中，每一条 ALU 流水线包含两个全浮点（FP32）ALU 核心、4 个半浮点（FP16）核心，外加一个特殊函数单元。

在每个 USC 中，除了用于执行指令的 ALU 流水线外，还有用于存储数据的存储空间。存储空间分为两种。一种是整个 USC 内共享的公共存储空间（Common Store），简称 USCCS。另一种是每个流水线内执行单元共享的统一存储空间（United Store），简称 US，如图 13-3 所示。

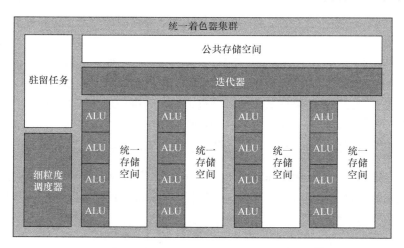

图 13-3　包含存储单元和调度器的 USC 框图[6]

图 13-3 左下角的矩形代表细粒度调度器，它负责把要执行的线程以线程组为单位分发到硬件流水线。调度器上方的矩形代表驻留在 USC 中的待执行任务。另外，图 13-3 中示意性地画了 4 条 ALU 流水线，每条流水线中画了 4 个 ALU 和 1 块统一存储空间，这些数量都是示意性的，是不准确的。

13.2.3　ALU 流水线

图 13-4 是 Rogue 的 ALU 流水线示意图。图中左侧代表输入，右侧代表输出，中间是执行

不同操作的子流水线。

图 13-4 中画了很多条从左到右的执行流程，这些流程是可以并行的。理想情况下，尽量让所有子流水线都在工作，充分利用硬件资源。为了提高并行度，ALU 流水线又把每个时钟周期细分为三个阶段（Phase，或者称相位），即图 13-4 中顶部标注的阶段 0、阶段 1 和阶段 2。在指令手册中，明确定义了每条指令在每个阶段所做的操作和输出的中间结果。这样，一条指令在阶段 0 的输出就可以被另一条指令在阶段 1 中使用。后面在介绍指令集时会通过代码实例进一步介绍。

另外值得说明的是，图 13-2、图 13-3 和图 13-4 三幅图中，都包含 ALU，但是表现方式不同。图 13-3 只是模糊地画出抽象表达，图 13-2 标出了类型，图 13-4 最详细，把不同类型的 ALU 放在各自的工作位置上，有的包含多个实例。图中的 Byp 是 Bypass（旁路）的缩写，表示跳过该部分操作。

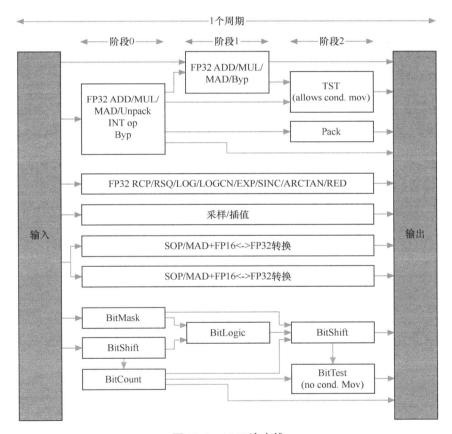

图 13-4　ALU 流水线

13.3　参考指令集

2014 年 10 月，IMG 公司公开了 PowerVR GPU 的指令集（ISA），这在当时引起了不小的轰动。这说明了两个问题。一方面是人们都深知指令集信息的价值，求之若渴。另一方面也反映了 SoC GPU 领域的技术氛围相对封闭，不如 PC GPU 领域开放。

需要说明的是，公开的指令集文档主要针对 Rogue 架构的第 6 代 PowerVR GPU，但是没有针对具体的硬件版本。这意味着有些描述是版本模糊的，可能与具体硬件不匹配，所以文档中把这个指令集叫作参考指令集（Instruction Set Reference，ISR）。

13.3.1　寄存器

在公开的文档中，包含了编写普通 GPU 应用程序时可能使用到的寄存器。这些寄存器分为多个类型，本书将其归纳在表 13-1 中。

表 13-1　公开的 PowerVR 寄存器

类型	名字	最大数量	访问	说　　明
临时	Rn	248	读/写	通用寄存器，从统一存储（US）分配，没有初始化
顶点输入	Vin	248	读/写	与临时寄存器类似，不过已经初始化为对应的输入
系数	CFn	与架构相关	读/写	包含预先初始化好的系数输入，从 USCCS 分配，供一个线程组的多个线程实例共享访问
共享	SHn	4096	读/写	包含初值，从 USCCS 分配，供一个线程组的多个线程实例共享访问
索引	IDXi	2	读/写	用于索引其他寄存器组（bank），未初始化
像素输出	On	与架构相关	读/写	供像素着色器使用，向 PBE（像素处理后端）模块输出数据
特殊常量	SCn/SRn	240	SC 只读，SR 可读写	用于存放常量
顶点输出	Von	256	只写	用于向 UVS 模块输出数据

在表 13-1 中，寄存器名字（第 2 列）中的 n 代表阿拉伯数字，另外，n 前面的字母也可以小写，也就是，具体的寄存器名是 r0、r1、vi0 等。此外，从这个表可以看出，寄存器的分类很细，根据用途做了深入细分，但是针对的用途主要是图形渲染。这意味着 Rogue 架构是针对 3D 图形任务量身设计的，对于通用计算任务，很多设施是不适用的。

13.3.2　指令组

回想上一节介绍的 ALU 流水线，其内部有很多个可以并行工作的子流水线。为了提高 ALU 流水线的利用率，PowerVR 设计了指令组概念。每个指令组包含多条指令，可以一起提交（co-issue）到 ALU 流水线。

在汇编语言中，使用下面这样的简单格式来表达指令组。

```
<n> : [if (cond)] # n is group number (if is optional)
    <Op 0> # First op
```

```
     [Op 1] # Second op (optional)
     ..
     [Op N] # Nth operation (optional)
```

其中，*n* 为指令组序号，从 0 开始，单调递增，其后的冒号是必需的。每个指令组可以包含一个条件描述，这个条件总是相对于整个指令组的。条件描述可以有 if，也可以直接用小括号来表示。

比如，下面是使用反汇编工具得到的一段指令，包含了三个指令组。

```
0 : mov ft0, vi0
  mov ft1, sh13
  tstg.u32 ftt, p0, ft0, ft1
1 : (ignorepe)
  cndst 3, i3, c0, 1
2 : br.allinst 178
```

在 0 号指令组中，包含了 3 条指令。第 1 条指令把顶点输入寄存器 vi0 的值赋给内部的馈通寄存器 ft0，这里 ft 是 FeedThrough 的缩写。第 2 条指令把共享寄存器 sh13（h 后为阿拉伯数字 1，不是 l）赋值给馈通寄存器 ft1。第 3 条寄存器测试 ft0 是否大于 ft1（Test greater than），测试结果会放入内部的 ftt 寄存器和谓词寄存器 p0 中。

介绍到这里，读者可能有个疑问：显然，第 3 条指令是依赖前两条指令的，要等前两条指令执行完，才可以执行第 3 条，怎么可以同时把 3 条指令提交给硬件呢？简单回答，这里巧妙使用了上一节介绍的"阶段"概念，在每个时钟周期内，又分为三个执行阶段，第 3 条指令的测试操作总是在最后一个阶段才执行（见图 13-4），而前两条指令的赋值操作会在阶段 1 或者阶段 2 就完成，因此同时提交是没有问题的。

1 号指令组有个条件描述（ignorepe），其中，pe 代表执行谓词（execution predicate），用于存在分支判断的地方，可以屏蔽某个或者某些线程实例。ignorepe 表示忽略谓词状态。

13.3.3 指令修饰符

在 Rogue 的指令中，可以出现不同形式的修饰符（modifier），比如，在上面介绍的 tstg.u32 指令中，.u32 便是用于指定操作数类型的描述符，代表无符号 32 位整数。

除了类型修饰符之外，还有一些有趣的修饰符，比如，指令 mov ft0, sh0.abs 表示取 sh0 的绝对值，赋给 ft0。与取绝对值的.abs 修饰符类似，mov ft0, sh0.neg 中的.neg 代表取负值。另外，可以用.e0、.e1 这样的修饰符来引用寄存器中的一部分。

13.3.4 指令类型

在公开的参考指令集中，把指令分成如下 10 种类型。

- 浮点指令，比如 FMAD 是乘加指令，FADD 是加法指令，FSQRT 可以取平方根，FLOG 用来取对数等。

- 数据移动指令，比如赋值用的 MOV 指令，打包数据的 PCK 指令，解包数据的 UNPCK 指令等。

- 整数指令，针对整数的各种计算，操作符名称都以 I 开头，比如 IMAD、IMUL 等。

- 测试指令，执行各种测试和比较操作，比如前面介绍过的 TSTG 指令便属于此类。

- 位操作指令，包括"与"或"非"、移位等位操作。

- 后端指令，与其他功能单元交互的指令。

- 流程控制指令，执行各种分支跳转操作的指令，比如 BA 可以用来跳转到指定的绝对地址，BR 可以完成相对跳转。

- 条件指令，执行不同情况的条件判断。

- 数据访问指令，访问共享或者全局数据的一些指令，比如 DITR 指令可以从指定系数开始遍历坐标。另外，SBO 指令用来设置共享数据或者系数区域的基地址偏移量。

- 64 位浮点指令，针对 64 位浮点数的各种运算，包括乘法（F64MUL）、乘加（F64MAD）、除法（F64DIV）、取平方根（F64SQRT）等。

13.3.5　标量指令

Rogue 架构的指令属于标量指令，每条指令针对单个标量数据执行操作。比如加法指令的格式如下。

```
fadd dst0, src0, src1
```

它执行的操作就是 dst0 = src0 + src1。

13.3.6　并行模式

在 Rogue 架构中，也有与 Nvidia 的 WARP 和 AMD 的波阵类似的线程组概念。Rogue 硬件会以线程组为单位来执行着色器函数，属于同一个线程组的一组线程在 Rogue 的多条 ALU 流水线上同步执行。

在题为"PowerVR 图形——最新进展和未来计划"（PowerVR Graphics—Latest Developments and Future Plans）的官方演讲文件中[8]，这样描述 Rogue 的 USC。

```
"New scalar SIMD shader core"
```

其中，标量（scalar）代表了标量指令集这一基本特征。这里的 SIMD 说法是不精确的，容易让人产生误解，原作者可能是想用它描述与 Warp 类似的线程并行特征，但用词不当。

另一方面，因为 Rogue 的 ALU 流水线具有较强的并行能力，加上前面的指令组机制，所以 Rogue 架构上还有一种并行模式，那就是指令组级别的并行。

13.4　软件模型和微内核

在 PowerVR GPU 的软件模型中，名为微内核（Microkernel）的 GPU 固件（firmware）起着关键的作用，不但与普通的 GPU 功能关系密切，而且是很多调试功能的基础。

13.4.1　软件模型

简单理解，微内核就是运行在 PowerVR GPU 内部的软件。一方面，与 CPU 端的驱动程序通信，为其提供服务；另一方面，管理 GPU 上的硬件资源，处理 GPU 上各个硬件部件所报告的事件。图 13-5 画出了包含微内核的 PowerVR GPU 软件模型。

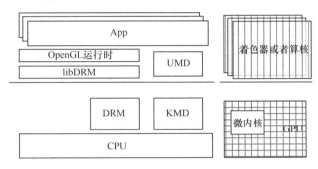

图 13-5　PowerVR GPU 的软件模型

图 13-5 是以 Linux 操作系统的情况为例来画的，图中的 DRM 代表 Linux 系统中的直接渲染管理器（Direct Render Manager），UMD 和 KMD 分别代码 GPU 的用户态驱动和内核态驱动程序。

顺便说明一下，PowerVR GPU 的驱动程序一般是芯片生产商提供的，通常在 IMG 公司提供的驱动程序开发套件（DDK）的基础上进行开发。例如，在包含 PowerVR GPU 的 TI 平台上，其内核态驱动程序就是 TI 提供的，名字叫 omapdrm，以下是通过 dmesg 观察的内核信息。

```
[    3.269447] omapdrm omapdrm.0: fb0: omapdrm frame buffer device
[    3.309063] [drm] Initialized omapdrm 1.0.0 20110917 on minor 0
```

在 Linux 内核源代码树包含了 omapdrm 驱动，位置为 gpu/drm/omapdrm。然而，用户态驱动程序是不开源的。下载和更新微内核的逻辑包含在用户态驱动程序中。

在 Google 的 Android 源代码树中，有一套功能更强大的 PowerVR 驱动程序，目录名就叫 pvr，路径为 drivers/gpu/pvr。这个驱动程序支持一个虚拟的调试子设备，设备路径为以/dev/dbgdrv。

13.4.2　微内核的主要功能

微内核提供多种功能，根据有限的信息，有如下几类：内存空间管理、电源管理、硬件的快速恢复、任务调度、调试和调优支持等。

在上面提到的 PVR 驱动程序的 sgxinfo.h 中，定义了向微内核发送命令用的枚举常量，并且包含了命令类型。摘录如下。

```
typedef enum _SGXMKIF_CMD_TYPE_
{
    SGXMKIF_CMD_TA                  = 0,
    SGXMKIF_CMD_TRANSFER         = 1,
    SGXMKIF_CMD_2D               = 2,
    SGXMKIF_CMD_POWER            = 3,
    SGXMKIF_CMD_CONTEXTSUSPEND   = 4,
    SGXMKIF_CMD_CLEANUP           = 5,
    SGXMKIF_CMD_GETMISCINFO       = 6,
    SGXMKIF_CMD_PROCESS_QUEUES   = 7,
    SGXMKIF_CMD_DATABREAKPOINT   = 8,
    SGXMKIF_CMD_SETHWPERFSTATUS   = 9,
    SGXMKIF_CMD_FLUSHPDCACHE     = 10,
    SGXMKIF_CMD_MAX               = 11,
    SGXMKIF_CMD_FORCE_I32        = -1,
} SGXMKIF_CMD_TYPE;
```

上面 0 号命令中的 **TA** 是 Tiling Accelerator 的缩写，代表图块加速器。从上述定义可以看到，微内核所提供的服务是很广泛的，8 号命令是用于设置数据断点的，本章后面将介绍它。

13.4.3　优点

因为微内核软件很容易更新，所以使用它来完成上述功能的第一个优点就是灵活，容易修正和升级。

在官方文档提到的另一个好处是与通常在 CPU 端处理事件的做法相比，使用微内核来处理 GPU 的事件速度快、延迟小，不仅减少了 CPU 端的开销，还减少了 CPU 和 GPU 之间的交互，有利于降低功耗。

13.4.4　存在的问题

任何方法都不会是完美的，上述软件模型很容易导致一个工程问题。图 13-5 中的 UMD、KMD 和微内核三者之间需要相互通信和紧密配合。为了提高效率，设计者使用了共享数据结构等耦合度很高的通信接口，这便导致三者之间一旦一方改动了共享的数据结构，那么其他两方也要随着更改和重新编译，不然就可能导致严重的问题。一位曾经参与过 Nokia N9 项目的同行在博客中很生动地描述了这个问题，将其称为系统集成过程中的噩梦。

另外，微内核的大多数代码都是使用汇编语言编写的，这也导致开发成本较高和维护困难。

13.5　断点支持

在公开的 PowerVR GPU 资料中，没有专门介绍硬件的调试设施。本节根据不同来源的零散信息简要介绍 PowerVR GPU 的断点支持。

13.5.1 bpret 指令

只在参考指令集的流程控制类指令里提到了一条与断点有关的指令——bpret。

指令手册对 bpret 的解释只有如下两句话。

```
Branch absolute to saved Breakpoint Return address. The predicate condition code
must be set to "always".
```

前一句的意思是执行分支跳转,目标地址的形式是绝对地址,地址内容来自以前保存的断点返回地址。其中 Breakpoint Return 两个单词的首字母大写,代表这是个特定名称,可能代表某个特别的寄存器。后一句的意思是谓词条件代表必须设置为"always"(总是)。

根据有限的信息可以判断,这条指令很可能与 CPU 的 iret 指令类似,在断点异常发生和处理之后,它恢复当初断点出现时的上下文,并返回出现断点的位置继续执行。

13.5.2 数据断点

在前面提到的位于 Android 源代码树的 PVR 驱动程序中,有很多公开文档不包含的信息,比如数据断点支持。简单来说,至少从 SGX 开始,PowerVR GPU 就有数据断点支持,设置方式是向上一节介绍的微内核发送设置命令。

在名为 sgxinit.c 的源文件中,有设置数据断点的详细过程。PVR 驱动程序接收到来自用户态的 SGX_MISC_INFO_REQUEST_SET_BREAKPOINT 请求后,先是把顶层传递下来的断点参数整理成微内核接受的命令参数。

```
sCommandData.ui32Data[0] = psMiscInfo->uData.sSGXBreakpointInfo.ui32BPIndex;
sCommandData.ui32Data[1] = ui32StartRegVal;
sCommandData.ui32Data[2] = ui32EndRegVal;
sCommandData.ui32Data[3] = ui32RegVal;
```

0 号元素是断点序号。1 号元素是要监视数据的起始地址,这个信息要放入硬件的起始地址寄存器中,所以变量名叫 StartRegVal。2 号元素是结束地址。3 号元素是控制信息,用于指定要监视的访问方式。命令参数准备好后,接下来便执行发送动作。

```
PDUMPCOMMENT("Microkernel kick for setting a data breakpoint");
eError = SGXScheduleCCBCommandKM(psDeviceNode,
        SGXMKIF_CMD_DATABREAKPOINT,
        &sCommandData,
        KERNEL_ID,
        0,
        hDevMemContext,
        IMG_FALSE);
```

函数名中的 CCB 是环形命令缓冲区(Circular Command Buffer)的缩写,是驱动程序与微内核通信的接口,其工作方式与第 11 章介绍的环形缓冲区相似。第二个参数是上一节提到过的命令常量,其值为 8。第三个参数是准备好的命令参数数组。

13.5.3　ISP 断点

根据 PVR 驱动中的信息，PowerVR GPU 还支持 ISP 断点。ISP 的全称是图像合成处理器（Image Synthesis Processor）。在第 4 代 PowerVR GPU 的硬件流水线中，就可以看到 ISP 模块，主要作用是决定某个像素是否可见，把不可见的图块删除掉。在后来的架构中，ISP 模块演变为像素数据管理器。ISP 断点命中会导致微内核接收到中断，然后更新控制流，并把"可见度"结果写到用户的缓冲区中。简单来说，ISP 断点是用来支持 3D 图形调试的。

〖 13.6　离线编译和反汇编 〗

在 PVR SDK 中，包含了一个简单易用的小工具，名叫 PVRShaderEditor（本书中简称 PSE），使用它不仅可以编辑 GPU 程序，还可以离线编译和反汇编。因为 PSE 使用的是交叉编译和离线工作模式，所以可以在没有 PVR GPU 的平台上使用，方便快捷。

13.6.1　离线编译

启动 PSE 后，按 Ctrl + N 快捷键调出"创建新文件"对话框。在该对话框中，选择一种程序类型，比如 OpenGL ES 类别中的顶点着色器，单击"确定"按钮关闭对话框，PSE 便会根据模板创建一个简单的顶点着色器，呈现在源代码窗口，并立即开始编译和反汇编。不到 1min，就会显示编译和反汇编结果（见图 13-6）。

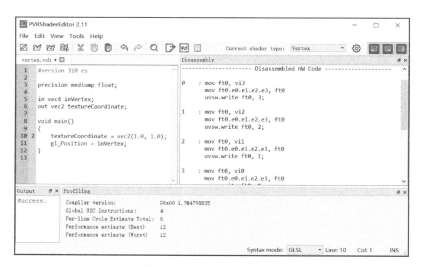

图 13-6　使用 PSE 编译和反汇编顶点着色器

在图 13-6 所示的屏幕截图中，左下角为输出窗口，会显示编译错误等消息，所以在 PSE 的帮助文件中将其称为调试窗口。例如，创建一个新的 OpenGL ES 标准的计算着色器（compute shader）后，这个窗口中可能出现下面这样的错误消息。

```
Compile failed.
ERROR: 0:17: 'gl_GlobalInvocationID' : undeclared identifier
```

```
    ERROR: 0:17: 'x' : field selection requires structure, vector, or matrix on left
hand side
    ERROR: 2 compilation errors. No code generated.
```

错误的意思是无法识别 gl_GlobalInvocationID 变量。但 gl_GlobalInvocationID 是 OpenGL 计算着色器中的内置变量（代表全局范围的调用 ID），怎么会无法识别呢？

这是因为 PSE 支持多种类型的 GPU 程序，内部包含了很多个编译器。值得特别注意的是，一定要选择正确的编译器类型。上面的错误就是因为创建新的程序后，PSE 没有自动切换编译器类型。单击图 13-6 右上角的 Current shader type（当前着色器类型）下拉列表框，选择 Compute 类型后再编译，就没有错误了。

13.6.2 反汇编

编译成功后，PSE 会自动做反汇编，把结果显示在反汇编窗口中，如图 13-6 右侧所示。如 13.3.2 节所介绍的，部分指令前面的序号代表指令组编号。为了便于观察，不同指令组之间加了个空行。

因为反汇编结果是 GPU 的硬件指令，所以它是与硬件版本相关的。右下角的 Profiling 子窗口中会显示针对的硬件版本号，比如图 13-6 中显示的是 G6x00，代表 Rogue 架构的第 6 代 PVR GPU。

单击图 13-6 中右上角的齿轮图标可以切换硬件版本，但是目前版本（2.11）只支持 5 系列、5XT 和 Rogue 架构（6 代或者更高）。另外，选择 5 系列后，编译功能的选项减少，仍能正常使用，但是反汇编功能无法正常使用了，窗口自动隐藏，手工调出后，显示的也是空白。

13.7 PVR-GDB

2018 年 3 月，IMG 公司在一年一度的 GDC 大会上公开展示了一个新的软件工具——PVRStudio[9]。PVRStudio 是一个全功能的集成开发环境（IDE）。内部集成了基于 GDB 开发的调试器，让用户可以同时调试 CPU 和 GPU 的代码。这个定制过的调试器称为 PVR-GDB。目前 PVRStudio 还必须签署保密协议（NDA）才能下载，因此本节只能根据公开的有限资料简要介绍 PVRStudio 的调试功能。因为这些功能是由 PVR-GDB 支持的，所以标题叫作 PVR-GDB。

13.7.1 跟踪调试

在 PVRStudio 中，用户可以通过单步跟踪方式执行 GPU 程序。在代码窗口中，可以同时显示 OpenCL 或者着色器程序的源代码和反汇编出来的汇编代码，如图 13-7 所示。

观察图 13-7 中的反汇编部分，每一行是一个指令组，而不是一条汇编指令。这种方式非常新颖而且与前面讲过的硬件流水线特征相吻合。

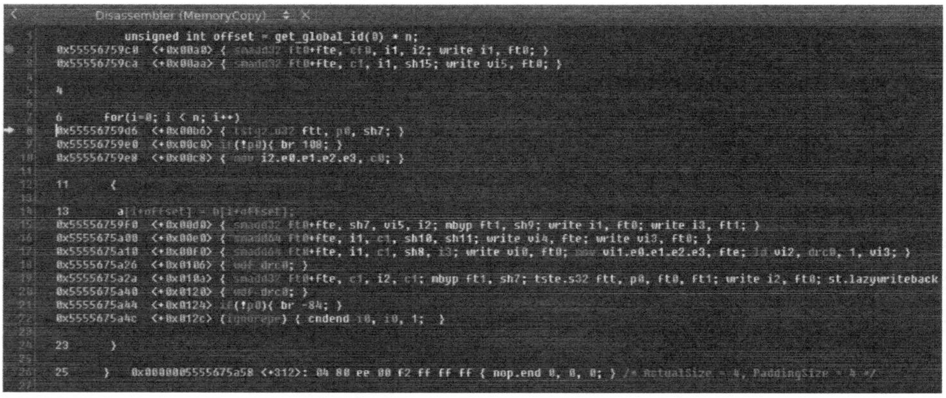

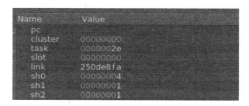

图 13-7　PVRStudio 的源代码和反汇编窗口[9]

仔细查看反汇编部分，每一行分为 3 列。其中第 1 列是 GPU 空间中的线性地址，第 2 列是相对函数入口的偏移量；第 3 列是指令组。指令组部分以大括号包围其中的所有指令，指令之间以分号分隔。根据地址部分，可以算出每个指令组在内存中的机器码长度，进而可以估算指令的长度。据此推理，PVR 指令是不等长的，短的有 4 字节，长的至少有 12 字节。

13.7.2　寄存器访问

在 PVRStudio 中，可以通过寄存器窗口观察 GPU 的寄存器，如图 13-8 所示。为了节省篇幅，图 13-8 中只截取了窗口的一小部分，窗口下面还有很多个共享寄存器和其他类型的寄存器。

图 13-8　寄存器窗口（局部）[9]

图 13-8 中的第一个寄存器是程序计数器（PC）寄存器，代表将要执行的下一条指令的地址。因为刚刚更新为新的值（之前做过单步跟踪），所以显示为红色。第二个寄存器叫作 cluster，代表 PVR GPU 中统一着色器集群（USC）的编号。

13.7.3　其他功能

PVR-GDB 也支持查看局部变量，查看 GPU 内存，显示 GPU 的函数调用栈等，因为与其他介绍过的调试器大同小异，所以本书不做详细介绍了。

13.7.4　全局断点和局限性

在 PVRStudio 中，用户可以直接在源代码窗口设置断点，这样的断点被赋予一个特定的名字，叫作全局断点。根据官方的演示视频，目前版本只支持一个全局断点。设置一个新的全局断点之后，旧的就不会再命中。这是一个较大的局限性，或许将来版本可以有所改进。

13.8 本章小结

在 SoC GPU 领域，PowerVR 是很响亮的名字，具有很大的影响力。本章前半部分比较详细地讨论了 PVR GPU 的硬件结构和软件指令，重点介绍了很有特色的 ALU 流水线和指令组概念。PVR GPU 的另一大特色是微内核，可以灵活更新的微内核在 PVR 软件模型中扮演着重要角色。本章后半部分介绍了 PVR GPU 的调试设施，包括不同类型的断点，离线编译和反汇编的工具，以及 PVR-GDB。

PVR GPU 的工具链很丰富，除了本章介绍的工具之外，还有用于调优的 PVRTune，用于图形调试的 PVRMonitor（HUD 模式，可以把调试信息直接显示在 3D 画面上），以及基于事件追踪机制的 PVRTrace 等。

参考资料

[1] PowerVR at 25 : The story of a graphics revolution.

[2] Imagination's PowerVR Rogue Architecture Explored by Ryan Smith on February 24, 2014 3:00 AM EST.

[3] Job listings suggest Apple might take its chip making to the next level.

[4] Apple Announces 2017 iPad 9.7-Inch: Entry Level iPad now at $329 by Ryan Smith on March 21, 2017 3:45 PM EST.

[5] The mysteries of the GPU in Apple's iPhone 7 are unlocked.

[6] PowerVR Instruction Set Reference, PowerVR SDK REL_17.2@4910709a External Issue, Imagination Technologies Limited.

[7] Imagination Releases Full ISA Documentation For PowerVR Rogue GPUs.

[8] PowerVR Graphics - Latest Developments and Future Plans.

[9] PVRStudio – the first IDE to allow GPU debugging on mobile platforms.

第 14 章

GPU 综述

前面 5 章分别介绍了 5 家公司的 GPU，其中三家属于 PC GPU 阵营，两家属于 SoC GPU 阵营。本章将做一个简要的总结和比较，分两部分。前半部分首先对各家 GPU 做简单的横向比较，然后介绍 GPU 领域的主要挑战和发展趋势。后半部分首先简单介绍本书前面没有覆盖的 GPU，然后推荐一些了解学习 GPU 的资料和工具。

14.1 比较

从 GPU 开发者的角度，本节对前面介绍的 5 家 GPU 做简单比较。比较的范围就是前面 5 章所介绍的 5 家公司，比较的依据完全来自作者的个人印象，没有系统的评测，也没有大量的数据。当然，这样做很可能存在偏颇与错误，恳请读者批评与指正。

14.1.1 开放性

在开放性方面，英特尔稳坐第一把交椅，它开放的技术文档和源代码轻松超过其他 4 家的总和。

在搜索引擎中输入"intel gpu prm"，在搜索结果中会出现大量的 GPU 手册。第 11 章曾专门介绍过这些文档，也曾反复引用。

在与从事 GPU 应用开发的一个同行聊天时，曾谈到过这些 PRM，他说："太长了，没法读。"诚然如此，英特尔公开的 GPU 文档让人看不过来，一个 4000 多页的 PDF 就让人不知所措，让你只能嫌多，难以嫌少。

除了排山倒海般的 PRM，英特尔还气势如虹地公开了大量的源代码。单 GPU 程序的编译器，就公开了 4 个：Beignet、NEO、CM 和 IGC。CM 是 C for Media 的缩写，曾经是只提供给少数合作伙伴的神秘武器。IGC 是 Intel Graphic Compiler 的缩写，其中包含了大量不可明言的奥秘。

AMD 很早就公开了指令集手册，GitHub 上也开源了多个项目。

如果一定要给其他 4 家排个顺序，那么就是 AMD、IMG、Nvidia 和 ARM。

14.1.2 工具链

在开发工具链方面，Nvidia 排名首位。Nsight、nvprof、nvvp、nvcc、cuda-gdb、nvdisasm、ptxas 都功能强大，并且质量稳定。

以 GPU 断点功能为例，Nsight（Windows 版本）不仅很稳定，还支持多个调试会话，Linux 下的 cuda-gdb 也很稳定，但是只支持一个会话。AMD 的 GPU 断点功能也比较稳定，并且在同一个会话里支持 CPU 断点和 GPU 断点。英特尔 GT 调试器的 GPU 断点功能很不稳定。PVR GDB 有断点支持，但只支持一个全局断点。Mali GPU 的断点支持可能在开发中，未曾闻之。

工具链的长久稳定也是很重要的。在这方面，Nvidia 也做得比较好，始终是一套核心的 CUDA Toolkit，超过 1G 的安装包，装好就几乎全有了，一站式服务，里面甚至包含了几百兆字节的驱动程序，如果发现驱动不合适就立马升级驱动。AMD 的开发工具变换最频繁，曾经使用 Stream SDK，后来改名为 APP SDK，目前似乎在推名为 Open64 的 SDK 和编译器，以及 GitHub 上的 ROCm（Open64 和 ROCm 都不支持 Windows 平台）。

概而言之，在工具链方面的排序是：Nvidia、AMD、英特尔、IMG 和 ARM。

14.1.3 开发者文档

网上广泛流传着一段关于鲍尔默的视频，他手舞足蹈，口中反复念着一个单词，Developers、Developers、Developers……对于操作系统来说，开发者何其重要。对于 GPU 来说，又何尝不是呢？

如何留住老的开发者并吸引新的开发者呢？开发者文档是写给开发者的书信，其重要性不言而喻。

安装 CUDA 工具集后，在 doc 目录下包含两个子目录：html 和 pdf，写给开发者的 50 多个文档以两种格式分别存放其中。大多数文档的开头都有下面这样的版本标识。

```
TRM-06710-001 _vRelease Version | July 2017
```

这说明这些文档是得到认真维护和更新的。

当然，关键的还是文档内容。读 CUDA 的文档，经常有读当年 Win32 经典文档的感觉。读其他几家公司的文档时，很难找到这种感觉。

后面 4 位的排序为：英特尔、AMD、IMG 和 ARM。

『 14.2 主要矛盾 』

与 CPU 硬件和 CPU 上面的软件相比，GPU 软硬件的复杂度都提升了一个级别。本节简要探讨 GPU 领域的基本问题和主要矛盾，仍是一家之言，谨供参考。

14.2.1　专用性和通用性

在 GPU 的硬件方面，如何平衡专用逻辑和通用逻辑的比例是个基本问题。专用逻辑的典型代表是固定功能单元，比如 3D 加速流水线和视频编解码流水线。通用逻辑是指微处理器形式的通用执行引擎。

正如前面章节所介绍的，一般来说，固定功能单元具有速度快的优点，但是功能单一，使用率可能很低。通用执行引擎的优点是功能灵活，用途广泛，但是一般速度达不到固定单元那么高。

在实际的 GPU 产品中，通常根据产品的市场定位来寻找一个比较好的平衡点，既保证一定比例的固定功能单元，以保证关键应用的性能，又要努力增加通用执行引擎的数量，增加通用性，满足多样化的应用需求。

举例来说，Nvidia GPU 在通用化方面一直是很领先的，但是其内部仍保留一定比例的纹理处理单元，以确保传统 3D 应用的速度需要。

14.2.2　强硬件和弱软件

GPU 硬件不断发展，越来越强大，但是软件方面还非常弱。正如第 8 章所描述的，由于历史原因，在以 CPU 为核心的计算机架构中，GPU 处于设备地位。换句话来说，在软件方面，目前 GPU 还不独立，需要有庞大的驱动程序和软件栈运行在 CPU 上，任务调度和资源管理等很多重要事务都要依赖 CPU。这种做法不但效率很低，而且导致开发、调试和优化 GPU 程序的难度也非常高，这当然也限制了 GPU 的发展。

「 14.3　发展趋势 」

与 CPU 相比，GPU 还很年轻。回顾 CPU 的发展历程，当年也曾有很多家相互竞争，群雄逐鹿，但是发展到今天，只剩下几家了。我想，GPU 的未来也将是这样，适者生存，强者淘汰弱者。谁能成为强者呢？这个问题不那么好回答。一般来说，顺应发展潮流的更有可能成为强者。发展潮流是怎么样的呢？本书略陈己见，读者不必认真。

14.3.1　从固定功能单元到通用执行引擎

在硬件方面，使用统一结构的执行引擎来取代固定功能的硬件加速流水线是一个普遍的趋势。这样做的好处有很多。一方面是伸缩性好，很容易通过增加实例数量来调整并行度；另一方面是通用性好，灵活度高，容易满足不同应用的需求。

英特尔的 G965（Gen4）和 Nvidia 的 G80 是引领统一化设计方向的两个开路先锋，两款产品都是在 2006 年推出。2010 年 10 月，Midgard 架构的 Mali T600 系列推出，标志着 Mali GPU 也走上了统一化设计的方向，比英特尔和 Nvidia 晚了 4 年。一方面，这印证了统一化的设计方法是广泛适用的，是潮流所向；另一方面，这也符合 SoC GPU 跟随 PC GPU 发展的规律。

14.3.2 从向量指令到标量指令

在指令集方面，GPU 领域曾经流行超长指令字（VLIW）和 SIMD 类型的向量指令。向量指令的特点是可以直接操作向量，一条指令可以并行计算很多个元素。

但是向量指令具有一个很大的缺点，就是不灵活。对于 3D 渲染等图形任务，向量指令比较合适，很容易找到可以同时计算的数据。但是对于快速排序等通用计算任务，向量指令就显得很笨拙。

标量指令每次只操作单个数据，但是具有灵活性高的优点。

不妨再以英特尔 G965 和 Nvidia G80 来看这个问题，G80 使用的是标量指令，G965 使用的是向量指令。这两个产品和它们的后代命运迥异，指令集方面的根本差异或许是导致命运不同的重要技术因素。

在这个问题上，AMD GPU 的做法可能是非常明智的，既有标量指令，又有向量指令，适合标量的用标量指令，适合向量的用向量指令，表面看起来让人拍手叫绝。但其实，这样做导致硬件结构比较复杂，对编译器也有要求，不知道 AMD 的这种做法能坚持多久。

Mali GPU 在 Bifrost 架构之前，使用的都是向量指令，但是从 Bifrost 开始，改为标量指令，时间是 2016 年，比 G80 晚了 10 年。这再次印证了 SoC GPU 跟随 PC GPU 发展的规律。

14.3.3 从指令并行到线程并行

高并行能力是 GPU 的生存之本。向量指令是在指令级别并行，高度依赖被计算数据和编译器，存在很大的局限性。

那么应该如何做并行呢？本书认为线程级别并行是大势所趋。Nvidia 的 PTX 指令集和 WARP 技术是典型的线程级别并行，让一批线程以同样的步调并行执行算核函数。在软件方面，这样做编程简单，容易理解，而且编译器也简单。在硬件方面，也只要设计简单的执行流水线，每个流水线只要处理单个元素。

AMD GPU 也较早就采用了线程并行的执行模型，发明了一个新的术语——波阵（wavefront）来代替 WARP。

从以上三个趋势来看，Nvidia 是走在最前面的，AMD 紧随其后，其他几家有的在追赶，有的还懵懵懂懂。

14.4 其他 GPU

如前所述，GPU 市场还处在群雄争霸的阶段。除了本书前面介绍的 GPU 外，还有很多种 GPU，以这样或者那样的方式存在和发展着。本节简要介绍几种其他 GPU。

14.4.1 Adreno

2007 年 11 月，高通推出名为骁龙（Snapdragon）的 SoC。今天，很多品牌的智能手机内部使用了骁龙芯片，比如小米、HTC、三星等。

骁龙芯片内部的 CPU 是 ARM 架构，其中的 GPU 叫 Adreno。

Adreno 源于 ATI 针对移动市场开发的 Imageon SoC。2006 年 AMD 收购 ATI 后，在 2009 年把 Imageon 产品线出售给了高通。高通收购 Imageon 后，将其中的 GPU 改名为 Adreno。

第一代 Adreno 使用的是固定功能流水线设计。从第二代开始使用统一化设计，其中包含多个统一结构的着色器。Adreno 内部也具有一些低功耗的特征，比如基于图块渲染和早期深度测试等。第二代 Adreno 使用的是超长指令集，与之前介绍过的 Terascale 类似。第三代开始改为使用标量指令集。

在 Linux 内核源代码树中，gpu/drm/msm 目录下包含了 Adreno GPU 的开源驱动程序，里面包含了寄存器定义等大量底层信息。

14.4.2 VideoCore

在著名的树莓派单板电脑中，使用的是博通（Broadcom）公司的 SoC，其内部的 CPU 是 ARM 架构，GPU 名叫 VideoCore。

2014 年 2 月 28 日，在树莓派两周年的仪式上，博通公司宣布开发一份完整的文档。这份文档是针对第四代 VideoCore（称为 Video Core IV）的，文档有一百多页，比较详细地介绍了 Video Core IV 的硬件结构和指令集[1]。

根据公开的文档，在 Video Core 内部由 4 路 SIMD 流水线组成一个片区（slice），称为一个 QPU（Quad Processor Unit），如图 14-1 所示。

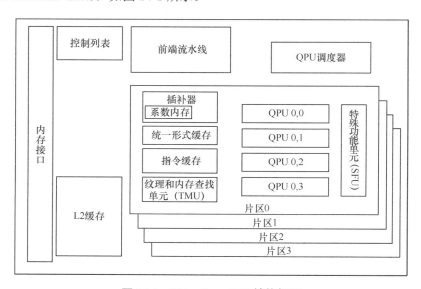

图 14-1　VideoCore GPU 结构框图

Linux 内核源代码树的 gpu/drm/vc4 子目录下有 VideoCore GPU 的开源驱动，里面包含了很多与硬件相关的信息。

14.4.3 图芯 GPU

图芯（Vivante）公司成立于 2004 年，原名为 GiQuila，最初的产品是支持 DirectX 的 PC GPU。2007 年转向 SoC GPU 领域，并改名为 Vivante，在中国有多处研发中心，中文名为图芯。在瑞芯微的 RK2918 SoC 芯片中，使用了图芯 GPU。

在 Linux 内核源代码树的 gpu/drm/etnaviv 子目录下包含了开源版本的图芯 GPU 驱动程序。这个驱动来自 Etnaviv 项目，在 GitHub 上可以找到这个项目的更多子项目[2]。

14.4.4 TI TMS34010

20 世纪 80 年代和 90 年代的 PC 浪潮，让人们意识到了显卡的重要性。也令很多半导体公司都不禁思考："我们是不是也应该做显卡？"德州仪器（Texas Instruments，TI）是老牌的半导体公司，它也曾投身显卡领域，而且出手不凡，早在 1986 年就发布了领先于时代的可编程显卡芯片，名叫 TMS34010 图形系统处理器，简称 TMS34010。

TMS34010 内部包含了一个完整的 32 位处理器，这个处理器支持很多面向图形操作的指令，比如在二维位图上画曲线，以及对像素数据做各种算术运算等。TMS34010 也支持普通的 CPU 指令，可以运行标准 C 编译器编译出的程序。用今天的话来说，TMS34010 集 CPU 和 GPU 于一身，与多年后的英特尔 Larabee 有些相似。

图 14-2 所示的 TMS34010 系统框图来自 TI 官方的 TMS34010 产品手册（Specification），其中虚线框起来的部分就是 TMS34010 芯片，左侧与主 CPU 交互，右侧与内存、显存以及显示器交互。

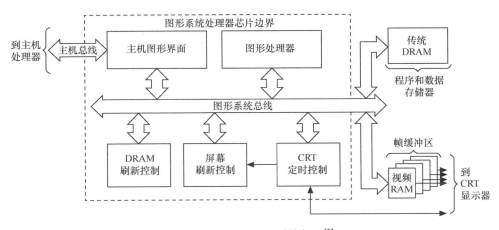

图 14-2　TMS34010 系统框图[3]

TMS34010 推出后，曾在街机游戏（Arcade game）领域有一些应用。从 1988 年到 1995 年，有十几种街机游戏支持 TMS34010。PC 端的 3D 游戏走红后，TMS34010 逐渐没落了。

14.5　学习资料和工具

CPU 的时代正在悄然落幕，GPU 的时代正在开启。这样说并不意味着我们不再需要 CPU，只是说它不再是热点，不再有蓬勃发展的机会。而 GPU 则像一个刚出道的明星，活力四射。也可以说 GPU 领域像一块新大陆，很多领地等待开垦。

在本书第三篇结束前，特别推荐一些学习资料和工具，分三个类别（文档、源代码和工具），各推荐三种。

14.5.1　文档

不管你是否一定用 CUDA，都值得读一下《PTX ISA 手册》，感觉这个手册是懂开发的人写给开发者看的。这个手册的前三章特别值得细读。在 10 多页的篇幅中，作者以精湛的语言解说了 GPU 编程的基本特征和关键概念。第 4 章介绍 PTX 指令的语法。第 5 章介绍 GPU 程序的状态空间，包括寄存器、参数、常量、共享内存和全局内存。第 9 章篇幅最长，介绍指令集和每一条指令。

《CUDA C 编程指南》（《CUDA C Programming Guide》）也是非常宝贵的学习资料，它的篇幅也是 300 余页，不过只有前 100 页是正文（分 5 章），后面都是附录。第 1 章是简介，对背景稍作介绍。第 2 章涉及编程模型，介绍了算核、线程组织结构和内存组织结构等重要概念。第 3 章名为"编程接口"，介绍了 nvcc 编译器、CUDA 运行时库，以及计算模式等。第 4 章名为"硬件实现"，介绍了单指令多线程（SIMT）架构，以及硬件和线程并行模型。第 5 章对如何提高性能给出了一些基本的指导意见。

上面两个资料都是偏向软件的，如果希望多了解一些硬件细节，那么经典的 G965 手册是最好的入门资料。第 11 章曾经反复提到过这个手册，它分为 4 卷，比较系统地涵盖了现代 GPU 的四大功能：显示、2D/3D、媒体和 GPGPU。第 4 卷的 EU 部分最值得细读。

14.5.2　源代码

有人说，源代码就是非常好的文档。这句话虽然有失偏颇，但是读源代码确实也是一种高效的学习方式。直接读技术手册难免枯燥，而且不知哪里是实，哪里是虚。看了代码后，很多理论就落到了实处。

首先，CUDA 工具包里包含很多的示例程序，包含完整的源代码和项目文件，很容易编译和执行。建议试着运行感兴趣的例子，再中断到调试器，然后结合调试器里的状态信息理解源代码。

其次，英特尔和 AMD 在 GitHub 上的开源项目都是宝贵的学习资源，这些在前面各章分别提到过。如果希望深入理解 GPU 编译器的工作原理，那么英特尔开源的几个编译器是优秀的资料。如果希望理解 GPU 调试器的工作原理，那么可以结合本书 ROCm GDB 的内容阅读它的源代码。

如果希望理解 GPU 驱动程序的细节，那么 VirtualBox 开源代码中包含了比较完整的 GPU 驱动源代码，有 Windows 版本，也有 Linux 版本，有 KMD，也有 UMD。特别是 Windows 版本很宝贵，因为大多数显卡厂商都不公开 Windows 版本的驱动源代码。

14.5.3　工具

阅读文档和源代码都容易疲倦。与实践结合可以让学习过程变得生动而有趣。建议选择一个硬件平台，安装好必要的驱动程序和工具，然后一边学习理论，一边实践。

首先推荐 CUDA 工具集中的 Nsight，第 9 章曾反复提到过这个工具。它以 IDE 插件的形式工作，既支持 Visual Studio，也支持 Eclipse。Nsight 提供了一系列调试、错误检查和优化功能。它既支持传统的图形调试，也支持 CUDA 调试。它的 CUDA 调试功能稳定强大，是学习 CUDA 和理解 GPGPU 的有力助手。

在安装好 Visual Studio 的环境中，安装 CUDA 工具包（CUDA Toolkit），安装好后启动 Visual Studio，就有 Nsight 菜单了。打开 CUDA 工具包中的一个示例项目，比如曼德罗（Mandelbrot）分形图形程序。选择一个算核函数，按 F9 键在其中设置一个断点，单击 Nisght→Start CUDA Debugging 就可以调试了。片刻之后，断点命中，大量的 GPU 细节呈现在眼前，如图 14-3 所示。

图 14-3 中，左侧偏上是反汇编窗口，只要使用 Visual Studio 的菜单（调试→窗口→反汇编）就可以将其调出，其中同时显示了 CUDA C 源程序、PTX 中间指令和 SASS 硬件汇编三种语言的代码，很适合对照学习。中间是寄存器窗口，可以观察硬件寄存器的情况。右侧偏上是著名的 CUDA Info 窗口，可以打开多个实例，观察多种信息，图中显示的是 WARP 状态，每行描述一个 WARP。CUDA Info 窗口下面是 GPU 程序的栈回溯，反映了 GPU 函数的调用经过。再看下面的两个窗口，左侧是局部变量窗口，除了应用程序自己定义的变量外，还包括 CUDA 的内置变量；右侧是断点管理窗口。

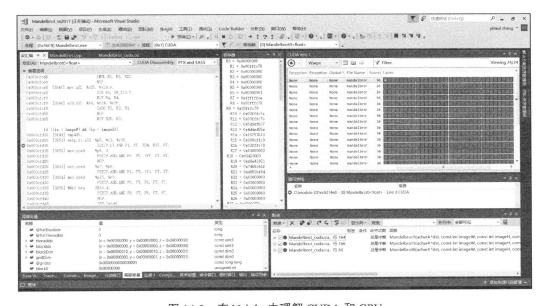

图 14-3　在 Nsight 中理解 CUDA 和 GPU

对于 Linux 环境或者需要远程调试的场景，CUDA-GDB 是个很好的选择。CUDA-GDB 具有 Nsight 的大多数调试功能，包括断点、跟踪和观察各类信息。这曾在第 9 章介绍过，在此不再细谈了。

正如本书多次提及的，今天 GPU 还严重依赖 CPU。很多逻辑都与 CPU 端的代码有着这样那样的联系。因此，理解 CPU 端的软件栈也很重要。WinDBG 和 GDB 是这方面的强大武器，本书后续分卷将详细介绍这两个工具。

〖 14.6　本章小结 〗

本章旨在对前面 5 章分开介绍的内容加以总结，让读者的思路从分散状态聚合起来，实现 GPU 篇的"总分合"结构：开始有总论，中间有分论，最后再汇合到一起。

本篇内容是专为本书第 2 版新增的。写作这部分书稿的实际工作量远远超出了最初的估计，导致出版计划多次延期。如果这部分内容可以帮助读者在 GPU 时代占据领先位置，那么延期也是值得的。

〖 参考资料 〗

[1]　VideoCore IV 3D Architecture Reference Guide.

[2]　Open Source drivers for Vivante GPU's.

[3]　TMS34010 Product Specs.

第四篇
可调试性

　　前面两篇分别探讨了 CPU 和 GPU 的调试设施，其中有些用于调试硬件本身，有些用于调试上层软件。

无论是硬件还是软件，当它的复杂度较高时，它的可调试性就变得非常重要。概言之，一个硬件或者软件部件的可调试性（debuggability）就是指它容易被调试的程度，或者说当这个部件发生故障时，调试人员可以多方便或多快地寻找到问题的根源。如果上升到成本和费用的层次，那么可调试性就是调试这个部件所需成本的倒数。调试代价越高，可调试性越差；调试代价越低，可调试性越好。第 15 章将详细讨论可调试性的内涵、外延和衡量标准。

如果把软件或者硬件故障比喻成"灾害"，则提高它的可调试性就是增强它抵御灾害的能力。在如何应对灾害方面，古人留给我们一个非常好的成语：未雨绸缪。这个成语源于我国最早的诗歌总集《诗经》，其中有一首著名的寓言诗《鸱鸮（chī xiāo）》，原诗如下。

鸱鸮

鸱鸮鸱鸮，既取我子，无毁我室。恩斯勤斯，鬻（yù）子之闵斯。

迨天之未阴雨，彻彼桑土，绸缪（móu）牖（yǒu）户。今女下民，或敢侮予？

予手拮据，予所捋荼。予所蓄租，予口卒瘏，曰予未有室家。

予羽谯谯，予尾翛翛，予室翘翘。风雨所漂摇，予维音哓哓！

这首诗以一只被猫头鹰（鸱鸮）夺去幼鸟的母鸟的口气叙述了它重建鸟巢时的所想和所感："猫头鹰夺取了我的幼鸟，再不能毁坏我的鸟巢。我辛苦养育（鬻）儿女，已经病（闵）了。趁着天还未阴雨，我啄取桑根，缚紧（绸缪）巢的缝隙（牖本指窗，户指门）……"

未雨绸缪的道理对计算机系统的开发也是适用的，它告诉我们应该在设计阶段就为调试做好准备，否则等故障出现了，就会措手不及，甚至为时晚矣！这种在设计时就考虑调试的思想经常称为 Design For Debug（DFD）或 Design Better, Debug Faster。

对于较大型的项目，要做到 DFD 并不单单是某个角色（比如程序员）的事情，它需要整个团队所有成员的共同努力。这是提高可调试性的一个重要原则。要把提高可调试性纳入到计算机项目的每个环节当中，使其成为所有团队成员的目标。第 16 章将详细讨论如何在项目中贯穿可调试性思想，提高整个项目的可调试性。

硬件的可调试性和软件的可调试性是有关联的，常常是相互影响的。从实现的方法来看，很多原则也是通用的。本篇侧重讨论可调试性的一般原则，为了行文方便，当难以兼顾软硬件两者时，多以软件为例展开讨论。

◄◄◄ 第 15 章 ►►►

可调试性概览

本章将先介绍软件可调试性的概念（见 15.1 节）和意义（见 15.2 节），然后讨论实现可调试性的基本原则（见 15.3 节）。15.4 节将从反面讨论不可调试代码对可调试性的危害，15.5 节将分析 Windows 系统中所包含的可调试设计，15.6 节将探讨在实现可调试性时应该注意的问题。

『 15.1　简介 』

在计算机硬件领域，人们很早就开始重视系统的可调试性。以著名的 UNIVAC 计算机为例，系统内部有专门的错误检测电路，控制面板上有多个提示错误的指示灯，操作手册有对这些设施的详细介绍。通过这些设施，人们可以很方便地了解内部电路或元器件的状态，如果出现故障，可以比较迅速地找到原因并排除故障。人们把这些支持检修和调试的设计统称为 Design For Test 或 Design For Testability（DFT）。这里的测试一词（Test）显然包含了调试（Debug）的含义，于是逐渐地有人开始使用 Design For Debug 或 Design For Debuggability（DFD）来称呼可调试设计。

随着大规模集成电路的出现，人们开始更加重视可调试性。很多芯片设计厂商开始在芯片中加入支持调试的机制，并着手建立行业标准，以便让多个芯片组成的系统也具有很好的可调试性。1990 年，多家厂商联合制定了 JTAG 标准并得到 IEEE 的批准，并从此得到业界的广泛接受（详见 7.1.2 节）。

2005 年 6 月 13 日，DFD 联盟（Design-for-Debug Consortium）成立，其宗旨就是要解决集成芯片领域的调试（silicon debug）问题。DFD 联盟的成员包括 Corelis 公司、DAFCA 公司、First Silicon Solutions（FS2）公司、Intellitech 公司、JTAG Technologies 公司、Fidel Muradali 公司和 Novas Software 公司等。

从以上介绍可以看到，在电子、电路和芯片设计生产等领域，可调试设计已经发展多年，并且得到了广泛的重视，应用得也比较好。在今天的很多集成芯片中，都可以找到调试支持，比如 JTAG 扫描和 BIST（Built-In Self Test）。

与硬件领域相比，软件方面的可调试性还没有得到足够的重视。从行业标准角度来看，目前尚没有专门针对提高软件可调试性的标准,有关的两个标准如下[1]。

- DMTF(Distributed Management Task Force)组织发起的公共诊断模型(Common Diagnostic Model,CDM)。CDM 是对 DMTF 的 CIM（WMI 的基础）的扩展,旨在指导软件实现标准的诊断支持,以便可以通过统一的方式发现和执行诊断功能,提取诊断信息。

- DMTF 的基于 Web 的企业管理(Web-Based Enterprise Management)标准,简称 WBEM,这个标准不是专门针对调试设计的,但是其中的分布式管理方法有利于收集软件的执行状态,提高软件的可调试性。

从工具角度来看,尽管以下方面的努力已经持续了很久,但是软件领域中还没有像硬件领域中诸如示波器和分析仪那样成熟的工具来测量软件。目前使用的方法主要有以下两类。

- 程序插桩（program instrumentation）,即通过向程序中加入测量代码（instrumented code）来收集软件的执行路径和状态信息,以实现观察、记录和寻找错误（调试）等目标。插入测量代码的方法有在编译期插入和在执行期动态插入等多种方法。

- 采样（sampling）,即先通过工具软件在被分析软件运行的环境中收集事件样本,统计其在某个时间段内的活动资料,比如内存分配和释放及执行轨迹等,然后使用这些资料来发现内存使用方面的问题或寻找运行为调优（Tuning）提供信息。采样可以使用操作系统提供的事件追踪设施,也可以使用 CPU 提供的监视功能,比如第 5 章介绍的分支记录和性能监视机制。

从工程实践的角度来看,目前最有效的还是在设计软件中规划出支持调试的各种机制,并将其实现在软件代码中。这也是本篇重点讨论的方向——在软件开发过程中考虑并实现软件的可调试性。

15.2 观止和未雨绸缪

在戏剧和表演方面,人们使用观止（Showstopper）一词来形容令人拍手叫绝的精彩演出,它被观众的掌声和喝彩声打断,不得不停下来等人们安静后才能再继续。

在日常生活中,观止也是一个很好的词,人们用它来形容超乎寻常地美丽和迷人……

但在这个词被引入到计算机特别是软件领域后,它的含义发生了根本性的变化,它代表的是最严重的问题（Bug）。这样的问题会使整个项目停滞不前,这样的问题解决不了,产品就不可能发布……

15.2.1 NT 3.1 的故事

NT 3.1 是 Windows NT 系列操作系统的第一个版本,Windows 2000、XP、Server 2003 和 Vista 都来源于它。可以说,NT 3.1 的很多经典设计还一直保留在今天的 Windows 系统中,也正是这些经典设计为 NT 系列操作系统的成功打下了坚实基础。

1988 年 10 月 31 日 NT 内核之父 David Cutler 加入微软，11 月正式成立 NT 开发团队，从那时算起，到 1993 年 7 月 26 日 NT 3.1 发布，NT 3.1 的开发时间经历了 4 年零 9 个月。在这 4 年多时间里，NT 3.1 开发团队从最初的 6 人增加到结束时的 200 人左右。

在我的案边，有一本书生动翔实地记录了 NT 3.1 的开发过程，作者是 G. Pascal Zachary，书名是《观止》（《Showstopper》）[2]，这个书名以红色字体赫然印在封面上，格外显眼（见图 15-1）。

图 15-1　记录 NT 3.1 开发过程的经典之作——《观止》

除了书名之外，这本书中第 10 章的标题也叫"观止"（Showstopper），这一章记述了 NT 3.1 发布前约半年的时间里 NT 团队与 Showstopper 战斗的历程。下面这些情节特别值得回味。

1993 年 2 月 28 日，计划发布 Beta 2 的日子，这一天还有 45 个 Showstopper 级别的问题困扰着整个团队，如此多的 Showstopper 是不符合发布标准的。

1993 年 3 月 8 日，NT 3.1 的 Beta 2 发布，并将最终版本的发布时间定在 5 月 10 日。但在接下来的几周内，Showstopper 和 1 号优先级的问题迅猛出现，到 4 月 19 日，已达到令人不安的 448 个问题。

1993 年 4 月 23 日，因为还有 361 个严重问题和近 2000 个其他问题，David Cutler 不得不取消了 5 月 10 日的发布计划，通过电子邮件告诉团队成员最终版本的发布日期推迟到 6 月 7 日。

接下来的一两个月里，很多人经历了不眠之夜，努力修复自己负责的 Bug（特别是 Showstopper）。能成功将自己拥有的 Bug 数降为 0 的人可以穿上"Zero Bug"衬衫。

1993 年 7 月 9 日，Showstopper 的数量终于降低到十几个。7 月 16 日，NT 的第 509 个版本被投入到最后的紧张测试中，这是 1993 年的第 170 个版本。这样的版本编号一直延续到今天，Windows XP 的发布版本使用的编号是 2600，Windows Vista 的发布版本使用的编号是 6000。

1993 年 7 月 23 日（周五），David Cutler 召集了 NT 3.1 开发历史上的最后一次早 9 点会议。团队成员都意识到离项目结束已经很近，对其充满期待。但是负责测试工作的 Moshe Dunnie 描述了一个与 Pagemaker 5 有关的 Showstopper，为 NT 的最后发布又添加了未知性。

为了解决这个最后的 Showstopper，Dunnie 从 7 月 23 日早晨一直工作到 7 月 24 日夜里 10 点。Dunnie 首先怀疑是字体和打印方面的问题，并请这方面的工程师来进行调试，但是到中午时，这个怀疑被排除了。于是 Dunnie 把希望转到图形（graphics）方面，几个工程师开始一行行地跟踪图形方面的代码，艰苦的调试工作持续到夜里 10 点之后，终于发现了一个问题，并在 10min 内修正了相关的代码。但是问题并没有完全解决，当 Pagemaker 打印时，还是会占用非常多的内存并且极其缓慢。这时已经是第二天（周六）的凌晨 2 点。Dunnie 找到了 Pagemaker 的设计者一同解决问题。第二天上午，终于发现了 Pagemaker 程序中的问题。考虑到最终用户并不知道是 NT 的问题还是应用软件的问题，这个团队决定在图形代码中加入一个标志来兼容 Pagemaker 程序。接下来是谨慎的修改和严格的测试，直到确认测试通过后，团队成员才走出了办公室，这时已经是第二天的夜里 10 点。

又经历了 41 小时的不停测试后，NT 3.1 发布并送给工厂制作副本，当时的时间是 1993 年 7 月 26 日下午 2:30。

从上面的叙述可以看出，在 NT 3.1 开发的最后约半年时间内，解决 Showstopper 已经成为整个开发团队的 1 号任务，也是决定产品能否发布的最关键指标。

除了对项目发布日期的影响之外，Showstopper 还会大量浪费团队的资源，增加整个项目的成本。另外，项目的参与人员越多，影响也越大，因为一个 Showstopper 可能导致团队中大多数人都陷入等待状态，直到这个 Showstopper 被铲除。

15.2.2　未雨绸缪

在软件开发领域，像开发 NT 3.1 那样与 Showstopper 斗争的故事应该有很多很多，而且某些可能更精彩和激烈。或许可以说，每个夜晚都有疲倦的眼神在跟踪冗长的代码，寻找问题的根源。

与 NT 3.1 的故事类似，很多软件项目延期与存在大量 Showstopper 直接相关。而解决 Showstopper 的关键是寻找问题的根源。对于很多问题，如果找到了根源，那么解决起来通常非常简单。NT 3.1 的最后一个 Showstopper 也证明了这一点，寻找问题根源用去了十几个小时，修正代码只花了 10min。

通常一个软件的 Beta 版本已经包含了所有功能的实现。那么，从此之后最核心的问题就是发现和修正错误，甚至有人把从 Beta 开始到软件发布这一段时间叫作调试阶段。NT 3.1 的第一个 Beta 版本是在 1992 年 10 月 12 日发布的，到次年 7 月发布最终版本，又经历了 9 个多月的时间，这相当于全部开发时间的 9/57 = 16%。Windows Vista 的 Beta 1 在 2005 年 7 月 27 日发布，正式版本（Volume Licence 客户）在 2006 年 12 月发布，其间经历了大约 17 个月，约占总开发时间的 17/67 = 25%。可见，花在 Beta 阶段的时间占整个开发周期的比重是比较高的，而且这一阶段也往往是一个项目最紧张的时候。紧张的原因有很多，时间压力当然是一个方面，另一方面就是很多问题难以解决。因为在 Beta 阶段主要定位和修正错误，所以提高调试效率是这一阶段成功的关键。

高效调试是一项系统工程，除了系统提供好的调试支持外，被调试软件的可调试性也是至关重要的。要实现好的可调试性，应该从软件的设计阶段就开始为软件调试做准备，然后把它贯彻到整个项目的实施过程中。这样就可以在相对比较宽松的项目前期为紧张的调试阶段打下比较好的基础。相反，如果平时不做准备，那么等问题出现了就要花更多的时间，并且所需的时间变得难以估算。另外，因为很多问题是在邻近产品发布时才出现的，所以时间非常紧迫，调试时的压力也很大。这与未雨绸缪的经验恰好吻合，在下雨之前要把基础设施建好，不要等风雨来临时叫苦不迭。

15.3 基本原则

软件调试是一项难度较大、复杂度较高的脑力劳动，很多时候为了解决一个问题要付出数小时乃至数天的探索和努力。因此，提高软件可调试性的宗旨就是要降低软件调试的难度，使软件易于被调试。软件调试中难度最大的部分通常是寻找导致问题的根源（root cause）。那么，降低软件调试的难度也就是要让被调试软件可以更容易地诊断和分析，让其中的问题更容易发现。基于这一思想，我们归纳出了以下几个原则以提高软件的可调试性。

15.3.1 最短距离原则

简言之，最短距离原则是指使错误检查代码距离失败操作的距离最短。

这一原则的目标是及时检测到异常情况。换言之，哪里可能有失败，哪里就做检查。举例来说，某个类的 Init 方法调用 Load 方法来从配置文件中读取设置并初始化成员变量。因为配置文件丢失，Load 方法读取文件失败，但它没有及时检查到失败情况，并"成功"返回，而后 Init 方法在使用没有正确初始化的成员变量时导致错误。对于这样的情况，错误的第一现场被错过了，这会增加调试的难度。

遵循最短距离原则要求程序员编写足够多的错误检查代码。如果只有一两个错误检查，那么是很难做到覆盖程序中所有错误情况的。有些程序员不喜欢编写错误检查代码，很少做错误检查，这是应该纠正的。

15.3.2 最小范围原则

简言之，最小范围原则是指使错误报告或调试信息所能定位到的范围尽可能小。

换句话说，就是让调试人员可以利用调试信息精确地定位到某个代码位置，或者某个条件，以加快发现问题根源的速度。如果调试信息非常空泛，或者模棱两可，那么这样的信息所提供的帮助便可能很有限，甚至产生误导作用。比如有些程序员输出调试信息时经常只包含一个"error"或"abnormal"，这样的信息聊胜于无。

最小范围原则的另一个例子是 BIOS 程序所使用的 Post Code。BIOS 代码是 CPU 复位后最先执行的代码，此时还不能通过日志文件或窗口等方式来报告错误。因此，BIOS 软件使用的典型方式是向 0x80 端口输出一个称为 Post Code 的整数。每个 Post Code 值代表某一个代码块，或者一类错误。如果启动失败，那么可以从最后一个 Post Code 值来推测失败原因和执行位置。通过供调试用的 Post Code 接收卡（插在主板上）可以接收到 Post Code。某些 BIOS 也会将 Post Code 输出在屏幕上，以方便调试。Post Code 的取值应该是精心编排的，为不同的代码块分配不同的代码范围，每个代码具有明确的含义，这样便有利于通过 Post Code 值反向追溯到相关的代码。类似地，当我们编写驱动程序和应用软件时，也应该合理地规划返回值和错误代码，尽可能使每个错误代码有明确的范围和含义，以便使用它可以比较精确地定位到导致错误的代码。

对于使用文字（字符串）来报告错误和调试信息的情况，应该力争在文字中提供尽可能多而且精确的信息，使不同地方产生的错误描述能够相互区分，这样可以很容易缩小分析范围，提高调试效率。如果很多个函数产生的错误信息都是一样的，那么依靠这样的错误信息仍然难以判断出是哪里出了问题。从这一角度来说，本原则也可以称为信息唯一性原则。

15.3.3　立刻终止原则

简言之，立刻终止原则是指当检测到严重的错误时，使程序立刻终止并报告第一现场的信息。

这一原则的一个典型应用就是操作系统的错误检查（Bug Check）机制，比如 Windows 操作系统的蓝屏死机（Blue Screen Of Death，BSOD）机制。蓝屏死机机制可以让系统在遇到危险情况时以可控的方式停止，防止继续运行可能造成的更大损失。如第 13 章所介绍的，一旦内核中的代码发起蓝屏死机，那么系统便立刻停止运行用户态代码和一切例行工作（文件服务等），只以单线程方式记录和报告错误。另外，使整个系统终止在发现错误的第一现场有利于分析错误发生的原因。因为如果让系统继续执行很多任务，那么执行轨迹就会偏离错误的第一现场。如果执行其他任务又导致错误，原始的错误情况就会被掩盖起来，为调试设置障碍。因此，这一原则也可以称为报告第一现场原则。

这个原则的另一层含义是当程序遇到错误时，应该"让错误立刻跳出来"，而不要使其隐匿起来。以蓝屏的方式终止是使错误跳出来的一种方式。但这种方式的代价是比较大的，系统中运行的所有程序都会戛然而止，没有保存的文档可能会丢失。因此有人对蓝屏机制发出质疑，但是作者认为应该从以下两方面来看待这个问题。

- 触发蓝屏的原因主要是发生在内核空间的错误，有时是硬件方面的无法恢复错误，有时是某些内核模块（设备驱动程序）中的编码错误。对于前者，立刻终止是必要的；对于后者，因为内核模块是操作系统的信任代码，所以对其中的错误实施严厉的制裁也是可以理解的，这不但有利于提高内核模块的质量，而且有利于抵御侵入到内核空间的恶意软件的攻击。

- 作为一个通用的操作系统，应该有一套高效且通用的错误检测和报告规则，这套机制的主要目标是及时检测到错误，精确报告错误的第一现场，以便可以准确地定位到导致错误的软硬件模块，然后报告给这些部件的开发者。从这个角度来衡量，蓝屏机制是合理而且有效的。

对于应用软件，应该根据软件的特征制订错误报告策略，根据错误的严重级别决定应该继续执行还是停止运行。

15.3.4 可追溯原则

简言之，可追溯原则是指使代码的执行轨迹和数据的变化过程可以追溯。

所谓可追溯（Tracable），对于代码，就是可以查找出当前线程是如何运行到这个代码位置的。对于数据（变量），就是可以知道它的值是经历了什么样的变化过程而成为当前值的。

很多时候，尽管我们知道了错误发生的位置，如某个模块的某个函数，但是仍然无法理解它为什么会出错。因为这个函数本身可能根本没有错误，发生错误是因为其他函数不应该在当前情况下调用它，或者传递给它的参数有错误。举例来说，很多内核函数只能在特定的中断请求级别（IRQL）下执行，如果某个驱动程序在不满足这个条件的情况下调用这些函数，就会发生错误。但这时只知道发生错误的位置是不够的，还必须有信息可以追溯函数的调用过程，寻找发起错误调用的那个函数和它所属的驱动程序。

追溯代码执行轨迹最有效的技术就是利用栈中的栈帧信息来生成栈回溯（Stack Backtrace）序列。根据第 1 章的介绍，当 A 函数调用 B 函数时，函数调用指令（如 call）会自动将函数 B 执行后的返回地址（函数 A 中 call 指令之后的那条指令的地址）压入到栈中。以此类推，当函数 B 调用 C 时，栈中也会记录下从函数 C 返回函数 B 的地址。根据这样的信息，就可以产生调用函数 C 的过程（A→B→C），也就是程序执行到函数 C 的轨迹。几乎所有调试器都提供了产生栈回溯信息的功能，比如 WinDBG 的 k 系列命令、GDB 调试器的 bt（Backtrace 的缩写）命令和 Visual Studio 调试器的"调用栈"（Call Stack）窗口。

因为只有正确地找到每个函数的栈帧，才能据此找到它的返回地址，所以对于使用了帧指针省略（FPO）的函数，必须依靠调试符号中记录的 FPO 信息才能找到其栈帧。如果没有调试符号，那么回溯序列中就会缺少调用这个函数的记录。因此，禁止编译器对函数做 FPO 优化有利于调试。在代码中通过编译器指令（directive）可以禁止使用 FPO。举例来说，如果在源程序文件中加入#pragma optimize("y", off)，那么这个指令后的函数就不会被 FPO 优化，直到再开启 FPO 为止。Windows Vista 的大多数模块都不再使用 FPO。

迄今为止，还没有非常方便而且开销低的方法来实现数据的可追溯性。因为要给变量赋一个新的值，便会覆盖掉它以前的值。要想记住旧的值，必须先保存起来，这必然需要额外的时间和空间开销。以下是几种可能的解决方案。

第一，通过日志（log）的方式将变量的每个值以文件或其他方式记录下来。

第二，如果允许使用数据库，那么可以利用数据库本身的功能或编写脚本记录一个字段每次的取值。

第三，编写专门的类，为要追溯的数据定义用于记录其历史取值的环形缓冲区，重载赋值运算符。当每次赋值时，先将当前值保存在缓冲区中。

第 16 章将进一步讨论实现可追溯性的方法，并给出一些演示性的代码。

15.3.5　可控制原则

简言之，可控制原则是指通过简单的方式就可以控制程序的执行轨迹。

软件功能的可控性（controllability）和灵活性（flexibility）是软件智能的重要体现，对于软件调试也有重要意义。就调试而言，可控性意味着调试人员可以轻易地调整软件的执行路线，使其沿着需要跟踪和分析的路线执行。很多时候，测试人员报告软件错误时会给出重现这个问题的一系列步骤。为了发现问题的根源，调试时通常也需要沿着这些步骤来进行跟踪和分析。但在很多情况下，调试环境与用户环境可能有较大的差异。比如某个问题只发生在 1GB 内存的情况下，而调试环境为 2GB 内存。这时一种方法是更换内存或寻找 1GB 内存的系统，但如果被调试的系统（操作系统）支持通过配置选项来指定只使用 1GB 的内存，就方便得多。Windows操作系统中启动配置文件中的/MAXMEM 选项恰好提供了这样的功能。

与可控制原则有关的一个原则是可重复原则。

15.3.6　可重复原则

简言之，可重复原则是指使程序的行为可以简单地重复。

这一原则的初衷是可以比较简单地重复执行程序的某个部分或整体。因为在调试过程中，很多时候我们要反复跟踪和观察某段代码才能发现其中的问题。如果每次重新执行都需要大量烦琐的操作，那么必然会影响调试的效率。举例来说，如果要重新执行某个函数，就需要重新启动一次计算机，或者要复位很多其他关联的程序，那么这就是有悖于可重复（repeatable）原则的。

对于某些与硬件协同工作的软件，重复某个操作的成本可能很高。以用于医疗等用途的图像采集和分析软件为例，让硬件反复拍摄照片是有较大开销的。这时，可以考虑使用模拟程序来伪装硬件，这样程序员在调试时就不必担心反复运行的次数。当然，模拟器并不能完全代替真实的硬件，在模拟器上运行没有问题后还是应该测试与真实硬件一起工作的情况。

可重复原则的一个隐含要求是每次重复执行时，程序的执行行为应该是有规律的。这个规律越简单就越有利于调试，如果这个规律比较复杂，那么它应该是调试人员所能理解并可控制的。举例来说，某些软件会记录是否是第一次运行。如果是，就做很多初始化操作；如果不是，便跳过初始化过程。依据本原则，调试人员应该总是可以通过简单的操作就模拟第一次执行的情况，以便反复跟踪这种情况。如果执行过一次，一定要重新安装这个软件（甚至整个系统）才能再次跟踪初始化过程，那么就会影响调试的效率。

15.3.7　可观察原则

简言之，可观察原则是指使软件的特征和内部状态可以方便地观察。

这一原则的目的是提高软件的可观察性（observability），让调试人员可以方便地观察到程序的静态特征和动态特征。静态特征包括文件（映像文件、源文件、符号文件和配置文件等）信息、函数信息等。动态特征是指处于运行状态的软件在某一时刻的属性，包括程序的执行位置、变量取值、内存和资源使用情况等。

可观察性的好与坏通常是相对的，根据达到观察目的所需要的"成本"，可以初步分成如下一些级别。

- 不需要任何额外工具，通过软件自身提供的功能就可以观察到。

- 借助软件运行环境中的通用工具可以观察到，比如操作系统的文件浏览工具和文件显示工具。

- 借助通用的调试器和其他通用工具可以观察到。

- 购买和安装专门的软硬件工具才可以观察到。

- 只有安装被调试软件的特殊版本才可以观察到。

以上几点基本上是按可观察性从高到低的顺序来编排的。高可观察性有利于发现系统的状态和可能存在的问题，便于调试。尤其是当软件故障发生时的动态特征对于调试特别有意义。但是以所有用户都可以访问的方式来显示过多的内部信息可能存在泄露技术和商业秘密等风险。因此，比较好的做法是根据用户的身份来决定哪些信息对其是可见的。

15.3.8 易辨识原则

简言之，易辨识原则是指可以简单地辨识出每个模块乃至类或函数的版本。

版本错误是滋扰软件团队的一个古老话题，某些时候，花了很大工夫得出的唯一结论就是使用的版本不对。为了防止这样令人哭笑不得的事情发生，设计和编码时就应该重视版本问题，提高每个软件模块的可辨识性（identifiability）。比如，有固定的版本记录机制，并及时更新其中的版本信息，通过一种简单的方式就可以访问到这个信息等。

15.3.9 低海森伯效应原则

简言之，低海森伯效应原则是指在提高可调试性时应该尽可能减小副作用，使海森伯效应最低。

海森伯效应（Heisenberg Effect）来源于德国著名物理学家沃纳·海森伯（Werner Heisenberg）的不确定原理（Uncertainty Principle）。这个原理指出不可能同时精确地测量出粒子的动量和位置，因为测量仪器会对被测量对象产生干扰，测量其动量就会改变其位置，反之亦然。不确定原理也称为测不准原理，即测量的过程会影响被测试的对象。换句话说，因为海森伯效应的存在，测量的过程会影响被测量对象从而使测量结果不准确。

在计算机领域，人们把调试时可以稳定复现的错误称为波尔错误（Bohr Bug），把无法复现或调试时行为发生改变的错误称为海森伯错误（Heisen berg Bug）。因为在调试环境下无法稳定重现，所以调试海森伯错误通常更加难以解决。

为了降低调试设施对被调试软件所造成的影响，设计调试设施的一个根本原则就是使海森伯效应最低。换句话说，就是要使调试设施对被调试对象的影响尽可能小，或者说二者的关系最好是互不影响，互不干涉。但是为了实现调试设施，调试设施又必须与被调试程序建立起比较密切的联系。也就是说，强大的调试功能要求调试设施可以便捷地访问被调试程序，有时还要求对被调试程序有较高的可控性，这意味着二者要建立密切的关系。而海森伯效用又要求调试设施和被调试对象的关系不能太紧密。看来这两者之间存在着一定的矛盾，如何平衡这个矛盾是设计调试设施时要考虑的一个关键问题。

老雷评点　　　　低海森伯效应原则为本书第 2 版新增的，写于西湖孤山之西泠印社。

本节介绍了提高软件可调试性的一些基本原则，这些原则从不同的角度来降低软件调试的复杂度。但需要声明的是，这些原则并不是用之四海皆准的灵丹妙药，应该根据具体项目的特征和需求制定具体的方案。

15.4　不可调试代码

我们把调试器无法跟踪或无法对其设置断点的代码称为不可调试代码。当然，这种不可调试性是相对于调试器而言的。比如使用软件调试器不可调试的代码可能可以被硬件调试器调试。考虑到软件调试器是最常用的调试工具，所以本节将先介绍几种不可被软件调试器（例如WinDBG）调试的典型实例，然后讨论如何降低它们对调试的影响。

15.4.1　系统的异常分发函数

通常，操作系统的异常分发函数是不可以调试的，如果对其强行设置断点或单步跟踪，那么通常会因为递归而导致被调试系统崩溃。举例来说，当进行内核调试时，如果对 Windows 内核的 KiDispatchException 函数设置断点，那么一旦该断点被触发，被调试系统就会自动重启。这是因为断点事件本身也会被当作异常来分发，而当分发过程执行到 KiDispatchException 函数时会再次触发断点异常，这样的死循环很快就导致 CPU 复位了。

因为硬件中断需要及时确认（acknowledge），所以通常最好也不要在中断处理例程的入口处设置断点，以防止系统无法及时确认中断，而导致硬件反复发送中断请求，即所谓的中断风暴（interrupt storm）。

15.4.2　提供调试功能的系统函数

提供调试功能的很多系统函数是不可以调试的，因为如果这些函数中的断点被触发后很可能会导致死循环。比如在内核调试中，对于负责与调试器通信的 nt!KdSendPacket 和 nt!KdReceive

Packet 函数，都不可以设置断点和单步跟踪，因为发送断点事件会再次触发断点。

类似地，某些注册在调试事件循环中的函数也是不可以调试的。在这些函数中使用与调试有关的 API 也需要慎重，以防止导致递归调用。

举例来说，在向量化异常处理程序（VEH）中不可以一开始就调用 OutputDebugString 函数。本书后续分卷介绍 OutputDebugString 函数的工作原理，简单来说，它是靠 RaiseException 来产生一个特殊的异常而工作的。因此，如果在 VEH 中没采取任何措施就调用 OutputDebugString 函数，那么 OutputDebugString 函数产生的异常会触发 VEH 再次被调用，如此循环不断，直到栈溢出而程序崩溃。因为系统是在寻找基于帧的异常处理器之前调用 VEH 的，所以应用程序错误对话框也不会弹出来，从表面上看程序只是突然消失掉。

解决这个问题的办法是在 VEH 中将 OutputDebugString 函数所产生的异常排除掉，然后调用 OutputDebugString 函数就没有问题了。

```
LONG WINAPI MyVectoredHandler( struct _EXCEPTION_POINTERS *ExceptionInfo )
{
    // 这里调用 OutputDebugString 会导致死循环
    if(ExceptionInfo->ExceptionRecord->ExceptionCode==0x40010006L)
        return EXCEPTION_CONTINUE_SEARCH;
    // 现在可以调用 OutputDebugString 了
    OutputDebugString(_T("MyVectoredHandler is invoked"));
    // …
}
```

这个问题是作者在一个实际软件项目中遇到的，在产品即将发布的最后阶段，项目中的一个主要程序突然出现问题，运行一段时间后进程悄无声息地消失，没有错误窗口，没有征兆，经历了近一个小时的追查后终于发现是 VEH 中新加入的 OutputDebugString 调用引起的，增加上面代码中的判断语句后问题就解决了。

15.4.3 对调试器敏感的函数

某些函数会检测当前是否在调试，如果不在调试过程中，会执行一种路线，如果在调试过程中，会执行另一种路线。这样一来，前一种路线便成为不可调试代码。比如位于 NTDLL 中的 UnhandledExceptionFilter 函数，如果当前程序不在调试过程中，它会启动 WER 机制报告应用程序错误；如果当前程序在调试过程中，那么它会简单地返回 EXCEPTION_CONTINUE_SEARCH，引发第二轮异常分发和处理。这样一来，启动 WER 并报告应用程序错误的代码就变得不可调试。当然，不可调试永远是相对的，可以使用特别的方法来调试产生错误对话框的过程（详见本书后续分卷）。

15.4.4 反跟踪和调试的程序

出于各种考虑，某些程序会故意阻止被跟踪或调试。当检测到被调试时，它们会通过进入死循环等方式抵抗跟踪；清除断点寄存器破坏断点工作；插入所谓的花指令干扰反汇编程序进行反汇编等。被这些逻辑所保护和遮挡的代码是难以调试的。

15.4.5　时间敏感的代码

当软件在调试器中运行时，它的运行速度通常会变慢，如果进行单步跟踪和交互式调试，那么被调试软件可能长时间停留在一个位置。为了支持调试，应该尽可能地避免编写时间敏感的代码，保证软件在被调试时仍以原来的逻辑运行。

15.4.6　应对措施

不可调试代码的存在会为调试增添难度。这没有通用的方法来解决，以下是可能的一些方案。

第一，使用不同的调试器，特别是硬件调试器，比如第 7 章介绍的 ITP/XDP 调试器。

第二，动态修改调试器是否存在的检测结果（寄存器），调试 UnhandledExceptionFilter 函数的方法就是这样做的。

第三，修改程序指针寄存器（EIP）强制跳转到要调试的程序路径。比如在 WinDBG 中使用 r 命令就可以修改 EIP 寄存器的值。不过这样做有较大的风险，容易破坏栈平衡，使程序异常终止。

第四，使用调试器的汇编功能动态修改阻碍调试的代码。举例来说，如果被调试的路径上有一条断点指令（INT 3）防止我们向前跟踪，那么可以使用 WinDBG 的 a 命令将其替换为 nop 指令。操作步骤是执行 a <地址>，然后在 WinDBG 的交互式编辑提示框中输入 nop，按 Enter 键后 WinDBG 便把 nop 指令编译到指定的地址，然后直接按 Enter 键结束编辑。

⌈ 15.5　可调试性例析 ⌋

Windows 是一个庞大而且复杂的操作系统，Vista 的源代码行数约为 5000 万行，NT 3.1 的也有 560 万行。Vista 安装后在磁盘上所占的空间约为 6GB，其中内核态核心模块 NTOSKRNL.EXE 的大小为 3.4MB，NTDLL.DLL 为 1.1MB。表 15-1 列出了 Windows 几个主要版本的 NTOSKRNL.EXE 和 NTDLL.DLL 文件的典型大小。

表 15-1　Windows 的内核和 NTDLL 文件的大小（单位：字节）

文 件 名	NT 3.51	Win2K	XP SP1	XP SP2	Vista RTM
NTOSKRNL.EXE	804 864	1 640 976	2 042 240	2 180 096	3 467 880
NTDLL.DLL	307 088	481 040	668 672	708 096	1 162 656

从运行态来看，在一个典型的 Windows 系统中，大多数时候都有几十个进程（数百个线程）在运行。以作者写作此内容时所使用的 Windows XP SP2 系统为例，系统中共有 82 个进程，783 个线程在工作。对于 Windows 这样复杂的系统，可调试性对其是极其重要的。事实上，好的可调试性是 Windows 系统成功的一个关键技术因素。如果没有这个因素，这个系统也许就会因为太多的 Showstopper 而永远不能发布。本节将从 Windows 操作系统中选取一些体现可调试性的

特征进行分析，以学习其中所蕴含的设计思想，并加深读者对软件可调试性的理解。

15.5.1 健康性检查和 BSOD

在很多 Windows 内核函数中，存在类似如下的代码。

```
if(…)
    BugCheckEx(…);
```

这样的代码通常称为健康性检查，即为了保证系统健全性而作的额外检查。如果检查失败，则以蓝屏的形式报告出来。

健康性检查与断言（assert）不同，断言只存在于 Checked 版本中，而健康性检查既存在于 Checked 版本中，又存在于 Free 版本中。事实上，Checked 和 Free 这两种称呼就是在开发 Windows NT 时，为了将包含健康性检查的版本与不包含健康性检查的 Release 版本区分开来而引入的。在此之前，通常只使用 Debug 和 Release 两种定义方式。表 15-2 列出了这 4 种版本定义方式的主要差异。

表 15-2　4 种版本定义方式的比较

版　　本	Debug	Checked	Free	Release
编译器优化（compiler optimization）	OFF	ON	ON	ON
调试追踪（debug trace）	ON	ON	OFF	OFF
断言（assertion）	ON	ON	OFF	OFF
健康性检查	ON	ON	ON	OFF

因为开发 NT 3.1 时，测试团队主要测试的是 Checked 版本和 Free 版本，并没有对 Debug 和 Release 版本做很多测试，所以 NT 3.1 发布时没有使用 Release 版本[3]。也就是说，健康性检查在正式发布的产品版本中依然存在。这种做法一直延续到今天，而且这种定义方式也应用到驱动程序开发中。从可调试性的角度来看，健康性检查和蓝屏机制有利于及时发现错误和异常情况，并让错误"跳出来"。

15.5.2 可控制性

Windows 操作系统中几乎随处都可以看到高灵活性和可控性的设计。比如，Windows 的启动配置文件（BOOT.INI）支持 40 多个选项来定义系统的工作参数。另外，Windows 的很多行为都可以通过修改注册表中的键值来控制。可配置能力不但提高了 Windows 系统的灵活性，而且有利于调试和维护。以下是使用配置选项来帮助调试的几个例子。

- /BREAK，这个选项会告诉 HAL 在初始化时等待内核调试会话建立，以便可以使更多的初始化代码可以被调试，详见本书后续分册。

- /KERNEL 和/HAL，可以利用这两个选项来指定要使用的内核文件和 HAL 文件。比如可以使用这种方法来将内核和 HAL 文件切换为 Checked 版本。

- /MAXMEM，指定 Windows 要使用的内存，利用这个选项可以模拟只有在小内存系统才出现的问题。

- /DEBU 和/DEBUGPORT，分别用于启动和配置内核调试引擎。

- /CRASHDEBUG，与/DEBUG 在启动期间就启动内核调试不同，这个选项告诉 Windows，当系统出现蓝屏时再启动内核调试引擎，这与应用程序中的 JIT 调试很类似。

- /NOPAE，强制加载不包含 PAE（Physical Address Extension）支持的内核文件。这对于在支持 PAE 的硬件上调试非 PAE 情况下发生的问题是很有帮助的。

- /NUMPROC，指定要使用的 CPU 数目，使用这个选项可以在多 CPU 系统上调试单 CPU 情况下的问题。

- /YEAR，强制系统使用指定的年份，忽略计算机系统的实际年份，该选项是为了帮助调试 "2000 年问题" 而设计的。

使用注册表来帮助调试的例子也有很多，比如可以在 Image File Execution Options 下为一个程序设置执行选项，让系统加载这个程序时先启动调试器。

15.5.3　公开的符号文件

调试符号对于软件调试具有极其重要意义，有了调试符号可以大大降低跟踪执行的难度，加快发现问题根源的速度。微软的调试符号服务器为 Windows 操作系统的几乎所有程序文件提供了符号文件，并且包含了公开发布的大多数版本。从微软的网站也可以根据操作系统版本下载其对应的符号文件包。

公开的符号文件不但为调试和学习 Windows 操作系统提供了帮助，而且为开发和调试 Windows 驱动程序和应用程序提供了支持。

15.5.4　WER

Windows 错误报告（Windows Error Reporting，WER）机制可以自动收集应用程序或系统崩溃的信息，生成报告，并在征求用户同意后发送到用于错误分析的服务器（详见本书后续分卷）。自动报告是一种有效的辅助调试手段，有利于降低调试成本，尤其对于产品期调试有着极高的价值。

15.5.5　ETW 和日志

ETW（Event Trace for Windows）机制可以高效地记录操作系统、驱动程序，或者应用程序的事件（详见本书后续分卷）。使用 ETW 可以有效地提高软件的可追溯性。

Windows 操作系统主要有两种日志机制。一种是基于日志服务的，调用 ReportEvent API 来写日志记录。另一种是 Windows Vista 引入的公用日志文件系统（Common Log File System，CLFS）。CLFS 的核心功能是由一个名为 CLFS.SYS 的内核模块所提供的。CLFS.SYS 输出了一系列以 Clfs 开头的函数和结构，如 ClfsCreateLogFile 等，内核模式的驱动程序可以直接调用这些函数。用户态的程序可以调用 Clfsw32.dll 所输出的用户态 API。

15.5.6　性能计数器

Windows 操作系统内置了性能监视（performance monitor）机制，通过性能计数器（performance counter）来记录软件的内部状态。Windows 预定义了大量反映操作系统内核和系统对象状态的计数器，软件开发商也可以定义并登记其他计数器。

使用 perfmon 工具可以以图形化的方式观察性能计数器的值。Windows XP 引入了一个名为 typeperf 的命令行工具来观察性能计数器。例如，以下是使用 typeperf 命令显示可用内存数量时的执行结果。

```
C:\> typeperf "Memory\Available Bytes" -si 00:05    //每 5s 更新一次

"(PDH-CSV 4.0)","\\AdvDbg002\Memory\Available Bytes"
"05/07/2007 17:08:36.375","1213886464.000000"
"05/07/2007 17:08:41.375","1211101184.000000"
…
```

性能计数器为系统管理员和计算机用户了解系统运行情况提供了一种简单而有效的方式，对于调试系统中与性能有关的软硬件问题有着重要作用。

15.5.7　内置的内核调试引擎

Windows 内核调试引擎内置在每个 Windows 系统的内核之中，主要功能包含在 NTOSKRNL.EXE 中（详见本书后续分卷）。这意味着，内核调试支持始终存在于 Windows 系统中，如果要对一个发生故障的系统进行内核调试，不需要重新安装特别的版本或其他文件，这为调试 Windows 内核和内核态的其他程序提供了很大的便利。

15.5.8　手动触发崩溃

Windows 还有一个不太被注意的调试支持，即在注册表中设置了 CrashOnCtrlScroll = 1 并重启后（详见本书后续分卷），按住标准键盘右侧的 Ctrl 键后再按 ScrollLock 键，系统会产生一个特别的蓝屏崩溃，其停止码为 MANUALLY_INITIATED_CRASH（0xE2）。因为蓝屏可以触发崩溃时才激活的内核调试（/CRASHDEBUG）和内核转储，所以这个支持对调试某些随机的系统僵死很有用，比如突然没有响应或在开机关机过程中发生的无限等待。

本节介绍了 Windows 操作系统内置的一些调试支持，类似的例子还有很多。通过这些例子，读者可以认识到支持可调试性的意义，以及带来的好处，同时也应该思考如何在自己的软件产品中加入类似的机制。

〖 15.6　与安全、商业秘密和性能的关系 〗

任何事物都有两面性，我们不得不承认实现可调试性本身也是有代价的。特别应该注意以下几个方面的影响：安全、性能和商业秘密。

15.6.1　可调试性与安全性

高可调试性追求对软件的全方位掌控，可以了解其状态的任何细节，并控制它的行为。这对调试来说是有利的，但是如果这些功能或机制被恶意软件或入侵的黑客所使用，那么导致的后果可能很严重。这就好比武器被别人盗用了，武器越强大，导致的危害可能越大。

考虑到这一点，当设计可调试性机制时，应该配以必要的安全防范措施。例如，可以设计登录和验证机制，根据用户的角色决定他可以使用的功能。这就好像网站的管理和维护功能只对网站的管理员开放。

15.6.2　可调试性与商业秘密

实现可调试性时也要注意防止泄漏商业和技术秘密。如果日志或调试信息中包含重要的算法和资料，那么在存储和输出信息前，应该先将信息加密，或者借助 ETW 技术使用二进制格式来输出日志信息，并控制好格式文件（TMF 文件）。但是这种保密只会增加阅读的难度，攻击者还有可能分析出有效的数据。

因为符号文件包含了软件的很多细节，所以应该注意合理保护 PDB 文件，尤其是包含全部调试信息的私有符号文件。对于合作伙伴或客户通常只提供剥离私有符号后的公开符号文件。使用/PDBSTRIPPED 链接选项可以产生公开符号文件。

15.6.3　可调试性与性能

可调试性对性能的影响主要体现在两个方面，从空间角度来看，在程序中支持可调试性必然会增加可执行文件的大小，生成日志等信息会占用一定的磁盘空间。从时间角度来看，用于提高可调试性的代码可能会占用少量的 CPU 时间。因此当设计可调试性机制时，应该注意以下两点。

第一，将调试机制设计成可开关的，最好是可以动态开关的。于是，当不需要调试时，调试机制的影响非常小；当需要调试时，又可以立刻开启。

第二，防止调试机制被错用和滥用，调试机制的目的是辅助调试，不应该用于其他目的。应该避免过量使用调试机制，否则不但会影响性能，而且对调试本身也可能产生副作用。举例来说，如果频繁输出大量的重复信息，会使调试者眼花缭乱，难以找到真正有用的信息。

相对于提高可调试性所带来的好处，它的副作用还是可以接受的，而且只要处理得当，可以把这种影响降得很低。

〖 15.7　本章小结 〗

从调试和维护软件所付出的代价来看，人们对软件可调试性的重视还很不够。如果像每个建筑中都必须配备消防设施那样在每个软件中都配备必要的调试设施，那么花在软件调试上的时间和投入都会大幅下降。

　　本章比较详细地讨论了软件可调试性的内涵、基本原则和重视可调试性的意义，并分析了 Windows 操作系统中体现可调试性的设计。最后一节探讨了可调试性与安全、商业秘密和性能的关系。第 16 章将进一步讨论如何在软件工程中实现可调试性。

〖 参考资料 〗

[1]　H P E Vranken, M P J Stevens, M T M Segers. Design-For-Debug in Hardware/Software Co-Design.

[2]　G Pascal Zachary. Showstopper: The Breakneck Race to Create Windows NT and the Next Generation at Microsoft[M]. The Free Press, 1994.

[3]　Larry Osterman. Where do "checked" and "free" come from?

◀◀ 第 16 章 ▶▶

可调试性的实现

第 15 章讨论了增强软件可调试性的意义、目标和基本原则。本章将在上一章的基础上讨论实现可调试性的基本方法。本章首先介绍软件团队中的各种角色在提高可调试性方面应该承担的职责（见 16.1 节），然后介绍如何在架构设计阶段就为提高可调试性做好各种规划和准备（见 16.2 节），接下来分别讨论实现可追溯性（见 16.3～16.4 节）、可观察性（见 16.5 节）和自动诊断与报告（见 16.6 节）的典型方法。

〖 16.1 角色和职责 〗

因为调试的效率直接影响项目的进度，无法解决的调试问题可能导致整个项目陷入停滞，所以实现可调试性应该是软件团队中所有人的共同目标。读者都应该对提高可调试性给予足够的重视和支持，就像重视安全、质量和可靠性等一样。

16.1.1 架构师

软件架构师是规划和缔造软件系统的核心角色，他们负责规划软件系统的整体框架、模块布局、基础设施和基本的工作方式，参与制订开发策略、方针和计划，并指导开发过程。软件架构师在软件团队中的地位好比是建筑团队中的总设计师。作为一个好的架构师，应该充分意识到提高可调试性的重要意义，承担起如下职责。

- 在架构设计中规划统一的支持可调试性的策略、机制和设施，包括检查、记录和报告错误的方法，输出调试信息和记录日志的方式，专门用来辅助调试的模块（如模拟器等），简化调试的设施等。

- 设计必要的技术手段，提醒或强制程序员在编码时实现可调试性。

- 制订提高可调试性的指导意见和纪律，并写入软件项目的开发方针中，以纪律强制这些策略的执行，并检查和监督执行情况。

- 通过培训或其他沟通方式让团队成员理解可调试性的意义和实现方法。

● 参与调试重大的软件问题，验证调试机制的有效性，并向团队证明这些机制所带来的好处。

下一节将更详细地讨论如何在架构设计中规划和设计支持调试的基础设施。

16.1.2 程序员

程序员是建造软件大厦的主力军。他们在搭建这个大厦的同时还负责调试这个大厦中存在的问题。在产品发布之前，程序员要负责调试与自己所编写代码有关的问题。在产品发布后，支持和维护工程师会承担大部分调试工作，但如果支持工程师无法解决，那么通常还是需要程序员来解决。根据粗略的统计，大多数程序员花一半以上的时间在调试上，当项目进入 Beta 阶段和邻近产品发布时这个比例通常会更高。某些团队的测试工程师会承担一部分调试职能（稍后会详细讨论），但是他们通常只负责初步的分析，将错误定位到模块一级，然后通常还会分派给开发人员（程序员）。概而言之，程序员同时是编写代码和调试代码的主要力量。因此，对于提高可调试性，程序员是主要的执行者，也是主要的受益者。他们应该承担的职责如下。

● 重视错误处理，认真编写错误检查和错误处理代码。不要因为出现错误是小概率事件就草草编写一些代码，要知道很多造成重大损失的大问题都是由于编写代码时的小疏忽所造成的。

● 认真执行架构师所制订的提高可调试性的各项策略和方针。当编写代码时，合理应用各种提高可调试性的原则，努力提高代码的可调试性。如果发现有不合理的地方，应该及时提出，而不是消极放弃。

● 熟练使用各种调试工具，善于使用调试方法来充分理解程序的执行流程，发现并纠正其中潜在的错误。

● 正确对待分配给自己的软件问题（Bug），不推诿，不敷衍，积极使用调试工具和提高可调试性的机制来定位问题根源，及时更新关于问题的记录。

● 检查日志文件和其他调试机制所生成的信息，检查是否存在不正常情况，并根据日志信息审查代码中可能存在的问题。

Robert Charles Metzger 在其《Debugging by Thinking: A Multidisciplinary Approach》一书中指出，导致现在的软件有如此多缺陷的原因有很多，其中之一是很多程序员并不擅长调试。提高软件的可调试性有利于降低程序员调试软件的难度，培养程序员的调试兴趣。

16.1.3 测试人员

在软件团队中，测试人员与开发人员之间经常发生争吵或相互埋怨。测试人员会抱怨软件中存在的问题太多，并念叨一个以前修复了的问题为什么又再次出现。开发人员会抱怨测试人员的问题报告含糊不清，难以理解，或者报告的问题根本无法再现。提高软件的可调试性尽管不能彻底解决这些矛盾，但是至少会从如下几个方面有所帮助。

● 高可调试性有利于程序员深刻理解代码的执行过程，提高对代码的控制力，从根本上提高代码的质量，降低代码的问题率（每千行源代码的 Bug 数）。另外，利用日志等调试机制，程序员可以在开发阶段或单元测试阶段发现和解决更多问题，这样发布给测试人员的软件质量就会明显提高。因此高可调试性有利于减少测试人员所发现的问题（Bug）数，使他们集中测试程序员难以测试的情况。

- 测试人员可以利用调试机制来辅助测试并发现和描述问题。这样发现的问题通常更容易被开发人员所理解和解决。

- 调试机制可以帮助测试人员理解软件的工作机理和内部状态，指导测试方法，尽早发现问题，特别是深层次的问题。

- 从事白盒测试的测试人员可以利用调试机制审核代码和算法，当编写测试脚本时，也可以使用调试机制所提供的设施来检测测试案例的执行结果。

综上，提高软件的可调试性会给测试工作和测试人员带来直接的好处。测试人员应该积极支持为提高可调试性所做的各种工作，并承担起如下职责。

- 理解提高软件可调试性的重要意义，支持开发人员实现可调试性，为他们提供测试支持。

- 充分利用可调试机制帮助测试工作，提高测试效率。这有利于进一步发挥可调试机制的价值，进一步推动并提高软件的可调试性。

从根本上来说，测试的目的是发现软件问题，保证软件质量，按期完成开发计划。如果有很多顶级问题（showstopper）难以解决，那么测试人员与开发人员都会承受着很大的压力，从这个意义上来说，他们应该共同为提高可调试性努力。

16.1.4　产品维护和技术支持工程师

在软件产品发布后，产品维护和技术支持工程师（以下简称支持工程师）成为调试各种产品期问题的主要力量。在客户报告一个问题后，支持工程师需要理解客户的描述，思考是用户使用的问题还是产品本身的问题。如果可能是产品本身的问题，那么需要在自己的系统中重现这个问题，然后利用各种调试手段定位问题的根源。这种情况下可能遇到的一个棘手问题就是无法重现客户报告的问题。要解决这个问题，可能不得不跑到客户那里去。但另一种更有效的办法就是通过软件的调试支持，让软件自动收集各种环境信息和错误信息，并生成报告。然后，支持人员可以利用这些报告来定位问题的根源。除了错误报告之外，日志文件是支持工程师经常使用的另一主要途径，很多支持工程师使用日志来寻找导致错误的原因和线索。总之，提高软件的可调试性对于产品期调试和技术支持有着重要意义。技术支持工程师应该积极支持并推动软件产品的可调试性，利用支持调试的设施解决问题，并将改善调试设施的意见反馈给架构师和开发人员。

16.1.5　管理者

像 David Cutler 这样的代码勇士（Code Warrior）和软件天才是不喜欢管理者干涉软件项目的。1975 年，他在 DEC 带领一个十几个人的团队开始开发 VMS（Virtual Memory System，后来改名为 OpenVMS）操作系统。1977 年 VMS 操作系统随着 VAX 计算机的发布而同时发布，这是第一台商业化的 32 位计算机系统，也是计算机历史上硬件与操作系统一起从头开发并一起发布的少量组合之一。VMS 非常成功，这个成功使 DEC 公司开始重视 Cutler 所带领的这个操作系统项目，很多管理者开始频繁介入到项目中，这使 David Cutler 发怒了："无论你要做什么，所有的 Tom、Dick 和 Harry 都会跑过来挑三拣四，挡住项目的去路。"不久，David Cutler 离开了 VMS 团队，并声称要离开 DEC，这让他的老板 Gordon Bell 说出了那句经典的话："带上你想要的任何人，去任何你想去的地方，做任何你想做的事。DEC 都会为你付钱，告诉我你需要多少钱，我们会为你拨款。"这样好的老板感动了 David Cutler，在新创建的西雅图实验室，他开始了新的开发。1983 年 Gordon Bell 离开 DEC，1988 年 David Cutler 的 Prism 项目被取消，他因此离开了 DEC[1]。

在开发 NT 的长达 5 年的时间里，尽管有多次延期，还有难以避免的意见分歧，但是 David Cutler 始终得到了管理者强有力的支持。NT 项目给了他成就理想的机遇，他可以按照自己的想法设定目标，并有充分的自由使其成为现实，没有管理层来管闲事。但这样和谐的氛围在今天的软件开发中越来越少了。很多管理者脱离技术和项目的实际状况，武断地干预开发计划，压缩项目时间。

实现可调试性会需要一定的开发资源，但是正如前面所讨论的，它会带来很多好处：提高程序员的调试和开发效率；加快解决软件问题的速度；使整个项目的可控性提高；通过辅助技术的支持降低产品维护成本，等等。从这个意义上来说，提高可调试性有利于保证项目如期完成并节约成本。所以，管理者应该充分支持为提高软件可调试性所做的努力，为其分配足够的资源。

本节讨论了软件团队中的几个关键角色在提高实现软件可调试性方面应该承担的职责。这些内容完全是作者根据个人经验进行的归纳，希望读者能从中得到启发。对于具体的软件项目，应该根据实际情况为每个角色定义更明确的职责。

16.2　可调试架构

架构是构建软件的蓝图，它决定了软件的基本结构和工作方式，包括其中包含哪些模块，各模块间如何通信等。因为调试支持涉及软件的总体结构，对整个软件的质量有着直接的影响，所以架构师在设计软件结构时应该重视软件的可调试性，规划好支持调试的各种设施。

16.2.1　日志

日志对提高软件的可观察性和可追溯性都大有好处。好的日志反映了软件的内部状态，特别是软件运行时遇到的异常情况，是调试软件问题的宝贵资源。

日志大多是以文本文件方式记录的，但也可以记录在数据库中，或者以二进制文件方式记录。记录日志并不复杂，但是方法很多，灵活性很大。对于一个软件产品，应该使用一套统一的日志机制。

首先，日志信息应该集中存储在一个地方，这样不但有利于节约存储空间，而且便于检索和维护。试想，如果一个软件的日志存储在很多地方，需要到很多地方去寻找，那么当调试与很多软件有关的系统问题时，调试人员可能根本找不到需要的日志文件。

其次，选择并定义一种方法来记录日志，可以使用操作系统的 API（如 Windows 的 Event Log 或 CLFS），也可以自己写文件。但无论使用哪种方法，都最好将其封装为简单的类或函数，将存储日志的细节隐含起来，使程序员只要通过一个简单的函数调用就可以添加日志记录，比如以下代码。

```
void Log(LPCTSTR lpszModule,    UINT nLogType,    LPCTSTR lpszMessage);
```

封装好的类或函数应该以公共模块的方式发布给所有开发人员。使用统一的方法来添加日志记录，既有利于实现日志的集中存储，又简化了程序员写日志所需的工作量，防止他们对写日志产生厌烦甚至抵触情绪。

16.2.2　输出调试信息

输出调试信息是另一种常用的调试手段，与写日志相比，它具有更加简单快捷的优点，通常需要的时间和空间开销也更小。输出调试信息的常见方式有如下几种。

- 使用类似 print 这样的函数直接显示到某个输出设备。比如在 DOS 和 Windows 的控制台程序中使用 print 语句，可以将信息直接显示到屏幕或控制台窗口。这种方法也使用在某些嵌入式和移动设备（手机）的开发中。

- 使用操作系统的 API 将调试信息输出到调试器或者专门的工具。典型的例子是 Windows 的 OutputDebugString 函数。因为 OutputDebugString 通过 RaiseException API 产生的一个特殊的异常来发布调试信息，所以过于频繁地调用这个函数会对软件的性能产生影响。

- 使用编译器提供的宏来显示调试信息，比如 MFC 类库提供的 TRACE*n* 宏，*n* 可以为 0、1、2、3，并且代表格式字符串中包含的参数个数，这几个宏实际上都调用 AfxTrace 函数。AfxTrace 函数将待输出的信息格式化为一个大的字符串并发送给一个名为 afxDump 的全局变量。afxDump 是 CDumpContext 类的一个全局实例。最终，afxDump 通过 OutputDebugString 将调试信息输出给调试器。类似地，ATL 类库提供了 ATLTRACE2 宏。TRACE 宏最重要的特征就是只在调试版本中有效，当编译发布版本时，它们会被自动替换为空（编译为(void) 0）。

合理地使用调试信息输出有利于提高软件的可调试性，但应该注意以下几点。

- 因为可能有很多个进程和线程都向调试器输出调试信息，使得很多信息混杂在一起，并且难以辨认，所以输出调试信息时应该附加上必要的上下文信息（线程、函数名等），以提高信息的价值。

- 合理安排输出信息的代码位置，认真选择要输出的内容（变量值、位置等），不要输出含糊不清的信息。要适当控制输出信息的数量，如果输出的信息太多，有时反而适得其反。例如，在手机等嵌入式设备的开发中，输出的信息通常显示在很小的屏幕上，新的信息会将旧的信息覆盖掉，所以，如果输出的信息过于频繁，那么有用的信息很可能被后来没什么价值的信息所掩盖掉。

- 因为调试信息输出通常是不保存的，而且 TRACE 宏在发布版本中是自动移除的，所以不能因为输出调试信息而忽视了记录日志。

在软件的架构设计阶段，应该根据软件产品的实际情况选择合适的方法，并将决定写入项目的开发规范中。

16.2.3 转储

所谓转储（dump）就是将内存中的软件状态输出到文件或者其他设备（如屏幕等）上。常见的转储有以下几种。

- 对象转储，对某个内存对象的状态（属性值）进行转储。

- 应用程序转储，对应用程序用户空间中的关键状态信息进行转储，包括每个线程的栈、进程的环境信息、进程和线程的状态等。使用 Windows 的 MiniDumpWriteDump API 可以很方便地将一个进程的当前状态转储到一个文件中。当应用程序发生严重错误时，系统会自动为其产生转储文件，但是也可以在其他时候产生转储，产生转储并不意味着程序就要终止（本书后续分卷将详细讨论该内容）。

- 系统转储，即对整个系统的状态进行转储，比如发生蓝屏时所产生的转储（详见本书后续分卷）。

可以把转储视为软件的拍照，它记录了被转储对象在转储那一瞬间的真实情况。完全的系统转储包含了内存中的所有数据，可以为调试提供丰富的信息。转储的另一个有用特征就是它可以将某一瞬间的状态永远保存下来，然后发送和传递到任何地方，这对于产品期调试和那些无法亲临现场进行调试的情况非常有价值。另外，转储操作非常适合软件来自动生成，因此，在设计崩溃处理或自动错误报告功能时可以将其作为收集错误现场的一种方法。

MFC 的基类 CObject 定义了 Dump 方法用于实现对象转储，该方法的默认实现如下。

```
void CObject::Dump(CDumpContext& dc) const
{
    dc << "a " << GetRuntimeClass()->m_lpszClassName <<
        " at " << (void*)this << "\n";

    UNUSED(dc); // unused in release build
}
```

派生类通常会重新实现这个方法，输出更多的状态信息。例如以下是 CDialog 类的 Dump 方法所输出的信息。

```
a CDialog at $12FE1C       //对象的类名和内存位置

m_hWnd = 0x7200AC (permanent window)    //窗口句柄值
caption = "D4D Testing"                 //窗口标题
class name = "#32770"                   //窗口类的名称
rect = (L 221, T 142, R 803, B 597)     //窗口的坐标
```

```
parent CWnd* = $0                        //父窗口对象的地址
style = $94C800C4                        //窗口风格
m_lpszTemplateName = 102                 //窗口资源的模板 ID
m_hDialogTemplate = 0x0                  //对话框资源的句柄
m_lpDialogTemplate = 0x0                 //对话框资源的地址
m_pParentWnd = $0                        //父窗口对象的地址
m_nIDHelp = 0x66                         //帮助信息的 ID
```

其中，第 1 行是 CObject 类输出的，第 3～8 行是 CWnd 类输出的，最后 5 行是 CDialog 类输出的。

16.2.4 基类

当设计软件架构时，可以通过定义统一的基类来传达设计理念和强化设计规范。比如设计一些公共方法，以方便派生类的实现，也可以设计一个纯虚的方法来要求每个需要实例化的派生类都必须实现这个方法。

```
class D4D_API CD4dObject            //D4D 代表 Design for Debug
{
public:
    CD4dObject();                   //构造函数
    virtual ~CD4dObject();          //析构函数

    void Log(LPCTSTR szModule, LPCTSTR szFunction,      //
        UINT uLogLevel, LPCTSTR szMsgFormat, ...);      //日志方法
    void Msg(UINT nResID, ...);                         //消息提示

    virtual DWORD UnitTest (DWORD dwParaFlags) = 0;     //单元测试
    virtual DWORD Dump(HANDLE hFile);                   //对象转储
};
```

以上是一个示意性的基类定义。其中，Log 方法用来提供日志功能；Msg 方法用于输出用户可见的消息；UnitTest 方法用来支持单元测试，它是纯虚的，因此要求非虚派生类必须实现它；Dump 方法用于支持对象转储。

16.2.5 调试模型

当设计软件架构时，应该考虑如何调试这个软件，包括开发期调试的方法和产品期调试的方法。如下问题特别值得注意。

- 对于不能独立运行的库模块，如 DLL 和静态库，应该设计一个简单的可执行程序（EXE）专门供调试使用，我们把这样的程序称为靶子程序。利用靶子程序，开发者可以测试和调试不能直接运行的库模块，不必等待项目中真正使用这个模块的程序开发后才能调试。另外，出现 Bug 时也容易定位和排除。当然，在集成测试阶段，靶子程序需要与真实的模块一起使用。

- 对于被系统或者其他模块自动启动的程序，尽量设计一个特别的命令行开关，使其支持手动启动，因为调试时手动启动更方便。为了启动被调试程序而执行一大堆操作必然会影响调试的效率。

- 对于依赖于小概率事件（比如系统崩溃）触发才开始工作的模块，应该设计一个工具软件，使用这个工具可以方便地触发这个事件并开始调试。

- 对于需要硬件配合才能调试的程序，如果这个硬件比较昂贵或稀缺，那么需要很多人共享一台，或者这个硬件开启成本较高，那么尽量编写一个模拟器程序。这个模拟器程序可以模拟硬件的行为，输出真实硬件所产生的数据。利用模拟器，程序员不但可以在没有硬件设备的情况下进行调试，而且可以利用模拟器来模拟硬件设备不支持的功能以辅助调试，比如可以让模拟器停止在某个状态或者慢速工作以配合调试。

- 如果软件的某些功能难以通过普通的手工测试来发现问题，那么应该设计专门的测试工具，这些工具有利于测试，对调试也是有帮助的。

综上所述，应该为每个模块设计一种简便的调试方式，使程序员可以方便地调试他所负责的模块。这有利于提高程序员进行调试的积极性，使用调试方法解决问题和提高代码质量。

架构设计是软件开发中关键而且复杂的任务，本节介绍的内容仅供架构师参考。

16.3　通过栈回溯实现可追溯性

在基于栈架构的计算机系统（今天的大多数计算机系统）中，栈中详细记录了线程的执行过程，包括函数的参数、局部变量和返回地址等信息。这些信息反映了线程在函数一级的执行路线，这对于追溯代码执行轨迹和追踪问题根源有着重要意义。因为越晚调用的函数离栈顶越近，所以通过栈信息生成函数调用记录时，从栈顶开始向栈底追溯，于是这个过程称为栈回溯（stack backtrace）。本节将讨论如何利用栈回溯来实现代码的可追溯性。

16.3.1　栈回溯的基本原理

对于基于栈的计算机系统，栈是进行函数调用的必须设施，因为函数调用指令（如 call）需要将函数返回地址压入栈中，而函数返回指令（如 ret）就通过这个地址知道要返回哪里。除了函数返回地址之外，如果一个函数使用的调用规范需要通过栈来传递参数，那么栈上还会有调用这个函数的参数。栈也是分配局部变量的主要场所。这样一来，对于一个工作中的线程，每个尚未返回的函数在栈上会有一个数据块。这个数据块至少包含它的返回地址，还可能包含参数和局部变量，这个数据块即所谓的栈帧（stack frame）。每个尚未返回的函数都拥有一个栈帧，按照函数调用的先后顺序，从栈底向栈顶依次排列。

因为每个函数需要在栈上存储信息的数量不固定，所以每个栈帧的长度是不固定的，这就使得定位每个函数的栈帧起止位置有时可能很困难。为了记录各个栈帧的位置，x86 CPU 配备了一个专门的寄存器，即 EBP（Extended Base Pointer）。通常 EBP 寄存器的值就是当前函数栈帧的基准地址。所谓基准地址，是指用来标识这个栈帧的一个参考地址。有了这个基准地址，就可以使用它来索引参数和局部变量，比如使用 EBP + 4 来索引函数返回值，使用 EBP + 8 来索引放在栈上的第一个参数，使用 EBP - XXX 来索引局部变量。

通过 EBP 寄存器通常可以知道当前函数的栈帧，那么如何找到上一个函数的栈帧呢？简单的回答是，在当前栈帧的基准地址处记录了上一个栈帧基准地址的值。

以下面所示的情况为例，0019fee8 是 FuncC 函数的栈帧基准地址，观察这个地址的内容。

```
0:000> dd 0019fee8 L1
0019fee8  0019ff40
```

结果是 0019ff40，那么地址 0019ff40 就是上一个函数（Main 函数）的栈帧基准地址。依此类推，可以逐级找到前一个函数的栈帧。

```
0019fee8  004011b4  LocalVar!FuncC
0019ff40  00401509  LocalVar!main+0x34
0019ff80  761d8674  LocalVar!mainCRTStartup+0xe9
0019ff94  777a4b47  KERNEL32!BaseThreadInitThunk+0x24
0019ffdc  777a4b17  ntdll!__RtlUserThreadStart+0x2f
0019ffec  00000000  ntdll!_RtlUserThreadStart+0x1b
```

影响栈回溯的一个因素就是帧指针省略，即通常所说的 FPO。因为在栈上保存帧指针至少需要执行一条压入操作（push ebp），所以作为一项优化措施，编译器在编译某些短小的函数时，可能不更新 EBP 寄存器，不为这个函数建立独立的栈帧。对于这样被 FPO 优化的函数，尽管栈上还有它的返回地址信息和可能的局部变量等数据，但是由于它的栈帧基准地址没有保存到栈上，也没有 EBP 寄存器指向它，所以就给栈回溯带来了困难。这时就需要符号文件中 FPO 数据的帮忙，否则关于这个函数的调用就会被跳过。不过，因为现代 CPU 的强大性已经大大淡化了 FPO 优化的意义，所以很多新的软件都不再启用这种优化方法，这使得因为 FPO 带来的栈回溯问题会慢慢减少。

了解了上面的知识后，可以归纳出栈回溯的基本算法。该算法的具体步骤如下。

（1）取得标识线程状态的上下文（CONTEXT）结构。当有异常发生时，系统会创建这样的结构记录发生异常时的状态。使用 RtlCpatureContext 和 GetThreadContext API 可以在没有发生异常时取得线程的 CONTEXT 结构。

（2）通过 CONTEXT 结构或直接访问寄存器，取得程序指针寄存器（EIP）的值，通过它可以知道线程的当前执行位置。然后搜索这个位置附近的符号（SymFromAddr），可以知道所在函数的名称。

（3）通过 CONTEXT 结构或者直接访问寄存器取得当前栈帧的基准地址，在 x86 系统中，如果没有使用 FPO，那么 EBP 寄存器的值就是栈帧基准地址。

（4）栈帧基准地址向上偏移一个指针宽度（对于 32 位系统，是 4 字节）的位置是函数的返回地址。紧接着便是放在栈上的参数，具体个数因为函数原型和调用规范而不同。

（5）搜索函数返回地址的邻近符号，可以找到父函数的函数名对应的源文件名等信息。

（6）当前栈帧基准地址处保存的是前一个栈帧的值，取出这个值便得到上一个栈帧的基准地址，回到第（4）步循环，直到取得的栈帧基准地址等于 0。

根据上面的算法，可以自己编写代码来实现栈回溯，也可以借助 Windows 的 API。下面分别介绍使用 DbgHelp 函数和 RTL 函数的方法。

16.3.2　利用 DbgHelp 函数库回溯栈

DbgHelp 系列的函数是 Windows 平台中用来辅助调试和错误处理的一个函数库，其主要实现位于 DbgHelp.DLL 文件中，因此通常称为 DbgHelp 函数库。DbgHelp 函数库为实现栈回溯提供了如下支持。

- StackWalk64 和 StackWalk 函数，用于定位栈帧和填充栈帧信息，包括函数返回值、参数等。

- 调试符号，包括初始化调试符号引擎，加载符号文件，设置符号文件搜索路径，寻找符号等。

- 模块和映像文件，包括枚举进程中的所有模块，查询某块的信息等。

为了演示如何使用 DbgHelp 函数库来回溯栈，编写了一个名为 CCallTracer 的 C++类，完整的代码位于 code\chap16\D4D 目录中。清单 16-1 给出了 CCallTracer 类的 WalkStack 方法的源代码。

清单 16-1　WalkStack 方法

```
1    HRESULT CCallTracer::WalkStack(PFN_SHOWFRAME pfnShowFrame,
2                                   PVOID pParam,int nMaxFrames)
3    {
4        HRESULT hr=S_OK;
5        STACKFRAME64 frame;      // 描述栈帧信息的标准结构
6        int nCount=0;
7        TCHAR szPath[MAX_PATH];
8        DWORD dwTimeMS;
9
10       dwTimeMS=GetTickCount();     // 记录开始时间
11
12       RtlCaptureContext(&m_Context);     // 获取当前的上下文
13
14       memset(&frame, 0x0, sizeof(frame));
15       // 初始化起始栈帧
16       frame.AddrPC.Offset    = m_Context.Eip;
17       frame.AddrPC.Mode      = AddrModeFlat;
18       frame.AddrFrame.Offset = m_Context.Ebp;
19       frame.AddrFrame.Mode   = AddrModeFlat;
20       frame.AddrStack.Offset = m_Context.Esp;
21       frame.AddrStack.Mode   = AddrModeFlat;
22
23       while (nCount < nMaxFrames)
24       {
25           nCount++;
26           if (!StackWalk64(IMAGE_FILE_MACHINE_I386,
27               GetCurrentProcess(), GetCurrentThread(),
28               &frame, &m_Context,
29               NULL,
30               SymFunctionTableAccess64,
31               SymGetModuleBase64, NULL))
```

```
32          {
33              hr = E_FAIL; // 发生错误，StackWalk64 函数通常不设置 LastError
34              break;
35          }
36          ShowFrame(&frame,pfnShowFrame,pParam);
37          if (frame.AddrFrame.Offset == 0 || frame.AddrReturn.Offset == 0)
38          {
39              // 已经到最末一个栈帧，遍历结束
40              break;
41          }
42      }
43
44      // 显示归纳信息
45      _stprintf(szPath,_T("Total Frames: %d; Spend %d MS"),
46          nCount,    GetTickCount()-dwTimeMS);
47      pfnShowFrame(szPath, pParam);
48
49      // 显示符号搜索路径
50      SymGetSearchPath(GetCurrentProcess(),szPath,MAX_PATH);
51      pfnShowFrame(szPath, pParam);
52
53      return hr;
54  }
```

其中，第 12 行调用 RtlCaptureContext API 来取得当前线程的上下文信息，即 CONTEXT 结构。尽管 StackWalk64 函数名中包含 64 字样，但是该函数也可以用在 32 位的系统中。需要说明的一点是，在 RtlCaptureContext 返回的 CONTEXT 结构中，其程序指针和栈栈帧等寄存器的值对应的都是上一级函数的，即调用 WalkStack 函数的那个函数。

第 14～21 行初始化 frame 变量，它是一个 STACKFRAME64 结构（见清单 16-2）。

清单 16-2 描述栈帧的 STACKFRAME64 结构

```
typedef struct _tagSTACKFRAME64 {
  ADDRESS64 AddrPC;              //程序指针，即当前执行位置
  ADDRESS64 AddrReturn;         //返回地址
  ADDRESS64 AddrFrame;          //栈帧地址
  ADDRESS64 AddrStack;          //栈指针值，相当于 ESP 寄存器的值
  ADDRESS64 AddrBStore;         //安腾架构使用的 Backing Store 地址
  PVOID FuncTableEntry;         //指向描述 FPO 的 FPO_DATA 结构或 NULL
  DWORD64 Params[4];            //函数的参数
  BOOL Far;                     //是否为远调用
  BOOL Virtual;                 //是否为虚拟栈帧
  DWORD64 Reserved[3];          //保留
  KDHELP64 KdHelp;              //用来协助遍历内核态栈
} STACKFRAME64, *LPSTACKFRAME64;
```

其中，前 4 个成员分别用来描述程序计数器（Program Counter，即程序指针）、函数返回地址、栈帧基准地址、栈指针和安腾 CPU 所使用的 Backing Store 的地址值。它们都是 ADDRESS64 结构。

```
typedef struct _tagADDRESS64 {
  DWORD64 Offset;               //地址的偏移部分
  WORD Segment;                 //段
```

```
    ADDRESS_MODE Mode;          //寻址模式
} ADDRESS64, *LPADDRESS64;
```

其中，**ADDRESS_MODE** 代表寻址方式，可以为 AddrMode1616(0)、AddrMode1632(1)、AddrModeReal(2)和 AddrModeFlat(3)4 个常量之一。

STACKFRAME64 结构的 FuncTableEntry 字段指向的是 FPO 数据（如果有），Params 数组是使用栈传递的前 4 个参数，应该根据函数的原型来判断与实际参数的对应关系。如果栈帧对应的是一个 WOW（Windows 32 On Windows 64 或 Windows 16 On Windows 32）技术中的长调用，那么 Far 字段的值为真。WOW 是在高位宽的 Windows 系统中运行低位宽的应用程序时所使用的机制，比如在 64 位的 Windows 系统中执行 32 位的应用程序。如果是虚拟的栈帧，那么 Virtual 字段为真。KdHelp 字段供内核调试器产生内核态栈回溯时使用。

第 23～42 行是一个 while 循环，每次处理一个栈帧。第 26～31 行调用 StackWalk64 API，将初始化了的 frame 结构和 context 结构传递给这个函数。StackWalk64 的后 4 个参数可以指定 4 个函数地址，目的是为 WalkStack64 函数分别提供以下 4 种帮助：读内存、访问函数表、取模块的基地址和翻译地址。当 WalkStack64 需要某种帮助时，会调用相应的函数（如果不为空）。

第 36 行调用 ShowFrame 方法来显示一个栈帧的信息。第 37 行是循环的正常出口，即回溯到最后一个栈帧时，它的帧指针的值为 0，这时这个栈帧的函数返回地址也为空，因为每个线程的第一个函数的栈帧不是因为函数调用而开始执行的。

第 45～47 行用来显示统计信息。其中 pfnShowFrame 是参数中指定的一个函数指针，WalkStack 方法通过这个函数把信息汇报给调用者。第 50 行和第 51 行显示符号文件的搜索路径。在 CCallTracer 类的构造函数中它会调用 SymInitialize 函数来初始化符号引擎，代码如下所示。

```
SymSetOptions(dwOptions|SYMOPT_LOAD_LINES
    |SYMOPT_DEFERRED_LOADS
    |SYMOPT_OMAP_FIND_NEAREST);
bRet = SymInitialize(GetCurrentProcess(),    NULL,    TRUE);
```

因为在符号搜索路径参数中指定的是 NULL，所以 DbgHelp 会使用当前路径以及环境变量 _NT_SYMBOL_PATH 和 _NT_ALTERNATE_SYMBOL_PATH 的内容作为搜索路径。在作者的系统中，第 51 行代码显示的内容如下。

```
.;SRV*d:\symbols*http://msdl.microsoft.com/download/symbols
```

为了测试 CCallTracer 类，编写了一个 MFC 对话框程序（D4dTest.EXE），当用户单击界面上的 Stack Trace 按钮时，会调用前面介绍的 WalkStack 方法。

```
void CD4dTestDlg::OnStacktrace()
{
    CCallTracer cs;

    cs.WalkStack(ShowStackFrame,this,1000);
}
```

清单 16-3 摘录了部分执行结果。

清单 16-3　CCallTracer 类显示的栈回溯信息

```
1    ------
2    Child EBP: 0x0012f648, Return Address: 0x5f43749c
3    Module!Function: D4dTest!CD4dTestDlg::OnStacktrace
4    Parameters: (0x0012f8e8,0x00000000,0x00144728,0x00000000)
5    C:\dig\dbg\author\code\chap16\d4d\D4dTest\D4dTestDlg.cpp
6    c:\dig\dbg\author\code\bin\Debug\D4dTest.exe
7    C:\dig\dbg\author\code\chap16\d4d\D4dTest\Debug\D4dTest.pdb
8    Far (WOW): 0; Virtual Frame: 1
9    ------
10   //省略关于中间 35 个栈帧的很多行
11   ------
12   Child EBP: 0x0012fff0, Return Address: 0x00000000
13   Module!Function: kernel32!BaseProcessStart
14   Parameters: (0x00402740,0x00000000,0x00000000,0x00000000)
15   C:\WINDOWS\system32\kernel32.dll
16   d:\symbols\kernel32.pdb\262A5E0D6EC649ACB3ED74E9CE5701832\kernel32.pdb
17   FPO: Para dwords: 1; Regs: 0; Frame Type: 3
18   Far (WOW): 0; Virtual Frame: 1
19   Total Frames: 37; Spend 20297 MS
20   .;SRV*d:\symbols*http://msdl.microsoft.com/download/symbols
```

为了节约篇幅，清单 16-3 只保留了第一个栈帧和最后一个栈帧的信息。第 12 行是被追溯的最后一个栈帧，其返回地址为 0。最后一个栈帧的基准地址为 0012fff0，使用调试器可以看到这个地址的值为 0。使用这个特征（或者根据返回地址等于 0）可以判断到了最后一个栈帧（清单 16-1 的第 37 行）。

上面的例子对于当前进程的当前线程产生回溯。事实上，也可以为另一个进程中的某个线程产生栈回溯，比如调试器显示被调试程序中的函数调用序列（Calling Stack）就属于这种情况。

关于使用 DbgHelp 函数来进行栈回溯，还有以下几点值得注意。首先是 DbgHelp 库的版本，Windows XP 预装了一个较老版本的 DbgHelp.DLL，使用这个版本有很多问题，比如它会使用 DLL 的输出信息作为符号的来源，而且调用 SymGetModuleInfo64 这样的函数会失败。这时，得到的栈帧信息可能残缺不全或有错误。比如以下是使用老版本的 DbgHelp.DLL 时，D4dTest.EXE 程序得到的最后一个栈帧信息。

```
Child EBP: 0x0012fff0, Return Address: 0x00000000
Module!Function: Unknown!RegisterWaitForInputIdle
Parameters: (0x00402770,0x00000000,0x00000000,0x00000000)
…
```

可见没有找到合适的模块信息，解决的办法是将新版本的 DbgHelp.DLL 和 EXE 文件放在同一个目录下。WinDBG 工具包中包含的 DbgHelp.DLL 是比较新的。

使用了新版本的 DbgHelp.DLL 后，大多数栈帧的信息都没问题了，但是个别栈帧还有问题，比如，最后一个栈帧。

```
Child EBP: 0x0012fff0, Return Address: 0x00000000
Module!Function: kernel32!RegisterWaitForInputIdle
Parameters: (0x00402770,0x00000000,0x00000000,0x00000000)
C:\WINDOWS\system32\kernel32.dll
```

```
SymType:-exported-;PdbUnmtchd:0,DbgUnmthd:0,LineNos:0,GlblSym: 0,TypeInfo:0
Far (WOW): 0; Virtual Frame: 1
```

上面的函数名显然有错误，符号的类型为"输出"，可见没有找到合适的 PDB 文件。符号搜索路径中不是指定了 SRV 格式的本地符号库和符号服务器吗？为什么还没有找到 kernel32.dll 的 PDB 文件呢？原因是 DbgHelp.DLL 没有找到 symsrv.dll。将这个文件也复制到 D4dTest.EXE 文件所在目录就没有这个问题了，显示的信息即如清单 16-3 所示，从第 16 行关于 kernel32.pdb 的全路径中可以看出，symsrv.dll 在本地符号库中找到了合适的符号。但是一旦使用了 symsrv.dll，它就会检索符号库并可能通过网络连接远程的服务器，这通常要花费较多时间。因此本节介绍的方法适合处理程序崩溃或者个别的情况，不适合在程序的执行过程中频繁记录某一事件的踪迹信息。接下来将介绍一种负荷很小的快速记录方法。

16.3.3 利用 RTL 函数回溯栈

在 Win32 堆的调试设施中，有一种调试方法叫用户态栈回溯（User-Mode Stack Trace，UST）。一旦启用了 UST 机制后，当再次调用内存分配函数时，堆管理器会将函数调用信息（栈回溯信息）保存到一个称为 UST 数据库的内存区中。然后使用 UMDH 或 DH 就可以得到栈回溯记录，例如以下内容。

```
00009DD0 bytes in 0x1 allocations (@ 0x00009D70 + 0x00000018) by: BackTrace00803
        7C96D6DC : ntdll!RtlDebugAllocateHeap+000000E1
        7C949D18 : ntdll!RtlAllocateHeapSlowly+00000044
        7C91B298 : ntdll!RtlAllocateHeap+00000E64
        1020DE9C : MSVCRTD!_heap_alloc_base+0000013C
...
```

UST 最大的特征是直接记录函数的返回地址，而不是它的符号。将函数地址转换为符号的工作留给 UMDH 这样的工具来做，这样便大大节约了查找和记录符号所需的时间和空间。UST 机制主要是由 NTDLL.DLL 中的以下函数实现的。

- RtlInitializeStackTraceDataBase，负责初始化 UST 数据库。

- RtlLogStackBackTrace，负责发起记录栈回溯信息，它会调用 RtlCaptureStack BackTrace 收集栈信息，然后将其写到由全局变量 RtlpStackTraceDataBase 所标识的 UST 数据库中。

- RtlCaptureStackBackTrace 负责调用 RtlWalkFrameChain 来执行真正的信息采集工作。

尽管以上函数没有公开文档化，但因为 NTDLL.DLL 输出了以上所有函数，所以还是可以调用它们的。利用这些函数，应用程序也可以使用 UST 机制来记录重要操作的函数调用记录。为了演示其用法，在 D4D 程序中设计了一个 CFastTracer 类，完整代码位于 code\chap16\D4D 目录中。

RtlWalkFrameChain 用于获取栈帧中的函数返回地址，它的原型如下。

```
ULONG RtlWalkFrameChain (PVOID *pReturnAddresses, DWORD dwCount, DWORD dwFlags);
```

其中，参数 pReturnAddresses 指向一个指针数组，用来存放每个栈帧中的函数返回地址；第二个参数是这个数组的大小；第三个参数用于指定标志值，可以为 0。根据函数原型可以定义如下函数指针类型。

```
typedef ULONG (WINAPI *PFN_RTLWALKFRAMECHAIN)(PVOID *pReturnAddresses,
    DWORD dwCount, DWORD dwFlags);
```

然后使用 **GetProcAddress** API 取得 **RtlWalkFrameChain** 函数的地址。

```
hNtDll=LoadLibrary("NTDLL.DLL");
m_pfnWalkFrameChain=(PFN_RTLWALKFRAMECHAIN)
    GetProcAddress(hNtDll,"RtlWalkFrameChain");
```

接下来就可以通过这个函数指针来调用 **RtlWalkFrameChain** 函数了，在 **D4dTest** 程序中调用 **CFastTracer** 的 **GetFrameChain** 方法得到的结果如下。

```
Return Address[0]: 0x1000326f
Return Address[1]: 0x004024a2
…
Return Address[37]: 0x7c816fd7
```

使用 **DbgHelp** 函数加载了符号后，便可以得到这些地址所属的函数和模块名称。

得到了函数返回地址信息后，接下来要解决的问题是如何记录这些信息。根据具体情况，可以记录在应用程序自己维护的文件中，也可以复用 UST 数据库。如果使用 UST 数据库，那么应该先调用 **RtlInitializeStackTraceDataBase** 函数初始化 UST 数据库。每次需要添加记录时，可以调用 **RtlLogStackBackTrace** 函数，这个函数会将当时的函数调用记录记在 UST 数据库中。使用 UMDH 这样的工具便可以从 UST 数据库中读取记录。

16.4　数据的可追溯性

在调试时，我们经常诧异某个变量的值怎么变成这个样子，想知道哪个函数在何时将其修改成出乎预料的值。有时我们也希望知道一个变量取值的变化过程，它曾经取过哪些值，或者在过去的某个时间，它的取值是什么。要解决这些问题，就要提高数据的可追溯性，也就是记录数据的修改经过和变化过程，使其可以查询和追溯。

因为在调用函数时栈上记录了被调用函数的返回地址，这为实现代码的可追溯性提供了一个很好的基础。但对于数据的可追溯性，目前的计算机架构所提供的支持还很有限。CPU 的数据断点功能可以算是其中一个。第 4 章介绍过，在软件调试时，可以对感兴趣的数据设置硬件断点。此后，当再次访问这个数据时，CPU 便会发出异常而中断到调试器。那么能否在非调试情况下利用 CPU 的数据断点功能来监视变量呢？答案是肯定的。下面就介绍这种依赖于 CPU 的数据断点功能来监视数据并记录其访问经过的方法。

16.4.1　基于数据断点的方法

简单来说，这种方法的原理就是将要监视的变量的地址以断点的形式设置到 CPU 的调试寄存器中，这样，当访问这个变量时，CPU 便会报告异常，而后应该在程序中捕捉这个异常并做必要的分析记录。记录可以包含被访问的变量名称、访问时间、访问代码的地址（即触发断点的代码地址）等简要信息，还可以根据异常中的上下文结构进行栈回溯从而得到访问这个变量的函数调用过程，最后把得到的信息记录下来。

以上过程的一个难点就是如何捕捉异常。如果程序正在被调试，那么数据断点导致的异常会先发给调试器，调试器会处理这个异常，因此应用程序自己的代码是察觉不到这个异常的。当没有调试器时，数据断点异常会发给应用程序，如果没有得到处理，那么就会导致应用程序崩溃而结束。那么应用程序应该如何处理数据断点异常呢？使用结构化异常处理程序或者 C++的异常处理程序显然有很多问题，因为不知道什么代码会访问被监视的变量而触发异常，连哪个线程都不确定，所以难以选择这些异常处理程序的设置位置。幸运的是，可以通过 Windows XP引入的向量化异常处理程序（VEH）来解决这个问题。因为一旦注册了 VEH，那么进程内所有线程导致的异常都会发给 VEH，VEH 不处理时才会交给结构化异常处理程序或者 C++异常处理程序。这样，只要注册了一个 VEH，当它调用后，先判断是否是数据断点异常。如果不是，那么便返回 EXCEPTION_CONTINUE_SEARCH 交给结构化异常处理程序（SHE）去处理；如果是，那么说明有人访问了被监视的变量。清单 16-4 给出了实现这一逻辑的 VEH 的简单代码。

清单 16-4 接收数据断点异常的 VEH

```
LONG WINAPI DataTracerVectoredHandler( struct _EXCEPTION_POINTERS *ExceptionInfo )
{
    if(ExceptionInfo->ExceptionRecord->ExceptionCode==0x40010006L)
        return EXCEPTION_CONTINUE_SEARCH;           //参见本书后续分卷

    if(ExceptionInfo->ExceptionRecord->ExceptionCode
        ==STATUS_SINGLE_STEP             //0x80000004L
        && g_pDataTracer!=NULL)
    {
        g_pDataTracer->HandleEvent(ExceptionInfo);
        return EXCEPTION_CONTINUE_EXECUTION;        //继续执行触发断点的代码
    }
    return EXCEPTION_CONTINUE_SEARCH;
}
```

数据断点的异常代码与单步执行是一样的，即 0x80000004L。如果希望严格判断是否是数据断点，那么应该判断上下文结构中的 DR6 寄存器，即 ExceptionInfo-> ContextRecord->Dr6。清单 16-4 中，pDataTracer 是 CDataTracer 类的实例。这个类封装了设置断点和处理断点事件等功能，清单 16-5 给出了它的定义。

清单 16-5 演示数据追溯功能的 CDataTracer 类

```
class D4D_API CDataTracer
{
public:
    HRESULT HandleEvent(struct _EXCEPTION_POINTERS * ExceptionInfo);
    ULONG GetDR7(int nDbgRegNo, int nLen, BOOL bReadWrite);
    HRESULT StartTrace();                    //启动监视功能
    BOOL IsVarExisted(ULONG ulVarAddress);       //判断指定的变量是否正在被监视
    HRESULT RemoveVar(ULONG ulAddress);          //移除一个变量
    HRESULT AddVar(ULONG ulVarAddress,int nLen, int nReadWrite);//增加要监视的变量
    CDataTracer();
    virtual ~CDataTracer();
    void ShowString(LPCTSTR szMsg);
```

```
        HRESULT ClearAllDR();                //清除所有调试寄存器，停止监视
        void SetListener(HWND hListBox);
protected:
        HRESULT RegVeh();                    //注册 VEH
        HRESULT UnRegVeh();                  //注销 VEH
        ULONG m_VarAddress[DBG_REG_COUNT];        //记录被监视的变量地址
        ULONG m_VarLength[DBG_REG_COUNT];         //记录被监视的长度
        ULONG m_VarReadWrite[DBG_REG_COUNT];      //记录监视的访问方式
        PVOID m_pVehHandler;                      //VEH 句柄
        HWND m_hListBox;                          //接收提示信息的列表框句柄
};
```

其中，m_VarAddress 用来记录要监视的变量地址，m_VarLength 用来记录要监视变量的长度，可以为 0（1 字节）、1（2 字节）、3（4 字节）这三个值之一，m_VarReadWrite 用来记录触发断点的访问方式，可以等于 1（只有写时触发）或者 3（读写时都触发）。

成员 m_hListBox 用来存放显示列表用的列表框窗口句柄。出于演示目的，我们只是将访问记录输出到一个列表框中。SetListener 方法用来设置 m_hListBox 的值。

AddVar 方法用来添加要监视的变量，x86 架构支持最多监视 4 个变量。StartTrace 方法用来启动监视，也就是将记录在成员变量 m_VarXXX 中的变量信息设置到 CPU 的调试器中，其源代码如清单 16-6 所示。

清单 16-6　设置数据断点的源代码

```
1     HRESULT CDataTracer::StartTrace()
2     {
3         CONTEXT cxt;
4         HANDLE hThread=GetCurrentThread();
5
6         cxt.ContextFlags=CONTEXT_DEBUG_REGISTERS;//|CONTEXT_FULL;
7         if(!GetThreadContext(hThread,&cxt))
8         {
9             OutputDebugString("Failed to get thread context.\n");
10            return E_FAIL;
11        }
12        cxt.Dr0=m_VarAddress[0];
13        cxt.Dr1=m_VarAddress[1];
14        cxt.Dr2=m_VarAddress[2];
15        cxt.Dr3=m_VarAddress[3];
16
17        cxt.Dr7=0;
18        if(m_VarAddress[0]!=0)
19            cxt.Dr7|=GetDR7(0,m_VarLength[0],m_VarReadWrite[0]);
20        if(m_VarAddress[1]!=0)
21            cxt.Dr7|=GetDR7(0,m_VarLength[1],m_VarReadWrite[1]);
22        if(m_VarAddress[2]!=0)
23            cxt.Dr7|=GetDR7(0,m_VarLength[2],m_VarReadWrite[2]);
24        if(m_VarAddress[3]!=0)
25            cxt.Dr7|=GetDR7(0,m_VarLength[3],m_VarReadWrite[3]);
26
27        if(!SetThreadContext(hThread,&cxt))
28        {
29            OutputDebugString("Failed to set thread context.\n");
30            return E_FAIL;
```

```
31          }
32
33          if(m_pVehHandler==NULL && RegVeh()!=S_OK)
34              return E_FAIL;
35
36          return S_OK;
37      }
38      ULONG CDataTracer::GetDR7(int nDbgRegNo, int nLen, BOOL bReadWrite)
39      {
40          ULONG ulDR7=0;
41
42          ulDR7|= (BIT_LOCAL_ENABLE<<(nDbgRegNo*2));
43          // bit 0, 2, 4, 6 are for local breakpoint enable
44          //
45
46          // read write bits
47          if(bReadWrite)
48              ulDR7|=BIT_RW_RW<<(16+nDbgRegNo*4);
49          else
50              ulDR7|=BIT_RW_WO<<(16+nDbgRegNo*4);
51
52          ulDR7|=nLen<<(16+nDbgRegNo*4+2);
53
54          return ulDR7;
55      }
```

其中，第 7 行通过 GetThreadContext API 取得线程的上下文（CONTEXT）结构，第 12～25 行设置 CONTEXT 结构中调试寄存器的值，第 27 行通过 SetThread Context API 将 CONTEXT 结构设置到硬件中。GetDR7 方法用来计算某个断点所需的 DR7 寄存器值，因为多个断点共用 DR7 寄存器，所以多个断点的设置通过"或"（OR）操作集成在一起。关于 DR7 寄存器的细节，第 4 章做过详细的介绍。

清单 16-7　处理数据断点事件的源代码

```
1       HRESULT CDataTracer::HandleEvent(_EXCEPTION_POINTERS *ExceptionInfo)
2       {
3           ULONG ulDR6;
4           TCHAR szMsg[MAX_PATH]=_T("CDataTracer::HandleEvent");
5
6           // check Dr6 to see which break point was triggered.
7           ulDR6=ExceptionInfo->ContextRecord->Dr6;
8
9           for(int i=0;i<DBG_REG_COUNT;i++)
10          {
11              if( ( ulDR6&(1<<i) ) != 0) // bit i was set
12                  _stprintf(szMsg,_T("Data at 0x%08x was accessed by code at 0x%08x."),
13                  m_VarAddress[i], ExceptionInfo->ExceptionRecord->ExceptionAddress);
14          }
15          ShowString(szMsg);
16          CCallTracer ct;
17          ct.SetOptions(CALLTRACE_OPT_INFO_LEAN);
18          ct.WalkStack(ShowStackFrame, this, 1000, ExceptionInfo->ContextRecord);
19
20          return S_OK;
21      }
```

清单 16-7 列出了用来处理数据断点事件的 HandleEvent 函数的源代码。其中第 7 行先取出记录断点信息的 DR6 寄存器，因为单步执行和所有数据断点触发的都是一个异常（1 号），所以只有通过 DR6 寄存器才能判断出到底是哪个断点（见第 4 章）。第 9～14 行的 for 循环依次判断 DR6 的低 4 位，如果某一位为 1，则说明对应的断点被触发了。第 16～18 行使用上一节介绍的 CCallTracer 类来显示栈回溯信息，也就是访问被监视变量的过程。

为了验证 CDataTracer 类的有效性，在 D4dTest 程序中用它来监视 CD4dTest Dlg 类的 m_nInteger 成员。在 OnInitDialog 方法中，加入了如下代码。

```
if(g_pDataTracer==NULL)
{
    g_pDataTracer=new CDataTracer();
    g_pDataTracer->SetListener(m_ListInfo.m_hWnd);
    g_pDataTracer->AddVar((ULONG)&m_nInteger, 0, TRUE);
    g_pDataTracer->StartTrace();
}
```

因为 m_nInteger 是使用 MFC 的 DDX（Dialog Data Exchange）机制与界面上的编辑框绑定的，所以当单击界面上的 Assign 按钮时（见图 16-1），便会触发监视机制，从而看到列表框中输出 nInteger 变量被访问的经过。

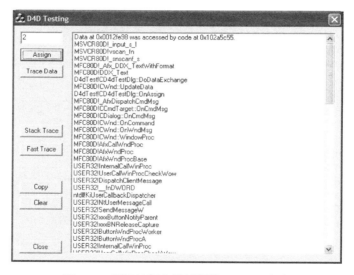

图 16-1　显示访问变量过程的 D4dTest 程序

列表框中的信息告诉我们，在单击界面上的 Assign 按钮后，访问了 m_nInteger 变量两次（图中只显示出第一次），一次是被_AfxSimpleScanf 函数访问，另一次是被 CD4dTestDlg::OnAssign 函数访问。输出的信息中包含了每次访问的详细过程，这证明了本方法的可行性。在实际使用时，可以考虑使用类似 CFastTrace 类的方法只记录函数的返回地址，这样可以大大提高速度。

需要说明的是，CDataTracer 类只是为了满足演示目的而设计的，如果要用到实际的软件项目中，还需要做一些增强和完善。比如，在每次收到数据断点事件时，最好显示出变量的当前值，这需要暂时禁止数据断点。否则，如果设置的访问方式是读写都触发，那么读取变量时又会触发断点导致死循环。

使用数据断点方法的一个不足是可以监视的变量数量非常有限，这是硬件平台所决定的。下面将介绍的基于对象封装技术的方法没有这个限制。

16.4.2　使用对象封装技术来追踪数据变化

通过对象封装技术来追踪变量访问过程的基本思想是将要监视的数据封装在一个类中，然后通过运算符重载截获对变量的访问，并进行记录。可以使用环形缓冲区来循环记录变量的历史值，也可以维护一块专门的内存区。每次变量被访问时的栈回溯信息可以记录在 UST 数据库中。

为了演示这种方法，编写了一个用于追踪整型变量的 CD4dInteger 类。清单 16-8 给出了这个类的定义，成员 m_pTracker 用来指向保存历史值的环形缓冲区，m_nTrackDepth 代表这个缓冲区的长度。

清单 16-8　具有可追溯性的整数类型

```
class D4D_API CD4dInteger : public CD4dObject
{
protected:
    long m_nTrackerIndex;        //追踪数组的可用位置
    long * m_pTracker;           //记录变量历史值的追踪数组
    long m_nTrackDepth;          //追踪数组的长度
    long m_nCurValue;            //变量的当前值
public:
    long CurValue(){return m_nCurValue;};
    long GetTrace(int nBackStep);               //读取历史值
    long GetTrackDepth(){return m_nTrackDepth;}
    CD4dInteger& operator =(long nValue);       //重载赋值运算符

    CD4dInteger(int nTrackDepth=1024);
    virtual ~CD4dInteger();
    virtual DWORD UnitTest (DWORD dwParaFlags);
    virtual DWORD Dump(HANDLE hFile);
};
```

因为重载了赋值运算符，所以当为 **CD4dInteger** 的实例赋值时，就会触发它的赋值运算符方法。

```
CD4dInteger& CD4dInteger::operator =(long nValue)
{
    int nIndex = InterlockedIncrement (&m_nTrackerIndex);
    nIndex %= m_nTrackDepth;

    this->m_nCurValue=nValue;
    this->m_pTracker[nIndex] = nValue;

    return *this;
}
```

除了更新当前值外，这个方法还在环形缓冲区找一个新的位置将当前值保存起来。这样环形缓冲区便记录下了这个数据的变化过程。如果要记录每次更新数据时的函数调用过程，那么只要在这个方法中加入记录栈回溯信息的代码。

「 16.5　可观察性的实现 」

　　当我们在调试软件时，经常有这样的疑问：在某一时刻，比如当程序发生错误或崩溃时，CPU 在执行哪个函数或函数的哪一部分？此时循环 L 已经执行了多少次？变量 A 的值是什么？这个时候进程中共有多少个线程？有多少个模块？动态链接库 M 是否加载了？如果加载了，被加载的版本是多少？如此等等[2]。

　　能否迅速找到这些问题的答案对调试效率有着直接的影响。很多时候，就是因为无法回答上面的某一个问题，使调试工作陷入僵局。然后，可能要花费数小时乃至数天的时间来修改软件，向软件中增加输出状态信息的代码，然后重新编译、安装、执行，再寻找答案。这种方法有时候被形象地称为"代码注入"，即向程序中注入用来显示软件状态或者其他辅助观察的代码。

　　因为每次注入代码都需要重新编译程序，所以这种方法的效率是比较低的。为了提高效率，在设计软件时就应该考虑如何使软件的各种特征可以被调试人员简便地观察到，即提高软件的可观察性。

16.5.1　状态查询

　　为了便于观察软件的内部运行状态，设计软件时应该考虑如何查询软件的内部状态，这对软件维护和调试乃至最终用户都是有帮助的。

　　提供状态查询的方式可以根据软件的具体特征而灵活设计，对于网站或网络服务（Web Service），可以通过网页的形式来提供。如果是简单的客户端软件，可以采用对话框的形式。

　　大多数设计完善的软件系统都会提供专门的工具供用户查询系统的状态。以 Windows 操作系统为例，使用任务管理器可以查询系统中运行的进程、线程和内存使用情况等信息；使用 driverquery 命令可以查询系统中加载的驱动程序；使用 netstat 命令可以查询系统的网络连接情况；使用设备管理器可以查询系统中各种硬件和设备驱动程序的工作情况，等等。

　　对于越大型的软件系统，状态查询功能越显得重要，因此在架构设计阶段就应该考虑如何支持状态查询功能，设计统一的接口和附属工具。对于中小型的软件可以考虑配备简单的状态查询功能，比如一个对话框里面包含了软件的重要运行指标。

　　如果从设计阶段就将状态查询功能考虑进来，那么所需花费的开发投入通常并不大，但如果等到发生了问题再考虑如何增加这些功能，那么不但要花费更多的精力，而且效果也很难做到"天衣无缝"。

　　除了设计专用的接口和查询方式外，也可以使用操作系统或者工业标准定义的标准方式来支持状态查询，比如后面介绍的 WMI 方式和性能计数器方式。使用标准方式的好处是可以被通用的工具所访问。

16.5.2　WMI

　　Windows 是个庞大的系统，如何了解系统中各个部件的运行状况并对它们进行管理和维护是个重要而复杂的问题。如果系统的每个部件都提供一个管理程序，那么不但会导致很多重复的开发工作，而且会影响系统的简洁性和性能。更好的做法是操控系统实现并提供一套统一的机制和框架，其他部件只须按照一定的规范实现与自身逻辑密切相关的部分，WMI（Windows Management Instrumentation）便是针对这一目标设计的。

　　WMI 提供了一套标准化的机制来管理本地及远程的 Windows 系统，包括操作系统自身的各个部件及系统中运行的各种应用软件，只要它们提供了 WMI 支持。WMI 最早出现在 NT4 的 SP4 中，并成为其后所有 Windows 操作系统必不可少的一部分。在今天的 Windows 系统中，很容易就可以看到 WMI 的身影，比如计算机管理（Computer Management）控制台、事件查看器、服务控制台（Services Console）等。事实上，这些工具都使用 MMC（Microsoft Management Console）程序来提供用户接口。

　　从架构角度来看，整个 WMI 系统由以下几个部分组成。

- 托管对象（Managed Object）：即要管理的目标对象，WMI 系统的价值就是获得这些对象的信息或配置它们的行为。

- WMI 提供器（WMI Provider）：按照 WMI 标准编写的软件组件，它代表托管对象与 WMI 管理器交互，向其提供数据或执行其下达的操作。WMI 提供器隐藏了不同托管对象的差异，使 WMI 管理器可以以统一的方式查询和管理托管对象。

- WMI 基础设施（WMI Infrastructure）：包括存储对象信息的数据库和实现 WMI 核心功能的对象管理器。因为 WMI 使用 CIM（Common Information Model）标准来描述和管理托管对象，所以 WMI 的数据库和对象管理器分别命名为 CIM 数据仓库（CIM Repository）和 CIM 对象管理器（CIM Object Manager，CIMOM）。

- WMI 应用编程接口（API）：WMI 提供了几种形式的 API，以方便不同类型的 WMI 应用使用 WMI 功能，比如供 C/C++ 程序调用的函数形式（DLL、Lib 和头文件），供 Visual Basic 和脚本语言调用 ActiveX 控件的形式和通过 ODBC 适配器（ODBC adaptor）访问的数据库形式。

- WMI 应用程序（WMI Application）：即通过 WMI API 使用 WMI 服务的各种工具和应用程序。比如 Windows 中的 MMC 程序，以及各种实用 WMI 的 Windows 脚本。因为从数据流向角度看，WMI 应用程序是消耗 WMI 提供器所提供的信息的，所以有时又称为 WMI 消耗器（WMI Consumer）。

　　在对 WMI 有了基本认识后，下面介绍如何在驱动程序中通过 WMI 机制提供状态信息。图 16-2 显示了 WDM 模型中用来支持 WMI 机制的主要部件及它们在 WMI 架构中的位置。其中用户态的 WDM 提供器负责将来自 WMI 应用程序的请求转发给 WDM 的内核函数，这些函数在 DDK 文档中称为 WDM 的 WMI 扩展。

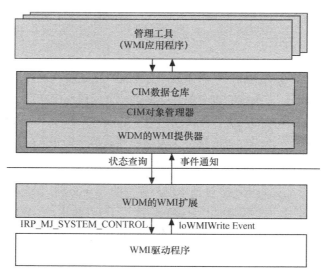

图 16-2　WDM 中支持 WMI 的软件架构

WMI 扩展会将来自用户态的请求以 IRP（I/O Request Packet）的形式发给驱动程序。所有 WMI 请求的主 IRP 号都是 IRP_MJ_SYSTEM_CONTROL，子号码（minor code）可能为如下一些值。

- IRP_MN_REGINFO 或 IRP_MN_REGINFO_EX：查询或者更新驱动程序的注册信息。在驱动程序调用 IoWMIRegistrationControl 函数后，系统便会向其发送这个 IRP，以查询注册信息，包括数据块格式等（见下文）。

- IRP_MN_QUERY_ALL_DATA 和 IRP_MN_QUERY_SINGLE_INSTANCE：查询一个数据块的所有实例或单个实例。

- IRP_MN_CHANGE_SINGLE_ITEM 和 IRP_MN_CHANGE_SINGLE_INSTANCE：让驱动程序修改数据块的一个或多个条目（item）。

- IRP_MN_ENABLE_COLLECTION 和 IRP_MN_DISABLE_COLLECTION：通知驱动程序开始累积或停止累积难以收集的数据。

- IRP_MN_ENABLE_EVENTS 和 IRP_MN_DISABLE_EVENTS：启用或禁止事件。

- IRP_MN_EXECUTE_METHOD：执行托管对象的方法。

WMI 使用一种名为 MOF（Managed Object Format）的语言来描述托管对象。MOF 是基于 IDL（Interface Definition Language）的，熟悉 COM 编程的读者知道 IDL 是描述 COM 接口的一种主要方法。MOF 有它独有的语法，使用 DMTF 提供的 DTD（Document Type Definition）可将 MOF 文件转化为 XML 文件。驱动程序可以将编译好的 MOF 以资源方式放在驱动程序文件中，或者将其放在其他文件中，然后在注册表中通过 MofImagePath 键值给出其路径，也可以直接将 MOF 数据包含在代码中，然后在收到 IRP_MN_QUERY_ALL_DATA 或 IRP_MN_QUERY_SINGLE_INSTANCE 时将格式化后的数据包返回给 WMI。

为了更方便在 WDM 驱动程序中支持 WMI，DDK 还提供了一套 WMI 库，只要在驱动程序中包含头文件 wmilib.h，就可以使用其中的函数，例如 WmiFireEvent 和 WmiCompleteRequest

等。Windows SDK 和 DDK 中都包含了演示 WMI 的实例，SDK 中的示例程序位于 Samples\SysMgmt\WMI\目录下，DDK 的示例程序位于 src\wdm\wmi 目录下。

16.5.3 性能计数器

图 16-3 所示的是 Windows 的性能监视器（performance monitor）程序的界面，只要在"开始"菜单中选择"运行"（Run）然后输入 perfmon，就可以将其调出来。图 16-3 中目前显示了 5 个性能计数器（performance counter），单击曲线上方的加号可以选择加入其他性能计数器。在典型的 Windows 系统中，通常有上千个性能计数器，分别用来观察内存、CPU、网络服务、.NET CLR、SQL Server、Outlook、ASP.NET、Terminal Service 等部件的内部状态。

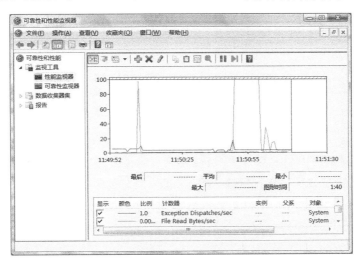

图 16-3　Windows 的性能监视器程序的界面

Windows 的性能监视机制是可以扩展的，图 16-4 画出了其架构示意图。最上面是查询性能数据的应用程序，比如 PerfMon，最下面是性能数据提供模块 DLL。Windows 的 system32 目录已经预装了一些性能数据提供模块，比如 perfos.dll（操作系统）、perfdisk.dll（磁盘）、perfnet.dll（网络）、perfproc.dll（进程）、perfts.dll（终端服务）等。应用软件也可以安装和注册新的性能数据提供模块（稍后讨论）。

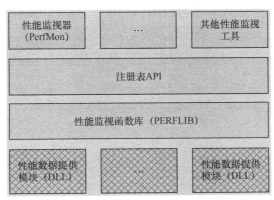

图 16-4　Windows 性能监视机制的架构示意图

每个性能数据提供模块（DLL）都至少输出以下 3 个方法：打开（Open）、收集（Collect）数据和关闭（Close）。具体的方法名可以自由定义，注册时登记在注册表中。图 16-5 显示了 PerfGen 模块的注册信息，右侧的 Open、Collect 和 Close 3 个键值指定的是 PerfGen.dll（Library 键值）输出的 3 个函数。

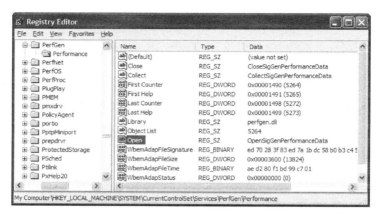

图 16-5　性能监视数据提供模块的注册信息

性能监视程序访问性能数据提供模块的基本方式是通过注册表 API。首先调用 RegOpenKey 或 RegQueryValueEx API 并将 HKEY_PERFORMANCE_DATA 作为第一个参数。当注册表 API 发现要操作的根键是 HKEY_PERFORMANCE_DATA 时，会将其转给所谓的性能监视函数库，即 PerfLib。比如第一次执行以下调用时，PerfLib 会寻找 ID 号为 234 的性能数据提供模块，在作者的机器上它对应的是 PhysicalDisk 性能对象。

```
RegQueryValueEx( HKEY_PERFORMANCE_DATA,
        "234", NULL, NULL, (LPBYTE) PerfData, &BufferSize )
```

PerfLib 收到调用后，会枚举注册表中注册的所有服务，即枚举以下表键。

```
HKEY_LOCAL_MACHINE\SYSTEM\CurrentControlSet\Services
```

对于每个服务子键，PerfLib 会试图打开它的 Performance 子键，如果这个服务存在 Performance 子键，那么会进一步查询 Performance 子键下的 Object List 键值（参见图 16-5 中 PerfGen 的注册表选项）。Object List 键值标识了这个性能数据提供模块所支持的性能对象 ID，如果查询到的 Object List 键值中包含所寻找的 ID，那么 PerfLib 会根据 Library 键值中所指定的 DLL 文件名加载这个模块，然后根据 Open 键值中指定的函数名取得这个函数的地址并调用这个函数。因此，上面的 RegQueryValueEx 调用会导致 PerfLib 加载 perfdisk.dll，并调用它的 Open 方法，其函数调用序列如清单 16-9 所示。

清单 16-9　性能监视程序访问性能数据提供模块的过程

```
ChildEBP RetAddr
0012f168 77e42180 perfdisk!OpenDiskObject
0012f858 77e40e5c ADVAPI32!OpenExtObjectLibrary+0x58f
0012f9cc 77e09c8e ADVAPI32!QueryExtensibleData+0x3d8
0012fda4 77df4406 ADVAPI32!PerfRegQueryValue+0x513
0012fe94 77dd7930 ADVAPI32!LocalBaseRegQueryValue+0x306
0012feec 00401500 ADVAPI32!RegQueryValueExA+0xde
```

```
0012ff80 00403b39 PerfView!main+0x70 [c:\...\chap16\perfview\perfview.cpp @ 212]
0012ffc0 7c816fd7 PerfView!mainCRTStartup+0xe9 [crt0.c @ 206]
0012fff0 00000000 kernel32!BaseProcessStart+0x23
```

性能数据提供模块的 Open 方法应该返回如下 PERF_DATA_BLOCK 数据结构。

```
typedef struct _PERF_DATA_BLOCK {
  WCHAR Signature[4];              //结构签名，固定为"PERF"
  DWORD LittleEndian;             //字节排列顺序
  DWORD Version;                  //版本号
  DWORD Revision;                 //校订版本号
  DWORD TotalByteLength;          //性能数据的总长度、字节数
  DWORD HeaderLength;             //本结构的长度
  DWORD NumObjectTypes;           //被监视的对象类型个数
  DWORD DefaultObject;            //要显示的默认对象序号
  SYSTEMTIME SystemTime;          //UTC 格式的系统时间
  LARGE_INTEGER PerfTime;         //性能计数器的取值
  LARGE_INTEGER PerfFreq;         //性能计数器的频率，即每秒钟的计数器变化量
  LARGE_INTEGER PerfTime100nSec;  //以 100ns 为单位的计数器取值
  DWORD SystemNameLength;         //以字节为单位的系统名称长度
  DWORD SystemNameOffset;         //系统名称的偏移量，相对于本结构的起始地址
} PERF_DATA_BLOCK;
```

紧邻 PERF_DATA_BLOCK 数据结构的应该是一个或多个 PERF_COUNTER_DEFINITION 结构，每个结构对应一个性能计数器。

当第二次调用 RegQueryValueEx 时，PerfLib 会认为正在查询性能数据，因此会调用性能数据提供模块的 Collect 方法。当查询完成后，性能监视程序应该调用 RegCloseKey API 结束查询。

Windows SDK 中给出了一个性能数据提供模块的例子，其名称为 PerfGen，路径为：<SDK 根目录>\Samples\WinBase\WinNT\PerfTool\PerfDllS\PerfGen。

其实性能数据提供模块就是一个输出了前面提到的 Open、Collect 和 Close 方法的 DLL。注册一个性能数据提供模块通常需要两个步骤。第一步是使用一个.reg 文件向注册表的 HKEY_LOCAL_MACHINE\SYSTEM\CurrentControlSet\Services 键值下注册服务，其结果就是在注册表中建立图 16-5 所示的键值。第二步是使用一个 INI 文件，然后利用命令行工具 lodctr 来向图 16-6 所示的 Counter 和 Help 键值中增加性能对象。

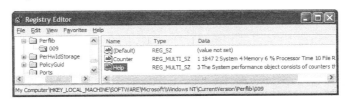

图 16-6　PerfLib 在注册表中的英语语言键值

Counter 键值的每个字符串对应一个性能计数器的 ID 或名称，Help 键值存储了每个性能对象的说明文字的 ID 和内容。计数器 ID 和说明 ID 是相邻的，前者为偶数，后者为相邻的奇数。计数器 ID 是从 2 开始的，ID 1 用来表示基础索引。

为了简化性能数据提供模块的实现过程，ATL 类库提供了一系列类，如 CPerfObject、CPerfMon 等。MSDN 中提供了如下几个实例程序来演示这些类的用法：PerformancePersist、

PerformanceCounter、PerformanceScribble。

使用 unlodctr 命令可以删除一个计数器模块。例如 unlodctr perfgen 命令可以删除 perfgen 模块注册的性能计数器。

如果 PerfLib 在加载某个性能数据提供模块时遇到问题，那么它会向系统日志中加入错误消息，例如，当加载 PERFGEN.DLL 失败时，系统会产生以下日志。

```
Event Type:     Warning
Event Source:     WinMgmt
Event Category:     None
Event ID:     37…
Description: WMI ADAP was unable to load the perfgen.dll performance library due
to an unknown problem within the library: 0x0
```

在软件中通过性能计数器来提高可观察性的好处是可以被所有性能监视工具（包括 PerfMon）所访问到，而且可以复用性能监视工具的图形化显示功能。为了简化性能监视工具的编写，Windows 提供了一个 PDH 模块（PDH.DLL），PDH 的全称是 Performance Data Helper。

16.5.4　转储

16.2.3 节简要地介绍过转储。可以认为转储是给被转储对象拍摄一张快照，将被转储对象在转储发生那一时刻的特征永久定格在那里，然后可以慢慢分析。另外，因为转储结果通常直接来自内存数据，所以转储结果具有信息量大、准确度高等优点。16.2.3 节介绍了对象转储，本节将介绍进程转储。所谓进程转储，就是把一个进程在某一时刻的状态存储到文件中。转储的内容通常包括进程的基本信息，进程中各个线程的信息，每个线程的寄存器值和栈数据，进程所打开的句柄，进程的数据段内容等。

进程转储通常用在进程发生严重错误时，比如 Windows 的 WER 机制会在应用程序出现未处理异常时调用 Dr. Watson 自动产生转储（参见本书后续分卷）。但事实上，当应用程序正常运行时，也可以进行转储，而且这种转储不会影响应用程序继续运行。这意味着，从技术角度来讲，完全可以通过热键或菜单项来触发一个进程让其对自身进行转储。但这样做应该要考虑以下几个问题。

- 转储的过程要占用 CPU 时间和系统资源（磁盘访问），转储类型中定义的信息种类越多，转储所花的开销也越大。

- 为了防止普通用户意外使用转储功能，最好定义一种机制，需要先做一个准备动作（比如登录），然后才启动触发进程转储的热键或者开启有关的菜单项。

- 转储中包含了应用程序的内存数据，其中可能包括用户的工作数据。具体说，财务报表程序的转储中可能包含使用者的财务数据。因此，应该注意转储文件的安全性和保密性。

使用 WinDBG 或 Visual Studio 2005 都可以打开并分析进程转储文件，本书后续分卷将介绍过用户态转储文件的文件格式、产生方法和分析方法。

16.5.5 打印或者输出调试信息

使用 print 这样的函数或 OutputDebugString API 输出调试信息对提高软件的可观察性也是有帮助的。因为这些信息不仅可以提供变量取值等状态信息，还可以提供代码执行位置这样的位置信息。但使用这种方法应该注意以下几点。

- 努力提高输出信息的信息量，使其包含必要的上下文信息（线程 ID、模块名等）和具体的特征和状态，切忌不要频繁输出 Error happened 这样的模糊信息。

- 信息要言简意赅，既易于理解，又不重复。重复的信息不但会对软件的大小和运行速度造成影响，而且可能干扰调试者的注意力。

- 最好制订一种可以动态开启或者关闭的机制，在不需要输出信息的时候不要输出大量信息，以免影响性能或者干扰调试。

关于重复输出某个信息的一个反面例子就是图 16-7 所示的某个病毒扫描程序所输出的调试信息。根据图 16-7 中的时间信息可以判断出这个程序输出的信息非常频繁，如此频繁的信息输出会明显地使系统变慢，而且会干扰其他软件的调试。

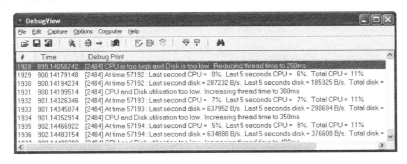

图 16-7　过多的调试信息输出

一个好的例子是当 WinDBG 与被调试系统成功建立内核调试会话时 WinDBG 输出的描述信息。

```
Connected to Windows XP 2600 x86 compatible target, ptr64 FALSE
Kernel Debugger connection established.  (Initial Breakpoint requested)
Symbol search path is:
SRV*d:\symbols*http://msdl.microsoft.com/download/symbols
Executable search path is:
Windows XP Kernel Version 2600 MP (1 procs) Free x86 compatible
Built by: 2600.xpsp_sp2_gdr.050301-1519
Kernel base = 0x804d8000 PsLoadedModuleList = 0x805634a0
System Uptime: not available
```

第 1 行不仅陈述了连接的事实，还说明了目标系统的基本信息，系统是 Windows XP，版本号为 2600，CPU 架构为 x86，并且 32 位系统（非 64 位）。第 2 行表示与目标系统的调试引擎握手成功，并请求了初始断点。第 3～5 行输出了当前的符号搜索路径和可执行文件搜索路径。第 6 行输出了目标系统的详细版本信息，MP 代表启动的是支持多处理器的内核文件，括号中 1 procs 表示目前有一个 CPU 在工作，Free 代表是发行版本（非检查版本）。第 7 行给出了内核文件的构建信息。第 8 行是内核模块的加载地址和用来记录内核模块链表表头的全局变量 PsLoadedModuleList 的取值。

之所以说以上信息较好，是因为它很好地回答了调试时经常要用到的基本信息，比如目标系统的软硬件情况（OS 版本、CPU 数量），本地路径的设置情况和内核模块链表地址等。

16.5.6 日志

与输出到屏幕上或输出到调试窗口的调试信息相比，日志具有更好的可靠性和持久性。另外，因为日志通常是以简单的文本文件形式存储的，所以它具有非常好的可读性和易传递性。对于需要长时间运行的系统服务类软件，比如数据库系统或网络服务等，日志是了解其运行状态和进行调试的重要资源。重大的事件或者异常情况通常应该写入日志，以下是一些典型的例子。

- 进程或系统的启动和终止，在启动时通常会将当前的版本等重要信息一并写到日志中。

- 重要工作线程的创建和退出，特别是非正常退出。

- 模块加载和卸载。

- 异常情况或检测到错误时。

日志记录也应该注意简明扼要，而且记录的数量不宜过多，因为日志通常是要保存较长时间的，如果记录的信息太多，就不易于保存和查阅。第 15 章介绍过 Windows 系统提供的日志功能。

本节介绍了提高软件观察性的一些常用方法，这当然不是全部，比如使用编译器的函数进出挂钩（/Gh 编译器选项）功能有利于观察程序的执行位置。因为在设计软件和编写代码时无法完全预料错误会发生在哪个位置和调试时希望观察什么样的信息。这就要求我们始终把软件的可观察性记在心中，带着未雨绸缪的思想写好每一段代码，这样整个软件的可观察性和可调试性自然就会得到提高。

16.6 自检和自动报告

本节将简要地讨论用来提高软件可调试性的另两种机制：自检（自我诊断）和自动报告。下面先从集成电路领域的 BIST 说起。

16.6.1 BIST

BIST（Built-In Self-Test）是集成电路（IC）领域的一个术语，意思是指内置在芯片内部的自我测试功能，或者说自检。很多较大规模的集成芯片（比如 CPU、芯片组等）都包含 BIST 机制。BIST 通常在芯片复位时自动运行，但也可以根据需要调用和运行，比如通过 TAP 接口可以启动英特尔 IA-32 CPU 的 BIST，测试结束时 EAX 寄存器中存放着测试的结果，0 代表测试通过。

BIST 通常是对芯片而言的，对于计算机系统，通常也会实现自检机制。事实上，在每次启动一个计算机系统时，CPU 复位后首先执行的就是所谓的 POST 代码（位于 BIOS 中），POST 的含义就是上电自检（Power On Self Test）。

自检可以防止系统在存在问题时继续工作而导致错误的计算结果和输出结果，以免导致更严重的问题。

16.6.2 软件自检

与硬件领域的 BIST 类似，在软件中实现自检功能也是非常有意义的。软件自检与单元测试不同。首先，单元测试在开发软件的过程中是用来辅助测试的，而软件自检对于进入产品期的软件也是有意义的。其次，单元测试主要关注某个模块（单元）的工作情况，而软件自检更关注整个系统的完整性。

软件自检的内容应该根据每个软件的实际情况来定义，通常包括以下内容。

● 组成模块的完备性（不缺少任何模块）和完整性（没有哪个模块残缺或者被篡改）。

● 各个模块的版本，版本间的依赖关系是否满足运行要求。

● 系统运行所依赖的软硬件条件是否满足，比如依赖的硬件或者其他基础软件是否存在并正常工作。

● 模块间的通信机制是否畅通。

要启动软件自检，可以在软件开始运行时自动执行，也可以提供一个专门的工具程序或者用户界面。比如用来诊断和检查 DirectX 的自检工具 DXDIAG 使用的就是后一种方式。执行 DXDIAG 后，它会启动一个界面，其中包含很多个标签（tab），分别用来提供不同方面的检查功能（见图 16-8）。

图 16-8 DirectX 的自检工具

单击 DXDIAG 程序主界面中的带 Test 字样的按钮就可以测试当前系统中的有关模块和功能，并将测试结果显示在列表中。

16.6.3 自动报告

与自检有关的一个功能是自动产生和发送报告。自动产生报告就是让软件自己收集自己的状态信息和故障信息，并把这些信息写在文件中。可以把转储文件看作一种二进制形式的报告。为了便于阅读，很多软件可以产生文本文件形式的报告，或者同时使用文本文件和二进制文件。

例如前面介绍的 DirectX 自检工具就可以将收集的信息和检查的结果保存在一个文本文件中（单击图 16-8 中的 Save All Information 按钮）。

Windows 中的 Msinfo32 工具可以将系统的软硬件信息保存到文件中。例如执行以下命令，Msinfo32 就会以静默的方式将系统信息写入 sysinfo.txt 文件中。

```
Msinfo32 /report c:\sysinfo.txt
```

通过 "winmsd/?" 命令可以得到 Msinfo32 的一个简单帮助。在测试和调试过程中，很多时候我们需要比较多个系统的配置信息。这时，使用 DXDIAG 或 Msinfo32 产生的信息报告是一种便捷有效的方式。

Windows 的 WER（Windows Error Reporting）机制是自动发送报告的一个典型实例。自动发送报告功能的一个重要问题就是要注意不能侵犯用户的隐私信息，在报告中不应该包含用户的标识信息，比如用户名、地址等。另外，应该征得用户同意后才能将报告发送到自己的服务器。

〖 16.7 本章小结 〗

本章讨论了在软件工程中实现软件可调试性的一些具体问题，包括角色分工、架构方面的考虑，特别是比较详细地讨论了如何实现可追溯性和可观察性。因为篇幅限制，本章无法讨论太多编码和实现方面的细节。

最后要说明的是，提高软件可调试性是一项长期的投资，即使短期内看不到明显的效益，也不应该放弃。仍然以 Windows 操作系统为例，Windows 操作系统流行的一个重要原因是有无比丰富且源源不断的应用软件可以在上面运行。否则，即使一个操作系统本身的技术再好，安装和配置再灵活，但只有很少的应用软件可以运行，它也很难流行起来。因为人们购买一台计算机（硬件和操作系统）的目的主要是在上面安装和使用应用软件，如办公软件、工程绘图软件等。而 Windows 操作系统中有如此丰富的应用软件的一个重要原因，就是它对软件开发和调试的良好支持。Windows 不但自身有很好的可调试性，而且它为其上运行的其他软件实现可调试性提供了强大的支持。

〔 参考资料 〕

[1] G Pascal Zachary. Showstopper: The Breakneck Race to Create Windows NT and the Next Generation at Microsoft[M]. The Free Press, 1994.

[2] Robert M Metzger. Debugging by Thinking: A Multidisciplinary Approach[M]. Elsevier Digital Press, 2003.

平淡天真·代跋

1936年8月10日，41岁的林语堂带着家人登上"胡佛总统号"海轮，告别曾经学习生活了十几年的上海，准备移居美国。他有三个女儿，一家五口远渡重洋，一定有很多东西要带。在精挑细选的携带物品中，他特意带了100多本关于苏东坡的书，目的除了准备写关于苏东坡的书之外，希望"旅居海外之时，也愿身边有他相伴"[①]。

苏轼多才多艺，乐观豁达，无论走到哪里都可以找到生活的乐趣。他在黄州时，开垦坡地，以种田为乐，并给自己取了"东坡"的别号。在杭州时，他领导民众疏浚西湖，建造苏堤。在惠州时，他把那里的丰湖改称西湖，从此惠州便也有了西湖。

林语堂被称为"幽默大师"，是他把英文的"Humor"翻译为"幽默"，创造了这样一个美妙的汉语词汇。在林语堂之前，中国虽无"幽默"这个词汇，但是很多前辈都是非常幽默的，包括苏轼，包括庄子，也包括孔子，……为了说明孔子的幽默，林语堂先生还特意写了一部《子见南子》的剧本，展现至圣先师的幽默一面。

林语堂出国，是因为夏威夷大学邀请他去执教，也是因为赛珍珠夫妇盛邀他到美国去写作。这又都是因为1935年9月林语堂的英文著作《吾国吾民》在美国出版，大受欢迎，4个月中印了7次，在当年的十大畅销书榜单上位居榜首。这本著作的起因也非常有趣。1933年的一天晚上，赛珍珠到位于上海忆定盘路（今江苏路）的林语堂家吃饭，聊天时提到希望有人写一本阐述中国的著作，林语堂说："我倒很想写一本书，说一说我对于中国的实感。"于是，二人一拍即合，林语堂成了赛珍珠的特约撰稿人，一个伟大的写作计划在一顿晚餐中确定了。《吾国吾民》的写作历经10个月左右，最后是在庐山上脱稿的。1934年7月，林语堂夫妇带着三个孩子（相如、太乙和如斯）来到庐山，在牯岭上租了一间别墅，开始写作之前，他先带着三个孩子在屋后建了一个小水潭，用石块垒起四壁，中间积满清凉的泉水。一个多月后，他带着完成的《吾国吾民》书稿下山。[②]

黄永玉老人在他的自传体长篇小说《无愁河的浪荡汉子》中曾说，人生不管平凡还是伟大，都"要做一个有情致的人"。何谓有情致呢？解释起来似乎有些困难。或者说任何空洞的解释都会使这个词的意境打折扣。苏轼在东坡种田，林语堂在庐山建小水潭都是很好的例子。

如何才能成为一个有情致的人呢？近日偶得一方印章，印文是"平淡天真"。这或许是一个不错的回答吧，但可能还不够。短文已经不短，就此打住。欢迎各位关注"格友"公众号，一起探讨技术，思考人生。

---

① 《苏东坡传》自序，林语堂著，张振玉译，湖南人民出版社。
② 《林语堂在大陆》，施建伟著，北京十月文艺出版社。

张银奎（Raymond Zhang）
2018 年 8 月 25 日夜于合肥皇冠假日酒店